## STEPHEN BAXTER

Stephen Baxter est né à Liverpool en 1957. Ingénieur et mathématicien, il a été enseignant pendant de longues années avant de se consacrer pleinement à l'écriture en 1995. En 1991, il a tenté de devenir astronaute, mais la Station Mir lui a échappé… Il reste cependant très investi dans la recherche pour la conquête spatiale et donne beaucoup de conférences en Europe. Auteur d'une quarantaine de romans, Stephen Baxter est l'un des plus grands auteurs de SF d'aujourd'hui. Il a obtenu des dizaines de prix, dont les British SF, John W. Campbell et Philip K. Dick Awards. Il a également écrit plus d'une centaine de nouvelles, dont beaucoup ont été récompensées.

**Retrouvez toute l'actualité de l'auteur sur :**
**www.stephen-baxter.com**

# TEMPS

DU MÊME AUTEUR
*CHEZ POCKET*

ÉVOLUTION 1
ÉVOLUTION 2

**LES ENFANTS DE LA DESTINÉE**
1. COALESCENCE
2. EXULTANT
3. TRANSCENDANCE

**LES UNIVERS MULTIPLES**
1. TEMPS
2. ESPACE
3. ORIGINE

**LE CYCLE DES XEELEES**
1. GRAVITÉ
2. SINGULARITÉ
3. FLUX
4. ACCRÉTION

DÉLUGE
ARCHE

**avec TERRY PRATCHETT**
LA LONGUE TERRE

IMAGINAIRE

*Collection dirigée par Stéphane Desa*

STEPHEN BAXTER

# LES UNIVERS MULTIPLES

# I

# TEMPS

*Traduit de l'anglais*

*par Sylvie Denis et Roland C. Wagner*

Fleuve Noir

Titre original :
*TIME*
(*The Manifold Trilogy, 1*)

MIXTE
Papier issu de sources responsables
FSC® C003309

Pocket, une marque d'Univers Poche,
est un éditeur qui s'engage pour la préservation
de son environnement et qui utilise du papier fabriqué
à partir de bois provenant de forêts gérées
de manière responsable.




ISBN : 978-2-266-17718-4

*À deux cadets de l'espace :*

Mon neveu, James Baxter
Kent Joosten, de la Nasa

## Reid Malenfant

Vous me connaissez tous. Et vous savez que je suis un cadet de l'espace.

Vous savez que j'ai, entre autres, mené campagne en faveur d'expéditions privées destinées à l'exploitation minière des astéroïdes. En réalité, j'ai tenté par le passé de vous faire payer pour de telles choses. Mais je vous ai déjà barbés assez souvent avec ça, non ?

C'est pourquoi je veux me projeter un peu plus loin ce soir. Je veux vous expliquer pourquoi je tiens tant à cette idée que j'y ai consacré ma vie.

Le monde n'est plus assez grand. Inutile de vous le dire. Il est possible que nous mourions tous étouffés d'ici une centaine d'années et que notre espèce s'éteigne.

Ou que nous soyons en route pour peupler la Galaxie.

Oui : la Galaxie. Voulez-vous que je vous explique de quelle manière ?

C'est avant tout une question économique.

Partons du principe que nous voyagerons dans les étoiles. Nous pourrions employer des fusées ioniques, des voiles solaires, profiter de l'effet de fronde gravitationnel. Peu importe.

Nous commencerons probablement par des sondes robots comme dans le système solaire. Des humains suivront peut-être. Par exemple, pour le combustible à fusion, un pour cent de l'hélium-3 disponible sur Uranus suffirait pour envoyer une arche interstellaire géante vers chaque étoile de la Galaxie, et chacune d'entre elles contiendrait plus d'un milliard de personnes. Mais ce serait peut-être moins cher si les sondes fabriquaient des êtres humains sur place, en utilisant des technologies telles que la synthèse cellulaire et les utérus artificiels.

La première vague sera lente, pas plus rapide que nous pourrons nous le permettre. *Peu importe.* Pas à long terme.

Lorsqu'une sonde atteindra un nouveau système, elle enverra un message et commencera à bâtir.

Voilà le cœur de ma stratégie. Les systèmes que nous viserons seront en toute hypothèse inhabités. Par conséquent, nous pouvons prévoir que les sondes se livreront à une exploitation massive de leurs ressources, sans aucune restriction. De telles ressources n'ont aucune autre utilité, *et sont donc gratuites pour nous.*

Je savais que vous alliez aimer ça. Le son du mot « gratuit » est celui que préfèrent les chefs d'entreprise.

On construira d'autres sondes et on les lancera à partir de chacune des étoiles de la première vague de cibles. Elles atteindront d'autres objectifs et de nouvelles sondes seront créées et lancées. Le volume d'espace qu'elles défricheront croîtra rapidement, comme une bulle de gaz en expansion dans le vide.

Nos vaisseaux se répandront suivant des routes riches en étoiles le long de notre bras de la Galaxie, et ils la cultiveront au profit de l'humanité.

Une fois enclenché, le processus se financera et s'organisera tout seul. Selon les crânes d'œuf, la colonisation de la Galaxie pourrait de cette façon prendre entre dix et cent millions d'années. *Mais nous n'avons qu'à investir le prix de revient de la première génération de sondes.*

Ainsi, en réalité, le coût de la colonisation de la

Galaxie sera inférieur à celui du programme Apollo voici cinquante ans.

Je ne suis pas le seul à avoir cette vision. Elle n'a rien d'original. Robert Goddard, le pionnier des fusées, a écrit en 1918 – il y a *quatre-vingt-douze ans* – un essai intitulé *La Migration ultime*, où il a imaginé que des arches stellaires construites à partir de matériaux récoltés dans les astéroïdes permettraient à nos descendants lointains d'échapper à la mort du Soleil. Les détails techniques ont changé, mais pas l'essence de cette vision.

Nous pouvons le faire. Si nous réussissons, nous vivrons éternellement.

Sinon, ce sera l'extinction.

Et, voyez-vous, mesdames et messieurs, quand nous aurons disparu, ce sera *pour de bon*.

Pour autant que nous le sachions, nous sommes seuls dans un univers indifférent. Nous ne voyons de signe d'intelligence *nulle part* hors de la Terre. Peut-être sommes-nous les premiers. Ou les derniers. Le Système solaire a mis si longtemps à faire évoluer l'intelligence qu'il semble peu probable qu'il y ait *jamais* une autre espèce comme la nôtre.

Si nous échouons, ce sera pour l'éternité. Si nous mourons, l'esprit, la conscience et l'âme disparaîtront avec nous : espoirs, rêves, amour – tout ce qui fait de nous des êtres humains. Il n'y aura plus personne pour nous pleurer.

Être les premiers représente une responsabilité effrayante. Nous devons l'assumer.

Ce que je vous offre, c'est une voie pratique vers un avenir *infini* pour l'humanité, un avenir au potentiel *illimité*. Un jour, vous le savez, je reviendrai vous demander de l'argent : de l'argent pour les semences, c'est tout, de manière à pouvoir effectuer le premier pas – *en nous autofinançant à moyen terme* – au-delà des limites de la Terre. Mais je veux que vous voyiez pourquoi je vais faire ça. Pourquoi je dois le faire.

Nous pouvons réussir. Nous *allons* réussir. Nous sommes tout seuls. À nous de jouer.

Ce n'est que le début, alors joignez-vous à moi.

Merci.

**Michaël**

Voilà ce que j'ai appris, Malenfant. C'est ainsi, c'était ainsi, voilà comment c'est arrivé.

Dans les dernières lueurs du Big Bang, des vagues d'êtres humains se sont répandues dans l'univers ; ils se sont dispersés, battus, reproduits, ils sont morts et ils ont évolué. Il y a eu des guerres, de l'amour, il y eu la vie et la mort. Des esprits se sont fondus en d'immenses rivières de conscience ou éparpillés en gouttelettes étincelantes. Leur immortalité était en jeu, un genre particulier d'immortalité, une continuité de leur identité à travers la réplication et la confluence sur des milliards et des milliards d'années.

Partout ils ont trouvé de la vie.

Nulle part ils n'ont trouvé d'intelligence – sinon celle qu'ils avaient emmenée avec eux, ou créée. Mais pas d'*étrangers* avec qui confronter les progrès humains.

Avec le temps, les étoiles se sont éteintes telles des bougies. Mais les humains se sont nourris de la gravité elle-même, obtenant une puissance dont nul n'aurait osé rêver au début de leur histoire.

Ils ont appris l'existence d'autres univers qui avaient évolué pour devenir le leur. Ces réalités plus jeunes et plus simples étaient également vides d'intelligence, comme un arbre de néant s'étendant dans les profondeurs de l'hyperpassé.

Il nous est impossible d'imaginer à quoi ressemblaient

des esprits aussi âgés – la pointe de l'évolution, une espèce des centaines de milliards d'années plus vieille que votre humanité, Malenfant. Ils ne cherchaient ni à posséder, ni à se reproduire, ni même à apprendre. Ils n'avaient rien en commun avec nous, leurs ancêtres de l'ère des dernières lueurs.

Rien d'autre que la volonté de survivre. Et, même de cela, le temps devait les priver.

L'univers a vieilli : indifférent, rude, hostile et en fin de compte mortel.

Il y a eu le désespoir et la solitude.

Il y a eu une période de guerre, l'oblitération de souvenirs vieux de billions d'années, un bûcher d'identités. Il y a eu une ère de suicides, durant laquelle les meilleurs représentants de l'humanité préféraient s'autodétruire plutôt que de subir encore des éons de temps et de luttes inutiles.

Les grands fleuves de l'esprit se sont réduits à des ruisseaux, puis asséchés.

Mais certains ont perduré : un petit affluent composé des plus obstinés, qui ne voulaient toujours pas céder face aux ténèbres, ni accepter les limites de plus en plus étroites d'un univers en train de vieillir inexorablement.

Et, finalement, ils ont réalisé que *ça n'allait pas.* Les choses n'étaient pas censées se dérouler ainsi.

Brûlant les dernières ressources de l'univers, les ultimes habitants de l'aval du temps – entêtés mais certainement pas fous – ont atteint le passé le plus lointain. Et… oh.

La Lune, Malenfant. Regardez la Lune. Ça commence…

# 1

# Le Pied à l'Étrier

*Que vois-tu d'autre*
*Dans le recul obscur et caverneux du temps ?*

William Shakespeare

**Emma Stoney**

Bien sûr, Emma savait que Reid Malenfant – son astronaute raté d'ex-mari, et son patron actuel – achetait des moteurs de navette spatiale et les mettait à feu dans le désert californien. Elle croyait que ça faisait partie d'un plan compliqué de traitement des déchets.

Elle ignorait qu'il avait l'intention d'utiliser les fusées pour se rendre dans les astéroïdes.

Pas avant que Cornélius Taine ne lui en parle.

De cela, et de bien d'autres choses encore.

— Madame Stoney…

La voix douce au ton sec fit tressaillir Emma. Elle quitta du regard son écran souple et se redressa.

Un homme se tenait devant elle dans l'éclairage pastel de son bureau de Las Vegas : de type caucasien, très mince, il portait un costume rayé dans le style années 80 et sa coupe de cheveux était courte et nette.

— Je vous ai surprise. Je suis désolé. Je m'appelle Cornélius, dit-il. Cornélius Taine.

Accent neutre. Boston ? Il paraissait la quarantaine. Elle ne voyait nulle trace d'améliorations cosmétiques. Des pommettes hautes. Des rides de stress autour des yeux.

Comment diable était-il arrivé là ?

Elle dirigea sa main vers le bouton d'appel de la sécurité qui se trouvait sous son bureau.

— Je n'avais pas remarqué que vous étiez entré.

Il sourit. Il paraissait calme, rationnel, comme s'il était là pour affaires. Elle éloigna son doigt du bouton.

Il lui tendit la main. Elle la serra ; la paume en était sèche et douce, comme s'il contrôlait sa transpiration elle-même. Mais elle n'apprécia pas le contact. C'est comme toucher un lézard, se dit-elle. Elle lui lâcha aussitôt la main.

— Nous sommes-nous déjà rencontrés ? s'enquit-elle.

— Non. Mais je vous connais. Votre photo se trouve dans les archives de la société. Sans parler des sites de potins, de temps en temps. Votre relation personnelle compliquée avec Reid Malenfant…

Il la mettait mal à l'aise.

— Malenfant est une sorte de personnage public, concéda-t-elle.

— Vous l'appelez Malenfant.

Il hocha la tête, comme s'il s'agissait d'un fait qu'il était en train d'archiver.

— Travaillez-vous pour notre corporation, monsieur Taine ?

— En fait, je suis le docteur Taine. Mais appelez-moi Cornélius, s'il vous plaît.

— Docteur en médecine ?

— Non, l'autre catégorie de docteurs. (Il agita la main.) Universitaire. Mathématiques, en fait. Il y a longtemps. Et, oui, je travaille en quelque sorte pour le Pied à l'Étrier. Je représente l'un de vos groupes d'actionnaires les plus importants. C'est ce qui m'a permis de franchir le barrage de votre très consciencieuse secrétaire.

— Des actionnaires ? Quel groupe ?

— Nous opérons sous couvert d'un certain nombre de prête-noms. (Il jeta un coup d'œil au bureau d'Emma.)

Je suis sûr que, lorsque vous vous remettrez à votre écran souple, vous serez vite en mesure de déterminer lesquels, de même que l'importance de notre pourcentage. Au final, je travaille pour Eschatologie Inc.

Et merde. Pour autant qu'elle le sût, Eschatologie était un de ces groupes de chasseurs d'ovnis que les entreprises de Malenfant attiraient comme des mouches.

Il la regarda comme s'il savait ce qu'elle pensait.

— Pourquoi êtes-vous ici, docteur Taine ?

— Cornélius, s'il vous plaît. Nous désirons savoir comment votre mari utilise notre argent, naturellement.

— Ex-mari. Pour ça, vous avez les archives d'entreprise et la presse.

Il se pencha en avant.

— Mais je ne me souviens pas avoir vu de communiqués de presse concernant cette société d'élimination des déchets située dans le désert de Mojave.

— Vous parlez de l'usine à fusées. C'est un nouveau projet, dit-elle d'un ton vague. À caractère expérimental.

Il sourit.

— Votre loyauté est admirable. Mais vous n'avez nul besoin de défendre Malenfant, madame Stoney. Je ne suis pas ici pour critiquer ou gêner votre travail. Pour l'orienter, peut-être.

— Orienter quoi ?

— La trajectoire des activités secrètes de Reid Malenfant. Je parle de son véritable objectif, celui qui se cache derrière toutes les fausses pistes.

— Son véritable objectif ?

— Allons, vous ne pensez tout de même pas que nous allons croire qu'un entrepreneur du calibre de Malenfant reconditionne des moteurs fusées destinés à propulser des missions habitées dans le seul but de brûler des déchets industriels ?... (Il observa Emma.) À moins que vous ne connaissiez vraiment pas la vérité.

Remarquable. Dans ce cas, nous avons tous deux beaucoup à apprendre. (Il sourit, décontracté.) Nous pensons que les motivations de Malenfant sont tout à fait honnêtes – voilà pourquoi nous avons investi dans ses entreprises – mais que ses objectifs sont trop limités. J'ai suivi le discours qu'il a prononcé dans le Delaware l'autre soir. Impressionnant : coloniser la Galaxie, donner l'immortalité à l'humanité. Il n'a pas mené sa réflexion jusqu'au bout.

— Me croiriez-vous si je vous disais que je n'ai pas la moindre idée de ce dont vous me parlez ?

— Oh, oui. (Il l'étudia du regard. Ses yeux étaient d'un bleu pâle semblable aux cieux californiens de l'enfance d'Emma, une enfance depuis longtemps enfuie.) Oui, je vous crois maintenant que je vous ai rencontrée. Il est possible que nous comprenions mieux votre ex-mari que vous.

— Et que comprenez-vous ?

— Qu'il est le seul homme capable de sauver l'espèce humaine de la catastrophe qui se prépare.

Il avait parlé d'une voix dépourvue de toute inflexion.

Emma ne savait absolument pas comment réagir. L'instant s'étirait.

Elle se demanda à nouveau si cet homme était dangereux.

Sur un coup de tête, elle décida d'annuler ses rendez-vous de la journée et d'aller faire un tour dans le désert jusqu'aux installations de Malenfant. Tout bien considéré, peut-être était-il temps qu'elle y jette un coup d'œil. Et elle invita Cornélius à l'accompagner.

Elle appela pour annoncer à Malenfant qu'elle était en route. Mais, partant du principe qu'elle ne devait jamais manquer une occasion de lui rendre la vie plus difficile, elle ne le prévint pas de la présence de Cornélius Taine.

Une fois hors de Vegas, elle prit la I-15, la route principale en direction de Los Angeles, à près de cinq cents kilomètres de là. Elle put alors brancher le MalinPilote. Le limiteur de vitesse de la voiture contrôlé par l'invisible réseau orbital des satellites se débrancha lorsque le contrôle automatique prit le relais, et le véhicule accéléra en douceur jusqu'à deux cent vingts kilomètres à l'heure.

L'air se réchauffa tandis que le Soleil montait à l'horizon. Elle referma la vitre et sentit l'air conditionné rafraîchir et humidifier l'atmosphère.

Cornélius reprit la parole sans prévenir, comme si leur conversation n'avait pas été interrompue.

— Oui, le discours du Delaware était intéressant. Mais quelque peu décevant de la part de Malenfant. D'habitude, il est beaucoup plus discret sur ses vraies ambitions.

Lorsque Malenfant avait commencé à gagner de l'argent en tant que modeste consultant en aérospatiale, on l'avait vu partout dans les médias faire campagne en faveur d'une relance de la politique spatiale américaine. Il voulait une nouvelle génération de lanceurs lourds, des engins à nouveau pilotés par l'homme, et que l'on retourne sur la Lune. Il avait évoqué les richesses qui attendaient l'humanité dans l'espace, la possibilité de sortir des limites malthusiennes au développement, la capacité de sauver l'espèce de catastrophes du type astéroïde entrant en collision avec la Terre, et ainsi de suite. La propagande habituelle des fondus d'espace.

— L'image que Malenfant s'est bâtie était claire, dit Cornélius. Celle d'un homme riche et destiné à le devenir plus encore, de toute évidence prêt à investir une certaine quantité de son argent dans le vieux rêve spatial. Puis ses affaires ont commencé à connaître des difficultés ? N'est-ce pas la vérité ?...

Ça l'était. Les investisseurs avaient commencé à se méfier de ce visionnaire de talk-show. L'espace était important pour les affaires, mais les milieux concernés ne s'intéressaient qu'aux satellites utilitaires en orbite basse destinés aux communications, à la météo et à la surveillance. Jusque-là et pas plus loin.

De plus, Malenfant n'était soutenu par aucune des agences sérieuses – et certainement pas par la Nasa. Celle-ci, qui craignait depuis longtemps d'effrayer ses appuis politiques en pensant trop grand, se concentrait sur des expériences scientifiques séduisantes menées par des sondes-robots bon marché, tout en soutenant les carrières et les empires associés à la bureaucratie gigantesque qui dirigeait le programme spatial, avec sa flotte de navettes vieillissantes et sa Station internationale à demi construite en retard sur le programme.

En réalité, Malenfant lui-même avait commencé à attirer l'attention de manière inopportune. Dans tous les médias, des psychanalystes de comptoir avaient trouvé des correspondances entre le fait qu'il ne pouvait pas avoir d'enfant, son désir frustré d'aller dans l'espace et ses ambitions démesurées pour l'avenir de l'humanité. Et puis, il y avait les tordus – les théoriciens du complot, les fêlés d'ovnis, les syncrétistes post-New Age, les rêveurs obsessionnels – qui n'avaient rien à offrir à Malenfant sinon une mauvaise réputation.

Puis les bébés jaunes étaient arrivés en Floride, la Nasa elle-même avait suspendu ses lancements, et voilà où l'on en était.

Tandis que Cornélius parlait, Emma alluma discrètement l'écran souple et chercha des informations sur son passager.

Trente-huit ans. Né au Texas, ce que son accent ne laissait pas deviner. Mathématicien professionnel, universitaire. La courte bio qu'elle trouva comportait l'expression « esprit brillant ».

Professeur titulaire à Princeton à vingt-sept ans. Viré à trente ans.

Elle ne parvint pas à découvrir pourquoi, ni à quoi il s'était consacré depuis. Elle chargea deux ou trois traqueurs de données de lui trouver la réponse.

Après les bébés jaunes, Malenfant s'était ressaisi.

Il avait disparu des écrans de télé. Il continuait à financer des programmes d'éducation – des livres, des émissions de télé, des films. Emma, qui travaillait pour le Pied à l'Étrier, n'avait vu aucun mal à cela, rien d'autre que des opérations de relations publiques positives et, de surcroît, efficaces en termes de réduction fiscale. Mais Malenfant avait pratiquement abandonné toute propagande publique et cessé tout investissement dans ce qu'il commençait à appeler « les belles promesses utopiques ».

Et, sans faire de bruit, il avait entrepris de bâtir un immense empire commercial. Il avait par exemple été le pionnier de l'extraction comme carburant du méthane tiré des grands champs d'hydrates à haute pression situés au fond de l'océan à l'écart des côtes de la Caroline du Nord. Il avait cédé la technologie à d'autres gisements, au large de la Norvège, de l'Indonésie, du Japon et de la Nouvelle-Zélande, et judicieusement acheté des actions. Le méthane n'avait pas tardé à fournir un pourcentage significatif de la production d'énergie mondiale.

Les tentes gigantesques que les compagnies de Malenfant avaient érigées au fond des mers pour décomposer les hydrates et piéger les gaz étaient devenues le symbole de son flair et de son ambition.

Et Malenfant s'enrichissait d'une manière remarquable.

On aurait dit qu'il avait commencé dans l'espace, mais que ce n'était pas là qu'il allait.

… Jusqu'à – si Taine avait raison, songea Emma – jusqu'à *ça*.

— Bien entendu, dit Cornélius, il faut applaudir l'ambition de Malenfant. Je parle de sa véritable ambition, celle qui se cache derrière… ce rideau de fumée. J'espère que vous comprenez qu'il s'agit là de ma position de base. Pour quel but plus noble que la destinée de notre espèce peut-on œuvrer ? (Il écarta ses doigts minces.) L'homme est un animal porté à l'expansion. Nous avons conquis la Terre avec la technologie de l'âge de pierre. À présent, nous avons besoin de nouvelles ressources et de savoir-faire nouveaux afin de poser les bases de notre croissance future, et d'espace pour exprimer nos différends philosophiques… (Il sourit.) J'ai la sensation que vous ne partagez pas nécessairement cette vision des choses.

Elle haussa les épaules. Elle en avait souvent parlé avec Malenfant.

— C'est une vision tellement gigantesque, mécaniste et déprimante. Nous devrions peut-être tous apprendre à nous entendre. Nous n'aurions plus à nous fatiguer à conquérir la Galaxie. Qu'en pensez-vous ?

Il rit.

— Votre couple devait faire des étincelles.

Et il continua à lui poser des questions et à essayer de lui tirer les vers du nez.

Ça suffisait. Elle n'était pas prête à se faire soutirer des informations sur son patron, et encore moins son ex-mari, par cet individu plus ou moins sinistre. Elle se plongea dans ses courriels et le chassa de son esprit.

Cornélius demeura assis en silence, aussi immobile qu'un lézard se chauffant au Soleil.

Une heure plus tard, ils atteignirent la frontière californienne.

Il y avait un poste de douane. Un garde revêche, aux yeux dissimulés par des lunettes de Soleil truffées de caméras qui les faisaient ressembler à des yeux d'insectes, scanna le code-barre du poignet d'Emma. Comme ni Cornélius ni elle ne se révélèrent noirs, hispaniques ou asiatiques, et comme ils n'avaient pas l'intention de s'installer de façon définitive dans le *Golden State*, ni d'y chercher un emploi, on les autorisa à entrer.

La Californie n'est plus ce qu'elle était, songea Emma avec amertume.

L'autoroute 58 menant à Mojave les conduisit à travers le désert. Le Soleil monta plus haut encore et une lumière dure se mit à tomber du ciel ardent lessivé de son ozone. Le sol était cuit, décoloré, aussi plat et dur qu'une dalle ; seuls quelques arbres de Judée noueux et noircis osaient défier les horizontales infinies. Quelque part sur la droite se trouvait la vallée de la Mort, où l'on avait enregistré en 2004 la plus haute température jamais atteinte sur le globe, 59,45 °C.

Ils atteignirent la base d'Edwards – ou, plutôt, ils commencèrent à rouler le long de sa clôture, soixante-cinq kilomètres de grillage parallèle à l'autoroute. La base, avec ses étendues sans fin de lacs salés à sec – des pistes naturelles – était le foyer légendaire des pilotes de l'espace. Mais Emma ne voyait strictement rien depuis l'autoroute, pas d'avions ni de hangars ou d'hommes en noir en train de patrouiller. Rien d'autre que des kilomètres de grillage. La comptable qu'elle ne cessait jamais tout à fait d'être se mit en dépit d'elle à calculer le coût de tout ce fil de fer.

Néanmoins, la proximité de la base d'Edwards et l'aura laissée par les astronautes des années 60 étaient, elle en avait la certitude, la raison pour laquelle Malenfant avait choisi d'installer là son tout dernier projet. Ce n'était pas un fin psychologue, mais il connaissait la valeur des symboles.

Et ce fut en effet peu après les limites de la base d'Edwards qu'elle découvrit le site où Malenfant avait implanté son projet.

L'entrée principale pouvait passer pour un trou dans le grillage fermé par une glissière de sécurité où le logo du Pied à l'Étrier était petit, discret. Le garde, une femme bien bâtie, portait à la hanche un petit pistolet étincelant. Les références fournies par son entreprise à Emma, ajoutées à l'identification par code-barre à UV sur son poignet gauche, suffirent pour que Cornélius et elle puissent entrer.

De l'autre côté du portail se trouvait une baraque de chantier Portakabin elle aussi ornée du logo de l'entreprise. Au-delà, c'était encore le désert. Il n'y avait pas de route couverte de métal, rien que des pistes sinuant vers l'horizon poussiéreux.

Emma arrêta la voiture et sortit. Elle cligna des yeux dans la luminosité soudaine et sentit la transpiration jaillir de ses pores au bout de quelques secondes à peine d'exposition à la chaleur sèche et avide du désert. Elle fut soulagée de trouver l'ombre de la Portakabin, malgré les défaillances de l'air conditionné.

Elle estima d'un coup d'œil le contenu de la baraque. L'ordre de mission en forme de plaisanterie trouvé par Malenfant pour son entreprise apparaissait à plusieurs reprises : *Le Pied à l'Étrier, gagner de l'argent dans une économie fermée – jusqu'à ce qu'on trouve mieux…* Des présentoirs contenaient de la publicité d'entreprise au sujet des champs d'extraction de méthane et des activités de nettoyage à Hanford et dans les centrales nucléaires d'Ukraine, d'Alaska et d'ailleurs, dont Emma avait entériné une bonne partie.

Le Pied à l'Étrier venait de conclure avec Colic Cola un accord de sponsoring destiné à attirer les jeunes, aussi les couleurs rose vif du Cola étaient-elles bien visibles sur les présentoirs. Trop de stimulation visuelle, se dit Emma : trop encombré, trop coloré. Mais ça diminuait les coûts. Et le public cible de Colic – dans la tranche d'âge des moins de vingt-cinq ans, en général des consommateurs à demi illettrés du soda le plus en vogue de la planète – se montrait sensible à la persuasion subtile du Pied à l'Étrier qu'on mêlait à leur régime habituel de sitcoms mièvres et de concours de strings.

Aucune trace de gigantesques usines à fusées dans le désert, bien entendu.

Cornélius regardait autour de lui en silence, un demi-sourire amusé sur les lèvres. Elle commençait à trouver sacrément énervants son attitude de monsieur je-sais-tout tranquille et ses silences troublants.

Elle entendit le gémissement d'un moteur électrique, une voiture s'arrêtait à l'extérieur. Elle fut soulagée de sortir.

C'était une Jeep d'un modèle récent, un cadre nu pourvu d'énormes pneus très larges que surmontait une carapace de cellules solaires géantes miroitant comme la chitine d'un scarabée. Deux personnes discutaient avec animation à l'intérieur. Le passager était une femme qu'Emma ne connaissait pas : la soixantaine, mince et chic, vêtue d'une sorte de tailleur pantalon. Pratique mais un peu chaud, se dit Emma.

Le conducteur était Reid Malenfant, bien entendu.

Il sortit de la voiture comme un fouet qui se déroule. Il s'élança vers Emma, lui prit les bras et l'embrassa sur la joue. Ses lèvres étaient rêches, crevassées par le Soleil. Il était très grand, mince comme un serpent, chauve comme un œuf. Il portait une combinaison de saut bleue dans le style de celles de la Nasa et de lourdes bottes noires. Comme toujours, il paraissait un peu plus grand que ceux qui l'entouraient, comme s'il l'était trop pour cet environnement. Elle sentit l'odeur de la poussière du désert sur lui, aussi chaude et sèche que dans un sauna.

— Qu'est-ce qui t'a retardée ? demanda-t-il.

— Tu es culotté, Malenfant, siffla-t-elle. À quoi joues-tu ?

— Plus tard, murmura-t-il.

La femme qui l'accompagnait sortait de la voiture avec précaution, quoiqu'elle parût plutôt leste.

— Tu connais Maura Della ? demanda Malenfant à Emma.

— Le député ? De réputation.

Maura Della s'avança vers eux, un mince sourire aux lèvres.

— Madame Stoney. Il m'a tout dit sur vous.

— Je n'en doute pas.

Emma lui serra la main et fut surprise de sa force. En fait, sa poigne était plus énergique que celle de Cornélius Taine.

— J'essaie d'avoir le soutien de madame le député pour le projet. Mais quelque chose me dit que ce n'est pas gagné.

— Vous avez sacrément raison. En toute franchise, j'ai du mal à croire que vous puissiez essayer de construire un projet écologique basé sur des moteurs de fusées…

Malenfant fit une grimace à Emma.

— Comme tu le vois, nous sommes au beau milieu de la discussion.

— C'est sûr, dit Della.

Malenfant alla chercher des bouteilles d'eau dans la voiture et les distribua pendant que Maura Della parlait.

— … Écoutez, en fait, la navette rejette plus de résidus de combustion dans l'atmosphère que n'importe quel autre lanceur. De l'eau, de l'hydrogène, du chlorure d'hydrogène et de l'oxyde nitreux. Le chlorure peut endommager la couche d'ozone. …

— S'il atteint la stratosphère, dit Malenfant avec amabilité. Ce qui n'est pas le cas, puisque la pluie le ramène au sol.

— Soixante-cinq pour cent retombent avec la pluie. Le reste s'échappe. Et, de toute façon, il y a d'autres conséquences. Le phénomène de diminution de la quantité d'ozone à cause du dépôt d'eau gelée et d'oxyde d'aluminium. La contribution à l'accroissement de l'effet de serre due au dioxyde de carbone et aux particules. Le chlorure d'hydrogène provoque des pluies acides et les produits des oxydes d'azote…

— Limités à un demi-mile autour du site de lancement.

— *Mais bel et bien présents.* Et, en tout état de cause, il y a aussi les toxines associées au lancement des fusées ; il suffit d'une toute petite quantité. Le dioxyde d'azote peut provoquer des œdèmes pulmonaires aigus, l'hydrazine est cancérigène – et de vieilles études établissent un lien entre l'aluminium et la maladie d'Alzheimer.

Malenfant éclata de rire.

— L'aluminium contenu dans les moteurs de fusées constitue un centième de la production totale des États-Unis. Il faudrait qu'on en lance autant que Buck Rogers pour causer le moindre dégât.

— Allez raconter ça aux mères de bébés jaunes de Floride, dit Della sur un ton sinistre.

Le scandale avait été énorme. Des études avaient révélé une série de nouveau-nés anormaux à Daytona, Orlando et dans d'autres villes proches de cap Canaveral, en Floride. Foies anormaux, cœurs défectueux, des défauts externes, une épidémie de jaunisse, parfois associée à de graves maladies neurologiques. *Les bébés jaunes.*

Malenfant avait bien entendu des arguments tout prêts.

— D'abord, dit-il, très calme, les toubibs ne sont pas d'accord entre eux pour savoir s'ils constituent bien un groupe. Et, même si c'est le cas, qui en connaît l'origine ?

Della secoua la tête.

— On a détecté de l'heptyl dans le sol et dans les plantes. Le long de la côte de Floride, le taux monte jusqu'à trois milligrammes par kilo…

— Heptyl ? demanda Emma.

— Diméthyle hydrazine. Du carburant pour fusées qui n'a pas été brûlé. Hautement toxique. Les composants de l'hydrazine sont connus pour être des poisons pour le foie et le système nerveux central. Qui plus est, nous savons qu'il peut demeurer présent pendant des années dans les rivières ou les marais… (Della eut un sourire à peine voilé.) Je suis désolée. Je crois que nous nous sommes un peu échauffés pendant notre balade. Comme vous le savez sans doute, Malenfant se mêle depuis quelque temps des affaires du Congrès. Et des miennes en particulier. Je me suis dit qu'il fallait que je vienne voir si son usine à fusées est juste un passe-temps, une danseuse, ou si c'est plus sérieux.

Emma hocha la tête. En cet instant précis, elle ne voyait pas pourquoi elle aurait dû rendre la vie plus facile à Malenfant.

— Il vous appelle « le Bill Proxmire en jupons ».

Le sénateur Proxmire était célèbre pour s'être opposé à la Nasa à la fin du XX^e^ siècle.

Maura Della sourit.

— Eh bien, je ne porte pas souvent de jupes. Mais je le prends comme un compliment.

— Un sacré compliment, dit tranquillement Malenfant, imperturbable. Proxmire s'opposait au progrès sans réfléchir…

— Alors que, moi, je suis un opposant qui *réfléchit*, dit Della à Emma d'un ton sec. Conclusion, Malenfant pense qu'on peut me convaincre.

— Je vous ai dit que c'était un compliment, fit Malenfant.

Pendant qu'ils croisaient le fer, Cornélius Taine était demeuré pratiquement invisible, debout dans l'ombre de l'entrée de la Portakabin. Il fit un pas en avant comme s'il se matérialisait et sourit à Malenfant. Cornélius ne clignait pas des yeux dans la lumière aveuglante, nota

Emma. Peut-être portait-il des implants cornéens avec processeur d'image.

Surpris, Malenfant fronça les sourcils en le découvrant.

— Et vous, qui êtes-vous ?

Cornélius se présenta, ainsi que sa compagnie.

— Eschatologie, grommela Malenfant. Je croyais avoir dit aux gardes de tenir les cinglés à l'écart du complexe.

Emma le tira par la manche.

— C'est moi qui l'ai amené ici. (Elle lui chuchota quelques mots au sujet des actionnaires qu'il représentait.) Prends-le au sérieux, Malenfant.

— Je suis ici pour vous soutenir, colonel Malenfant, dit Cornélius. Je ne constitue pas une menace pour vous.

— Malenfant, appelez-moi Malenfant, ça suffit. (Il se tourna vers Della.) Veuillez m'excuser. J'ai tout le temps affaire à ce genre d'experts en sornettes.

— J'imagine que vous en êtes le seul responsable, murmura Della.

Cornélius Taine leva des mains manucurées.

— Vous m'avez mal compris, Malenfant. Nous ne sommes pas des médiums. Nous sommes des scientifiques, des ingénieurs, des économistes, des statisticiens. Des penseurs, pas des rêveurs. J'ai moi-même été mathématicien, par exemple. Eschatologie s'appuie sur le travail de pionniers de gens comme Freeman Dyson qui, dans les années 70, s'est mis à penser l'avenir en termes scientifiques. Depuis, nous et quelques autres, avons travaillé dur pour compiler, comment dire… une feuille de route de l'avenir. En fait, colonel Malenfant, nous avons déjà la preuve que notre étude du futur est dans l'ensemble un succès.

— Quelle preuve ?

— C'est grâce à elle que nous sommes devenus riches. Assez pour investir sur *vous*.

Il sourit.

— Pourquoi êtes-vous venu aujourd'hui ?

— Pour bien montrer que nous vous soutenons. C'est-à-dire, que nous soutenons vos véritables objectifs. Nous sommes au courant de ce qui se passe à Key Largo, dit Cornélius.

Della parut troublée.

— Key Largo ? En Floride ?

Le nom ne disait rien à Emma. Mais elle vit que Malenfant était désarçonné.

— Tout ça est trop compliqué pour moi, finit-il par dire. Montez dans la Jeep. S'il vous plaît. Nous avons du solide à vous montrer. Ça, je comprends.

Humblement, gardant leurs pensées pour eux, ils obéirent.

Le banc d'essai se trouvait à trois kilomètres de là, plus loin qu'Emma ne s'y était attendue. Le Pied à l'Étrier possédait un sacré bout de désert, semblait-il.

La base de Malenfant évoquait une version miniature de celle d'Edwards : des kilomètres de grillage découpant un trou dans le désert, un trou où se tapissaient des technologies exotiques, le parfum d'autres mondes.

Mais il y avait ici beaucoup d'installations : des réservoirs de carburant, des bâtiments ressemblant à des hangars et des bancs d'essai aux silhouettes squelettiques. Malenfant passa devant eux sans commentaire ni explication. Y avait-il vraiment un objectif secret derrière tout ça, plus d'équipement que cette histoire de recyclage des déchets ne le justifiait ?

Malenfant et Maura Della continuèrent à se disputer au sujet de l'espace et des fusées. Cornélius Taine semblait étrangement détaché. Assis, en apparence détendu, les mains jointes avec soin devant lui, il balayait le désert du regard tandis que le flot de charabia de termes chimiques et de statistiques continuait à couler. Cette apparence de maîtrise de soi avait quelque chose de répugnant.

Emma était le contrôleur financier du Pied à l'Étrier – sans parler du fait qu'elle était aussi l'ex-épouse de Malenfant – mais cela ne signifiait pas qu'il se montrait plus disert avec elle lorsqu'il s'agissait de partager des informations. Elle savait cependant qu'il comptait sur elle pour que l'entreprise ne fasse rien qui enfreigne les régulations fiscales. Ce qui signifiait que, bizarrement, il lui faisait confiance pour se frayer un chemin dans sa toile complexe de supercheries et de dissimulations à temps pour respecter les lois en vigueur. Tous deux dansaient une sorte de ballet, un jeu de dépendance mutuelle basé sur des règles tacites.

Et, dans une certaine mesure, admit-elle en son for intérieur, elle aimait ça.

Mais elle se demandait vraiment – au cas où il apparaîtrait que Cornélius avait raison – si Malenfant n'était pas allé trop loin cette fois. Des fusées secrètes dans le désert ? Ça fait vraiment trop années 50, Malenfant…

Et pourtant, à quelques douzaines de kilomètres à peine de la base d'Edwards elle-même, Reid Malenfant – souple, bronzé, vigoureux et souriant – paraissait dans son élément. Bien plus que dans une salle de conseil d'administration à Vegas, à Manhattan ou à Washington D.C. Il ressemblait à ce qu'il était vraiment, se dit-elle – ou, plutôt, à ce qu'il avait toujours voulu être – un pilote de la vieille école tout droit sorti de *L'Étoffe des héros*, quelqu'un qui aurait peut-être pu aller jusqu'au bout, dans l'espace.

Mais, bien entendu, cela ne s'était pas passé ainsi.

Ils atteignirent le banc d'essai des moteurs. Il ressemblait à une grande boîte à ciel ouvert aux parois d'échafaudages et de poutrelles, avec des passerelles zigzaguant à travers toute la structure, le tout surmonté d'une grue. Des projecteurs brillaient partout dans l'installation, visibles malgré la force du Soleil de l'après-midi. On aurait dit une partie d'une usine chimique transportée pour une raison inconnue dans le morne désert de Californie. Mais, sur une structure cubique placée au centre du vilain conglomérat, Emma vit un écusson de la Nasa que l'on avait hâtivement recouvert de peinture.

Et là, comme prisonnière d'un piège de métal usiné, elle découvrit la silhouette mince au nez camus de l'un des réservoirs extérieurs d'une navette spatiale : une forme familière, dont elle avait vu des images à cap Canaveral lors de plus d'une centaine de lancements réussis et d'un échec qui avait marqué sa mémoire au fer rouge. De la vapeur blanche s'échappait quelque part du côté des tuyères et s'enroulait autour des poutrelles et des tuyauteries, adoucissant la lumière aveuglante du Soleil.

Bizarrement, Emma avait moins chaud. Peut-être la capacité thermique de cette masse considérable de carburant liquide suffisait-elle à rafraîchir l'air du désert et son propre corps.

Malenfant arrêta la Jeep et ils descendirent. Il fit un signe à des ingénieurs casqués qui l'imitèrent ou crièrent quelque chose, puis il entraîna ses compagnons faire le tour des installations.

— Nous avons là un genre de maquette d'une navette spatiale. Nous avons le réservoir de carburant extérieur, bien sûr, et une partie arrière complète, ainsi que trois moteurs principaux. Là où devrait se trouver le reste de la navette, il y a une section triangulaire uniquement destinée aux essais. Les moteurs que nous utilisons sont obsolètes : tous ont volé dans l'espace plusieurs fois et on les a retirés de la circulation. Nous avons trouvé le banc d'essai dans les vieilles installations de test des propulseurs de la navette de la Nasa au Mississippi, le *Stennis Space Center*. (Il pointa le doigt sur une flottille de camions-citernes garés le long des installations. Des géants à dix-huit roues, mais qui, à côté de la structure, avaient l'air d'insectes au pied d'un éléphant.) À Stennis, ils apportent sur des péniches le carburant, l'oxygène et l'hydrogène liquides. Nous n'avons pas ce luxe…

Ils étaient arrivés devant une fosse de mise à feu, gigantesque tunnel de béton creusé dans le désert le long du banc d'essai.

— Nous sommes déjà parvenus à réaliser ici des flambées de cinq cent vingt secondes, c'est-à-dire l'équivalent d'un test complet de démonstration de la navette en vol, avec une poussée de cent pour cent. (Il sourit à Maura Della.) C'est le seul endroit au monde où l'on met à feu des propulseurs principaux de navette, et ce sont toujours les moteurs de fusées les plus avancés au monde. Nous avons un réservoir haut de dix-neuf étages, huit cents tonnes de liquide refroidi à moins cent cinquante degrés ou plus bas encore. Lorsqu'on allume les moteurs, les turbo-pompes atteignent la vitesse de quarante mille tours-minute, on consomme un millier de gallons de carburant à la seconde…

— Très impressionnant, Malenfant, dit Della, mais il est fort peu probable que vous réussissiez à m'impressionner avec ces données techniques vertigineuses. Nous ne sommes plus dans les années 60. Vous pensez vraiment que vous avez besoin de réunir tout ce matériel spatial rien que pour éliminer quelques déchets ?

— Certainement. Nous prévoyons d'utiliser les chambres de combustion des fusées comme incinérateurs à haute température pour de gros volumes. (Il les conduisit devant un tableau d'affichage où un organigramme géant montrait les flux de masse et des flammes jaunes animées brûlant au cœur de petites fusées.) Nous atteignons les deux à trois mille degrés centigrade là-dedans, c'est-à-dire deux fois plus que dans la plupart des incinérateurs commerciaux, qui sont basés sur la technologie du four rotatif ou des plasmas électriques. Nous faisons rentrer les déchets à grande vitesse, d'abord pour les fragmenter et ensuite pour les oxyder. On se débarrasse de tous les produits toxiques au cours d'un processus de nettoyage comportant plusieurs étapes, y compris des tampons à récurer, qui empêchent les gaz acides de sortir par les tuyères.

« Nous pensons être capables de traiter la plupart des rejets toxiques industriels, ainsi que les gaz innervants et les armes biologiques, le tout beaucoup plus vite et bien moins cher que les incinérateurs commerciaux. Nous estimons que nous serons en mesure de traiter plusieurs tonnes de déchets *par seconde*. Nous pourrions probablement nous attaquer à des problèmes écologiques majeurs, comme le nettoyage de lacs empoisonnés.

— Faire fortune en nettoyant la planète, dit Della.

Malenfant sourit, et Emma comprit qu'il avait réussi à l'amener sur son terrain.

— Madame le député, c'est précisément la philosophie de mon entreprise. Nous vivons dans une économie fermée. Nous avons fait le tour de la Terre, et il nous faut avoir conscience du fait que nous allons devoir vivre avec ce que nous produisons, ce qui est utile aussi bien que les déchets… *Mais*, si l'on sait repérer les flux de produits, de matériaux et de valeurs économiques, il est encore possible de devenir riche.

Cornélius Taine s'était éloigné des autres. Et à présent, il applaudissait, lentement et doucement. Il attira peu à peu l'attention de Malenfant et de Della.

— Capitaine Futur. J'avais oublié votre présence, dit Malenfant d'un ton aigre.

— Oh, je suis toujours là. Et je ne peux qu'admirer la façon dont vous vous débrouillez. La plausibilité. Je crois même que vous êtes sincère, à propos de cette couverture.

— Couverture ? De quoi parlez-vous ?

— *Key Largo*, dit Cornélius. C'est de ça dont il s'agit, n'est-ce pas ?

Malenfant le foudroya du regard tout en réfléchissant.

Nous y voilà, songea Emma, maussade. Depuis qu'elle connaissait Malenfant, ce n'était pas la première fois qu'elle n'avait absolument aucune idée de ce qui allait se passer, comme si elle se trouvait au sommet d'un grand 8.

— L'autre soir, j'ai regardé le discours que vous avez prononcé dans le Delaware, dit Cornélius.

Malenfant parut plus mal à l'aise encore.

— L'expansion dans la Galaxie tout entière, c'est ça ? J'ai donné cette conférence une bonne douzaine de fois.

— Je sais, dit Cornélius. Et elle est admirable. Pour ce qu'elle est.

— Que voulez-vous dire ?

— Que vous n'avez pas pris tous les éléments en compte. Vous dites que vous avez un plan pour que l'humanité puisse vivre éternellement. Quitter la Terre serait le premier pas, et ainsi de suite. Très bien. Mais ensuite ? Que signifie éternellement ? Voulez-vous l'éternité ? Sinon, qu'est-ce qui vous conviendrait ? Un milliard d'années, un billion ? (Il agita la main en direction du ciel inondé de Soleil.) L'univers ne sera pas toujours aussi hospitalier que ce bain chaud d'énergie et de lumière. Loin vers l'aval…

— L'aval ?

— Je veux dire dans un avenir lointain… les étoiles vont mourir. Il fera froid et sombre, un univers d'ombre. Espérez-vous que des humains, ou leurs descendants, survivront encore à ce moment-là ?… Vous n'avez pas pensé à ça, hein ? C'est pourtant la conséquence logique de tout ce vers quoi tendent tous vos efforts.

« Et il y a autre chose, poursuivit Cornélius. Vous avez peut-être raison : nous sommes seuls dans cet univers, nous sommes les premiers esprits à avoir jamais existé. Et, comme on croit que l'univers a évolué à partir d'autres univers, il est possible que nous soyons les premières intelligences à avoir émergé dans toute une série de cosmos. C'est une idée sidérante. Et, si elle est vraie… *quel est le but de notre existence* ? Voyez-vous, c'est peut-être la question la plus fondamentale qui attend l'humanité. Elle devrait structurer tous vos actes, Malenfant. Pourtant je ne vois dans vos déclarations publiques aucun signe que vous ayez ne serait-ce que réfléchi à tout ça.

Le sens de la vie ? Ce type était-il sérieux ? Mais Emma frissonna, comme si le souffle d'un milliard d'années passait sur elle dans la lumière brûlante du désert.

— Nous comprenons, voyez-vous, dit Cornélius.

— Quoi donc ?

— Que vous essayez de mettre en place ici un retour clandestin dans l'espace.

Malenfant aboya :

— Foutaises !

— Malenfant, ce n'est pas la première fois qu'il prétend ce genre de chose…

— Si c'est vrai…

— Oh, ça l'est, dit Cornélius. Mettez-vous à table, Malenfant. La vérité, c'est qu'il veut faire plus que mettre à feu des fusées pour brûler des déchets. Il veut construire une fusée – une flotte de fusées, en fait – et les lancer d'ici, depuis le cœur du désert, pour les envoyer jusque dans les astéroïdes.

Malenfant ne dit rien.

Della était visiblement en colère.

— Je ne suis pas venue ici pour entendre ça.

— Nous vous soutenons, Malenfant, dit Cornélius. Organiser une mission vers un géocroiseur, un objet céleste dont l'orbite croise celle de la Terre, est tout à fait sensé, d'un point de vue économique aussi bien que technique : ce serait le premier pas vers une expansion hors de la planète, à court et moyen terme. Et, à long terme, ça pourrait faire la différence.

— Quelle différence ? demanda Della.

— Entre la survie de l'espèce humaine et son extinction, poursuivit tranquillement Cornélius.

— C'est donc ça que vous êtes venu me dire, espèce de cinglé, rétorqua Malenfant. Je vais sauver le monde ?

— Nous pensons en effet que c'est possible, dit Cornélius sans changer de ton.

Della haussa les sourcils, sceptique.

— Vraiment. Dans ce cas, dites-nous comment le monde va finir.

— Nous l'ignorons. Mais nous pensons savoir quand. D'ici deux cents ans.

Le chiffre – et sa précision brutale – les décontenança au point de les rendre muets.

Malenfant les regarda tour à tour – son ex-femme suspicieuse, la députée qui fronçait les sourcils, le prophète mystérieux – et Emma vit que, pour une fois, il était acculé.

Malenfant les reconduisit à la Portakabin. Ils voyagèrent en silence, chacun dans ses pensées et se méfiant des autres. Seul Cornélius semblait plutôt satisfait.

Dans la baraque, Malenfant leur servit de la bière, des sodas et de l'eau qu'ils burent debout au milieu du désert californien.

Des voix glissaient sur le sol recuit, amplifiées et déformées ; un lent compte à rebours s'égrenait.

Malenfant ne cessait de consulter sa montre – une grosse Rolex encombrante. Pas d'implants ou de tatouages actifs pour Reid Malenfant, non monsieur. Pour un homme dont le regard était braqué vers l'avenir, se dit Emma, il semblait souvent marié au passé.

La mise à feu commença.

Emma vit une étincelle et une flamme presque invisible à la base du pas de tir. Des rouleaux de fumée blanche. Puis vint le bruit, un craquement saccadé qui déchira l'atmosphère. Le sol trembla comme si elle assistait à un monumental phénomène naturel, tels une chute d'eau ou un tremblement de terre. Mais il n'y avait là rien de naturel.

Malenfant l'avait un jour emmenée assister au décollage de la navette. Elle en avait les larmes aux yeux, des larmes de pure euphorie devant la *puissance* de cette chose construite par l'homme. Et elle pleurait à nouveau, regrettant sa surprise, à la vue de cette pitoyable moitié de vaisseau piégée au sol dans cette cage en fer.

— Cornélius a raison, hein, Malenfant ? Ça fait des mois que tu me mens. Des années peut-être.

Malenfant lui prit le bras.

— C'est une longue histoire.

— Je sais. Je l'ai vécue. Sois maudit, murmura-t-elle. Nous avons un travail à terminer, Malenfant.

— Nous nous en tirerons, dit-il. Nous pouvons contrôler ce Cornélius et sa bande de mabouls. Nous pouvons gérer tout le monde. Ça ne fait que commencer.

Cornélius Taine les observait, le regard impénétrable.

**Bill Tybee**

Je m'appelle Bill Tybee.

… Il marche, ce truc ? Oh, merde ! Je recommence.

Salut. Je m'appelle Bill Tybee et, ça, c'est mon journal.

Bon, en quelque sorte. En fait, c'est une lettre pour toi, June. C'est vraiment dommage qu'ils ne nous laissent pas nous parler en vrai, mais j'espère que cela va compenser le fait que tu ne sois pas à la maison pour ton anniversaire – un tout petit peu, en tout cas. Tu sais que tu manques à Tom et à la petite Billie. Je t'enverrai une autre vidéo pour Noël si tu n'es pas là, et j'en garderai une copie à la maison pour que nous puissions la regarder tous ensemble.

Viens voir la maison.

Voici la salle à manger. Désolé, j'ai replié la caméra. Voilà. Tu y vois maintenant ? Tu remarqueras que j'ai fini par faire remplacer le mur vidéo. Même si je préfère ne pas penser comment le crédit va plomber notre compte en banque. On aurait peut-être pu se débrouiller avec le vieux, la centaine de chaînes, qu'est-ce que tu en penses ? Oh, et j'ai aussi fait remplacer la cellule solaire. Putain de tempête.

Voici la chambre de Billie. Je parle doucement parce qu'elle dort. Elle adore le mobile holographique que tu lui as envoyé. Tout le monde dit qu'elle est vraiment très intelligente. Comme son frère. Je suis sincère. Même les docteurs sont d'accord au sujet de Billie. Ils sont tous les deux… comment ont-ils dit, déjà ? Les statistiques, ils ne rentrent même pas dedans. Tu as réussi à donner naissance à deux génies, June. Je sais que ce n'est pas leur père qui leur a légué ça.

Je vais l'embrasser pour toi. Voilà, mon poussin. Et une bise de papa.

Nous sommes à présent dans la salle de bains. Maintenant, June, je sais que ce n'est pas génial comme étape dans un guide touristique, mais je veux te montrer ce truc parce que tu ne dois pas t'inquiéter. Ça, c'est mon ruban d'alerte médicale, ce joli truc argenté. Tu vois ? Je dois le mettre chaque fois que je sors de la maison, et je devrais aussi le porter à l'intérieur. Et voilà les pilules que je dois prendre tous les jours, dans cet emballage plastique. Le spécialiste dit que ce ne sont pas de simples médicaments, mais aussi des machines minuscules, des dézingueurs de tumeurs qui vont rôder dans mon sang pour détecter les cellules défectueuses avant de les détruire et de les faire ressortir par, euh, je ne vais pas te montrer par où. Là, je prends ma pilule d'aujourd'hui. Tu vois ? Disparue. Pas de quoi s'inquiéter.

Le grand Crabe n'est plus ce qu'il était. C'est un truc avec lequel il faut vivre, faire avec, tu vois, comme le diabète.

Viens. Allons voir si Tom va nous laisser entrer dans sa chambre. Il adore les photos d'étoiles que tu lui as envoyées. Il les a épinglées au mur.

**Emma Stoney**

Emma était encore furieuse sur le chemin du bureau, le lendemain de sa visite à l'usine.

Même à une heure aussi matinale au mois d'août, les rues de Vegas étaient noires de monde. Des gens vêtus de tissus synthétiques de couleur vive se promenaient devant les casinos géants : le vénérable *Caesar's Palace*, le *Luxor*, le *Sands*, le nouveau *TwenCen Park* et ses cartoons figurant le Chicago des gangsters pendant les années 30, la Floride de l'ère spatiale des années 60 et le Wall Street yuppie des années 80. Les projections lumineuses et les effets laser créaient un tourbillon de couleurs et de mouvements éblouissant dans la lumière du matin, comme des images issues d'un autre univers aux couleurs plus éclatantes que le nôtre. Mais le panorama de casinos et de centres commerciaux ne demeurait pas statique ; il y avait des emplacements vides ou des chantiers de construction rappelant des dents manquantes dans une bouche souriante.

Quelle que fût la façade, l'intérieur restait toujours le même : des kilomètres carrés de moquette aussi laide que luxueuse, des rangées de bandits manchots que nourrissaient des parieurs sans joie, des tables de black-jack tenues ouvertes vingt-quatre heures sur vingt-quatre par des donneurs virtuels.

Toutefois, les gens semblaient changer, lentement. D'abord, ils n'étaient plus aussi gros. Sans doute grâce aux pilules antigraisses. Emma avait aussi la certitude qu'il y avait moins d'enfants, moins de jeunes familles qu'autrefois. C'était de la démographie en temps réel : le vieillissement de l'Amérique, la concentration du pouvoir d'achat entre les mains des vieux.

Non qu'il fût si facile de deviner l'âge des gens. Il y avait moins de signes visibles : les visages étaient lisses et débarrassés de leurs rides par la chirurgie esthétique ordinaire, on avait rendu aux cheveux la vigueur et la couleur de ceux d'un enfant de cinq ans.

Emma approchait de la quarantaine, soit dix ans de moins que Malenfant. Elle avait déjà des mèches de cheveux blancs et cassants, qu'elle portait avec une fierté empreinte de défi.

Cinq ans auparavant, Malenfant avait déplacé le siège de sa corporation ici, loin de New York. *Chouette coin pour les affaires*, avait-il dit. Que Dieu bénisse le Nevada. *On distrait les pigeons avec des jeux de blaireaux et des nichons virtuels pendant qu'on leur fait les poches...* Mais Emma détestait la ringardise sans joie de Las Vegas. Elle s'était longtemps interrogée avant de suivre Malenfant.

Surtout après leur divorce.

*Comment ça, nous ne sommes plus mariés*, avait-il dit. *Ça ne veut pas dire que je doive te virer, non ?* Et, bien sûr, elle avait cédé, elle était venue avec lui. Mais pourquoi ?

Elle n'était pas responsable de lui, les thérapeutes virtuels ne cessaient de le lui répéter. Il ne se montrait même pas honnête envers elle. Cette histoire de moteurs de navette – si elle était vraie – en représentait une preuve supplémentaire. Et, après tout, c'était lui qui avait brisé leur mariage et qui l'avait poussée dehors.

Pourtant, elle comptait encore pour lui, à sa manière confuse et compliquée. Elle le savait. Et elle avait une bonne raison de travailler avec lui. Elle se disait que, si elle restait dans sa vie, il réfléchirait plus avant de mettre en œuvre ses projets grandioses.

Peut-être s'empêcherait-il de tondre la planète pour éviter de la faire souffrir. Ou pas.

Ses thérapeutes virtuels l'avaient avertie qu'il y avait là une blessure qui ne se refermerait jamais tant qu'elle demeurerait avec Malenfant et travaillerait pour lui. Mais, de toute façon, cette blessure n'était peut-être pas censée se refermer du tout. Pas encore, en tout cas. Pas tant qu'elle n'aurait pas compris *pourquoi*.

Lorsque Emma pénétra dans l'antre de Malenfant, elle le trouva assis les pieds sur son bureau où s'éparpillaient des boîtes de bière écrasées. Il parlait à un homme qu'elle ne connaissait pas, un type aux allures de militaire : droit, l'air suffisant, soixante-dix ans environ, vêtu d'une chemise sport et d'un pantalon tout droit sorti de *Cheers* aux environs de 1987, et un glaçage de cheveux blancs sur un crâne couleur de noix de muscade. L'étranger se leva lorsqu'elle entra, mais elle l'ignora.

Elle fit face à Malenfant.

— J'ai à te parler d'une affaire qui concerne l'entreprise.

— Il est toujours question de l'entreprise, soupira Malenfant. Emma, je te présente George Hench. Un vieux pote à moi du temps de l'*Air and Space Force*…

George hocha la tête.

— Quand c'était juste l'*Air Force*, dit-il d'une voix rocailleuse.

— Malenfant, pourquoi est-il ici ?

— Pour nous emmener dans l'espace, dit Reid Malenfant.

Il sourit, un sourire qu'elle avait vu trop souvent par le passé. *Regarde ce que j'ai fait, c'est pas génial ?*

— Alors c'est vrai ? Tu es tout simplement incroyable, Malenfant. Est-ce que l'expression « responsabilité financière » a le moindre sens pour toi ? Tu n'es pas en train de piquer dans le placard à confitures. C'est d'une entreprise qu'il s'agit. Et on ne peut pas gagner à ce jeu-là. Beaucoup de gens ont étudié la question des compagnies spatiales privées. La capacité de lancement actuelle suffira à remplir la demande pour les prochaines années. Il n'y a aucun marché.

Malenfant hocha la tête.

— Pour les missions en orbite basse. Les communications. Le repérage des ressources terrestres, la météo, la navigation…

— Oui.

— Tu as raison, alors, même si les marchés sont changeants. On ne peut pas vendre de croisières si l'on n'a pas encore construit de paquebot. Mais je ne parle pas de l'orbite basse. Nous allons fabriquer un propulseur qui permettra à une charge lourde de quitter l'orbite de la Terre en un seul lancement…

Elle savait désormais que tout ce que Cornélius Taine lui avait dit était vrai.

— Tu envisages vraiment d'aller dans les astéroïdes, hein ? Mais *pourquoi*, bon Dieu ?

— Parce que ce sont des montagnes volantes constituées de fer et de métaux précieux, comme l'or ou le platine. Il y a aussi des boules de carbone, d'eau et de composés organiques complexes. Un seul objet proche de la Terre de type métallique vaudrait, au bas mot, des billions sur le marché actuel. En fait, il aurait une telle valeur qu'il en changerait le marché lui-même. Et, si l'on atteignait un astéroïde de type C, une chondrite carbonée pleine d'eau et de composés organiques, on pourrait faire tout ce qu'on voudrait.

— Par exemple ?

Malenfant eut un large sourire.

— On pourrait expédier des poches d'eau, de nourriture et de matières plastiques en orbite autour de la Terre, où elles vaudraient des milliards rien qu'en raison de l'économie réalisée sur le coût de lancement. Ou alors on pourrait faire vivre une centaine de personnes à l'intérieur d'un rocher. Ou refaire le plein et aller n'importe où. Le Pied à l'Étrier, comme sur l'en-tête du papier à lettres. La vérité, c'est que j'ignore ce que nous allons trouver. Mais je sais que tout va être différent. Nous serons comme Cecil Rhodes découvrant des diamants en Afrique du Sud.

— Il n'a pas découvert la mine, dit-elle. Mais c'est lui qui a récolté le plus d'argent.

— Ça m'irait très bien.

— La clé pour faire de l'argent dans l'espace, dit Hench sur un ton paisible, c'est de baisser de deux ou trois ordres de grandeur le coût nécessaire pour aller en orbite basse. Si on prend la navette, ça va chercher dans les trente-cinq mille dollars par livre placée sur orbite…

— Et, ajouta Malenfant, à cause des contrôles de sécurité de la Nasa, et de leurs contrôles de qualité, ça prend des années et des millions de dollars de préparer un chargement en vue d'un vol. Les autres systèmes de lancement sont moins onéreux mais trop chers quand même, ils manquent de fiabilité et, de toute façon, ils affichent complet. Nous ne pouvons pas louer de lanceur, Emma, et nous ne pouvons pas non plus en acheter un. *Voilà pourquoi nous devons le construire*.

Emma secoua la tête.

— Mais c'est impossible. Ça fait des années qu'on essaie de concevoir des lanceurs bon marché.

— Oui, dit Hench, et, chaque fois, les tentatives sont tuées dans l'œuf par le « Gun Club ».

Elle l'étudia du regard.

— Le « Club de tir » ?

— La Nasa, grogna Hench. Des bureaucrates à vie qui ont un territoire à défendre. Et le lobby spatial de l'USASF, qui s'est de toute façon toujours fait marcher dessus par les pilotes de chasse qui la dirigent.

Elle se tourna vers Malenfant.

— Et les autorisations qu'il va falloir obtenir ? Les obstacles juridiques, les règles de sécurité ? Tu as pensé à tout ça ? Malenfant, c'est vraiment un saut dans le vide. Même la Nasa ne lance plus de vaisseaux spatiaux par les temps qui courent.

— Mais c'est justement pour ça que c'est magnifique, glousse Hench. Le côté excitant. Madame Stoney, de par notre histoire, nous sommes un peuple de pionniers capitalistes. Nous savons depuis 1950 que l'espace est la nouvelle frontière. Il est temps désormais d'échapper aux fédéraux du *Gun Club* et d'accomplir les choses de la manière dont nous aurions toujours voulu les faire.

Malenfant haussa les épaules.

— Emma, j'ai les grandes lignes du plan de financement, si tu veux les voir, et une chiée d'investisseurs potentiels – des banquiers, des courtiers en bourse, des banquiers d'affaires, des financiers, des spécialistes du capital-risque de la Citibank, de Prudential Bache, de Morgan Trust…

— Dont tu ne m'as jamais parlé. Pour l'amour du ciel, Malenfant, oublie tes copains de bar et les auditeurs de fin de dîner. Comment allons-nous persuader de véritables investisseurs de risquer du véritable argent ?

— En y allant à petits pas, dit Hench. En bricolant en vitesse. En construisant un peu, puis en volant, en quittant le sol le plus vite possible. C'est comme ça qu'on a réalisé le Thor… Dans les années 50, alors que les missiles intercontinentaux Atlas et Titan étaient déjà en cours de production, les États-Unis se sont rendu compte qu'il leur fallait une arme plus petite et plus simple, destinée à des missions à moyen rayon d'action basées en Grande-Bretagne et en Turquie. Le Thor, construit à partir de pièces de l'Atlas, correspondait aux besoins… Aujourd'hui, on parlerait de « Skunk Works[1] », dit Hench. On est arrivé à mettre ce fichu oiseau sur le pas de tir un an après la signature du contrat. En respectant le budget. Et ce n'est pas tout : MacDonnell l'a repris et amélioré pour en faire le Delta, et ce bébé vole et rapporte encore de l'argent aujourd'hui. C'est pour ça que je suis sûr de pouvoir tenir parole…

Les yeux de Hench étaient d'un brun délavé et humide, le blanc était taché du rouge de vaisseaux sanguins éclatés. Malenfant écoutait le vieil homme raconter ses souvenirs, conquis.

Emma comprit qu'il avait bien entendu déjà pris sa décision. Le nouveau programme était déjà décidé et mis en œuvre avec cet homme à sa tête, l'affaire étant faite. Dès lors, Malenfant se reposerait sur Hench, son Wernher von Braun à la petite semaine personnel, pour tenir ses promesses, et il ne s'intéresserait plus à lui tant qu'il n'y aurait pas quelque chose prêt à voler sur une rampe de lancement.

Mais, même si la technologie suivait, même si le

1. Surnom d'un programme de Lockheed destiné à concevoir de nouveaux avions rapidement et dans le plus grand secret pour le compte de l'*US Air Force* et de la CIA. Créé pendant la Seconde Guerre mondiale et toujours en vigueur, il est à l'origine d'appareils comme le chasseur P-80 *Shooting Star* – dont le premier prototype était prêt au bout de cent quarante-trois jours ! – ou le fameux avion espion supersonique SR-71 *Blackbird*. Bien qu'officieuse, l'appellation « Skunk Works » a été déposée par Lockheed auprès du Bureau américain des brevets et des marques. *(Note des traducteurs.)*

montage financier tenait, comme Malenfant semblait le croire, le *Gun Club* et les autres forces d'opposition avaient déjà tué des initiatives empiétant de façon menaçante sur leur territoire – des forces qui avaient déjà obligé Malenfant lui-même à se lancer dans cette entreprise, ce projet qu'il préparait de toute évidence depuis des années dans le plus grand secret, même pour elle.

Mais, à présent que tout le monde est au courant, qu'est-ce qui peut empêcher les méchants de nous descendre ? se demanda-t-elle avec inquiétude. Et, s'ils y arrivent, qu'adviendra-t-il de Malenfant ? Et de moi, en fait.

Car elle savait bien entendu qu'elle était déjà impliquée : elle allait suivre Malenfant là où son dernier rêve allait le conduire, pour le meilleur et pour le pire. Quelle conne je fais, se dit-elle. Elle résolut de réserver plus de temps à ses thérapeutes virtuels.

Hench parlait toujours avec véhémence, pour rien, de fusées et de projets techniques. Sans savoir pourquoi, elle songea à Cornélius Taine, à son regard froid et à ses avertissements sinistres et dépourvus de sens à propos de l'avenir.

— … Malenfant ?

— Mmouais ?

— Qu'est-ce que tu fabriques à Key Largo ?

### KD 2 l'Spasse

>Faites une copie de ce message et envoyez-le à d'autres personnes.

>C'est une nouvelle tout simplement incroyable. Après tout ce qu'on a vu ce week-end à la télé il ne doit pas rester une seule personne sur la planète ignorant qui est Reid Malenfant et ce qu'il essaye de faire dans le désert de Mojave.

>Bien entendu, les pessimistes de service attendent déjà leur heure en geignant que le colonel Malenfant ne respecte pas la loi, ou qu'il fiche en l'air l'environnement, ou qu'il est de toute façon irresponsable.

>Et l'atmosphère est empoisonnée par la puanteur de l'hypocrisie et de la pourriture qui flotte autour du cadavre boursouflé de la Nasa, notre agence spatiale, celle qui, d'ailleurs, aurait dû faire ça pour nous il y a des dizaines d'années.

>Voici le boniment :

>Après une réunion organisée en hâte à Hollywood, Californie, une nouvelle société dont le nom provisoire est La Montagne volante a été constituée. Si vous voulez en faire partie, cela vous coûtera cinq cents dollars ou leur équivalent en devises étrangères.

>En échange de votre investissement, vous ne recevrez aucune information, aucune brochure, et vous n'aurez droit à aucun service destiné à nos membres. Nous ne ferons pas imprimer de magazines sur papier glacé, et nous ne paierons pas une horde d'employés. En fait, nous n'aurons pas d'employé à plein temps. Nous ne sommes pas une association de soutien supplémentaire pour la Nasa, vous n'aurez donc pas de belles images de vaisseaux qui ne seront jamais construits. Tout ce que vous aurez, c'est la garantie que nous ne dilapiderons pas votre argent.

>LMV n'est pas la seule organisation consacrée à l'espace, mais elle existe uniquement dans le but de nous y conduire.

>L'entourloupe est là. Ne vous joignez pas à nous si vous n'êtes pas prêt à travailler dur. Ne nous ralliez pas si vous ne partagez pas l'objectif du colonel Malenfant, qui est de développer une industrie spatiale de notre vivant, et si vous n'êtes pas prêt à en mettre un coup dans ce but.

>En fait, nous préférerions que vous ne nous rejoignez

pas du tout. Nous préférerions vous voir créer votre propre chapitre, affilié à La Montagne, dont nous espérons qu'elle se transformera en une sorte de franchise chapeautant des groupes de pression et des militants.

>Vous pouvez commencer avec une tombola. Ou en bombardant les écoles avec des photos d'astéroïdes. Ou bien en allant faire un tour à pied dans le désert de Mojave, pour retrousser vos manches et vous mettre à la disposition du colonel Malenfant.

>Incidemment, les rumeurs propagées dans une certaine presse selon lesquelles La Montagne volante est d'une manière ou d'une autre affiliée au Pied à l'Étrier, ou soutenue financièrement par cette entreprise ou par l'une de ses filiales pour, je cite, « une opération de propagande », sont fausses. Il s'agit en fait de contrevérités délibérément répandues par les concurrents du colonel Malenfant afin de nous nuire.

>Si vous voulez vous engager, répondez à ce courriel. Mais, tant qu'à faire, mettez-vous au travail…

**Maura Della**

Journal. 3 septembre 2010.

On a appris le but véritable du Pied à l'Étrier peu après ma visite au site expérimental de Malenfant dans le désert de Mojave : assembler un lanceur lourd privé en employant la technologie de la navette spatiale pour envoyer un genre d'opération minière sur un astéroïde.

J'ignore si Cornélius Taine a quelque chose à voir avec ça. On peut penser que oui, pour peu que cela serve les objectifs de sa mystérieuse organisation. Mais il n'est pas impossible que la fuite soit venue d'ailleurs. Le Pied à l'Étrier est au moins aussi poreuse que n'importe quelle autre grande entreprise.

Peu importe, je me retrouve aspirée dans ce projet.

Inexplicablement, à cause de la fuite et du fait que j'y ai été secrètement mêlée – et parce que je n'ai pas donné l'alerte dès mon retour de Mojave – je me sens de plus en plus séduite lorsque je songe non seulement à des tirs de navettes, mais aussi à un système privé de lancement et, surtout, à la mission Géocroiseur elle-même.

On dirait que c'est typique de la manière dont opère Malenfant : il impulse un mouvement irrésistible, il se lance d'abord et répond aux questions ensuite.

Les forces de l'ombre habituelles se rassemblent déjà au Congrès pour s'y opposer. Ça va être une sacrée bagarre.

Mais je sais déjà que je ne vais pas laisser tomber Malenfant, en dépit de ses bizarres intrigues souterraines.

Il se trouve que je pense qu'il a raison, voyez-vous. Pour le prix d'un lancement supplémentaire – dont on ne peut contester le coût financier et environnemental – nous pourrions atteindre un objet proche de la Terre, et commencer à exploiter réellement une de ces mines d'or qui tournent autour du Soleil. Et ainsi, exactement comme le suggère le nom de l'entreprise de Malenfant, mettre le pied à l'étrier pour démarrer une nouvelle vague d'expansion humaine à travers l'espace.

Je crois que nous avons perdu toute sensibilité à l'état de notre monde.

Notre économie tourne en circuit fermé, et c'est une économie de pénurie. La production de céréales décroît depuis 1984, celle de la pêche depuis 1990. Mais la population continue à augmenter. Voilà la dure réalité qui nous attend dans les années à venir.

Il me semble que notre meilleure chance de survivre au prochain siècle consiste à atteindre une sorte d'état de stabilité : recyclons tout ce qui peut l'être, essayons de réduire l'impact de l'industrie sur la planète et de stabiliser la population. C'est précisément vers ce but, ce nouvel ordre des choses, que je me suis efforcée de tendre avec mes maigres moyens au cours des cinq ou dix dernières années. Je crois qu'un politicien responsable n'a pas d'autre choix.

J'avoue que j'attendais bien plus de l'avenir lorsque je suis entrée en politique.

Mais peut-être l'état de stabilité lui-même, le futur le plus optimiste que nous puissions espérer, ne se réalisera-t-il pas sans vols dans l'espace.

Sans énergie et sans matériaux en provenance de là-haut, nous sommes condamnés à redistribuer sans cesse un stock connu – et qui ne pourra que diminuer – de ressources planétaires. Certains joueurs s'enrichiront, d'autres s'appauvriront. Mais ce n'est même pas une affaire de jeu à somme nulle. À long terme, nous sommes tous perdants.

Il ne s'agit pas seulement d'économie. Il y a ce que cette situation fait à l'âme de l'humanité.

Nous avons peur de l'avenir. Nous rejetons les étrangers, nous essayons de nous accrocher à ce que nous avons plutôt que de prendre le risque de chercher mieux. Nous dépensons plus d'énergie en quête de boucs émissaires responsables de nos malheurs actuels qu'à bâtir en vue d'un avenir meilleur. Nous sommes devenus une planète de vieux – de gens à l'esprit vieux, en tout cas. Je sais de quoi je parle, j'ai plus de soixante ans.

Si nous parvenons à repousser les limites de la croissance, nous pouvons tous y gagner, c'est aussi simple que ça.

Voilà pourquoi je suis prête à soutenir Malenfant. Pas parce que j'aime ses méthodes, comme vous l'avez, j'espère, remarqué. Mais il se trouve que je crois que, dans ce cas, la fin justifie les moyens.

Tout cela va néanmoins nécessiter une gestion délicate de l'opinion publique. Surtout avec ce que Malenfant fait à Key Largo…

**Sheena 5**

Dans les eaux tièdes et peu profondes du plateau continental, au large de Key Largo.

La nuit était finie. Le Soleil, énorme sphère de lumière, chatoyait déjà au-dessus de la surface qui ondoyait dans sa lumière rasante. Sheena 5 avait passé la nuit seule à fouiller en quête de nourriture les herbes tapissant les fonds marins. Elle avait bien mangé : des petits poissons, des crevettes, des larves, elle s'était particulièrement bien débrouillée avec ses bras pour faire jaillir les crevettes qui se cachaient dans le sable.

Mais, à présent, dans la vive lumière du jour, les calmars émergeaient des herbes et des coraux pour fendre les eaux vers la surface. Les bancs se rassemblaient d'abord en petits groupes et grappes qui finissaient par se fondre en communautés fortes d'une centaine de membres avant de monter en flèche dans l'eau en formant des arcs et des files. Leurs jets faisaient chanter l'eau généreuse lorsqu'ils bavardaient entre eux, échangeant des phrases simples au moyen de dessins complexes sur leur peau, dans la texture de celle-ci et dans leur posture corporelle :

*Courtisez-moi. Courtisez-moi.*
*Voyez mes armes !*
*Je suis fort et féroce.*
*N'approchez pas ! N'approchez pas ! Elle est à moi !...*

Sheena savait qu'ils utilisaient l'antique langage des céphalopodes, une langue faite de lumière, d'ombres et de positions du corps dont les « mots » se fondaient en frémissant les uns dans les autres, des mots qui parlaient de sexe, de danger et de nourriture. Cette langue était aussi ancienne que les calmars – âgée de millions d'années, elle était plus vieille que l'humanité. Elle était riche et belle, et le banc l'employait pour jacasser joyeusement en nageant.

… Mais il y avait une ombre sur l'eau. Et le sens gravitationnel aiguisé de Sheena lui signala qu'un bourdonnement infrasonique tout à fait caractéristique se rapprochait : un barracuda, brutal prédateur des calmars. Quoique petit et jeune, celui-ci n'en était pas moins dangereux pour autant.

Les sentinelles dispersées sur les bords du banc adoptèrent aussitôt des postures de camouflage ou d'esbroufe. Avec leurs mots simples, ils beuglaient des mensonges en direction du prédateur à l'approche et avertissaient le reste du banc.

Des stries noires sur le manteau, les bras pendant mollement tout en nageant en arrière avec rapidité : *Regardez-moi. Je suis un poisson perroquet. Je ne suis pas un calmar.*

Le corps de couleur claire, les bras de couleur sombre formant un V à l'envers : *Regardez-nous. Nous sommes des herbes marines, des algues flottantes, nous dérivons dans le courant. Nous ne sommes pas des calmars.*

Un leurre, un nuage d'encre en forme de calmar, émis en hâte et lié par du mucus : *Regardez-nous. Nous sommes des calmars. Nous sommes tous des calmars.*

Se tourner vers le prédateur, les bras écartés, s'orner de taches blanches et de faux yeux pour augmenter sa taille apparente : *Regardez-moi. Je suis fort et féroce. Fuyez !*

La forme sombre demeurait près du banc, exactement comme l'aurait fait un véritable barracuda avant de plonger à l'intérieur pour le diviser.

Sheena savait qu'il n'y avait pas de vrais prédateurs ici, dans cette réserve pareille à un jardin. Elle reconnaissait l'éclat du métal, les objectifs des caméras grêlant le flanc trop lisse de la bête, le bouillonnement régulier des hélices situées à l'une des extrémités. Elle comprit que l'ombre ne pouvait être qu'une machine d'observation du Pied à l'Étrier.

Elle sentit que, tout autour d'elle, les vifs esprits animaux de ses cousins avaient également plus ou moins pris conscience de la nature du nouveau venu. Ils étaient eux aussi intelligents, assez pour se savoir en sécurité ici. En outre, les systèmes de défense des calmars étaient si sophistiqués que les prédateurs venaient rarement les ennuyer. Il y avait une part de jeu lorsque les céphalopodes filaient en tous sens pour se dissimuler, sur leurs gardes.

La chasse commença.

Le cylindre effilé se promena parmi les calmars à demi camouflés qui prenaient des poses. Ils avaient compris, et le message se propagea en vagues dans tout le banc. Certains déployèrent leurs bras, couvrirent leur manteau de dessins composés de barres et de filets. *Regardez-moi. Je vous ai vu. Je vais fuir. Il est futile de me pourchasser.*

L'un d'eux, un mâle puissant, se sépara des autres pour aller nager devant le barracuda. Un dessin commença à bouger sur sa peau, un patchwork de vagues régulières d'un brun plus ou moins foncé qui rayonnait de son corps profilé vers l'extrémité de ses tentacules. Dan appelait ce motif le « nuage qui passe ». *Arrêtez-vous et regardez-moi.*

Le barracuda cessa de nager.

Le mâle étendit ses huit bras, leva ses deux longs tentacules ; ses yeux verts à la vision binoculaire fixèrent le barracuda. De troublants motifs d'ombre et de lumière pulsaient sur ses flancs. *Regarde-moi. Je suis gros et féroce. Je peux te tuer.*

Le barracuda de métal flottait entre deux eaux, apparemment hypnotisé, tout comme aurait dû l'être un véritable prédateur.

Lentement, avec prudence, le mâle se laissa glisser dans sa direction jusqu'à arriver à une longueur de manteau, le regard braqué sur le poisson.

Au dernier moment, le barracuda se retourna lentement et commença à s'éloigner.

Mais il était trop tard.

Le mâle s'élança. Ses deux longs tentacules fouettèrent l'eau – trop vite pour que Sheena elle-même puisse les distinguer – et leur extrémité en forme de matraque garnie de ventouses frappa le flanc du barracuda pour y rester collée.

Celui-ci bondit. Il était incapable de s'échapper. Le mâle se hissa près de lui et enroula ses huit bras vigoureux autour du cylindre métallique, tandis que les motifs décorant son corps s'assombrissaient jusqu'à devenir d'un brun uniforme et triomphal. Il ne se souciait plus d'être détecté, désormais.

Mais, lorsque le mâle tenta de repartir en arrière en emportant sa proie, celle-ci se révéla trop massive et trop lourde.

Le mâle mit fin à la pause en se ruant vers l'avant, projetant son corps contre la peau de métal du barracuda – il parut choqué par la dureté de la « chair » – avant d'enrouler ses deux longs et puissants tentacules autour du mince corps gris.

Puis il ouvrit la bouche et planta son bec dans la coque. Elle se brisa facilement. Sheena vit qu'elle avait été fabriquée exprès. Le mâle injecta du poison à sa victime pour l'assommer, puis creusa plus profondément dans son flanc pour extraire la chair tiède qui se trouvait à l'intérieur. Il y avait de la viande et des morceaux de poissons, pensa Sheena, un butin placé là par Dan.

Les calmars descendirent vers le fond, fredonnant leurs chansons très anciennes, traversant le nuage de viande froide et appétissante, lançant leurs tentacules autour de la proie blessée. Sheena se joignit à eux, des dessins lumineux de triomphe s'allumant sur ses flancs, de l'eau tiède pulsant à travers son manteau. Elle appréciait la puissance primordiale de cette mise à mort en dépit de son caractère artificiel.

… C'est alors que cela se produisit.

**Maura Della**

— Bienvenue à Labocéan, madame Della, dit Dan Ystebo.

L'odeur de déodorant submergea Maura tandis qu'elle franchissait, non sans raideur, le sas menant plus bas, à l'intérieur de l'habitat. Les deux hommes qui s'y trouvaient, le biologiste Dan Ystebo et un plongeur professionnel, la regardèrent d'un air penaud.

Elle huma l'air.

— Senteur boisée. C'est ça ?

Le plongeur rit. C'était un homme solidement charpenté dans la cinquantaine, mais l'hydreliox emplissant la cabine lui donnait une voix nasillarde à la Donald Duck.

— C'est mieux que l'autre option, madame Della.

Elle prit un siège entre les deux hommes devant une rangée de consoles. Ce n'était qu'un cadre tendu de toile souvent réparée avec du ruban adhésif pour canalisations. La zone de travail de cet habitat formait une petite sphère encombrée aux parois couvertes d'une épaisse croûte d'appareillage. Il y avait deux petites fenêtres à l'air résistant, et les cadrans et commutateurs luisaient d'usure. L'éclairage était faible, les instruments et les écrans brillaient. Le signal d'un sonar tintait doucement, comme un pouls.

L'impression d'enfermement, la *sensation* de l'eau pesant au-dessus d'elle écrasait Maura.

Dan Ystebo était un gros type exalté dans la trentaine,

avec des lunettes en cul de bouteille de Coca et des cheveux d'un roux incroyable – le type même du scientifique obsédé par ses travaux. L'Igor du Frankenstein de Malenfant, songea Maura. La lueur orangée des instruments éclairait son visage par en dessous.

— Alors, qu'en pensez-vous ? demanda-t-il d'un air embarrassé.

— Que ça me fait l'effet d'une de ces vieilles stations spatiales de l'époque soviétique. Mir, par exemple.

— Vous n'en êtes pas très loin, dit Dan, parlant très vite, visiblement nerveux. C'est une vieille installation de la *Navy*. Construite il y a un demi-siècle environ, dans les années 60. Elle était en eaux profondes au large de Porto Rico, mais la *Navy* l'a abandonnée quand un plongeur s'est tué ; ils l'ont remorquée jusqu'ici, à Key Largo.

— Encore une relique de la guerre froide, dit-elle. Comme la Nasa.

Dan sourit.

— On transforme les épées en socs de charrues, m'dame.

Elle se pencha en avant et regarda par les fenêtres. Des rais de lumière s'enfonçaient dans l'eau verte et trouble, mais elle ne détecta aucun signe de vie, pas un poisson, pas un feuillage, pas une algue.

— Alors, où est-elle ?

Dan indiqua un moniteur, un écran souple moderne collé sur un bout de paroi éraflée. On y voyait un banc de calmars nager en traçant des motifs complexes. L'image était de toute évidence traitée et améliorée ; l'eau était bleu ciel.

— Nous n'avons pas tellement recours à nos vrais yeux, dit Dan.

— Laquelle d'entre eux est Sheena 5 ?

Dan effleura l'écran souple pour sélectionner l'image d'un des calmars, sur qui la caméra virtuelle zooma.

La silhouette profilée en forme de torpille était d'un beau noir marbré d'orange brûlé. Des ailerons semblables à des ailes ondulaient avec élégance le long du corps.

— *Sepioteuthis sepioidea*, dit Dan. Le calmar des récifs des Caraïbes. À peu près de la longueur de votre bras. Vous voyez son camouflage ? La lumière descend de la surface ; Sheena a donné une teinte plus vive à la partie inférieure de son manteau – pour éliminer l'effet d'ombre. Elle se fait disparaître… Les calmars, tous les céphalopodes en fait, appartiennent au phylum *Mollusca*.

— Des mollusques ? Je croyais qu'ils avaient des pieds.

— Ils en ont, approuva Dan. Mais, chez les calmars, le pied a évolué pour donner l'entonnoir, qui est *ici* et mène dans le manteau, et les bras et les tentacules, qui sont *là*. La cavité du manteau contient les viscères – les appareils circulatoire, excréteur, digestif et reproducteur. Mais on y trouve aussi les branchies ; un calmar « respire » en extrayant l'oxygène de l'air qui passe par les branchies. Et Sheena peut utiliser l'eau qui circule dans le manteau pour se propulser par réaction ; elle a de gros sphincters qui…

— Comment faites-vous pour la reconnaître ?

Dan désigna à nouveau un point de l'image avec son doigt.

— Vous voyez cette grosseur entre ses yeux ? Autour de l'œsophage ?

— C'est son cerveau amélioré ?

— Le système nerveux des calmars ne ressemble pas au nôtre. Sheena possède deux cordes nerveuses, comme des rails courant le long de son corps portent des paires de ganglions. La paire antérieure s'est agrandie en une masse de lobes. Nous avons modifié génétiquement Sheena et ses grands-mères pour…

— … en faire des calmars intelligents.

— Les calmars sont intelligents dès le départ, madame Della. Ce sont des mollusques, des invertébrés, mais, sur le plan fonctionnel, on peut les comparer aux poissons. En fait, il semble qu'ils aient évolué – il y a longtemps, pendant le Jurassique – en compétition avec eux. Ils disposent de sens basés sur la lumière, les odeurs, le goût, le toucher, le son – y compris les infrasons – la gravité, l'accélération, et peut-être même un sens électrique. Vous voyez les dessins sur la peau de Sheena ?

— Oui.

— Ils sont produits par des chromatophores, des sacs de granules de pigment entourés de muscles. Les calmars les contrôlent consciemment ; Sheena peut ouvrir et fermer les siens comme elle l'entend. Les pigments sont noir, orange et jaune. Les couleurs sous-jacentes, des bleus et des violets, sont créées par des cellules passives que nous appelons réflecteurs… Madame Della, Sheena est capable de décider en toute conscience quels motifs apparaissent sur sa peau. Elle peut dessiner des lignes, des bandes, des cercles, des anneaux, des points. Elle peut même les animer. La peau du manteau est une sorte de rétine inversée, où des signaux neutres sont convertis en taches d'ombre, plutôt que le contraire.

— Et ces motifs constituent des signaux ?

— Il n'y a pas que les dessins sur la peau. Il semblerait qu'un signal donné soit constitué d'un certain nombre de composants : les motifs et la texture de la peau – rugueuse ou lisse –, la posture – la position des membres, de la tête, du corps et des nageoires – ainsi que d'éléments locomoteurs – Sheena peut être au repos, nager, planer, saisir quelque chose, projeter de l'encre. Il est possible qu'il y ait aussi des composants électriques et soniques. Nous n'en avons aucune certitude.

— Madame Della, grommela le plongeur, nous avons à peine gratté la surface en ce qui concerne ces animaux. Sans parler de leurs cousins pélagiques. Jusqu'à voici quelques dizaines d'années, on se contentait de descendre des filets pour voir ce qu'on réussissait à attraper. On disait que c'était comme essayer de comprendre les animaux terrestres en travaillant avec un filet à papillons à partir d'un ballon dans les nuages.

— Et à quoi leur sert ce merveilleux système de signaux ? demanda Maura.

— À nouveau, nous n'en avons aucune certitude, soupira Dan. La nuit, ils fouillent seuls en quête de nourriture, et se réunissent par bancs pendant la journée. Il semblerait que la vie en banc leur permette d'assurer leur protection tandis qu'ils se reposent. Les calmars ne se cachent pas sur le fond comme les pieuvres ; ils nagent en groupe sur les prairies d'herbes marines où les prédateurs sont rares. Ils possèdent des rituels de séduction élaborés. Et les jeunes semblent apprendre des vieux. Ils postent des sentinelles. Qui sont très efficaces, d'ailleurs ; ils doivent rencontrer six ou sept prédateurs par heure – des carangues et des sardes roses, des barracudas et des orphies de terre, qui leur arrivent dessus de nulle part – mais le taux de calmars tués est très bas.

« Toutefois, un banc de calmars n'est pas une communauté comme les nôtres. Ils ne jouent pas, ils ne se toilettent pas les uns les autres. Il n'y a pas de chef parmi eux. Les calmars ne montrent pas beaucoup de loyauté les uns envers les autres ; ils ne s'occupent pas de leurs jeunes, et les individus passent d'un banc à l'autre tous les trois ou quatre jours.

« En outre, ils ne vivent que deux ans et ne s'accouplent qu'une ou deux fois. Les calmars vivent vite et meurent jeunes. Nous ne savons pas vraiment pourquoi des animaux dont la vie est si courte ont besoin de comportements si complexes, de systèmes de communication et de rituels d'accouplement… Et pourtant, ils les ont. Madame Della, ces animaux ne ressemblent pas à ceux qui vous sont peut-être familiers. Ils ressemblent peut-être plus à des oiseaux.

— Et vous prétendez que ces *systèmes de communication* constituent un véritable langage ?

Dan se gratta la barbe.

— Nous avons pu isoler un certain nombre de composants linguistiques primaires qui se combinent pour former une grammaire primitive. *Même chez les calmars qui ne sont pas augmentés.* Mais leur langage semble clos. Tout ce dont ils parlent, c'est de nourriture, de sexe et de danger, pour autant que nous puissions le voir. C'est comme la danse des abeilles.

— À la différence des langues humaines.

— Oui. Alors, nous avons ouvert le langage des calmars. Nous nous sommes basés sur les structures fondamentales et la grammaire qu'ils emploient déjà. Le nombre de signaux que Sheena peut produire n'est pas illimité, bien sûr, mais même des calmars non modifiés ont un « vocabulaire » très étendu, surtout si l'on prend en compte l'éventail d'intensités, de durées, etc., qu'ils peuvent employer. Nous pensons qu'ils s'en servent par exemple pour exprimer des humeurs et des intentions. Et certains de ces signaux sont très anciens. Certains des plus simples – comme les schémas déïmatiques dont ils se servent pour repousser les prédateurs – peuvent être observés chez les pieuvres. Dont les calmars ont divergé au début du mésozoïque, voici quelques centaines de millions d'années. Bref, en nous basant là-dessus, nous pensons que Sheena – ou en tout cas ses descendants – devrait être capable d'exprimer un nombre infini de messages. Exactement comme vous et moi, madame Della. Les calmars sont des mollusques intelligents. Leur donner un langage a été *facile*.

— Comment les entraînez-vous ?

— La plupart du temps par renforcement positif.

— La plupart du temps ?

Il soupira.

— Je sais de quoi vous voulez que je parle. Oui, les céphalopodes ressentent la douleur. Leur peau comporte des terminaisons nerveuses libres. Nous utilisons des courants électriques de faible voltage pour leur donner de légers chocs quand nous les entraînons à discerner les mots. Ils réagissent comme – eh bien, comme vous réagiriez si je vous touchais avec des orties. Il n'y a pas de quoi en faire un drame. Madame Della, j'espère que vous n'allez pas vous mettre martel en tête à cause de ça. J'aime Sheena – plus que sa mission et au-delà de celle-ci. Je ne lui ferais jamais de mal. Je n'ai aucun intérêt à lui en faire.

En l'observant, Maura songea qu'elle le croyait. Mais elle sentait néanmoins un certain manque en lui, l'absence d'une assise morale. Peut-être était-ce un prérequis chez toute créature intelligente capable d'infliger de la souffrance à une autre.

Dan continuait à parler.

— … Lorsque nous avons créé les améliorations de la série des Sheena, nous avons pu prouver que les zones du cerveau responsables de l'apprentissage sont les lobes frontaux vertical et supérieur situés au-dessus de l'œsophage.

— Comment l'avez-vous prouvé ?

Dan cligna des yeux.

— En découpant des morceaux de cerveau de calmar.

Maura poussa un soupir. Ne pas oublier, pensa-t-elle, d'empêcher Igor de répéter devant les caméras ses trucs de médecin nazi.

Son malaise était cependant plus profond. Dan Ystebo prenait en otage les capacités de communication – à l'évidence remarquables – des calmars pour les soumettre à ses objectifs personnels : leur faire saisir des ordres banals transmis par les humains. Il avait pourtant admis ignorer à quoi servait vraiment ce langage si riche. Et si nous mutilions Sheena en l'excluant des chants de ses compagnons de banc ? pensa Maura.

Un calmar a-t-il une âme ?

Ils étudièrent Sheena. Un bec entouré de bras semblables à de fins ailerons couronnait sa tête, elle avait deux yeux qui regardaient vers l'avant, des yeux d'un bleu vert souligné d'orangé qui plongèrent brièvement dans la caméra.

Des yeux *autres*. Intelligents.

Quel effet cela faisait-il d'être Sheena ?

Et celle-ci pouvait-elle comprendre que les humains – Reid Malenfant et ses associés, en fait – se préparaient à l'envoyer piloter une fusée jusqu'à un astéroïde ?

Le banc de calmars visible sur l'écran souple semblait chasser. Ils se déplaçaient en formation autour d'une bouée robot. Les images, spectaculaires, sortaient tout droit d'un documentaire du commandant Cousteau.

— Ils nagent sacrément vite.

— Ils ne nagent pas, expliqua patiemment Dan. Lorsqu'ils nagent, ils utilisent leurs nageoires fines. Là, ils rejettent de l'eau par des siphons. C'est de la propulsion à réaction.

— Vous avez compris pourquoi je suis ici. Malenfant m'a demandé d'entrer dans la bataille en votre faveur à l'assemblée, lundi. Je vais devoir mettre ma réputation en jeu pour que ce projet puisse être mené au bout.

— Je le sais.

— Alors dites-moi, docteur Ystebo. Vous êtes certain, absolument certain que ça va marcher ?

— Absolument. (Sa voix était calme et pleine de conviction.) Madame Della, vous devriez voir la puissance de ce que Malenfant a conçu. Je suis convaincu que Sheena sera capable de fonctionner dans l'espace et sur l'astéroïde. Elle est intelligente, de toute évidence adaptée à l'absence de gravité ; elle n'aura pas à subir de déplétion de calcium ou de redistribution des fluides corporels et tout le tintouin… c'est presque comme si elle avait évolué en vue des conditions du voyage spatial – dont il est flagrant que ce n'est pas notre cas. Et elle peut manipuler son environnement. Nous disposons de divers instruments commandés par waldo qui lui permettront de remplir ses fonctions sur l'astéroïde.

— J'ai cru comprendre que les calmars sont des animaux sociaux. Et très mobiles, ça se voit. Sheena sera seule, et la boîte dans laquelle nous allons la fourrer…

— Elle aura tout ce qu'il lui faut, madame Della. Y compris des moyens de communication, bien entendu. Nous ferons tout pour qu'elle puisse fonctionner.

*Fonctionner.*

— Pourquoi ne pas avoir choisi une pieuvre ? Les calmars sont des animaux sociaux – en fait, leur conscience ne naît-elle pas de leurs structures sociales ? Alors qu'il me semble avoir entendu dire qu'une pieuvre vit seule et qu'elle est de toute façon sédentaire. Elle pourrait supporter d'être isolée et confinée.

— Mais elles ne sont pas aussi intelligentes, dit Dan. Elles travaillent seules. Elles n'ont pas besoin de communiquer. Et, pour chasser, elles se servent de leur odorat, pas de leur vue. C'est grâce à ses yeux de calmar – qui, placés en avant, procurent une vision binoculaire – que Sheena pourra *naviguer dans l'espace* pour notre compte. Nous ne pouvions pas choisir autre chose qu'un calmar, madame Della. Si elle doit subir un certain inconfort pendant le voyage, eh bien, c'est le prix à payer.

— Et le voyage de retour ? Le stress de la rentrée dans l'atmosphère, la rééducation…

— On s'en occupe, répondit Dan sur un ton vague.

Il cligna des yeux comme un hibou.

*On s'en occupe.* Tu parles. Ce n'est pas toi qui vas sur cet astéroïde, espèce d'intello sans charisme.

Mais Maura était convaincue. Malenfant sait ce qu'il fait, d'un bout à l'autre de la chaîne. Il faut que je me débrouille pour obtenir les autorisations lundi. Sheena – qui était intelligente, adaptable et bien moins chère qu'un robot, même en tenant compte du coût du lancement de son module environnemental – était la clé de voûte du projet interplanétaire conçu par Reid Malenfant.

Il y avait des éléments en sa faveur. En coulisses, il avait d'ores et déjà commencé à collecter des promesses concernant l'aide technique dont il allait avoir besoin. Ses vieux copains de la Nasa avaient trouvé des moyens de libérer les communications en espace profond, et lui fournir de l'aide pour la conception détaillée de la mission et pour d'autres installations. Le fait que leur projet ne soit pas lié uniquement à la Nasa allait jouer en leur faveur, se dit-elle. Leur coopération avec *Woods Hole* dans le Massachusetts, ainsi qu'avec l'Institut de l'aquarium de Monterey, en Californie, allait réduire l'hostilité que la Nasa continuait à rencontrer à Washington.

… Sauf que, si je réussis, pensa-t-elle, mon nom sera pour toujours associé à cette entreprise. Et, si l'histoire du brave petit calmar tourne au vinaigre, je ne pourrai peut-être même plus me regarder dans la glace.

— Je travaille avec Sheena depuis des mois, dit Dan. Je la connais. Elle me connaît. Et je sais qu'elle s'est totalement investie dans la mission.

— Vous pensez qu'elle en comprend les risques ?

Dan parut mal à l'aise.

— Nous lui apportons une assistance psychologique. Elle est suivie par un psychologue. Et nous pensons lui faire faire une sorte de déclaration personnelle. Quelque chose qu'on pourra diffuser – avec une traduction, bien entendu. Si un malheur devait arriver, nous espérons que l'opinion publique considérera qu'il s'agit d'un sacrifice justifié et qu'elle l'acceptera.

Maura grogna, peu convaincue.

— Dites-moi, partiriez-vous si vous étiez à sa place ?

— Mon Dieu, non. Mais je ne suis pas elle. Madame Della, depuis son éclosion, chaque instant de la vie de Sheena a été orienté vers ce but. La mission est sa raison de vivre.

La mine sombre, Maura regarda le calmar, Sheena, qui allait et venait en formation avec ses compagnons.

J'ai envie de pisser, pensa-t-elle.

Elle se tourna vers Dan.

— Comment va-t-on… heu…

Le vieux plongeur lui tendit un broc en métal orné d'une étiquette jaune à son nom.

— Votre Vase personnel pour la miction. Bienvenue au sein du programme spatial, madame Della.

Peut-être en réaction à un prédateur qui le menaçait, le banc de calmars se ramassa en une masse compacte et se propulsa à une vitesse surprenante, se ruant hors du champ de la caméra virtuelle en un complexe mouvement tridimensionnel.

**Sheena 5**

La parade amoureuse débuta.

Les calmars nageaient les uns autour des autres, adoptant avec subtilité de nouvelles poses dans le temps et dans l'espace : deux, trois ou quatre mâles entouraient chaque femelle. Sheena prit plaisir à la danse, à la richesse de son antique chorégraphie. Elle savait pourtant que de telles choses n'étaient pas pour elle et ne pourraient jamais l'être, maintenant qu'elle avait été sélectionnée par le Pied à l'Étrier.

Dan lui avait tout expliqué.

… Mais, à présent, en dépit des restrictions de Dan, en dépit de ce que lui criait l'esprit dont elle était dotée, il vint à elle : le mâle tueur, un tentacule déchiré par un morceau de métal détaché, arborant fièrement sa blessure.

Elle aurait dû s'éloigner. Mais il était près d'elle, il allait et venait, nageant à ses côtés. Elle s'enfuit non loin de là ; il la poursuivit et nagea de conserve avec elle, chacun de ses gestes faisant écho à ceux de Sheena.

Elle savait que c'était mal ; pourtant, elle était incapable de résister.

Elle sentit un motif se répandre sur sa peau, des mouchetures pie, claires et foncées, parsemées de points blancs. Il s'agissait d'un message très ancien, et il était très simple. *Fais-moi la cour.*

Il se rapprocha.

Mais les autres mâles, qui nageaient toujours autour d'elle, se rapprochèrent également, pénétrant dans leur territoire, le regard dur et intense. Le chasseur, son mâle, nagea à la rencontre du plus téméraire, les bras écartés, la tête sombre, des rayures lumineuses zébrant son manteau. *Fichez le camp. Elle est à moi !* L'autre refusa de reculer, les dessins qui ornaient son corps flamboyèrent pour égaler ceux du chasseur. Mais celui-ci redressa son corps jusqu'à ce que ses nageoires rencontrent celles de l'intrus, qui rompit l'engagement et s'en alla.

Le mâle revint vers Sheena. Son flanc opposé avait revêtu une couleur argent uniforme, ce qui constituait un message adressé aux autres : *Ne vous approchez plus, maintenant. Ne vous approchez plus. Elle est à moi !* Le flanc tourné vers elle était d'un gris noir uni et apaisant, d'une texture lisse où elle désirait profondément s'immerger pour faire cesser le vacarme analytique du cerveau donné par les humains. Les couleurs faisaient le tour de son corps tandis qu'il pivotait sur lui-même, et elle distinguait les muscles minuscules actionnant les vésicules de pigments de sa peau.

Il lui faisait face à présent, les bras ouverts en étoile de mer autour de sa bouche. Ses yeux étaient fixés sur elle : des yeux verts, avides, dépourvus d'intelligence, qui ne calculaient pas et ne cillaient pas. Absolument irrésistibles. Et, déjà, il dirigeait vers elle son bras hectocotyle, à l'extrémité duquel se trouvait un bouquet de spermatophores.

L'espace d'un instant, elle se souvint de Dan, de son visage rigide d'humain qui la regardait à travers des fenêtres de verre, des petits panneaux qu'il plaçait dans l'eau pour lui envoyer des signaux lumineux. *Mission, Sheena, mission ! Le Pied à l'Étrier ! Mission ! Dan !*

Elle savait que ce qu'elle était en train de faire était interdit.

Mais l'animal qui était en elle s'éveillait, exigeant.

Elle ouvrit son manteau au mâle. Il aspira l'eau dans son corps à elle pour en chasser le sperme d'un autre. Après quoi son bras hectocotyle s'allongea vers elle pour frapper d'un geste vif et loger son spermatophore en forme d'aiguille au milieu des racines de ses bras.

C'était déjà fini.

Et pourtant, ça ne l'était pas. Elle pouvait choisir de conserver ou non le spermatophore et de le placer ou non dans son réceptacle séminal. Le mâle se retirait. Tout autour d'elle, les chants lumineux des calmars palpitaient de vie.

Elle savait que son existence était courte en comparaison de celle d'un être humain : un éclair qui ne brillait que l'espace d'un été, deux tout au plus, une poignée d'accouplements. Et elle était seule : elle ne connaissait pas ses parents, ne connaîtrait jamais ses enfants, ne reverrait peut-être jamais ce mâle.

Néanmoins, ça n'avait aucune importance car la présence du banc la consolait, ainsi que celle du père de tous les bancs : les très vieux chants qui dataient d'une époque antérieure aux humains, aux baleines et aux poissons eux-mêmes. Les chants, la poésie de la musique et de la danse rendaient chaque calmar conscient du fait qu'il appartenait à une continuité qui s'étirait vers le passé jusqu'à ses mers des temps anciens, et aussi vers l'incompréhensible avenir. Et que sa brève et vive existence était aussi insignifiante, et pourtant aussi indispensable qu'une écaille d'argent sur le flanc d'un poisson.

Sheena, avec son esprit façonné par les humains, était le premier calmar capable de le comprendre. Pourtant ils le *savaient* tous, à un niveau qui transcendait l'esprit.

Seulement, elle avait cessé d'appartenir à cette continuité. Dan ne comprenait rien au banc – pas en profondeur – mais il avait beaucoup insisté sur ce point. Sheena était *différente*, elle n'avait pas les mêmes buts que les autres : elle avait des objectifs humains.

Et, comme le mâle s'éloignait, elle se sentit envahie par la tristesse, la solitude et l'isolement.

Une bouffée de colère envers les humains qui lui avaient fait cela s'empara d'elle ; refermant ses bras autour du spermatophore, elle l'attira en elle.

**e-CNN : Microsoft**

Comme on pouvait le prévoir, les groupes conservateurs écologistes et de protection de la nature ont vivement protesté après la révélation du fait qu'un calmar génétiquement amélioré sera bel et bien aux commandes de la mission donquichottesque de Reid Malenfant visant à atteindre un astéroïde <détail>.

On a également assisté aujourd'hui à une réaction inattendue de Wall Street ; les actions des compagnies spécialisées dans les sciences de l'information en ont pris un coup. Les prix <liste complète> donnés pour les géants traditionnels tels qu'IBM <lien> et Microsoft <lien> ont dégringolé, mais aussi ceux des actions de sociétés comme Qbit <lien> et Biocom <lien>, de toutes nouvelles stars des marchés qui ont remporté une série de succès dans les domaines en pleine expansion des ordinateurs quantiques et biologiques <contexte>.

Toute cette agitation est due au fait que le Pied à l'Étrier a rejeté les solutions traditionnelles des technologies de l'information pour leur préférer une méthode en apparence exotique, un animal amélioré. À présent, les analystes se demandent si la réputation de cette industrie – qui réaliserait des produits trop chers, peu fiables et infestés de bugs – ne serait pas en train de prélever sa dîme.

La plupart des compagnies que nous avons contactées ont refusé de faire le moindre commentaire. Mais un porte-parole virtuel d'IBM a déclaré aujourd'hui <animation> que…

**Enfant de la Mer**

Merci, Votre Honneur. Je tiens seulement à dire ceci :

Je veux que tout le monde sache ce que nous autres, membres de la Ligue édéniste, tentons de faire.

Nous sommes en train de développer une technologie interne qui supprimera de façon sélective les prétendues fonctions « supérieures » du cerveau chez les êtres humains. Il nous paraît évident que notre « intelligence » n'a apporté aucun avantage en termes d'évolution. Nous avons par conséquent l'intention de nous en débarrasser. C'est pourquoi je ne regrette pas du tout que nous ayons tenté de lâcher une mine sur le laboratoire de Key Largo. En toute franchise, j'aurais aimé qu'elle fonctionne et je suis conscient que cette déclaration va avoir des conséquences sur la sentence. Je m'en fiche. En fait, ça me fait plaisir.

Et je peux annoncer de cette tribune que nous avons déjà entamé des recherches visant à développer une contre-technologie qui rendra de la même façon leur innocence aux calmars.

Ce que font ces scientifiques fascistes est cruel.

Je ne parle pas des expériences consistant à ôter le cerveau de créatures pensantes et intelligentes. Je ne parle pas du fait qu'ils aient prévu de leur faire cultiver les océans pour notre compte, voire de les expédier dans l'espace, alors que les calmars ont toujours été des créatures libres.

Je parle du fait même qu'on ait donné un esprit à ces animaux.

Pendant des siècles, nous avons tiré ces magnifiques créatures de la Mer pour nous en nourrir. Et à présent, parce que cela nous arrange, nous avons commis un crime plus grand encore. Nous avons imposé la conscience de leur mortalité à ces calmars. Que la Mer, notre Mère, nous pardonne.

Merci. C'est tout ce que je voulais dire.

**Emma Stoney**

— Nous nous référons à des principes fondamentaux de la pensée scientifique, dit Cornélius Taine. Copernic a révélé que la Terre tourne autour du Soleil, et non le contraire, ce qui nous a écartés du centre de l'univers. Depuis, le principe copernicien a continué à nous guider. Aujourd'hui, nous considérons le Soleil comme un astre parmi tant d'autres, sans rien d'exceptionnel au milieu des milliards d'autres étoiles de la Galaxie.

« Nous ne nous attendons pas à occuper une place particulière dans l'*espace*. Pourquoi devrions-nous nous attendre à en occuper une dans le *temps* ? C'est pourtant ce qu'il nous faut accepter, voyez-vous, si vous croyez que l'humanité a un avenir lointain. Parce que, dans ce cas, nous devons être parmi les tout premiers humains à avoir vécu…

— Au fait, murmura Malenfant.

— … Très bien. En nous basant sur ces arguments, nous pensons qu'une catastrophe attend l'humanité. Une extinction universelle, qui se produira dans peu de temps.

« Nous l'appelons la catastrophe de Carter.

En dépit de la chaleur, Emma frissonna.

Malenfant avait suggéré qu'ils tirent parti de la soudaine intrusion de Cornélius Taine dans leur existence en acceptant son invitation à visiter les bureaux du siège new-yorkais d'Eschatologie. Emma avait commencé par résister – elle pensait qu'il y avait des sujets de discussion bien plus intéressants que la fin du monde – mais Malenfant avait insisté.

Il semblait bien que Cornélius lui tapait sur les nerfs.

Ils étaient donc là : assis tous les trois autour d'une table assez grande pour douze personnes, à la surface polie pourvue d'écrans souples intégrés ; sur le mur, un moniteur émettait une lueur grise.

Malenfant sirotait agressivement sa bière.

— L'eschatologie, aboya-t-il. C'est l'étude de la fin de toutes choses. C'est bien ça ? Alors parlez-moi de la fin du monde, Cornélius. Quoi ? Comment ?

— Ça, nous n'en savons rien, dit Cornélius d'un ton égal. Il y a beaucoup de possibilités. Un impact de météorite ou de comète, un nouveau tueur de dinosaures ? Une gigantesque éruption volcanique ? Une guerre nucléaire mondiale demeure envisageable. À moins que nous ne détruisions la marge de stabilité de l'écosystème qui donne son climat à la Terre… Plus le temps passe et plus nous trouvons de manières que l'univers pourrait employer pour nous détruire – sans compter celles qui nous permettraient de nous détruire nous-mêmes. C'est pour étudier ça que nous avons créé Eschatologie. Mais, en réalité, il n'y a rien de bien neuf dans cette façon de penser. Nous soupçonnons depuis le milieu du XIXe siècle que l'humanité est condamnée à disparaître.

— L'entropie, dit Malenfant.

— Oui. Même si nous survivons aux dangers qui nous attendent à court terme, l'entropie ne peut qu'augmenter jusqu'à son maximum. À la fin des temps, les étoiles mourront, l'univers se refroidira, sa température deviendra uniforme, c'est-à-dire à quelques degrés au-dessus du zéro absolu, et il n'y aura plus nulle part la moindre énergie à utiliser.

— Je croyais qu'on pouvait échapper à ça, dit Malenfant. Une histoire de manipulation du Big Crunch. Utiliser l'énergie d'un univers qui s'effondre sur lui-même pour vivre éternellement.

Cornélius émit un rire.

— On a inventé des modèles ingénieux où l'on pourrait échapper à l'entropie et survivre à un Big Crunch. Mais tous impliquent de pousser nos meilleures théories en matière de physique, de mécanique quantique et de relativité jusqu'à un point où elles cessent de fonctionner, comme la singularité qui se trouve à la fin d'un univers en train de s'effondrer. En tout état de cause, nous savons déjà, grâce aux données de la cosmologie, qu'il n'y aura pas de Big Crunch. L'univers peut seulement s'étendre à l'infini, sans limite. Sous une forme ou sous une autre, l'entropie est inévitable.

— Mais ça nous laisse des milliards d'années, objecta Malenfant.

— Plus, en réalité, dit Cornélius. Rajoutez quelques factorisations.

— Eh bien, il est peut-être possible de s'en contenter, dit Malenfant d'un ton sec.

— Peut-être. Mais l'extinction ultime se produira

quand même. Et ce fait lui-même est épouvantable, aussi loin en aval qu'il se situe.

— Seulement, dit Emma, la voix emplie de scepticisme, si vous avez raison au sujet de ce dont vous parliez dans le désert, nous n'avons pas des milliards d'années devant nous. Rien qu'un siècle ou deux.

Cornélius regardait Malenfant, espérant manifestement une réaction de sa part.

— L'extinction de l'humanité, c'est l'extinction de l'humanité. Si l'avenir a un terminus, le moment où on l'atteindra a-t-il une importance quelconque ?

— Oui, bon sang, dit Malenfant. Je sais que je vais mourir un jour. Ça ne veut pas dire que je veux que vous me brûliez la cervelle tout de suite.

Cornélius sourit.

— C'est exactement ce que je pense, Malenfant. Le jeu lui-même en vaut la chandelle.

Emma sut qu'il avait remporté cette partie. Graduellement, étape par étape, il entraînait Malenfant dans son délire.

Elle demeura assise, rongée d'impatience, souhaitant être ailleurs.

Elle observa la petite salle de conférences aux murs lambrissés de chêne. L'endroit sentait le cuir ciré et le tapis propre : goût impeccable, luxe d'entreprise et anonymat. En réalité, le seul signe de richesse et de pouvoir hors du commun était la vue appréciable que l'on avait sur Central Park à travers le verre teinté d'une fenêtre scellée. Ils se trouvaient assez haut pour dominer le principal dôme anti-UV du parc. Elle voyait des gens déambuler dans les allées, des enfants jouer sur l'herbe d'un vert lumineux et les reflets de la lumière sur les drones de la police qui voletaient un peu partout.

Emma ne savait plus très bien ce qu'elle s'était attendue à trouver au siège d'Eschatologie. Peut-être un mobile home du Nevada aux murs tapissés d'articles découpés dans des feuilles de chou et rempli de caméras et de matériel d'écoute. Ou alors tout le contraire : des installations ultramodernes et une image virtuelle géante du Numéro Un de l'organisation projetée depuis un satellite, sur laquelle on le voyait bien entendu caresser un chat blanc.

Mais ce bureau situé au cœur de Manhattan ne ressemblait à rien de tout ça. Il était tout ce qu'il y avait de plus banal. Ce qui le rendait encore plus effrayant, naturellement.

— Alors dites-moi comment vous savez que nous n'avons que deux cents ans devant nous, dit Malenfant.

Cornélius sourit.

— Nous allons jouer à un jeu.

Malenfant le fusilla du regard.

Cornélius sortit de sous la table une boîte en bois hermétiquement fermée. Elle ne possédait qu'une ouverture en forme de rainure, avec un levier de bois sur le côté.

— Il y a des billes dans cette boîte. L'une d'elles porte votre nom, Malenfant. Les autres sont vierges. Si vous appuyez sur le levier, vous les ferez sortir une à une et vous pourrez les regarder. Vous les sortirez vraiment au hasard de la boîte.

« Je ne vous dirai pas combien de billes elle contient. Je ne vous laisserai pas l'examiner, sauf pour en faire sortir les billes en actionnant le levier. Mais je peux vous assurer qu'il y a là-dedans soit dix billes – soit un millier. Voyons. Vous risqueriez-vous à deviner quel est le bon nombre, dix ou un millier ?

— Non. Pas sans preuve.

— Très avisé. Abaissez le levier, je vous prie.

Malenfant tapota du bout des doigts le dessus de la table. Puis il appuya sur le levier.

Une petite bille de marbre noir tomba dans la rainure. Malenfant l'examina : elle ne portait aucune inscription.

Emma estima qu'il y avait largement place pour un millier de billes semblables dans la boîte, si nécessaire.

Malenfant fronça les sourcils et actionna à nouveau le levier.

Son nom se trouvait sur la troisième bille qu'il fit sortir.

— Il y en a dix, décréta-t-il aussitôt.

— Pourquoi dites-vous ça ?

— Parce que, s'il y en avait mille, il est peu probable que je sois tombé aussi vite sur la mienne.

Cornélius hocha la tête.

— Votre intuition est juste. C'est un exemple de la règle de Bayes, une technique qui permet d'assigner des probabilités à des hypothèses concurrentes lorsqu'on dispose d'une information limitée. En fait (il hésita et parut calculer), en tenant compte du fait que votre bille était la troisième, il y a maintenant deux chances sur trois que vous ayez raison.

Emma tenta de trouver la réponse elle-même. Mais, comme pour la plupart des problèmes de probabilités, le résultat allait à l'encontre de l'intuition.

— Que voulez-vous nous dire, Cornélius ?

— Pensons à l'avenir. (Cornélius tapota l'écran souple encastré dans la table devant lui. Le petit moniteur placé en face d'Emma s'alluma, et un graphique s'y déploya avec élégance. C'était une simple courbe exponentielle : montant d'abord avec lenteur, elle s'élevait en pente raide jusqu'à un point étiqueté « présent ».) Voici une image de la croissance de la population humaine. Vous voyez qu'elle a considérablement augmenté au cours des derniers siècles. Dix pour cent de *tous* les humains ayant jamais existé sont actuellement en vie, c'est étonnant, non ? Plus de cinq pour cent de tous les êtres humains, Malenfant, sont nés après vous…

« Mais c'est le passé. Imaginons ce qui pourrait se passer dans le futur. Voici trois possibilités. (La courbe poursuivit son ascension, devenant de plus en plus abrupte, sortant du cadre du graphique sous les yeux d'Emma.) Ça, c'est le scénario que la plupart d'entre nous voudraient voir se réaliser, dit Cornélius. Une expansion continue de la quantité d'humains. *A priori*, il faudrait quitter la planète pour cela.

« Voici une autre possibilité. (Une deuxième courbe s'allongea à partir du « présent » ; elle s'inclina doucement en une ligne plate et horizontale.) Il est possible que notre population se stabilise, que nous nous contentions des ressources de la Terre et que nous trouvions un moyen de gérer la population et la planète indéfiniment. Une vision bucolique et pas très enthousiasmante, quoique peut-être acceptable.

« Mais il y a une troisième possibilité.

Une troisième courbe grimpa un peu au-delà du « présent » – puis retomba à zéro, spectaculaire.

— Mon Dieu, dit Malenfant, un effondrement.

— Oui. On trouve souvent cette forme de courbe dans des études consacrées à la population d'autres créatures vivantes, animaux inférieurs et insectes. À cause d'épidémies, de famines, ce genre de chose. Et, pour nous, bientôt la fin du monde.

« Bon. Vous voyez que, dans mes deux premiers exemples, *la grande majorité des êtres humains n'est pas encore née*. Même si nous ne quittons pas la Terre, nous estimons que nous avons un milliard d'années devant nous avant que des changements dans le Soleil ne rendent la biosphère de la Terre impropre à la vie. Même dans cette situation restrictive, nous aurions bien plus d'*avenir* que de *passé*.

« Et, si nous quittons la planète, si nous parvenons à construire le futur pour lequel vous vous battez, Malenfant, les possibilités se multiplient. Imaginez que nous – ou nos descendants génétiquement modifiés – colonisions la Galaxie. Elle contient quatre cent milliards d'étoiles, dont beaucoup fourniront des environnements habitables pendant bien plus longtemps qu'un petit milliard d'années. Avec le temps, la totalité de la population humaine pourrait être des billions de fois supérieure à ce qu'elle est actuellement.

— Oh, et c'est là que ça cloche, dit Malenfant d'une voix accablée.

— Vous commencez à voir où réside le problème, dit Cornélius, approbateur.

— Pas moi, dit Emma.

— Souviens-toi de son jeu des billes et de la boîte. *Où nous trouvons-nous ?* Si nous sommes destinés à aller dans les étoiles, nous devons accepter le fait que nous sommes nés au sein du premier milliardième de la totalité de la population humaine. Quelle en est la probabilité ? Tu ne saisis pas, Emma ? C'est comme si j'avais tiré ma bille en troisième position dans une boîte qui en contient mille. …

— En réalité, c'est encore plus improbable que ça, dit Cornélius.

Malenfant se leva et se mit à arpenter la pièce de long en large avec excitation.

— Emma, je ne connais rien aux statistiques. Mais c'est le genre de truc auquel je pensais quand j'étais môme. Pourquoi suis-je en vie *maintenant* ? Imagine que nous colonisions vraiment la Galaxie. Dans ce cas, la plupart des humains qui vivront jamais seront des cyborgs suceurs de vide et ils habiteront un immense empire galactique. Il est bien plus probable que je sois l'un d'eux que ce que je suis. En fait, la seule courbe de population où il existe une probabilité raisonnable que nous nous trouvions *ici et maintenant* est…

— Celle de l'effondrement.

— Oui, dit Cornélius d'un ton sinistre. S'il doit y avoir une extinction dans le proche futur, il est plus que probable que nous vivons à quelques siècles de la date où elle se produira. Tout simplement parce que c'est la période où la plupart des humains qui ont jamais vécu, *ou qui vivront jamais*, auront été en vie. Y compris nous-mêmes.

— Je n'y crois pas une seconde, dit Emma d'une voix plate.

— C'est impossible à prouver, mais difficile à réfuter, dit Cornélius. Mettons que je vous dise que le monde va finir demain. Il se peut que vous pensiez que vous n'avez pas de chance parce que votre durée naturelle de vie a été écourtée. Mais, en fait, *un être humain sur dix parmi tous ceux qui auront jamais existé*, c'est-à-dire les personnes vivant à l'heure actuelle, serait dans la même situation que vous. (Il sourit.) Vous travaillez à Las Vegas. Posez la question autour de vous. Pour perdre à un contre dix, il faut certes être malchanceux, mais pas énormément.

— On ne peut pas argumenter à partir d'une analogie comme celle-ci. Cette boîte contient un nombre fini de billes. Mais le nombre total d'humains susceptible d'exister dépend de l'avenir, qui est indéterminé et ouvert – voire infini. Comment pouvez-vous effectuer des prédictions au sujet de gens qui n'existent même pas encore et dont la nature, les pouvoirs et les choix nous sont totalement inconnus ? Vous réduisez les mystères les plus profonds de l'existence humaine à un tour de passe-passe.

— Vous avez raison de vous montrer sceptique, dit patiemment Cornélius. Mais nous avons trente années d'études derrière nous. Le premier à avoir proposé cette méthodologie était un physicien du nom de Brandon Carter au cours d'une conférence donnée à la *Royal Society* de Londres dans les années 80. Et nous avons élaboré des estimations basées sur un éventail d'approches différentes, en nous appuyant sur des données de quantité de disciplines…

— Quand ? demanda Malenfant d'une voix rauque.

— Pas avant cent cinquante ans à compter de maintenant. Pas après deux cent quarante.

Malenfant s'éclaircit la gorge.

— Cornélius, où comptez-vous en venir ? Vous voulez nous dire de ne pas mettre tous nos œufs dans le même panier, c'est ça ? Vous allez militer pour que l'humanité quitte la Terre ?

Cornélius secouait la tête.

— Je crains que ça ne change pas grand-chose.

Malenfant parut surpris.

— Pourquoi pas ? Nous avons des siècles devant nous. Nous pourrions occuper tout le système solaire…

— C'est bien le problème, dit Cornélius. Réfléchissez. Mon argumentation n'est pas basée sur une menace particulière, ni sur des hypothèses quant à l'endroit où se trouveraient les humains dans le futur, ni sur le niveau technologique que nous pourrions atteindre. Nous parlons de la poursuite de l'existence de l'humanité, peu importe ce qui se produit. Nous pourrions peut-être même atteindre les étoiles, Malenfant. Mais ça n'arrangera rien. La catastrophe de Carter nous frappera de toute façon.

— Bon sang, dit Malenfant. Quel genre de catastrophe peut effacer des systèmes solaires entiers, ou s'étendre sur des années-lumière ?

— Nous l'ignorons.

Il y eut un lourd silence dans la pièce surchargée de boiseries.

— Alors, dites-moi ce que vous attendez de moi, dit Malenfant, maussade.

— J'y arrive, dit Cornélius sans broncher.

Il se leva.

— Puis-je vous offrir autre chose à boire ?

Emma se leva et alla à la fenêtre. Elle regarda les enfants qui jouaient dans Central Park. Ils se livraient à un jeu bizarre et compliqué, où intervenaient des motifs changeants. Elle les observa un moment. Ça avait l'air presque mathématique, comme une forme de communication basée sur la géométrie. Les enfants d'aujourd'hui étaient bizarres. Plus intelligents, à en croire les médias. Peut-être en avaient-ils besoin.

Mais certaines choses ne changent jamais. Elle vit qu'un buggy approchait ; tiré par un cheval infatigable au pas régulier, il traversait le parc. Baigné dans la lumière voilée et chargée de smog du Soleil, le monde semblait riche, très ancien et pourtant renouvelé, plein de vie et de possibilités.

Était-il possible que Cornélius eût raison ? Que tout ça puisse s'achever, et si vite ?

Deux cents ans de plus, ce n'était rien. Il y avait sur la planète des outils fabriqués par des hominidés qui dataient de deux *millions* d'années.

Y aura-t-il un dernier jour ? se demanda-t-elle. Y aura-t-il toujours un New York, un Central Park – les tout derniers enfants qui joueront ici ce jour-là, sauront-ils qu'ils n'ont pas d'avenir ?

Ou bien tout ça n'est-il qu'un truc de cinglé ?

Malenfant lui toucha le bras.

— Sacrée histoire, hein ?

Elle reconnut le ton de sa voix, ainsi que son regard. Tout le scepticisme et l'hostilité dont il avait fait preuve envers Cornélius dans le désert s'étaient envolés. Reid Malenfant avait rencontré une nouvelle Grande Idée, et il perdait la tête, tel un gosse devant un nouveau jouet flambant neuf.

Merde, se dit-elle. Je ne peux pas me permettre de le laisser perdre le ballon de vue. Pas maintenant. Et c'est ma faute. J'aurais pu me débarrasser de Cornélius à Vegas, trouver un moyen de l'empêcher d'approcher Malenfant… Trop tard, il était trop tard.

Elle fit tout de même une autre tentative.

— Écoute, Malenfant. J'ai enquêté sur le passé de Cornélius.

Il se tourna vers elle, l'air attentif.

Certaines informations appartenaient au domaine public. Emma n'avait même pas reconnu les termes employés par les mathématiciens pour décrire les succès universitaires de Cornélius – de toute évidence, son cursus passait par les jeux de stratégie, l'analyse économique, l'architecture des ordinateurs, la forme de l'univers, la distribution des nombres premiers… Quoi qu'il en fût, il semblait avoir été sur la bonne voie pour devenir l'un des esprits les plus influents de sa génération.

Mais il avait toujours été… eh bien, bizarre.

Le don qu'il possédait paraissait irrationnel : il voyait quelque chose, sautait dessus en sachant d'instinct qu'il avait raison, et bâtissait laborieusement des preuves par la suite. Cornélius était resté un solitaire : il suscitait l'admiration craintive, l'envie et le ressentiment.

À l'approche de la trentaine, il était passé par deux ou trois ans de génie fébrile.

Peut-être cela s'était-il produit parce que, traditionnellement, le puits du génie des mathématiques s'assèche vers cet âge, une perspective qui avait dû assez terrifier Taine pour qu'il pense que le temps jouait contre lui.

À moins que l'explication ne fût plus sombre, avaient spéculé les thérapeutes virtuels consultés par Emma. On savait que la créativité pouvait avoir pour origine une personnalité dépressive ou schizoïde. Il est possible d'employer ses capacités créatrices pour se défendre contre une maladie mentale.

Les récits concernant la dépression de Cornélius étaient fragmentaires.

Au début, il était juste hyperlucide, en alerte et insomniaque. Puis il s'était mis à voir des schémas dans le monde qui l'entourait – dans les fissures du trottoir, dans les numéros de téléphone, dans la neige sur les écrans de télévision. Il disait qu'il était sur le point de faire des découvertes d'importance cosmique que lui seul pouvait voir…

— Qui dit tout ça ?

— Ses collègues. Son dossier médical, plus tard. Tu vois le tableau, Malenfant ? Tout était sens dessus dessous. Comme si sa foi dans la rationalité et l'ordre de l'univers s'était retournée contre lui, comme si elle était devenue tordue et dysfonctionnelle.

— Ouais. Bon. L'envie, la compétition permanente et tous ces trucs supers n'ont bien sûr joué aucun rôle là-dedans.

— Malenfant, lors de son dernier jour à Princeton, ils l'ont découvert à la cantine en train de se cogner la tête contre un mur.

Ensuite, Cornélius avait disparu pendant deux ans. Les traqueurs de données d'Emma n'avaient pu découvrir à quoi il avait occupé cette période. Lorsqu'il avait refait surface, ce n'était pas pour retourner à Princeton, mais pour devenir l'un des membres fondateurs du conseil d'administration d'Eschatologie.

Et, à présent, Emma et Malenfant se trouvaient dans le bureau bien rangé de cet homme en apparence rationnel et extrêmement intelligent. En train de parler de la fin du monde.

— Tu ne comprends pas, Malenfant ? murmura-t-elle avec insistance. Ce type dit qu'il voit dans l'univers des schémas que personne d'autre ne peut voir, il croit qu'il peut prédire la fin de l'humanité.

Et ce type semblait sur le point d'inciter Malenfant à mettre de côté ses grandioses projets personnels pour le suivre dans sa folie.

— Tu m'écoutes ?

Malenfant lui toucha le bras.
— J'entends ce que tu dis, mais…
— Mais quoi ?
— Et si c'était vrai ? Que Cornélius soit fou ou non, et s'il avait raison ? Que ferait-on ?
Ses yeux brillaient d'excitation.
Emma regarda les enfants dans le parc.

Cornélius revint et les invita à se rasseoir. Il avait apporté une bière fraîche pour Malenfant et un café pour Emma : un *caffelatte* fort acceptable dans une tasse de porcelaine, dont l'odeur semblait indiquer qu'il venait d'être fait et versé par une main humaine. Elle fut impressionnée, ce qui était sans nul doute l'effet recherché.
Cornélius s'assit. Il toussota.
— À présent, voici la partie de l'histoire que vous aurez peut-être du mal à croire.
Malenfant éclata de rire.
— Un truc plus difficile à croire que la mort de l'humanité dans deux cents ans ? Vous vous fichez de nous ?
— J'ai une autre expérience de logique douteuse à vous proposer, dit Cornélius avec un petit hochement de tête en direction d'Emma. Imaginez que, d'ici quelques dizaines d'années, les humains – nos descendants – trouvent un moyen d'éviter la catastrophe. Un moyen pour survivre indéfiniment dans le futur.
— Si votre argumentation est correcte, c'est impossible.
— Non. Juste très improbable. Mais, dans ce cas – et en connaissant l'ampleur de la catastrophe à venir – imaginons que nos descendants trouvent une solution, que pourraient-ils essayer de faire ?
Malenfant fronça les sourcils.
— Je ne vous suis plus.
Cornélius sourit.

— Ils tenteraient probablement de nous envoyer un message.

Emma ferma les yeux. De plus en plus dingue, songea-t-elle.

— Hou là ! (Malenfant leva les mains.) Vous êtes en train de nous parler d'expédier un message *dans le passé* ?

Cornélius poursuivit.

— Et notre action la plus logique serait de faire tout ce que nous pouvons pour détecter ce message, n'est-ce pas ? Parce que ce serait le plus important que quiconque ait jamais reçu. L'avenir de l'espèce en dépendrait.

— Des paradoxes temporels, murmura Emma. Je déteste les histoires de paradoxes temporels.

Malenfant se cala dans son siège. Emma eut soudain l'impression qu'il avait bien plus de cinquante ans.

— Bon Dieu ! Quelle journée. Et c'est pour ça que vous voulez mon aide ? Pour que je vous construise une radio qui captera le futur ?

— Peut-être le futur nous parle-t-il déjà. Tout ce que nous avons à faire, c'est de tenter d'écouter, peu importe comment. Ce sont nos descendants. Ils savent que nous essayons. Ils savent même comment nous nous y prenons. Ils peuvent donc nous viser. Ou ils le *pourront*. Notre langage est un peu limité dans ce domaine... Vous êtes unique, Malenfant. Vous possédez les ressources nécessaires et vous êtes assez visionnaire pour mener cette entreprise à bien. Le destin vous attend.

Malenfant se tourna vers Emma. Elle secoua la tête. *Nous devrions partir d'ici*. Malenfant avait l'air ahuri.

Il s'adressa de nouveau à Cornélius.

— Dites-moi, combien de billes y avait-il dans cette foutue boîte ?

Mais Cornélius se contenta de sourire.

**Reid Malenfant**

Un peu plus tard, ils prirent le même taxi pour se rendre à l'aéroport.

— … Tu te souviens de nos discussions ?

Il sourit.

— Lesquelles exactement ?

— Au sujet des enfants.

— Ouais. On est tombé d'accord, non ? Avoir des enfants, c'est être esclave de ses gènes. Ne plus être qu'un tuyau entre le passé et l'avenir, entre l'océan primordial et l'empire galactique.

— Là, tout de suite, ça ne me semble pas si mal comme ambition. Et, si nous avions des enfants, peut-être que nous pourrions mieux l'envisager.

— Envisager quoi ?

Elle eut un geste de la main en direction de l'après-midi new-yorkais.

— L'avenir. Le temps et l'espace. La fin prochaine. Je crois que je suis en état de choc, Malenfant.

— Moi aussi…

— Mais je pense que je comprendrais mieux si j'avais des enfants. Parce que ces gens du futur qui n'existeront jamais sauf en tant que fantômes dans les statistiques de Cornélius, auraient été mes descendants. Les choses étant ce qu'elles sont, ils n'ont rien à voir avec moi. Pour eux je suis juste une… une bulle qui a éclaté, loin en amont. Leurs combats n'ont aucun sens. *Nous* n'avons aucun sens. Toutes nos luttes, la manière dont nous nous sommes aimés puis éloignés l'un de l'autre, comment nous nous sommes disputés comme des chiffonniers. Notre atome d'amour. Rien de tout cela n'a d'importance. Parce que nous sommes transitoires. Nous disparaîtrons, comme des bulles, des ombres, des vagues sur un étang.

— Nous avons de l'importance. Tu en as, en tout cas. Et notre relation aussi, même si elle est…

— Autonome ? Inaccessible ?

— Tu signifies quelque chose pour moi, Emma. Et ma vie, ce que j'ai accompli, signifie beaucoup… Mais je sublime, hein ? C'est le diagnostic que tu as établi il y a des années, non ?

— Je ne peux faire aucun diagnostic à ton sujet, Malenfant. Tu es pétri de contradictions.

— Si tu avais la capacité de changer l'histoire, dit-il, comme Cornélius prétend que les gens du futur tentent de le faire, si tu pouvais revenir en arrière, est-ce que tu arrangerais les choses entre nous ?

Elle réfléchit.

— Le passé a fait de nous ce que nous sommes. Si nous le changions, nous perdrions ce que nous sommes devenus, n'est-ce pas ? Non, Malenfant. Je ne changerais rien du tout. Mais…

— Oui ?

Elle le regardait de ses yeux aussi noirs et profonds que des cratères sur la Lune.

— Ça ne veut pas dire que je te comprends. Et que je ne t'aime pas.

— Ça, je le sais, dit-il.

Et il sentit son cœur se briser.

**Bill Tybee**

… June, je sais que tu veux que je te dise tout, le bon comme le mauvais, alors voilà :

La bonne nouvelle, c'est que Tom adore le Cœur que tu lui as envoyé pour son anniversaire. Il l'emporte partout et il lui raconte tout ce qui lui arrive, mais je dois avouer que je n'en comprends pas la moitié.

La mauvaise nouvelle, c'est que j'ai dû le retirer de l'école hier.

Des gamins s'en sont pris à lui.

Je sais qu'on a déjà eu affaire à ce genre d'emmerdements et que nous voulons qu'il apprenne à s'endurcir. Mais, cette fois, c'est allé plus loin que simplement asticoter le premier de la classe. Ils y sont allés un peu fort, et on dirait bien qu'un professeur qui aurait dû intervenir ne l'a pas fait. Quand le principal a été prévenu, la situation était vraiment grave.

Tom a passé une nuit à l'hôpital. Juste une nuit, il n'avait que des ecchymoses, des coupures et un os de l'auriculaire cassé. Mais il est à la maison, à présent.

Si je tourne cet écran… attends… Tu peux le voir. Il est bien, non ?

Un peu renfermé. Je sais qu'on essaie de le dissuader de se balancer, mais ce n'est vraiment pas le jour.

Regarde, il lit. Je dois admettre que le voir tourner les pages comme ça, l'une après l'autre, une page par seconde, ça me fiche un peu la trouille. Mais il va bien, c'est notre Tom.

Tu ne dois donc pas t'inquiéter. Seulement, je veux des garanties de la part de cette foutue école avant de le laisser y retourner.

Bon, ça suffit. Je voulais te montrer la peinture de Billie.

**Emma Stoney**

Lorsqu'elle apprit qu'il avait obligé Dan Ystebo à venir de Floride, Emma se rua dans le bureau de Malenfant.

— … Voici ma question, Dan, disait-il. Comment vous y prendriez-vous pour détecter un signal venu du futur ?

Dan Ystebo était bouche bée derrière sa barbe. Son visage et ses cheveux gras luisaient et l'on voyait nettement deux demi-lunes humides sous ses bras : un souvenir, se dit Emma, de son vol depuis la Floride, le premier disponible, et du trajet en AutoYellowCab depuis l'aéroport.

— De quoi parlez-vous, Malenfant ?

— D'un signal venu du futur. Que feriez-vous ? Comment construiriez-vous un récepteur ?

Le regard perplexe de Dan alla de Malenfant à Emma.

— Pour l'amour de Dieu, Malenfant, j'ai du travail ! Sheena 5…

— Vous avez une bonne équipe. Lâchez-leur un peu la bride. Ce dont je vous parle est plus important.

Malenfant saisit une chaise et appuya sur les épaules de Dan, l'obligeant presque à s'asseoir. Il lui fourra dans les mains la canette de Cola qu'il tenait.

— Vous avez soif ? Buvez. Faim ? Mangez. Et réfléchissez.

— Ouais, dit Dan d'un air hésitant.

— Vous êtes mon monsieur Science, Dan. Pensez à des signaux venus du futur. Lesquels ? Comment ? Attendez de savoir de quoi il s'agit. Je suis sur un truc incroyable. Si ça marche, ça sera notre plus grande réalisation. Bon Dieu, ça changera le monde ! Je veux une réponse dans les vingt-quatre heures.

Dan parut abasourdi. Puis un large sourire envahit peu à peu son visage.

— Bon Dieu, j'adore ce boulot. D'accord. Où puis-je me connecter ?

Malenfant se pencha et lui montra comment procéder à partir de l'écran souple du bureau.

Une fois Dan lancé, Emma tira Malenfant par la manche et le prit à part.

— Tu es à nouveau en train de mettre le souk.

Malenfant sourit et passa sa large main sur son crâne chauve.

— Je suis impulsif. Tu aimais ça, avant.

— Ne me raconte pas de conneries. D'abord, je découvre que nous avons investi des millions à Key Largo. Ensuite, j'apprends que Dan, la clé de cette opération, a été réaffecté à ces foutaises pour allumés d'Eschatologie…

— Mais il a fait son travail à Key Largo. Ses subordonnés peuvent garder la balle quelque temps…

— Malenfant, Dan n'est pas un savant à géométrie variable comme dans les films. C'est un spécialiste en biologie marine. Si tu veux quelqu'un pour travailler sur cette histoire de signaux envoyés dans le passé, c'est un physicien qu'il te faut, ou un ingénieur. Ou, encore mieux, un auteur de science-fiction.

Cette dernière remarque fut accueillie par un simple reniflement de mépris.

— Ce qui compte, ce sont les gens. Dan est mon crâne d'œuf en chef, Emma.

— Je ne sais vraiment pas pourquoi je reste avec toi.

Il sourit.

— Pour le plaisir, gamine, pour le plaisir.

— Très bien. Mais, maintenant, nous allons nous poser et travailler pour de bon. Il nous reste trois jours avant ta présentation devant les actionnaires et les sondages internes n'ont pas l'air bons… Tu m'écoutes, Malenfant ?

— Ouais. (Il regardait Dan.) Oui. Désolé. Viens. Allons dans ton bureau.

**Reid Malenfant**

Malenfant avait convoqué une réunion d'actionnaires pour empêcher une fuite de capitaux à la suite de la révélation de ses projets spatiaux.

Il avait retenu une salle au vieux complexe MacDonnell Douglas de Huntington Beach, en Californie. C'était MacDonnell qui avait eu la charge des engins *Mercury* et *Gemini* pendant l'âge de pierre du vol spatial – ou l'âge d'or, selon le point de vue. À l'époque, ces « petits vaisseaux qui en avaient » étaient très populaires parmi les astronautes. Il avait également décoré le lieu avec des pièces de machines provenant de ses ateliers de développement de Mojave : actuateurs hydrauliques, pilotes automatiques et moteurs verniers, d'authentiques pièces roussies de technologie spatiale.

Malenfant aimait à dire que tout est symbole pour un organisateur intelligent.

Emma lui donna un coup de coude. C'était l'heure.

Il se leva et monta sur scène. Le murmure de l'assistance décrut ; la lumière faiblit.

Me voici de nouveau à un tournant, se dit-il, une nouvelle crise où ça passe ou ça casse. Si je réussis aujourd'hui, le Gros Booster stupide décollera. Si j'échoue – et merde, je trouverai un autre moyen.

Il avait confiance ; il contrôlait la situation. Il commença.

— Nous autres, du Pied à l'Étrier, nous pensons que l'Amérique peut être à la pointe du domaine spatial au XXIe siècle – et gagner de l'argent – de la même manière que nous avons dominé l'aviation commerciale au XXe siècle. En fait, comme je vais tenter de vous l'expliquer, je crois qu'il est de notre devoir envers la nation, et même envers l'espèce humaine, d'au moins essayer.

« Mais, pour commencer, nous devons diminuer le coût de mise en orbite. Il y a deux façons de procéder.

L'une consisterait à construire une nouvelle génération de vaisseaux spatiaux réutilisables.

Le premier défi fut lancé par une voix qui s'élevait au fond de la salle.

*Nous avons déjà un lanceur réutilisable. Nous le faisons voler depuis trente ans.*

Malenfant leva les mains.

— J'admire ce que la Nasa a accompli. Néanmoins, qualifier la navette de réutilisable, c'est vraiment pousser le bouchon un peu loin. Après chaque vol, elle doit être démontée, réassemblée et à nouveau certifiée pièce par pièce. En fait, il serait moins onéreux d'en construire une neuve chaque fois.

*Alors vous suggérez qu'on crée un nouveau vaisseau réutilisable ? Lockheed a dépensé des milliards et passé des années à développer...*

— Je ne cherche pas du tout à faire quelque chose de réutilisable, si vous me permettez... Parce que *l'autre* façon de diminuer les coûts de lancement, c'est d'utiliser du matériel consommable si sacrément bon marché qu'on se fiche totalement de devoir le jeter après usage. Voici donc le Gros Booster stupide.

Il afficha pour montrer le GBS de George Hench en images de synthèse sur l'écran souple géant placé derrière lui – deux robustes moteurs de fusée fixés à un gros réservoir externe de combustible couleur de rouille. Sauf qu'il n'y avait pas de navette en forme de papillon accrochée à celui-ci. Il était surmonté d'un couvre-chef pour charge utile au nez camus presque aussi gros et large que le réservoir. Et il n'y avait pas de logo de la Nasa : rien que la marque du Pied à l'Étrier et un drapeau américain effrontément arboré.

Des murmures parcoururent l'assistance, ainsi qu'un ou deux ricanements.

*Ça a l'air plus soviétique qu'américain*, dit quelqu'un.

Il avait raison, réalisa Malenfant avec surprise. Il se

dit qu'il devrait en parler à Hench, lui demander de faire en sorte que le GBS n'ait plus l'air de sortir d'une usine de tracteurs. Tout était dans le symbole.

Malenfant afficha d'autres images, y compris des vues en coupe, en fournissant des détails sur la construction.

— Le module de propulsion mesure quatre-vingt-dix mètres de haut. La poupe est composée de quatre moteurs principaux de navette attachés au fond d'un réservoir externe modifié ; l'étage inférieur est donc propulsé par de l'oxygène et de l'hydrogène liquides. On voit aussitôt l'avantage par rapport à la conception standard des navettes : une propulsion linéaire ; le module est bien plus robuste. L'étage supérieur est bâti sur un moteur principal de navette. Notre capacité de lancement en orbite basse sera de cent trente-cinq tonnes – le *double* de la navette.

« Mais les performances en orbite basse sont secondaires. Ce que nous avons là, c'est avant tout un lanceur interplanétaire. Nous pouvons directement envoyer cinquante tonnes sur une trajectoire interplanétaire. Ce qui, soit dit en passant, simplifie l'avionique. Nous n'avons pas besoin d'ajuster le tir pour la mise en orbite, la rentrée dans l'atmosphère ou l'atterrissage. Il suffit de viser et de tirer…

*Votre truc est peut-être gros et stupide, mais il n'est certes pas bon marché.*

— Oh, mais si. L'oiseau que vous voyez a été construit avec des technologies dont le moins qu'on puisse dire est qu'elles ont fait leurs preuves et qu'elles sont des plus basiques. Nous n'utilisons que des moteurs de navettes et d'autres composants qui sont arrivés au bout de la durée d'utilisation prévue lors de leur conception. Et, comme je vous l'ai déjà assuré auparavant, je n'investirai pas un kopeck en Recherche & Développement. Ce qui m'intéresse, c'est d'atteindre un astéroïde, pas de réinventer la roue. Nous pensons pouvoir être prêts pour un lancement dans six mois.

*Et les tests ?*

— Nous les réaliserons en chemin, et nous transporterons une charge utile lors de chaque vol.

*C'est ridicule. Pour ne pas dire irresponsable.*

— Peut-être. Mais c'est ce qu'a fait la Nasa pour accélérer le programme de développement des Saturne V. À l'époque, ils appelaient ça le test tout-en-un. Nous marchons sur les traces des géants.

Il y eut quelques rires.

*Vous avez les autorisations ?*

— On s'en occupe.

D'autres rires, un peu plus chargés de sympathie.

— En ce qui concerne la santé financière du groupe à court terme, les prévisions chiffrées sont dans les écrans placés devant vous. Coût d'équipement et de fonctionnement, retour concurrentiel sur capital, poids de la dette, etc. Le premier vol lui-même est en partie financé par des scientifiques qui ont payé pour qu'on embarque des expériences, par des entreprises privées, par les agences spatiales japonaise et européenne, et même par la Nasa.

*Vous vous doutez bien que toute votre analyse des coûts est basée sur des hypothèses erronées. Si vous pouvez récupérer des moteurs de navettes pour pas cher, c'est en premier lieu qu'il y a déjà un programme spatial. Il s'agit donc d'une fausse économie.*

— Seuls ceux qui reçoivent de l'argent du gouvernement fédéral parlent de « fausses » économies, mais peu importe. N'oubliez pas qu'il s'agit d'amorcer la pompe. Il nous suffit de réussir les tout premiers vols. Ensuite, nous utiliserons les ressources que nous aurons découvertes pour aller un peu plus loin. Sans oublier de nous enrichir suffisamment pour *acheter* ce putain de programme de navettes.

« Je sais que tout ça n'est pas facile à évaluer pour

un investisseur ne possédant aucune connaissance technique. En effectuant consciencieusement les efforts nécessaires, comment ferais-je pour m'assurer qu'un tel projet est sain ? À qui pourrais-je m'adresser, sinon à mon beau-frère qui bosse à la Nasa ? Après tout, celle-ci possède les seuls experts en matière de fusées sur le marché, non ?

« Mais elle vous répondra toujours la même chose. *Ça ne marchera pas. Si ça marchait, la Nasa le ferait, or elle ne le fait pas.* Tout ce que je vous demande, c'est de ne pas vous contenter d'aller la voir. Demandez leur avis à autant de personnes différentes que vous le pourrez. Et étudiez l'histoire, la façon dont la Nasa s'est servie de la bureaucratie et de la politique pour étouffer des initiatives similaires par le passé.

L'assemblée réagit à cette remarque. Il y eut même quelques huées, qu'il ignora.

— Si vous me permettez, je vais vous montrer où je veux aller. (Il afficha l'image radar floue d'un astéroïde bosselé.) Ce bout de rocher s'appelle Reinmuth. C'est un astéroïde géocroiseur découvert en 2005. Il appartient à ce que les astronomes nomment le type M, c'est-à-dire qu'il est entièrement composé de nickel et de fer formant un acier inoxydable naturel.

« Un kilomètre cube de ce minerai devrait contenir sept milliards de tonnes de fer, un milliard de tonnes de nickel et assez de cobalt pour trois mille ans, le tout d'une valeur de six *billions* de dollars au bas mot. Si nous procédions à son extraction, nous transformerions l'économie nationale, l'économie de la planète, en fait.

*Comment pouvez-vous croire que le gouvernement soutiendra un programme de colonisation spatiale expansionniste ?*

— Je n'y crois pas. Tout ce que je veux, c'est qu'il nous laisse le champ libre. Oh, il pourrait investir dans des expériences à court terme pour réduire les risques sur le plan technique. (Hochements de tête dans l'assistance.) Il pourrait aussi nous aider à démarrer – comme ça s'est produit avec le Kelly Act de 1925, par lequel le gouvernement a accordé des contrats pour le transport du courrier aux nouvelles compagnies aériennes. Mais, ça, ce sont seulement les semences. Ce programme ne s'appelle pas pour rien le Pied à l'Étrier.

« L'histoire nous a fourni un modèle. L'Empire britannique créait du profit. Comment ? Les Anglais avaient un système de compagnies d'affrètement destinées à développer les colonies potentielles. C'étaient elles qui supportaient le coût de l'administration et de l'infrastructure : elles faisaient fonctionner le gouvernement local, levaient les impôts, entretenaient la police et administraient la justice. Le gouvernement britannique ne venait planter son drapeau qu'une fois démontrée la rentabilité du territoire.

« Les Français et les Allemands fonctionnaient à l'inverse : l'exploitation et le commerce suivaient le gouvernement. En 1900, l'occupation coloniale a coûté l'équivalent de milliards de dollars au gouvernement français. Nous ne voulons pas commettre la même erreur.

« Nous pensons que les traités concernant les ressources spatiales sont obsolètes, inappropriés et probablement inapplicables. Nous pensons que le gouvernement des État-Unis doit les révoquer et commencer à offrir des chartes de développement dans les termes que je viens de vous décrire. Ce que nous vous proposons, c'est de coloniser le Système solaire et de nous en approprier les ressources au bon moment pour le compte des États-Unis – à un coût presque nul pour le contribuable américain. Et, au passage, nous deviendrons tous riches comme Crésus.

Il y eut quelques applaudissements épars.

Malenfant s'avança jusqu'au bord de la scène. Devant

lui s'étendait une mer de visages – des hommes pour la plupart, bien entendu, en majorité âgés de plus de cinquante ans et donc conservateurs à mort. Il y avait là des délégués de ses entreprises partenaires – Aerojet, Honeywell, Deutsche Aerospace, Scale Composites, Inc., Martin Marietta et d'autres encore – ainsi que des représentants des principaux investisseurs qu'il n'avait pas encore réussi à séduire, quatre ou cinq directeurs de la Nasa et même deux ou trois officiers en uniforme de l'*USASF.* Des hommes de décision et de pouvoir, ceux qui faisaient le futur, et quelques adversaires indécrottables.

Il choisit ses mots avec soin.

— Ce n'est pas un jeu. Nous n'avons réellement pas le choix.

« Je me suis fait les dents sur les ouvrages de visionnaires de la colonisation spatiale des années 60 et 70. O'Neill, par exemple. Vous vous souvenez de lui ? Toutes ces villes de l'espace. Ces types expliquaient de manière convaincante qu'on pouvait, grâce à l'expansion spatiale, dépasser les limites imposées à la croissance économique. Leur hypothèse de départ était que les programmes spatiaux proposés à l'époque fourniraient les moyens de maintenir la croissance dont notre civilisation avait besoin.

« Rien de tout ça n'a eu lieu.

« Imaginons que nous voulions construire aujourd'hui une infrastructure spatiale. Nous avons déjà perdu peut-être quarante ans, et notre capacité à placer des charges lourdes sur orbite a considérablement diminué. De plus, la population n'a cessé de croître. Ce n'est pas tout : la richesse par être humain augmente. Même une extrapolation pessimiste montre que nous allons avoir besoin d'une croissance totale multipliée par *soixante* au cours de ce siècle pour continuer.

« Sauf qu'en ce moment, il n'y a pas de croissance. Au contraire.

« Nous perdons vingt-cinq milliards de tonnes de terres arables par an, l'équivalent de six déserts des années 30. Les nappes phréatiques – comme celle qui se trouve sous notre ceinture céréalière – s'épuisent. Nos plantes modernes génétiquement uniformes ne se révèlent pas très résistantes aux maladies. Et ainsi de suite. Nous sommes face à des problèmes qui échappent de plus en plus à notre contrôle, de manière exponentielle.

« Je vais vous le dire autrement. Imaginez un nénuphar dont la taille double tous les jours. Il couvrira votre mare dans trente jours. Pour l'instant, il a l'air inoffensif. Vous pensez peut-être que vous n'aurez pas besoin d'agir avant qu'il ne recouvre la moitié de la mare. Mais quand cela se produira-t-il ? *Le vingt-neuvième jour.*

« Mesdames et messieurs, le vingt-neuvième jour est arrivé.

« Voici le planning sur lequel je travaille.

« Nous devons être capables d'employer de l'énergie en provenance de l'espace pour répondre à la diminution de l'offre mondiale d'ici 2020. C'est-à-dire dans dix ans.

« En 2050, il faudra avoir une économie dans l'espace qui fonctionne et fournisse à la Terre de l'énergie, des produits fabriqués sous microgravité et des ressources rares. Il serait même possible qu'à cette date, ce soit l'espace qui nourrisse la planète. Il faudra sans doute que des milliers de personnes vivent là-haut pour accomplir ça, avec des installations situées peut-être aussi loin que Jupiter. C'est dans quarante ans à peine.

« À l'horizon 2100, il sera sans doute nécessaire que l'économie spatiale égale celle de la Terre. Je ne peux me risquer à donner de chiffres. Certains disent qu'un milliard de personnes au moins devraient se trouver là-haut. On pourra toujours calculer ça plus tard.

« Ce sont des objectifs à atteindre, pas des prophéties. Peut-être n'y réussirons-nous pas. Mais il est sûr que nous échouerons si nous n'essayons pas. Ce que je veux dire, c'est que nous sommes déjà restés trop longtemps assis sur notre derrière à nous tourner les pouces. Si nous nous y mettons *maintenant*, nous avons des chances de réussir. Si nous attendons encore, nous n'aurons peut-être plus de planète depuis laquelle lancer des fusées…

« Et, ajouta-t-il, gardez la foi jusqu'au bout.

*En quoi ? En vous ?*

Malenfant sourit.

Il avait bien préparé ce discours, et il le trouvait lui-même presque convaincant. Mais cette histoire de catastrophe de Carter expliquée par Cornélius demeurait dans un recoin de son cerveau, d'où elle ne cessait de le harceler. Tout ce truc, cette exploitation du Système solaire pour le profit, était-ce vraiment sa destinée ? Ou bien autre chose, qu'il ne pouvait pas encore deviner, l'attendait-il ?

Il sentit son pouls s'accélérer à cette idée.

Derrière lui, les images de synthèse se fondirent doucement en une vue d'un Gros Booster stupide, du matériel authentique posé sur le pas de tir, un pilier de technologie lourde enveloppé de volutes de vapeur sous un ciel bleu, un vaisseau spatial prêt à décoller.

Du diable s'il ne voyait pas là-bas quelques yeux qui scintillaient dans la lumière retransmise du désert.

— Nous sommes en direct, dit-il. On met en place l'engin sur la rampe pour le premier test de mise à feu. Mes amis, ce n'est que le début. Je pars pour la grande aventure. Joignez-vous à moi.

Il attendit les applaudissements. Ils vinrent.

Il ne s'écoula pas plus d'une semaine avant que Dan n'eût conçu et mis sur pied sa première expérience de recherche de messages venus du futur, dans un endroit portant le nom de *National Astronomy Observatory*, en Virginie occidentale. Emma fut soulagée de constater que les fonds demandés étaient relativement modestes et que Malenfant avait réussi à tirer les bonnes ficelles pour faire ce qui lui chantait sans causer de dégâts visibles à la compagnie, pour autant qu'elle pût en juger.

En clair : nul n'avait encore découvert ce qu'ils fabriquaient.

Des semaines passèrent et l'expérience ne produisit rien d'utile. Malenfant faisait la navette entre Vegas, le Mojave et la Virginie.

Après avoir passé un mois à tenter de le convaincre de revenir travailler, Emma annula tous ses rendez-vous et prit un avion pour la Virginie occidentale.

Elle se fit conduire à l'observatoire par un chauffeur de la compagnie. Elle arriva à minuit.

Le *National Radio Astronomy Observatory* était niché dans une vallée feuillue entourée de collines couvertes de forêts. Un mince croissant de lune flottait entre les étoiles dans la nuit sans nuages d'octobre.

Tandis que ses yeux s'adaptaient à l'obscurité, Emma distingua un groupe de disques tournés vers le ciel, tous hérissés d'un fouillis arachnéen d'appareils de réception radio. Les paraboles plongeant leur regard plein d'espoir dans le ciel impénétrable et infini semblaient émettre une lueur d'un blanc argenté. De temps à autre, l'une d'elles bougeait sur sa base à l'air fragile avec un grincement d'équipement lourd, réagissant à l'ordre obscur de l'un des observateurs qui se trouvaient dans les bâtiments bas à l'aspect minable. Elle se demanda combien de ces chercheurs travaillaient à présent pour le Pied à l'Étrier ou Eschatologie – dans les deux cas, vraisemblablement grâce à l'argent de Malenfant.

On la conduisit à une pelouse où l'on avait déplié une demi-douzaine de chaises longues. Malenfant, Dan Ystebo et Cornélius Taine étaient en train de siffler des packs de bière, emmitouflés pour se protéger du froid.

Les vêtements froissés, quelque peu ivre, Dan ne semblait pas avoir changé de T-shirt depuis la Floride. Cornélius ne buvait pas. Il portait son habituel costume sur mesure, impeccable et lisse. Dans une certaine mesure, il semblait dissocié de son environnement, en dehors des collines vertes, du silence et de la magnificence de la nature.

Malenfant ne tenait pas en place et marchait de long en large, laissant des empreintes noires dans l'herbe mouillée.

Emma soupira. Il devenait difficile à gérer lorsqu'une obsession s'emparait de lui. Mais, bon, elle savait en venant que cette expédition allait lui prendre du temps.

Elle s'assit avec précaution sur une chaise libre et accepta la bière qu'on lui offrit.

— J'aurais dû emporter un manteau plus épais.

— On ne remarque plus le froid après le premier pack, dit Dan d'une voix ensommeillée.

— Alors, qu'est-ce que nos descendants en combinaison argentée nous ont envoyé ?

Cornélius secoua la tête.

— Nous ne nous attendions pas à ce que ça marche si facilement. Nous devions d'abord éliminer les solutions les plus évidentes.

Elle regarda autour d'elle.

— Ce sont des radiotéléscopes, non ? Vous vous attendez à recevoir des messages radio du futur ?

— Nous essayons de fabriquer une radio de Feynman, Emma.

— Feynman ? Richard Feynman ?

Malenfant souriait.

— Il se trouve, dit-il, qu'il y a une lacune dans les lois de la physique.

Cornélius leva les mains.

— Voyons. Imaginez qu'on donne une pichenette à un atome pour produire une onde radio. Nous connaissons des équations qui nous disent comment cette onde va voyager. Mais elles ont toujours deux solutions.

— Deux ?

Dan se gratta le ventre en bâillant.

— Comme pour l'extraction d'une racine carrée. Supposons que vous avez une pelouse carrée de neuf mètres carrés de surface. Quelle est la longueur d'un côté ?

— Trois mètres, dit-elle aussitôt. La racine carrée de neuf est trois.

— D'accord. Mais neuf possède une autre racine carrée.

— Moins trois, dit-elle. Je sais. Mais ça ne compte pas. On ne peut pas avoir une pelouse de moins trois mètres de côté. Ça n'existe pas. Ça n'a pas de sens.

Dan hocha la tête.

— Les équations de l'électromagnétisme ont elles aussi deux solutions. L'une, comme la racine carrée positive, décrit les ondes que nous connaissons, qui voyagent en direction du futur et atteignent les récepteurs *après* avoir quitté l'émetteur. On les appelle des ondes retardées. Mais il y a toujours une deuxième solution, comme avec la racine négative…

— Qui décrit des ondes arrivant du futur, j'imagine.

— Eh bien, oui. On les nomme des ondes avancées.

— C'est vraiment de la physique, madame Stoney. Beaucoup de lois sont symétriques dans le temps. Si vous les faites fonctionner vers l'avant, vous voyez un atome qui émet un photon. Si vous les faites aller en arrière, vous voyez le photon qui rencontre l'atome…

— C'est là qu'intervient Richard Feynman, dit Dan. Il a formulé l'hypothèse que les radiations sortantes sont absorbées par la matière, les nuages de gaz qui se trouvent là-bas dans l'univers. Le gaz est perturbé et émet à son tour des ondes avancées. L'énergie de toutes ces petites sources voyage *vers le passé* en direction du récepteur. Et il y a des interférences. Des ondes qui s'annulent les unes les autres. Toutes les ondes avancées secondaires annulent l'onde avancée originelle au niveau du transmetteur. Et toute leur énergie va dans l'onde retardée.

— Ça n'est pas dénué d'une certaine beauté, dit Malenfant. Imagine toutes ces ondes fantomatiques qui font écho et voyagent vers le passé et vers l'avenir, parfaitement synchrones, fonctionnant de concert pour imiter une onde radio ordinaire.

Une image déplaisante traversa l'esprit d'Emma : de rares atomes dispersés dans un futur sombre et lugubre, émettant des photons en une mystérieuse chorégraphie, et tous ces photons convergeant vers la Terre, de plus en plus puissants, jusqu'à ce qu'ils tombent sur le sol ici et maintenant, tout autour d'elle…

— Le problème, dit Cornélius avec douceur, c'est que, si l'on y réfléchit, l'argument de Feynman repose sur des hypothèses quant à la distribution de la matière dans l'univers futur. Il faut supposer que tous les photons émis par nos transmetteurs seront absorbés par de la matière, quelque part, dans des milliards d'années peut-être. Et si ce n'était pas le cas ? L'univers n'est pas un nuage de gaz. Il est grumeleux et en expansion. En outre, on dirait qu'il devient de plus en plus transparent.

— Nous avons pensé qu'il était possible que toutes les ondes avancées ne s'annulent pas parfaitement, dit Dan.

D'où cette expérience. Nous nous servons des antennes radio pour envoyer dans l'espace des pulsations de micro-ondes de quelques millisecondes. Puis nous changeons de voilure : nous envoyons des impulsions dans un objet qui les absorbe, une voie sans issue. Et nous mesurons la puissance émise. N'oubliez pas que, selon la théorie de Feynman, les ondes avancées sont censées contribuer à l'énergie de l'onde retardée. Si l'absorption universelle n'*est pas* parfaite.

— Il y aurait une différence entre les deux, dit Emma.

— Ouaip. Comme l'écho n'est pas parfait, nous devrions enregistrer une variation, un frétillement d'une milliseconde, lorsque nous envoyons un signal en direction de l'espace. Et nous espérons détecter tout message susceptible de se trouver dans les échos avancés qui nous reviendraient, à condition que quelqu'un en aval ait imaginé un moyen de les modifier.

« Nous choisissons des nuits sans nuages, et nous visons hors du plan galactique – ainsi, nous évitons les obstacles visibles. Nous partons du principe que seul un pour cent de la puissance sera absorbée par l'atmosphère, et trois par l'environnement galactique. Le reste devrait arriver à bon port – en se dispersant – dans l'espace intergalactique.

— Bien entendu, nous pouvons avoir la certitude que, si l'on nous envoie un message, il aura un sens pour nous, dit Cornélius.

Il regarda autour de lui ; sa peau semblait briller à la lueur des étoiles.

— Je veux dire, un sens pour nous quatre, personnellement. Ils savent que nous sommes assis ici et que nous préparons tout ça.

Emma frissonna à nouveau.

— Et vous avez trouvé quelque chose ?

— Pas même avec une précision d'un milliardième, dit Cornélius.

Il y eut un silence seulement troublé par le vent murmurant au loin dans les arbres couleur d'encre.

Emma se rendit compte qu'elle avait retenu son souffle. Elle expira doucement. Évidemment, Emma. À quoi t'attendais-tu ?

— Une vraie honte, dit Dan Ystebo en prenant une autre bière. Des expériences analogues ont déjà eu lieu, bien sûr. Les articles publiés sont consultables. Schmidt en 1980. Partridge, Newman quelques années plus tôt. Le résultat a toujours été négatif… Pour cette raison, poursuivit-il avec lenteur, nous envisageons d'autres solutions…

— C'est-à-dire ?

— Nous devons utiliser un autre vecteur, dit Cornélius. Quelque chose qui ne soit pas absorbé aussi aisément que les photons. Avec un libre parcours moyen qui soit long. Des neutrinos.

— Les fantômes tournoyants. (Dan rota, avant d'avaler une gorgée de bière.) Rien ne les absorbe.

Emma fronça les sourcils. Elle n'avait qu'une idée très vague de ce qu'était un neutrino.

— Alors, comment fabrique-t-on un émetteur de neutrinos ? Ça coûte cher ?

Cornélius rit.

— On pourrait dire ça. (Il compta les moyens sur ses doigts.) Déclencher un nouveau Big Bang. Provoquer l'explosion d'une supernova. Démarrer et arrêter une grosse centrale nucléaire. Créer une collision à haute énergie dans un accélérateur de particules…

Malenfant acquiesça.

— J'étais sur le point de te le dire, Emma… Il faut que tu me trouves un accélérateur de particules.

Ça suffit, pensa-t-elle.

Elle se leva et prit Malenfant à part.

— Regarde les choses en face. Cornélius t'a roulé

dans la farine. Il n'a rien à te montrer à part des arguments à la con basés sur des statistiques bizarroïdes et des joujoux technologiques. Ce type est schizo et il est en train de t'attirer dans sa toile. Il faut que ça s'arrête avant que…

Il la rembarra.

— Si quelque chose déconne dans le cockpit, on ne baisse pas les bras. On tente autre chose. Et on recommence jusqu'à trouver une solution. Aie un peu confiance, Emma.

Elle ouvrit la bouche, mais il s'était déjà tourné vers Dan Ystebo.

— Dites-moi donc comment on peut détecter ces fichus neutrons.

— *Neutrinos*, Malenfant…

Cornélius se pencha vers Emma.

— Vous trouvez peut-être que ces machins de Wheeler-Feynman donnent la chair de poule. À moi aussi, l'idée que des ondes radio puissent aller et venir entre le passé et le futur me semble bizarre… Mais c'est en fait une caractéristique fondamentale de notre réalité.

« Pourquoi le temps a-t-il une direction ? Pourquoi ressentons-nous le futur comme différent du passé ? Certains d'entre nous croient que c'est parce que l'univers n'est pas symétrique. À un bout, il y a le Big Bang, un point infiniment compressé. Et à l'autre une expansion, une dilution infinie. Difficile de faire plus dissemblable.

« *Nous*, nous pouvons nous faire une idée par l'observation de la structure de l'univers et l'exprimer en termes de présent et d'avenir. Mais quelle différence cela fait-il pour un électron ? Comment *sait-il* que les ondes radio qui avancent dans le temps sont les bonnes, celles qu'il doit émettre ?

« Peut-être est-ce à cause de ces échos qui voyagent

vers le passé. Il est possible que les électrons puissent déterminer où ils se trouvent dans le passé, et dans quelle direction. Et c'est ainsi que les ondes qui se propagent vers le futur sont celles qui possèdent une signification.

« Tout ça n'est qu'analogie et anthropomorphisme. Les électrons ne "savent" rien, bien entendu. Je pourrais dire, de manière plus formelle, que la théorie de Wheeler-Feynman nous fournit un cadre où les conditions limites de l'univers imposent un effet de sélection sur les ondes retardées. Mais ce serait de la poudre aux yeux scientifique. Et je ne ferais jamais ça, n'est-ce pas ?

Il sourit de toutes ses dents blanches. Elle comprit qu'il jouait avec elle.

Légèrement ivres, Malenfant et Ystebo discutaient toujours avec passion. Emma avait l'impression que leurs voix montaient vers le ciel, minuscules et dépourvues de signification, et que, loin au-dessus d'eux, les étoiles poursuivaient leur ronde, indifférentes.

**Bill Tybee**

Mardi.

Bon, June, j'ai eu une entrevue avec Mme Bradfield, la directrice de l'école. Elle ne veut toujours pas reprendre Tom.

Mais, au moins, j'en ai appris un peu plus.

Tom… Eh bien, il n'est pas le seul. Je veux dire, le seul gamin surdoué. Ils en ont identifié trois de plus dans l'école, et ils ont des doutes au sujet de deux autres. Ça fait deux ou trois pour mille, ce qui est quasi normal.

Mais on n'est pas sûr de ces chiffres. On n'identifie souvent ces enfants que lorsqu'ils commencent l'école.

La directrice dit que ce sont des perturbateurs. Quand il y en a un dans une classe, il s'ennuie, s'énerve et distrait tout le monde. S'ils sont plusieurs, ils forment un groupe pour s'occuper de leurs propres projets – la directrice m'a dit qu'ils avaient même inventé leur langue personnelle – si bien qu'on ne peut de toute façon pas les contrôler, en fin de compte.

Il y a aussi le problème de la violence. La directrice ne voulait pas le dire, mais j'ai eu l'impression que certains enseignants ne sont pas préparés à protéger ces enfants comme il le faudrait.

Pourquoi *nous* ? lui ai-je demandé. Mais elle n'avait pas de réponse.

De toute manière, nul ne sait pourquoi ces gosses apparaissent. C'est peut-être un truc dans l'environnement, ou dans la nourriture, ou une conséquence d'une exposition à des radiations qui les auraient frappés pendant la gestation. C'est tombé sur nous par hasard.

En tout état de cause, le conseil d'administration de l'école cherche d'autres solutions pour Tom. Peut-être un instituteur qui viendrait à la maison. Nous pourrions même avoir un maître virtuel, mais j'ignore s'ils sont bons. J'ai lu dans les journaux qu'on avait parlé de créer des écoles spécialisées pour les surdoués, mais pas dans la région. Tom serait obligé d'être interne.

Quoi qu'il en soit, je ne veux pas qu'il aille dans je ne sais quelle école spécialisée et je sais que tu partages mon sentiment.

J'ai envie qu'il soit intelligent. J'en suis fier. Mais j'ai aussi envie qu'il soit normal, comme les autres gosses. Je n'ai pas envie qu'il soit différent.

Tom veut que je te télécharge quelques-uns des trucs contenus dans son Cœur. Une seconde…

**Emma Stoney**

De retour dans son bureau de Las Vegas, Emma se renversa dans son fauteuil et lut le dernier texte qu'elle projetait de soumettre à Maura Della.

*... Les antiques traités régissant le domaine spatial sont de parfaits exemples de législation virtuelle. Ces lois ont été promulguées bien avant l'apparition des activités qu'elles étaient supposées réguler. Elles ne répondent absolument pas aux besoins légitimes de compagnies privées et d'individus qui pourraient posséder des ressources liées à l'espace et/ou les exploiter pour en tirer profit. En fait, ce sont des déclarations politiques effectuées par l'ancienne Union soviétique et les pays du Tiers-Monde plutôt qu'un ensemble de lois vraiment applicables.*

*Nous pensons que l'action la plus appropriée est donc de dénoncer ces traités. Il y a des précédents, notamment la révocation par le président Carter du traité du canal de Panama au moyen d'un décret-loi. Et, pour parler sans détour, comme les États-Unis ont signé ces traités en ayant un seul concurrent à l'esprit – l'Union soviétique, qui n'existe même plus – il n'y a aucune raison qu'ils se sentent engagés moralement.*

Malenfant cherchait la bagarre rien qu'en *construisant* son fichu vaisseau spatial là-bas dans le désert, en l'exposant aux caméras et en mettant au défi les bureaucrates, ceux qui défendaient leur pré carré et les groupes possédant des intérêts précis de lui faire fermer boutique. Son côté téméraire l'avait mené loin. Mais Emma soupçonnait qu'il s'en était sorti à bon compte jusqu'à présent ; la guerre intestine entre les ronds-de-cuir ne faisait que commencer.

Aidée d'une équipe d'avocats spécialisés, pour la plupart basés à New York, et soutenue par Maura Della et d'autres amis à Washington, Emma était en train d'essayer de se frayer un chemin dans le maquis des règlements susceptibles de clouer au sol le GBS de Malenfant aussi sûrement qu'une explosion sur le pas de tir.

L'activité spatiale était régie au niveau des États par divers traités datant de l'âge de pierre des vols spatiaux : une époque où seuls les gouvernements envoyaient des vaisseaux dans l'espace, des traités ébauchés dans l'ombre de la Guerre froide. Mais cette masse de lois mal rédigées était à l'origine de nombreuses anomalies et contradictions.

Les responsabilités en cas de préjudice, par exemple. Si Malenfant avait dirigé une compagnie d'aviation et que l'un de ses avions s'était écrasé sur Mexico, il aurait été responsable et sa compagnie d'assurances aurait dû rembourser les dégâts et les frais de procédure. Mais, selon les termes d'une convention sur les dégâts liés à l'espace, si le GBS de Malenfant s'écrasait quelque part, c'était le gouvernement des États-Unis qui en serait tenu pour responsable.

Il y avait une autre source de problèmes : la question de la certification par l'État du GBS pour la navigation aérienne – ou, plutôt, la navigation spatiale. Tous les aéronefs franchissant une frontière internationale étaient censés être munis d'un certificat d'État de navigation aérienne fourni par le pays où il était immatriculé, d'un certificat de fabrication et d'un manifeste de cargaison. Un GBS était-il donc un véhicule aérien ? Les règlements fédéraux en matière d'aviation ne prévoyaient rien pour la certification d'un véhicule spatial. En se plongeant dans les archives, Emma avait découvert que la FAA, la *Federal Aviation Administration*, avait contourné le problème en 1977 pour la navette spatiale. Elle avait décidé que ce n'était pas un véhicule aérien bien qu'elle eût des ailes et qu'elle revînt au bercail en planant.

C'était un fouillis de règlements contradictoires et

aberrants, au niveau national comme international. Seul un organisateur aussi têtu qu'une mule, ce qui était le cas de Malenfant, était-il peut-être capable de trouver la sortie de ce labyrinthe.

Et tout ça ne concernait que le fonctionnement d'un véhicule spatial privé. Il faudrait affronter toute une série d'autres problèmes lorsque Malenfant atteindrait son astéroïde.

Il ne désirait pas en être propriétaire. Il voulait simplement en tirer de l'argent. Mais on ne savait pas comment il allait pouvoir faire ne fût-ce que cela.

Malenfant défendait un système où le droit de propriété s'appliquerait à l'astéroïde. Le registre des brevets et des propriétés d'une nation puissante – en l'occurrence les États-Unis – ferait l'affaire. Les prétentions seraient applicables sur le plan international parce que les douanes des États-Unis frappaient d'une taxe importante toute importation qui contreviendrait à une telle revendication. Ce mécanisme ne dépendrait pas du fait que les États-Unis, ou qui que ce soit d'autre, réclament effectivement la souveraineté sur le caillou. Il y avait un précédent en Amérique : l'ouverture au XVIIe siècle des territoires situés au-delà des Appalaches, bien avant qu'un seul colon n'arrive là-bas, grâce au système de concessions de terrains de la Couronne britannique.

Mais la question était complexe, litigieuse, obscurcie par des lois et des traités ambigus et conflictuels.

Ennuyeux au-delà de toute expression.

Emma quitta son bureau et se versa une rasade de tequila, une faiblesse particulière acquise à la fac.

Avait-elle vraiment foi dans tout ça ? Était-elle convaincue que c'était *bien* ? Les États-Unis possédaient-ils l'autorité morale unilatérale nécessaire pour concéder des chartes d'exploitation à des gens comme Malenfant ?

Les précédents n'étaient guère encourageants – l'Empire britannique avait accordé des mandats à des capitalistes impitoyables tel Cecil Rhodes, ce qui avait conduit à l'une des plus grandes horreurs du XXe siècle, l'apartheid. Sans oublier le fait fort gênant que l'entretien et la défense de l'Empire britannique, admirablement rentable pendant quelques décennies, avaient fini par mener la mère patrie à la banqueroute – un détail que Malenfant se gardait bien de mentionner lorsqu'il s'adressait aux investisseurs et aux politiciens.

Et, pendant ce temps – en guise de dérivatif – Emma se renseignait, mais avec réticence, sur l'autre obsession de Malenfant. *Trouve-moi un accélérateur de particules*… Verre en main, elle pianota à la recherche de nouvelles informations envoyées par ses assistants et ses traqueurs de données.

Un laboratoire de physique des particules s'était tout de suite détaché des autres candidats potentiels : Fermilab, dans la banlieue de Chicago. Malenfant connaissait bien son directeur qui fréquentait le même bar que lui. Emma s'était donc attelée aux démarches nécessaires pour obtenir du temps d'expérimentation.

Elle avait été aussitôt confrontée à une forte opposition de la part des chercheurs travaillant à Fermilab, qui imaginaient déjà que la source alimentant leur carrière allait être détournée par des étrangers. Elle tenta de passer par la *Universities Research Association*, un consortium d'universités américaines et étrangères, mais n'en rencontra que plus d'obstruction et de résistance. Elle dut aller à Washington pour témoigner devant une sous-commission d'un organisme intitulé le *High Energy Physics Advisory Panel of the Department of Energy*, qui était en relation avec le conseiller scientifique du président.

Le problème était que les installations et les expériences nécessitaient des sommes d'argent considérables. Les physiciens souffraient encore de l'annulation en 1990 par le Congrès de la construction du *Superconducting*

*Supercollider*, un tunnel de cinquante-trois miles de long rempli d'aimants et de faisceaux de particules. Il aurait dû être réalisé sous un champ de coton à Ellis County, au Texas, et coûter le prix d'une petite station spatiale. Et, en dépit de millards de dollars dépensés, on ne semblait avoir effectué aucune découverte fondamentale depuis des décennies.

Eh bien, la nouvelle du jour était qu'ils venaient de recevoir les autorisations leur accordant le droit de procéder à des expériences au Fermilab.

Cela ne surprit pas Emma. Elle avait découvert que les physiciens étaient intelligents et montaient très vite sur leurs grands chevaux, mais qu'ils étaient naïfs sur le plan politique et faciles à manœuvrer.

Elle se renversa dans son fauteuil pour réfléchir. La question était de savoir ce qu'elle devait faire de cette information.

Elle décida de la garder par-devers elle pour le moment et pour obliger Malenfant à se montrer productif. Si elle lui disait qu'ils avaient gagné, il prendrait le premier avion pour Chicago. Et elle avait beaucoup de sujets à discuter avec lui.

Comme les pressions exercées par Cornélius pour que le Pied à l'Étrier prenne part à l'un de ses projets favoris : la fondation Mozart.

On avait créé celle-ci en réponse à l'apparition d'enfants surdoués partout sur la planète, comme une invasion de mauvaises herbes. Son but était d'entrer en contact avec eux, de veiller à ce qu'on subvienne à leurs besoins spécifiques et d'essayer de s'assurer qu'ils avaient accès à tout ce qui était nécessaire pour exercer leurs capacités. Il n'y aurait pas d'Einstein en puissance condamnés à gâcher leur brève existence en travaillant dans les champs, pas de Picasso en germe fauchés par des guerres stupides – plus de « Mozart qu'on assassine ». Tout le monde y gagnerait : les enfants, leurs familles et l'espèce humaine dans son ensemble qui aurait une toute nouvelle source de brillante intelligence à laquelle faire appel.

Voilà ce que disait la brochure publicitaire et Malenfant avait aussitôt tout gobé. Le contenu correspondait tout à fait à sa vision d'un avenir qui, dans l'idéal, devait être dirigé par Reid Malenfant.

Mais cela inquiétait Emma, et pour plus d'une raison.

Elle avait sous les yeux un rapport concernant un gamin qu'on avait découvert en Zambie, au sud de l'Afrique. On avait effectué des tests dans le monde entier ; à en croire les résultats, il arrivait en tête du classement. Mais cela leur donnait-il le droit de l'envoyer dans une école perdue sur un autre continent ? Que pouvait bien savoir un enfant comme lui, ou ses parents, au sujet d'une entité occidentale aussi puissante et indistincte qu'Eschatologie ? Comment pouvait-il imaginer les conséquences de leur association ?

Et, à côté de ça, que cachait réellement cet étrange phénomène des enfants surdoués ?

Était-il vraiment le résultat d'un changement favorable de l'environnement, comme les experts semblaient le suggérer ?

Lorsqu'elle sentait qu'elle perdait le contrôle d'un aspect quelconque de son travail, l'intuition d'Emma la poussait toujours à aller voir par elle-même de quoi il retournait. Il fallait qu'elle jette un coup d'œil à la manière dont tout ça fonctionnait, ne fût-ce qu'une fois. Ce gosse qu'on avait trouvé en Zambie, le premier découvert en Afrique, pouvait justement constituer un bon prétexte.

Ou alors, c'était l'effet de la tequila.

L'Afrique. Mon Dieu.

Elle se versa une autre rasade.

Le voyage fut exténuant. D'abord un saut par-dessus l'Atlantique jusqu'en Angleterre, suivi d'un interminable vol de nuit au-dessus de l'Europe, de la Méditerranée et du cœur dense de l'Afrique.

Elle prit ensuite un vol pour Harare, au Zimbabwe. Puis une ligne intérieure pour un court trajet jusqu'à Victoria Falls, la petite ville touristique du côté des chutes située au Zimbabwe.

Une fois à l'hôtel, elle dormit douze heures.

Le lendemain matin, un chauffeur du Pied à l'Étrier lui fit traverser les chutes en passant par un point de contrôle de l'immigration digne d'une opérette, et ils entrèrent en Zambie.

L'homme qu'elle était venue rencontrer l'attendait au point de contrôle. C'était l'instituteur qui avait signalé l'enfant à la Fondation Mozart. Il s'avança vers elle, hésitant, la main tendue.

— Madame Stoney. Je suis Stef Younger…

Il était petit et corpulent, vêtu dans le style safari décontracté d'une chemise large et d'un short aux profondes poches pleines à craquer. Elle ne lui donna pas plus de trente ans, mais il était déjà chauve ; des gouttes de sueur parsemaient la peau de son crâne, qui avait viré au rose sous le Soleil d'hiver.

Il était de toute évidence originaire du sud du continent, sans doute du Zimbabwe ou d'Afrique du Sud. Son accent raffiné, pour toujours lié à un passé cauchemardesque, donna la chair de poule à Emma. Mais il y avait des taches de poussière de craie bleue sur sa chemise, la marque de l'instituteur depuis la nuit des temps, ce qui le rendait plus sympathique. Un tout petit peu.

Ils revinrent à la voiture et s'éloignèrent des chutes.

L'Afrique était plate, immobile et poussiéreuse, lissée par l'érosion, en apparence épargnée par le XXIe siècle. Les arbres et les gens maigres qui se mouvaient avec lenteur dans la lumière aveuglante en constituaient les seules lignes verticales.

Ils atteignirent Livingstone. Emma entrevit des restes art déco sur les façades des banques fermées, sur les usines et même sur un cinéma aux murs délavés par le Soleil, si décolorés qu'ils étaient désormais d'une couleur sable uniforme, le tout gâché par les omniprésentes publicités pour Colic Cola.

Younger joua les guides touristiques.

La région était d'une pauvreté écrasante. L'aide internationale manquant de discernement l'avait inondée de vêtements occidentaux bon marché que des escrocs locaux avaient utilisés pour miner puis détruire les usines textiles qui procuraient jadis du travail à tous.

À présent, le taux de chômage des adultes était de 80 %. Et il n'y avait pas d'aide sociale en guise de filet de sécurité. Celui dont aucun membre de la famille ne travaillait quelque part devait trouver un autre moyen pour vivre…

— Regardez, dit Younger en lui montrant quelque chose.

Sur le bas-côté, un babouin était assis sur le bord d'une poubelle rouillée. Il maintenait son équilibre sans le moindre effort à l'aide de ses pattes arrière tandis qu'il plongeait ses avant-bras dans les ordures.

Emma fut stupéfaite. Elle n'avait jamais vu un primate non humain auparavant, du moins pas en dehors d'un zoo. Aussi grand qu'un enfant de dix ans, le babouin était mince, de couleur grise et de toute évidence nanti d'une force immense, avec un regard vif et intelligent. Bien plus humain qu'elle ne l'aurait imaginé.

Younger sourit.

— Il cherche des sacs plastique. Il sait que c'est là qu'on met la nourriture. Les touristes le trouvent mignon. Mais, si vous lui donnez à manger, il reviendra demain. Il est intelligent, vous voyez. Autant qu'un être humain. Seulement, il ne pense pas.

— Que voulez-vous dire ?

— Il ne comprend pas la mort. On voit les femelles se promener avec des nourrissons morts, parfois pendant des jours ; elles essaient de les nourrir.

— Elles les pleurent peut-être.

— Nan.

Younger descendit sa fenêtre et leva le poing.

Le babouin tourna vivement la tête ; il jaugea Younger d'un seul coup d'œil perçant et tendu. Puis il sauta de la poubelle et s'en alla à grandes enjambées.

La route qui sortait de la ville, noire et dépourvue de marquage au sol, s'étirait dans un paysage sec et plat. Les arbres étaient rares et beaucoup d'entre eux étaient renversés, comme après une grosse tempête. Il y avait peu de broussailles entre les arbres. Mais, partout, des pistes structuraient le paysage, les pas des animaux se superposant sur le sable blanc du Kalahari. Les traces laissées par les éléphants formaient des cratères plus grands que des assiettes plates et, lorsque le sol était ferme, Emma distinguait l'empreinte laissée par la peau épaisse et fendillée d'une plante de pied de pachyderme : un dessin arachnéen aussi caractéristique qu'une empreinte digitale.

Emma avait grandi en ville ; elle fut aussitôt frappée par l'évidente organisation de ce paysage et la manière dont les différentes espèces – séparées dans certains cas de millions d'années par la génétique – collaboraient afin de maintenir un environnement stable pour tous. Contrôle, stabilité, organisation – et tout ça sans l'intervention planificatrice d'un esprit humain, sans un Malenfant proboscidien pour planifier l'avenir à leur place.

Mais cela appartenait au passé, se dit-elle, pour le meilleur et pour le pire. L'intelligence était là, elle avait pris le contrôle des événements ; c'était l'esprit humain qui dessinerait le paysage du futur, ainsi que la totalité de la planète, pas l'évolution aveugle.

Il y a peut-être là quelque chose à apprendre pour nous tous, supposa-t-elle. Mais elle n'avait pas la moindre fichue idée de ce que ça pouvait être.

Et, enfin, tandis qu'ils roulaient à travers la brousse, elle vit des éléphants.

Ils marchaient en silence entre les arbres avec une grâce liquide, comme des nuages sombres glissant sur la Terre. C'étaient eux qui façonnaient ce paysage. Le regard mal exercé d'Emma n'aperçut que des éclairs impressionnistes : une tache de lumière sur une défense, une trompe s'enroulant, une morphologie unique. Les éléphants faisaient partie des mythes de son enfance, des livres d'images et des visites au zoo, et ils avaient été préservés par miracle dans un monde peu à peu recouvert par le béton, le plastique et les déchets.

Ils finirent par atteindre un village.

La voiture s'arrêta et ils sortirent. Younger écarta les mains.

— Bienvenue à Nakatindi !

Des huttes de terre et d'herbe se pressaient de chaque côté de la route, puis s'étendaient vers l'horizon plat.

Nerveuse – et gênée de l'être – Emma jeta un coup d'œil à la voiture. Le chauffeur avait remonté et opacifié les vitres. Il était renversé dans son siège, isolé de l'Afrique dans sa bulle d'air conditionné, les yeux fermés, écoutant de la musique synthétique.

À peine Emma eut-elle quitté la route poussiéreuse qu'elle fut entourée par des gamins maigres comme des clous à l'air gai et éveillé. Vêtus d'antiques vêtements occidentaux, des T-shirts et des shorts pour la plupart trop grands, usés jusqu'à la corde, d'une saleté repoussante et qui avaient dû leur être transmis par des générations d'enfants crasseux, ils se bousculaient dans un fouillis de bras et de jambes, tentant d'attirer son attention, imitant des appareils photo.

— Prenez-moi, prenez-moi tout seul.

Ils se croyaient en présence d'une touriste.

Pendant qu'elle traversait le village, elle vit que la couleur dominante était une sorte de brun doré. Il était bâti sur le sable plat du Kalahari qui couvrait la région sur des centaines de kilomètres à la ronde. Mais, ici, les seules traces étaient celles de pieds humains, et des débris de bois et de métal criblaient le sable.

Le ciel ressemblait à un dôme d'un bleu délavé, immense et vide, et le Soleil était juste au-dessus de leur tête, tapant dur sur le crâne d'Emma. Ici, il n'y avait pas d'ombres et peu de contraste. Elle éprouva à nouveau une impression de très grande ancienneté, comme si tout avait été aplani par le temps.

Des pièces de voitures étaient éparpillées un peu partout. Des portières mises au rebut faisaient office de portail de jardin, des enjoliveurs avaient été travaillés pour les transformer en bols. Deux des enfants jouaient avec une sorte de skate-board, un morceau de bois qu'ils tiraient à l'aide d'une boucle de fil électrique. Elle s'avisa, choquée, que les « roues » avaient été découpées dans un pot d'échappement. Younger lui expliqua que des épaves avaient été abandonnées à quelques kilomètres de là plusieurs années auparavant. Les villageois les avaient rapportées chez eux pour les dépouiller jusqu'à ce qu'il n'en reste plus rien.

— ... Vous allez surtout voir des hommes aujourd'hui. Les femmes et les filles sont parties dans la brousse. Elles ramassent des fruits, des noix, des baies, ce genre de choses.

Il n'y avait pas d'équipement sanitaire ici, pas de

tout-à-l'égout. Les habitants – les femmes et les filles – allaient chercher à un tuyau communal l'eau qu'elles rapportaient dans des bols et des bouteilles de plastique jauni. Les lieux d'aisances se trouvaient dans la brousse. Pour autant qu'Emma le voyait, rien n'était en métal à l'exception des pièces d'automobiles qu'ils avaient récupérées et de quelques outils.

Il n'y avait même pas d'école en dehors des efforts accomplis sans grands moyens par des volontaires de passage comme Younger.

Celui-ci la soupesa du regard.

— À la base, ces gens sont des chasseurs-collecteurs. Il y a cent cinquante ans, ils vivaient dans la brousse comme à la fin de l'âge de pierre. De nos jours, la chasse est illégale. Et voilà.

— Pourquoi ne retournent-ils pas dans la brousse ?

— Vous le feriez ?

Ils arrivèrent à la hutte de Younger. Il se força à sourire, plein d'autohumilité.

— Mon doux foyer.

La hutte était construite sur le même modèle que les autres, mais Emma vit à l'intérieur un matelas pneumatique, un appareil qui ressemblait à un purificateur d'eau, un écran souple, un modem, une antenne satellite gonflable et des articles de toilette.

— Je m'autorise quelque luxe, dit Younger. Mais pas par faiblesse. C'est une question de statut.

Elle fronça les sourcils.

— Je ne suis pas ici pour vous juger.

— Non. Très bien.

Il semblait en proie à des sentiments mitigés : il donnait l'impression de vouloir s'excuser pour les conditions de vie régnant dans le village, mais aussi en être fier, comme si celui-ci lui appartenait. *Regardez un peu le bien que je fais ici.*

Soudain déprimée, Emma songea que, s'il n'existait

pas d'endroits comme celui-ci, où régnaient la pauvreté et la pénurie, il n'aurait pas fallu les inventer pour donner à des gens mal dans leur peau comme Younger un but dans leur petite existence. Mais elle était peut-être trop cynique ; après tout, il vivait effectivement ici.

Une fillette émergea des ombres de la hutte. Maigre comme un clou sous sa robe brune et crasseuse, elle arrivait à l'épaule d'Emma et ne paraissait pas plus de dix ans. Elle portait un bol d'eau sale. Elle parut effrayée par Emma et eut un mouvement de recul. Celle-ci se força à sourire.

Younger fit signe à la fillette de s'approcher et lui parla avec douceur.

— Je vous présente Mindi. Ma petite aide. Elle a treize ans, plus âgée qu'elle n'en a l'air, vous voyez. Elle m'empêche de me laisser aller complètement.

Il posa une main douce sur l'épaule maigre de la fillette qui ne réagit pas. Lorsqu'il l'ôta, elle s'éloigna rapidement, le bol sur la tête.

— Venez voir la vedette.

Younger fit signe à Emma, et elle le suivit dans la petite hutte obscure. Ses yeux mirent quelques secondes avant de s'ajuster au passage de la lumière aveuglante à l'obscurité.

Elle entendit le jeune garçon avant de le voir : une respiration légère, des mouvements lents dans la poussière, le murmure d'un vêtement sur sa peau.

Il semblait être à plat ventre sur le sol. Une faible lueur jaune provenant d'une petite torche calée dans la poussière éclairait son visage. Ses yeux immenses qui ne cillaient pas semblaient boire la lumière de la torche.

— Il s'appelle Michaël, dit Younger.

— Quel âge a-t-il ?

— Huit ou neuf ans.

Emma s'aperçut qu'elle parlait à voix basse.

— Que fait-il ?

Younger haussa les épaules.

— Il essaie de voir des photons.

— Je l'ai remarqué très jeune, à cinq ou six ans. Il restait debout dans la poussière et tournait sur lui-même en observant ses bras et ses vêtements qui étaient attirés vers l'extérieur. J'avais déjà vu des gamins faire ça. Ils se focalisent sur le frottement d'un morceau de tissu, ou sur la lumière qui bouge dans les arbres. Un peu autistes, probablement : ils sont incapables de comprendre le monde, alors ils se réconfortent en se concentrant sur de petits détails prévisibles. Michaël avait un peu l'air d'être comme ça. Mais il a dit quelque chose de bizarre. Il a dit qu'il aimait sentir les étoiles le faire tourner.

Elle fronça les sourcils.

— Je ne comprends pas.

— J'ai dû effectuer des recherches. Ça s'appelle le principe de Mach. Comment Michaël sait-il si c'est lui qui tourne ou si c'est l'univers qui tourne autour de lui ?

Elle réfléchit.

— Parce qu'il perçoit les forces centripètes ?

— Ah. Mais on peut prouver qu'un univers en rotation, un gigantesque courant de matière s'écoulant autour de lui, exercerait la même force. En fait, c'est une des conséquences les plus fondamentales de la relativité générale.

— Mon Dieu ! Et il avait compris ça à cinq ans ?

— Il n'avait pas les moyens de l'exprimer. Mais oui, il l'avait compris. Il semble avoir une perception intuitive de certains des grands principes avec lesquels les physiciens ont dû se battre pendant des siècles avant de parvenir à les formuler.

— Et, maintenant, il essaie de voir un photon ?

Younger sourit.

— Il m'a demandé ce qui se passerait s'il dirigeait le faisceau de sa torche vers le ciel. S'étalerait-il de plus en plus en devenant sans cesse plus ténu, jusqu'à atteindre la Lune ? Mais il connaissait déjà la réponse – ou, plutôt, il en avait eu l'intuition.

— Le faisceau se fragmente en photons.

— Oui. Il les a appelés *morceaux de lumière* jusqu'à ce que je lui apprenne le terme de physique. Il semble avoir une perception intuitive de l'état discret de la matière. Si vous pouviez observer les photons un à un, vous verriez comme un vacillement irrégulier, toujours avec le même éclat : des photons, des particules de lumière qui parviendraient l'un après l'autre à votre œil. C'est ce qu'il espère voir.

— Il va y arriver ?

— Peu probable. (Younger sourit.) Il faudrait qu'il soit à quelques milliers de kilomètres d'ici. Et il aurait besoin d'un photomultiplicateur pour cueillir ces photons. Je crois… (Il chercha le regard d'Emma, mal à l'aise.) J'ai du mal à me maintenir à son niveau. Il a absorbé les notions de base de physique et de maths que je lui ai enseignées et il en a tiré des conclusions que j'étais incapable d'imaginer. Par exemple, il semble avoir également déduit les théorèmes de la relativité restreinte. À partir des principes de base.

— Comment ?

Younger haussa les épaules.

— Si vous possédez intuitivement la physique, le théorème de Pythagore vous suffit, et il en a calculé lui-même sa preuve personnelle il y a deux ans.

Le garçonnet jouait avec sa torche – obsédé, muet, indifférent aux adultes.

Emma ressortit dans la lumière éblouissante du Soleil. Michaël la suivit et elle remarqua qu'il avait une marque sur le front. Un cercle bleu parfait.

— Qu'est-ce que c'est ? Une marque tribale ?

— Non. (Younger haussa les épaules.) Ce n'est que de la craie. Il le dessine lui-même. Il le refait tous les jours.

— Qu'est-ce que ça signifie ?

Younger n'en savait rien.

Elle lui dit qu'elle reviendrait le lendemain avec des tests. Peut-être devrait-elle également rencontrer les parents de Michaël et discuter des formulaires de décharge, ainsi que des conditions proposées par la Fondation et de la compensation financière qu'elle offrait.

Mais Younger lui apprit que les parents du gamin étaient morts.

— Ça devrait simplifier les formalités, fit-il gaiement.

Elle tendit la main au garçonnet pour lui dire au revoir. Ses yeux s'agrandirent et il se mit à fixer cette main. Puis il commença à jacasser d'un air excité en tirant sur la manche de Younger.

— Qu'est-ce qu'il y a ? Qu'est-ce qui cloche ?

— C'est l'or. La bague en or à votre doigt. Il n'a jamais vu d'or avant. Il parle d'*atomes lourds*.

Elle eut soudain envie de donner son alliance au gamin. Après tout, ce n'était rien de plus que le souvenir de son mariage raté avec Malenfant, et elle ne signifiait pas grand-chose pour elle.

Younger remarqua son dilemne.

— Ne leur offrez rien. Ni cadeaux, ni argent. Beaucoup de gens viennent ici et essaient de leur donner jusqu'à leur chemise.

— Ils se sentent coupables.

— J'imagine. Mais, si vous offrez de l'argent à l'un d'eux, ils en voudront tous. Ces gens-là n'ont pas d'ambition. Ils restent là à glander avec leur bière et leurs quatre femmes. Ils sont heureux, à leur manière.

Elle se souvint qu'il avait usé exactement du même ton pour parler du babouin qui fouillait les poubelles.

Mindi, la fillette, revint à ce moment-là avec un bol en plastique plein d'eau fraîche. Elle lança un regard inquiet à Younger et évita celui d'Emma.

Si elle avait treize ans, se dit Emma, elle était en âge de se marier. Peut-être Stef Younger trouvait-il d'autres compensations que celles procurées par l'altruisme dans la vie qu'il menait ici.

Elle fut soulagée de remonter dans sa voiture, de siroter de l'eau fraîche et de brosser ses cheveux pour en chasser la poussière vieille de millions d'années du Kalahari.

Cette nuit-là, elle eut du mal à dormir. Elle ne parvenait pas à chasser de son esprit l'image de ces gamins si éveillés. Des « Mozart qu'on assassine », en effet.

Elle avait procédé pendant le trajet à de nouvelles recherches sur la Fondation Mozart.

C'était une coalition obscure de groupes commerciaux, philanthropiques et religieux, notamment chrétiens. La fondation était internationale et ses écoles avaient été construites dans de nombreux pays, y compris aux États-Unis. Les enfants étaient le plus souvent enlevés à leur famille et à leur foyer avant d'être placés dans des établissements parfois situés à l'autre bout de la planète. En fait, certains journalistes affirmaient qu'ils étaient déplacés d'une école à l'autre, voire d'un pays à l'autre, ce qui rendait la surveillance plus difficile encore.

Tout le monde n'accueillait pas avec chaleur l'installation d'une école pleine d'enfants considérés comme des génies. *Personne n'aime les monsieur-je-sais-tout.* Dans certains endroits, les écoles et les enfants avaient été victimes d'attaques physiques, et il courait au moins une rumeur de meurtre. Emma avait également appris que la Fondation dépensait une bonne quantité de son argent en services de sécurité et presque autant en relations publiques.

Et des bruits encore plus sinistres circulaient sur ce qui se passait à l'intérieur des écoles.

Emma doutait de plus en plus de l'opportunité d'associer le Pied à l'Étrier à cette initiative. Elle savait toutefois qu'à moins de trouver une meilleure raison pour que leur compagnie se retire, ses décisions seraient invalidées par Malenfant en personne.

Elle aurait aimé mieux comprendre Cornélius et ses associés imprécis. Elle n'avait toujours pas saisi comment ce programme s'inscrivait dans celui, plus vaste, des gens d'Eschatologie : la fin du monde et les messages venus du futur… Quelque chose lui disait qu'ils ne cherchaient pas seulement des enfants intelligents, mais aussi quelque chose de bien plus étrange.

Et elle se demanda ce qu'elle avait vraiment trouvé là-bas, en Afrique.

Elle gagna son balcon.

Contempler les étoiles – les étoiles de Michaël – lui indiqua qu'elle se trouvait loin de chez elle. Elle reconnut la Grande Ourse. Mais la casserole de son enfance était à l'envers et ses étoiles les plus brillantes pointaient sous l'horizon. Lorsque la Lune se leva, elle grimpa tout droit dans le ciel en direction d'un point situé quelque part au-dessus de la tête d'Emma. Et ce n'était pas tout : elle était de travers ; le front de l'homme de la Lune indiquait le nord.

Sauf que ce n'était pas la Lune qui était penchée, mais Emma qui avait survolé le ventre de la planète, ce qui en prouvait la rotondité. Une pensée déconcertante.

Je devrais voyager plus souvent, songea-t-elle.

Comment un gamin vivant au bord de la brousse africaine avait-il pu deviner autant de données fondamentales de la physique ?

Si Malenfant et elle avaient eu des enfants, son instinct l'aurait mieux servie dans cette situation, supposa-t-elle. Mais elle n'en avait pas, et l'univers de l'enfance, anormale, surdouée ou autre, était un mystère pour elle.

… Soudain, sans trop savoir pourquoi, elle déroula

son écran et lança une recherche sur les propriétés de l'or.

Elle apprit que c'étaient des effets relativistes, conséquences étranges et subtiles de vitesses et d'énergies très élevées, qui en déterminaient la couleur.

Dans les éléments légers, les électrons orbitaient autour du noyau à quelques centaines de kilomètres par seconde – ce qui était rapide, mais ne représentait qu'un pourcentage infime de la vitesse de la lumière. Dans les éléments possédant un noyau massif – comme l'uranium, le plomb ou l'or – les électrons étaient entraînés à une vitesse de plusieurs fractions de celle de la lumière ; les effets relativistes étaient donc plus importants.

La plupart des métaux ont des reflets argentés. Mais pas l'or. Et c'était à cause de cet étrange phénomène lié à une vitesse élevée – des effets de dilatation du temps opérant au cœur des atomes d'or que Michaël semblait intuitivement comprendre.

Elle ôta son alliance et la posa devant elle sur la balustrade. Les étoiles se reflétaient sur l'or éraflé. Elle se demanda ce qu'avait vu Michaël quand il avait plongé son regard à l'intérieur.

De retour aux États-Unis, elle apprit que Malenfant avait découvert les autorisations concernant l'accélérateur de particules et qu'il s'était installé au Fermilab… où Dan Ystebo prétendit presque aussitôt avoir obtenu des résultats.

Emma prit le premier avion pour l'Illinois.

*New York Times*

La meilleure illustration de ce que peuvent faire les enfants appartenant à la récente vague de surdoués pourrait venir d'une école élémentaire peu prometteuse située dans un quartier défavorisé de New York <contexte>.

Un groupe d'enfants dont l'âge moyen est de huit ans semble avoir découvert une preuve de la formulation connue sous le nom d'hypothèse de Riemann, qui traite de la distribution des nombres premiers <cliquer ici pour obtenir des détails>. Alors que des générations de mathématiciens ne sont pas parvenues à trouver la solution, elle l'aurait pourtant été en quelques semaines par un groupe d'enfants qui ont travaillé ensemble à l'école pendant la pause déjeuner.

Selon les individus et leur tempérament, le résultat a électrisé, terrifié ou stupéfait l'opinion publique. Les enfants de cette école de New York sont les premiers à attirer l'attention de la communauté universitaire, du monde des affaires et du gouvernement fédéral en tant que ressource potentielle pour la nation.

Leur école est également devenue la première à avoir besoin de gardes armés vingt-quatre heures sur vingt-quatre.

L'annonce de cette obscure découverte mathématique a cristallisé les peurs que d'aucuns semblent éprouver au sujet de ces super-gamins. La police a dû repousser des émeutiers qui tentaient de prendre l'école d'assaut. Certains parents, frères et sœurs aînés de ces enfants se trouvaient dans cette foule en colère de gens effrayés et de toute évidence animés de mauvaises intentions.

**Emma Stoney**

Fermilab se trouvait à soixante kilomètres de Chicago, près d'une ville nommée Batavia. Vu d'avion, l'Illinois était un grand espace vide parsemé de petites bourgades perdues. Désorientée, épuisée par le décalage horaire, Emma découvrit Fermilab et le cercle parfait du collisionneur au milieu des hautes herbes de la prairie sans doute replantée par-dessus.

Elle ne savait pas très bien ce qu'elle espérait d'un laboratoire de haute technologie comme celui-là. Peut-être quelque chose de futuriste, une ville de verre et de platine où des hommes en blanc au regard d'acier s'appliquaient à prendre des notes sur des écrans souples dernier cri. Elle découvrit un campus qui ressemblait étrangement à un parc semé de gigantesques bâtiments pareils aux jouets abandonnés d'un enfant monstrueux.

Ce paysage artificiel et ces constructions massives contrastaient de manière déconcertante avec la nudité sinistre de l'Afrique. Mais le béton était fendillé, zébré de rouille et de moisissure. C'était un endroit vieillissant qui manquait d'argent, se dit-elle, tout ce qui restait d'un rêve né d'une époque plus audacieuse.

Elle distinguait cependant çà et là les courbes froides et lisses du Tévatron, un tore de cinq kilomètres où des particules subatomiques étaient accélérées jusqu'à une vitesse voisine de celle de la lumière.

Le bâtiment central portait le nom de Winston Hall : une sculpture surréaliste de seize étages composée de deux tours reliées par un entrelacs de passerelles. On trouvait à l'intérieur un immense atrium plein d'arbres et d'arbustes. Malenfant y attendait Emma. Le stress avait creusé des cernes sous ses yeux, mais il était tout excité.

— Qu'est-ce que tu en dis ? Sacré endroit, non ?

— Un vrai rêve de technocrate.

— On a reconstitué la prairie après la construction, tu sais. Il y a même un troupeau de bisons.

— Nous ne sommes pas ici pour les bisons, Malenfant. Pouvons-nous passer aux choses sérieuses ?

Il lui décocha un grand sourire.

— Attends un peu d'y être, ma mignonne.

Il la conduisit dans les profondeurs du complexe, puis dans les zones techniques encombrées où le désordre régnait en maître. Emma se retrouva en train de se tortiller pour éviter d'énormes pièces d'appareils qu'elle était incapable d'identifier. Il y avait partout des étagères métalliques débordant d'instruments électroniques mal rangés et des tas de câbles sur le sol, les murs et les plafonds ; il fallait parfois emprunter de petites échelles de bois pour les franchir. Les lieux sentaient l'huile, les copeaux de métal, le bois coupé, le décapant et les produits d'isolation, le tout baignant en permanence dans un assourdissant vacarme métallique. Il n'y avait là rien de la froideur contrôlée et de l'ordre auxquels elle s'était attendue.

Malenfant la guida jusqu'à ce qu'il appelait le laboratoire des muons. Il était situé un peu à l'écart de l'anneau de l'accélérateur lui-même. Emma crut comprendre qu'on séparait de l'anneau principal des faisceaux de protons lancés à grande vitesse pour les projeter sur des cibles.

C'est là qu'elle découvrit Dan Ystebo, vêtu d'une blouse blanche tachée sur un T-shirt d'allure peu engageante, penché sur des écrans souples étalés sur des tréteaux. Les écrans étaient couverts d'images de désintégrations de particules et de graphiques, auxquels Emma ne comprenait goutte.

Un grand sourire illumina le visage de Dan.

— Yo, Emma. Vous êtes au courant ?…

— Une chose à la fois, dit Malenfant. Expliquez-lui d'abord ce que vous êtes en train de faire ici, Dan.

Dan prit une inspiration.

— Des neutrinos. Nous expédions les protons du Tévatron sur une cible constituée de pions.

— Des pions ?

— Un pion est une particule composée d'un quark et de son antiquark. En se désintégrant, les pions se transforment, entre autres choses, en neutrinos. Nous avons donc une source de neutrinos. Qui devrait être aussi une source de neutrinos avancés, des neutrinos venant du futur qui arrivent à temps pour provoquer la désintégration de nos pions…

— Des ondes rétrogrades, dit Emma.

— Exactement – et, avec un peu de chance, elles auront été modifiées et contiendront un signal.

— Comment détecte-t-on un neutrino ?

Malenfant poussa un grognement.

— Ce n'est pas facile. Si les neutrinos nous sont utiles, c'est parce que la matière leur est pour ainsi dire transparente. Mais nous avons un détecteur de neutrinos à grande échelle : une tonne d'émulsion photographique dense, comme sur les pellicules de film. Lorsque des particules chargées traversent ce truc, elles laissent une trace, comme le sillage d'un avion à réaction.

— Je croyais que les neutrinos n'avaient pas de charge.

— Ils n'en n'ont pas, dit patiemment Dan. Il faut regarder s'il y a des traces qui sortent là où aucune n'est entrée. À cet endroit, un neutrino du Tévatron est entré en collision avec une particule de notre émulsion. Vous pigez ? Il y a tout un tas de compteurs et d'aimants en aval de l'émulsion, et l'on mesure les photons avec une batterie de détecteurs constituée de vingt tonnes de verre plombé. Les résultats sont conservés sur des CD et analysés par un logiciel d'acquisition de données…

Il continua en utilisant çà et là un jargon inintelligible à Emma.

Puis ils se mirent à parler des neutrinos.

Dont c'était tout juste s'ils existaient : pas de charge, pas de masse, juste un fragment d'énergie doté d'un spin, un truc quantique bizarre qui filait à la vitesse de la lumière. Des fantômes tourbillonnants, en effet. Ils avaient pour la plupart le Big Bang pour origine, ou l'instant immédiatement consécutif, lorsque l'univers n'était qu'une soupe ardente de particules subatomiques.

Mais les neutrinos ne s'étaient pas désintégrés en autre chose ; il y en avait donc *partout*. Emma baignerait pendant toute sa vie dans une mer de neutrinos – un milliard de neutrinos pour chaque particule de matière ordinaire, des reliques de la première milliseconde de l'univers.

Cette pensée suscita en elle un étrange frisson, comme si elle pouvait sentir ce fluide des temps anciens la traverser.

Et, à présent, des humains avaient envoyé des ondes à la surface de cet océan transparent. Et leur écho semblait être revenu.

Dan parlait à toute allure, plus excité que jamais. Malenfant le regardait, figé et fasciné.

— En gros, nous avons produit des pulsations de neutrinos de quelques millisecondes, dit Dan.

Il lui montra un graphique partiel composé de colonnes de hauteurs inégales.

— De toute façon, jusqu'à hier, nous recevions uniquement nos propres signaux sans modification. Et puis, nous avons eu ça…

Il exhiba un autre graphique montrant une longue série composée de nombreuses pulsations. Certaines semblaient manquer, ou être très réduites.

Dan désigna les trous du bout d'un doigt potelé.

— Vous voyez ? En moyenne, ces creux semblent avoir moitié moins de neutrinos que les autres. Et, donc, moitié moins d'énergie. (Il regarda Emma, essayant de deviner si elle comprenait.) C'est exactement ce que nous attendions si quelqu'un en aval possède un moyen de supprimer les neutrinos de l'onde antérograde. Les neutrinos apparemment rétrogrades n'auraient que la moitié de l'énergie…

— Seulement, l'effet est minuscule, remarqua Emma. Vous avez dit vous-même qu'il est difficile de détecter les neutrinos. Il doit y avoir d'autres moyens d'expliquer ça sans recourir à des créatures du futur.

— C'est vrai, dit Dan. Mais, si ça se maintient assez longtemps, nous allons pouvoir éliminer ces autres causes. D'ailleurs, ce n'est pas tout. Nous avons désormais assez de données pour montrer que les creux se répètent. Il y a un schéma.

— C'est nouveau, ça, gronda Malenfant. Un schéma qui se répète. Un *signal* ?

Dan passa la main dans ses cheveux gras.

— Je ne vois pas ce que ça pourrait être d'autre.

— Un signal, dit Malenfant. Bon sang. Cornélius avait raison.

Emma sentit le froid l'envahir en dépit de l'atmosphère confinée à l'odeur de métal.

Dan leur montra un résumé simplifié de plusieurs répétitions du schéma, présenté sous la forme d'une chaîne de cercles noirs et blancs.

— Regardez. Les cercles noirs représentent les pulsations émises à pleine puissance, les blancs celles à mi-puissance. On a une chaîne de six cercles blancs. Puis une interruption de deux noirs. Puis un motif irrégulier pendant douze pulsations. Puis deux cercles noirs, six blancs et une interruption. Puis une autre série de douze cercles noirs et blancs « encadrés » par la combinaison de deux cercles noirs et de six blancs. Je pense que les deux chaînons de douze impulsions sont entourés par des marqueurs. Et voilà ce qui se répète, encore et encore. Il y a parfois des différences mineures, mais nous pensons que c'est dû à l'incertitude des conditions expérimentales.

— S'il s'agit d'un signal, quelle en est la signification ? demanda Malenfant.

— Des nombres binaires, dit Emma. Les signaux sont des nombres binaires.

Les deux hommes se tournèrent vers elle.

Elle sourit. Elle était épuisée et désorientée par le décalage horaire.

— Parce que les signaux de ce genre en sont toujours composés.

Dan hochait la tête.

— Oui. D'accord. J'aurais dû y penser. Nous devons apprendre à réfléchir comme Cornélius. Les gens de l'aval nous connaissent. Ils *sont* peut-être nous-mêmes, nos moi futurs. Et ils savent que nous nous attendons à du binaire.

Il s'empara d'un bloc-notes et gribouilla deux chaînes de 1 et de 0.

111010101001

011111000010

Il se renversa dans son siège.

— Voilà.

— Qu'est-ce que c'est censé être ? s'enquit Malenfant en plissant les yeux.

Emma ne put s'empêcher de rire.

— Peut-être une photo de Carl Sagan. Un type en aval qui nous envoie le bonjour.

La ferme, Emma.

— Non, dit Dan. C'est trop simple. Ça doit être des chiffres.

Il effaça son écran souple et se mit à entrer un programme de conversion simple. Il le lança au bout de quelques minutes.

3753

1986

Ils ouvrirent de grands yeux.

— Qu'est-ce que ça veut dire ? fit Malenfant.

Dan entreprit de saisir les résultats bruts du comptage de neutrinos dans son programme de conversion ; les signaux transcrits – en direct, à mesure qu'ils étaient reçus dans le détecteur de l'émulsion photographique

– commencèrent à défiler régulièrement de bas en haut sur l'écran.

3753
1986
3753
1986
3753
1986

— On devrait appeler Cornélius, dit Dan. Et…

— Quoi ? dit Malenfant.

— Ça faisait seulement une semaine que nous écoutions quand nous avons entendu ça. Comment les gens de l'aval ont-ils su quand nous serions prêts, à quel moment ils devaient commencer à émettre ?

Un large sourire fendit le visage de Malenfant.

— Ils savaient déjà quand nous serions là.

Emma ne partageait pas la joie triomphale que lui procurait à l'évidence ce résultat.

Elle se sentait toute petite. Elle voyait le monde qui tournait autour d'elle et l'emportait dans sa course autour du Soleil, autour du bord extérieur de la Galaxie, et la Galaxie elle-même qui voguait vers sa destination propre, les étoiles chatoyant telles les fenêtres illuminées d'un grand paquebot…

*Des messages du futur…* Était-il possible que ce fût vrai ? Des créatures, loin de ce lieu et de ce temps, essayaient-elles d'envoyer des signaux vers le passé, de lui envoyer des signaux à elle, par le biais de cet équipement fait de bric et de broc ?

Cornélius avait-il raison ? Sur toute la ligne ? Au sujet de la catastrophe de Carter et leur extinction prochaine ?

Ça ne pouvait pas être vrai. C'était de la démence. La schizophrénie de Cornélius était contagieuse et elle s'était communiquée à eux tous.

Évidemment, Malenfant était ferré. Elle le connaissait assez bien pour comprendre qu'il serait incapable de résister à cette nouvelle aventure, où qu'elle puisse le conduire.

Elle se demanda comment elle allait le persuader de travailler un peu sérieusement après *ça*.

3753
1986
3753
1986
…

**Reid Malenfant**

L'énigme du message reçu par la radio de Feynman tourmentait Malenfant y compris lorsqu'il se plongeait dans sa myriade d'autres projets. Il écrivait les nombres sur un bloc-notes ou les faisait défiler sur un écran souple. Il tentait de les séparer en les factorisant, en les multipliant, en les divisant les uns par les autres.

Cela ne le menait nulle part.

Cornélius Taine partageait sa frustration. Il appelait Malenfant à des heures indues en raison du décalage horaire.

*Les mathématiques et même la numérologie ne constituent sans doute pas la bonne approche.*

— Pourquoi ?

*Qu'est-ce que vous connaissez aux maths, Malenfant ? Pensez à la véritable nature de ce signal. N'oubliez pas que les gens de l'aval tentent de communiquer avec nous – avec vous, précisément.*

— Moi ?

*Oui. C'est vous le décideur. Ces nombres doivent avoir une signification simple pour vous. Contentez-vous de regarder les nombres*, lui intima Cornélius. *Ne réfléchissez pas trop. À quoi ressemblent-ils ?*

1986

3753

— Mmm, 1986 pourrait être une date.

*Une date ?*

1986 : l'année de *Challenger*, de Tchernobyl et du premier poste à l'étranger pour un jeune pilote nommé Reid Malenfant.

— Ça n'a pas été l'année la plus heureuse de l'histoire de l'humanité, mais elle n'a rien de très particulier pour moi… Hé, Cornélius. Et si 3753 représentait *aussi* une date ? (Il sentit sa peau se hérisser.) Le XXXVIIIe siècle – bon sang, Cornélius, c'est peut-être la date réelle de la catastrophe de Carter.

Sur l'écran souple, l'image de Cornélius se brouilla légèrement pendant qu'il fronçait les sourcils.

*C'est possible, mais il est peu probable qu'elle ait lieu dans plus d'un siècle ou deux. Autre chose ?*

— Non. Continuez à réfléchir, Cornélius.

*Oui…*

Et Malenfant enroulait son écran souple et se remettait au travail, ou essayait de dormir.

Jusqu'au jour où Cornélius en personne fit irruption en plein milieu d'une réunion consacrée à l'avancement du projet GBS.

Ils occupaient un baraquement mal aéré sur le site d'essai. Malenfant étudiait des résultats de tests et des contrats de sous-traitance en compagnie de George Hench. Et, soudain, Cornélius fit son entrée : en sueur, les cheveux en bataille, le visage rosi par un coup de Soleil et le nœud de cravate défait. Du gypse blanc tachait le bas de ses jambes, s'accrochant au pantalon de son costume.

Malenfant ne put s'empêcher de rire.

— Cornélius, je vous vois enfin vous lâcher.

Cornélius haletait.

— *Je le tiens*. Les chiffres. Ceux de la radio de Feynman. J'ai deviné, Malenfant. Et ça change tout.

Malenfant sentit la chair de poule hérisser ses bras nus en dépit de la chaleur.

Il trouva un siège à son visiteur, lui fit ôter sa veste et boire un verre d'eau.

D'un geste brusque, Cornélius balaya les objets qui encombraient le dessus de la table : écrans souples en mauvais état, formulaires de contrôle qualité, un tableau d'avancement couvert d'étiquettes en forme de barres et de flèches, plans papiers à l'ancienne, emballages de sandwiches et canettes de bière – et il déroula son écran.

— C'était juste sous notre nez depuis le début, dit-il. Je savais qu'il y avait un lien avec vous, Malenfant, un lien avec vos centres d'intérêts. Vos obsessions, même. Et il fallait que vous puissiez agir dessus *maintenant*. (Il agita la main.) Quelle est votre obsession la plus grandiose, sinon ceci, la mission vers l'astéroïde ?

George Hench faisait les cent pas dans la pièce, l'air mécontent.

Cornélius le regarda.

— Je suis désolé de vous déranger dans votre travail…

George lui lança un regard noir.

— Sommes-nous vraiment obligés de supporter ces conneries ? demanda-t-il.

— Je ne sais pas de quoi il s'agit, George, mais ce ne sont pas des conneries. J'ai vu l'installation…

— Malenfant, j'ai passé ma carrière à virer des charlatans de ce genre. Des coordinateurs de couleurs. Des as du feng-shui. Et même des astrologues, bon sang. J'ai parfois l'impression que les États-Unis sont en train de retourner au Moyen Âge.

— George, les États-Unis n'existaient pas au Moyen Âge, dit gentiment Malenfant.

— Écoutez, nous avons un boulot à faire. Un sacré boulot. Nous allons sur un putain d'astéroïde. Tout ce que je veux dire, c'est qu'il faut que tu te concentres sur ce qui est vraiment important.

— D'accord avec toi, George. Mais je dois te dire que j'en suis arrivé à croire que rien n'a plus d'importance que le message des gens de l'aval. S'il existe.

— Oh, il existe, dit Cornélius avec ferveur. Et il signifie que vous allez devoir changer la destination de votre mission. (Cornélius jeta un coup d'œil à George.) Ne pas aller sur Reinmuth.

George se hérissa.

— À présent, écoutez-moi…

Malenfant leva la main.

— Écoutons-le jusqu'au bout, George.

Cornélius pianota sur son écran.

— Lorsque j'ai commencé à me demander si les chiffres se rapportaient à un astéroïde, j'ai pensé que 1986 pouvait être la date de découverte de l'un d'eux. Alors j'ai consulté le site du *Minor Planet Center* dans le Massachusetts. (Une succession de chiffres et de lettres défila sur l'écran ; toute la première colonne, composée de quatre chiffres et de deux lettres, commençait par 1986.) Voici la liste de tous les astéroïdes dont la première observation remonte à 1986. Ce code initial constitue une désignation provisoire…

— Que signifient les lettres ?

— La première désigne la première moitié du mois de la découverte. La deuxième indique le rang de celle-ci à l'intérieur de ce demi-mois. 1986AA est donc le premier astéroïde découvert au cours de la première moitié de janvier 1986.

Malenfant regarda les nombres d'un air consterné.

— Merde ! Il doit y en avoir des dizaines rien que pour cette année-là.

— Et encore plus par la suite ; les techniques d'observation se sont améliorées…

— Alors, quel est le nôtre ?

Cornélius sourit et amena le curseur sur la deuxième colonne.

— Dès qu'on a accumulé assez d'observations pour déterminer l'orbite de l'astéroïde, on lui donne une désignation officielle, un numéro définitif, et parfois un nom.

Malenfant constata, non sans une excitation croissante, que les nombres se situaient entre 3700 et 3800. Cornélius fit défiler la liste jusqu'à une ligne qu'il avait sélectionnée.

1986TO 3753 0.484 1.512 0.089…

Les nombres clés sautèrent aux yeux de Malenfant. 1986 3753.

— Nom de Dieu, dit-il. C'est là. C'est *réel*.

— Et ce n'est pas tout, dit Cornélius. Ce petit bébé, 1986TO, ne ressemble à aucun autre astéroïde du système solaire.

— Comment ça ?

Cornélius sourit.

— C'est la seconde lune de la Terre. Et nul ne sait comment il est arrivé là.

George Hench sortit à grands pas, fusillant Cornélius du regard et disant qu'il allait « plier de la tôle ».

Impassible, Cornélius afficha des données supplémentaires sur son écran souple et dit à Malenfant le peu que l'on savait sur l'astéroïde numéro 3753.

— Il ne se trouve pas dans la ceinture principale des astéroïdes. En fait, c'est un planétoïde géocroiseur, comme Reinmuth. Ce que les astronomes appellent un Aten.

Malenfant acquiesça.

— Donc, son orbite se situe principalement à l'intérieur de celle de la Terre.

— On l'a découvert en Australie. Lors d'une observation de routine depuis l'observatoire de Siding Spring.

Personne n'a effectué d'analyse spectrale, ni d'étude au radar. Mais nous pensons qu'il est de type C : un chondrite carboné, et non un astéroïde de fer et de nickel comme Reinmuth. De la glace d'eau et des composés de carbone. Il a sans doute dérivé depuis la ceinture extérieure – il vient d'un endroit assez éloigné du Soleil pour avoir conservé ses glaces et ses composés organiques volatiles, à moins qu'il ne s'agisse d'un cœur de comète. De toute façon, nous avons devant nous des débris présents depuis la formation du système solaire. D'une incroyable ancienneté.

— Quelle est sa taille ?

— On ne le sait pas avec exactitude. Environ cinq kilomètres de large, c'est le mieux qu'on puisse dire.

— Et ce truc a un nom ?

Cornélius sourit.

— Cruithne. (Il prononçait « croûte-nid ».) C'est un vieux nom irlandais. Celui de l'ancêtre des Pictes.

Malenfant était abasourdi.

— Ça aurait pu être pire. Certains portent le nom de la femme de leur inventeur, de leur animal de compagnie, ou d'une rock star. Il a eu le droit d'être baptisé à cause de son orbite. (Cornélius désigna des chiffres.) Ce sont ceux du périhélie, de l'aphélie et de l'excentricité de l'astéroïde.

3753 faisait le tour du Soleil en un peu moins d'une année terrestre. Mais son orbite n'était pas circulaire comme celle de la Terre. Elle plongeait en deçà de celle de Vénus et remontait au-delà de Mars.

— Et cette orbite est inclinée, dit Cornélius.

Ses diagrammes montraient que 3753 suivait une ellipse désinvolte inclinée par rapport à l'écliptique, comme le chapeau de Frank Sinatra.

Malenfant examina la boucle qui s'écartait du plan principal du système solaire.

— Mais qu'est-ce qui en fait une lune de la Terre ?

— Ce n'est pas tout à fait une lune. Disons plutôt un compagnon. En fait, son orbite est verrouillée sur celle de la Terre. Une équipe de chercheurs canadiens l'a découvert en 1997. Regardez.

Cornélius afficha une carte où l'on voyait depuis l'extérieur du système solaire les trajectoires suivies par la Terre et par Cruithne. La première était un point bleu qui voguait tranquillement autour du Soleil sur son orbite quasi circulaire. À côté d'elle, l'astéroïde plongeait et remontait en flèche tel un oiseau.

— Imaginez que nous suivions la Terre. Vous allez voir comment Cruithne se déplace par rapport à elle.

Le point bleu ralentit, puis s'immobilisa. Malenfant imagina que toute l'image suivait un cercle, une révolution pour chaque année terrienne.

Cruithne plongeait en direction de Vénus – à l'intérieur de l'orbite terrestre – puis s'éloignait vers la Terre. Mais il dépassait l'orbite de celle-ci presque jusqu'à atteindre Mars et ralentissait, permettant à la Terre de le rattraper. L'astéroïde dessinait donc une sorte de haricot, une vaste ellipse déformée prise en sandwich entre les orbites de Mars et de Vénus.

L'« année » suivante, Cruithne traçait à nouveau un haricot – mais pas tout à fait. Celui-ci était situé un peu en avant du premier.

— Dans l'ensemble, 3753 va plus vite que la Terre, dit Cornélius. Il décrit donc une spirale située en avant de nous, année après année…

Il laissa défiler les images pendant un moment. L'orbite de Cruithne était la combinaison de deux mouvements. Chaque année, l'astéroïde dessinait son haricot. Et, avec le temps, celui-ci progressait dans le sens contraire aux aiguilles d'une montre le long de l'orbite terrestre, traçant une spirale centrée sur le Soleil.

— Maintenant, le truc intéressant, c'est ce qui se produit lorsque son orbite s'approche à nouveau de la Terre.

Le haricot progressait lentement en direction du point bleu. À un moment, il parut toucher la Terre. Malenfant s'attendait à ce qu'il continue à spiraler autour du Soleil.

Mais non. Il se mit à décrire une spirale dans la direction opposée, rebroussant chemin dans le sens des aiguilles d'une montre.

Cornélius souriait.

— N'est-ce pas magnifique ? Vous voyez, il y a des résonances entre l'orbite de Cruithne et celle de notre planète. Lorsqu'il passe au plus près d'elle, le champ gravitationnel terrestre distord la trajectoire de l'astéroïde. Ce qui allonge légèrement l'année de celui-ci par rapport à celle de la Terre. Elle est donc plus longue, au lieu d'être plus courte comme c'est le cas en ce moment. Par conséquent, la Terre commence à dépasser le haricot. (Il accéléra l'animation.) Et, lorsque sa spirale l'a ramené à son point de départ… (Une autre inversion.) L'interférence avec la Terre raccourcit l'année de Cruithne – et le haricot entame une nouvelle spirale.

Il accéléra encore plus l'écoulement du temps jusqu'à ce que les ellipses du haricot avancent et reculent le long d'un arc par rapport au Soleil.

— Le mouvement est plutôt stable, dit Cornélius. Du moins pendant quelques milliers d'années. N'oubliez pas qu'il faut environ un an à Cruithne pour tracer un haricot. Il s'écoule beaucoup de temps entre chaque inversion. Les dernières ont eu lieu en 1515 et en 1900, les prochaines interviendront en 2285 et 2686…

— On dirait une danse, dit Malenfant. Une chorégraphie…

— Exactement.

Même si Cruithne croisait l'orbite terrestre, son inclinaison, combinée aux interférences, l'empêchait de s'approcher à moins de quarante fois la distance de la Terre à la Lune. Malenfant apprit que l'astéroïde se trouvait actuellement à cent fois cette distance.

Au bout d'un moment, son attention commença à divaguer. Il se sentait obscurément déçu.

— Donc, nous avons une curiosité orbitale. Je ne vois pas en quoi c'est important au point d'envoyer un message vers le passé.

Cornélius enroula son écran.

— Malenfant, les objets passant près de la Terre ne durent pas éternellement. Les planètes les attirent et les repoussent, perturbant leur orbite. Ils peuvent en heurter une – aussi bien la Terre que Vénus, ou même Mars. Et, dans le cas inverse, un astéroïde donné peut être éjecté hors du système solaire en quelques millions d'années.

— Et donc ?

— Donc, nous pouvons trouver une explication plausible quant à la manière dont Cruithne s'est formé et dont il a pu se retrouver sur une orbite proche de celle de la Terre. Mais *cette* orbite si bien ajustée à la nôtre est invraisemblable. *Nous ne savons pas comment Cruithne a pu arriver là*, Malenfant. C'est un vrai casse-tête.

Malenfant eut un large sourire.

— Peut-être quelqu'un l'y a-t-il placé.

Cornélius sourit à son tour.

— Nous aurions pu nous en douter. Nous n'aurions pas dû avoir besoin que les gens de l'aval nous envoient un signal, Malenfant. Cette orbite synchronisée avec celle de la Terre en est un. Quelque chose nous attend là-bas, sur Cruithne.

— Quoi ?

— Je n'en ai pas la moindre idée.

— Alors qu'est-ce qu'on fait ?

— On y envoie une sonde.

Malenfant rappela George Hench. L'ingénieur se mit à arpenter le bureau tel un animal en cage.

— Nous ne pouvons pas aller sur ce machinchose, Cruithne. Et, même s'il était possible de l'atteindre, ce qui n'est pas le cas, Cruithne demeure une boule de boue gelée.

— Mmm, fit Cornélius. C'est plus que ça. Des milliards de tonnes d'eau, de silicates, de métaux et de composés organiques complexes – des acides aminés, des bases azotées... Mars elle-même n'est pas aussi riche, si l'on effectue une comparaison kilo pour kilo. C'est de la matière primordiale, le matériau qui constitue le Système solaire. Vous auriez peut-être dû décider dès le départ de lancer la sonde vers un astéroïde de type C.

— C'est vrai, George, dit Malenfant d'un ton égal. Nous pouvons facilement défendre Cruithne d'un point de vue économique...

— Malenfant, Reinmuth est composé d'acier... Bon Dieu, il en *scintille*. Et tu veux tout risquer pour une chasse au dahu avec ton pote zinzin ?

Patiemment, Malenfant laissa George poursuivre.

— Explique-moi pourquoi nous ne pouvons pas aller sur Cruithne, dit-il enfin. C'est un géocroiseur comme les autres. Je croyais qu'ils étaient plus faciles à atteindre que la Lune, où nous sommes allés il y a quarante ans, rappelle-toi.

George soupira, mais Malenfant vit que son cerveau avait basculé sur un mode de réflexion différent.

— Ouaip. C'est pour ça que les fondus de l'espace mènent campagne en faveur de ces objets célestes depuis des années. Mais ils n'ont pour la plupart pas calculé correctement la dépense énergétique. Si l'on considère le problème uniquement sous l'angle des Delta-V, si l'on se contente d'additionner l'énergie nécessaire pour sortir du puits gravitationnel de la Terre, eh bien, oui, il y a des tas d'endroits où il est plus facile d'aller que sur la Lune. Mais il faut planifier un peu plus que ça. Pour que ça marche, il faut que l'orbite de votre géocroiseur passe très, très près de celle de la Terre, qu'elle soit située dans le même plan, quasiment circulaire et qu'elle ait presque le même rayon. Bon, l'orbite de Reinmuth, elle, est en effet proche de la nôtre. Bien entendu, ça ne signifie pas que Reinmuth ne vient pas s'aligner très souvent pour que des missions à bas coût énergétique puissent l'atteindre ; les deux orbites se comportent comme deux pendules qui se décalent peu à peu l'une par rapport à l'autre…

— Alors, dis-moi, fit Malenfant, la voix lourde de sous-entendus, pourquoi il est bien plus difficile d'aller sur Cruithne.

George énuméra les problèmes sur ses doigts :

— Cruithne est incliné à vingt degrés sur l'écliptique. Or le passage d'un plan à un autre est très gourmand en énergie. C'est pour ça que les types d'Apollo se sont posés près de l'équateur lunaire. Deuxièmement, l'orbite de Cruithne est très excentrique. Ce qui signifie que nous ne pouvons pas nous servir des trajectoires de Hohmann économes en énergie que nous employons pour les transferts d'une orbite circulaire à une autre, comme par exemple pour un trajet de la Terre à Mars. Les transitions entre orbites elliptiques consomment également beaucoup d'énergie. Troisièmement…

Malenfant l'écouta encore un moment.

— Bon, tu as posé le problème, dit-il Maintenant, donne-nous la solution.

George émit de nouvelles protestations, parla de conneries et d'impossibilités ; Malenfant demeura stoïque.

Puis George se lança.

Il trouva des spécifications de masse pour le GBS et sa cargaison, se mit à calculer les changements de vitesse dont l'engin aurait besoin pour atteindre Cruithne, dans quelle mesure cela affecterait sa capacité de manœuvre, jusqu'à quel point un vol jusqu'à l'astéroïde nécessitait de diminuer la cargaison par rapport à celle prévue pour Reinmuth. Puis il entreprit de convoquer des techniciens, qui se montrèrent aussi sceptiques que lui au début, et qui réussirent pour la plupart à trouver des réponses en fin de compte. Ils appelèrent Dan Ystebo à Key Largo pour lui demander de quel espace vital son calmar apprivoisé devait vraiment, mais vraiment, disposer pour survivre. Dan partit furieux, mais il revint avec des réponses.

Ils y passèrent la plus grande partie de la journée. Lentement, péniblement, une nouvelle mission prit forme. Tout ce que Malenfant avait à faire, c'était rester assis et laisser les choses s'accomplir, comme il l'avait prévu.

Il y avait néanmoins un problème.

Le vaisseau dont ils disposaient avait été conçu pour emmener Sheena 5 à Reinmuth, lui permettre d'y effectuer son travail et la ramener à la maison : elle était censée rentrer dans l'atmosphère derrière un énorme bouclier thermique constitué des déchets miniers de l'astéroïde.

Seulement, on ne pouvait pas réaliser une telle mission avec Cruithne.

Il y avait un moyen d'atteindre les principaux objectifs de la mission. On pouvait envoyer Sheena sur Cruithne bien plus rapidement.

En rognant sur son environnement vital et en brûlant tout le carburant à l'aller.

Pour Sheena, le voyage sur Cruithne serait sans retour.

**Emma Stoney**

Du point de vue d'Emma, assise dans son bureau à Vegas, tout commençait à se déglinguer.

Pendant que les vautours juridiques planaient au-dessus de Malenfant et de ses jouets spatiaux, les investisseurs, rendus méfiants par les rumeurs qui couraient au sujet de son implication sans cesse plus grande avec des types bizarres obsédés par le futur, commençaient à quitter le navire.

S'il avait été plus disponible, s'il s'était montré pour soutenir leur confiance, il aurait pu changer la donne. Seulement, il ne se montra pas. De Noël au début de l'année, Malenfant s'enferma avec Cornélius Taine ou se terra sur le site d'essais de fusées.

Emma avait l'impression qu'un moment clé approchait. Mais Malenfant ne voudrait toujours pas l'écouter.

Alors, elle se rendit dans le désert de Mojave.

Elle passa la nuit dans un motel de la ville de Mojave. Il était tout sauf confortable, et elle dormit peu.

Son moyen de transport arriva avant l'aube. C'était un bus de l'armée. Lorsqu'elle monta à bord, George Hench l'attendait avec une Thermos de café et un bagel.

— Petit déjeuner, dit-il.

Elle accepta avec reconnaissance. Le café fut le bienvenu, en dépit de sa force toute industrielle.

Les autres passagers étaient de jeunes ingénieurs qui essayaient de dormir, la tête calée dans des angles, près des fenêtres.

Le trajet jusqu'au site d'essai des GBS fut monotone mais sans difficulté. Lorsqu'ils arrivèrent à la portion de route de cinquante kilomètres de long conduisant au complexe de Malenfant – ou plutôt, comme il aimait à l'appeler, le *simplexe* – le Soleil s'était levé et la température avait monté.

Hench bloqua la porte du bus en position ouverte.

— Système d'air conditionné naturel, ricana-t-il.

Emma jeta un coup d'œil à l'arrière. Un ou deux jeunes gens remuèrent.

Hench haussa les épaules.

— Ils vont dormir, ne vous en faites pas.

Une fois le site atteint, le bus franchit les barrières de contrôle, puis s'arrêta. Emma descendit, prudente. La lumière reflétée par le sable omniprésent l'aveuglait, la chaleur était une présence palpable qui s'attaquait à elle, aspirant l'humidité de sa chair.

Le site avait grandi. Il y avait beaucoup plus d'installations, plus d'activité également, même à cette heure de la matinée. Mais ça ne ressemblait en rien à cap Canaveral.

Il n'y avait quasiment pas de structures fixes. On aurait dit un chantier. Le désert était parsemé de caravanes d'où jaillissaient parfois des antennes et des câbles d'alimentation. Elle ne voyait aucun réservoir de carburant, juste des flottilles de caravanes aux parois étincelantes de givre. Les gens – des ingénieurs, jeunes pour la plupart – allaient et venaient ; l'immensité du désert rendait leurs voix minuscules et leurs casques miroitaient telles des carapaces d'insectes.

À deux kilomètres environ de l'endroit où se tenait Emma se trouvait le pas de tir lui-même, le centre de l'attention générale avec le *Nautilus*, premier vaisseau interplanétaire du Pied à l'Étrier, la fierté de Malenfant. Emma voyait les contours d'un réservoir externe de navette couleur rouille et les minces colonnes des fusées à carburant solide. Un couvercle tubulaire miroitant au Soleil surmontait le module de propulsion. Et elle savait qu'un calmar des récifs complètement paumé s'envolerait un jour pour l'espace quelque part à l'intérieur de ce carénage.

— Je vais vous dire un truc, madame Stoney, dit Hench sur un ton bourru.

— Emma.

— Pour moi, le mieux, dans tout ce fichu projet, c'était de travailler avec les gamins. Vous savez, de nos jours, ils sortent de la fac et ce sont des as de l'informatique, des machins et des trucs assistés par ordinateur. Ils ont eu des cours théoriques de science, et de maths, et de conception de logiciels... mais on ne leur donne pas l'occasion de plier de la tôle. Pire : ils n'ont jamais vu quelque chose rater. Or, pour un ingénieur, l'expérience acquise est directement proportionnelle à la quantité de matériel démoli. Eh bien, ici, ils ont dû construire des trucs, établir des budgets et planifier les coûts. Ça en a effrayé certains et ils sont partis. Mais ceux qui sont restés se sont épanouis…

Malenfant arriva. Il portait un vieux bleu de travail – il y avait même une clé glissée dans un passant de ceinture – et son visage, ses mains et son crâne étaient couverts de poussière blanche. Quand il se pencha pour embrasser Emma, elle sentit la rugosité du sable sur sa joue.

— Alors, que penses-tu du *Nautilus* ? Il est beau, non ?

— Un peu primitif, mais il convient pour ce que tu veux en faire, non ?

— Il est censé convenir, répondit Malenfant en riant.

Une voix amplifiée venue du pas de tir retentit dans le désert.

— Qu'est-ce que c'était ?

Hench haussa les épaules.

— Un élément de la check-list, rien de plus.

— Vous faites une check-list ? De lancement ?

— Rien que des essais de démonstration, dit Malenfant. Nous en avons prévu deux aujourd'hui. Nous en avons déjà effectué des dizaines. Et, plus tard dans la journée, nous mettrons même le fichu calmar de Dan Ystebo dans la nacelle destinée à recevoir la charge utile, le tout sur un vaisseau plein de carburant. Nous sommes prêts. Cruithne nous attend là-haut. Et qui sait ce qu'il y aura ensuite ? Dès que tu auras réglé ces conneries administratives…

— Nous y travaillons, Malenfant.

Il l'emmena faire le tour de la rampe de lancement, impatient de lui montrer son beau jouet. Puis Malenfant et Hench, qui étaient de toute évidence sur les nerfs et carburaient à l'adrénaline, commencèrent à lui raconter les exploits héroïques qu'ils avaient accomplis pour construire leur vaisseau.

— C'est une fusée bricolée dans une cour. Elle a des moteurs de navette spatiale, un gyroscope laser et un accéléromètre de F-15, le pilote automatique et l'avionique proviennent d'un long courrier MD-11. En fait, le GBS se prend pour un MD-11 qui suivrait une trajectoire de vol un peu particulière. Nous avons envoyé les jeunots fouiller les poubelles de l'industrie aérospatiale de la côte Ouest, et ils ont rapporté des sphères pressurisées en titane, des actuateurs hydrauliques et tout un tas d'autres trucs d'enfer. Et ainsi de suite. Le tout assemblé et prêt à voler en moins de six mois…

Il paraissait connaître chaque ingénieur par son nom, bien qu'ils fussent plusieurs dizaines. Il se montrait tour à tour manipulateur, intimidant et tyrannique. Mais il était aussi assez intelligent, songea-t-elle, pour s'assurer qu'il n'était pas entouré de flagorneurs et de béni-oui-oui.

*C'est peut-être pour ça qu'il me garde.*

— Est-ce que tout ça est sûr, Malenfant ? Et si le vaisseau explose, ou un dépôt de carburant…

Il soupira.

— Emma, mon GBS explose aussi souvent qu'un 747 au décollage. L'industrie manipule du lox et de l'hydrogène liquide en toute sécurité depuis un siècle. En fait, je peux prouver que nous respectons les normes de sécurité. Nous nous sommes efforcés de simplifier autant que possible les processus de contrôle de qualité et de fiabilité – on ne voulait pas de kilomètres de papier comme à la Nasa. Nous avons chargé le personnel au sol de ses propres contrôles de qualité. La qualité d'abord, c'est la seule façon de procéder.

Il regarda vers le Soleil et la lumière fit scintiller la

poussière étalée sur son visage, des lignes blanches gravées sur son visage ridé et buriné.

— Ce n'est que le début, tu sais. Pour l'instant c'est Kitty Hawk. Il faut bien commencer quelque part. Mais, un jour, ça sera un vrai spatioport.

— Comme cap Canaveral ?

— Oh, bon Dieu, non. Penses-y plutôt comme à un aéroport. Il y aura des pas de tir en béton avec des tours de lancement si légères et si simples que ça ne sera pas un souci de les reconstruire pour chaque vol. Nous aurons nos propres usines de production de carburant et d'oxydant. Les terminaux ressembleront à ceux de JFK ou de O'Hare. On construira de nouvelles routes et de meilleures liaisons ferroviaires. Le spatioport sera aussi un aéroport. Nous attirerons des industriels, des communautés... Des gens viendront vivre ici...

Mais Emma sentait dans sa voix la tension cachée derrière sa foi exubérante. Elle avait l'habitude de ses sautes d'humeur, qui lui semblaient avoir commencé plus ou moins à l'époque où il avait été obligé de quitter la Nasa. Mais, ce jour-là, sa bonne humeur était de toute évidence instable, susceptible de s'effondrer totalement à la moindre poussée.

La bataille juridique n'était pas encore gagnée. Loin de là. En fait, estimait Emma, c'était plus une course qu'une bataille. Les avocats du Pied à l'Étrier cherchaient un moyen de sortir du labyrinthe administratif pour permettre à Malenfant de lancer son engin, ou du moins de continuer à le tester, avant que les inspecteurs de la FAA et leurs avocats ne trouvent un moyen d'accéder à son site et de tout fermer.

Demain, se dit-elle. Demain, je dois lui dire les choses en face. Nous sommes en train de perdre la course.

Tandis que le Soleil commençait à redescendre sous le dôme bleu du ciel, Emma demanda qu'un bus de l'armée la reconduise à son motel de Mojave. Une fois là-bas, elle baissa les stores et déroula son écran souple. Elle envoya quelques courriels, mangea les saletés du service d'étage, puis tenta de dormir.

… La sonnerie du téléphone la réveilla en sursaut. C'était Malenfant.

*Va à la fenêtre.*

— Hein ?

*Je simplifie les démarches administratives, Emma.*

Il paraissait un peu ivre. Et dangereux. Elle sentit un frisson glacial s'installer au creux de son estomac.

— De quoi parles-tu ?

*Va à ta fenêtre, tu verras. J'ai parlé du Dr Johnson à Cornélius. Un jour, on a demandé à Johnson comment il pouvait réfuter la question du solipsisme. Tu sais, l'idée selon laquelle il n'y a que toi qui existe, tout le reste n'étant qu'une illusion et une construction de ton esprit…*

Elle ouvrit les volets. Dans la direction de la zone d'essais, une lumière se répandait dans la moitié inférieure du ciel, une tache blanc-jaune qui s'élevait rapidement, pas comme l'aube.

*Johnson a donné un coup de pied à un caillou. Et il a dit : « Voilà comment je la réfute. »*

— Oh, Malenfant, qu'est-ce que tu as fait ?

*Ils sont venus fermer le site, Emma. Nous avons perdu la course contre ces trous du cul de la FAA. L'un des petits génies de George était une taupe du FBI. Les inspecteurs sont arrivés… Ils auraient vidé les réservoirs du* Nautilus *et l'auraient démonté. Et nous n'aurions jamais atteint Cruithne. J'ai décidé de donner un coup de pied dans ce caillou. Emma, si tu voyais la poussière qu'on soulève !*

Une étincelle montait à présent sans difficulté depuis

l'horizon assombri, s'élevant en douceur dans le ciel. Jaune et blanc, comme une tache de Soleil, elle traînait derrière elle une colonne de fumée et de vapeur illuminée par l'étincelle.

Emma savait ce que c'était, bien entendu. La tache jaune et blanc résultait de la combustion des carburants solides des deux boosters, des sous-produits à demi consumés recrachés dans l'atmosphère. Au centre, la flamme du moteur principal hydrogène-oxygène était presque invisible. Emma pouvait déjà voir l'arc décrit par le booster qui s'élevait en direction de l'est, vers la trajectoire qui l'entraînait loin de la planète.

Et, à présent, le bruit arrivait aux oreilles d'Emma, le tonnerre des fusées roulant tel l'écho d'un orage lointain.

*Ce n'est que le début*, murmura Malenfant.

# 2

# Vers l'aval

*Ainsi le tour viendra pour les murailles du vaste monde qui,*
*succombant aux assauts du temps,*
*ne laisseront plus que décombres*
*et poussière de ruines.*

Lucrèce

## Sheena 5

Le vaisseau voguait entre les mondes telle une planète miniature, une bulle d'océan de quelques mètres de diamètre.

L'eau suffisait à protéger ses occupants des radiations solaires et cosmiques. Elle assurait en outre l'existence de strates de vie : une brume de diatomées se nourrissant de lumière pure entourait dans les profondeurs bleues de l'eau une sphère de krill, de crustacés et de bancs de petits poissons qui chassaient et paissaient.

Et, au centre de tout cela, un unique céphalopode génétiquement amélioré.

Voilà Sheena, nageant dans l'espace.

L'espace : oui, elle comprenait le sens de ce mot, elle comprenait qu'elle n'était plus dans les immenses océans de la Terre mais dans un petit océan autonome et personnel qui naviguait dans le vide, un océan replié sur lui-même qu'elle partageait uniquement avec les poissons filant en tout sens et les animaux et les plantes plus petits, dépourvus de conscience, dont ils se nourrissaient.

Elle flottait au centre du *Nautilus*, à l'endroit où l'eau qui passait dans son manteau et sur ses branchies était la plus chaude et la plus riche. La machinerie principale, la grappe de machines qui rendaient la vie possible en ces lieux était une masse noire à la surface semée de lumières clignotantes suspendue dans l'eau sombre, où s'accrochaient des herbes et des algues. Sheena ne distinguait pas les couleurs, elle nageait dans un monde en noir, blanc et gris. Mais elle percevait la lumière polarisée ; elle voyait que la luminosité reflétée par les surfaces polies de la machinerie était subtilement distordue çà et là, ce qui lui donnait une idée de la résistance et de la taille des machines.

Lorsque le mouvement circulaire du vaisseau la ramenait dans l'ombre, elle chassait et paissait.

Elle se reposait sur les bancs de sable qu'on avait collés au métal, modifiant la teinte de son manteau de manière à être presque invisible. Lorsque du krill ou des poissons inconscients passaient à sa portée, elle les attrapait d'un bond et les broyait aussitôt avec son bec dur, ignorant leurs tout petits cris.

Ces embuscades faciles suffisaient à la nourrir ; les poissons et le krill paraissaient particulièrement déboussolés dans ce monde neuf, dépourvu de haut et de bas. Mais il arrivait à Sheena de chasser avec plus d'ambition, attirant ses proies, les pourchassant et les traquant comme si elle se trouvait encore dans les eaux poissonneuses des récifs des Caraïbes.

Néanmoins, la rotation paresseuse du vaisseau la ramenait bien trop tôt dans la lumière et la trop courte nuit cédait la place à un jour artificiel.

Elle fit onduler ses nageoires et s'éloigna de la grappe de machines, du cœur du vaisseau où elle vivait avec ses bancs de poissons. À mesure qu'elle montait, l'eau circulant dans son manteau se refroidissait, l'oxygène se raréfiait. Elle traversa des strates successives d'êtres vivants dont elle sentait les bruits subtils se propager en vagues dans la sphère : la ruée régulière des poissons nageant en bancs serrés, le murmure pétillant du krill qu'ils mangeaient, le sifflement des diatomées et des algues dont se nourrissait celui-ci et le grondement profond des infrasons produits par l'eau elle-même tandis que des ondes de compression y circulaient.

Sheena savait que, tout comme chaque sphère liquide était plus grande que celle qu'elle contenait, il y avait une hiérarchie des êtres vivants. Pour assurer sa survie, il fallait dix fois son poids de krill et cent fois son poids de diatomées.

Bien entendu, s'il y avait eu d'autres calmars, ces nombres auraient augmenté. Mais elle était le seul calmar à bord.

Pour l'instant.

Elle distinguait la coque du vaisseau à travers l'eau trouble et grouillante de vie – une membrane située au-dessus d'elle comme la surface d'un océan. Sauf qu'elle n'était pas vraiment *au-dessus* d'elle, ce qui aurait été le cas dans une vraie mer. Et il n'y avait pas de fond sablonneux en dessous. La membrane l'entourait de toute part, refermée sur elle-même, parcourue de grandes vagues moirées qui s'enroulaient autour du ventre de la sphère.

C'était à l'évidence un monde complexe, un monde courbe, sans les repères de l'océan ; en conséquence, la lumière y adoptait elle aussi un cheminement complexe : ses plans de polarisation étaient aléatoires, quand elle ne descendait pas en spirale autour de Sheena.

Mais celle-ci chassait en trois dimensions. Elle pouvait affronter toute l'étrangeté de ce monde. En réalité, elle savait qu'elle n'avait pas le choix.

Elle atteignit la paroi du vaisseau.

La membrane était ferme mais souple. Elle résistait lorsque Sheena appuyait dessus. Des yeux humains auraient pu voir que sa couleur était celle de l'or. Dan lui avait dit que ce gros œuf doré était magnifique à voir tandis qu'il s'élevait dans le ciel de la Terre. *Vaisseau*

*Sheena bon beau,* avait-il dit. *Comme Terre. Gens voir vaisseau, bulle d'or, vaisseau goutte d'eau...*

Des algues poussaient sur la paroi, leurs longs rubans pendaient ou flottaient au gré des courants. Des crabes et d'autres crustacés broutaient la prairie d'algues. Les herbivores benthiques aidaient à la nourrir tout en maintenant les murs propres.

Chaque créature de ce petit océan avait un rôle à jouer. Ici, par exemple, elle dérivait devant un banc de goémon en suspension. Le goémon nettoyait l'eau et employait la nourriture flottante que ni les algues ni les diatomées ne pouvaient utiliser. Il était aussi utile par lui-même. L'une des tâches échues à Sheena consistait à le ramasser lorsqu'il devenait trop épais et à le porter à une trémie située dans la grappe de machines. Il y était filé en fibres que Dan appelait de la soie de mer. Cette dernière servirait à fabriquer et réparer les installations que Sheena utiliserait une fois à destination.

La lente rotation du vaisseau amenait à présent Sheena dans la lumière d'un disque pâle et flou. C'était le Soleil, dont la lueur était adoucie par la membrane de manière à ne pas blesser son regard. On voyait près de lui un croissant de plus petite taille. Elle savait que c'était la Terre, tous ses océans réduits à la taille d'une gouttelette. Le vaisseau progressait autour du Soleil en accompagnant la Terre tel un poisson suivant son banc, en quête du rocher qui était le but de cette mission.

Une fois, alors qu'elle nageait ainsi sous la voûte de la membrane, Sheena avait été surprise par un éclat de lumière à quelques mètres d'elle. Il avait aussitôt disparu, mais il lui avait semblé distinguer un défaut dans la membrane, une petite surface qui avait perdu son reflet doré ; et elle avait vu, à la manière dont la polarisation de la lumière était bouleversée, que la composition de l'eau avait changé sous le défaut.

Elle avait alors aperçu quelque chose qui bougeait à

l'extérieur de la membrane. Pensant qu'il s'agissait d'un prédateur des profondeurs de l'espace, elle s'était tassée sur elle-même en tremblant et avait envoyé des signaux de fausse menace et de camouflage.

Ce n'était pas un prédateur. Juste une boîte qui allait et venait en lâchant de petits pets de cristaux scintillants. Elle posait une rustine sur le trou.

Dan lui avait dit que c'était une luciole robot, une petite boîte intelligente qui possédait sa propre source d'énergie et de carburant et contenait des machines miniatures, des caméras et une intelligence mécanique. Le vaisseau en avait embarqué un banc pour assurer les inspections et ce genre de réparation.

Mais la durée de vie du petit appareil était limitée : à usage unique, il n'effectuerait qu'une seule tâche, réparer la membrane, alors que Sheena ferait une quantité de choses différentes. Son travail terminé et ses réserves énergétiques épuisées, la machine avait replié avec soin ses bras munis d'outils et employé ses dernières gouttes de carburant pour se propulser loin du vaisseau. Sheena avait regardé le petit engin, devenu un déchet, diminuer jusqu'à n'être plus qu'un point étincelant dans la lumière du Soleil.

Elle avait appris que, de toute façon, son vaisseau fuyait constamment en raison de petites imperfections et de trous microscopiques. Tous les deux ou trois jours, les robots jetables trottinaient sur la membrane, repérant les nuages de vapeur, réparant les fuites les plus importantes avant de se sacrifier.

Elle laissa le balancement de baleine nonchalante du vaisseau l'emporter loin de la lumière aveuglante du Soleil et plongea son regard dans l'obscurité, là où elle pouvait voir les étoiles.

Celles-ci avaient de l'importance. On l'avait entraînée à en reconnaître un grand nombre. Après avoir mémorisé leur position autour du vaisseau, Sheena retournait aux machines et utilisait les commandes simplifiées dont Dan lui avait appris le maniement. Elle pouvait ainsi déterminer sa position de manière bien plus précise que Dan lui-même depuis la lointaine Terre.

Alors les fusées s'embrasaient, éjectant dans l'espace des jets de particules de combustion. Elles exerçaient une poussée sur la peau du vaisseau tel un calmar poussant sur le ventre d'une baleine. De vagues flamboiements allaient et venaient à travers le ménisque, illuminant les nuages d'algues, et Sheena percevait le remous subtil de la gravité autour d'elle tandis que l'énorme masse liquide recevait les petites poussées qui corrigeaient sa trajectoire.

Toutefois, pour Sheena, les étoiles étaient plus que des balises de navigation. Ses yeux possédaient cent fois plus de récepteurs que ceux des humains ; elle pouvait voir cent fois plus d'étoiles qu'eux.

Pour elle, l'univers en était rempli, il vibrait et il vivait. La Galaxie était un récif d'étoiles qui lui faisait signe de venir nager dans son courant.

Mais, là où elle se trouvait, Sheena était seule à le voir.

Sheena avait du mal à prendre du repos.

Sa solitude était totale. Elle avait beau savoir qu'il n'y avait pas de prédateurs ici, qu'elle était plus en sécurité qu'aucun calmar l'avait jamais été, elle ne parvenait pas à se reposer : il manquait la sensation de la protection complexe du banc autour d'elle, avec ses sentinelles et leurs signaux. Et, bien sûr, sans le banc, elle était coupée de la société des calmars, de ses accouplements, de ses échanges de connaissances et de ses danses sans fin dans la lumière du jour.

Dan lui avait fabriqué une sorte de banc imaginaire : des silhouettes de calmars qui nageaient et bondissaient autour d'elle en miroitant. Mais leurs flancs factices ne reflétaient pas correctement la lumière polarisée et le banc artificiel ne lui était d'aucun réconfort. Elle était surprise que Dan ne l'eût pas compris.

Et, à mesure que la mission progressait, tandis que la lassitude la gagnait peu à peu, la loyauté qu'elle éprouvait envers lui s'effritait, un grain après l'autre.

**e-CNN**

Revenons au gros titre, les derniers développements de la crise qu'a déclenchée le lancement spatial illégal effectué par la société le Pied à l'Étrier depuis ses installations dans le désert de Mojave. Il semble maintenant clair que les autorités, loin d'accorder les autorisations que l'entreprise réclamait, étaient en réalité en train de prendre des mesures pour obtenir la fermeture définitive du site. Joe…

… Merci, Madeleine. Nous savons que Cruithne n'était pas la destination originale des ambitions interplanétaires de Reid Malenfant. Au départ, il avait prévu d'aller sur Reinmuth, un autre astéroïde bien plus riche en métaux. Alors, pourquoi Cruithne ?

Au cours des mois qui viennent de s'écouler, on a appris de sources situées à l'intérieur même du Pied à l'Étrier que Malenfant s'est convaincu que la fin de notre monde pourrait être proche. Et que cette catastrophe planétaire serait d'une manière ou d'une autre liée à l'astéroïde Cruithne. Que faut-il donc penser de ce retournement saisissant dans une histoire déjà spectaculaire ?

Nous avons tenté de déterminer si les craintes de Malenfant sont fondées sur autre chose que la simple paranoïa. Des scientifiques respectables soutiendraient que, selon les statistiques, la fin du monde, et donc la nôtre par la même occasion, pourrait se produire d'ici quelques siècles tout au plus. Les milieux gouvernementaux seraient au courant depuis les années 80. L'administration a de nouveau refusé de faire le moindre commentaire. Madeleine…

Joe, à cinquante et un ans, Reid Malenfant est une personnalité hautement charismatique et très populaire. Il est devenu une sorte d'objet de culte depuis que ses ambitions interplanétaires ont été rendues publiques. En fait, les jouets les mieux vendus à Noël dernier étaient des maquettes du Gros Booster stupide du Pied à l'Étrier, ainsi que des figurines et des hologrammes animés du calmar intelligent qui tient lieu de pilote, et même de Malenfant en personne.

Mais, bien qu'il soit sans le moindre doute un personnage séduisant, Malenfant est depuis longtemps perçu par certains commentateurs comme un individu instable.

Bien que les porte-parole du Pied à l'Étrier prétendent qu'il ne s'agit que de rumeurs calomnieuses répandues par des ennemis de Reid Malenfant, peut-être à l'intérieur même de sa compagnie…

**John Tinker**

Oui, c'est vrai, ils m'ont fichu à la porte de La Montagne volante. Qu'ils aillent se faire foutre.

Reid Malenfant aussi. C'est une poule mouillée.

D'accord, il l'a fait décoller, son oiseau. Mais persister à utiliser des fusées chimiques des années 40 est au mieux une diversion, au pire une erreur catastrophique.

Mon gars, on ne peut envoyer que dalle dans l'espace en faisant cramer des putains de produits chimiques.

La solution est sur les tables à dessin depuis les années 60. Le projet Orion.

Tu prends une grande plaque, tu l'attaches à une

grosse capsule avec des absorbeurs de chocs, et tu lui balances une bombe atomique sous les fesses.

Il va avancer, ton vaisseau, crois-moi.

Et tu fais péter une autre bombe, et encore une autre.

On pourrait expédier quelques millions de livres en orbite et ça ne coûterait qu'une fraction du stock mondial d'armes nucléaires.

Je crois à ce rêve spatial. Je crois que nous devrions avoir pour but d'envoyer un milliard de personnes dans l'espace d'ici la fin du siècle. C'est le seul moyen d'avoir là-haut une population assez importante pour construire les infrastructures d'une industrie spatiale et, incidemment, la seule façon de mettre en orbite assez de gens pour commencer à écorner la surpopulation.

Oui, il y aura des retombées. Mais pas tant que ça en comparaison de ce qu'on a déjà ajouté au rayonnement de fond. Où est le problème ?

Malenfant a raison. Nous allons devoir faire face à une crise qui concerne la survie de l'espèce. Lorsque les temps sont durs, il faut prendre des décisions difficiles. C'est une histoire d'œufs et d'omelette, vous savez.

Et, de toute façon, ces bombes ne vont pas disparaître toutes seules. Si l'Amérique ne s'en sert pas, quelqu'un d'autre le fera…

**Art Morris**

Je m'appelle Art Morris et j'ai quarante ans. Je suis un Marine – en tout cas, je l'étais jusqu'à ma démobilisation.

L'objet qui m'est le plus cher est une photo de ma fille, Leanne.

Elle a été prise pendant sa dernière fête d'anniversaire, elle n'avait que cinq ans, en plein Soleil de la Floride. C'est une de ces photos modernes qui bougent, elle montre Leanne pendant quelques secondes au moment où elle souffle ses bougies. Et il y a une bande son. Si l'on tend l'oreille, on entend quelque chose derrière les applaudissements et les cris de toute la famille et des autres enfants, on l'entend haleter en prenant une grande inspiration. Ce qu'on ne peut pas voir, c'est moi, parce que je suis hors champ, juste derrière l'épaule de Leanne. Je souffle aussi pour m'assurer que ces fichues bougies vont faire ce qu'elle veut qu'elles fassent, pour être bien sûr que quelque chose va fonctionner dans son monde, ne serait-ce qu'une fois.

Nous l'avons mise en terre peu après. Je n'ai pas compris la moitié de ce que les docteurs nous ont dit sur ce qui n'allait pas chez elle, mais j'ai pigé l'essentiel.

C'était un bébé jaune, un bébé de l'espace, un bébé des fusées.

Aujourd'hui, elle serait peut-être devenue l'un des gosses surdoués dont les journaux sont pleins. Mais elle n'en a pas eu l'occasion.

Je me suis réjoui quand ils ont interrompu le programme spatial. Mais, maintenant, ces enfoirés dans leur désert ont quand même recommencé à lancer leurs saloperies de fusées.

J'ai la photo de Leanne scotchée sur mon tableau de bord, ou dans ma poche.

Voyez un peu ce que vous avez fait, Reid Malenfant.

**Reid Malenfant**

Madame la présidente, je ne suis pas un barjot, et tout ça n'est pas une combine farfelue. Mon entreprise est saine et ses objectifs sont tout ce qu'il y a de sérieux.

Voici ce qui va se passer.

Cruithne est un agrégat grossier de déchets : il y a probablement quatre-vingts pour cent de silicates, seize pour cent d'eau, deux pour cent de carbone et deux pour cent de métaux. Il représente une ressource naturelle d'une richesse extraordinaire.

Notre stratégie consiste à utiliser des technologies basiques et à obtenir des retours rapides sur investissement.

La première chose que nous allons produire sur Cruithne est du carburant pour fusées. Il s'agira d'un mélange de deux propergols : méthane et oxygène.

Ensuite, nous commencerons à emballer de l'eau gelée avec un peu de matière brute de l'astéroïde. Nous utiliserons le carburant pour expédier de l'eau en direction de l'orbite terrestre. Pour être précis, vers un type d'orbite appelé HEEO – *Highly Elliptical Earth Orbit* – une orbite terrestre très excentrique qui, en termes d'accessibilité, est un bon compromis pour y entreposer des matériaux en provenance de l'espace.

Donc, nous allons construire un pipeline qui ira de Cruithne à la Terre.

Ça ne sera pas compliqué. Les fusées au méthane conçues par Pratt et Whitney ont déjà été testées et elles ont fait leurs preuves. On n'aura besoin que de sacs plastique emballant de gros cubes de glace sale pour assurer le transport des cargaisons.

Une fois sur une HEEO, cette eau aura un prix inimaginable. Nous pourrons nous en servir pour assurer notre survie et fabriquer du carburant pour fusées. Nous pensons que le *Nautilus* devrait être en mesure d'envoyer assez d'eau pour fournir le carburant de vingt à cinquante missions d'exploration des géocroiseurs, pour un coût supplémentaire minime. Ce qui vous donne une idée des bénéfices que nous pensons réaliser. Et nous pourrons vendre le surplus à la Nasa.

Nous avons également l'intention de tester des techniques d'extraction plus complexes lors de ce premier vol. Avec les technologies appropriées, on peut extraire de l'eau, mais aussi du dioxyde de carbone, de l'azote, du soufre, de l'ammoniaque et des phosphates – tout ce dont on peut avoir besoin pour vivre. Il est également possible d'utiliser les déchets d'astéroïde pour la fabrication de verre, de fibre de verre, de céramiques, de béton et de substrats où l'on pourra faire pousser des plantes.

Nous sommes déjà en train de préparer une mission habitée à destination de Cruithne. Elle va s'appuyer sur cette technologie pour établir une colonie, la première hors de notre planète. Une colonie qui sera *autosuffisante*, et ce, quasiment dès le premier jour.

En outre, les colons paieront leur voyage en continuant à traiter le sol de Cruithne pour en extraire les métaux. Le résultat sera composé d'environ quatre-vingt-dix pour cent de fer, sept pour cent de nickel, un pour cent de cobalt et d'autres métaux à l'état de traces. Mais celles-ci comprennent du platine, peut-être la première ressource qui reviendra à la surface de la Terre, sans doute suivie par le cobalt et le nickel.

(Incidemment, on me demande souvent pourquoi je vais d'abord dans les astéroïdes plutôt que sur la Lune. Elle a l'air plus facile à atteindre, et elle est bien plus grosse que n'importe quel astéroïde. Eh bien, les scories qui subsistent après l'extraction de l'eau, des éléments volatiles et des métaux du minerai issu des astéroïdes – les déchets, quoi – ces scories contiennent autant de minéraux que les cailloux lunaires les plus riches. Voilà pourquoi je n'irai pas sur la Lune.)

Plus tard, nous entamerons la construction d'une usine solaire en orbite terrestre. Ses éléments relevant de la haute technologie, comme les dispositifs de guidage, de contrôle, de communication et de conversion d'énergie, ainsi que les appareils de transmission par micro-ondes, seront fabriqués sur Terre. Les composants massifs de basse technologie – les fils, les câbles, les poutrelles, les écrous, les installations de base, les carburants employés pour l'entretien de la station elle-même et les panneaux solaires – seront tous fabriqués dans l'espace à partir de matériaux issus des astéroïdes. Ce plan réduit considérablement la masse à envoyer en orbite. Cette usine produira de l'énergie – propre et sans danger – que nous pourrons revendre à la Terre.

Voilà mon projet. D'ici quelques années, les éléments volatils de Cruithne permettront à la Station spatiale de fonctionner, ainsi qu'à d'autres habitats en orbite terrestre ; ils rendront possibles des missions vers la Lune et Mars, et assureront l'existence de la première colonie autosuffisante au-delà de la Terre.

Ce qui devrait me permettre de prendre ma retraite en toute tranquillité…

Et ensuite, me direz-vous ?

Eh bien, la Galaxie nous attend, et l'univers entier. Un territoire vierge. Tout ce dont nous avons besoin, c'est d'amorcer la pompe. Et c'est exactement ce que le Pied à l'Étrier va faire. L'Amérique a découvert une nouvelle frontière et elle va retrouver sa grandeur.

En toute franchise, madame la présidente, je crois que j'ai passé assez de temps devant des commissions d'enquête et autres commissions parlementaires telles que celle-ci. Tout ce dont j'ai besoin, c'est que vous m'autorisiez à continuer et à faire mon travail. Et je ne vois pas du tout de quoi je devrais m'excuser.

Merci.

## Sheena 5

Nageant dans l'espace en dépit de la fatigue qui la rongeait, Sheena 5 avait du travail.

Elle explorait l'enchevêtrement complexe des équipements occupant le centre de son monde. C'était comme nager autour d'une épave engloutie.

Les machines étaient couvertes de manettes et d'interrupteurs étiquetés au moyen de rayures et de cercles noir et blanc pour qu'elle puisse les reconnaître. Les cadrans étaient conçus spécialement pour ses yeux : peints de rayures semblables à celles d'un calmar, ils réfléchissaient des éclats tourbillonnants de lumière polarisée. Les cadrans lui indiquaient ce qui se passait à l'intérieur des machines et, si quelque chose clochait, elle avait appris à actionner les manettes et les interrupteurs pour rectifier le problème.

Elle devait parfois chasser des poissons curieux pendant qu'elle opérait.

Si le problème était plus grave, elle pouvait demander son aide à Dan et il connaissait toujours la réponse, ou il pouvait la trouver. Elle plaçait son œil dans la cupule de plastique et un rayon laser moucheté peignait des images sur sa rétine, des diagrammes distordus ou des signes élémentaires qui lui indiquaient ce qu'il fallait faire.

Les machines contenaient des moteurs bourdonnants qui activaient des pompes et des filtres. Des dispositifs dont l'action, combinée avec celle des flux de chaleur en provenance du Soleil, suscitaient des courants réguliers. Ceux-ci assuraient le mélange des eaux de telle manière qu'aucune zone ne devienne trop chaude ou trop froide, trop riche de vie ou trop stagnante. Sans eux, les diatomées et les algues se seraient rassemblées sous la peau de la bulle, là où la lumière était la plus intense, et se seraient multipliées tout d'un coup jusqu'à épuiser tous les nutriments et former un nuage froid et humide si épais que l'eau en serait morte.

Les filtres ôtaient aussi les déchets, d'irréductibles particules qu'aucune créature de ce petit monde ne pouvait digérer. Il fallait néanmoins en faire quelque chose, sans quoi ils auraient fini par emprisonner tous les nutriments présents dans l'eau. Voilà pourquoi l'installation était pourvue d'un mécanisme capable de les brûler en les réduisant à leurs composants de base. Le résultat de cette opération – des gaz, de la vapeur et des sels minéraux – pouvait ensuite servir à nourrir les plantes et les algues.

Et ainsi, la matière et l'énergie circulaient-elles à l'intérieur du vaisseau de Sheena en décrivant de grandes boucles entretenues par la lumière du Soleil que l'installation centrale régulait tel un cœur battant.

Dan dit à Sheena qu'elle avait déjà réussi sa mission : elle s'était montrée bien plus intelligente et adaptable dans sa façon de gérer l'équipement que n'importe quelle machine faite de main d'homme qu'ils auraient pu envoyer à sa place.

Elle savait qu'au plus profond de leur cœur, les humains auraient préféré envoyer des machines, des choses cliquetantes et sans esprit. Ils savaient qu'ils pouvaient contrôler jusqu'à leur moindre cliquetis et bourdonnement. Elle, ils ne pourraient jamais la contrôler de cette manière... comme le prouvaient les restes du spermatophore qu'elle abritait toujours, non sans un sentiment de culpabilité, collés à la cavité de son manteau.

Ils étaient peut-être jaloux.

Comme c'était bizarre, se dit Sheena, que ceux de son espèce soient si bien adaptés à cet immense océan de l'infini – bien mieux que les humains, en fait. Comme si on l'avait prévu ainsi. Sheena avait l'impression qu'on devait se sentir très à l'étroit quand on était un humain, confiné dans la mince couche d'atmosphère qui enveloppait la Terre.

Au début, elle avait accepté avec une étrange facilité l'idée qu'elle mourrait sans revoir les océans de la Terre, sans jamais rejoindre les bancs de calmars. Elle se disait que ce n'était pas un hasard, que Dan avait dû concevoir son esprit de manière qu'il accepte sans peur ce type d'instructions.

Ce qui n'était bien entendu pas le cas.

Mais sa fatigue et sa nervosité croissaient ainsi que son sentiment de solitude, et l'importance que Dan et la mission revêtaient à ses yeux diminuait, alors que la sensation de ce qu'elle avait perdu grandissait inexorablement.

Sans parler du facteur de complication supplémentaire niché dans la cavité de son manteau.

Elle allait devoir pondre ses œufs à un moment ou à un autre. Pas encore. Pas ici. Le jour de la ponte poserait des problèmes qu'elle n'était pas encore prête à affronter.

Et c'est ainsi que, tout en nageant à la lumière des étoiles, Sheena berçait ses œufs et crachait avec impatience des nuages d'encre imitant grossièrement la silhouette du seul mâle qu'elle avait jamais connu, avec ses yeux brillants dépourvus de toute intelligence.

**Michaël**

Stef le convoqua quelques semaines après la visite de la femme.

— Il faut que je m'en aille, dit Stef, et toi aussi.

Michaël ne comprit pas. Stef, avec ses machines, sa nourriture et ses filles, était la personne la plus puissante du village. Il était bien plus puissant que le chef ou l'herboriste. Qui donc pouvait bien l'obliger à faire quelque chose ?

De plus, Michaël ne s'était jamais éloigné à plus de quelques centaines de mètres du village, et il n'avait jamais dormi ailleurs que dans une hutte. Il n'était pas très sûr de ce que « partir » signifiait exactement, ni de ce qu'on pouvait l'obliger à faire.

Tout cela semblait irréel. C'était peut-être un jeu inventé par Stef.

— Je ne veux pas partir, dit Michaël, mais Stef l'ignora.

Il dormit et essaya de ne plus y penser.

Mais ils vinrent le chercher le lendemain même.

Une voiture s'arrêta à l'extérieur du village. De grandes femmes souriantes en sortirent. Il en venait tous les jours au village ; elles restaient quelques heures puis s'en allaient. Mais, ce jour-là, pour la première fois de sa vie, Michaël devait monter dans la voiture et partir avec elles.

Il prit ses vêtements et la torche dont Stef lui avait fait cadeau. Il lui avait aussi donné des piles neuves de longue durée qui s'useraient moins vite que les autres. Michaël ne voulait pas partir, mais les grandes femmes au sourire dur lui firent clairement comprendre qu'il n'avait pas le choix.

— Je suis désolé, dit Stef à Michaël. Nous n'avons pas fini le programme. Mais tout ira bien pour toi. Tu continueras à apprendre.

Michaël savait que c'était la vérité. Qu'il était incapable de cesser d'apprendre. Même seul, même dans le noir, il continuait à travailler, à apprendre, à résoudre des problèmes.

Mais il avait quand même peur.

— Emmène-moi avec toi, dit-il.

Stef refusa.

— Ils ne veulent même pas que je prenne Mindi, dit-il.

Mindi était sa préférée. Désormais enceinte, elle était rentrée chez sa mère parce que aucun homme ne voudrait plus d'elle.

— Ils vont s'occuper de toi, dit Stef à Michaël. Tu es un Bleu.

C'était la première fois qu'il entendait ce mot, le

terme anglais, utilisé de cette façon. Il ne savait pas ce qu'il signifiait.

Il se demanda s'il reverrait Stef un jour.

On lui fit traverser une enfilade de bâtiments, un barrage de voix et de signes auxquels il ne comprit rien. Les odeurs elles-mêmes étaient bizarres.

Il se retrouva dans un avion, en train de regarder la terre grillée et la mer bleue.

Il se dit qu'il avait dû beaucoup dormir ensuite car ses souvenirs du voyage étaient brouillés et parcellaires et il ne parvenait pas à les mettre dans un ordre logique.

C'est ainsi qu'il arriva à l'école.

**Emma Stoney**

Grâce au lancement non autorisé et à la vision spectaculaire que constitue un vaisseau doré quittant l'orbite de la Terre, Malenfant était devenu un héros populaire. Aucun doute, c'était son année, lui disaient les conseillers en communication, et ils travaillaient d'arrache-pied à le rendre plus médiatique encore.

Mais il s'était également fait une épouvantable quantité d'ennemis très puissants. Des opposants à Malenfant avaient surgi un peu partout dans les milieux financiers et politiques, comme sur un coup de baguette magique. Et, pour l'instant, Emma avait l'impression qu'ils n'avaient jamais été aussi loin d'obtenir les certifications nécessaires pour procéder à d'autres lancements, et qu'ils étaient encore plus loin d'avoir l'autorisation de garder l'argent qu'ils tireraient de Cruithne – en imaginant que le *Nautilus* atteigne sa destination.

Emma réunit un conseil de guerre dans les bureaux du Pied à l'Étrier, à Las Vegas. Malenfant, Maura Della, et elle. Cornélius Taine vint aussi, bien qu'elle ne l'eût pas invité.

Malenfant tournait en rond dans le bureau.

— C'est quoi, cette merde ? demanda-t-il à Emma, le regard noir. Je croyais qu'on s'était préparé à réfuter n'importe quoi.

— Si tu me fais le moindre reproche, je quitte cette pièce, répliqua-t-elle. N'oublie pas que tu ne m'as même pas avertie que tu allais lancer ta foutue fusée.

— Je sais ce que vous avez tenté de faire, Malenfant, dit Maura d'une voix calme. Vous avez cru que vous pouviez passer outre tout le foutoir administratif en procédant simplement au lancement et en prouvant que votre système était fiable. Que vous aviez raison sur le plan technique.

— Exactement. De la même façon que je prouverai que j'ai raison du point de vue économique lorsque les marchandises commenceront à arriver à la maison.

Maura secoua la tête.

— Vous êtes d'une naïveté incroyable. Vous avez abattu votre jeu. Tout ce que vous avez fait, c'est fournir une cible à vos opposants.

— Mais le lancement a eu lieu ! Nous sommes en route pour Cruithne. C'est une donnée concrète. Tous ces fonctionnaires fédéraux de Washington et ces types des centres de la Nasa qui s'accrochent à leur poste ne peuvent foutre rien changer à ça.

Cornélius Taine réunit ses doigts élégants.

— Mais ils peuvent vous empêcher de recommencer, Malenfant.

— Et t'envoyer en prison, dit Emma d'une voix douce. Mais nous ne devons pas nous disputer. Revoyons tout ça point par point. (Elle tapota la surface de la table. Elle devint transparente, et l'écran souple qui y était serti afficha une liste à puces.) La Nasa, pour commencer.

Malenfant eut un rire amer.

— Putain de Nasa. Vous avez vu leur virage à cent quatre-vingts degrés ? Tout d'un coup, la construction de mon GBS est devenue possible ! Incroyable.

— Pourquoi êtes-vous surpris ? demanda Cornélius. Ils espéraient vous voir échouer sur le plan technique. Comme ce n'est plus possible, ils ont l'intention de s'assurer de votre défaite politique.

— Ouais, ou de me racheter…

Ce qui semblait être le cas. Avec une précipitation indécente – ce qui conduisait Emma à soupçonner qu'ils avaient anticipé le mouvement et attendu le moment propice pour frapper – les gens de la Nasa avaient sorti de leur chapeau des contre-propositions de GBS et publié des Demandes formelles d'appel d'offre à l'intention des partenaires industriels potentiels. Ils prétendaient pouvoir faire voler leurs propres GBS d'ici un lustre ou deux – après s'être assurés que les technologies impliquées seraient « comprises et contrôlées ».

Et ce n'était pas tout. Ils avaient trouvé le moyen de s'approprier les projets à long terme de Malenfant en proposant un programme international visant à atteindre et exploiter les astéroïdes.

— Je ne suis pas sûre que nous puissions gagner cette bataille, dit Maura. Après tout, la Nasa est censée être *la* grande agence chargée de mettre au point des engins spatiaux.

— Mais, dit Cornélius d'une voix accablée, c'est précisément par ce processus d'assimilation que, depuis la navette, la Nasa a tué dans l'œuf toute nouvelle initiative dans le domaine des technologies de l'espace.

— Ouais, grogna Malenfant. En la livrant aux cartels des industriels de l'espace, qui se sont rués pour la curée.

Maura leva les mains.

— Ce que je veux dire, c'est que la Nasa pourrait

bien l'emporter. Et, si c'est le cas, nous devons trouver un moyen de vivre avec.

*Nous*, pensa Emma. Même au milieu de cette réunion tendue, elle trouvait le temps de s'émerveiller de la manière dont Malenfant était parvenu, une fois de plus, à transformer en ami un ennemi potentiel.

— Le problème suivant est celui des subventions du Congrès, dit Emma avec circonspection.

— Nous ne dépendons pas des fonds fédéraux, lança Malenfant.

— C'est vrai, dit Maura d'un ton sec. Mais vous avez accepté avec joie toutes les subventions à caractère général sur lesquelles vous avez pu mettre la main. Et c'est en train de se transformer en faiblesse. Nous sommes coincés entre l'autorisation et l'attribution. Il faut que vous compreniez bien ça, Malenfant. Il y a deux phases. L'autorisation consiste en une liste de desiderata. L'attribution consiste à allouer des fonds aux éléments de la liste. Tous ce qui a été autorisé ne reçoit pas de fonds. (Elle marqua une pause.) En d'autres termes, il n'est pas très avisé de dépenser de l'argent autorisé comme s'il avait déjà été attribué. Ce que vous avez fait. C'était un piège.

— Des clopinettes, grogna Malenfant. De toute façon, je ne comprends pas pourquoi vous autres, les bestioles du Congrès, vous n'êtes pas fichus de prendre des décisions simples…

Maura soupira.

— Un gouvernement fédéral est un organisme complexe. Si l'on n'utilise pas les procédures comme il convient…

— Et l'année prochaine s'annonce encore pire, ajouta Emma. Les méchants ont identifié toutes les sources de fonds fédéraux que nous avons incluses dans nos budgets et ils ont mis en place des processus d'annulation et de changement de programme pour…

— Dans ce cas on refait le budget, dit Malenfant. On coupe, on rogne, on réévalue, on trouve de nouveaux fonds.

— Seulement, les investisseurs ont peur, dit Emma. C'est le problème suivant sur la liste. Ça avait commencé avant même le lancement, Malenfant. Tu le savais. À présent, c'est l'hémorragie. Les problèmes que nous avons eus avec les agences de régulation en ont effrayé encore plus.

— Mais nous devons continuer, dit Cornélius d'une voix égale.

Oh, mon Dieu, pensa Emma.

Cornélius les regarda tour à tour, impassible.

— Aucun de vous ne comprend-il ? Vous voulez que quelqu'un d'autre s'approprie le système solaire ? Les Russes ? Les Chinois ? Parce que c'est ce qui va se produire si nous échouons maintenant.

— Je vais vous dire une chose, Cornélius, fit Emma d'un ton cassant. De mon point de vue, vous faites partie du problème, pas de la solution. Pas étonnant que les investisseurs soient partis en courant. S'il y a eu la plus petite fuite concernant vos trucs de barjot…

— La catastrophe de Carter se produira indépendamment de ce que vous pensez de moi, dit Cornélius.

— La quoi ? interrogea Maura en fronçant les sourcils.

Emma prit une inspiration.

— Malenfant, écoute-moi bien. Si nous n'agissons pas, tout ce que nous avons construit jusqu'à présent sera anéanti.

— Agir ? Comment ? En nous vendant à la Nasa ?

— Peut-être. Et en coupant tout lien avec ce type.

Cornélius Taine eut un sourire glacé.

Les phalanges de Malenfant, qui tenait ses mains croisées dans son dos, blanchirent.

La réunion s'acheva sans qu'ils aient trouvé un accord sur leurs actions futures.

— Carter, murmura Maura pendant qu'ils sortaient, c'est qui ce Carter ?

Emma ne rentra pas chez elle avant minuit ce soir-là. Elle demanda à la télé de s'allumer en passant la porte. Cornélius Taine était sur toutes les chaînes.

**Cornélius Taine**

*Donc, docteur Taine, vous êtes en train de nous dire que ces habitants du futur – ceux que vous appelez les gens de l'aval – sont parvenus à entrer en contact avec le passé. Avec nous. Pour nous envoyer un message.*

Oui, c'est ce que nous croyons.

*Mais vous partez de l'hypothèse que les gens de l'aval ont survécu à votre catastrophe. Survivront. Peu importe. C'est ça ? Dans ce cas, pourquoi avaient-ils besoin d'envoyer un message ?*

Vous me demandez d'expliquer un paradoxe causal. Les gens de l'aval sont en train d'essayer de sauver leur grand-mère, c'est-à-dire nous, de la noyade. Mais, si elle s'était effectivement noyée, ils n'existeraient même pas, alors comment peuvent-ils la sauver ? C'est ça ?

*Hmmmm… oui. J'imagine…*

Il y a beaucoup de choses que nous ne comprenons pas au sujet du temps. En premier lieu, ce qui se passe quand on essaie de changer le passé. Permettez-moi d'essayer de vous expliquer. C'est une question de transactions, en avant et en arrière dans le temps.

Le fonctionnement de la radio de Feynman repose sur l'idée que les photons – des paquets d'ondes électromagnétiques – voyagent dans le passé. Très bien.

Mais ils ne sont pas les seuls.

On trouve les ondes à la base de la meilleure description que nous possédons de la réalité. Je parle bien entendu des ondes de la mécanique quantique. Elles représentent des flux… de quoi, au juste ? D'énergie, d'information ? Ce qui est certain, c'est que ces flux ne cessent de s'entrecroiser à travers l'espace, en s'étendant à partir de chaque événement quantique comme des rides sur l'eau.

Nous connaissons d'excellentes équations qui nous disent comment elles se propagent. Et, si nous connaissons la structure de ces ondes, nous pouvons en déduire pas mal de choses sur la réalité qu'elles représentent à l'échelle macroscopique. Si les ondes forment un bouquet à tel endroit, cela signifie que c'est là qu'on peut s'attendre à trouver un électron qui a été en tel autre endroit…

Mais, comme les ondes électromagnétiques, les paquets d'ondes quantiques émis par un événement donné voyagent à la fois vers le passé et vers l'avenir. Et ceux qui remontent le temps jouent un rôle vital dans la structure de l'univers.

Imaginez qu'un objet change l'état d'un autre : une source et un détecteur – de photons, par exemple. La source change d'état en envoyant des ondes quantiques dans le futur et dans le passé. Celles qui voyagent vers le futur atteignent le détecteur. Il émet à son tour des ondes qui voyagent à la fois dans le futur et dans le passé, comme des échos.

Là réside la subtilité. Les échos quantiques annulent les ondes émises par la source, à la fois dans le passé et dans le futur, *partout*, en fait – sauf sur la trajectoire prise par les ondes retardées ordinaires. C'est comme une onde immobile située entre la source et le récepteur. Étant donné que le temps ne s'écoule pas pour une onde qui voyage à la vitesse de la lumière, tout ça n'a aucune durée, l'espace d'un instant.

Ça s'appelle une transaction, comme si la source et le détecteur se serraient la main. Coucou, je suis là. Oui, je peux confirmer que vous êtes là…

*Alors il y a vraiment des ondes qui voyagent vers le passé ?*

On dirait bien que c'est le cas. Mais il ne faut pas vous inquiéter pour ça.

*Vraiment ?*

Non. Il n'y a pas de paradoxes temporels dus aux voyages dans le passé, voyez-vous, parce que les ondes retardées fonctionnent uniquement pour autoriser les transactions ; on ne peut pas les détecter autrement.

Et voilà comment fonctionne notre réalité. Lorsque les effets d'un changement se propagent dans l'espace et dans le temps, l'univers se tricote une nouvelle forme, une transaction après l'autre, une poignée de main après l'autre.

*Mmm. Et vous dites que c'est de la mécanique quantique ? Que sont devenus tous ces autres machins, alors ? L'effondrement de la fonction d'onde, le chat de Schrödinger, l'interprétation des mondes divergents et…*

Oh, vous pouvez oublier tout ça. De nos jours, on l'étudie comme on étudierait les chiffres romains. Maintenant que nous savons vraiment ce que signifie la mécanique quantique, il est difficile de se figurer comment pensaient les gens de cette époque. Vous me suivez ?

*Mmm… Madeleine ?*

*Attendez, que je comprenne bien. Si je vais dans le passé et que je le change, je crée un nouvel univers qui s'écarte du nôtre au point de création. … C'est bien ça ? Si je tue ma grand-mère, j'obtiens deux univers, un univers où elle a vécu et où je suis né, et un autre où elle est morte et où je ne suis jamais né…*

Non. Vous ne m'avez peut-être pas écouté. Ça ne marche pas comme ça.

Il n'y a qu'un seul univers à la fois. De nouveaux univers peuvent naître, mais ils ne sont pas « parallèles » de la façon que vous décrivez. Ils sont séparés les uns des autres et complets, avec leurs propres systèmes cohérents de causalité.

*Mais que se passe-t-il si je vais dans le passé et que je fais quelque chose d'impossible, comme tuer ma grand-maman ? Parce que, si elle meurt, je ne peux pas naître, et je ne peux pas l'avoir tuée...*

Chaque événement quantique émerge dans la réalité comme le résultat d'un processus de feedback entre le passé et le futur. Des poignées de main par-delà les siècles. L'histoire de l'univers est semblable à une tapisserie tissée d'innombrables billions de telles poignées de main. Si l'on crée une boucle artificielle en un point de l'espace-temps situé à l'intérieur du cône de lumière négative du présent...

*Houlà. En anglais, s'il vous plaît.*

Si vous alliez dans le passé pour le changer, vous annuleriez ces transactions, ces poignées de mains entre le futur et le passé. Vous endommageriez l'univers en effaçant tout une chaîne d'événements à l'intérieur de la boucle temporelle.

Alors l'univers redémarrerait du point où la boucle interdite aurait commencé à exister. L'univers cicatriserait, soignerait sa blessure en créant une nouvelle série de poignées de main en direction de l'avenir jusqu'à être à nouveau complet et cohérent.

*Donc, il est possible de changer le passé.*

Oh, oui.

*Dites-moi, docteur Taine. Dans cette vision des choses, même si l'on retourne en arrière et qu'on change le passé... comment sait-on qu'on a réussi ? Ne va-t-on pas changer soi-même avec le passé qu'on a altéré ?*

Nous n'en savons rien. Comment le pourrions-nous ? Nous n'avons jamais essayé. Mais nous pensons qu'il est possible qu'un esprit conscient le sache.

*Comment ?*

Parce que la conscience, tout comme la vie elle-même, est une structure. Et les structures persistent pendant que la tapisserie cosmique change.

Prenez une molécule d'ADN. Certains des gènes qui la composent sont importants pour la construction de la structure du corps, certains ne servent à rien. Si l'on pouvait perturber la réalité, et considérer des destinées alternatives pour cette molécule, on noterait beaucoup de changements dans les gènes inutiles sans que cela affecte de manière sensible le fonctionnement de celle-ci. Mais, s'il y avait une modification dans les composants structurels de base, ceux qui contiennent l'information, la molécule pourrait devenir inutile. Par conséquent, les structures clés doivent être stables lorsqu'elles sont confrontées à de petites altérations de la réalité.

*Donc, si notre esprit enjambe les changements de réalité d'une manière ou d'une autre...*

Alors il est possible que nous soyons en mesure de percevoir une modification, un ajustement du passé. Mais tout cela relève de la spéculation.

*Et le libre arbitre, docteur Taine ? Où se situe-t-il dans votre grandiose organisation des choses ?*

Le libre arbitre est un effet secondaire. La vie elle-même en est un. La lumière qui danse sur la surface ridée du fleuve du temps. Elle n'est même pas à l'origine des vagues, encore moins du grand fleuve majestueux.

*Voilà une vision sacrément sinistre.*

Mais réaliste.

Vous savez, notre époque n'est qu'une bulle située

très en amont sur le fleuve du temps et elle doit paraître totalement insignifiante en comparaison des grandes entreprises du futur. Mais elle n'est pas insignifiante, parce que c'est la *première* bulle. Si nous ne survivons pas à la catastrophe de Carter, nous perdrons tout – y compris l'éternité…

**Emma Stoney**

Les journalistes avaient eu droit à la totale : la prédiction de Carter, le message du futur, la véritable raison pour laquelle le *Nautilus* avait changé de destination. La totale.

Emma était persuadée que Cornélius avait donné lui-même l'info sur la catastrophe de Carter. La situation ainsi créée augmentait énormément la pression sur le Pied à l'Étrier, mais cela semblait renforcer la détermination de Malenfant à se battre, à maintenir ses relations avec Cornélius, à aller sur Cruithne et à procéder à un autre lancement.

Ce qui, bien entendu, était précisément ce que voulait Cornélius. Il l'avait attaqué de flanc.

Elle passa une nuit blanche à tenter d'imaginer ce qu'elle allait bien pouvoir faire.

**Michaël**

Au début, Michaël apprécia plutôt l'école. En fait, c'était mieux que le village.

Les vêtements étaient propres et neufs. La nourriture, nouvelle, avait parfois un goût étrange, mais elle était toujours abondante. Des réfrigérateurs qui s'allumaient contenaient à manger et à boire, et les enfants pouvaient se servir lorsqu'ils le désiraient. Michaël se rendit compte néanmoins que les fruits du baobab lui manquaient.

Il y avait beaucoup d'enfants dans cet endroit, des tout petits aux adolescents. Ils vivaient dans des dortoirs propres et lumineux.

Au début, ils se méfiaient les uns des autres. Ils n'avaient pas de langage commun à leur disposition, aussi ceux qui pouvaient se comprendre avaient-ils tendance à se regrouper. Personne ne parlait la langue de Michaël. Mais il avait l'habitude d'être seul.

Cet endroit s'appelait l'Australie. C'était une grande terre vide. Il vit des cartes et des globes terrestres, mais ne comprit pas vraiment à quelle distance du village il se trouvait.

Il savait juste que c'était loin.

On leur donnait des cours. Les professeurs étaient des hommes et des femmes qu'on appelait des Frères et des Sœurs.

On rassemblait parfois des groupes de dix ou quinze enfants dans une pièce. Un professeur debout devant eux leur parlait ou les faisait travailler avec du papier et des stylos ou un écran souple.

Michaël, comme certains des autres enfants, avait un écran souple spécial capable de lui parler dans sa langue. Entendre le murmure de la petite voix mécanique le réconfortait, tel un lointain écho de son foyer.

Mais le mieux, c'était quand il avait le droit d'explorer, comme si l'écran avait été une fenêtre sur un autre monde, un monde d'images et d'idées.

Il n'éprouvait aucun intérêt pour la musique ou l'histoire. Mais les mathématiques retinrent son attention dès le début.

Il assimila aussitôt tous les symboles, les pianota sur son écran, les griffonna sur du papier, les dessina même dans la poussière comme il en avait l'habitude chez lui. La plupart de ces symboles et le système formel étaient meilleurs que ceux qu'il s'était fabriqués, et il abandonna ces derniers sans le moindre regret. Ce qui ne l'empêcha pas de conserver ses inventions personnelles lorsqu'il les estima meilleures.

Il aimait la rigueur stricte des preuves mathématiques. Une série d'équations établissait la vérité, mais pouvait néanmoins, correctement manipulée, conduire à une vérité plus riche et plus profonde. Il avait la sensation que sa propre vision du monde se cristallisait, gelait tout comme les dessins du givre à l'intérieur des réfrigérateurs ; et il pensait de plus en plus vite.

Il ne tarda pas à s'impatienter lorsqu'on l'obligea à travailler au même rythme que les autres enfants pendant les cours de maths.

Et, en une occasion, il se montra rétif.

Ce fut la première fois qu'il fut puni, par une Sœur qui le secoua en lui criant dessus.

Il comprit qu'il s'agissait d'un avertissement : cet endroit n'était pas aussi amical qu'il y paraissait, il y avait des règles à apprendre – et plus tôt il les apprendrait, moins il s'attirerait d'ennuis.

Il apprit.

Il apprit à rester assis en silence s'il était en avance sur les autres. Il pouvait faire son travail presque aussi efficacement, de toute façon.

Michaël semblait être celui qui appréciait le plus les mathématiques. Mais la plupart des enfants excellaient dans une matière ou deux. Et ce fut au tour de Michaël de rester assis en train de se débattre et de risquer la colère des professeurs pendant que les autres filaient loin en avant.

Les enfants qui ne montraient aucune aptitude de ce genre étaient vite retirés de l'école. Michaël ignorait ce qu'ils devenaient.

C'était paradoxal. Si vous n'étiez pas assez intelligent, on vous retirait de l'école. Si vous l'étiez trop, on vous punissait pour votre impatience. Michaël essaya d'apprendre cette règle également – montrer des capacités, mais pas trop.

Tout ça n'avait de toute façon pas grande importance. Il accomplissait l'essentiel de son vrai travail dans sa tête, dans le noir, et n'en parlait jamais à personne.

Il y avait beaucoup de visiteurs : des adultes bien habillés qui faisaient le tour des classes et des dortoirs. Ils amenaient parfois des gens avec des appareils photo qui souriaient comme si les enfants étaient en train de faire quelque chose de très important. Un jour, une femme prit l'écran souple de Michaël et regarda ce qu'il y avait enregistré avec des exclamations de surprise. On lui donna un autre écran, mais, bien entendu, il était vide et ne contenait rien du travail qu'il avait effectué. Ce n'était pas grave. La plus grande partie était dans sa tête de toute manière.

Il y avait une fille du nom d'Anna, un petit peu plus âgée et plus grande que les autres, qui semblait apprendre les règles plus vite qu'eux. Michaël remarqua qu'elle avait de grands yeux gris et vigilants. Elle parlait aux autres – y compris à Michaël, grâce à son écran – et essayait de les aider à comprendre ce qu'on attendait d'eux.

Ce qui signifiait qu'elle était en général plus souvent punie que les autres, mais elle continuait malgré tout.

De nombreux enfants dessinaient des cercles bleus sur leurs livres, leurs écrans, leur peau et les murs des dortoirs. Tout comme Michaël le faisait lui aussi depuis longtemps. Il ne savait pas ce que cela signifiait.

Cette période – ces jours qui paraissaient rétrospectivement étranges et beaux – ne dura pas longtemps.

Michaël ne pouvait pas le savoir, mais ce fut avec la révélation au public des prophéties de Carter, lorsqu'on se mit à parler de la fin du monde dans les journaux, que les écoles furent obligées de changer, y compris la sienne.

Soudain, les gens avaient peur de l'avenir et de leurs propres enfants.

## Leslie Gandolfo

En toute franchise, notre plus gros problème depuis l'invasion de ces fichues conneries de Carter au sujet de la fin du monde, c'est l'absentéisme. Nous en sommes à plus de cent pour cent au niveau national. Et, en prime, la productivité dégringole et notre système de contrôle métrique de la qualité montre une baisse considérable dans tous les domaines. (Sauf pour la comptabilité, allez savoir pourquoi.) Nous avons également dû faire face à plusieurs cas de violence, de conduite immorale sur le lieu de travail et ainsi de suite, dont certains, mais pas tous, étaient liés à l'alcool et/ou à la drogue.

On dirait qu'ils croient ces conneries pseudo-scientifiques sur l'absence d'avenir. Mais, bien entendu, les types qui pointent s'attendent à ce que nous continuions à verser des salaires, des primes et à honorer les contrats d'assurance maladie jusqu'au jour du jugement dernier compris, avec quelques avances par-dessus le marché.

Je sais que nos concurrents souffrent également. Mais, mesdames et messieurs, nous ne pouvons pas continuer comme ça. Nos coûts grimpent en flèche, nos profits subissent une hémorragie.

Je suis heureux de voir que le gouvernement fédéral prend enfin des mesures positives. C'est très bien d'envoyer des porte-parole en costume gris dire que Carter et Eschatologie racontent des balivernes. Mais, ce qu'ils font à présent, c'est-à-dire balancer du sport, des séries d'humour, des feuilletons à l'eau de rose et du synthé-rock vingt-quatre heures sur vingt-quatre gratuitement sur toutes les chaînes, constitue une réponse bien plus adaptée.

Nous avons déjà installé des murs d'écrans géants sur nos lieux de travail à Tulsa et à Palm Beach. La productivité en a pris un coup, naturellement, mais bien moins, heureusement, que sur les autres sites qui n'ont pas recours à la projection de soupe sur tous les murs. Nous avons aussi offert quatre heures par semaine de thérapie virtuelle à tous les employés en CDI. Pour l'instant, je suis d'accord avec le gouvernement : une main-d'œuvre anesthésiée vaut mieux qu'une main-d'œuvre plongée dans la sinistrose existentielle.

Mais ce n'est qu'un palliatif. Nous devons trouver une solution à long terme. La fin du monde est peut-être inévitable, ou pas. Mais la prochaine réunion des actionnaires est inévitable, elle. Je suis ouvert à toutes les suggestions…

**« La voix de la raison »**

>… Envoyez ce message à dix personnes de votre connaissance et dites-leur de le réexpédier à dix autres, et ainsi de suite. Nous devons vacciner notre espèce contre la folie contagieuse qui frappe l'humanité, sinon l'hypothèse de Carter va devenir une prophétie qui se réalisera par sa simple existence.

>COMMENT DÉBOULONNER CARTER

>1) En premier lieu, n'écartez pas la théorie d'un revers de main en disant que ce sont des conneries. L'hypothèse est peut-être frappadingue, mais elle n'est ni irrationnelle ni illogique. Nous n'avons pas affaire aux couillonneries habituelles. C'est plus puissant que ça.

>2) N'insultez pas votre opposant. Partez du principe que les gens ne sont pas idiots, qu'ils connaissent la science et les maths ou non. Si vous les insultez, vous

serez perçu comme arrogant et vous sortirez perdant de la discussion.

>3) La meilleure manière d'attaquer l'hypothèse de Carter consiste à se baser sur l'idée que le cosmos est radicalement indéterministe. Vous pouvez vous appuyer sur la physique quantique pour le justifier si votre auditoire suit, ou sur le libre arbitre dans le cas contraire. Il n'y a aucun moyen, même théorique, de dire combien d'humains pourraient exister dans le futur. L'analogie entre l'humanité et des billes dans un vase ne tient pas.

>4) Si votre auditoire a le niveau, rappelez-lui que toute la théorie est basée sur les statistiques bayésiennes, une méthode employée pour affiner des probabilités d'occurrence d'un événement *à partir de la connaissance des probabilités antérieures*. Dans notre cas, il n'y a pas de probabilités antérieures sur lesquelles se baser (nous ne pouvons que formuler des hypothèses sur l'avenir à long terme de l'humanité). La technique bayésienne ne peut donc être considérée comme valide.

>5) Minimisez la question. C'est une banalité et une évidence de dire que les gens qui parlent de l'hypothèse de Carter vivent de nos jours et non des centaines d'années dans le futur. Or rien d'important ne peut découler d'un événement banal. Puisque les humains du futur ne sont pas encore en vie, il n'est absolument pas surprenant que nous n'en fassions pas partie.

>6) Vous pouvez tenter une démonstration par l'absurde. Une courbe exponentielle offre la même apparence quelle que soit l'échelle employée. On paraît toujours se trouver au début, et l'on a l'air minuscule en comparaison de ce qui va suivre. La catastrophe est donc toujours derrière l'horizon. (Bien entendu, cet argument s'écroule si la courbe exponentielle de la population humaine ne s'étend pas vraiment à l'infini. S'il y a du fini quelque part, les hypothèses du genre de celle de

Carter entrent dans la danse. Mais vous n'êtes pas obligé d'aborder le sujet si personne ne l'évoque.)

>7) Faites appel au bon sens. Regardez en arrière. Un être humain vivant, disons en l'an mille se trouverait lui aussi au sommet d'une courbe exponentielle qui descend jusqu'au Paléolithique. Cette personne aurait-elle eu raison si elle en avait déduit qu'elle faisait partie des dernières générations d'humains ? Bien sûr que non, comme nous pouvons le voir après coup. (Il est possible que les défenseurs de Carter contrent cet argument en disant que cette analogie est erronée. De nos jours, l'humanité est confrontée à des menaces d'extinction bien plus importantes qu'en l'an mille à cause de nos avancées technologiques, de la surpopulation, etc. Et, au départ, il nous a fallu atteindre notre époque moderne et raffinée pour concevoir l'hypothèse de Carter. Nous l'avons donc formulée au moment précis où elle s'applique peut-être le mieux à nous. Mais on peut répondre qu'ils font appel à des arguments qui dépassent les statistiques.)

<fin de la liste coupée>

>N'oubliez pas ! *Aucun des arguments contraires n'est définitif.* Vous rencontrerez peut-être quelqu'un qui comprend les statistiques aussi bien que vous, sinon mieux. Dans ce cas, élevez le niveau de la discussion et noyez l'auditoire sous les données scientifiques.

>Notre objectif n'est pas de prouver que l'hypothèse de Carter est fausse – c'est peut-être impossible. On peut la saper, mais pas la torpiller totalement et, de toute façon, elle sera vraiment invalidée dans deux cent un ans, lorsque l'humanité sera encore là – mais nous devons stopper cette vague de panique grotesque avant qu'elle ne nous dévore tous comme un feu de brousse...

**Maura Della**

Un mois après les déclarations de Cornélius à la presse, Maura Della avait plutôt du mal à croire que la fin du monde était proche pendant qu'elle subissait l'enfer du Potomac : les petits déjeuners avec des journalistes, les réunions du personnel et de comités qui se déroulaient en même temps et entre lesquelles elle devait se partager le matin, les sessions d'affilée avec des lobbyistes et des électeurs, les appels téléphoniques, les briefings, les discours, les réceptions, le chatouillis permanent de son bipeur implanté quand on avait besoin d'elle pour atteindre un quorum et voter d'urgence. Et il fallait ajouter les problèmes de sa circonscription qu'elle ne pouvait se permettre de négliger : le travail au cas par cas – distribution de petites faveurs grâce à la vache à lait fédérale et à d'autres sources financières – et aussi les mailings, les opérations de levée de fonds, les coups de griffe dans les chat-rooms, les référendums en ligne et les participations à divers événements, en personne ou bien *via* le Net ou des simulations. Cela faisait partie de la campagne électorale permanente, une routine par où elle était obligée de passer si elle voulait être réélue.

Mais ce n'était jamais que le pénible train-train général du gouvernement fédéral. Comme s'il n'y avait jamais eu de lancements de fusées illégaux dans le désert, ni de sinistres avertissements au sujet de la fin du monde.

Les comités de réflexion du gouvernement qui avaient essayé d'étayer l'hypothèse de la catastrophe de Carter lui avaient fourni des lectures particulièrement lugubres.

D'un côté, nul n'était capable de saper définitivement l'argumentation elle-même sur des bases philosophiques ou mathématiques. Aucun expert de service ne voulait prendre la parole pour dire qu'il ou elle pouvait démontrer que toute la théorie n'était qu'un tas de conneries dans des termes assez simples pour que le président les resserve à la nation tout entière et au monde en proie à la panique.

D'un autre côté, les comités de réflexion étaient en mesure d'exposer bien des manières dont le monde pouvait éventuellement finir.

La guerre, bien entendu : nucléaire, biologique, chimique.

Un désastre causé par le génie génétique, avec ou sans volonté de nuire. Le rapport rappelait un quasi-raté en Suisse dans les années 2000, concernant un vaccin contraceptif. Une salmonelle modifiée génétiquement était censée provoquer une infection temporaire qui déclenchait l'apparition d'anticorps s'attaquant aux spermatozoïdes. Elle avait évidemment muté et échappé à tout contrôle. Cent mille femmes étaient devenues stériles avant qu'on ne puisse l'arrêter.

Une catastrophe écologique. Les populations pouvaient entrer en guerre à la fois pour et contre l'environnement. On en avait déjà eu un exemple lorsqu'un missile sol-air avait détruit le *Znamya*, le miroir gonflable géant que l'on aurait dû placer en orbite pour éclairer le ciel nocturne au-dessus de Kiev. Et un autre avec une attaque similaire perpétrée contre les récifs en boule déposés sur le plateau continental de la côte atlantique, des sphères de béton géantes censées attirer des algues à croissance rapide et absorber les excès de gaz carbonique de l'atmosphère. (Maura ressentit un certain amusement teinté de mécontentement en constatant que le Pied à l'Étrier était parmi ceux qui avaient beaucoup investi dans les deux projets.)

Mais il pouvait y avoir bien pire. L'environnement était par nature instable, ou du moins quasiment stable, sans plus. Si quelqu'un trouvait un moyen de le déséquilibrer, il suffisait d'un petit coup de pouce…

Et c'était seulement ce que l'homme pouvait faire. Il

y avait aussi les catastrophes naturelles. La bonne vieille collision avec un astéroïde était toujours sur les rangs.

Emma découvrit de surcroît que la Terre était en retard d'une éruption volcanique d'une ampleur encore jamais enregistrée dans l'histoire. Elle aurait pour conséquence un « hiver volcanique » équivalent aux séquelles d'une guerre nucléaire.

À moins que les radiations émises par une supernova voisine ne balayent toute vie sur la planète. Emma apprit en outre que la Terre se déplaçait en fait à l'intérieur d'une bulle d'espace créée par une explosion de ce type.

Et elle apprit encore autre chose : le passage de la Terre dans un nuage interstellaire pouvait déclencher une nouvelle ère glaciaire.

Le rapport se terminait sur des spéculations plus baroques encore. Pourquoi des extraterrestres ne nous anéantiraient-ils pas ? Et si une espèce étrangère était en train de transformer le Système solaire sans même se rendre compte de notre existence ?

Et la désintégration du vide ? L'espace lui-même paraissait instable, comme une statue posée sur un socle étroit. Il pouvait supporter de petites perturbations (« petit », dans ce cas, incluait des phénomènes comme les explosions au cœur de la Galaxie) mais un coup de coude assez fort au bon endroit pouvait faire que tout culbute et prenne… eh bien, une nouvelle forme. Ce qu'il fallait en retenir, semblait-il, c'était qu'une calamité de ce genre signifierait non seulement la fin du monde, mais aussi celle de l'univers.

Et ainsi de suite. La liste d'apocalypses plus ou moins spectaculaires se poursuivait ; elle était longue et comportait même plusieurs appendices.

Les auteurs du rapport avaient essayé de chiffrer tous ces risques. Selon eux, notre espèce avait soixante-six pour cent de chances de survivre aux prochains siècles

– la précision du nombre amusa Maura – une estimation qu'ils décrivaient comme « optimiste ».

Ça ne voulait pas dire que le monde échapperait à tous les désastres, ni que l'espèce humaine n'affronterait pas la mort et la souffrance sur une grande échelle. Cela ne garantissait même pas que la civilisation humaine durerait encore longtemps sous sa forme actuelle. Ça signifiait simplement qu'il était improbable que la planète soit frappée par un désastre assez grave pour causer l'extinction totale de l'humanité.

Relativement improblable.

Que le monde fût ou non en train d'approcher de sa fin, la prédiction elle-même avait des conséquences bien réelles. L'économie en avait pris un coup. Il y avait des crimes, des suicides, et une perte de confiance dans les milieux d'affaires. On s'était précipité sur l'or – comme si ça pouvait servir à quelque chose. Les membres de la commission pensaient que cette attitude découlait ironiquement d'un récent accroissement du sens de la responsabilité collective. On avait fourni aux gens des prédictions catastrophistes concernant l'avenir de la planète pendant des générations, ils avaient donc commencé à s'intéresser à un futur qui s'étendait au-delà d'une ou deux générations après la leur. Dans les années 50, le monde situé deux siècles plus tard aurait peut-être paru impossiblement lointain. Mais, à présent, il semblait se trouver au coin de la rue, et d'une épouvantable proximité, en deçà des limites des prévisions et des pensées actuelles.

Les gens avaient commencé à imaginer l'avenir lointain au moment où il leur avait été brutalement arraché, c'était ironique.

*Nous devons avant tout nous méfier du pessimisme à la Schopenhauer*, lut-elle. *Schopenhauer, obsédé par l'existence du mal, a écrit qu'il aurait mieux valu que notre planète demeure sans vie, comme la Lune. Il n'y a pas loin de là à l'idée que nous devrions la débarrasser de la vie. Il est possible que des sentiments similaires motivent certaines conduites destructrices dont nous avons été les témoins dans nos communautés urbaines, bien que les troubles créés par le phénomène des « Enfants bleus » à un niveau fondamental – celui de la famille nucléaire – contribuent sans aucun doute…*

C'était un ensemble complexe de réactions, celles d'une espèce instable qui perdait les pédales en entendant les mauvaises nouvelles venues du futur. Ce qui achèverait l'humanité n'aurait peut-être aucun rapport avec la nature ou la science, mais tout à voir avec un désastre philosophique sournois.

Et, au beau milieu de tout ça, voilà que Malenfant était convoqué devant le *House Committee on Space, Science and Technology* à Washington, D.C., une comparution qui, comme Maura le comprit aussitôt, risquait d'être sa dernière chance de sauver ses tristes fesses.

**Emma Stoney**

Emma, qui se sentait nerveuse et ne dormait pas, se leva tôt le matin où Malenfant devait témoigner devant la commision.

Elle alla se promener dans Washington. C'était une matinée chaude et morne. Le grondement régulier de la circulation imprégnait l'air suffocant.

Elle descendit le Mall, ce parc herbu long de deux kilomètres qui s'étend du Capitole au mémorial de Lincoln. Bien qu'on fût seulement en avril, l'herbe était jaune, le sol cuit par la chaleur, dur et plat. Des vagues de chaleur s'élevaient devant elle, comme si elle marchait sur une plaque chauffante. De là, elle voyait plusieurs des grands monuments de la nation : des bâtiments gouvernementaux et des musées. Beaucoup de constructions néoclassiques en marbre, solennellement espacées : il s'agissait bien là de la capitale d'un empire, s'il en était un, une affirmation de puissance à défaut de bon goût.

Elle envisagea de se rendre à la galerie d'exploration virtuelle d'un astéroïde offerte par Malenfant au musée de l'Air et de l'Espace. C'était tout lui : il influençait l'opinion publique par un geste de générosité ostensible. Un autre jour peut-être, se dit-elle.

Elle atteignit le Washington Monument : simple et propre, impeccablement restauré depuis qu'il avait été presque démoli par des libertariens chrétiens en 2008. Mais les drapeaux qui l'entouraient étaient tous en berne en hommage aux vies américaines perdues au cours des derniers attentats scandaleux qui avaient eu lieu… elle avait déjà oublié – en France, non ?

Elle se retourna alors, et vit la Maison Blanche, là, juste en face d'elle : on pouvait toujours affirmer qu'il s'agissait du centre de décision le plus important de la planète. De l'autre côté de la rue, en face de la Maison Blanche, se trouvait un genre de bidonville : des gens avec des pancartes, des contestataires, des fanatiques religieux faisaient leur truc sous les fenêtres de la chambre du chef de l'exécutif. Des drones de la police bourdonnaient, nonchalants, au-dessus de leurs têtes.

D.C. était une ville dense, réelle, enkystée dans l'histoire et le pouvoir. Par comparaison, les efforts accomplis dans le désert et dans l'espace par Malenfant apparaissaient comme des rêves baroques et lunatiques.

Il était pourtant là, prêt à défendre son territoire.

Maura jaugea Emma du regard.

— Alors, qu'y a-t-il entre vous deux ?

— Mmm ?

— Je ne comprends pas comment vous pouvez être toujours ensemble.

— Nous avons divorcé.

— Justement.

— C'est une longue histoire.

— À mon âge, tout le monde a une longue histoire, croyez-moi.

Maura avait invité Emma dans la salle de sport de la Maison Blanche pour qu'elles se détendent. Située dans les sous-sols du Rayburn, un immeuble de bureaux, l'endroit était plus petit qu'Emma ne s'y s'attendait et il comportait une piscine, un sauna et des salons de massage, ainsi qu'un court de squash et des appareils de remise en forme. Maura et Emma avaient choisi de nager, puis de passer au sauna et de se faire masser. Et Emma sentait qu'elle se détendait à présent tandis que son masseur mécanique lui martelait le dos de ses doigts en plastique.

Ils s'étaient mariés jeunes – il avait la trentaine, elle la vingtaine. Emma avait sa propre carrière. Mais elle avait été excitée par la perspective de poursuivre les rêves enfantins, séduisants et extraordinaires d'expansion de l'espèce humaine dans l'espace. Elle savait que son rôle public serait celui d'une femme de pilote, peut-être d'astronaute, et que ces institutions étaient si vieilles et si encroûtées qu'elle serait obligée de demeurer dans l'ombre de la carrière de Malenfant. Et d'élever de la marmaille de pilote de l'*Air Force*. Mais, en réalité, ils étaient partenaires, et ils le seraient pour la vie.

Seulement, Malenfant s'était fait recaler par la Nasa dès le premier obstacle. Emma avait été abasourdie.

À son retour, il était silencieux et maussade. Il ne lui avait jamais dit ce qui était allé de travers. Elle avait appris à ne pas lui poser de questions.

Et, ensuite, plus rien n'avait jamais été pareil.

Son échec avait assommé Malenfant pendant toute une année. Puis il avait donné sa démission de l'*Air Force* et commencé à trouver d'autres activités dans lesquelles investir son énergie. C'est ainsi que le Pied à l'Étrier avait démarré, et que Malenfant avait accédé à la richesse et au pouvoir. Emma travaillait déjà avec lui à cette époque.

Mais il s'était mis à la repousser.

— Je ne comprends toujours pas pourquoi, dit-elle à Maura. Nous avions prévu d'avoir des enfants, une vie de famille, une maison quelque part. Tout ça a disparu derrière l'horizon sans que je sache pourquoi. Et puis…

— Vous n'êtes pas obligée de m'en parler.

Emma sourit. Elle se sentait fatiguée.

— Tout est dans les journaux à scandale. Il a eu une liaison. Je les ai découverts tous les deux. Ça a été la fin de notre mariage. Et je vais vous dire le plus bizarre de tout ça : je ne l'ai jamais vu aussi malheureux qu'à ce moment-là.

En fait, elle avait eu l'impression que Malenfant s'était employé à détruire leur couple. À en saper les fondations. Qu'il avait trompé Emma pour la repousser, et non parce qu'il désirait prendre une maîtresse.

Ses thérapeutes virtuels lui avaient expliqué que c'était sa manière à lui de réagir aux obstacles à sa véritable ambition. Sachant désormais qu'il ne réaliserait jamais ses rêves, Malenfant jouait une dernière fois avec les jouets de la jeunesse avant que le couvercle du cercueil ne commence à se refermer dans un concert de grincements.

Ou alors, avaient dit certains thérapeutes, c'étaient juste les horreurs de l'andropause.

— Le seul avantage des machines de thérapie, murmura Maura, c'est que leur merde coûte moins cher que celle des humains.

— Peut-être. Peu importe. J'ai souffert.

— Et vous souffrez toujours, non ?

Emma haussa les épaules.

— Je finirai bien par comprendre.

— Et vous claquerez la porte ?

— C'est ce que j'ai prévu. Alors, vous pensez qu'on va s'en sortir aujourd'hui ?

— Je crois, répondit aussitôt Maura, revenant aux affaires sérieuses. Le danger vient d'un type du nom de Harris Rutter, de l'Illinois. Il appartient à la génération Gingrich. Vous savez, une fois arrivés ici, les gens y restent, qu'ils soient en poste ou non. Il y a des strates de pouvoir vieilles de plusieurs décennies... Rutter a beaucoup de pouvoir. Il fait partie d'un certain nombre de sous-commissions d'attribution qui constituent des pompes à argent fédéral. Mais il ne s'en sert que pour nuire. Il aime faire obstruction, déposer des amendements qui constituent une perte de temps, repousser les rendez-vous – tout est bon pour entraver la volonté de la majorité jusqu'à ce qu'il ait obtenu ce qu'il veut, peu importe ce que c'est. Mais je crois que, cette fois, j'ai réussi à me placer dans son angle mort.

— Comment ?

— Les fonds fédéraux. Ou l'espoir d'en avoir une part si Malenfant obtient ce qu'il veut.

— Vous pariez sur le très long terme, non ?

— Dans cette ville, il faut toujours avoir une longueur d'avance sur le pouvoir, Emma, murmura Maura, et elle ferma les yeux en poussant un soupir tandis que son masseur se remettait au travail.

— Vous saviez que les femmes n'ont pas été admises dans cette salle de sport avant 1985 ?...

L'audience devait se dérouler dans une salle de conférences désuète du Rayburn, trop petite et rafraîchie par un unique climatiseur qui ne suffisait pas à la tâche. Deux rangées de tables occupaient le milieu de la pièce, avec des plaques portant d'un côté le nom des élus et de l'autre celui des témoins. C'était un lieu d'affrontement, où l'on rendait des jugements.

Malenfant était là. Il paraissait vif, confiant et maître de lui ; son crâne chauve luisait comme une pièce d'armement.

Emma le regarda dans les yeux. Il semblait aussi innocent et sincère que s'il venait juste de sortir de l'usine.

Malenfant monta sur la tribune ; Emma et Maura s'installèrent sur des sièges placés côte à côte au fond de la pièce. Deux députés prirent la direction des opérations : Harris Rutter, ancien avocat, et Mary Howell de Pennsylvanie, ex-ingénieur chimiste. Tous deux étaient républicains.

Au cours de cette audience, Malenfant allait devoir expliquer une fois de plus pourquoi il ne fallait pas fermer son entreprise. Rutter ne l'épargna pas quand il l'interrogea sur la légalité douteuse de ses opérations, et en particulier de son premier lancement.

Malenfant répondit avec aisance. Il se permit d'avoir l'air irrité par le labyrinthe de lois contradictoires à travers lequel le Pied à l'Étrier avait dû tâtonner, puis se lança dans un discours bien rodé sur son futur programme spatial habité : il avait quatre candidats astronautes, choisis pour être représentatifs de la population des États-Unis, qui s'entraînaient déjà.

— Il ne nous a pas été difficile de trouver des volontaires, monsieur, alors que nous avons bien insisté sur les risques de l'entreprise – pas ceux d'une mission spatiale, mais d'être cloué au sol sans pouvoir partir.

Il y eut des rires de sympathie.

— Nous avons dans ce pays d'immenses réserves d'expérience en matière de missions dans l'espace, des gens qui ont été mis au chômage par l'industrie spatiale et militaire, des gens qui rongent leur frein en attendant qu'on les autorise à se remettre au travail. Je pense que c'est un crime de gâcher tant de ressources qualifiées…

Il poursuivit en expliquant que le projet était réalisé

avec des composants fournis non pas par les habituels cartels de l'aérospatiale mais par des entreprises plus petites, souvent en difficulté, situées aux quatre coins du pays. Il parvint à décrire un avenir radieux, où la rivière des profits du nouveau programme spatial coulerait du désert de Mojave, charriant bénéfices et emplois partout dans le pays – l'Illinois et la Pennsylvanie, les États de ses inquisiteurs, n'en étant pas les moindres bénéficiaires.

— Il en fait beaucoup, non ? murmura Emma.

Maura se pencha vers elle.

— Il ne faut pas oublier le contexte, Emma. La plupart des projets qui obtiennent d'importants fonds fédéraux reçoivent un large soutien dès le début, quand de nombreux députés peuvent encore espérer récolter une grosse part du gâteau final. Si Malenfant arrive à promettre qu'il apportera de l'argent au plus grand nombre possible de circonscriptions en échange d'une participation modeste, voire nulle, du gouvernement, il peut au minimum convaincre certaines personnes de lui accorder le bénéfice du doute…

En tout état de cause, Malenfant semblait avoir survécu à l'interrogatoire de Rutter. Mais, à présent – et à la surprise d'Emma – Howell, l'ingénieur de Pennsylvanie, passait à l'attaque. Solide et râblée, âgée de cinquante ans environs, elle portait ses cheveux gris noués en un chignon serré. Elle paraissait intelligente, énergique et prête à en découdre.

— Colonel Malenfant, le Pied à l'Étrier s'intéresse à bien plus qu'au génie aérospatial, n'est-ce pas ?

— Je ne vois pas à quoi vous faites allusion.

Howell montra un exemplaire du *Washington Post* où s'étalait un gros titre sur la radio de Feynman du Fermilab qui surmontait une photo animée de Cornélius Taine répétant un extrait d'émission sur la catastrophe de Carter.

— Déclarations exclusives d'un porte-parole d'Eschatologie… cita-t-elle. Les dirigeants du Fermilab sont furieux qu'on ait utilisé leurs installations à mauvais escient…

— Je n'ai rien à voir avec cette déclaration.

— Voyons, colonel Malenfant. Je ne doute pas une seule seconde que ce genre de plan média ne puisse se dérouler sans votre approbation tacite. La question est donc : pourquoi pensez-vous que ces salades au sujet de messages du futur peuvent aider votre cause ? Vous avez été ingénieur, n'est-ce pas colonel ? Comme moi. (Elle riva son regard sur lui.) J'ose penser que nous avons le même âge. Nous avons donc tous deux été témoins des mêmes changements de notre société.

— Des changements ?

— Une plus grande méfiance à l'égard de la technologie. Une perte de foi envers les chercheurs et les ingénieurs – en fait, un rejet de la méthode scientifique elle-même et des explications du monde par la science. Seriez-vous d'accord avec moi pour dire que nous avons assisté à une fuite générale vers l'irrationnel ?

— Oui, oui, je suis d'accord avec ça. Mais pas nécessairement avec ce que vous sous-entendez ; tout ce qui est irrationnel n'est pas mauvais.

— Vraiment ?

— Il y a dans ce monde de nombreux mystères que la science n'a pas abordés et n'abordera jamais. Qu'est-ce que la conscience ? Pourquoi y a-t-il quelque chose plutôt que rien du tout ? Pourquoi suis-je en vie ici et maintenant, et pas il y a un siècle ou dans mille ans ? Nous devons tous faire face à ces questions à chaque minute de notre vie, dans le secret de notre âme. Et, si l'irrationnel est le seul endroit où nous pouvons chercher les réponses, eh bien, c'est là que nous devons aller.

Madame le député Howell se frotta les tempes.

— Toutefois, colonel Malenfant, vous êtes d'accord

pour dire que ce sont notre cerveau et notre science qui ont construit notre monde. C'est la science qui a permis à cette planète de faire vivre des milliards de personnes. « Seule une gestion intelligente du futur pourra nous permettre de survivre aux prochaines décennies et nous assurer un avenir à long terme. » Je sais que vous êtes d'accord avec cette déclaration, puisque c'est une citation du rapport de l'année dernière de votre entreprise. Bon. Laissez donc tomber les conneries pseudo-philosophiques…

Maura se pencha vers Emma.

— Les députés peuvent corriger le *Journal officiel*. Pas les témoins, hélas.

— Croyez-vous vraiment que ce soit une attitude responsable d'essayer d'obtenir le soutien de l'opinion publique pour vos activités, qui sont des plus douteuses, en favorisant l'hystérie générale suscitée par des histoires de fin du monde et de messages venus du futur ?…

Rutter de l'Illinois se pencha en avant.

— Madame le député peut-elle s'arrêter là ? Si elle le veut bien, j'ai une question à poser.

Howell le fusilla du regard ; elle avait compris qu'il tentait d'amoindrir son attaque.

Corpulent, Rutter transpirait et portait un nœud papillon anachronique. Emma trouva qu'il donnait l'impression de ne pas être sorti de Washington depuis vingt ans.

— J'ai trouvé ce que vous avez dit intéressant, colonel Malenfant. La plupart d'entre nous ne voient pas de problèmes éthiques à vos relations avec une organisation telle qu'Eschatologie. Il faut bien que quelqu'un pense à l'avenir de manière constructive, après tout. Je crois qu'une proposition telle que la vôtre, qui n'est pas seulement sous-tendue par des considérations pratiques, pour ainsi dire, a quelque chose de rafraîchissant. Si vous pouvez aller dans les étoiles, en retirer de l'argent pour notre pays et autre chose de, eh bien, spirituel, je crois qu'il faut vous applaudir.

— Merci, monsieur le député.

— Dites-moi, colonel. Croyez-vous que votre mission sur Cruithne, si elle réussit, nous aidera à trouver Dieu ?

Malenfant prit une profonde inspiration.

— Monsieur Rutter, si nous trouvons sur Cruithne tout ce que nous espérons y trouver, alors, oui, je crois que nous nous rapprocherons de Dieu.

Emma se tourna vers Maura Della et leva les yeux au plafond. Ciel, Malenfant !

Il y eut quelques questions supplémentaires, notamment de la part de Howell. Mais, pour autant qu'Emma pouvait en juger, l'audience était terminée.

Maura arborait un sourire de triomphe.

— Il les a menés par le bout du nez.

— Tous, sauf Howell.

— La question qu'il avait chargé Rutter de poser l'a arrêtée.

Emma ouvrit de grands yeux.

— Il l'a *chargé* de la poser ?

— Bien entendu. Voyons, Emma. Le seul problème, c'est que ça se voyait trop.

Emma secoua la tête.

— Vous savez, je ne devrais plus être choquée, quoi que fasse Malenfant. Mais il faut que je vous dise qu'il n'est pas chrétien et qu'il ne croit pas en Dieu.

Maura pinça les lèvres.

— On profère des mensonges au Congrès, quel scandale ! Écoutez, Emma, nous sommes en Amérique. Il faut de temps à autre sortir la carte de Dieu.

— Alors, il a gagné.

— Je crois que oui. Pour l'instant, en tout cas.

Madame Howell, l'ingénieur et député de Pennsylvanie qui avait défendu le rationalisme, se fraya un passage entre elles en marmonnant une excuse. Elle paraissait chagrinée, frustrée et perplexe.

Lorsqu'il sortit de la salle de conférences, Malenfant affichait un air satisfait parfaitement écœurant.

## Maura Della

— Mesdames et messieurs, commença Dan, bienvenue au JPL. Aujourd'hui, 16 juin 2011, un vaisseau spatial américain piloté par un céphalopode génétiquement amélioré a rendez-vous avec le géocroiseur numéro 3753, ou 1986TO, nommé Cruithne, un astéroïde de type C de cinq kilomètres de diamètre où il est censé atterrir. Nous devrions recevoir sous peu des images d'une caméra luciole, ainsi que des données envoyées par le *Nautilus* lui-même...

Il se tenait au milieu d'une forêt de microphones, dans la lumière aveuglante des projecteurs télé. Derrière lui, un écran souple géant avait été accroché au mur comme une tapisserie. Il montrait une multitude d'images et de données incompréhensibles.

Tandis que Dan parlait à un auditoire plus ou moins rétif, Maura s'autorisa à laisser son attention dériver.

Elle venait de découvrir que JPL, le *Jet Propulsion Laboratory*, ressemblait à un petit hôpital coincé dans une étroite banlieue de Pasadena baignée de smog, que dominaient les montagnes de San Gabriel. Une allée centrale ornée d'une fontaine s'étirait entre le portail et les bâtiments centraux du laboratoire. Maura avait trouvé l'auditorium von Karman du côté sud. Il avait été le théâtre de conférences de presse triomphales et d'autres événements médiatiques aux jours glorieux de la Nasa, quand le JPL envoyait des sondes en direction de presque toutes les planètes du système solaire.

Elle écouta distraitement les bavardages autour d'elle

– surtout des conversations au sujet du bon vieux temps, quand le moral était au beau fixe, que tout le monde semblait jeune et qu'il y avait un ennemi bien précis à battre.

Des jours enivrants. Bien finis, à présent.

Eh bien, ce jour-là, le vieil auditorium géant était à nouveau rempli, presque comme autrefois, de directeurs de projets, de scientifiques, de politiciens et de quelques auteurs de SF vieillissants, entassés au milieu des terminaux à écran souple.

Tout comme ils avaient décrété jusqu'à son décollage que le GBS de Malenfant ne pouvait qu'être une blague criminelle et qu'il ne volerait pas, les experts de la Nasa avaient déclaré que l'expédition vers l'astéroïde reposant sur un céphalopode était irresponsable et absurde, jusqu'à ce que le céphalopode en question prouve qu'il pouvait affronter l'espace profond et, plus important encore, jusqu'à ce qu'il commence à s'attirer l'attention et l'approbation du public.

Ainsi, alors que Sheena 5 approchait de Cruithne, tout le monde était là, baignant dans les reflets de la gloire du calmar. En attendant l'instant du rendez-vous, Dan, plutôt mal à l'aise, se lança dans une présentation en règle des aspects techniques de leur appareil.

— La membrane au cœur de la conception du vaisseau est basée sur une technologie développée par le Pied à l'Étrier pour l'extraction sous-marine du méthane. En ce qui concerne la biosphère elle-même, la clé de notre réussite est l'efficacité. Le phytoplancton, l'une des formes de vie les plus efficaces connues, est capable de convertir en protéines soixante-dix pour cent de l'azote disponible. La simplicité des algues, qui n'ont ni tiges, ni feuilles, ni racines, ni fleurs, en fait des cultures presque idéales. De la nourriture à cent pour cent. Bien entendu, le système n'est pas parfait – il n'est pas totalement autonome et la sécurité laisse encore à désirer. Mais il demeure plus robuste, en terme de fiabilité opérationnelle, que tous les équivalents mécaniques longue durée que nous aurions pu envoyer là-bas. Et sacrément moins cher. J'ai les chiffres qui…

*Et les problèmes, Dan ?*

Il parut mal à l'aise.

— Sheena a dû passer plus de temps que nous ne l'avions prévu à jouer son rôle de sommet de la chaîne alimentaire.

*Pardon ?*

— Elle a dû éliminer les populations d'espèces nuisibles qui devenaient incontrôlables. Et vous devez comprendre que le système est intrinsèquement instable. Nous devons le gérer, de façon consciente. Ou, plutôt, Sheena doit s'en occuper. Il faut remplacer les gaz qui s'échappent, réguler la température, contrôler le cycle hydrologique et repérer les produits contaminants…

Et ainsi de suite. Ce qu'Ystebo ne disait pas, mais que Maura avait appris au cours de réunions spéciales, c'était que tout ça ne tenait qu'à un fil. C'est si fragile, se dit Maura. Elle imagina la minuscule gouttelette d'eau contenant Sheena en train de voguer dans l'immensité du vide interplanétaire, tel un flocon d'écume projeté dans les airs par une vague et destiné à ne jamais retrouver l'océan.

*Et Sheena ?*

Dan parut vaciller lorsqu'il entendit cette question.

Maura savait que Sheena refusait de se prêter aux « briefings médicaux », ou d'utiliser l'interface des appareils de surveillance à distance dont Dan se servait pour vérifier qu'elle allait bien. Non pas que celui-ci, ni qui que ce soit d'autre sût *pourquoi* elle refusait de coopérer. Maura tenta de lire les émotions sur le visage barbu et bouffi de graisse de Dan.

— Vous savez que je ne peux lui parler qu'une fois par jour. Lorsque le vaisseau est au-dessus de l'horizon à Goldstone. Elle est en LOS – perte de signal – quinze heures par jour…

*Comment ressentez-vous le fait qu'elle ne rentrera pas ?*

Dan fit à nouveau le fanfaron.

— En réalité, avoir simplifié le but de la mission ne lui a apporté que des bénéfices. Le coût du voyage retour – le poids supplémentaire si l'on avait dû transporter du combustible, de la nourriture et le bouclier protecteur pour la rentrée dans l'atmosphère – multipliait la masse globale nécessaire à l'expédition.

*Ouais, peut-être. Seulement, pour votre calmar, le voyage est devenu un aller simple. Le* Calamari Express.

Il y eut des rires gênés dans l'assistance.

Dan se tortillait sur place.

— Le Pied à l'Étrier a prévu le traitement des contingences éthiques.

Langue de bois technocratique, se dit Maura. Celui qui avait briefé ce pauvre type avait mal fait son boulot. Elle eut tout de même pitié de Dan. Il était sans doute la seule personne de la planète à vraiment se préoccuper de Sheena 5 – contrairement aux spectateurs de la télé et du Net, qui n'étaient que des sentimentaux. Et il se retrouvait là, à devoir défendre le fait qu'elle était condamnée à mourir seule dans l'espace.

À présent, une image apparaissait enfin sur le grand écran mural. Des vues de l'espace. Le silence se répandit dans l'auditorium.

Maura mit plusieurs secondes avant d'identifier ce qu'elle voyait.

C'était un astéroïde.

Il était difforme et sombre, presque noir, la lumière fixe du Soleil soulignait les cratères et les fissures de sa surface poussiéreuse – une pomme de terre oubliée sur le barbecue. Et un vaisseau à la coque d'or miroitant s'en approchait, minuscule en comparaison de ce rocher gigantesque.

Des applaudissements et des cris de triomphe s'élevèrent. *Un sacré bout de chemin, Dan. Un grand pas pour l'homme.*

Dan pianota sur un clavier et une nouvelle image apparut sur l'écran : Sheena 5, un calmar des récifs des Caraïbes, flottait au milieu des ombres bleu et or, en direct du *Nautilus*. Sa tête disparaisssait dans un masque de métal d'où partaient des câbles qui rejoignaient une masse d'appareils divers, produisant une étrange impression.

Le céphalopode se retira, laissant le masque pendre dans l'eau, et se lança dans une danse élaborée. Un spectacle enchanteur : ses chromatophores palpitaient, produisant des couleurs et des formes, du noir, de l'orange, de l'outremer et de l'ocre, et ses bras et ses tentacules s'illuminaient tandis que Sheena arquait son corps, virevoltait et pirouettait dans la citerne. De toute évidence, elle produisait des signaux : un, voire deux par seconde, des signaux qui se fondaient les uns dans les autres et dont l'intensité variait de façon remarquable.

*Dan, pouvez-vous interpréter ce qu'elle dit ?*

Il commença à traduire, la voix hésitante.

— *Arrêtez-vous et regardez-moi. Arrêtez-vous et regardez-moi*. Vous devez savoir que son langage est basé sur celui qu'elle a hérité des bancs de céphalopodes. C'est un signal qu'elle pourrait employer pour distraire une proie, ou même un prédateur… Et maintenant voilà ce que nous appelons le motif pie. *Courtisez-moi, courtisez-moi*. Elle demande qu'on l'admire. Elle est fière. *Astéroïde. Approche-toi, approche-toi*. C'est un autre signal d'accouplement. Comme si elle séduisait l'astéroïde. *Banc d'étoiles tout autour. Pas de danger, pas de danger*. Littéralement, ça signifie pas de prédateurs. Mais elle veut dire qu'elle a bien piloté et, formellement, que tous les systèmes fonctionnent. *Arrêtez-vous et regardez-moi, courtisez-moi…*

Il fixait l'écran, raide comme la justice ; être séparé de son amie danseuse était pour lui un fait tangible et douloureux.

L'assistance se taisait, nota distraitement Maura. Cette miette d'émotion à deux sous l'avait sidérée.

Les rangées de chiffres indiquaient que l'instant du rendez-vous était proche. Les images envoyées par les caméras lucioles réapparurent sur l'écran, avec un arrêt sur image toutes les quelques secondes. L'étincelle d'or commença à traverser la surface sombre de l'astéroïde.

**Sheena 5**

L'énorme astéroïde occupait à présent près de la moitié du ciel.

Elle voyait sa surface, comme si elle était en train de glisser au-dessus de bancs de sable des Caraïbes : terne et sombre, mais richement polarisée. Sheena recherchait les teintes et les scintillements trahissant la présence d'eau. *Voilà*, une tache où la torsion de la lumière était brouillée et aléatoire. Dan lui avait appris que cela signalait la présence de métal. Et, *ici*, la lumière fortement polarisée indiquait un sol probablement recouvert d'une épaisse couche de poussière collante. Sheena trouvait merveilleux de pouvoir distinguer avec certitude de quoi cet étrange poisson des profondeurs de l'espace était fait, en se contentant d'observer comment se tordait la lumière étincelante et miroitante.

*Là*. Ça ressemblait à un trou dans le sol, avec une pente douce qui étincelait et miroitait comme de l'eau.

Sheena manipula ses waldos et le vaisseau se mit à planer au-dessus de la dépression.

Elle savait qu'il s'écoulerait beaucoup de temps avant

que Dan apprenne qu'elle avait réussi. Elle en tremblait d'avancc.

Elle saisit à l'aide de ses bras le support circulaire et introduisit ses deux longs tentacules dans les fourreaux lisses et flexibles, puis elle appuya sur le bouton central avec son bec.

Des câbles de cent mètres de long se déroulèrent depuis la coque du *Nautilus*. Sheena allongea ses tentacules et de petits nuages de gaz soufflés par les coussinets situés à l'extrémité des câbles les étirèrent en direction de l'astéroïde. Elle les laissa s'affaisser sur toute leur longueur, puis émit le signal signifiant *vers le bas* à l'intention du logiciel de navigation du vaisseau.

Elle sentit les tentacules toucher le fond, l'astéroïde. Contact.

Elle contracta ses ventouses pour s'accrocher à la surface. Avec lenteur, elle replia également ses tentacules, se faisant descendre jusqu'à pouvoir distinguer le moindre détail de l'astéroïde, et même la petite ombre de son vaisseau.

Elle s'était entraînée à exécuter cette manœuvre en espace profond, la répétant encore et encore. C'était sans doute la tâche la plus importante qu'elle aurait jamais à accomplir, après tout. Si elle échouait, toute la mission elle-même serait un échec…

Elle finit par sentir une douce pression transmise à travers l'eau et son propre corps qui lui indiqua qu'elle s'était immobilisée.

L'astéroïde, la grande baleine noire de l'espace était sa proie et elle, la chasseresse, l'avait capturée.

La fierté l'envahit et ses chromatophores se mirent à palpiter sur toute la surface de son corps.

**Maura Della**

L'impact fut doux, sans rien de spectaculaire, simplement signalé par le passage de chiffres du négatif au positif sur l'écran mural.

Il y eut une petite gerbe de poussière grise. Maura vit alors le vaisseau, un fragment de la Terre or et émeraude, enchâssé dans l'épiderme de l'astéroïde.

Sur l'image envoyée par la caméra intérieure, Sheena, débarrassée de ses waldos, filait d'un bout à l'autre de son habitat, s'arrêtait pour contempler le paysage de ses grand yeux sombres, puis se ruait pour avoir une vue différente ; sa carapace étincelait de couleurs, son corps adoptait des postures élaborées où intervenaient à la fois sa tête, son manteau et ses huit bras.

Maura jeta un coup d'œil discret aux visages des spectateurs. Ils arboraient tous un large sourire.

*Dan, traduis-nous ce qu'elle dit.*

Dan commença, la voix hésitante.

— *Je suis forte et robuste. Je suis grande et féroce. Voyez mes armes. Voyez ma force.* C'est un mélange de signaux d'accouplement et de motifs deïmatiques conçus pour éloigner les prédateurs. Vous voyez ces yeux factices ?… (Dan se tourna vers l'assistance, tout sourires.) Elle se vante. Voilà ce que ça veut dire. On dirait que nous avons atteint Cruithne.

Une vague d'applaudissements s'éleva. La présidente qui se trouvait sur scène donna l'accolade à Dan Ystebo ; Maura se rendit compte qu'elle avait les larmes aux yeux. Saleté de trucs de l'espace, se dit-elle. Pourquoi faut-il qu'ils soient toujours aussi magnifiques ?

## Sheena 5

… Sur Cruithne :

Flottant dans l'eau tiède de la Terre, Sheena 5 ressentait l'attraction aussi douce qu'une plume d'une gravité nouvelle. Au-dessus d'elle, le ciel était en rotation et la lueur aveuglante du Soleil succédait à l'éblouissement d'un milliard d'étoiles. Elle sentait qu'elle tournait, tournoyait avec ce monde en réduction dans un espace à trois dimensions.

Elle distinguait un terrain granuleux de couleur gris-noir sous la peau translucide de l'habitat. Dan lui avait dit qu'il s'agissait d'une substance plus vieille que celle qui constituait tous les autres rochers de la Terre, plus vieille que les océans eux-mêmes, plus vieille que le système solaire peut-être. À travers les murs convexes du vaisseau, elle pouvait voir l'horizon déchiqueté de ce monde, à quelques centaines de mètres d'elle à peine.

Elle exprima son triomphe par une explosion de couleurs et l'épiderme de son manteau frissonna tandis que ses petits muscles faisaient palpiter ses chromatophores.

## Gabriel Marcus

… Bien entendu, certaines planètes mineures jouent déjà un rôle dans l'astrologie. Dans la mesure où ces astres n'étaient pas connus des anciens, ce rôle est sujet à des interprétations modernes, et suscite des débats.

C'est le cas avec Cruithne.

Nous pouvons peut-être nous guider grâce à l'étymologie. « Les Cruithnes » était le nom du peuple picte en vieil irlandais. Le document du XII^e^ siècle intitulé la *Liste des rois pictes* cite Cruithne comme l'ancêtre éponyme de ce peuple. Ce sont ses sept fils qui ont donné leur nom aux divisions du royaume picte en Écosse.

Mais les Irlandais disaient également « les Cruithnes » pour parler d'un groupe de populations indigènes vivant en Irlande avant l'arrivée des peuples gaéliques. Il semblerait qu'à une certaine époque ils représentaient la première puissance du nord de l'île.

La signification de ce nom se brouille encore du fait que certains auteurs anciens affirment que les Pictes utilisaient un système de lignées matrilinéaire. Il est possible que Cruithne – si une telle personne a jamais existé – n'ait pas été un homme, mais une femme.

En ce qui concerne ses attributs astronomiques, Cruithne se présente également comme un monde sortant de l'ordinaire.

Il s'éloigne beaucoup du plan de l'écliptique, et donc des Maisons traditionnelles, ce qui en fait peut-être un objet astronomique unique. En fait, on peut parfois le voir avec un télescope au-dessus, ou en dessous des pôles de la Terre. Il est pourtant intimement lié à notre planète ; nous savons que son orbite particulière, en forme de « fer à cheval », est dominée par le champ gravitationnel terrestre.

Et, bien sûr, le lien le plus direct de tous a désormais été établi depuis que le calmar nommé Sheena est devenu la première créature terrestre à atteindre un autre monde depuis les astronautes d'*Apollo*.

*Cruithne :* mère et père, individu et peuple, lié à la Terre par la vie et les influences cosmiques. Pas étonnant que ce petit monde ambigu crée de tels remous dans le monde de l'astrologie.

Il est vrai, quoique sans rapport avec notre sujet, que le nom de « Cruithne » a été choisi en dernier recours par les astronomes australiens qui ont baptisé cette planète mineure. On avait d'abord opté pour le surnom irrévérencieux donné par l'un d'eux : « La Merveille de Chunder ». Nous pouvons être reconnaissants – sinon surpris – que le destin ait guidé les hommes vers le bon choix.

## Sheena 5

Même s'il lui était impossible de quitter son habitat rempli d'eau, elle était en mesure d'explorer son nouvel environnement.

Des petites lucioles-robots quittèrent l'habitat, progressant avec prudence à la surface de l'astéroïde. Chacune d'elles était chargée d'instruments miniatures aussi fins que du corail auxquels Sheena ne comprenait rien.

Mais elle contrôlait les robots.

Pour cela, elle utilisait le waldo, l'appareil en forme de gant où elle pouvait glisser ses longs bras préhensiles et diriger les mouvements délicats de chaque machine. Des caméras placées sur la carapace des lucioles lui permettaient de voir la même chose qu'elles grâce à l'interface en forme de globe s'ajustant à son œil et à son laser. C'était comme de nager à côté du robot. La gravité était si faible qu'un geste négligent aurait pu éjecter les petits engins de métal de la surface, les envoyant tournoyer dans l'espace où ils seraient perdus à jamais. Pour cette raison, les membres des lucioles comportaient des crochets et des ventouses permettant de s'assurer qu'ils étaient à tout instant bien ancrés dans la mince couche de régolithe. Et, avec délicatesse et précaution, Sheena parvenait à s'assurer que les robots évitaient les ravins et les profonds cratères et ne se mettaient donc jamais en danger.

Ses lucioles s'éloignaient à des centaines de mètres de la membrane affaissée du *Nautilus*.

Sheena trouvait tout cela remarquable.

Elle avait accédé à la conscience dans un univers en trois dimensions et infini. Elle avait peu à peu compris que l'océan où elle était née appartenait à la peau d'une sphère gigantesque. Elle avait observé de l'extérieur ce monde-océan, elle l'avait vu diminuer jusqu'à devenir un point de lumière pâle.

Et, à présent, elle était arrivée sur un monde si petit qu'elle avait l'impression de pouvoir le serrer dans ses bras, et ses yeux distinguaient l'univers rempli d'étoiles où il voguait. Subjuguée, elle mangeait distraitement le krill amené à portée de son bec par les courants et regardait ce monde nouveau – *son* monde – se déployer devant ses yeux.

Son monde. Elle ne s'attendait pas à éprouver cette sensation. Ce sentiment de triomphe.

Elle avait oublié sa lassitude, son isolement et son angoisse. Elle palpitait de fierté et ses chromatophores frissonnaient.

Elle savait qu'elle était enfin prête.

**Emma Stoney**

La salle du contrôle de mission du *Nautilus* ne ressemblait pas à ce qu'Emma s'attendait à voir après les images stéréotypées de Houston – les rangées de terminaux étincelants, les jeunes ingénieurs à lunettes suant dans leur chemise propre tandis que les astronautes affrontaient une nouvelle crise en orbite. *Ça*, c'était le programme spatial habité. *Ici*, tout était différent. La salle des opérations de vol du JPL était encombrée, étroite et semblait démodée. Il y avait de grosses unités mémoire et d'énormes classeurs dont certains étaient ouverts, révélant des dossiers jaunis et des montagnes de papier. Tout avait l'air rassis et vieillissant.

Dan avait une alcôve pour lui tout seul. Un écran souple étalé sur les genoux, il portait un casque de réalité virtuelle qui épousait son crâne comme un bonnet de bain, dissimulant ses yeux derrière des coussinets de caoutchouc.

Il y avait toutes sortes d'objets partout : des photos – du *Nautilus* quittant l'orbite de la Terre, du vaisseau affaissé sur le rocher, de Sheena 5 en personne – et une quantité de gadgets appréciés des techniciens : maquettes de vaisseaux spatiaux, extraterrestres en plastique, canettes de soda, papiers de bonbons et affiches de films.

Dan se tourna vers eux et sourit. Avec ses yeux toujours dissimulés, le résultat était plutôt déconcertant.

— Salut, Malenfant, salut, Emma. Bienvenue dans la câblosphère.

Il les voyait peut-être en train de flotter sur un fond montrant la surface charbonneuse de Cruithne. Mais elle remarqua qu'il semblait capable de se servir de son écran souple sans baisser les yeux en dépit de la façon peu pratique dont celui-ci était étalé sur ses genoux.

— Voulez-vous un café, une boisson ? Il y a une machine à Cola…

— Contentez-vous de me donner les dernières nouvelles, dit Malenfant. Aussi bonnes que possible.

Le stress était perceptible dans sa voix tendue.

Dan ôta son bonnet virtuel. Ses yeux étaient rouges et sensibles, et le masque avait laissé des marques blanches sur son front et ses joues.

— Cette saleté a une grande valeur, dit-il. Le minerai carboné contient de l'hydrogène, de l'azote, du méthane, du monoxyde et du dioxyde de carbone, du dioxyde de soufre, de l'ammoniaque…

— De l'eau ? demanda Emma.

Il hocha la tête.

— Oh oui. Sous forme de permafrost et de minéraux hydratés. Vingt pour cent de la masse totale, bon Dieu ! Toutes les prédictions sont vérifiées et dépassées, en fait.

Malenfant tapa dans ses mains.

— C'est un véritable entrepôt qu'on a là-haut.

Dan colla un grand écran souple par-dessus les posters, les photos, les mémos et autres saletés fixées au mur et il y pianota. Une image de la surface de l'astéroïde apparut. Emma la trouva granuleuse et plissée, comme de la neige fondue au bord d'une route. L'un des microrobots qu'ils appelaient des « lucioles » entra dans le champ.

Une minuscule bouffée de vapeur sortit de la base de la luciole. Celle-ci se propulsa en douceur à la verticale du sol de l'astéroïde, pivota avec précision, puis tira une petite flèche entraînant un câble fin, comme un harpon et du fil de pêche. La flèche s'enfonça dans le roc meuble. Le fil se tendit et commença à s'enrouler, ramenant avec précision le robot vers la surface.

— Les lucioles marchent au poil, dit Dan. Nous allons pouvoir leur trouver des centaines d'applications en orbite terrestre basse, sur d'autres astéroïdes, et même sur la Lune. Le système de propulsion est nickel. C'est une puce de propulsion numérique qui contrôle tout : une série de moteurs de fusées à carburant solide qu'on peut orienter individuellement, pop pop pop, pour obtenir un fort coefficient de manœuvrabilité et de contrôle…

— Et c'est Sheena qui dirige ces engins ? demanda Emma.

— Oh, oui, dit Dan avec un grand sourire. Elle a un gros gant de waldo où elle peut glisser tout son corps. Ça n'a pas été simple à concevoir, croyez-moi. Sheena n'a pas d'os, elle ne perçoit donc pas très bien où se trouvent ses bras. Alors, les waldos lui renvoient des informations sur la pression et la texture… Elle s'en sort très bien. Elle peut faire fonctionner huit lucioles à la fois. Sur de nombreux points, elle est plus intelligente que nous.

— Et pourtant nous l'avons envoyée mourir là-bas, dit Emma.

Il y eut un silence gêné, comme si elle avait été impolie en évoquant le sujet.

Dan rabaissa son masque sur son visage et se mit à faire défiler des colonnes de chiffres en provenance de l'astéroïde ; Emma partit en quête d'une machine à café.

**Sheena 5**

… Et, sur Cruithne, Sheena pondit ses œufs.

Ils étaient enveloppés dans des sacs de gelée tubulaires qui en contenaient chacun des centaines. Il n'y avait bien entendu pas de sol où frayer dans ce lieu. Sheena accrocha donc les poches d'œufs à la grappe de machines située au cœur de son océan miniature désormais ancré à la surface de Cruithne. Les jardins de sacs d'œufs pendaient là, des objets doux et organiques contrastant avec la dureté des machines.

De petits bancs de poisson vinrent renifler le frai. Elle les observa jusqu'à obtenir la certitude que la gelée recouvrant les œufs les repoussait. Elle était là pour ça.

L'instinct de Sheena ne la poussait pas à revenir surveiller sa ponte, ni à s'en occuper. Mais elle savait que les circonstances étaient inhabituelles, cette petite boule d'eau semblable à une grosse lentille plaquée sur l'astéroïde n'était pas un riche océan. Elle prit l'habitude de rendre visite aux œufs toutes les trois ou quatre heures et de les arroser avec douceur pour qu'ils ne manquent pas d'oxygène. Tout cela se déroulait hors de vue des caméras de Dan. Elle ne lui dit pas ce qu'elle avait fait.

D'autres enfants arrivèrent, mais, à présent, ils semblaient tous désorientés et effrayés. Ils avaient tous un cercle bleu grossièrement cousu sur leur chemise ou sur leur veste. Ils se plaignaient et criaient tant qu'ils n'avaient pas appris la première des règles apprises par Michaël, qui était de ne jamais se plaindre ni pleurer.

Certains enfants furent aussi retirés de l'école.

Beaucoup partirent avec des gens à l'air inquiet entourant de leur bras un enfant effrayé. Michaël ne savait pas ce que ça voulait dire. C'était peut-être un piège.

Les enfants qu'on emmenait avaient tous la peau blanche. Ceux qui arrivaient avaient la peau noire ou brune. Bientôt, presque tous ceux qui restaient à l'école, y compris Michaël, eurent la peau brune ou noire. Il ne savait pas non plus ce que cela signifiait.

Un jour, il aperçut un Frère qui portait un anneau d'or.

Voir à nouveau de l'or, l'éclat profond des électrons étirés dans le temps de sa structure, fascina Michaël. Il s'avança et regarda fixement l'anneau. Le Frère lui sourit et tendit la main pour qu'il le voie mieux.

Puis, sans avertissement, il ramena son bras en arrière et envoya son poing sur le côté de la tête de Michaël. Celui-ci sentit l'anneau s'enfoncer dans sa chair et le sang chaud qui jaillissait. Le Frère sourit et s'éloigna.

À sa grande honte, Michaël se mit à pleurer.

Il courut vers son dortoir. Il le traversa jusqu'à son matelas. Mais une Sœur qui se trouvait là lui saisit le bras et se mit à crier sur lui. Comme il ne comprenait pas, elle lui montra le sol. Il avait laissé une traînée rouge derrière lui. Il dut aller chercher un balai et un seau et racler le sol pour ôter son sang séché. Mais il continuait à saigner, et il dut redoubler d'efforts pour nettoyer le sol, et il crut que ça n'allait jamais s'arrêter.

Cet instantané, l'incident de l'anneau, divisa la vie de Michaël en deux, comme le jour et la nuit.

Les visiteurs se firent de plus en plus rares, puis ils cessèrent totalement de venir.

Les cours s'espacèrent. Ils furent parfois remplacés par des séances de travail durant lesquelles les enfants devaient peindre les cahutes, ou nettoyer le sol ou les toilettes. Parfois, les cours étaient simplement annulés.

On emporta les réfrigérateurs et les bols remplis de nourriture. Il n'y eut plus de nourriture qu'aux heures des repas, deux fois par jour.

Les enfants ne reçurent plus de vêtements neufs. On leur donna des chemises, des shorts et des chaussures marqués de petits cercles bleus, un ensemble pour chacun. Les habits ne tardèrent pas à être sales et usés jusqu'à la corde.

Les derniers cours eurent lieu, et on leur reprit les écrans souples.

Beaucoup d'enfants pleurèrent et résistèrent à ce moment-là, mais pas Michaël.

Il s'attendait à ce que cela se produise un jour ou l'autre. De toute façon, l'école n'avait jamais été qu'un rêve étrange.

Il pourrait toujours travailler dans sa tête. Tant qu'on le laissait tranquille, comme au village.

**Emma Stoney**

À présent, Emma devait affronter les foules bruyantes qui se trouvaient tous les matins devant les bureaux du Pied à l'Étrier à Vegas. Ce jour-là, quelques personnes franchirent le cordon de policiers pendant que sa voiture approchait. Celle-ci détecta la présence de corps humains émettant de la chaleur, ralentit et s'arrêta.

Emma s'assura que ses fenêtres étaient hermétiquement fermées, déverrouilla l'AutoPilote et fit avancer la voiture de quelques centimètres.

La foule s'écarta lentement, mais pas avant d'être assez près pour crier sur elle à travers le pare-brise. Il y avait là des écologistes au corps couvert de peintures, de nombreux membres de groupes religieux impossibles à identifier et des contre-manifestants, des gens qui soutenaient réellement le Pied à l'Étrier et ses projets, pour la plupart de jeunes hommes blancs, brandissant des drapeaux des États-Unis et d'autres emblèmes nationaux, qui entonnaient des chansons parlant de pionniers et de la nouvelle frontière. Certains portaient des T-shirts animés où l'on voyait Malenfant prononcer un discours, quelques mots et un sourire qui se répétaient à l'infini sur le tissu froissé. Emma grimaça ; elle se demandait combien d'argent une lointaine filiale du Pied à l'Étrier était en train de gagner avec ces trucs-là. Un cordon de policiers renforcé par des gens du service de sécurité de l'entreprise (qui coûtaient la peau des fesses, Emma ne le savait que trop bien) maintenait les deux factions l'une à l'écart de l'autre.

Elle remarqua un type costaud au crâne rasé avec un T-shirt et un pantalon vert, comme s'il était plus ou moins un vétéran. Il boitait, à cause de l'une de ses jambes qui se dérobait. Il portait un agrandissement d'une photo d'une petite fille d'apparence chétive soufflant les bougies d'un gâteau d'anniversaire.

— Les bébés jaunes, criait-il. Regarde ce que tu as fait, Malenfant ! Regarde ce que tu as fait !

Sa rage fit reculer Emma.

Mais, une fois à l'intérieur, avec le portail hermétiquement refermé derrière elle, elle n'entendait même plus les slogans scandés par les manifestants : il n'y avait plus qu'un doux bruit blanc, comme un ruisseau.

Presque apaisant.

Elle arriva en retard à la salle de conférences. Elle s'assit discrètement au fond de la pièce sombre à moitié vide et tenta de suivre ce qui se passait.

George Hench présidait un séminaire d'ingénierie sur la conception d'un module d'habitation destiné aux missions habitées prévues pour Cruithne.

Au fond de la pièce, un type aux allures de technicien se tenait derrière un pupitre ; un écran souple de la taille d'un rideau était suspendu au mur derrière lui. D'autres techniciens étaient assis aux premiers rangs, les bras passés derrière le dos de leur chaise, les pieds en hauteur.

C'étaient presque tous des hommes, pour la plupart mal habillés et portant en général la barbe. Bardés de doctorats et d'autres diplômes, ils étaient nombreux à venir de la Nasa elle-même, de recoins de son empire bureaucratique portant des noms comme Bureau de définition des missions ou Bureau d'études des explorations martiennes. Derrière chacun de ces types gisait une flotte entière de magnifiques vaisseaux qui n'avaient jamais existé que sous la forme de plans, d'estimations de masse et de quelques artefacts technologiques destinés aux démonstrations, des vaisseaux qui s'étaient posés sur la Lune ou sur Mars uniquement sur les images bien propres générées par les ordinateurs de la Nasa et dans les rêves de leurs créateurs.

Avec l'excitation provoquée par le premier lancement de Malenfant et par l'annonce qu'il se proposait d'envoyer des missions habitées sur Cruithne et au-delà – en dépit des incommensurables problèmes juridiques auxquels l'entreprise faisait face – le Pied à l'Étrier n'avait eu aucun mal à recruter des types de ce genre.

L'orateur décrivait la conception sophistiquée de l'un des modules d'habitation de la future mission Cruithne. Il marmonnait à l'intention de son écran souple, et celui qui se trouvait dans son dos montrait un tourbillon d'images époustouflantes.

L'habitat n'était rien d'autre qu'une boîte de conserve de douze mètres de long. Il était équipé d'une petite capsule pour le retour sur Terre – en forme de cône, comme celles des missions Apollo – accrochée à sa partie inférieure. De chaque côté du cylindre s'étendaient des structures métalliques où étaient fixés des panneaux de cellules solaires en forme d'ailes. On voyait plusieurs modèles d'antennes et des hublots à travers des couches d'isolant blanc vaporeux. Le tout rappelait un peu à Emma des images de *Skylab* datant de la préhistoire. Mais, sur l'animation, l'habitat tournait sur lui-même dans le sens de la longueur cul par-dessus tête afin de générer une gravité artificielle pour l'équipage, aux extrémités du cylindre en tout cas. L'orateur insista beaucoup sur les limitations de charge dont on devait tenir compte ; on avait l'impression qu'il était conçu de manière à frôler la limite de ce que le GBS de Malenfant pouvait envoyer dans l'espace.

La technologie des systèmes de support vital était un sujet trop pointu pour Emma. Mais assister à ces réunions faisait partie de la stratégie d'ensemble qu'elle avait adoptée pour empêcher Malenfant de déraper. Elle le connaissait depuis assez longtemps pour savoir qu'elle ne perdait pas son temps en lançant ses filets le plus loin possible, en suivant le plus de pistes offertes et en anticipant autant qu'elle le pouvait. Car, même ici, au cœur de l'empire de la dissimulation de Reid Malenfant, elle ne pouvait jamais savoir sous quelle pierre serait tapi le prochain serpent à sonnette.

C'était typique de Malenfant de pousser ses équipes à terminer au plus vite la conception, l'assemblage et même la fabrication de ce vaisseau pour pionniers des astéroïdes alors que les lents rouages de l'administration tournaient encore. Pire, il était plus difficile qu'à l'ordinaire de lui mettre la main dessus car il se mêlait de tous les aspects de l'entraînement de l'équipe d'astronautes en puissance du Pied à l'Étrier, au point d'aligner les heures de vol et de passer du temps dans la centrifugeuse.

Et, pendant ce temps, le destin du Pied à l'Étrier était en suspens.

Le fait que le prochain vol – si vol il y avait un jour – emporterait des passagers humains n'avait fait qu'aggraver l'imbroglio administratif. Emma avait été choquée d'apprendre que même des vols spatiaux relativement peu ambitieux impliquaient beaucoup de risques, dont la plupart n'étaient pas admissibles pour des organismes tels que l'OSHA, l'*Occupational Safety and Health Administration*.

Par exemple, une fois au-delà de la protection du champ magnétique de la Terre, les astronautes seraient bombardés par des radiations, des explosions solaires sporadiques et une pluie fine et régulière de rayons cosmiques : des particules à déplacement rapide, des reliques venues de très loin dans l'univers, dont George Hench lui avait dit qu'une seule d'entre elles pouvait accumuler autant d'énergie qu'une balle de base-ball. Il fallait ajouter à cela les dangers mieux connus de la vie sous gravité zéro : décalcification osseuse, dégradation des appareils immunitaire et cardiaque, atrophie musculaire.

Emma eut la sinistre vision d'un équipage avançant clopin-clopant à travers l'espace dans un module tournoyant, exigu et puant, s'échinant sur les tapis de course pour simplement rester en vie et tremblant de peur chaque fois que le Soleil ferait un rot. Il y avait quelque chose d'antiaméricain là-dedans, quelque chose d'obstiné et de soviétique.

Mais le Pied à l'Étrier pouvait à nouveau être tiré d'affaire par la faiblesse et l'ambiguïté de la législation actuelle. L'OSHA n'avait pas de taux standard d'exposition aux radiations pour les missions humaines dans l'espace. La Nasa avait adopté des taux supplémentaires déterminés par des organismes comme l'Académie nationale des sciences et le *National Council on Radiation Protection and Measurement* pour les doses limites que les équipages pouvaient recevoir. Mais, même là, la Nasa avait laissé des brèches en disant que ces taux devaient être appliqués à toutes les missions, sauf aux « projets d'exploration exceptionnels ».

Et, là où la Nasa était allée, Reid Malenfant était ravi de la suivre.

Le présentateur, qui arrivait à la fin de son discours, avait commencé à sombrer dans la philosophie.

*Avant Copernic, les êtres humains croyaient que l'humanité était séparée des cieux par des sphères de cristal. Eh bien, ces sphères sont toujours là ; seulement, elles ne sont pas constituées de verre, mais de peur. Agissons. Brisons-les.*

Il y eut des cris de joie, des poings levés et des applaudissements.

Ces techniciens ont des œillères, pensa Emma. Pour eux, la mission est tout, et les divers obstacles rencontrés ne sont rien que des frustrations qui les empêchent de la mener à bien. Lorsqu'ils étaient obligés d'affronter ces obstacles, ils avaient recours à des automatismes pleins d'optimisme : les sphères ptolémaïques, la frontière, le rêve américain, l'esprit volontariste, l'esprit des frères Wright, de Lindbergh et d'Armstrong, la capacité d'organisation qui nous a permis d'occuper tout un continent et de gagner la Seconde Guerre mondiale, et patati et patata.

Mais peut-être n'avaient-ils pas d'autre choix s'ils voulaient accomplir quelque chose. Pour être réalisables, les rêves doivent être simples.

Un autre technicien se leva pour montrer un nouveau graphique représentant une série de matériaux bruts en relation avec un diagramme concernant la fabrication de l'habitat : des composants électriques fournis par des usines aux quatre coins des États-Unis, des structures produites par de grosses compagnies aérospatiales, des matériaux bruts obtenus d'un ensemble de producteurs, tout un réseau de ressources, de flux et de stocks de produits.

Emma avait du mal à lire une case d'un tableau située dans le coin inférieur gauche. Elle se pencha en avant et plissa les yeux.

La case « source » disait Dounreay. Le produit qui en provenait était de l'« U-235 enrichi ».

Emma venait de trouver son serpent à sonnette.

Elle se glissa discrètement hors de son siège et quitta la salle.

De retour dans son bureau, elle alluma son écran et commença des recherches sur Dounreay.

Puis elle prit aussitôt un billet pour l'Écosse.

Elle arriva dans un endroit nommé Sandside : un petit village uniquement composé de résidences secondaires et d'un pub. Elle sortit de la voiture – qui n'avait pas de MalinPilote – et gravit une petite colline située à la limite du village.

Elle se trouvait sur la côte nord de l'Écosse, à quelques kilomètres à peine de John O'Groats, le minuscule piège à touristes constituant le point le plus septentrional de la Grande-Bretagne. Une grande plage s'étirait devant elle, puis la mer elle-même, sauvage et grise sous le couvercle plat du ciel. Elle distinguait d'autres masses de terre à l'horizon, dont le Old Man of Hoy et les Orcades. C'était un endroit rude, imprégné par la rumeur du vent, en équilibre entre le ciel et la mer. Les bourrasques semblaient aspirer la chaleur même de son corps.

Et là, à l'ouest, étalé sur l'horizon, se trouvait Dounreay : presque deux kilomètres de bâtiments, dont un en forme de balle de golf géante, d'énormes hangars gris et marron et des cheminées. Bizarrement, bien qu'elle sût ce que représentait cet endroit, il ne choquait pas son regard.

Et voilà que Malenfant la rejoignait, sa silhouette dégingandée enveloppée dans un grand manteau à carreaux. Il monta à côté d'elle sur la petite butte.

— Tu as l'air malade, dit Emma.

Il haussa les épaules.

— Je ne crois pas que le climat me convienne. Même si j'ai du sang écossais. Peut-être que tout ce Soleil de Vegas l'a dilué.

— Qu'as-tu encore fait, Malenfant ?

Il soupira.

— Ce que je devais faire.

Elle le regarda bien en face.

— Écoute-moi, espèce de connard. Si tu comptes lancer des matières nucléaires dans l'espace, si tu as ne serait-ce que l'intention de déplacer des machins atomiques sur cette planète, tu es en train de commettre des infractions. Et, si tu veux impliquer le Pied à l'Étrier là-dedans – et, donc, moi – mets-moi au courant.

— Je vais le faire, je vais le faire, dit-il, apaisant. Mais nous n'avons pas le choix.

— Oh, Malenfant, tu ne l'as jamais…

Il lui prit le bras et ils se mirent à marcher le long de la colline.

Il lui indiqua les lieux intéressants de Dounreay. Il s'agissait du deuxième site nucléaire de Grande-Bretagne après Sellafield. L'usine, qui produisait autrefois de l'électricité et des isotopes à usage médical, comportait trois unités de retraitement des déchets et une usine de conditionnement. Le bâtiment en forme de balle de golf était un réacteur à neutrons rapides construit en 1959. Il avais pris feu et surchauffé plusieurs fois. Il était à présent fermé et, chose bizarre, classé par le ministère du patrimoine. Les grands hangars grisâtres servaient au retraitement des déchets nucléaires, d'où l'on extrayait le combustible réutilisable. Derrière la balle de golf se trouvait un puits de deux cents mètres de profondeur où l'on enfouissait les déchets, quinze mille tonnes mélangés à de l'uranium et du plutonium. Le tout très instable. Deux explosions causées par l'hydrogène avaient déjà eu lieu, répandant un peu partout des matières radioactives.

— Mon Dieu, dit Emma. Quelle folie. Les rêves d'énergie bon marché d'une autre génération. Et il nous faudra vivre à jamais avec leur merde.

— Eh bien, tout ne s'est pas vraiment déroulé comme prévu, concéda Malenfant. Au départ, le site était censé être un parc nucléaire. Six réacteurs. Mais la technologie était en avance sur son temps.

— *En avance sur son temps ?*

— Tout a été fait dans le respect des règles en vigueur à l'époque. Y compris le maintien du secret, si tu veux tout savoir. N'oublie pas que c'était la Guerre froide. Ils n'étaient pas aussi obsédés que nous par les questions de sécurité. Une obsession qui nous a retardés depuis, *grosso modo*, les années 70. Et, tu ne devineras jamais – à présent, les gens du coin adorent cette usine. Même si elle ne produit plus un seul watt, Dounreay sera là pendant un bon siècle encore. Quatre générations d'emplois locaux hautement qualifiés. Parce que ça va prendre tout ce temps pour la démanteler.

— Dans ce cas, si le gouvernement britannique a fermé cet endroit dans les années 90, dis-moi comment tu t'es débrouillé pour t'y procurer de l'uranium enrichi ?

— Rien d'illégal, dit-il avec douceur.

— Mon Dieu, Malenfant.

— Écoute.

Il extirpa un petit écran souple froissé de sa poche et le déplia de ses doigts raidis. L'image montrait quelque chose qui ressemblait à un moteur de fusée, un embout bleu ciel couronnant un ensemble élancé et squelettique d'installations complexes. Des fenêtres contenant des gribouillis écrits en trop petits caractères pour qu'on puisse les lire complétaient le diagramme.

— Voilà ce que nous sommes en train de construire, dit Malenfant. Un réacteur nucléaire conçu pour des missions spatiales. Il est là, au sommet. (Il le lui indiqua de l'ongle de son pouce, qu'il fit descendre le long de l'image.) Ensuite, voici les pompes, les écrans protecteurs et le radiateur. Le tout mesure dans les quatre mètres de haut et pèse environ une tonne. Le réacteur produit une émission thermique de 135 kilowatts et fournit de l'électricité à hauteur de 40 kilowatts…

« Emma, il faut que tu comprennes. Si nous envoyons des hommes à bord d'un nouveau *Nautilus*, la mission aura besoin de beaucoup plus d'énergie que celle de Sheena. Et il faudra ajouter celle nécessaire aux opérations en surface. Pour produire le jus nécessaire avec des cellules solaires, il nous faudrait une installation dix fois plus lourde et de la taille d'un terrain de foot. Même le GBS ne pourrait pas la soulever.

— Alors c'est ça que tu as l'intention de construire ?… Oh. Que tu es *déjà* en train de construire ? C'est bien ça ?

Malenfant prit un air autosatisfait. Tu as vu ce que j'ai fait ?

— Nous avons engagé des ingénieurs russes. Ils étaient à la retraite, en fait. Les États-Unis n'ont jamais développé de sources d'énergie nucléaire au-delà des générateurs de chaleur à isotopes radioactifs emportés par les missions non habitées. En fait, l'administration Clinton a interrompu notre programme de recherche sur l'énergie nucléaire spatiale. Comment peut-on ne pas condamner ce genre d'action ? Lorsque nous avons abandonné le nucléaire, nous avons renoncé au futur.

« Mais les Russes, eux, ont fait voler des sources d'énergie atomique au cours de missions de reconnaissance dans les années 60. Ils ont même testé en vol un engin appelé le Topaz, sur lequel est basé notre bébé. Bien entendu, nous l'avons sacrément adapté.

— Malenfant…

Il tapota le petit écran.

— Nous avons besoin de cinquante livres d'uranium 235 enrichi sous forme de pastilles de dioxyde d'uranium, c'est tout. On utilise du zirconium hydride comme modérateur et l'on contrôle la réaction en faisant tourner les cylindres à l'extérieur du cœur du réacteur, qui…

— Comment as-tu l'intention de faire entrer ce truc en fraude dans le désert de Mojave ?

— En fraude, c'est beaucoup dire.

— Voyons, Malenfant. Le ciel du désert n'est pas très encombré. Il y a des satellites de surveillance…

— Tu veux vraiment le savoir ? Toutes les données concernant les orbites des satellites sont sur le Net. On peut être au courant de leur position de minute en minute. Il n'y a qu'à tout débrancher jusqu'à ce qu'ils soient passés. Mieux, il suffit de s'arranger pour passer pendant l'équipe de nuit à la *National Imagery and Mapping Agency* de Fairfax. Il y a toujours quelque chose de plus intéressant à regarder qu'une vieille buse comme moi qui se branle dans le désert.

— Agir d'abord, se justifier ensuite. Comme pour le lancement du GBS. Comme pour presque tout ce que tu as accompli dans ta vie.

— Emma, tu dois me faire confiance sur ce coup. Si je peux arriver à faire fonctionner un Topaz ou deux, à prouver que c'est sans danger, j'obtiendrai les autorisations nécessaires. Mais j'ai besoin des machins nucléaires pour pouvoir faire les tests.

— Et les citoyens de Las Vegas doivent aussi te faire confiance jusqu'à ce qu'il pleuve de l'uranium enrichi ? Tu sais, tu es un rêveur, Malenfant. Tu crois vraiment qu'un jour nous allons tous nous réveiller, être d'accord avec toi et te traiter en héros.

— J'en suis déjà un. (Il lui adressa un clin d'œil.) C'est écrit sur des T-shirts. Écoute, Emma, je ne vais pas prétendre que j'aime tout ce que je suis obligé de faire. Pas plus que toi. Mais nous devons continuer. Il ne s'agit pas seulement du Pied à l'Étrier, de profits, même pas de voir les choses en grand, de notre avenir dans l'espace…

— Cornélius. La catastrophe de Carter. Les messages du futur.

Il la regarda dans les yeux.

— Je sais comment tu prends tout ça. Tu as tout mis dans une boîte et tu l'ouvres seulement quand tu y es obligée. Mais c'est vrai, Emma. Nous avons tous les deux vu ces pulsations de neutrons.

— Neutrinos, Malenfant, rectifia-t-elle avec douceur.

— Nous sommes déjà allés trop loin, Emma. Nous devons continuer.

Emma ferma les yeux.

— Malenfant, la patience a toujours été ton point fort. Tu n'as pas besoin de réacteurs russes minables et de cargaisons d'uranium douteuses. Prends ton temps et trouve un autre moyen de construire ton vaisseau.

— Je ne peux pas, dit-il d'une voix tendue.

Emma le savait, bien entendu.

Il se pencha et déposa un baiser sur le sommet de sa tête.

Elle soupira.

— Tu sais que je ne te trahirai pas. Je me suis trop investie là-dedans depuis trop longtemps – la moitié de ma vie, en fait. Mais t'arrive-t-il de penser aux conséquences morales quand tu nous impliques, moi et d'autres, dans ce merdier ? Tu dois être honnête avec moi, Malenfant.

— Je le serai, dit-il. Promis.

Et, bien entendu, elle savait qu'il mentait.

Elle lui était en réalité plus utile si elle n'était pas au courant. Ça rendait ses dénégations beaucoup plus efficaces. Et ça la protégeait même un peu.

Mais ce n'était pas à cela qu'elle pensait le plus ; ce n'était qu'un aspect secondaire. Ce qui poussait Malenfant à agir, c'était de la rendre la plus utile possible dans les efforts qu'il accomplissait pour atteindre son but ultime. Comme pour tous les outils qu'il déployait.

Elle comprenait très bien tout cela. Ce qu'elle ne savait vraiment pas, au plus profond d'elle-même, c'était pourquoi elle continuait à le supporter.

Elle passa son bras sous celui de Malenfant et ils se serrèrent l'un contre l'autre pour se protéger du vent tandis qu'ils regardaient Dounreay. De la brume venue de la mer enveloppa l'usine de gris.

**Reid Malenfant**

Comment pouvons-nous transformer la roche d'un astéroïde en carburant pour fusées ? On dirait de la magie, non ?

… D'abord, nous allons séparer par électrolyse les atomes d'$H_2O$ en hydrogène et en oxygène. Vous vous souvenez de vos cours de lycée, avec les gobelets en Pyrex, les fils et les piles ? Il suffit de faire passer un courant électrique dans de l'eau pour en dissocier les composants. C'est ça que nous faisons. Mais les appareils dont nous nous servons sont un peu plus sophistiqués que ceux du lycée.

Diapo, s'il vous plaît.

Voici un électrolyseur à électrolyte de polymère

solide, un EPS. Il est composé de couches de plastique imprégné d'électrolytes séparées par des treillis métalliques. L'assemblage est comprimé par des barres de métal qui courent sur toute sa longueur.

On a beaucoup utilisé ce type d'appareil dans les sous-marins nucléaires et sur la Station spatiale internationale. Il peut fonctionner pendant des milliers d'heures sans entretien.

Passons au méthane. Nous allons en extraire une partie directement de l'astéroïde et encore un peu en traitant du dioxyde de carbone. Nous utilisons une installation appelée réacteur de Sabatier. Diapo. Nous allons liquéfier l'hydrogène produit par les bancs à électrolyse et l'introduire dans le réacteur avec du dioxyde de carbone. À l'autre bout, nous obtiendrons de l'eau et du méthane – qui n'est qu'un composé de carbone et d'hydrogène. C'est une réaction très efficace, le taux de conversion atteint quatre-vingt dix neuf pour cent, en fait, et elle est exothermique, ce qui signifie qu'elle n'a pas besoin d'apport de chaleur pour fonctionner, juste d'un catalyseur au ruthénium.

Des unités de Sabatier ont déjà été employées dans l'espace auparavant, pour des installations de support vital. Elles ont également été testées par la Nasa et l'*Air and Space Force* et on s'en est servi sur la Station spatiale internationale.

Vous trouverez des informations supplémentaires dans vos dossiers de presse, notamment sur la manière dont nous avons l'intention d'optimiser le rapport méthane-oxygène du propergol ainsi que sur les divers procédés annexes dont nous avons besoin. Nous pouvons vous faire une démonstration avec un prototype. Les propergols à base d'oxygène et d'hydrogène sont les plus puissants, bien entendu. Mais l'hydrogène est difficile à liquéfier et à stocker : il prend beaucoup de place à basse température. Le méthane ressemble à l'oxygène, c'est un cryogénique doux, ce qui a guidé notre choix.

Tout ça peut paraître très exotique. Mais, en fait, nous avons là des techniques très robustes, des trucs du temps de l'éclairage au gaz, des technologies vieilles de plusieurs siècles en réalité. Nous en faisons juste une nouvelle application.

Mesdames et messieurs, l'exploitation minière d'un astéroïde est facile.

Diapo, s'il vous plaît.

## Sheena 5

Les bébés étaient déjà en train d'éclore : ils jaillissaient un à un de leurs œufs qui se dissolvaient, se tortillant pour en sortir, alertes, actifs et pleins de curiosité. Elle leur soufflait de l'eau dessus pour les pousser doucement vers la prairie d'algues où ils allaient pouvoir se nourrir.

Elle essayait de ne pas penser à ce qui allait advenir d'eux.

En attendant, elle avait du pain sur la planche.

Sheena était plus nerveuse qu'elle l'avait jamais été depuis l'atterrissage lorsqu'elle mit en marche le mangeur de rocher. Elle resta aussi immobile que possible dans le gant de son waldo, s'efforçant de sentir le système de la machine : les chenilles qui s'agrippaient au sol mou de l'astéroïde, la grande bouche en forme de cuiller située à l'avant, la fournaise qui brûlait dans son ventre tel un cœur bien chaud, comme si elle avait pu devenir cet engin ferraillant qui allait bientôt se promener comme un crabe à la surface de l'astéroïde.

Elle savait pourquoi elle était si tendue.

Le mangeur de rocher était une machine complexe. Il devait être surveillé de près lorsqu'il progressait en grignotant l'astéroïde, car il fallait s'assurer qu'il ne s'enfonçait pas trop profondément sous la surface, ou qu'il ne s'éjectait pas dans le vide de l'espace, où l'on ne pouvait pas aller le rechercher, en se tordant les chenilles sur un morceau de caillou.

Mais, en théorie, il n'était pas plus difficile à contrôler que les petites lucioles-robots, et elle en avait vraiment l'habitude à présent. En réalité, elle en était au point où elle aimait en déployer six, sept ou huit en même temps, un banc de robots, et profiter de l'occasion qui lui était donnée de montrer son habileté à Dan.

Ce n'était même pas l'importance de cette opération par rapport à l'ensemble de la mission qui la rendait nerveuse. Elle savait que les lucioles s'étaient contentées de mesurer, de peser, d'analyser et d'observer. À présent, pour la première fois, elle s'apprêtait à *changer* l'astéroïde, à faire quelque chose de cette vieille pierraille. Échouer, c'était ne jamais parvenir à accomplir la grande tâche qui lui était échue : envoyer sur Terre les inconcevables richesses de Cruithne.

Mais ce n'était pas pour cette raison qu'elle se sentait si angoissée.

Échouer signifiait aussi la mort de ses petits, ici, coupés de leur banc tout comme elle, et tout ça pour rien. C'était ce qui la préoccupait. Mourir était une chose ; mourir pour rien, c'était très différent. Il s'agissait d'une peur qui ne la quittait jamais, de quelque chose qu'elle savait et qui rôdait autour d'elle comme un prédateur, attendant qu'elle s'affaiblisse.

Aussi, tout épuisée et vieillissante qu'elle fût, elle ne voulait ni faiblir, ni échouer.

Il était temps. Elle poussa sur le gant.

… Et elle sentit le mangeur de rocher enfoncer sa mâchoire en cuiller dans le sol meuble de Cruithne.

Ses premiers gestes furent maladroits. Grâce aux microcaméras incluses à la surface du mangeur de rocher, elle vit des morceaux de roc, de la poussière et des fragments de régolithe s'élever devant elle. Ils disparurent de son champ de vision pour suivre de longues trajectoires en forme de boucle ; certains échappèrent totalement au faible champ de gravité de l'astéroïde et s'en allèrent sur leurs propres orbites, devenant de nouveaux bébés astéroïdes tournant autour du Soleil.

Patiemment, Sheena ralentit, recommença, ajusta l'angle de la pelle et la vitesse à laquelle elle s'enfonçait dans le sol. Elle ne tarda pas à trouver le bon geste, et un flot continu de roche passa par la pelle pour être recueilli par la trémie du mangeur de rocher.

De petits tapis roulants et des pelles poussèrent le régolithe dans les chambres de traitement. Le minerai fut d'abord broyé par des mâchoires mécaniques mobiles, des rouleaux et des filtres vibrants. Puis des champs magnétiques séparèrent du reste les granules de nickel-fer. Et, enfin, le minerai écrasé fut dirigé vers un haut-fourneau solaire.

Un liquide produit par la cuisson de la roche commença à se condenser à l'intérieur des citernes sous forme de gros globules qui flottaient d'un mur à l'autre dans la faible gravité.

Cet unique mangeur de rocher qui avançait patiemment à la surface de l'astéroïde pourrait produire chaque jour des litres de précieuse eau en la tirant de la roche peu prometteuse de l'astéroïde. Une fois traitée, elle serait employée par toute une série d'autres machines plus complexes. Et, ainsi, cet astéroïde, cet antique morceau de crassier serait transformé en quelque chose de merveilleux, de *vivant*.

Elle sortit du gant une fois satisfaite du fonctionnement du mangeur de roche. Elle nagea alors jusqu'à l'endroit où le tuyau qui en provenait rejoignait la membrane de l'habitat. Et elle trouva un filet d'eau fraîchement tirée de l'astéroïde.

Elle nagea dans le courant, laissant l'eau couler sous son manteau et dans ses branchies. Elle était chaude, peut-être à cause du fourneau situé au cœur du robot, et ce n'était qu'un ruisselet qui suintait doucement dans la grande masse liquide composant l'habitat. Mais Sheena fit plusieurs allers et retours à travers elle, son manteau palpitant d'excitation.

Elle était la première créature de la Terre à nager dans de l'eau qui ne provenait pas de sa planète natale, de l'eau qui s'était formée avant le Soleil lui-même – de l'eau qui avait dormi, prisonnière de ce morceau de roche sombre jusqu'à ce qu'elle, Sheena, vienne la libérer.

Elle savait que cette mission était celle de Dan, pas la sienne ; elle était sa créature, elle ne s'appartenait pas. Mais elle était fière de ce qu'elle avait accompli parce qu'elle était la première. Aucun être vivant du passé ou de l'avenir ne pourrait lui disputer cet honneur.

Elle palpitait et exécutait des loopings de joie.

Sheena envoya toutes les lucioles à l'un des pôles de Cruithne. Là, patiemment, une pièce après l'autre, elle leur fit construire une petite usine chimique composée de tuyaux, de citernes et de pompes, ainsi que d'un unique robinet dont l'orifice évasé était tourné vers le ciel. Des tunneliers creusèrent la surface de Cruithne, ramenant d'abord du régolithe, puis la roche et la glace qui se trouvaient plus en profondeur. De précieux panneaux solaires déployés sur la surface poussiéreuse de l'astéroïde fournissaient l'énergie par des câbles tirés un peu partout à sa surface.

L'usine entra en fonctionnement.

Sheena trouvait remarquable l'ensemble du processus. Prendre de vieilles roches et de la glace pour les transformer en quelque chose de neuf…

Finalement, des valves toutes simples s'ouvrirent sous le contrôle de Sheena. Grâce aux images recueillies par les caméras des lucioles et projetées sur ses yeux par les lasers, Sheena vit une flamme jaillir du robinet et s'épanouir dans le ciel. Des déchets de combustion apparurent, des cristaux de glace qui interceptaient la lumière et s'éloignaient suivant des trajectoires parfaitement rectilignes. C'était une fontaine de feu – un spectacle magnifique.

À partir de ce stade, les humains pouvaient contrôler les opérations depuis la Terre. L'eau de l'astéroïde et le minerai non raffiné seraient emballés dans des sacs géants, puis poussés par des fusées semblables à celles de l'installation test, et guidées jusqu'à la Terre dans leur traversée de l'océan du vide spatial comme par le jet issu du manteau d'un calmar.

Sheena s'attendait à ce que Dan lui dise qu'on célébrait sa réussite au Pied à l'Étrier. Mais il ne le fit pas, et elle comprit que c'était surtout parce qu'elle avait accompli sa tâche et allait mourir.

Elle se détourna du gant du waldo et des projecteurs d'images, toutes ces machines construites par les humains, et partit à la recherche de ses petits.

Ils grandissaient à une vitesse incroyable, convertissant en masse corporelle la moitié de la nourriture qu'ils consommaient.

Au début, ils s'étaient comportés en créatures asociales, cherchant seuls leur nourriture dans les prairies d'algues marines. Mais, bien qu'ils fussent encore minuscules, ils avaient très vite créé des bancs. Elle regarda les mâles s'affronter : signaux agressifs, battements de nageoires, courses poursuites – autant de combats miniatures préfigurant les grands conflits qui se produiraient à la saison des amours.

Certains de ces jeunes chassaient déjà les plus petits

poissons, adoptant des schémas de comportement avec lesquels ceux de son espèce venaient au monde. Ils se parlaient même dans la langue des signes simple et riche, dont Dan disait qu'elle était inscrite dans leur cerveau par des millions de générations de leurs ancêtres : *Je suis grand et féroce. Regardez mes armes. Je ne suis pas un calmar, je suis une algue. Je suis fort. Regardez-moi !*

Elle savait à présent que Dan devait être au courant de l'existence des jeunes. Le déséquilibre croissant de la petite écosphère ne pouvait passer inaperçu. Mais il ne disait rien, et elle ne lui tendait pas de perche.

La plupart des petits étaient stupides. Quatre parmi eux étaient intelligents.

Elle les prit à part. Elle nagea au milieu de leur petit banc. Elle était vieille, à présent, et elle se fatiguait vite. Elle leur apprit néanmoins des techniques de chasse sophistiquées que leurs frères et sœurs moins intelligents étaient incapables de comprendre.

Elle leur apprit comment attirer les plus sots des poissons. Il fallait lever les bras, leur extrémité teinte en blanc, et les agiter pour distraire les poissons des tentacules autrement bien plus dangereux qui attendaient le bon moment pour frapper.

Elle leur apprit à suivre leur proie et à s'approcher peu à peu d'un poisson par-derrière, dans l'angle mort de son regard.

Elle leur apprit à pourchasser une proie qui s'enfuyait en demeurant attentifs et prudents jusqu'à ce qu'ils en soient assez près pour effectuer le dernier plongeon décisif.

Elle leur apprit à se déguiser pour chasser. Ils imitaient les algues des Sargasses et flottaient dans l'eau, les bras pendants, prêts à se jeter sur les poissons imprudents. Ils nageaient en arrière, les bras levés, décorés de faux yeux et remuant comme la queue d'un poisson.

Ils s'entraînaient sur les plus petites proies ; certains lorgnaient sur les autres calmars, leurs frères et sœurs.

Elle leur apprit ce qu'elle savait sur le récif et sur les diverses créatures qui y vivaient et y mouraient, leur expliqua de quelle manière elles collaboraient, et même comment elles entraient en compétition, se battaient et chassaient. Elle tenta de leur enseigner ce qu'était un prédateur. Elle inventa des jeux, plongeant en piqué sur eux comme une petite murène, tentant de les saisir avec ses bras et son bec. Mais, jeunes et agiles, ils lui échappaient sans peine, et elle sentait bien qu'ils ne la croyaient pas lorsqu'elle leur parlait de monstres capables de croquer les bras d'un calmar, ou même d'en avaler un tout entier, cerveau amélioré ou pas.

Elle leur apprit le langage, les signes abstraits donnés par Dan. Dès qu'ils l'eurent acquis, leurs manteaux se mirent à palpiter de questions. Qui ? Pourquoi ? Où ? Quoi ? Comment ?

Elle ne connaissait pas toujours les réponses. Mais elle leur montra les machines qui les maintenaient tous en vie, et leur transmit ce qu'elle savait sur les étoiles et le Soleil, la nature du monde et de l'univers. Et sur les humains.

Les jeunes parurent très vite comprendre qu'ils allaient bientôt épuiser les ressources de leur habitat. Il avait été conçu pour un seul calmar, Sheena, et pour une durée limitée qui touchait presque à sa fin. Il y avait déjà eu des problèmes avec certaines petites boucles environnementales : des effondrement imprévus et des explosions dans la population de phytoplancton, des déplétions ou des concentrations excessives d'oligo-éléments qui avaient des conséquences sur le krill et les poissons.

Les petits étaient *très* intelligents. Ils ne tardèrent pas à penser d'une façon qui dépassait Sheena elle-même.

Ils disaient par exemple qu'ils ne devaient peut-être pas se contenter de réparer leur enveloppe de tissu, mais l'*agrandir*. Voire bâtir de nouveaux dômes et les remplir d'eau.

Sheena, qui avait été principalement entraînée pour accomplir sa mission, trouvait cette idée tout à fait étrange.

Il n'y avait pas assez de poisson, et jamais assez de krill. Les eaux stagnantes étaient surpeuplées.

Tout cela était à l'évidence inacceptable.

Les petits dotés d'intelligence chassèrent leurs frères et sœurs stupides l'un après l'autre et se nourrirent de leurs corps inertes jusqu'à ce qu'il ne reste plus qu'eux quatre et Sheena.

**Michaël**

Les touristes qui venaient au village prenaient souvent des photos et il leur arrivait de les envoyer. Lorsqu'il se regardait sur les clichés, Michaël voyait une personne qui n'existait plus et qui souriait à une autre qui n'était plus là, comme deux spectres. Les photographies arrivaient parfois dans le désordre, si bien qu'il se voyait avec un T-shirt troué, puis se découvrait sur une autre photo, peut-être un peu plus petit, portant le même T-shirt réparé comme par magie.

Il n'avait presque rien compris à ce qui lui était arrivé lorsqu'on l'avait emmené hors du village ; ses souvenirs s'étaient mélangés, comme les photos.

Mais il y avait toujours un ciel au-dessus de lui, avec des étoiles et une Lune, même s'ils n'étaient pas à la même place dans le ciel.

Et, lorsqu'il fermait les yeux – allongé sur son grabat la nuit, immobile sous sa couverture, en l'absence de tout bruit et de toute sensation – il sentait au plus profond de lui-même que le temps perdurait, passait inexorablement, mesuré de manière invisible par ses propres pensées. Peu importait si ses souvenirs n'avaient pas de sens, si ce qui lui était arrivé manquait de logique ou d'explications. Il lui suffisait de savoir, tout au fond de lui-même, que l'univers continuait à tourner.

À l'école, les règles devinrent extrêmement simples.

La nourriture était tout.

Comme on ne savait jamais quand le prochain repas serait servi, il fallait manger ou garder en réserve la moindre miette sur laquelle on pouvait mettre la main.

La nourriture, c'était le pouvoir. Si quelqu'un d'autre en possédait, il avait du pouvoir sur vous.

Il y avait d'autres règles.

En fait, le mieux consistait à accumuler le plus de réserves possible et à tout dissimuler dans ses vêtements – ou, comme Michaël, à l'intérieur d'une cache dans le mur de la hutte abritant son dortoir, pour que ses provisions durent plus longtemps.

Celle-ci, par exemple : les enfants n'avaient pas le droit de sortir des dortoirs la nuit pour aller aux toilettes. Un Frère ou une Sœur était toujours présent dans le dortoir pour s'en assurer. Il n'y avait qu'un seul pot de chambre la nuit, posé sur le sol au milieu de la pièce. Il n'était pas assez grand et se retrouvait très vite plein. On était puni s'il débordait. On était puni quand on se souillait, quand on mouillait son lit ou quand on se soulageait dans un endroit inapproprié. Beaucoup, parmi les plus jeunes, étaient plutôt maladroits et renversaient souvent le pot, ou salissaient le dortoir. Ils étaient fréquemment punis.

La nuit, Michaël entendait des enfants pleurer de douleur en luttant pour résister à l'envie de se servir du pot de chambre. Et il entendait la voix calme et grave d'Anna qui les aidait à rester calmes et à surmonter la gêne.

Les nouveaux qui arrivaient avec leurs chemises

marquées de grossiers cercles bleus pleuraient souvent et se plaignaient, et ils étaient durement punis lorsqu'ils enfreignaient les règles. Mais ils apprenaient tout de même vite.

Michaël ne possédait qu'une seule chose à laquelle il tenait vraiment – la torche donnée par Stef. Il s'en servait avec parcimonie et les piles neuves étaient à peine usées.

La nuit, il rampait sous son lit sans faire le moindre bruit. Il s'était procuré des bouts de métal où il avait percé de petits trous à l'aide d'un clou sans tête.

Il pointait le faisceau de la torche sur le morceau de métal et observait le disque de lumière jaune projeté sur le mur. Il voyait un point brillant au milieu entouré par un anneau de demi-obscurité puis, au-delà, par l'obscurité totale. Il ajoutait alors un autre morceau de métal percé d'un second trou, si bien que le pinceau projeté était plus fin.

Le point lumineux créé par ce deuxième trou était différent. Michaël voyait le point central et l'obscurité qui l'entourait, mais, entre les deux, se trouvaient des structures complexes d'ombre et de lumière, des anneaux concentriques. Il y avait de la couleur, des cercles bleu, orange et rouge qui se chevauchaient. Et ces anneaux, dans le silence et l'obscurité, étaient plutôt beaux. Michaël voyait des ondes, comme des vagues sur une mare, là où les morceaux de lumière – *les photons* – déferlaient dans les endroits brillants ou se repoussaient les uns les autres dans le noir.

Il trouva un morceau de cellophane bleu vif et le plaça sur l'un des trous. Il vit alors un système de cercles concentriques plus simple et uniquement coloré en bleu. Il trouvait les cercles bleus réconfortants. Il imaginait que des portes étaient peintes sur le mur et qu'il lui suffirait de les traverser pour rentrer chez lui au village, ou pour aller ailleurs, dans un endroit encore meilleur.

Il ne cessait de démonter son dispositif. Peut-être pouvait-il encore l'améliorer, de manière qu'il ne passe qu'un morceau de lumière à la fois dans les trous, un unique photon. Il n'y parvint jamais, mais cela n'avait pas d'importance ; il visualisait mentalement ce que le résultat aurait pu donner.

Il voyait un flot de photons moucheter le mur, se repoussant et se bousculant, travaillant de concert pour fabriquer les cercles lumineux.

Mais on pouvait comparer un photon isolé, séparé des autres, à une pierre qu'on lance. Qu'est-ce qui pouvait bien l'affecter ? Comment pouvait-il savoir où se poser sur le mur, et où ne pas le faire ?

La réponse était évidente. Quelque chose donnait une bourrade au photon au bon endroit, comme lorsqu'il faisait partie du flot. Ça devait donc venir des trous pour l'animer même quand il ne passait qu'un seul photon à la fois. Et ce quelque chose se comportait exactement comme les photons, sauf qu'il ne pouvait pas le voir.

Ce sont des photons fantômes, se dit-il. Le vrai photon tente d'avancer dans le temps, plein de curiosité. Et un flot de fantômes venus du futur descend en foule vers le passé, suivant toutes les trajectoires qu'il peut emprunter. Pourtant, ils étaient réels, car ils repoussaient le photon authentique exactement comme s'il faisait partie d'un rayon dense et lumineux.

Et, pour chaque photon, il y avait un flot de fantômes, d'avenirs possibles, tout aussi réels que le photon que voyait Michaël.

De même, chaque personne était sans doute environnée de spectres futurs qui représentaient toutes les possibilités non réalisées et étaient tout aussi réels.

Avec sa torche et ses bouts de métal, entouré de

spectres, Michaël souriait dans l'obscurité. Peut-être les Michaël du futur étaient-ils heureux.

Un jour, un Frère trouva la cache contenant la nourriture, la torche et les morceaux de métal enfouis dans le mur.

On fit aligner les enfants du dortoir devant leur lit pendant que le Frère leur hurlait aux oreilles. Michaël ne comprenait pas ce qu'il disait, mais il savait ce qui allait se passer. Le Frère voulait que le propriétaire de la cachette fasse un pas en avant. Si personne ne se désignait comme responsable, ils seraient tous battus. Puis, une fois les Frères partis, les autres battraient Michaël.

Néanmoins, il attendit. Il arrivait parfois qu'un enfant innocent se dénonce pour être puni à la place d'un autre. Anna le faisait souvent, mais elle n'était pas là aujourd'hui. Michaël s'était sacrifié une fois, pour épargner un garçonnet malingre et souffreteux.

Personne ne se dénonça ce jour-là.

Michaël fit un pas en avant.

Il fut puni avec sévérité.

Plus tard, le Frère piétina la torche et la réduisit en miettes. Puis on obligea Michaël à en ramasser les divers morceaux, y compris le verre brisé, à mains nues. Les fragments de verre qui s'enfoncèrent dans ses doigts les firent saigner pendant des jours et des jours.

**Publicité Colic Cola**

Adoptez un bébé calmar de l'espace !

Grâce à l'accord commercial passé entre Colic Cola et la corporation le Pied à l'Étrier, nous offrons aux acheteurs de Colic Cola ou d'autres produits Colic la possibilité unique d'adopter officiellement l'un des bébés calmars qui se trouvent sur Cruithne.

Chaque calmar est différent. Nous possédons des logiciels de reconnaissance, conçus en collaboration avec des scientifiques à la pointe de leur domaine et capables de reconnaître votre bébé calmar à sa forme, à ses marques et à ses mouvements. Vous pourrez lui donner un nom, surveiller ses progrès et même (sous réserve d'approbation juridique) lui envoyer des messages et lui parler de vous.

Le nombre de calmars est limité !

Pour vous inscrire passez au lecteur de code-barre cent languettes de Colic Cola ou d'un autre de nos sodas et envoyez les codes avec la fin de la phrase suivante, rédigée en moins de dix mots : Colic sera la boisson préférée en aval car… à l'adresse courriel suivante…

**Maura Della**

Lorsque la tempête médiatique suscitée par les bébés calmars éclata, Maura se rendit tout droit à Vegas pour avoir un petit tête-à-tête avec Emma et Malenfant.

Elle les trouva dans le bureau d'Emma. Celle-ci était assise, la tête dans les mains. Malenfant, survolté, marchait de long en large, ses mains voletant dans l'espace comme des êtres vivants indépendants.

— Malenfant, espèce d'abruti, dit Maura d'une voix calme. Depuis combien de temps êtes-vous au courant ?

— Pas longtemps, soupira-t-il. Deux semaines. Dan souçonnait quelque chose avant que les faits ne nous soient confirmés par les images en provenance de Cruithne. Il y avait des déséquilibres dans les systèmes de support vital…

— Saviez-vous qu'elle était enceinte avant le lancement ?

— Non. Je le jure. Si je l'avais su, je l'aurais retirée du programme.

Maura parut sceptique.

— Vraiment ? Même avec les contraintes de la fenêtre de lancement et tous ces machins techniques ? Autant balancer la mission à la poubelle.

— Oui. Mais je l'aurais accepté. Écoutez, madame le député. Je sais que vous pensez que je suis une espèce d'obsédé. Il m'arrive tout de même de faire attention à la façon dont le monde extérieur fonctionne. Une mission comme celle-ci a besoin du soutien de l'opinion publique. Nous connaissons les contraintes éthiques depuis le début.

— Mais nous n'y adhérons plus, hein ? Nous en étions arrivés au point où le public au grand cœur aurait accepté la mort de Sheena. La colonie sur l'astéroïde aurait été un hommage permanent à une créature courageuse et merveilleuse. Mais tout vient de changer…

C'était vrai. Depuis la dernière fuite, tous ceux qui soutenaient le projet Cruithne et ses objectifs grandioses s'étaient évaporés dans la nature.

Il était évident que l'hystérie entretenue par la presse à scandale, les délires religieux, les commentaires hostiles emphatiques ne rimaient à rien. Si c'était un crime d'abandonner dix calmars intelligents, ou un millier, alors en abandonner un seul en était également un.

Seulement, depuis quand le bon sens et la rationalité constituaient-ils des facteurs prédominants dans les débats publics sur la science et la technologie ? songea Maura non sans amertume.

Malenfant écarta les mains.

— Écoutez, madame le député, l'argent est déjà dépensé. Nous avons nos installations sur Cruithne. Ça marche. Bébés calmars ou pas, nous avons atteint notre but, nous avons mis le pied à l'étrier.

— Malenfant, nous allons bientôt avoir un astéroïde couvert de cadavres de calmars intelligents. Les gens vont penser que c'est… monstrueux. (Elle cilla.) Et moi aussi, en fait.

Cela le fit réfléchir.

— Vous êtes en train d'envisager de nous couper les vivres ?

— Malenfant, la vérité vraie, c'est que vous êtes déjà mort. Le corps n'est pas encore froid, c'est tout.

— Ce n'est pas à vous de décider. La FAA, la Maison Blanche, les comités de surveillance…

— Sans moi, et sans quelques autres personnes dans mon genre, il y a longtemps que le Pied à l'Étrier serait mort. (Elle hésita, puis tendit la main vers son épaule.) Je suis désolée, Malenfant, vraiment désolée. Je partageais votre rêve. Nous ne pouvons pas faire avaler ça à l'opinion publique.

— Nous agirons avec humanité, dit lentement Emma. Nous ne tuerons pas Sheena. Nous la laisserons mourir dans des conditions confortables.

— Et les bébés ?

Elle haussa les épaules.

— Nous allons tourner les antennes radio dans une autre direction et laisser faire la nature. Tout ce que j'espère, c'est qu'ils nous pardonneront.

— J'en doute, dit Malenfant, qui se remit à marcher, allant et venant de façon compulsive. Je n'arrive pas à croire que nous allons nous retrouver bloqués par ça, par un détail insignifiant.

— Ça va aller ? demanda Maura à Emma.

— Oui.

Emma leva les yeux et parvint à se forcer à sourire.

— Il y a déjà eu pire. Nous nous débrouillerons.

Ce qui signifiait, réalisa Maura, qu'elle se débrouillerait, elle, avec Malenfant. Qu'elle l'aiderait à surmonter cette mauvaise passe. Vous ne méritez pas vos amis, Malenfant, pensa-t-elle.

Ils s'attaquèrent aux détails pratiques.

## Sheena 5

Elle sentait la douce attraction du champ gravitationnel de Cruithne l'attirer vers la base enténébrée de l'habitat. Elle flottait, ses bras douloureux pendant dans l'eau, et elle rêvait d'un mâle aux yeux brillants dépourvus d'intelligence.

Il n'y avait plus de poisson, presque plus de krill ou de crevettes. Le filet d'eau qui circulait dans son manteau était trouble et puait la décomposition. Elle sentait la vie palpiter en elle, toujours plus vite, comme impatiente d'en finir. Et elle avait la sensation d'être si faible, comme si ses muscles eux-mêmes se consumaient ; il y avait longtemps que les grands muscles circulaires de son manteau n'avaient plus la force de la propulser librement, comme autrefois, dans cet océan auquel elle avait fait traverser l'espace.

Mais les jeunes ne voulaient pas la laisser tranquille. Ils venaient la voir, lui secouaient les membres, lui demandaient de les guider. Elle rassembla toute sa volonté pour ouvrir ses chromatophores.

*Je suis une algue. Je ne suis pas un calmar.*

*Non.* Des yeux intelligents apparurent dans son champ de vision. *Non. Danger proche. Tu meurs ; nous mourons.* Ils émettaient les signaux rapides et subtils employés par les sentinelles des bancs de calmars pour avertir de l'approche d'un prédateur. Il n'y en avait pas, bien entendu, sauf le prédateur ultime, la mort elle-même, qui était déjà en train de la consumer…

Et qui consumerait bientôt ces malheureux petits.

Dan et le Pied à l'Étrier avaient promis de la maintenir en vie. Mais, lorsqu'elle ne serait plus là, ils couperaient tous les appareils. Elle se demanda comment les petits étaient au courant. Ils étaient plus intelligents qu'elle.

Elle oubliait leur existence dès qu'ils sortaient de son champ de vision, comme s'ils cessaient d'exister lorsqu'elle ne pouvait plus les voir. Son esprit lui-même déclinait. Elle avait conscience qu'elle ne pourrait plus jamais chasser, même si elle en avait la force.

Mais les enfants revenaient, bruyants et exigeants.

*Pourquoi ?* disaient-ils. *Pourquoi ici maintenant ça ? Pourquoi mourir ?*

Et elle essayait de le leur expliquer. Oui, ils allaient tous mourir, mais pour une grande cause, pour que la Terre, l'océan et les êtres humains puissent vivre. Les humains et les céphalopodes formaient un unique banc grand comme le monde. C'était une vision splendide, digne du sacrifice de leurs vies.

N'est-ce pas ?

Seulement, ils ne savaient rien de Dan, ni de la Terre. Ils voulaient chasser en bancs et nager dans l'océan sans être gênés par de molles barrières de plastique.

Ils lui ressemblaient. Mais, sous certains aspects, ils ressemblaient beaucoup plus à leur père. Ils étaient intelligents. Et primitifs.

Elle les voyait bavarder entre eux, très vite, trop vite pour qu'elle puisse les suivre.

Ses explications n'étaient sans doute pas aussi bonnes que celles de Dan. Elle recommença.

*Non. Tu meurs nous mourons…*

**Dan Ystebo**

Au JPL, Dan ouvrit à l'heure prévue sa session quotidienne de communication avec le *Nautilus*.

Depuis des jours entiers, il ne recevait rien d'autre que des signaux télémétriques inertes. Il n'était même pas sûr – ce qu'il captait était si brouillé qu'il ne pouvait rien en tirer – que Sheena fût vraiment encore en vie.

C'était peut-être son dernier contact. Il apprécierait de ne plus devoir supporter toute cette merde.

Il rangeait son bureau. Il jeta un regard circulaire sur l'installation qu'il était en train de démonter, sa bonne vieille câblosphère, un fouillis confortable composé de vieilles tasses de café, d'emballages de hamburgers, de manuels techniques et d'écrans souples roulés, sans oublier le multi-poster décorant la cloison de séparation où défilaient des scènes de ce classique du cinéma qu'était *Vingt Mille Lieues sous les mers*.

Dan allait rentrer à Key Largo. Il avait l'intention de démissionner du Pied à l'Étrier et de reprendre sa carrière dans la décontamination biologique et le génie génétique, d'où il venait. Le travail qu'il accomplirait n'aurait que de bonnes applications, en ce qui le concernait. Rien à voir avec les trucs à l'éthique ambiguë de médecins nazis du Pied à l'Étrier.

Mais il espérait traîner au JPL assez longtemps pour être avec Sheena lorsqu'elle mourrait. Et les signaux biologiques des télémètres indiquaient que ça ne tarderait plus. Ensuite, on détournerait pour la dernière fois de l'astéroïde les radiotélescopes du *Deep Space Network* et, quoi qu'il arrive ensuite, cela se déroulerait dans l'obscurité et le froid, et nul n'en entendrait rien.

… Il y avait une nouvelle image sur son écran. Un calmar s'adressait à lui, mêlant le signe représentant un nuage qui passe et un signal qu'il avait appris lui-même à Sheena, le tout premier, en fait :

*Regarde-moi. Dan. Regarde-moi. Dan. Dan. Dan.*

Incroyable.

— Sheena ?

Il lui fallut patienter durant les longues secondes pendant lesquelles cet unique mot, traduit en signaux lumineux, traversait l'espace.

*Sheena 6.*

— … Oh. Un petit.

Le calmar se tourna vers lui, plein de force et de confiance, et il eut l'impression que des yeux de prédateur l'étudiaient derrière une forêt de tentacules.

*Mourir.*

Sheena 5 ? Je sais.

*Eau. Eau mourir. Poissons. Calmars. Danger proche. Pourquoi ?*

Elle parlait de la biosphère de l'habitat. Elle voulait qu'il lui dise comment la réparer.

Ce n'est pas possible.

*Non.* Elle avait d'immenses yeux noirs. *Non. Non. Non.* Elle le bombarda de motifs composés de barres et de rayures qui palpitaient sur sa peau, tandis qu'elle levait les bras et baissait la tête. *Je suis grande et féroce. Je suis un poisson-perroquet, une algue, un rocher, du corail, du sable. Je ne suis pas un calmar, pas un calmar, pas un calmar.*

Dan n'avait jamais donné de signe pour dire « menteur » à Sheena, mais ce calmar qui le bombardait de mensonges, à des millions de kilomètres de lui, faisait de son mieux.

Seulement, Dan avait dit la vérité.

N'est-ce pas ? Putain, comment pouvait-il prolonger le système fermé de cette goutte d'eau, dont la durée de vie avait été programmée à l'avance, de manière qu'elle permette à un plus grand nombre de calmars de continuer à vivre, peut-être indéfiniment ?

… Le circuit n'avait aucune raison de rester fermé, réalisa-t-il. L'habitat du *Nautilus* reposait sur un astéroïde bourré de matériaux bruts. C'était le but premier de la mission. En fait, Sheena 5 avait déjà un peu ouvert le circuit en remplaçant l'eau fuyant par la membrane de l'habitat avec celle de l'astéroïde.

Il fallait des machines pour se procurer tout ça. Mais il y en avait. L'usine à propergols. L'unité pilote de production d'autres matériaux. Les lucioles, des robots qui pourraient réaliser le travail.

*À condition* qu'il trouve un moyen de faire tout ça. Et qu'il se débrouille pour reconvertir tout l'équipement afin de transformer le minerai carboné, peut-être en une sorte de soupe nutritive destinée à la biosphère. Et, s'il trouvait un moyen d'éduquer ces nouveaux calmars… Il avait eu des années pour travailler avec Sheena ; il allait disposer de quelques semaines avec les enfants de celle-ci. Et pourtant…

Le défi que cela représentait mit en marche son cerveau.

Cela dit, d'autres problèmes se posaient. Il ne pourrait plus diriger l'opération lorsque les communications seraient coupées, d'ici quelques semaines.

Dans ce cas, réalisa-t-il, il lui faudrait tout simplement éduquer les calmars afin qu'ils comprennent les principes de ce qu'ils allaient fabriquer. Comment faire fonctionner l'équipement et le réparer ? Voire l'augmenter ?

Ça pouvait marcher. Sheena était très intelligente.

Mais ça serait sacrément difficile. Et dans quel but ?

Qu'est-ce que tu racontes, Ystebo ? Ta conscience se réveille enfin ? Parce que si, c'est le cas, il y a là-haut un putain de calmar qui sait comment jouer avec.

En prime, se dit-il, je parviendrai peut-être à convaincre Reid Malenfant que c'est la meilleure chose à faire, une manière de continuer à faire avancer les objectifs les plus grandioses de tout le projet, avec ou sans la bénédiction des autorités. Si les calmars parviennent à survivre par eux-mêmes, s'ils refusent de mourir, nous pourrons peut-être retourner une nouvelle fois l'opinion publique…

Agir d'abord, justifier ensuite. N'est-ce pas ce que Malenfant dit toujours ?

— Je vais vous aider, dit-il. Je vais essayer. Que peuvent-ils me faire de toute façon ? Me virer ?

Dan passa un coup de fil à Malenfant. Puis un autre pour dire aux gens qui l'attendaient en Floride qu'il ne les rejoindrait pas tout de suite.

Le calmar se détourna de la caméra.

**Emma Stoney**

Cornélius Taine rendit visite à Emma dans son bureau.

— Nous pensons que ça a marché, dit-il, le souffle court. Nous l'avons trouvé.

Emma n'appréciait pas de le revoir.

— Trouvé qui ? De quoi parlez-vous ?

Cornélius lui tendit un document. Il s'agissait d'un rapport préparé par un professeur de physique de Cal Tech. Emma le feuilleta. Il y avait beaucoup de texte entrelardé d'équations qu'il lui était difficile de lire en diagonale.

— C'est une analyse de données trouvées dans des écrans souples. On a eu du mal à en comprendre la partie mathématique. La notation n'est pas conventionnelle. Mais tout y est.

— Tout quoi ?

Cornélius s'assit et fit un effort visible pour s'armer de patience.

— C'est l'ébauche d'une théorie de la gravité quantique. L'unification, attendue depuis un siècle, de la relativité générale et de la physique quantique, les deux grands piliers de la physique.

— Je croyais que ça existait déjà. La théorie des cordes.

— Elle en fait partie. Mais la théorie des cordes est une jungle mathématique. Ça fait trente ans qu'elle existe et les théoriciens n'en ont tiré qu'une poignée de prédictions. Qui plus est, elle a des limites ; elle n'intègre pas l'existence d'un espace naturellement courbe. Et…

Emma repoussa le rapport.

— Quel rapport avec nous ?

Il sourit.

— Tout. On a trouvé ces travaux dans une école de la Fondation en Australie, dans le Territoire du Nord. Ils sont l'œuvre de l'un des internés.

*Internés.*

— Vous parlez d'un Enfant bleu ?

— Oui. Un garçon de dix ans originaire de Zambie.

Il lui tendit une photo. On y voyait un gamin à l'air effrayé, aux dents blanches et solides, aux yeux ronds.

— Mon Dieu, dit-elle. Je le connais.

— Je sais. (Taine regardait la photo d'un air avide.) C'est lui que nous cherchons. Vous ne comprenez pas ?

— Non. (Elle réfléchit aux paroles de Cornélius.) Vous voulez dire que le but de tout le programme était de trouver *ce* garçon ? (Elle poussa le rapport un peu plus loin.) Je n'arrive pas à croire que vous soyez venu me voir pour ça, Cornélius. Au cas où vous ne seriez pas au courant, je vous rappelle qu'on est en train de mettre un terme à notre mission, là-bas, sur Cruithne. Ça fait trois mois que nous en explorons la surface et nous n'avons rien découvert qui justifie d'avoir renoncé à Reinmuth en tant qu'objectif, ni que cela nous ait créé autant de complications.

— Nous en avons déjà parlé à plusieurs reprises, dit-il, l'air pincé. Vous êtes tout à fait consciente du fait qu'on a réduit le rayon d'action des lucioles-robots à une toute petite zone autour du *Nautilus*. Nous avons marqué le pas. Il reste beaucoup de terrain à explorer. Qui plus est, nous savons qu'il y a quelque chose à découvrir. Nous avons le message de la radio de Feynman…

— Bien sûr, dit-elle d'une voix cassante. Sauf que, tout ce que nous avons entendu, c'est peut-être la climatisation du Fermilab qui s'allumait et s'éteignait. Qu'en pensez-vous ?

Il soutint son regard, l'œil brillant, les lèvres serrées et crispées. On aurait dit qu'il se balançait sur sa chaise, d'avant en arrière, en un mouvement quasi imperceptible.

— Emma, il y a beaucoup, *énormément* de choses que vous n'avez pas encore comprises. N'oubliez pas que nous luttons pour le sort de notre espèce.

— Et alors ? dit-elle en soupirant.

— Alors, nous devons aller le chercher.

— Nous ?

— Il se souviendra peut-être de vous.

## Sheena 6

Sheena 6 était la plus intelligente de tous les petits.

Cela ne constituait en aucune manière un privilège. Elle devait travailler dur pour absorber les nouveaux signaux et concepts que Dan lui communiquait.

Et elle avait beaucoup de travail.

Elle apprit à se servir du dispositif en forme de gant qui faisait marcher les robots sur le sol de l'astéroïde, cet étrange lieu hors du vaisseau où il n'y avait pas d'eau. L'équipement minier, conçu pour extraire du méthane et de l'eau destinés à la fabrication de propergol, fut adapté pour chercher les matériaux de base nécessaires au phytoplancton, des nitrates et des phosphates. On cessa d'envoyer des sacs d'eau et de poussière en direction de la Terre. Sous les ordres de Sheena 6, les lucioles démantelèrent les usines à méthane des pôles et entreprirent de traîner leurs éléments à la surface de l'astéroïde en vue d'autres utilisations.

Il y avait beaucoup de travail dans l'habitat lui-même. Dan lui montra comment préserver la pureté de l'eau. Les grandes cellules métalliques pouvaient produire de l'oxygène de façon à maintenir l'eau fraîche et vivifiante. Elle était pompée à travers des lits de filtres au charbon. Mais celui-ci devait être remplacé par du carbone extrait du minerai de l'astéroïde et brûlé au feu du Soleil.

Dan tenta également de lui montrer comment interpréter les données fournies par les systèmes de surveillance sophistiqués s'assurant que les circuits fermés demeuraient sains. Mais ils n'étaient d'aucune utilité à Sheena 6. Ses sens de calmar étaient très fins. Si un déséquilibre affectait l'eau, elle était capable de le voir, de le goûter, de le sentir lorsqu'elle passait dans son manteau et sur ses branchies. Elle pouvait voir la torsion de la lumière induite par les polluants qui la troublaient, et même entendre les cris minuscules du plancton. Elle savait quand l'eau n'était pas saine. Avoir les moyens de corriger le problème lui suffisait.

Les procédés étaient complexes. Mais elle apprit que le principe central était simple. Son monde, cette gouttelette d'eau accrochée à un rocher, était si petit qu'il ne pouvait pas subvenir à ses propres besoins. Elle prélevait de la nourriture en se nourrissant de krill ; elle devait donc trouver des méthodes, directes ou indirectes, de restituer au monde des matériaux bruts destinés à produire cette même nourriture.

Très bien.

Au milieu de toute cette activité, Sheena 5 s'affaiblissait. Sheena 6 tenta de la maintenir éveillée quelques heures de plus en la bourrant de coups.

À la fin, cependant, les yeux sombres de Sheena se troublèrent. Ses enfants se réunirent autour d'elle. *Regardez-moi. Faites-moi la cour. Aimez-moi.*

Dernières paroles confuses, signaux brouillés sur un manteau tacheté, muscles raidis et vidés de leurs forces tentant d'ébaucher des postures.

Sheena 6 flottait près de sa mère. Qu'avaient donc vu ces yeux qui s'assombrissaient ? Était-ce vrai qu'elle avait éclos dans un océan sans limites, un océan où des centaines – des milliers, des millions – de calmars chassaient, se battaient, s'accouplaient et mouraient ?

Les bras de Sheena 5 pendaient, inutiles ; la faible gravité de Cruithne commençait à l'attirer vers le bas pour la dernière fois.

Les enfants de Sheena se jetèrent sur elle et leurs becs déchirèrent sa chair tiède et aigre.

Avec le temps, l'habitat du *Nautilus* s'était stabilisé. Son chargement vivant survivrait tant que les machines fonctionneraient.

Mais il était trop petit.

Il avait été conçu pour abriter un seul calmar. Il y en avait quatre à présent, quatre enfants de Sheena.

Le manque de nourriture n'était pas l'unique problème. Il arrivait à Sheena 6 de ressentir le besoin douloureux de déchirer le manteau de certains de ses frères les plus stupides.

Alors, guidée par Dan, elle se mit au travail. Sous ses ordres, les lucioles-robots commencèrent à construire de nouveaux moteurs, et de nouveaux flux de matériaux. Dan tenta de lui enseigner des signaux symboliques désignant les processus chimiques impliqués.

Il y avait par exemple une petite unité de production qui brûlait de l'hydrogène et du dioxyde de carbone pour produire de l'eau et du monoxyde de carbone. Ensuite, celui-ci brûlait encore avec de l'hydrogène pour obtenir de l'eau et de l'éthylène, qui était utilisé pour fabriquer du polyéthylène et du polypropylène...

En fait, elle ne comprenait pas grand-chose au processus. Mais elle savait quel était le produit fini.

Du plastique.

Avec du plastique, elle pouvait tout fabriquer. Elle mit les lucioles au travail sur les feuilles et les artefacts, qu'ils coupèrent et assemblèrent. Les feuilles miroitantes s'étalèrent tout autour de la fusée au pôle et de l'habitat chatoyant du *Nautilus*.

Ces mini-usines étaient censées servir à tester des technologies et des procédés de fabrication qui auraient pu permettre à une colonie humaine de s'installer sur Cruithne. Mais aucun humain n'était venu.

Il ne tarda pas à y avoir quatre habitats reliés par des tunnels, un pour chaque enfant de Sheena, ceux qui étaient intelligents et avaient survécu.

Les habitats se remplirent d'eau provenant de la substance fondue de l'astéroïde. Le krill et les diatomées se multiplièrent joyeusement pour occuper l'espace mis à leur disposition. Les habitats ressemblaient à des éclaboussures d'eau et de vie sur la surface friable aussi noire que du charbon de l'astéroïde ; ils avaient eux-mêmes l'apparence d'êtres vivants qui pondaient et se reproduisaient.

Mais, déjà, une autre génération de céphalopodes arrivait : des sacs d'œufs étaient accrochés au rocher dans tous les habitats.

Alors, ils les agrandirent.

Et, comme ils étaient plus vastes, il fallait plus d'énergie. Sheena augmenta la surface des installations de cellules solaires qui couvraient le pôle de l'astéroïde.

Mais cela ne suffit pas. Sheena trouva un moyen de fabriquer du verre à partir de composés de silicium de Cruithne et de céramique. Il permit de construire les structures destinées à soutenir dans l'espace de grandes ailes chargées de cellules photovoltaïques qu'elle plaça loin de la surface.

Les enfants de Sheena essaimèrent sur leur astéroïde sans que les humains se rendent compte de quoi que ce soit.

La troisième génération sortit de sa coquille et commença à observer son monde en expansion de ses yeux neufs, curieux et pleins de ressentiment.

Environ un sur cinq était intelligent. Cela semblait très peu.

Tandis que les jeunes pourchassaient leurs frères dépourvus d'esprit, Sheena se demanda s'il y avait un moyen d'augmenter cette proportion. Et de rendre les calmars plus intelligents.

Et d'allonger leur durée de vie.

Sheena 6 pensait à l'avenir.

Elle comprit que ça ne s'arrêterait pas. Qu'il y aurait d'autres générations et d'autres habitats, jusqu'à ce que l'astéroïde en soit couvert et ses ressources épuisées. Et ensuite ? Allaient-ils finalement s'en prendre les uns aux autres ?

Il n'y avait personne avec qui elle pouvait partager ses idées.

En vérité, Sheena était isolée. Elle ne se sentait pas proche de ses frères, ni même de ses propres petits.

Ce nouveau banc avait éclos dans le monde étrange de l'espace. Ses membres nageaient dans l'eau issue d'un astéroïde, pas dans les océans de la Terre. C'était également le cas de Sheena 6, bien entendu, mais, tout comme sa mère avant elle, elle avait travaillé avec des humains, avec Dan. Peut-être était-elle plus proche de la Terre que ses congénères.

Sheena 5 lui avait parlé des grands bancs de calmars de la Terre, de leurs chants rêveurs au sujet d'un passé vieux de millions d'années. Les nouveaux calmars ne se souciaient pas de la Terre. Leurs rêves, leurs danses et leurs chants parlaient de l'avenir.

Les enfants découvrirent de nouvelles méthodes pour contrôler les lucioles-robots. Ils avaient commencé à leur faire explorer l'astéroïde, allant dans des endroits que ni Sheena 5 ni sa fille n'avaient jamais vus. Ils conversaient par signes, mais Sheena 6 ne reconnaissait pas ceux-ci : de grandes explosions en étoile, des calmars se tordant et mourant.

Ils avaient apparemment trouvé quelque chose de l'autre côté de l'astéroïde. Quelque chose d'étrange.

Ils ne voulaient pas lui en parler. Lorsqu'elle envoya une luciole robot ramper sur place pour enquêter, ils lui firent faire demi-tour et la renvoyèrent.

Les enfants se mirent à porter des sceaux sur leur peau riche en chromatophores. Des cercles de couleur vive. Dan lui dit qu'ils étaient bleus.

Sheena 6 nageait avec agitation dans l'habitat du *Nautilus*. Seule.

Elle avait la nostalgie du banc. Elle n'avait pourtant jamais connu l'esprit de compagnonnage du véritable banc ; elle était née trop tard pour avoir nagé avec les grands nuages de calmars, sur la Terre, et trop tôt pour se joindre à ces nouvelles créatures de l'espace aux yeux brillants. Elle n'appartenait ni aux uns, ni aux autres.

Elle n'avait pas de but. Elle pouvait aussi bien mourir.

Pourtant, elle ressentait la brûlure de l'agitation et la démangeaison de la curiosité. Qu'avaient donc trouvé ses congénères à l'autre bout de l'astéroïde ?

Elle envoya une autre luciole, en vain.

Sheena 5, sa mère, avait autrefois traversé l'espace et voyagé entre les mondes. Il convenait peut-être que Sheena 6 – celui de ses enfants qui était le plus proche d'elle, le dernier d'entre eux à avoir communiqué avec un être humain – fasse quelque chose de semblable.

Elle réunit les machines qui restaient et commença à élaborer un nouveau plan.

**Michaël**

Quand il ouvrit les yeux, Michaël vit des jambes devant lui. Des piliers de tissu. Les jambes d'un homme.

Il essaya de ne pas bouger. Ferma à nouveau les yeux. Peut-être que, si l'homme croyait Michaël endormi, il s'en irait et choisirait quelqu'un d'autre. Un silence étrange, irréel, régnait dans la pièce. Il s'imagina les autres enfants, allongés dans leurs lits, raides, faisant comme lui semblant de dormir.

Les Frères ne venaient quasiment jamais ici. La Sœur qui travaillait dans son bureau fermé par une vitre au bout du dortoir en sortait uniquement si quelqu'un avait fait une bêtise, comme renverser le pot de chambre.

Ce n'était jamais bon signe lorsqu'il se passait quelque chose d'inhabituel, parce que ça signifiait que quelqu'un allait souffrir. Tout ce que vous pouviez faire, c'était vous débrouiller pour que ça ne tombe pas sur vous.

Mais, ce soir-là, c'était le tour de Michaël.

L'homme lui aboya dessus. Il employait la langue des gens d'ici, pas celle de Michaël, aussi celui-ci ne comprit-il pas. Il valait mieux ne rien dire.

Mais l'homme, de plus en plus en colère, continuait à lui parler, trop fort pour que Michaël l'ignore ou feigne de dormir.

Et, à présent, un poing de la taille d'une tête d'enfant plongeait sur Michaël pour empoigner son T-shirt crasseux. Il sentit le tissu s'enfoncer sous ses bras et entendit une couture céder. Il fut soulevé d'un coup, les jambes pendantes.

Il resta là, sans force. Un visage qui ressemblait à un nuage, perplexe et en colère, le dominait.

On le reposa sans ménagement sur ses pieds nus. Il resta là et leva les yeux vers l'homme. Ce n'était pas l'un des Frères. Il se détourna et s'adressa cette fois à la Sœur qui se trouvait au pied du lit de Michaël.

Elle voulut prendre sa main. Il la referma pour qu'elle ne puisse pas saisir ses doigts, mais elle la secoua énergiquement jusqu'à ce qu'ils se déplient ; elle les empoigna alors et les serra très fort.

Elle entraîna Michaël hors du dortoir. C'était le début de la matinée. Les couleurs grises de l'aube avaient disparu, laissant comme toujours le ciel bleu et vide ; les bâtiments aux couleurs délavées de l'école s'étendaient partout autour de lui.

La Sœur l'emmena dans un bâtiment plus petit que les autres où il n'était jamais allé. Elle ouvrit la porte et le poussa à l'intérieur.

Il songea que c'était l'endroit le plus propre qu'il eût jamais vu. Les murs étaient blancs et si lisses que l'on aurait dit de la peau. Il y avait des structures métalliques dans le toit et des bandes de lumière éclatante qui donnaient une couleur grise à l'air environnant.

La Sœur commença à tirer sur ses vêtements, les soulevant ou les déchirant pour les lui ôter. Il supporta ce traitement avec passivité. Il les récupérerait plus tard.

Il toucha le mur lisse. La crasse qui couvrait sa paume laissa une marque. Il ôta vivement sa main et se tourna vers la Sœur en se demandant si elle allait le punir, mais elle semblait n'avoir rien remarqué.

Lorsqu'elle lui eut enlevé tous ses habits, elle le poussa au milieu de la pièce, loin des murs. Puis elle sortit et referma la porte derrière elle.

Alors, de l'eau gicla, des aiguilles d'eau jaillirent du plafond. Elle chuinta sur les murs et tambourina sur son corps. Au début, il crut que c'était peut-être de la pluie. Il y avait de la pluie chez lui, en été. Mais il ne pleuvait jamais ici.

Il pleuvait de plus en plus fort, si fort que cette pluie le picotait. Elle avait une drôle d'odeur, semblable à celle du liquide que les Sœurs utilisaient parfois pour nettoyer le dortoir au jet. Et elle était de plus en plus chaude. Il fit quelques pas chancelants en arrière en se tenant à la paroi dure et glissante, mais il semblait que la pluie le suivait et il n'avait nulle part où se réfugier, et même pas d'autres enfants derrière qui se cacher.

Peut-être était-ce là sa punition. À cause de la torche.

Blotti dans un coin, il se cala dans l'angle. L'eau qui dégoulinait de son corps s'évacuait par un trou au milieu du sol. Elle était brune et noire, mais elle commença à s'éclaircir au bout d'un moment.

**Emma Stoney**

Emma était de plus en plus atterrée par les mauvaises nouvelles en provenance des écoles pour Enfants bleus. Rien, cependant, n'aurait pu la préparer à la réalité de Red Creek.

Située en Australie, dans le Territoire du Nord, c'était une réserve aborigène rétablie par le gouvernement fédéral de Terra Nullius, le parti au pouvoir. On en avait bouclé une partie pour y implanter cette école dépendant de la Fondation. Un « Frère » leur fit visiter les lieux, un jeune Portugais, sombre, beau et posé, vêtu d'une soutane noire qui claquait au vent et d'un col de prêtre.

C'était un endroit sinistre.

Il y avait des huttes, des sortes de baraquements autrefois peints en blanc, dont la peinture s'était délavée en un rose indéfini. Toute couleur semblait par ailleurs inexistante, hormis le rouge grisâtre de la poussière que l'on trouvait partout dans le cœur érodé et recuit par le Soleil de l'Australie. Elle était à ce point omniprésente qu'un grand nuage suivit Emma tandis qu'elle marchait. Il semblait n'y avoir absolument aucune végétation au-delà de la réception, pas même un brin d'herbe. Une odeur sèche et chaude planait dans l'air, une odeur de poussière, de vêtements sales, de fèces et d'urine.

On ne les autorisa pas à entrer dans les huttes. Elle ne vit pas d'enfants.

Ici, à Red Creek, trois cents d'entre eux vivaient dans des conditions sordides parfaitement administrées. Ni Cornélius ni le Frère n'émirent la moindre remarque à ce sujet. Au lieu de cela, le Frère parla de la coadministration des économies d'échelle de l'école et du reste de la réserve des abos.

*Les abos.* Le terme désignait les aborigènes. Comme une sorte d'insulte désinvolte. De la même façon, le Frère parlait bien sûr des enfants en utilisant le terme *Bleus.* Même si, dit-il, et ça avait l'air de vouloir être une plaisanterie, la plupart d'entre eux étaient noirs.

Terra Nullius – le nom du parti australien au pouvoir – signifiait « terre vide ». Il faisait référence à la vieille invention selon laquelle l'Australie était inhabitée lorsque le capitaine Cook y avait planté son drapeau – et que les aborigènes n'avaient donc aucun droit sur les terres où ils avaient vécu pendant des millénaires. Un nom tout à fait approprié à la ligne politique que le gouvernement appliquait impitoyablement.

Les indigènes d'Australie avaient subi des discriminations persistantes pendant deux siècles, on les avait dépossédés de leurs terres, on avait séparé les enfants de leurs parents pour les placer comme serviteurs ou pour les faire travailler dans les champs, et ainsi de suite. Il y avait eu une brève embellie, dans les années 70 et par la suite ; on avait voté des lois protectrices et libérales, sinon parfaites. Tout cela s'était évaporé lorsque l'économie s'était mise à sombrer au début du siècle naissant, quand l'érosion des sols avait commencé à frapper le pays.

À présent, les enfants noirs représentaient trois pour cent des jeunes d'Australie, mais soixante pour cent d'entre eux étaient en prison. Des associations internationales des droits de l'homme et des organisations aborigènes parlaient de torture et de passages à tabac. Et ainsi de suite.

L'Australie moderne était l'endroit idéal pour construire une école telle que celle-ci. Et pour y employer les gens qui la dirigeaient.

Le Frère portugais appartenait à une congrégation chrétienne appelée l'Ordre du Christ. Elle faisait partie de la coalition plutôt floue qui soutenait la fondation Mozart. Les racines de l'Ordre remontaient au XIVe siècle. C'était une société militaro-religieuse créée à l'origine pour attaquer l'Islam sur ses propres territoires. Vasco de Gama, dont l'une des spécialités consistait à pendre des musulmans aux mâts de ses navires et à s'en servir pour l'entraînement à l'arc, en avait fait partie…

Et, en 2011, voilà que l'Ordre se trouvait au cœur noir de l'Australie où il dirigeait une école. Et celle-ci était en partie subventionnée par le Pied à l'Étrier, avec de l'argent dont Emma avait eu le contrôle.

Consternée, pleine de honte, elle prit à part Cornélius.

— Pour l'amour de Dieu, Cornélius.

Il fronça les sourcils.

— Vous êtes bouleversée.

— Bon sang, oui. Je n'imaginais pas…

— On ne commet aucun crime dans cet endroit, dit Cornélius avec douceur. Les Frères sont en fait ici pour protéger les enfants. Les Bleus.

— Malenfant est au courant ?

Cornélius sourit.

— Qu'en pensez-vous ?

Emma prit plusieurs profondes inspirations. Fais la part des choses, Emma. Un problème à la fois.

— Cornélius, comment un enfant seul et sans éducation peut-il découvrir une théorie du Tout dans cette école abandonnée au fin fond de l'arrière-pays australien ?

— Je pourrais citer Einstein. Souvenez-vous, il était employé au bureau des brevets. Son cursus éducatif n'était pas parfait. Il n'avait même pas accès à des preuves expérimentales. Il a inventé la relativité à partir de principes de base, en *réfléchissant*. Et…

— Quoi ?

— Eh bien, il est possible que Michaël ait reçu un petit coup de main.

— De quel genre ?

Il leva au ciel ses yeux bleu clair rendus laiteux par la lumière.

— Il faut penser comme les gens de l'aval. Anticiper leurs actions.

— Vous êtes vraiment cinglé, Cornélius.

Il sourit. Puis il se détourna et suivit le Frère portugais.

Elle n'avait pas d'autre choix que de lui emboîter le pas.

Ils revinrent à la réception et attendirent qu'on leur amène l'enfant, Michaël.

**Michaël**

L'eau cessa de couler dans la maison de pluie. Michaël s'assit, frissonnant.

Le plafond lui souffla alors une bouffée d'air chaud. La lumière devint bizarre et il sentit sa peau le picoter.

La porte s'ouvrit en grand et la Sœur revint.

Il se recroquevilla sur lui-même, fourrant ses mains entre ses cuisses, mais elle les en fit sortir en tirant dessus et l'obligea à se mettre debout.

Elle l'entraîna hors de la pièce, à l'air libre. Le Soleil tapa sur sa peau que ne protégeait plus son écran de crasse tiède. Il y avait des vêtements, mais pas les siens. La femme le poussa en avant. Le sens de son geste était clair.

Il se pencha à contrecœur, prit les vêtements et les enfila. Ils étaient blancs et raides : un T-shirt, un pantalon et même des chaussettes et des chaussures. Mais ils irritaient sa peau nue. En outre, ils ne portaient pas de cercle bleu, ce qui le déconcerta.

Lorsqu'il fut habillé, la Sœur lui reprit la main et le traîna à nouveau derrière elle.

Ils traversèrent l'école. La Sœur marchait à grands pas réguliers et énergiques, et il était presque obligé de courir pour rester à sa hauteur. Il faillit tomber une fois. Elle se mit à crier, de toute évidence préoccupée par le fait qu'il aurait pu salir ses vêtements neufs.

Ils ne tardèrent pas à laisser les dortoirs derrière eux. La peinture qui les recouvrait pelait sous le Soleil éternel.

Michaël recommença à avoir peur. Ils n'avaient pas marché longtemps depuis son propre dortoir, mais il ne reconnaissait pas les bâtiments. Il avait dû passer devant lorsqu'on l'avait amené ici, mais il ne s'en souvenait pas, il n'était plus allé si loin depuis. Saurait-il retrouver son chemin pour regagner son dortoir ? Il tenta de mémoriser les constructions devant lesquelles il passait, mais il y avait trop de choses nouvelles ici.

Il tenta de laisser traîner son gros orteil dans la poussière afin de tracer une piste qu'il pourrait suivre au retour, mais la Sœur le vit et le disputa parce qu'il avait sali ses chaussures blanches neuves. Elle lui donna une tape sur la tête.

Ils arrivaient devant l'un des bâtiments. Une porte était ouverte sur un intérieur obscur. Il y avait une clôture derrière ; au-delà s'étendait le désert, plat et vide.

Les Frères leur avaient tout dit sur le désert. Il s'étirait très loin de l'école, si loin qu'en le traversant on ne pouvait que s'effondrer très vite à cause de la soif et, même si vous arriviez à le traverser, ce serait pour trouver des gens qui vous puniraient et vous renverraient à votre point de départ. Donc, même si l'on parvenait à sortir de l'école, il n'y avait nulle part où aller, et personne à qui demander de l'aide.

La Sœur l'entraîna vers l'entrée obscure. Il ne put s'empêcher de tirer en sens contraire. C'était la fin du voyage et, quoi qu'il advînt, et quelle que fût la chose pour laquelle on l'avait préparé dans le bâtiment plein de pluie et de lumière, elle se trouvait ici, à l'intérieur de ce bâtiment.

On enlevait parfois des enfants du dortoir, et ils ne revenaient jamais. Allait-il trouver leurs os décolorés entassés là ?

La Sœur le tira à l'intérieur ; il essaya de ne pas crier.

**Cornélius Taine**

À présent, je peux vous dire pourquoi je pense que Michaël est si important.

Malenfant et moi avons eu de longues discussions à ce sujet : il pense que c'est manquer de pitié que de manipuler ainsi des vies d'enfants.

Mais Michaël n'est pas qu'un enfant.

Le projet Mozart était une couverture, bien entendu. Nous avons notre propre théorie sur l'origine des Bleus, les enfants surdoués.

Nous pensons que les gens de l'aval doivent tenter de nous envoyer des messages. Nous le ferions, si nous savions ce qu'ils savent. Mais nous ne sommes pas convaincus que la solution réside dans un quelconque gadget, même si nous devons l'envisager.

Il est possible que les gens de l'aval visent autre chose. Peut-être leur cible est-elle le système de stockage d'informations programmable le plus répandu sur la planète.

Je parle du cerveau humain, naturellement. Surtout les cerveaux des enfants : vides, impressionnables et malléables.

Nous ne savons pas comment ils s'y prennent. Nous ne savons pas quel effet cela peut faire. Il ne semble pas que quiconque entende des voix du futur dans sa tête.

À moins que – à moins que ça n'ait toujours été le cas – sauf que nous ne les identifions pas.

Une sacrée idée, hein ? Est-il possible que Michaël – né dans une pauvreté sordide au milieu de la poussière multimillénaire, incapable de lire ou d'écrire, et qui pourtant rêve d'un univers à quatre dimensions – est-il possible qu'il soit plus qu'un génie précoce, qu'il soit effectivement influencé, on ne sait comment, par des rayons venus du futur ?

Ça peut paraître fantastique, un plongeon dans la folie.

Mais si c'était vrai ?

Et si la génération de Michaël n'était pas la première ? Il y a toujours eu des génies isolés qui ont eu des intuitions et une sagesse semblant transcender l'époque et le lieu de leur naissance.

Peut-être cela se produit-il depuis longtemps.

Michaël est un trésor sans prix. Il semblerait que Malenfant l'ait compris à présent.

Aucun de nous ne sait encore où nous conduira ce voyage extraordinaire aux multiples facettes. Mais il me semble évident que ce garçon, Michaël, et Malenfant, l'homme, constituent ensemble un élément clé.

J'ai l'impression d'avoir jusqu'à présent tâtonné dans le noir. Et, pourtant, je suis fier d'avoir été si loin, d'avoir joué le rôle de catalyseur de cette relation essentielle.

Quand il a rencontré Malenfant pour la première fois, Michaël a paru recevoir un choc électrique, comme s'il l'avait reconnu.

Incidemment, le sort des autres Enfants bleus est hors de propos.

**Michaël**

Il faisait froid dans le bâtiment. De l'air sec et frais soufflait sur sa peau. Il y avait une table, des chaises et des portes ; pas de gens, pas d'enfants.

La Sœur le poussa jusqu'à une chaise en face de la table. Il s'assit.

La Sœur se dirigea vers l'une des portes. Elle l'ouvrit et il aperçut des gens, des adultes en train de bavarder, un verre à la main. La porte se referma derrière la Sœur ; il se retrouva seul.

Il regarda autour de lui. Il n'y avait personne. Il ne voyait ni caméras, ni écrans souples.

Il se laissa glisser de la chaise et trottina sur le sol dur jusqu'à la table. Il y avait une assiette en papier sur celle-ci et quelque chose dessus, un objet enroulé sec et brun. Peut-être la pelure d'un fruit. Il en fourra un morceau dans sa bouche et glissa le reste sous son T-shirt. La pelure lui piqua la langue. Elle était dure et difficile à mâcher.

La porte s'ouvrit en claquant contre le mur. Il se retourna. Des gens entrèrent. La Sœur et une autre femme.

Le visage de la Sœur se tordit lorsqu'elle découvrit

qu'il tenait l'assiette. Il vit son poing se serrer, mais quelque chose l'empêcha de le frapper. Elle se pencha et le saisit au visage, lui pinça la joue jusqu'à ce qu'il recrache la pelure sur le sol.

L'autre femme s'avança. Elle avait quelque chose de familier à ses yeux.

Des souvenirs flottèrent dans sa tête, des souvenirs importuns. Elle était venue au village, autrefois. *Stoney.* Stef l'avait appelée Stoney.

Il comprit soudain ce qu'ils allaient lui faire. On l'avait emmené dans cette école après la venue de Stoney au village. Elle était revenue, on allait donc à nouveau l'emmener dans un endroit pire que celui-ci, où il lui faudrait une fois de plus apprendre les règles et tout recommencer.

Stoney fit un pas vers lui.

Il se jeta à terre, couvrit son ventre et sa tête et attendit les coups.

Mais Stoney tendit vers lui ses mains ouvertes. Elle lui caressa le dos. Surpris, il leva les yeux.

Elle faisait quelque chose qu'il n'avait jamais vu un adulte faire auparavant. Quelque chose qu'il croyait réservé aux enfants.

Elle pleurait.

**Emma Stoney**

Une semaine après le retour d'Emma, Cornélius convoqua une réunion à l'observatoire du mont Palomar, d'où il essayait d'observer Cruithne.

Emma – qui travaillait comme une folle, incapable de dormir, incapable d'oublier ce qu'elle avait vu en Australie – tenta d'y opposer son veto. Mais on n'en tint pas compte.

Et c'est ainsi que, sur l'ordre de Cornélius Taine et de

sa lumineuse folie, elle fut obligée de se traîner une fois de plus à l'autre bout du pays.

Pour aller au mont Palomar, Emma dut se rendre à San Diego en avion, puis affronter une heure de voiture en direction de l'est, dans les San Jacinto Mountains. L'autoroute était moderne. Son chauffeur, une femme obèse et bavarde, lui dit qu'elle avait été construite par les détenus d'une prison locale. Elles atteignirent le groupe de télescopes qui constituait l'observatoire. Le dôme du réflecteur géant de sept mètres dominait le site : un monument national dont le cœur était un miroir fait de vingt tonnes de verre en nid d'abeille. Mais, ce soir, alors que le ciel était clair – bien qu'un peu sali par du smog éclairé au sodium – le grand dôme était fermé.

Cornélius Taine vint chercher Emma à sa voiture. Elle se détourna de lui, refusant de lui parler.

En apparence serein, il la conduisit dans un petit bâtiment annexe. L'endroit, brillamment éclairé, était encombré de matériel de communication bourdonnant, dont la majorité paraissait un peu vétuste. Quelques jeunes chercheurs s'y trouvaient, bavardant tranquillement tandis qu'ils consacraient une nouvelle nuit de leur vie à ce travail lent et obsessionnel consistant à attendre qu'un rocher perdu dans l'espace passe entre une étoile et la Terre. Le dévouement et la sincérité qui permettaient d'extraire des données d'occasions aussi brèves et à peine visibles avaient quelque chose d'effrayant qui forçait le respect.

Contrairement à Cornélius, se dit-elle, ils ne sont pas là à cause de la catastrophe de Carter, ni de quoi que puisse représenter Cruithne pour lui. Ils ne sont même pas bien payés. Ils le font juste parce que...

En réalité, elle ne comprenait pas vraiment pourquoi ils faisaient ça.

Au milieu de ce groupe nerveux de gens qui

surcompensaient, Cornélius paraissait aussi froid que de la glace et maître de lui dans son costume noir.

Ils atteignirent un petit bureau encombré. Emma était arrivée après les autres, semblait-il, et ils avaient déjà commencé.

Malenfant faisait les cent pas dans la pièce, avec de grands gestes agressifs et exagérés. Elle ne l'avait pas vu depuis son retour d'Australie. Dan Ystebo était assis, un beignet à la main, l'air obscurément satisfait de lui-même.

Emma fut profondément troublée en découvrant la présence de Michaël, le petit garçon qu'elle avait tiré de ce camp infernal au milieu du désert australien. Il portait des vêtements amples et propres. Assis dans un coin du bureau, le dos au mur, il jouait avec un prisme, dont il projetait l'éventail de lumière sur ses yeux.

— Que fait-il ici ? siffla-t-elle en direction de Malenfant.

— Je l'ignore encore, Emma, dit-il. Je sais que ça ne paraît pas normal, mais je crois que nous n'avons pas le choix.

Elle fronça les sourcils. Il semblait effrayé.

Cornélius était près d'eux.

— Michaël va bien et il est en sécurité. Sa situation est sous contrôle juridique. (Ses yeux étaient très pâles, pareils à deux morceaux de verre.) Vous savez Emma, si vous étiez tellement inquiète pour ce garçon, vous auriez pu prendre une initiative. Essayer de lui trouver un tuteur de votre choix, par exemple. Mais vous ne l'avez pas fait. Vous êtes comme tous les cœurs sensibles qu'on entend brailler ces temps-ci au sujet des écoles et de la manière dont on traite les Enfants bleus. Tant qu'ils étaient hors de votre vue, vous vous désintéressiez de ce qui pouvait bien leur arriver.

Elle se rendit compte qu'elle était incapable de soutenir son regard.

Elle remarqua que les yeux de Michaël ne cessaient d'aller et venir alors même qu'il regardait son prisme. Il observait les adultes. Il ne nous fait pas confiance, se dit-elle. Il s'attend que nous nous retournions contre lui à nouveau comme nous – nous, les adultes – l'avons déjà fait.

Elle s'assit, troublée.

— Finissons-en.

— Vous avez trouvé quelque chose, hein ? demanda Malenfant, tendu et excité. Sur Cruithne.

Cornélius eut un hochement sec de la tête.

— Au travail. Une chose à la fois, d'accord ?

« Grâce à notre ami Dan, les calmars ont survécu sur l'astéroïde. (Il pianota sur des touches incluses dans la table.) Malheureusement, ils refusent de nous parler. Ils renvoient même les lucioles contrôlées par la faction restée dans le premier habitat du *Nautilus*, qui semble plutôt loyale. Nous essayons d'obtenir un contrôle direct des robots, en court-circuitant les céphalopodes. Entre-temps, nous avons dû nous appuyer sur des capteurs éloignés, depuis la Terre ou des satellites, pour arriver à comprendre ce que se passe là-haut, ce qui est plutôt ironique.

— Ironique parce que, au départ, nous avons envoyé les calmars là-haut pour mieux voir Cruithne.

Cornélius commença à afficher des données – sous forme de graphiques et de colonnes – sur les écrans souples enchâssés dans la surface de la table.

— C'est étonnant ce qu'il est possible de deviner au sujet d'un astéroïde rien qu'en l'observant. On peut comparer sa luminosité avec celle des étoiles proches, calculer sa vitesse en regardant son déplacement dans le ciel, voir comment la luminosité change et deviner sa forme, distinguer la couleur des rochers et de quoi ils sont constitués. Et nous utilisons des radiotélescopes pour faire rebondir des faisceaux radars sur la surface de Cruithne. En comparant l'écho avec le signal original, nous pouvons en dire encore plus sur l'astéroïde : sa forme, sa vitesse de rotation, les propriétés de sa surface, sa position et sa vélocité, sa composition…

« Nous avons découvert que la morphologie de la surface de certaines parties de Cruithne est inhabituelle. Et pas seulement à cause de la présence des habitats des calmars. Nous sommes arrivés à intercepter le signal de l'un des drones qui s'est approché assez près pour émettre une image, partielle, avant d'être renvoyé.

— Assez près de quoi ? aboya Malenfant.

En guise de réponse, Cornélius déploya une image sur les écrans de la table.

Emma partageait le point de vue d'une luciole qui se trouvait sur Cruithne avec les autres :

Un ciel étoilé, un horizon bosselé, une surface accidentée, criblée de trous, d'un gris sombre souligné par une source de lumière située quelque part en arrière et sans doute fixée sur le robot qui prêtait à Emma ses yeux électroniques.

Elle voyait au premier plan des éléments de la luciole : un bras manipulateur de métal, quelques câbles retenant le drone à la surface. Son champ de vision était limité ; le drone était bas, il collait au sol, ce qui rapprochait l'horizon de l'astéroïde.

Et, à l'horizon, elle vit…

Quoi ?

Un arc bleu vif. En apparence parfaitement lisse, d'une pureté toute géométrique. Il s'étirait d'un bord à l'autre du cadre, et il était de toute évidence artificiel.

Le froid envahit Emma. C'était étrange, et totalement inattendu.

— Putain de merde, dit Malenfant. C'est un artefact, non ?

— Ça, dit Cornélius, c'est ce que vos calmars absents ont déterré sur Cruithne. Vous ne voyez qu'une partie de la structure. La luciole a été renvoyée après avoir émis cette image. Je peux vous en montrer une de l'objet entier. (Il pianota sur son écran.) Prise depuis la surface, néanmoins. À une distance consternante, et l'image est floue.

Emma se pencha en avant. Elle vit un objet en forme de pomme de terre – un objet gris, bosselé et couturé de cicatrices – qui se détachait sur un fond noir.

— Cruithne, dit-elle.

L'image était animée ; l'astéroïde tournait avec grâce sur son axe le plus long, amenant quelque chose en vue. Dans une profonde fosse ronde nettement découpée se trouvait une structure.

Un cercle bleu.

Une fois agrandi au maximum, ce n'était plus qu'un anneau de pixels cubiques. Il était évident qu'il s'agissait là de l'extension de l'arc dont la luciole s'était approchée. Emma n'avait aucun moyen d'en estimer la taille. Il y avait des grappes d'habitats tout autour, des éclaboussures d'or qui ne le touchaient pas directement.

On ne voyait rien d'autre que de l'obscurité à l'intérieur du cercle lui-même.

— Sa hauteur est d'environ neuf mètres. Nous avons tenté de faire rebondir des signaux radar et des lasers sur l'artefact. Il ne possède pas les mêmes propriétés de réflexion que le reste de l'astéroïde. En fait, il est apparemment impossible d'obtenir le moindre écho radar. Difficile d'émettre un avis définitif. Ce qui encombre la surface tout autour…

— Qu'est-ce que ça signifie ? demanda Malenfant.

— Il est peut-être parfaitement absorbant. À moins qu'il ne s'agisse d'un trou.

— Un trou ? répéta Malenfant en fronçant les sourcils. Quel genre de trou ?

— Un trou d'une profondeur infinie, répondit Cornélius en souriant. Nous cherchons une meilleure explication.

Nous avons détecté d'autres anomalies. Des radiations, des trucs à haute énergie. Des bizarreries, des pions et des positrons. Nous pensons que des processus hautement énergétiques se déroulent à l'intérieur. (Il haussa les épaules.) Il ne semble pas refléter la lumière. Mais la lueur bleue provient de la surface elle-même. Elle n'a pas de raies spectrales. C'est juste de la lumière à spectre large.

Emma secoua la tête.

— Je ne comprends pas.

— Si le cercle était constitué d'atomes, dit-il avec patience, de n'importe quel type d'atome, il émettrait sur des fréquences précises. Parce que les électrons de ces atomes sauteraient d'un niveau d'énergie quantique à l'autre.

— Donc, cette chose n'est pas faite d'atomes, dit Dan avec curiosité.

— Nous devrions bientôt reprendre le contrôle d'un ou deux robots, dit Cornélius. Ensuite, s'il s'agit d'un trou dans l'espace, nous allons voir où il mène. En y expédiant une luciole.

Malenfant faisait les cent pas, l'air obsédé et exultant.

— Alors c'est vrai. Il y a un artefact là-bas, sur Cruithne. Vous aviez raison, Cornélius. Ça va en boucher un coin à ces enfoirés de la FAA, de la Nasa et du Congrès…

Emma plongea en elle-même en quête d'un quelconque sentiment d'effroi métaphysique. Elle découvrit qu'elle était anesthésiée.

Elle s'aperçut que l'esprit de Malenfant s'était aussitôt orienté vers les implications de cette découverte pour ses projets et ses affaires. Pas vers l'objet lui-même et sa réalité brutale. Pourtant, si cette chose était réelle, tout était différent.

Non ?

Cornélius souriait. Dan était assis, bouche bée. Illuminés par le prisme, les yeux de Michaël étaient posés sur elle, grands ouverts et vides.

Cornélius mit une semaine à tout préparer.

Emma essayait de travailler – ou plutôt, d'affronter la destruction compliquée qui n'en finissait pas du Pied à l'Étrier et les divers scandales qui s'y rattachaient concernant la fin du monde, les Enfants bleus et les calmars. Sur ses écrans défilaient des rapports financiers et des projections, des communiqués de presse et des comptes rendus d'actionnaires. Dans son bureau baigné par la lumière d'automne à Vegas, ce qu'elle avait vu sur le mont Palomar lui paraissait, eh bien, irréel. Comme un spectacle.

Des artefacts sur un astéroïde ? Un trou dans l'espace ?

Ça ne pouvait tout simplement *pas* être réel.

Néanmoins, elle éprouvait une difficulté inexplicable à se concentrer.

Pendant toute cette période, Malenfant ne cessa de lui casser les pieds. Il se plongea dans les affaires du Pied à l'Étrier, mais il était évident qu'il cherchait à se distraire : en colère, plein de vigueur, frustré, il brûlait son énergie nerveuse. Emma fit de son mieux pour l'empêcher de parler à la presse.

Cornélius finit par les convoquer tous les deux à une réunion dans les bureaux new-yorkais d'Eschatologie. Emma envisagea d'ignorer sa demande, d'exclure Cornélius et la souche de folie et d'inhumanité qu'il avait introduite dans sa vie.

Elle découvrit qu'elle en était incapable. Il fallait qu'elle *sache.*

Ce fut avec appréhension qu'elle interrompit son travail et prit l'avion avec Malenfant.

Cornélius les accueillit à la réception et les mena dans une salle de conférences.

Il marqua un temps d'arrêt devant la porte – un panneau de chêne bien ordinaire dans un couloir moquetté sans rien d'original.

— Attention, dit-il.

Emma glissa la main dans celle de Malenfant.

Cornélius ouvrit la porte.

Emma se retrouva sur Cruithne : un ciel noir, un sol terne et sombre qui s'arrondissait sous ses pieds, la lumière du Soleil qui flottait au-dessus d'elle était puissante et éclipsait les étoiles. Il y avait face à elle un artefact bleu dans une fosse aux contours nets : haut de neuf mètres, brillant, parfaitement circulaire, comme quelque fragment émoussé d'une sculpture d'autoroute. Il attendait.

Elle s'avança en hésitant tandis que sa vision s'ajustait lentement. Lorsqu'elle baissa les yeux, elle vit que ses pieds s'enfonçaient un peu dans la surface noire comme du charbon de l'astéroïde, comme si elle pataugeait dans une mare peu profonde. Elle n'éprouvait bien entendu aucune sensation.

— Nous avons tapissé les murs d'écrans, dit Cornélius. Ce n'est pas vraiment une immersion en réalité virtuelle. Pour l'essentiel, les images proviennent directement des caméras que nous arrivons à faire fonctionner là-haut. Le reste est une extrapolation informatique. J'ai préparé notre luciole. Mais…

— Mais quoi ? demanda Malenfant.

— Voici ce qui s'est produit il y a une heure, dit Cornélius avec un soupir.

Il pianota à la surface d'un bureau.

Un robot se matérialisa devant Emma à partir d'une pluie de pixels. Il se servait de ses câbles et de ses pitons pour se traîner sur la surface grossière de l'astéroïde, progressant péniblement vers l'artefact. Des câbles traînaient derrière lui, disparaissant hors de vue.

— C'est notre robot ? dit Malenfant.

— Non. Regardez…

Un objet ressemblant à un ballon de plage attaché à de longs filins entra dans la reconstruction virtuelle, halé par la luciole. Emma reconnut de l'eau, une gouttelette dans une enveloppe d'or chatoyant dont la surface était déformée par des mouvements de vagues complexes tandis qu'elle rebondissait en douceur sur le régolithe.

Quelque chose remuait à l'intérieur.

— Un calmar, dit Emma.

— Oui. (Cornélius se frotta le nez.) Nous pensons qu'il s'agit d'une Sheena. Appartenant à la faction qui vit toujours dans le *Nautilus*. On dirait qu'ils… ou qu'elle poursuit toujours certains objectifs originels de la mission. Regardez ce qui se passe maintenant…

Une pulsation énergique des microfusées propulsa la luciole à travers le portail. Elle fut brièvement écrasée par le cercle bleu. Puis elle disparut ; Emma aperçut un éclair rouge.

Les câbles qui traînaient le ballon de plage oscillèrent, mais ils ne se détendirent pas. La bulle dorée tremblotante resta en place.

Malenfant fit un pas en avant, les mains sur les hanches, pour étudier l'image.

— Où est allée la luciole ? Est-elle ressortie de l'autre côté de l'anneau ?

— C'est ce que nous pensons, dit Cornélius. Mais l'autre côté ne semble pas se trouver sur Cruithne.

Il y eut un long silence.

Patient, le calmar allait et venait à l'intérieur du ballon de plage doré. Les câbles se tendirent alors à nouveau et commencèrent à tirer celui-ci en avant.

C'était étrange de les voir ainsi disparaître dans l'artefact sans qu'ils semblent connectés à quoi que ce fût.

Le ballon ne mit que quelques secondes pour effectuer une série de bonds lents et maladroits jusqu'au cercle bleu. Puis, après un unique impact liquide sur l'anneau lui-même, il y disparut au milieu d'un miroitement. Lorsque la paroi dorée et incurvée rencontra le disque sombre, elle parut s'aplatir et passer rapidement de la couleur rouge à l'obscurité. Le ballon de plage fut finalement écrasé en forme d'ellipse, et pâlit jusqu'à ressembler aux dernières lueurs d'un coucher de Soleil.

Puis il disparut, sans laisser la moindre trace.

— Putain de Dieu, dit Malenfant.

Cornélius leva la main.

— Attendez…

Il y eut un sifflement qui dura assez longtemps pour que les oreilles d'Emma la fassent souffrir.

— Qu'est-ce que c'était ?

— Un signal radio, dit Cornélius. À très haute intensité. En provenance de l'artefact. Je l'ai nettoyé, et j'ai obtenu ça.

C'était une image télé d'un calmar : elle était grossière, ses couleurs étaient distordues dans la sombre clarté dorée. Le calmar répétait indéfiniment le même signe.

— Elle dit « récif », traduisit Cornélius.

Il leur fit apporter des chaises et du café. Ils s'assirent jambes croisées sous le ciel sombre et mouvant de Cruithne, et sirotèrent du *latte*. Emma regarda la Terre et la Lune monter dans la nuit de quinze minutes de l'astéroïde, une étincelle bleue et sa pâle compagne gris-brun.

— Je n'ai que des réponses partielles. (Le visage de Cornélius était plongé dans une ombre épaisse ; on ne pouvait déchiffrer ses expressions.) De toute évidence, Sheena a survécu. Elle a employé l'une des caméras de son habitat pour envoyer ce message. Mais elle est…

ailleurs. Je crois que nous avons affaire à un pont d'Einstein-Rosen.

— Un quoi ?

— Un espace à connexions multiples. (Il agita les mains.) Un pont dans l'espace et le temps entre deux points séparés en temps normal. Ou même peut-être entre deux espaces-temps totalement différents, des niveaux différents de la multiplicité.

— La multiplicité ? demanda Emma.

— L'ensemble des univers possibles, répondit Cornélius. (Il prit son écran souple et le plia en maintenant deux points ensemble entre son pouce et son index.) Vous connaissez sûrement le principe. Si je prends cet espace plat, à deux dimensions, et que je le replie dans la troisième, je peux relier deux points qui seraient autrement très éloignés l'un de l'autre. Et l'endroit où ils se rencontrent, là, entre mon pouce et mon index, est un cercle, une surface plane.

— Donc, si l'on replie notre espace en trois dimensions dans un autre qui en possède quatre…

— L'interface ainsi produite est en trois dimensions. Une sorte de boîte, où les deux espaces sont en contact.

— Un trou de ver, dit Malenfant.

— Le trou de ver n'est qu'une possibilité parmi d'autres. « Pont d'Einstein-Rosen » est un terme générique applicable à toutes ces interfaces, qui sont de type lorentzien. Ce qui signifie qu'il se transforme comme la relativité restreinte…

— Je croyais qu'il fallait énormément d'énergie pour créer un trou de ver, le coupa Malenfant. Et aussi des trucs de physique bizarres…

— C'est le cas, en effet, soupira Cornélius. Il faut tisser les trous de ver dans de la matière exotique pour les maintenir ouverts. (Il les regarda.) Ce qui signifie une densité d'énergie négative. De l'antigravité.

— Je n'ai pas vu de machines à antigravité sur l'astéroïde, dit Emma.

Cornélius secoua la tête.

— Vous ne comprenez pas. La théorie de la relativité générale a un siècle à peine. Nous n'avons même pas encore effectué d'observation directe d'un trou noir. Et l'on pense que, de toute façon, la relativité ne fournit qu'une description partielle de la réalité. Nous n'avons aucune idée de la façon dont une civilisation assez avancée pourrait s'y prendre pour construire un pont d'Einstein-Rosen, ni de son apparence et de son comportement éventuels. Par exemple, il est possible que l'anneau contienne quelque chose comme une corde cosmique. Des canaux énergétiques de la force unifiée. Des champs gravitationnels très massifs et très puissants.

— Comment peut-on manipuler ça ? demanda Emma.

— Je l'ignore.

Cornélius sourit.

— Pour l'instant, dit Malenfant, comprendre comment fonctionne ce truc est moins important que de savoir ce qu'il fait. Si l'anneau est un genre de trou de ver, une porte vers un endroit quelconque…

— Ou un temps quelconque…

— Alors Sheena n'est pas morte. Et, si elle a franchi ce portail, elle peut revenir. Non ?

Cornélius secoua la tête.

— Nous pensons que ce type de pont est à sens unique. C'est possible, en théorie. La singularité de Kerr-Newman, par exemple…

Emma se tourna vers lui.

— Pourquoi pensez-vous que notre porte est à sens unique ?

— Parce qu'on ne voit pas à travers. Parce qu'elle absorbe toute la lumière qui tombe dessus, y compris celle du Soleil. (Il soutint son regard.) Emma, si la porte était à double sens, nous pourrions voir Sheena. Où qu'elle soit.

— Qu'est-ce qu'on fait, alors ? gronda Malenfant.

— Eh bien, nous envoyons notre luciole, comme prévu, dit Cornélius en souriant.

Une heure supplémentaire s'écoula pendant que Cornélius mettait la dernière main à son robot. Celui-ci transportait tous les modèles de capteurs auxquels il avait pu penser, employant pour l'essentiel des technologies dont Emma n'avait jamais entendu parler.

Elle s'étira et fit quelques pas dans l'étrange représentation virtuelle de Cruithne.

Rien de tout ça n'est réel, songea-t-elle. C'est juste un son et lumière en provenance des étoiles. Rien de tout ça n'avait d'importance à côté des montagnes de courriels qui devaient s'accumuler dans sa boîte aux lettres en ce moment même, ou à côté des complexités du monde des humains où elle devait survivre. Et, lorsque tout cela se révélera être une stupide illusion, nous nous remettrons au travail.

Ou non.

Cornélius éteignit sans prévenir la projection virtuelle. Emma se retrouva dans une salle nue aux murs noirs éclairée par un unique écran placé sur l'un d'eux. On y voyait une tranche de ciel sombre et une étendue de régolithe – l'unique point de vue fourni par la caméra de leur luciole.

Cornélius, qui opérait depuis un écran de bureau, envoya un ordre.

De longues minutes s'écoulèrent avant que la luciole ne se mette à cahoter vers le portail. Sur l'écran, l'image tremblota, le ciel et le sol vacillèrent tandis que la machine sinuait sur la surface cabossée de Cruithne. Un flot bavard de données se déversa dans les machines de Cornélius.

La luciole s'arrêta alors, à deux mètres de la porte environ. Celle-ci se dressait sur un ciel parsemé d'étoiles, bleu vif, un trou ouvert sur le néant.

— Nous y voilà, murmura Cornélius. Eh bien, je me demande ce que nous allons voir.

Il sourit froidement.

Le robot se remit en marche de lui-même.

La surface de la porte s'élargit, l'anneau bleu qui la délimitait sortit de l'image ; seul un nuage de fine poussière de régolithe de Cruithne en bas de l'écran communiquait une sensation de mouvement.

Puis il y eut un éclair bleu. Et l'obscurité.

**Leon Coghlan**

Tu as vu ça ? C'était sur toutes les chaînes. Bon Dieu ! Et si c'est réel ? – Spike, imagine un peu les implications.

Si le son et lumière de Reid Malenfant et du Pied à l'Étrier contient une part de vérité – et nos experts du groupe de réflexion, virtuels ou non, sont d'accord pour dire que c'est le cas – alors tous les vieux arguments au sujet de la destruction mutuelle assurée, de l'hiver nucléaire et de tout le reste ne s'appliquent plus. *Nous savons que, quoi que nous fassions aujourd'hui, notre espèce en sortira forte et promise à un avenir long et glorieux.*

La seule question est : qui va le contrôler ?

Nous *savons*, Spike, que nos ennemis se sont lancés comme nous dans les grandes manœuvres. Nous sommes *déjà* en train de jouer à celui qui se dégonflera le premier, assis dans deux voitures lancées à pleine vitesse, les yeux dans les yeux du type d'en face, et il faut qu'on gagne la partie.

Beaucoup d'entre nous pensent que la meilleure stratégie est de balancer le volant par la fenêtre.

Voilà pourquoi nous devons envisager de frapper les premiers.

Je sais bien que c'est une opinion controversée, Spike. Mais tu as ta place réservée dans l'hélicoptère du président. Si quelqu'un a une chance d'agir, de le convaincre, c'est bien toi.

**Emma Stoney**

L'image se transforma en neige, puis se stabilisa à nouveau.

Emma fut abasourdie.

— La luciole a traversé ?

— Nous avons perdu un ou deux appareils, dit Cornélius. À cause de surcharges, je crois…

Emma se pencha en avant. L'écran était sombre et vide… Non, pas tout à fait. Il y avait quelque chose tout en bas. Une surface granuleuse, du régolithe, le sol d'un astéroïde.

La luciole donnait l'impression d'avancer. Ses projecteurs miniatures éclairaient une petite surface devant elle. Au-delà, le sol était baigné d'une lumière plus douce : pas celle du Soleil, ni même des étoiles, réalisa-t-elle. Cette lumière semblait diffuse, comme si elle provenait d'une source très vaste, un plafond lumineux situé hors de son champ de vision.

Il n'y avait pas d'étoile dans le ciel.

Soudain, une lueur jaune vif se répandit sur le régolithe, noyant le faible éclat projeté par la luciole.

Emma fut éblouie.

— Qu'est-ce que c'est ? Il y a un problème ?

— Non. J'ai juste allumé les projecteurs. Il est impossible de voir au-delà de la porte, mais nous pouvons envoyer des rayons lumineux de l'autre côté.

— Je crois que la luciole fait un panoramique avec la caméra, dit Malenfant.

L'image glissa lentement sur le côté. Du ciel vide, la surface irrégulière du régolithe, baignée de lumière.

— Merde, dit Malenfant, on dirait Cruithne.

— Je crois que nous y sommes toujours. Ou sur une version de Cruithne. La luciole a un gravimètre et des instruments pour permettre d'étudier les matériaux de surface. Les données sont partielles. Mais, à première vue, la composition du sol semble identique à celle de l'astéroïde. La gravité est en fait un petit peu plus faible, néanmoins.

— Qu'est-ce que ça veut dire ?

— Que Cruithne a perdu un peu de masse.

— Comment ?

Cornélius se contenta de regarder droit devant lui.

Un anneau bleu entra progressivement dans le champ. L'intérieur étincelait, jaune vif.

— La porte, dit Cornélius. Cette lumière est celle de notre projecteur qui passe de l'autre côté. En fait, lorsque le Soleil se lèvera par ici, sa lumière devrait atteindre l'autre…

— Si c'est Cruithne, dit Malenfant, où sommes-nous, bon sang ? Sur l'autre face ? Au pôle ?

— Vous ne comprenez pas, murmura Cornélius.

La luciole déplaçait ses petits projecteurs. Les ellipses lumineuses glissèrent sur le régolithe et tombèrent sur la porte.

Malenfant saisit un écran souple et se mit à modifier par petites touches l'angle de vue de la caméra.

— Si l'on peut vraiment repasser de ce côté du portail…

— On devrait voir la lumière de la luciole qui nous revient de ce côté, dit Cornélius. Bien vu.

Ils trouvèrent une image externe stable de la porte – vue de leur côté. Le sol de l'astéroïde était jonché d'instruments et de lucioles. La porte demeurait obscure. Emma regarda avec attention, espérant distinguer un scintillement, comme une torche allumée au fond d'un puits sombre. Il n'y avait rien.

Cornélius hocha la tête d'un air satisfait.

— Bon sang, Cornélius, lui lança sèchement Emma. Ça signifie que Sheena ne pourra pas rentrer. N'est-ce pas ?

Sa colère parut le surprendre.

— Mais nous le savions déjà. L'hypothèse se trouve seulement renforcée.

— Et vous êtes satisfait.

— Bien sûr, dit-il, intrigué.

Emma prit une profonde inspiration pour se calmer.

— Si la lumière de la luciole ne nous revient pas, dit Malenfant, comment se fait-il que son signal radio le fasse, lui ?

— Je ne pense pas que ce soit le cas. Je crois que la porte – à l'autre bout – capte ce qu'émet la luciole et le retransmet, peut-être au moyen d'une sorte de radio de Feynman. Et aussi que le portail situé de notre côté capte ce signal de Feynman et le renvoie transformé en signal radio que nous pouvons effectivement capter.

— Comme le cri de Sheena, au début.

— Oui.

— Mais de quel genre de radio de Feynman s'agit-il ? De neutrinos ?

— Le flux de neutrinos en provenance de la porte s'est accru depuis que nous avons entamé cette opération, dit Cornélius. Mais ce n'est qu'une hypothèse. Nous avons affaire à des moyens technologiques bien supérieurs aux nôtres. …

La caméra de la luciole continuait à suivre l'horizon de l'astéroïde ; la porte isolée et sa lueur étrange commencèrent à sortir du champ.

Un cratère y apparut, si vaste et si profond que son rebord le plus proche, haut et net, était visible.

— *Regardez-moi* ce truc, dit Malenfant. Il doit mesurer deux kilomètres de diamètre. Il n'y a pas ça sur notre Cruithne.

— Pas encore, murmura Cornélius.

— Pas *encore*, répéta Malenfant. Vous pensez que Sheena est allée dans le futur ? C'est ça que vous êtes en train de dire ?

— Réfléchissez. Si, dans le passé, il y avait eu un cratère comme celui-ci sur Cruithne… qu'est-ce qui aurait pu l'éroder ?

— À quelle distance dans le futur ?

— Je n'ai aucun moyen de le déterminer. Il n'y a pas de trace de radioactivité résiduelle en provenance de ce cratère. S'il a été créé par une arme nucléaire, l'explosion a dû avoir lieu il y a dix, peut-être cent mille ans.

— *Cent mille ans ?*

— Au minimum. Le maximum… (Il vérifia une autre donnée.) La luciole transporte des thermocouples. Je l'ai programmée pour vérifier la température du fond diffus cosmologique. La chaleur résiduelle du Big Bang qui se refroidit peu à peu… Même en tenant compte de la marge d'erreur de l'équipement, je ne vois aucun changement par rapport à sa valeur actuelle, trois degrés au-dessus du zéro absolu.

— Qu'est-ce que ça veut dire ?

— Difficile de se prononcer. Peut-être avons-nous avancé de moins d'un milliard d'années.

— Bon Dieu, Cornélius, dit Emma. Vous vous y *attendiez*, vous étiez prêt à retracer d'immenses sauts dans le temps en mesurant des changements dans la température de l'univers.

— J'ignorais ce que nous allions trouver. Je ne voulais écarter aucune possibilité.

— Comment pouvez-vous penser de cette façon ?

Il eut un sourire rusé.

— Je fonctionne de manière obsessionnelle. Vous me connaissez, Emma.

Il se tapota le front.

— Là, dit Malenfant en pointant son doigt sur le grand écran souple. Sheena.

Le ballon de plage doré reposait sur le sol de l'astéroïde, sous le ciel noir. Et quelque chose se reflétait sur le ménisque : quelque chose qui se trouvait hors du champ, là-haut dans le ciel. Des tourbillons de lumière s'étalant sur la surface dorée.

Une ombre nageait à l'intérieur du ballon de plage.

— Est-il possible de lui parler ? s'enquit Emma.

— Nous pouvons faire passer des signaux radio par la porte, comme pour nos projecteurs. Sheena devrait être en mesure de les capter.

— Et l'on peut supposer qu'il lui est possible de nous parler grâce à l'appareil de Feynman ?

— Si elle le désire. (Cornélius pianota sur son écran souple.) Parlez. Le logiciel traduira.

— Sheena ? dit Malenfant. Sheena, m'entends-tu ?

Ils attendirent patiemment le temps que le signal fasse l'aller-retour.

Sur l'écran, le calmar se tourna vers la luciole. Le logiciel de Cornélius enregistra un unique signe, simple, une icône.

*Dan.*

— Pas Dan. Des amis. Es-tu en bonne santé ?

Une autre longue pause. Ils attendirent.

— *Récif.*

— Qu'est-ce qu'elle regarde, bon sang ? dit Malenfant, la voix pleine de tension. Comment lui demander…

— Nous pouvons faire mieux que ça, dit Cornélius.

Il pianota sur son écran. La caméra de la luciole pivota, s'éloignant du ballon de plage, et pointa vers le ciel, dans la direction où regardait Sheena.

Un plafond de lumière coagulée emplit l'image.

— Merde, dit Malenfant. Pas étonnant qu'il n'y ait pas d'étoiles…

Emma comprit qu'elle regardait fixement une galaxie.

Elle était plus complexe qu'Emma ne l'avait imaginé. Le disque qu'elle connaissait bien – avec son cœur flamboyant et ses bras en spirale – était inclus dans une sphère plus large d'étoiles peu lumineuses. Le centre, qui saillait par rapport au plan de l'écliptique, était plus gros qu'elle ne s'y attendait. C'était une masse compacte de lumière jaunâtre. Les bras d'un bleu délicat – elle les compta, un, deux, trois, quatre, bien enroulés autour du cœur – étaient plus brillants que lui. Elle distingua des étoiles étincelantes, une impression granuleuse ; des allées sombres se dessinaient entre les bras.

Elle songea que cette galaxie était très structurée, très complexe. Il s'agissait de toute évidence d'un système organisé, pas d'une masse amorphe d'étoiles.

— Bon, c'est une galaxie, dit Malenfant. *La nôtre ?*

— Je crois que oui, répondit Cornélius. Quatre bras en spirale… Ça correspond aux cartes radio que j'ai pu voir auparavant. Je dirais que nous la contemplons depuis un point situé à un quart de diamètre galactique du plan du disque. C'est-à-dire à environ vingt-cinq mille années-lumière. Le Soleil se trouve dans l'un des bras, à environ un quart de la distance au centre.

— Comment sommes-nous arrivés ici ?

— Je dirais que Cruithne s'est évaporé hors du système solaire.

— Évaporé ?

— Il a été victime de l'effet de fronde d'une planète, sans doute de Jupiter, ce qui l'a éjecté hors du Système solaire. Ça arrive tout le temps. S'il est parti à la vitesse de libération de l'attraction solaire, soit environ trois millièmes de la vitesse de la lumière…

Emma trouva la première le résultat.

— *Soixante-quinze millions d'années*, dit-elle, perplexe. Nous sommes en train de regarder des images qui viennent de soixante-quinze millions d'années dans le futur. C'est le temps qu'il a fallu à ce fichu astéroïde pour aller se perdre là-bas.

— Bien entendu, dit Cornélius, si ce n'est pas notre Galaxie, alors les paris sont ouverts…

Soixante-quinze millions d'années, ça faisait une sacrée durée.

Soixante-quinze millions d'années plus tôt, la Terre était dominée par les dinosaures. Les ancêtres d'Emma étaient des animaux craintifs de la taille de rats et de musaraignes qui tremblaient devant les grands reptiles. Regardez un peu ce que nous sommes devenus, songea-t-elle. Qu'aurons-nous accompli en soixante-quinze millions d'années ?

La voix de Cornélius exprimait la tension, ses manières étaient électriques. Toute sa vie il a attendu ça, de pouvoir entrevoir le futur lointain par une fenêtre extraterrestre, réalisa Emma.

— C'est une occasion sans précédent. Je ne suis pas expert en cosmologie, ni de l'avenir de la Galaxie. Il faudra consulter plus tard des gens capables d'interpréter cette image. On doit probablement pouvoir tirer toute une conférence rien que de cette vue de la Voie lactée. Pour l'instant, j'ai des systèmes experts. Je peux les isoler, assurer leur sécurité…

— Que voulait-elle dire par « récif » ? interrogea Emma.

— Je crois qu'elle parlait de la Galaxie. Elle a, hum, une écologie. Comme un récif de corail, ou une forêt. (Il leva les yeux.) On peut distinguer le halo, la nuée sphérique qui enveloppe le nuage principal. Il est composé de très vieilles étoiles stables. Et celles de Population II qui se trouvent dans le centre sont vieilles également. Elles se sont formées tôt dans l'histoire de la Galaxie : les survivantes sont vraiment très âgées, en fin d'évolution.

« Les étoiles qui se forment maintenant se trouvent dans les bras. Elles se condensent à partir du millieu interstellaire. Qui est un mélange riche et complexe de gaz et de nuages de poussière. (Il consulta son écran et montra les bras.) Vous voyez ces cloques ? Les systèmes experts me disent que ce sont des bulles de plasma chaud qui s'étendent sur des centaines d'années-lumière ; elles ont été arrachées par des explosions de supernovæ. Les ondes de choc suscitées par celles-ci enrichissent le milieu de molécules d'éléments lourds – du carbone, de l'oxygène, du fer – fabriqués à l'intérieur des étoiles ; chacune d'elles déclenche une nouvelle vague de formation d'étoiles.

— Ce qui crée quelques nouvelles géantes, et donc quelques supernovæ de plus...

— Lesquelles agitent le milieu interstellaire et créent de nouvelles étoiles à un taux contrôlé. Et ça continue, c'est un système de feedback catalysé par les explosions de supernovæ. La Galaxie est un système se régulant lui-même qui comprend une centaine de milliards d'étoiles, c'est le plus grand système organisé que nous connaissons, avec des générations d'étoiles finissant leur vie sous forme de naines brunes en train de se refroidir, ou de trous noirs. En fait, les spirales correspondent à des vagues de formation d'étoiles qui sont illuminées par les plus brillantes, celles dont la vie est la plus brève, des vagues qui se propagent dans la Galaxie selon un processus que nous ne comprenons pas...

— Comme un récif, alors, dit Emma. Sheena a raison.

Cornélius fronçait les sourcils au-dessus de son écran.

— Mais...

— Que se passe-t-il ?

— Il y a un truc qui cloche. Je... en fait, les systèmes

experts pensent qu'il n'y a pas assez de supernovæ. À notre époque, les bulles de plasma chaud devraient constituer autour de soixante-dix pour cent du milieu interstellaire… Ce que nous avons là me semble représenter *nettement moins*. Je peux utiliser un algorithme pour vérifier…

— Qu'est-ce qui pourrait réduire le nombre de supernovæ ? s'enquit Malenfant avec calme.

Cornélius lui adressa un grand sourire.

Le regard d'Emma alla de l'un à l'autre.

— Qu'y a-t-il ? Je ne comprends pas.

— La vie, dit Malenfant. La vie, Emma. (Il donna un coup de poing dans l'air.) Je le savais. Nous avons gagné, Emma. Voilà ce que nous dit le nombre de supernovæ. Nous avons survécu à la catastrophe de Carter, nous avons quitté la Terre et occupé la Galaxie.

— Et nous avons commencé à cultiver les étoiles, ajouta Cornélius. C'est remarquable. L'intelligence s'est répandue dans les étoiles. Et, tout comme nous gérons déjà l'évolution de la vie sur Terre, nous gérerons l'évolution de la Galaxie dans ces temps futurs. Comme s'il s'agissait d'un gigantesque système de support vital. Constitué de circuits fermés à l'échelle galactique…

— Il me faudra ce visuel la prochaine fois que je donnerai une conférence dans le Delaware, grommela Malenfant.

— Si ce que nous voyons indique la présence d'une intelligence, demanda Emma, comment savez-vous qu'elle est humaine ?

— Que pourrait-elle être d'autre ? dit Malenfant.

— Il a raison, dit Cornélius. Il semble que nous soyons entourés d'un Grand Vide. Les quelques poignées d'étoiles semblables au Soleil les plus proches ne montrent aucun signe d'émissions radio produites par des civilisations. Le Système solaire apparaît primordial, au sens où l'on n'y voit aucune trace de grands projets d'ingénierie que nous pouvons d'ores et déjà envisager : par exemple, Vénus et Mars n'ont pas été terraformées. Globalement, la surface de la Lune semble être restée intouchée depuis la fin du dernier grand bombardement de météorites, voici quatre milliards d'années.

« Et, même s'ils étaient partis depuis longtemps, nous devrions voir leurs gigantesques ruines partout autour de nous. Mais ce n'est pas le cas. Comme une fourmi rampant autour d'une piscine à Los Angeles, il est possible que nous n'ayons aucune idée de la destination des grandes structures qu'ils ont construites, mais nous ne manquerions pas de comprendre qu'elles sont artificielles…

— Aujourd'hui, dit Malenfant, il n'y a que nous. Dans le futur, quelqu'un s'est répandu dans toute la Galaxie. Qui cela peut-il être, sinon nous ? De toute façon, soixante-quinze millions d'années, c'est plus que suffisant pour occuper la Voie lactée. Vous savez, nous devrions aller voir un peu plus loin. Quelques milliards d'années de plus, pour que la biosphère ait atteint Andromède, à trois millions d'années-lumière de nous…

— L'amas de galaxies le plus proche est celui de la Vierge, dit Cornélius. À soixante millions d'années-lumière. La biosphère pourrait l'avoir atteint maintenant, c'est plausible.

— Il faut aller voir, dit Malenfant. Envoyer d'autres lucioles. Nous pourrions peut-être établir une base scientifique là-bas, sur le Cruithne futur.

— Pour l'amour de Dieu, Malenfant, dit Emma, c'est un voyage sans retour.

— Ouais, bon, mais il y a là-bas des ressources, tout comme de nos jours. Assez pour faire vivre une colonie pendant des siècles. Nous ne manquerions pas de volontaires. J'irais, moi, pour des clopinettes. Nous devrions peut-être entrer directement en contact avec les gens de l'aval.

Malenfant et Cornélius continuèrent à parler et à spéculer, tout excités.

Mais ils passent à côté de l'essentiel, songea Emma. Pourquoi nous montre-t-on ceci ? *Que peuvent bien vouloir les gens de l'aval ?*

… Il y eut un mouvement indistinct dans le coin de l'image. Un éclair flou de tissu doré.

— Voilà Sheena, s'écria Emma. Cornélius, la caméra, vite.

Cornélius, surpris, obéit aussitôt. Ils durent subir une attente éprouvante pendant que son ordre se traînait dans l'espace et traversait la porte pour atteindre cet étonnant futur.

L'image bascula vers le haut, vacillante ; la lumière de la Galaxie s'étala sur l'écran. Mais ils pouvaient voir que le ballon de plage roulait vers la porte.

— Elle va retraverser, dit Emma.

— Vous n'avez pas compris, dit Cornélius d'un ton sec. Elle ne va *re*venir nulle part. La porte est à sens unique.

— Alors si elle la franchit, elle ira…

— Ailleurs.

Sur l'écran, le ballon de plage doré vogua à l'intérieur de l'interface, devint de plus en plus rouge, ralentit et disparut.

Baignée par la douce lueur de la Galaxie, la luciole roula vers le portail des gens de l'aval.

**Maura Della**

Journal. 22 octobre 2011.

Cela peut-il être vrai ? Est-ce possible ? *Voulons-nous* que ce soit vrai ?

La plupart des gens ont l'air de penser que j'ai plus de contacts privilégiés avec Malenfant et ses projets que je n'en ai en réalité. Je suis incapable de dire si les images du futur désormais célèbres relèvent du canular, d'une erreur d'interprétation, ou si elles sont authentiques. Je suis incapable de dire si elles représentent notre seul avenir possible, ou seulement un futur parmi un éventail de probabilités.

Je ne sais même pas si les diffuser a aidé Malenfant ou lui a nui. Lorsqu'on essaie d'acquérir une image crédible auprès du Congrès, se faire traiter de barjot par la plupart des médias et par tous les scientifiques respectables de la planète n'aide pas, en général.

Ce que je sais, c'est que ces images ont eu un impact sur le monde entier, qu'elles soient vraies ou fausses, et que cet impact a été stupéfiant.

Tout ça s'est accumulé, c'est évident : d'abord la vague d'hystérie à propos des prédictions sur la catastrophe de Carter, puis la peur étrange, irréelle et honteuse que nous partageons au sujet des Enfants bleus, et maintenant ce son et lumière de l'aval du temps. Le tout emballé avec la personnalité synonyme de scandale de Malenfant et ses projets titanesques.

Nous ne devrions pas écarter les réactions les plus extrêmes auxquelles nous assistons. La violence, les suicides, tout ça est bien entendu regrettable, et de nombreux leaders, y compris certains à Washington même, devraient, disons, garder la tête plus froide.

Mais comment sommes-nous donc censés réagir ? En tant qu'espèce, nous n'avons jamais eu de véritable débat sur la structure de notre avenir. Et, à présent, nous voilà tous sur le Net, mêlant toutes nos voix, et chacun peut mettre son grain de sel.

Aucun de nous ne sait de quoi on parle, bien sûr. Mais je pense que c'est salutaire. Il faut bien commencer quelque part.

Peut-être cela fait-il partie du processus qui va permettre à notre espèce d'accéder à l'âge adulte. Peut-être toutes les civilisations technologiques doivent-elles survivre à des crises de ce genre : l'invention d'armes capables de détruire la planète, l'acquisition de la capacité de saccager leur environnement. Et, maintenant, une crise de nature philosophique : nous devons accepter notre destinée à long terme, ou disparaître.

Tout comme, en tant qu'individus, il nous faut au bout du compte affronter l'idée de la mort.

**Emma Stoney**

Un nouvel éclair bleu. Et…

Le néant.

L'obscurité qui s'étendait devant Emma était plus profonde encore que la nuit intergalactique. Et il n'y avait aucun signe de la présence de Sheena.

— Merde, dit Malenfant.

— Tout fonctionne, dit Cornélius d'une voix paisible. En fait, nous avons une image. Et je capte d'autres signaux télémétriques. C'est réellement ce que voit la luciole.

— Où est Sheena, alors ? demanda Emma, tendue.

— Faites un panoramique, suggéra Malenfant.

— Je vais essayer, dit Cornélius, mais je ne crois pas que nous puissions encore communiquer avec la luciole. N'oubliez pas qu'elle a de nouveau franchi la porte, et qu'elle a dû traverser un deuxième pont d'Einstein-Rosen. Nous ne sommes plus connectés par une ligne de visée. La communication est désormais à sens unique, et elle passe par la radio de Feynman…

— Que fait-on alors ?

Cornélius haussa les épaules.

— On attend. La luciole est autonome. Elle est programmée pour étudier la situation là où elle se trouve et envoyer toutes les données possibles.

De la lumière floue passa sur le coin de l'écran avant que l'image se stabilise.

Emma voyait à présent une plaine au sol cabossé ; légèrement inclinée vers le haut, elle s'éloignait vers un horizon étroit et net. Les cratères et les crêtes étaient bas et érodés, les ombres s'étiraient devant eux depuis le point de vue central.

— La lumière est trop faible pour qu'on distingue les couleurs, dit Cornélius.

— Quelle est la source lumineuse ?

— Les projecteurs de la luciole. Voyez comme les ombres s'éloignent de nous. Mais leur emploi va rapidement vider les batteries. Je ne sais pas pourquoi il fait si sombre…

— Cruithne semble *plus vieux*, dit Emma. (La luciole effectuait un panoramique d'un paysage vide, les ombres filaient devant eux.) Ces cratères ont tellement été érodés qu'ils sont devenus presque plats, comme des soucoupes.

— Des impacts de micrométéorites ? suggéra Malenfant.

— Possible, dit Cornélius. Mais l'abrasion causée par les météorites doit être lente. J'imagine que nous nous trouvons toujours dans l'espace intergalactique. La densité de matière est très faible, là-bas.

— Qu'entendez-vous par « lente » ?

Cornélius soupira.

— Je dirais que, par rapport à notre dernière halte, nous sommes plus loin dans l'avenir de plusieurs factorisations.

— Et qu'est-ce qu'une factorisation pour un physicien ? demanda Emma à Malenfant.

Il grimaça.

— Une puissance dix.

Emma tenta d'assimiler cette information. Dix fois soixante-quinze millions. Ou cent fois, mille fois…

Le point de vue était en train de changer. Le paysage se mit à vaciller, sortit du champ, y revint. Lentement, d'autres formations s'élevèrent à l'horizon – des cratères érodés, immensément vieux.

— La luciole bouge. Bien, dit Cornélius.

— Sheena, dit Emma.

Le ballon de plage reposait à nouveau sur la surface de Cruithne ; les projecteurs de la luciole créaient des reflets complexes à sa surface. On distinguait à l'intérieur une ombre qui allait et venait à la nage.

— C'est vraiment extraordinaire, dit Cornélius, de voir un être vivant à une telle distance temporelle.

— Elle a l'air en bonne santé, dit Emma. Elle se déplace librement et elle paraît vive.

— Peut-être pas pour longtemps, grommela Malenfant. Cette fichue boule de flotte va geler.

— Vous croyez qu'elle comprend quelque chose à ce qu'elle voit ?

— J'en doute, murmura Cornélius.

En la regardant avec plus d'attention, Emma vit que les ombres projetées sur la sphère dorée n'étaient pas tout à fait noires. Elles étaient éclairées par une lueur d'un rouge profond.

— Il y a quelque chose dans le ciel, dit-elle. Une source de lumière.

La caméra s'éloigna par à-coups du céphalopode. D'autres cratères de Cruithne passèrent dans leur champ de vision.

Puis le paysage disparut, laissant derrière lui un écran à nouveau rempli d'obscurité.

— La luciole dirige sa caméra vers le haut, dit Malenfant. Allez… (Une nouvelle image se précisa.) Oh, mon Dieu !

Au début, Emma ne distingua qu'une flaque rouge

diffuse. Peut-être y avait-il une tache centrale plus brillante. Elle était entourée d'un fleuve couleur de sang, piqueté çà et là de faibles éclats jaunes. Mais l'image ne cessait de se diviser en gros pixels cubiques, et elle se demanda si les formes qu'elles percevaient étaient réelles ou seulement des artefacts créés par son imagination.

— Nous sommes pile à la limite des capacités de résolution optique de l'appareil, dit Cornélius. Si la luciole est maligne… voilà. Nous sommes passés sur les détecteurs à infrarouges.

L'image devint soudain plus brillante – une traînée de blanc et de rose pâle – mais bien moins nette et, d'une certaine manière, plus difficile à interpréter. Cornélius suait sur ses écrans tandis qu'il essayait de la nettoyer.

Emma vit que le globe de lumière central était à présent une boule blanc-rose, incluse dans un nuage diffus ; elle distinguait aussi des rubans, des traînées dans le nuage, comme si de la matière était attirée vers la gueule rose qui se trouvait au centre.

Le cœur et son nuage orbital semblaient enchâssés dans un disque déchiqueté, composé de lambeaux et de volutes de gaz. Emma ne parvenait pas à y discerner une structure, elle ne voyait pas trace de bras en spirale, ni d'allées d'ombre et de lumière. Mais il y avait des cloques, des nœuds plus ou moins denses, comme des bulles créées par des supernovæ, et cette chaîne de points plus brillants – jaunes tout à l'heure, rendus d'un bleu intense par les routines de traitement de l'image – qui piquetaient à intervalles réguliers le pourtour du disque. Des filaments semblaient sortir des points les plus lumineux pour aller rejoindre la masse centrale boursouflée.

— Ça ressemble à une galaxie, dit Malenfant.

Emma découvrit qu'il avait raison. On aurait dit une caricature de la galaxie qu'elle avait vue quelques minutes auparavant à peine. Mais le tertre central avait un relief bien plus prononcé que celui du cœur de la Voie lactée, comme une tumeur qui, en se développant, avait dévoré cette épave cosmique de l'intérieur.

Cornélius consultait ses écrans et posait des questions à la hiérarchie de logiciels intelligents qui étudiait les images.

— C'est probablement une galaxie, oui. Mais elle est très vieille. Bien plus âgée que la nôtre de nos jours, ou même qu'à l'époque où nous l'avons vue lors de la dernière halte de Sheena.

— Est-ce *la* Galaxie ? Notre galaxie ? demanda Malenfant.

— Je ne sais pas, dit Cornélius. Probablement. Cruithne s'est peut-être retrouvé sur une orbite large autour du centre. À moins que l'astéroïde n'ait eu le temps d'atteindre une autre galaxie. Nous n'avons aucun moyen de le savoir.

— Si c'est notre galaxie, dit Emma, qu'est-il arrivé à toutes les étoiles ?

— Elles sont en train de mourir, dit Cornélius sans ménagement. Écoutez, toutes les étoiles meurent. Notre Soleil se trouve sans doute à la moitié de sa vie. Dans quelque cinq milliards d'années, il deviendra une géante rouge possédant cinq cents fois sa taille actuelle. Les planètes intérieures du Système solaire seront détruites. Le Soleil emplira la totalité du ciel, et la Terre sera cuite, elle sera assez chaude pour que le plomb y fonde…

— Mais il y aura d'autres étoiles, dit Emma. Le récif galactique.

— Oui. Et les naines les plus petites, celles qui vivent le plus longtemps, peuvent durer jusqu'à cent milliards d'années, bien plus que le Soleil. Mais le milieu interstellaire est une ressource finie. Tôt ou tard, il n'y aura plus de nouvelles étoiles. Et, à la fin, elles mourront *toutes*, une à une. Tout ce qui restera, ce seront des restes stellaires, des étoiles à neutrons, des trous noirs et des naines blanches qui se refroidiront lentement. (Il eut un sourire d'analyste.) Réfléchissez. Cette poussière et ce gaz riches et complexes que nous avons vus auparavant, prisonniers de cadavres d'étoiles en train de se refroidir. …

— Et ensuite, dit Malenfant, d'un ton sinistre.

— Ça. (Cornélius montra l'image.) L'épave de la Galaxie. Certaines des étoiles mourantes se sont évaporées en dehors. Les autres sont en train de sombrer dans les grands trous noirs – ces cloques que vous voyez dans le disque. Cette masse au centre est le trou noir géant du cœur de la Galaxie. Même à notre époque, sa masse représente cinq millions de fois celle du Soleil. Et il continue à grossir à mesure que des déchets stellaires y tombent… Vous voyez comme les ruisseaux de matière sont rectilignes, et non en spirale ? Ça veut dire que le trou central n'est pas en rotation. Attendez.

— Qu'y a-t-il à présent ?

— La luciole nous communique la température du rayonnement fossile du Big Bang. Eh bien… Il est descendu à un pour cent de degré au-dessus du zéro absolu. Un peu frisquet.

— Qu'est-ce que ça signifie ? marmonna Malenfant.

— Que je sais où nous sommes. Ou plutôt quand. La baisse de température de l'univers est égale au temps à la puissance deux tiers. (Il hésita ; lorsqu'il reprit la parole, il paraissait lui-même impressionné.) Les données sont hasardeuses. Néanmoins, mes collègues logiciels se sont mis d'accord pour estimer que nous nous trouvons à dix puissance quatorze années dans l'avenir. C'est-à-dire, hum, cent mille milliards d'années – pour vous donner une idée, l'âge actuel de l'univers est de vingt milliards d'années… Cinq mille fois plus loin dans le futur.

Et il hocha la tête, comme s'il était satisfait.

Emma trouvait ces nombres monstrueux.

— Je n'arrive pas à me rendre compte, dit-elle.

Cornélius la foudroya du regard.

— Dans ce cas, essayez ça. Ces puissances de dix sont des facteurs de zoom. On zoome en arrière d'un cran à chaque puissance de dix, ce qui rétrécit tout ce qu'on voit. Vous comprenez ? Cet univers de l'aval est si vieux que la totalité de l'histoire de notre monde – de sa formation au présent – est à ce désert des temps futurs ce que, laissez-moi réfléchir, ce que le premier jour de votre vie est à votre vie entière.

Malenfant, l'air sidéré, les lèvres serrées, se contenta de secouer la tête.

— Alors c'est la fin, dit Emma. La fin de la vie.

— Oh, non ! (La surprise perçait dans la voix de Cornélius.) Pas du tout. (Il désigna les amas plus lumineux situés au bord du cadavre galactique.) Ces étoiles semblent normales : petites, uniformes, mais elles brillent toujours dans le spectre visible.

— Comment est-ce possible ? dit Malenfant. Je croyais que vous aviez dit que tout le machin qui sert à fabriquer des étoiles était épuisé.

— Par les processus naturels en tout cas, dit Cornélius.

— Oh. Donc, ces étoiles ne peuvent être naturelles.

— Exactement. (Cornélius se tourna vers Emma ; ses yeux pâles flamboyaient.) Vous voyez ? Quelqu'un doit rassembler les matériaux qui subsistent et constituer des nébuleuses artificielles où naissent des étoiles. Quelqu'un cultive toujours la Galaxie, même aussi loin en aval. N'est-ce pas merveilleux ?

— *Merveilleux ?* Les ruines de la Galaxie ?

— Non, pas ça. L'existence des gens de l'aval. Et ils ont encore besoin d'étoiles et de planètes, de chaleur et de lumière. *Ils nous ressemblent encore*, ces gens qui sont nos descendants. Ils se souviennent peut-être même de nous. (Il se frotta le visage.) Mais ces étoiles sont petites et froides. Conçues pour durer. Leurs mondes doivent être nichés tout contre – sans doute verrouillés par la gravité, une face perpétuellement dans la lumière et l'autre dans l'obscurité…

— Bon Dieu, Cornélius, dit Malenfant. Ça fait beaucoup de déductions à partir d'une image sale.

— J'ai pensé à ça toute ma vie, dit Cornélius. À déterminer le futur de l'humanité, de la vie intelligente dans l'avenir lointain. Des jeux de l'esprit, contre un adversaire inflexible – le temps – et avec les lois de la physique pour règles. Et, plus nous portons notre regard vers l'aval, plus celles-ci sont contraignantes. L'avenir ne peut pas être autrement.

L'image vacilla. La Galaxie en ruine glissa hors du cadre pour être remplacée par un flot de lumière aveuglant. La luciole ajusta ses récepteurs au spectre visible et la plaine éclairée par ses projecteurs apparut à nouveau.

Il n'y avait aucune trace de la bulle dorée ou de la patiente luciole qui la remorquait.

— Sheena est partie, dit aussitôt Malenfant. Elle a dû retourner à la porte.

— Mon Dieu, dit Emma. Elle essaie de rentrer à la maison.

— Mais tout ce qu'elle a réussi à faire, dit Cornélius, c'est à s'éloigner encore plus vers l'aval. (L'image vacilla de nouveau lorsque la luciole recommença à se traîner péniblement vers la porte.) Et l'on dirait que c'est pareil pour nous. La luciole ne sait pas quoi faire d'autre.

Emma se rendit compte qu'elle serrait les poings si fort que ses ongles étaient plantés dans la paume de sa main.

— Je ne veux pas en voir plus.

— Je ne crois pas qu'on ait le choix, dit Malenfant, résigné.

L'image de la porte s'agrandit et sortit du champ de la caméra ; une fois de plus, Emma dut affronter les ténèbres les plus profondes, plus noires encore que la nuit galactique.

Il y eut un éclair d'un bleu électrique.

Un autre ciel sombre, un autre Cruithne. La luciole avançait patiemment, projetant sa lumière faiblissante sur la surface froissée de l'astéroïde, cherchant Sheena.

Emma n'aurait jamais cru que le sol de l'astéroïde puisse paraître encore plus ancien qu'auparavant. C'était pourtant le cas : ses cratères, ses crêtes et ses escarpements disparaissaient pratiquement sous une épaisse couche de poussière. Tandis que la luciole avançait avec peine, Emma vit que ses pitons et ses câbles projetaient de grandes éclaboussures de régolithe.

Tous trois regardèrent les images, sombres et silencieux, oppressés par le poids du temps.

— À quelle époque sommes-nous, Cornélius ? demanda Malenfant d'une voix rauque.

Cornélius consultait ses données.

— Je ne sais pas. La température du rayonnement fossile est trop basse pour être détectée. Et…

Et l'aube naquit, là-bas, sur Cruithne, dans l'avenir.

Emma eut un hoquet. La vue était aussi belle qu'inattendue : un point de lumière blanc-jaune, comme celle du Soleil. Il s'éleva à l'horizon par saccades maladroites à mesure que la luciole se traînait vers lui. Les ombres des bords arrondis de cratères et des crêtes érodées coururent vers Emma sur le paysage aplani tels des doigts osseux tentant de l'atteindre. La lumière était si vive qu'elle eut l'impression de pouvoir en sentir la chaleur, et elle se demanda si ce long voyage temporel n'avait pas effectué une boucle sur lui-même, la ramenant à l'aube des temps, à la naissance du système solaire.

Mais elle comprit rapidement qu'il ne s'agissait pas d'un lever de Soleil.

Le point aveuglant était entouré d'un disque incliné

rougeoyant, à l'intérieur duquel elle distinguait une spirale serrée. Il semblait y avoir de minces filaments de lumière qui partaient des pôles du globe central. Un peu plus loin vers l'extérieur, elle vit des disques et des globules de matière rouge terne, bien plus petits que l'objet lumineux qui se trouvait au milieu. En fait, cette lumière centrale projetait des ombres dans l'espace encombré qui l'entourait, des ombres qui – si cet objet était à l'échelle galactique – devaient mesurer des milliers d'années-lumière de long.

C'était un spectacle d'une beauté étrange, une sculpture de lumière et de fumée rouge sang. C'était aussi une vision glaçante, inhumaine, même en comparaison de leur lugubre dernière vision de la Galaxie. Elle n'y reconnaissait rien, il n'y avait rien qui ressemblât à une étoile.

— C'est notre galaxie ? demanda Malenfant.

Cornélius consultait ses données.

— Peut-être. Si c'est le cas, sa taille s'est nettement réduite. Et je distingue à présent des objets à distance du disque, des sources infrarouges à basse énergie dispersées dans le ciel. Ce qui subsiste d'étoiles, je pense.

— Vous l'aviez dit. Des étoiles qui se sont évaporées. C'est ça, hein ? dit Malenfant d'un ton sinistre.

— Oui. (Cornélius étudia l'écran.) À vue de nez, je dirais que quatre-vingt dix pour cent des objets composant la Galaxie ont disparu par évaporation, et que dix pour cent peut-être se rassemblent dans l'objet constituant le cœur.

— Le trou noir, c'est lui que nous voyons.

— Oui. Nous avons fait un long voyage, Malenfant, et nos enjambées s'allongent. Ces processus sont si *lents*…

Emma l'écoutait à peine.

La caméra passa du trou noir cerné de lumière à la surface plissée du sol de l'astéroïde, puis montra une étendue de ciel vide.

— Aucune trace de Sheena, murmura Emma. Les portes ne fonctionnent peut-être pas de manière cohérente. Elle a pu être envoyée ailleurs, hors de notre portée…

Malenfant la serra dans ses bras.

— Emma, elle est hors de portée depuis son premier bond à travers ce seuil. Que nous la voyions ou pas a peu d'importance.

— Mais nous sommes responsables de sa présence là-bas. Alors on a l'impression que si.

— C'est vrai, finit-il par admettre.

Ils se turent, mais demeurèrent l'un près de l'autre. Emma était reconnaissante à Malenfant de simplement lui communiquer sa chaleur humaine, de la présence de sa chair, du souffle doux de son haleine sur son visage à elle. Cela lui donnait l'impression de repousser la noirceur infinie du futur.

Pendant ce temps, Cornélius fixait l'image, interrogeait ses systèmes experts, spéculait, échafaudait des théories. Complètement obsédé.

— La lumière que nous voyons provient du disque d'accrétion central, là où la matière tombe dans le trou noir pour y être absorbée. Il est d'une luminosité intense, bien sûr, et produit probablement plus d'énergie que la fusion de toutes les étoiles de la Galaxie réunies à l'époque de leur splendeur. Le trou lui-même mesure probablement plusieurs mois de lumière de diamètre. Quant aux rayons émis par les pôles… il s'agit peut-être de jets de plasma canalisés par le champ magnétique du disque, ou peut-être par le trou noir lui-même. Comme un quasar miniature. (Il fronça les sourcils.) Mais c'est du *gaspillage*. On a du mal à croire qu'ils n'ont pas les moyens d'exploiter cette énergie qui rayonne. Peut-être envoient-ils des signaux…

— Du gaspillage ? lança Malenfant. De quoi parlez-vous au juste, Cornélius ? Du gaspillage pour qui ?

— Pour les gens de l'aval, bien entendu, dit Cornélius. Ceux qui vivent à cette époque. Ne les voyez-vous pas ? (Cornélius immobilisa l'image tremblotante de la caméra.) Vous ne voyez pas ? Regardez ces petits trous satellites. Ils sont tous de la même taille, et régulièrement espacés...

— Vous êtes en train de dire que ces trous noirs et leur disposition sont artificiels ? fit Emma.

— Tout à fait. Je soupçonne les gens de l'aval d'utiliser les petits trous noirs pour contrôler le flux de matière qui se dirige vers le trou central. Ils doivent réguler tous les aspects du dispositif : la taille des trous satellites, la vitesse à laquelle ils s'approchent du cœur. Je crois que les gens de l'aval exploitent l'énergie du trou noir qui se trouve au cœur de la Galaxie.

— Ils l'exploitent ? Comment ?

Il haussa les épaules.

— On peut imaginer tout un tas de méthodes. Si l'on rapproche deux trous noirs de manière à les faire fusionner, on obtient un trou unique de plus grande taille, doté d'un horizon des événements qui résonne comme une cloche – et une quantité monumentale d'énergie gravitationnelle. L'essentiel de l'énergie d'un trou noir en rotation est stockée dans un tourbillon d'espace-temps semblable à une tornade entraînée par l'inertie considérable du trou. On doit pouvoir récupérer cette énergie en enfermant le trou noir dans un immense réseau de câbles supraconducteurs. On peut aussi faire passer un champ magnétique dans la tornade pour créer un générateur électrique géant. Ou alors lancer de la matière dans le trou central et récolter les radiations produites par son effondrement... Et je ne doute pas qu'il y ait de meilleures techniques. Ils ont eu beaucoup de temps pour les mettre au point.

— *Combien* de temps ?

Cornélius pianota.

— Au jugé, en me basant sur la nature de ce trou noir ? Dix puissance vingt-quatre années : un billion de billion d'années. Une distance temporelle dix milliards de fois supérieure à celle des dernières images que nous avons vues, celles de l'ère des cultivateurs d'étoiles.

— Doux Jésus, dit Malenfant. Ça fait un bail.

— Souvenez-vous des facteurs de zoom, dit Cornélius d'un air agacé. Nous venons d'effectuer un nouveau bond en arrière. L'expansion de l'univers a dû lui faire atteindre, hum, une dimension d'environ dix mille billions de fois sa taille actuelle. Si l'on compare ça à l'âge de ce qui reste de la Galaxie et que nous voyons là, l'évolution de notre univers a été aussi brève et insignifiante que, pour nous, les trois premières heures après le Big Bang. ...

— Et, pourtant, il y a encore de la vie, remarqua Emma.

— Sheena, dit Malenfant.

Le ballon de plage doré venait d'apparaître, avançant en cahotant à la surface de l'astéroïde ; les câbles miroitaient dans la lumière des projecteurs de la luciole. On voyait distinctement un céphalopode à l'intérieur ; il allait et venait, curieux. La caméra balaya le panorama de Cruithne lorsque la luciole pivota pour suivre Sheena.

— Elle repart vers la porte, dit Malenfant. Elle continue.

Quelque chose se recroquevilla à l'intérieur d'Emma. Pas une nouvelle fois, se dit-elle.

— C'est peut-être de la curiosité morbide, dit Cornélius d'un ton sec. Continuer à avancer et avancer, jusqu'à la fin de tout.

— Non, dit Emma. Vous l'avez vue. Elle n'est pas morbide.

— De quoi s'agit-il, alors ?

— On dirait qu'elle cherche quelque chose. Mais

quoi ? Plus je découvre cet univers futur et plus il a l'air…

— Vain ? interrogea Malenfant.

Venant de lui, la réponse la surprit.

— Oui, exactement.

Le visage de Malenfant arborait une expression complexe. Il est confronté à un développement froid et logique de ses rêves et il le prend mal, se dit Emma. Il mène campagne pour que l'avenir de l'humanité soit fait d'expansion : pour qu'elle survive, avant tout, dans le lointain futur. Eh bien, voilà, Malenfant, voilà tout ce dont tu as rêvé.

Et c'est épouvantable, terrifiant : c'est la preuve que, si nous devons survivre, il nous faudra sacrifier notre humanité.

Cornélius haussa les épaules.

— *Vain ?* Quelle réponse banale. Nous sommes les premiers, la seule intelligence de l'univers. Nous n'avons pas d'autre objectif que notre survie : rien d'autre à faire, aussi longtemps que ce sera possible.

« En fait, c'est peut-être *cette* époque qui représente le sommet de notre évolution, le moment où nous avons appris à mettre en perce ces sources d'énergie gigantesques, les plus importantes de l'univers, des sources si énormes qu'elles éclipsent nos étoiles fonctionnant sur la base de la fusion comme si ce n'étaient que des bougies.

— La maturité de l'espèce, dit sèchement Emma.

— Quelle importance ? Votre point de vue est vraiment mesquin. Les humains modernes ne pourraient jamais mener à bien de tels projets. Nous sommes incapables d'imaginer ce que cela signifie d'être l'une de ces créatures, de penser d'une telle manière.

« Peut-être n'y a-t-il aucune comparaison possible entre eux et nous, aucun contact. Mais peu importe. Ils sont magnifiques.

Emma ressentit une bouffée de répulsion. *Vous avez*

*tort*, pensa-t-elle. Il devait y avoir plus pour quoi lutter, plus que la simple survie dans un univers qui s'épuise.

Mais elle n'avait pas d'enfant. Ces mineurs de trous noirs, aussi éloignés et puissants qu'ils fussent, n'étaient pas *ses* descendants ; elle en était coupée, une bulle de vie perdue loin en amont.

La luciole se frayait péniblement son chemin en direction de la porte sur la plaine arasée par le temps.

**Damien Krimsky**

… peu importe, c'est pour ça que j'ai été si longtemps absent, monsieur Hench. J'espère que vous comprenez.

Je soutiens le Pied à l'Étrier. Je suis un grand fan de Reid Malenfant et de tout ce qu'il tente de réaliser. Le temps que j'ai passé avec vous sur ces GBS dans le désert de Mojave a probablement été la période la plus significative de mon existence.

Le truc, c'est que, lorsque les médias ont commencé à parler de ces histoires de Carter, eh bien, j'ai un peu pété les plombs, quoi. Si c'est bientôt la fin du monde, à quoi bon payer ses impôts ?

C'est pour ça que j'ai, hum, disparu.

De toute façon, à présent, j'ai vu ce que Malenfant a diffusé, les images des galaxies, des trous noirs et tout ça. Et, à présent, je me sens différent. Qui ne le serait pas ? Désormais, je vois que mes enfants ont une chance de vivre vieux et heureux, et *leurs* enfants aussi, et ainsi de suite, jusqu'à ce que nous ayons conquis les étoiles.

La vie vaut à nouveau la peine d'être vécue.

Je sais qu'il y a des gens qui disent que ça n'a aucune importance. Que si l'avenir va de toute façon être si merveilleux, nous n'avons pas besoin de faire quoi que ce soit maintenant. Mais j'ai l'impression d'avoir un devoir à accomplir. Comme quand j'ai vu pour la première fois mon propre enfant dans les bras de ma femme. À cet instant précis, j'ai su à quoi j'occuperais le reste de ma vie.

Alors je reviens dans le désert de Mojave. Le service de réhabilitation et la clinique de désintoxication m'en ont donné l'autorisation, le juge d'application des peines aussi. J'espère que vous voudrez bien de moi.

votre ami,

Damien Krimsky.

**« Jean de la Lune »**

Ça fait des mois que les gens discutent pour savoir si ces machins de Carter peuvent être réels. Et, maintenant, ils se disputent pour savoir si ces visions du futur lointain sont des canulars ou non.

Les deux ne peuvent pas être vrais, c'est évident.

Et, ce qui est hallucinant, c'est qu'on a d'un côté des krachs boursiers, des sectes suicidaires et des barjots qui pensent qu'ils doivent saccager les villes parce que la fin du monde est proche, et, de l'autre, une deuxième bande de cinglés faisant exactement la même chose parce que la fin du monde n'est *pas* près d'arriver.

Les visions du futur sont authentiques, bien entendu.

C'est notre destin. Et c'est fantastique ! Merveilleux ! Vous ne trouvez pas ?

Avez-vous jamais songé où vous iriez si vous aviez une machine à voyager dans le temps et la possibilité de vous rendre n'importe où, aussi bien dans le passé que dans le futur ? Peut-être iriez-vous chasser le tyrannosaure, ou écouter prêcher Jésus, ou naviguer avec Christophe Colomb. Qu'en pensez-vous ? Moi, je sais ce que je ferais. Je partirais rejoindre les mineurs de trous noirs de l'Incroyable Année Quatre Cent Milliards après Jésus-Christ. Ces mecs doivent faire une de ces teufs.

… Quoi ? Comment je sais que ces trucs du futur sont réels ? Parce que je les ai vus moi-même. Et aussi, comme vous le savez sans doute, parce qu'il y avait dans les articles du *L.A. Times* des codes secrets uniquement compréhensibles par d'autres Voyageurs qui confirment la véracité des images.

J'ai une casquette spéciale – attention en la touchant ! – et quand je la porte, *elle protège mon double astral…*

**Emma Stoney**

Cette fois, le ballon de plage doré était en vue lorsque la luciole émergea de l'éclair bleu de la transition. Il se reposait sur une plaine lisse et sans relief, au beau milieu de l'écran souple. Un arc de porte était visible à côté, sous la forme d'une bande bleu vif.

Le ciel était sombre. L'éclat rose du trou noir avait disparu. La seule lumière qui tombait sur le ballon de plage semblait être celle des projecteurs faiblissants de la luciole. La bande d'horizon que voyait Emma était parfaitement circulaire, dépourvue de marques de cratères ou de crêtes.

Léthargique, le calmar nageait dans sa bulle d'eau.

Emma regarda le paysage de Cruithne défiler devant la caméra de la luciole qui effectuait un panoramique. Il était si lisse que c'en était angoissant, contre nature. Elle ne ressentait aucune peur, aucun émerveillement, rien qu'une vague irritation.

— Ce foutu astéroïde a bien morflé, dit Malenfant. Regardez-moi ça. Il est aussi lisse que les fesses d'un bébé…

— Vous ne comprenez pas, dit Cornélius, irrité. Je pense – ou, plutôt, mes amis électroniques pensent – que ce n'est pas seulement le résultat de l'érosion. Les gravimètres de la luciole me signalent que la morphologie de Cruithne a changé. Ce que je veux dire, c'est que la forme de l'astéroïde n'est plus la même. Là-bas tout seul dans le noir, il a coulé pour devenir sphérique.

— Sphérique ? Mais comment, bon Dieu ? demanda Malenfant.

— Par liquéfaction, je crois. Si c'est le cas, cela signifie que la durée de vie du proton avant désintégration doit être supérieure à dix puissance soixante-quatre ans – ce qui signifie…

— Holà, holà. (Malenfant leva les mains.) Liquéfaction ? Vous êtes en train de me dire que l'astéroïde a coulé, comme un liquide ? De quelle manière ? Il s'est réchauffé, il a fondu ?

— Non. Qu'est-ce qui pourrait bien le faire fondre ?

— Quoi, dans ce cas ?

— Malenfant, s'il s'écoule assez de temps, la matière la plus solide finit par se comporter comme un liquide très visqueux. Tous les objets solides coulent. C'est une manifestation de l'effet tunnel de la mécanique quantique qui…

— Je n'y crois pas.

— C'est ce que vous êtes en train de voir, dit Cornélius d'un ton pincé. Malenfant, le futur lointain n'est pas le monde où vous avez grandi. Des processus marginaux peuvent devenir dominants, s'ils persistent sur des échelles de temps assez longues…

— *Combien de temps ?* demanda Malenfant, hargneux.

Cornélius vérifia la réponse sur son écran.

— Dix puissance soixante-cinq années au minimum. C'est-à-dire, hum, cent mille billions de billions de billions de billions de billions… Écoutez. Partez sur la base d'une seconde. Zoomez en arrière, factorisez-la pour obtenir la durée de vie de la Terre. Zoomez encore en arrière pour obtenir une nouvelle période, si longue que la durée de vie de la Terre équivaut à une seconde. Puis recommencez. Et *recommencez*…

La caméra s'éloigna du ballon de plage, du sol sans relief liquéfié, et balaya le ciel.

— Qu'est-ce que c'est que ça ? demanda Malenfant en désignant quelque chose.

C'était une tache floue de lumière gris-rouge dans un ciel par ailleurs vide. La luciole passa dans les infrarouges et Cornélius nettoya l'image. Emma vit une sphère aux contours irréguliers avec un halo de petits points lumineux immobiles flottant tout autour…

Tout autour de quoi ? C'était une sphère de ténèbres, en un sens plus sombre que la toile de fond du ciel elle-même. Elle paraissait avoir environ la taille du Soleil vu de la Terre ; les grains de poussière ressemblaient à des satellites faiblement lumineux orbitant très près d'une planète noire.

— Mon Dieu ! (Cornélius paraissait excité.) Regardez-moi ça !

Il zooma, sélectionna un point situé sur le bord de la sphère centrale, et continua à agrandir l'image.

Emma vit des anneaux de lumière rouge qui couraient le long du bord, parallèlement à la surface.

— Qu'est-ce que c'est ?

— Un phénomène de lentille gravitationnelle. De la lumière déviée. Ce qui signifie – ça doit être…

Il fit défiler les interprétations fournies par les systèmes experts, les lisant en diagonale.

— Un trou noir. Géant.

« C'est probablement ce qui reste d'un superamas. De la même façon que ce qui subsiste d'une galaxie après l'évaporation des étoiles s'effondre dans le trou noir central, les amas galactiques s'effondreront à leur tour, puis les superamas… Ce trou noir pourrait avoir une masse comprise entre cent billions et une centaine de milliers de billions de masses solaires. Le rayon de son horizon des événements doit se mesurer en centaines d'années-lumière.

— Je ne comprends pas, dit Emma. Où est passée la Voie lactée ?

— Le trou noir central de notre galaxie a sans doute été attiré vers le cœur du trou noir de l'amas galactique local, puis vers celui du superamas.

— Et nous avec elle.

— Si c'est bien un trou noir, il n'a pas de disque d'accrétion, dit Malenfant.

— Cette chose est immensément vieille. Elle a tout avalé depuis un sacré bout de temps.

— Dans ce cas, pourquoi ces poussières ne l'ont-elles pas été ? s'enquit Malenfant.

— À cause de la vie, dit Emma. Même à présent. Ils se nourrissent de l'énergie des trous noirs géants. C'est bien ça ?

— Peut-être, dit Cornélius, l'air sombre. Peut-être. Mais, si c'est le cas, ils n'en font pas assez. Les mines de la gravité elles-mêmes peuvent s'épuiser.

— Les radiations de Hawking, dit Malenfant.

— Oui. Les trous noirs s'évaporent. Plus il est petit, plus un trou noir se désintègre rapidement. Les trous de masse solaire ont déjà dû disparaître… Et vous savez qu'ils produisent de l'énergie au cours des dernières secondes de leur existence. Ils finissent en feu d'artifice, comme une bombe atomique. (Il sourit. Il avait l'air fatigué.) L'univers peut encore produire quelques feux d'artifices, même aussi loin en aval. Mais, à la fin, même ça, le plus grand trou noir naturel ayant jamais existé, finira par s'évaporer. Que feront alors les gens de l'aval ? Ils devraient être en train de le planifier en ce moment, d'y travailler. Il va y avoir une course entre la collecte et la gestion des sources d'énergie et les effets de dissipation dus au déclin général de l'univers.

— Vous savez comment mettre l'ambiance, hein, Cornélius ? fit Malenfant.

La caméra avait effectué un nouveau panoramique et trouvé Sheena dans son ballon de plage.

— Je crois qu'elle commence à avoir du mal à se déplacer, dit Emma.

— Nous ne pouvons rien pour elle, dit Cornélius. Il fait sacrément froid, là-bas, ne l'oubliez pas. Son chauffage ne va pas tarder à rendre l'âme. Elle ne suffoquera peut-être même pas.

Ils continuèrent d'observer en silence.

La caméra effectua un panoramique à trois cent soixante degrés. La porte, un anneau d'un bleu aveuglant toujours enfoncé dans le sol de l'astéroïde, glissa lentement d'un bord à l'autre de l'écran. La bulle de Sheena apparut, posée sur le sol, avec pour unique éclairage les projecteurs du robot et la douce lumière bleue de la porte. Sheena tenta de nager, sombre spectre déclinant derrière la paroi dorée. Mais elle retomba, ses tentacules traînant paresseusement dans l'eau.

Et, sous le ciel noir, il n'y eut plus que la surface de l'astéroïde, lisse, dépourvue de tout relief, totalement aplanie par le temps.

— C'est exactement comme au dernier arrêt, dit Emma. Comme si jamais rien ne devait plus changer.

— Faux, dit Cornélius. Mais nous sommes très loin en aval, le fleuve du temps est large et coule tout doucement.

— Et il coule vers une mer sans Soleil, dit Emma.

— Oui. Mais il y a encore du changement. Il suffirait que nous puissons le percevoir.

La caméra pointa son objectif vers le haut, délaissant l'astéroïde ; le ciel noir envahit l'écran. Au début, Emma ne vit que cette obscurité absolue. Puis elle finit par distinguer un motif d'une infinie pâleur : du gris charbonneux sur du noir, presque impossible à distinguer avec la capacité de résolution insuffisante de ses yeux, un motif composé de triangles réguliers couvrant tout l'écran.

Il disparut lorsqu'elle cligna des yeux. Puis elle le distingua à nouveau. Il se brouilla alors brutalement, s'inclina et défila en travers de l'écran.

Les triangles étaient à présent blanc rosé, très flous mais réguliers, formant un réseau à la teinte délavée qui emplissait l'espace.

— La luciole emploie des fausses couleurs, dit Cornélius.

Le dessin traversa l'écran par saccades tandis que la lointaine luciole balayait le ciel de son objectif. Et, au-delà du réseau, Emma vit une surface verdâtre à la courbe douce, comme si le filet contenait quelque chose.

— Ça doit couper l'univers en deux, dit-elle.

Une plus grande portion de la structure défila sur l'écran ; l'image se brouillait lorsque la vitesse de la caméra surpassait les capacités du logiciel à traiter l'image.

— On dirait un dôme géodésique géant, fit Malenfant.

— Je crois que c'est effectivement un dôme, dit Cornélius. Ou plutôt une sphère. Large de centaines de milliers d'années-lumière. Un filet. Et il n'y a qu'une seule chose qui vaille la peine d'être collectée si loin en aval. (Il désigna le rideau de lumière verte à la texture compliquée qui filtrait dans les interstices du dôme.) Regardez-moi ça. Je crois bien que nous voyons là des horizons des événements de trous noirs. Des trous géants, de la masse de superamas galactiques ou plus. Ils sont en orbite les uns autour des autres, ce qui déforme leur horizon des événements. Je crois qu'on les a délibérément rassemblés ici. On les fusionne en une série de trous de plus en plus massifs. J'imagine que les gens de l'aval peuvent désormais contrôler le processus en question sans perte sensible d'énergie.

— Et comment déplace-t-on un trou noir, bon Dieu ? On l'attache à un câble et on le remorque ?

— Je ne sais pas, dit Cornélius en haussant les épaules. Peut-être utilisent-ils les radiations de Hawking en guise de fusées. Les détails importent peu… Le dôme m'a l'air d'être un collecteur d'énergie. Comme une sphère de Dyson. Tout ce qui ressemble à de la vie doit se trouver sur ces poutrelles et se nourrir de l'ultime source d'énergie gratuite : la lente radiation de Hawking émanant des trous noirs. Mais c'est un ruisseau sacrément ténu. (Il jeta un coup d'œil à son écran.) Nous pouvons émettre des hypothèses sur leurs stratégies de survie. Il est possible qu'ils fassent durer leurs maigres ressources en se contraignant à de longues périodes d'inactivité. Hibernation, vitesse de calcul ralentie permettant d'étirer une heure de conscience sur un million d'années…

Peut-être, se dit Emma. À moins qu'ils ne soient conscients en permanence, même à présent, dans cet univers en ruine. Figés dans leur cage de trous noirs, incapables de bouger, piégés tel Judas dans le cercle inférieur de l'enfer.

— Il est possible que vous trouviez étrange que nous puissions anticiper tant d'éléments de cette époque lointaine. Mais les gens de l'aval sont prisonniers des lois physiques. Et nous savons qu'ils vont devoir gérer les ressources fournies par leurs trous noirs. Ceux des superamas sont les plus grands à s'être formés, leur masse peut atteindre celle de cent billions de soleils. Mais ils sont eux-mêmes en train de s'évaporer.

« Donc, les gens de l'aval doivent cultiver les trous

noirs. Si l'on en combine deux, on en obtient un troisième plus massif…

— Qui sera plus froid, dit Malenfant en hochant la tête. Et qui s'évaporera plus lentement. Si bien qu'on peut prolonger sa durée de vie.

— Ils fusionnent probablement des systèmes de trous noirs partout où ils peuvent aller dans l'univers. Aussi immense que soit ce site, ce n'est peut-être qu'un des barreaux de l'échelle.

— La technique doit être délicate à mettre en œuvre. Il faut rapprocher les trous assez vite pour qu'ils ne s'évaporent pas avant qu'on ait moissonné leur énergie. Mais il ne faut pas que la manœuvre soit rapide au point de former un trou si gigantesque qu'il s'évaporera trop lentement, si bien qu'on risquerait de manquer d'énergie utilisable… C'est remarquable. (Cornélius reprit sa respiration en fixant les images pâles et fantomatiques.) L'intelligence occupe à présent l'univers entier, l'évolution future de celui-ci dépend effectivement de choix conscients, *effectués par nos descendants*. Vous vous rendez compte ?!

Une coopération à l'échelle de l'univers, songea Emma. Des projets s'étalant sur des millions, voire des milliards d'années. Je ne sais pas ce que ces gens sont devenus, mais ils ne sont plus *humains*.

— Oh, mon Dieu, regardez-moi ça !

Emma réorienta son attention sur ce que Malenfant fixait.

Le réseau géodésique était interrompu sur une portion plus ou moins circulaire. Comme si un énorme poing l'avait traversé depuis l'intérieur, déchirant et tordant ses entretoises. L'extrémité des poutrelles endommagées était un peu plus lumineuse que celles du reste du réseau ; peut-être était-on en train de les réparer.

Et, au-delà du maillage endommagé, Emma vit les

horizons des événements de trous noirs géants en train de fusionner – la masse de chacun d'eux étant peut-être celle de superamas de galaxies, ou peut-être supérieure. Leurs horizons étaient tordus en gigantesques vagues gelées, visibles à leur froide surface, qui s'étendaient sur des années-lumière.

— Qu'en pensez-vous ? demanda Emma. Un genre de panne ?

— Ou de guerre, dit Malenfant.

— Une guerre ? Si loin dans l'avenir ? C'est insensé.

— Peut-être pas, dit Cornélius. Ces gens sont responsables de la totalité des temps futurs. Ils gèrent les dernières ressources énergétiques de l'univers. Ce qui signifie tensions et désaccords. Conflits.

— Être allés si loin pour voir ça, dit Malenfant. C'est déprimant.

— Non, dit Cornélius d'un air agacé. Nous ne savons absolument rien sur les esprits qui peuplent ces structures gigantesques. Il est possible que leur conscience soit bien plus évoluée que la nôtre. Leurs motivations sont sans doute si éloignées des nôtres que nous pouvons seulement tenter de les deviner…

— Possible, grommela Malenfant. Mais, moi, je ne suis qu'un pauvre *sapiens*. Si j'allais à l'intérieur de ce dôme, je voudrais survivre, gros cerveau ou pas. Et j'ai l'impression qu'ils s'en sortent plutôt mal.

— Quelle date avons-nous atteint ? demanda Emma avec réticence.

Cornélius consulta à nouveau ses écrans.

— Même les systèmes virtuels me lâchent à présent. Partons du principe que nous avons fait un bond vers l'aval du même ordre de grandeur que le précédent. Ça nous amène à une distance d'environ dix puissance cent années. Ce qui veut dire… (Il se frotta le front.) Pour ces gens, les premiers jours de leur empire – voici dix ou cent ou dix mille factorisations en arrière, lorsque les trous noirs de taille moyenne eux-mêmes pouvaient encore exister – cette époque, donc, correspond au printemps de l'univers. Quant à nous, nous ne sommes qu'un détail perdu dans le point du Big Bang, quelque part dans les dernières lueurs de celui-ci.

« Malenfant, je vous ai un jour demandé si vous compreniez vraiment, mais vraiment, ce que cela signifiait de mener vos projets de colonisation de l'espace jusqu'à leur conclusion ultime. De défier l'éternité. Voilà ce que ça signifie, Malenfant. *Ça*.

« Notre responsabilité est immense. Nous devons aller partout dans l'univers et faire en sorte que des descendants humains de l'avenir lointain aient la capacité de faire *ça*, de survivre à l'hiver aussi longtemps que possible. Parce que c'est leur ultime refuge.

— Mais c'est sans fin, dit Malenfant, l'air sombre. C'est une stratégie qui ouvre sur la perspective de la vie éternelle… N'est-ce pas ?

— Non, dit Cornélius avec tristesse. Du moins nous ne le pensons pas. C'est un paradoxe. Il faut un cadre, une structure qui permette de recueillir l'énergie et d'abriter les âmes.

— La sphère de Disney.

— Oui. Cette structure croît avec le temps. Même si la matière est stable, ce qui n'est pas certain, il faut sans cesse l'améliorer et la réparer. Le coût de la maintenance augmente avec le temps parce que la structure grandit, mais l'énergie disponible diminue… La compétition est serrée. Et l'on ne peut pas gagner. Leur politique de gestion des trous noirs est une bonne idée – la dernière et la meilleure – mais, au final, elle est vouée à l'échec.

La caméra changea brutalement d'angle. L'image de l'astéroïde totalement usé et de la porte oscilla follement.

Le ballon de plage se déplaçait vers la porte, tantôt rebondissant, tantôt roulant. Il laissait une traînée de trous et de rayures sur la surface lisse et couverte de poussière métallique de l'astéroïde.

— Alors Sheena n'a toujours pas trouvé la paix, dit Emma avec tristesse.

La caméra fit brusquement un panoramique. À nouveau, Emma eut un aperçu, le dernier, sur le puissant empire en ruine des ingénieurs des trous noirs.

C'est magnifique, se dit-elle, et ça se poursuivrait sur des distances temporelles inconcevables, des factorisations qui les emmenaient bien au-delà des minuscules échelles de temps humaines. Mais c'était une épopée futile.

— Et maintenant ? marmotta Malenfant. Que reste-t-il ?

Emma l'ignorait. Mais elle fut soulagée de voir l'éclair bleu aveuglant.

Ce fut à nouveau le néant.

Un câble accroché à un piton flottait en travers de leur champ de vision. Les projecteurs de la luciole éclairaient vivement les petits objets dont l'éclat contrastait seulement avec l'obscurité incommensurable qui s'étendait au-delà.

— Pourquoi ne pouvons-nous pas voir l'astéroïde ? grogna Malenfant.

— Parce que nous ne sommes pas sur une surface solide. Les accéléromètres de la luciole montrent qu'elle est en train de tomber, de tourner sur elle-même dans l'espace.

Un élément nouveau apparut à l'intérieur du cadre, au-delà du câble qui se tordait. Un cercle bleu à la vive luminosité flottait dans les ténèbres, tournant lentement. Et, à côté, se trouvait une sphère d'or dégonflée qui oscillait dans le vide, réfléchissant des éclats lumineux paresseux.

— C'est l'artefact. Et Sheena. Est-ce que…

La caméra zooma sur le ballon jusqu'à ce qu'il emplisse l'écran. À l'intérieur, le calmar tournait lentement en rond, dérivant en douceur. La seule lumière qui tombait sur elle en dehors de la lueur bleue de la porte était celle du projecteur faiblissant de la luciole.

— Elle s'éloigne, dit Emma. De la luciole et de la porte.

— Oui, dit Cornélius. La vitesse qu'elle a acquise en traversant l'éloigne.

— Qu'est-il arrivé à l'astéroïde ? demanda Malenfant.

— Désintégration des protons, répliqua aussitôt Cornélius. Je m'y attendais. (Il consulta ses systèmes experts pour obtenir des détails.) Vous le savez, il y a trois quarks dans un proton. Si l'on attend assez longtemps, on peut les voir se rapprocher et former un trou noir miniature qui explose aussitôt. … Bon. Les détails du processus importent peu…

— Êtes-vous en train de nous dire que *la matière elle-même* est instable ?

— Au niveau des échelles temporelles les plus grandes, oui. Mais le processus prend du temps. Le fait que vous êtes là – que vous pouvez survivre à votre propre masse – nous indique que la désintégration des protons doit prendre au moins un milliard de milliards d'années. Votre corps contient tant de protons et de neutrons qu'un taux de désintégration plus élevé produirait assez de particules énergétiques pour vous faire mourir d'un cancer. Et, à présent, nous avons vu que ce taux est encore plus lent.

— Donc, l'astéroïde s'est tout simplement évaporé, dit Malenfant.

— Oui. Il est devenu de plus en plus petit, doucement réchauffé par l'annihilation de ses électrons et positrons, tandis qu'une mince brume de neutrinos s'en dégageait à la vitesse de la lumière.

— Combien de temps s'est-il écoulé cette fois ? demanda Emma.

— Les théories sont incomplètes. Si vous voulez vraiment que je vous donne un nombre, je dirais dix puissance cent dix-sept ans. (Cornélius lui-même avait à présent l'air sidéré.) Des factorisations supplémentaires.

L'habitat du céphalopode se réduisait sur l'écran tandis qu'il s'éloignait en tournant sur lui-même.

— Alors où sont-ils tous ? jeta Malenfant, agressif.

Cornélius se tourna vers lui, l'air perdu.

— Vous ne m'avez pas écouté. *Il n'y a plus rien.* Lorsqu'on en arrive à la désintégration des protons, il ne reste rien : plus d'étoiles mortes, plus d'astéroïdes vagabonds comme Cruithne, plus de planètes froides, plus d'empires géodésiques. Aussi loin dans l'avenir, la totalité de la matière ordinaire a disparu, les ultimes trous noirs se sont évaporés. L'univers a enflé, le matériau qui le compose s'est étiré jusqu'à devenir extrêmement fin.

« Même si les cultivateurs de trous noirs ont essayé de réunir de la matière pour remplacer celle qui s'est désintégrée, ils ont été vaincus à cause de l'échelle temporelle sur laquelle tout cela s'est déroulé. La matière s'est désintégrée plus vite qu'ils pouvaient la recueillir et l'employer pour enregistrer l'information, les pensées, la vie. Et, lorsque leur structure s'est effondrée, le dernier trou noir a dû s'évaporer. (Il paraissait ému.) Ils ont dû essayer, bien entendu. Lutter jusqu'au bout. Ça a dû être magnifique.

Emma observa Malenfant.

— Tu es *déçu*. Nous avons pourtant vu des immensités temporelles. Il y a là tant de place pour que la vie…

— J'espérais l'éternité, dit-il.

Cornélius soupira.

— *A priori*, l'univers va demeurer en expansion perpétuelle, jusqu'à l'infini. Nous ne connaissons aucun phénomène physique pouvant se produire au-delà de ce point.

— Et toute vie, quelle que soit sa forme, a disparu, dit Emma. C'est bien ça ?

— Oui.

— Dans ce cas, répondit-elle dans un murmure, à qui Sheena est-elle en train de parler ?

La distance brouillait l'image de Sheena et son habitat évoquait une planète dorée à peine visible dans la lueur des projecteurs agonisants du robot. Peut-être l'imagination d'Emma lui faisait-elle projeter quelque chose sur elle, comme lorsqu'on voit le visage de l'homme de la Lune à la surface de celle-ci.

Et pourtant…

— Elle communique par signes, j'en suis sûre, dit-elle.

— Mon Dieu, dit Malenfant. Tu as raison.

Emma fronça les sourcils.

— Il doit y avoir quelqu'un ici. Ne serait-ce qu'en raison de la présence de la porte. Et elle nous a appelés, non ? Au moyen d'une chaîne de portes remontant le flot du temps jusqu'au présent à travers les factorisations. Peut-être a-t-elle aussi appelé Sheena et l'a-t-elle attirée ici.

— Elle a raison, dit Cornélius avec perplexité. Bien sûr qu'elle a raison. Il doit y avoir une entité par ici, une communauté qui manipule la mer de neutrinos et qui envoie des signaux vers le passé.

— Et d'où tirent-ils l'énergie nécessaire pour calculer et penser ?

Cornélius parut désarçonné. Il consulta son écran d'une manière obsessionnelle, faisant défiler des listes de références.

— Il s'agit vraiment de travaux spéculatifs. Mais il est possible de mener des calculs sans perte d'énergie. On a des modèles théoriques… En fait, ce qui consomme de l'énergie lors d'un calcul, c'est de se débarrasser de l'information. Par exemple, si l'on additionne deux nombres, enlever les nombres originels de la mémoire consomme de l'énergie. Mais si les calculs sont réversibles du point de vue de la logique – si l'on ne se débarrasse jamais d'aucune information – on peut faire descendre le coût du calcul jusqu'à des valeurs arbitrairement minuscules.

— Il doit y avoir un hic, dit Malenfant. Ou alors quelqu'un aurait déjà déposé le brevet.

Cornélius hocha la tête.

— Nous ne connaissons aucun moyen d'interagir avec l'univers sans subir de perte. Ni de faire entrer ou sortir des données d'un système. Si l'on veut ne pas avoir de perte, il faut se sceller dans une sorte de substrat… Mais, dès lors, plus rien de significatif ne peut plus jamais changer. Dès lors, à quoi sert la perception ?

— Que reste-t-il donc ?

— La mémoire. La réflexion. Il n'y a plus de nouvelles données. Mais il est fort possible que les richesses de la compréhension soient infinies…

— Si ces gens ultimes de l'aval sont enfermés dans un substrat, comment Sheena peut-elle leur parler ?

— Sheena est un réfugié du très lointain passé, dit Cornélius. Peut-être pensent-ils qu'elle vaut la peine de dépenser un peu de l'énergie qu'ils ont stockée avec tant de soin. Ils doivent être gigantesques, dit-il, rêveur. Ici, les dernières particules qui subsistent orbitent les unes autour des autres à des années-lumière de distance. Un unique esprit pourrait avoir la taille d'une galaxie, et être aussi vaste et lent qu'un empire. Mais rien ne peut plus les atteindre désormais. Ils sont hors de portée de la gravité, à l'abri de la mort par entropie.

— Ce sont nos derniers enfants ? interrogea Emma. Ces spectres ténus ? Nous avons manipulé des structures à l'échelle de l'univers, notre ingéniosité a lutté durant des éternités contre l'entropie – et tout ça pour *ça* ?

— C'est ainsi, dit Cornélius d'un ton dur. Qu'y a-t-il d'autre ?

— Un sens… dit simplement Emma. Nous sommes en train de la perdre.

Sheena dérivait hors de l'image.

Cornélius pianota sur sa console.

— La luciole n'a presque plus de gaz pour contrôler son assiette.

Toutes les deux ou trois minutes, le ballon de plage traversait l'écran, entraîné par la luciole qui tournoyait, impuissante. L'image était pâle, brouillée, la caméra à l'agonie employait ses ultimes ressources. Emma se rapprocha de l'écran, le regard fixé sur le calmar, et tenta de lire ses derniers signaux.

On dirait une veillée funèbre, pensa-t-elle.

— Il nous faut songer à la prochaine étape, murmura Cornélius.

Malenfant fronça les sourcils.

— Comment ça, quelle prochaine étape ?

— Regardez l'image. Regardez. Nous avons trouvé sur cet astéroïde un artefact, un objet fabriqué par des mains étrangères. Exactement là où les gens de l'aval nous l'avaient indiqué. Et ils l'ont utilisé pour nous montrer l'avenir : les billions de billions de billions d'années qui nous attendent, si seulement nous pouvons trouver un moyen d'échapper à la catastrophe de Carter – *ce qui doit être possible*. Réfléchissez, bon Dieu. Aujourd'hui, nous n'avons fait qu'entr'apercevoir quelques images, nous avons survolé le futur. Que se passerait-il si nous établissions des bases sur chacune de ces îles en aval ? Pensez à ce que nous pourrions accomplir, à ce que nous verrions… Il faut récupérer cet artefact. Et, si nous ne pouvons pas l'enlever de cet astéroïde, nous l'étudierons sur place. Nous devons envoyer des gens sur Cruithne, Malenfant. Et montrer tout ça à Michaël.

Une expression de terreur inexplicable balaya le visage de Malenfant.

Sur l'écran, Sheena n'était plus qu'une tache de lumière floue ; des ombres bougeaient sur ses flancs. Elle exécuta un dernier signal – Emma eut du mal à le voir – dont la traduction défila sur l'écran. Puis un gris neutre envahit celui-ci.

— C'est fini, dit Cornélius. La luciole est morte. Et Sheena aussi.

— Non, dit Emma. Non, je ne crois pas.

Elle savait que, d'une manière ou d'une autre, Sheena avait compris ce qui lui arrivait. Car son dernier signal, le dernier qu'Emma avait pu saisir avant la disparition de l'image, était une question.

*Vais-je rêver ?*

**Maura Della**

Journal. Vingt-deux octobre 2011.

Je n'ai jamais oublié la première fois où j'ai survolé l'Afrique. Les immenses déserts vides, les nappes de végétation indifférentes, les quelques humains dispersés çà et là qui s'accrochent aux côtes et aux vallées des fleuves.

Je suis une citadine. Je croyais que le monde des hommes constituait la totalité du monde. Cette expérience africaine a créé une faille dans la confiance que j'avais dans la capacité des humains, dans notre capacité à changer les choses, à construire, à survivre. La vérité, c'est que les hommes ont à peine laissé une trace sur la Terre, et que celle-ci est elle-même un grain de poussière dans un univers hostile. Cette idée a influencé toute ma façon de penser. Si l'homme n'a qu'une faible emprise sur la Terre, alors, bon Dieu, nous devons tout faire pour la rendre plus solide.

Cela fait une génération à peine que nous pouvons voir la Terre dans son intégralité. Et, à présent, il semblerait que nous puissions voir l'ensemble du futur, et ce que nous devons faire pour survivre. J'espère que nous nous en tirerons.

Je dois cependant admettre que j'ai trouvé tout cela déprimant.

Bien entendu, il s'agit là de la conclusion logique où m'amène ma propre ambition, qui est, en gros, que l'espèce humaine ne devrait pas chercher à se détruire elle-même, mais que notre destin est en fait de poursuivre la tâche des forces aveugles de la matière inanimée et de prendre en main l'avenir du cosmos.

Mais il ne m'était jamais venu à l'idée qu'en fin de compte, il ne restera que des décombres à conquérir, les ruines en train de se refroidir de l'univers.

J'ai soixante et un ans. Je n'ai pas l'habitude de penser à la mort. J'imagine que j'ai toujours vaguement eu l'intention de la combattre. D'employer toutes mes ressources, toutes les techniques et les ruses que je pouvais trouver et acheter pour vivre le plus longtemps possible.

Mais cela en vaut-il la peine ? De m'accrocher à la vie jusqu'à ce que je n'aie plus ni force, ni esprit, ni espoir ? N'est-ce pas précisément ce que nous avons vu dans l'avenir lointain, une espèce sénile faisant durer ses ultimes réserves d'énergie, luttant contre les ténèbres ?

Il me semble que l'âge, la vieillesse, est une guerre entre la sagesse et l'amertume. Je ne sais pas vraiment comment je m'en sortirai moi-même, en imaginant que j'arrive jusque-là.

Peut-être certaines choses sont-elles plus importantes que la vie elle-même.

Mais lesquelles ?

**Emma Stoney**

Alors que ses représentants se battaient avec les démons de la bureaucratie qui menaçaient de l'engloutir, alors que le monde s'émerveillait ou se moquait de ses images en ombres chinoises de l'avenir lointain, Malenfant créa une nouvelle fois la surprise.

Il passa à la télé et sur les réseaux et annonça une date pour le lancement du GBS-2, dont le nom provisoire était le *O'Neill*.

Et, tandis que se rapprochait la date en question, fictive et plausible uniquement sur le plan technique, les événements semblaient arriver à un tournant majeur. D'une part, une vague de soutien populaire se constituait en faveur de Malenfant, de son entreprise, de son sens du défi et du mystère. Mais, d'autre part, les forces d'opposition se renforçaient, et leurs attaques étaient mieux ciblées.

*Il faut voir les choses sous cet angle. Si toutes ces conneries juridiques s'envolent en fumée et si je suis prêt à effectuer un lancement, je le fais. Si je ne suis pas prêt, je ne le fais pas. C'est aussi simple que ça. Qu'est-ce que j'y perds ?*

*Venez me voir voler.*

En fait, il était en train de gaspiller des millions avec chaque tentative de lancement avortée, songeait Emma. Mais il le savait, et ça n'allait de toute façon pas l'arrêter, aussi gardait-elle ses réflexions pour elle.

Elle devait admettre que la méthode de Malenfant – monter les enjeux, porter l'intérêt du public au comble de la fièvre – fonctionnait. *Il n'y a rien de mieux qu'un compte à rebours pour aider à la concentration.*

Puis, quelques jours avant la « date de lancement » proprement dite, Malenfant demanda à Emma de quitter Vegas. *Ça va chauffer, ma mignonne, j'ai besoin de toi…*

Malenfant lui proposa de venir en avion jusqu'au périmètre, mais elle refusa. Elle décida de prendre sa voiture : elle avait besoin de temps pour se reposer et réfléchir. Elle mit le MalinPilote, opacifia les fenêtres et tenta de dormir.

Ce fut seulement lorsque la voiture la réveilla, peu avant l'aube du jour du « lancement » de Malenfant qu'elle se rendit compte de la présence des gens.

Au début, elle ne vit qu'une poignée de voitures et de camionnettes garées sur le bord de la route, de petites oasis de lumière dans l'immense nuit du désert. Mais il y en eut bientôt d'autres : des camping-cars, des voitures avec des tentes-caravanes, des bus reconvertis, des Jeeps portant des maisons construites à l'arrière, des Land Rovers et des Broncos équipés de couchettes. Il y avait des tentes illuminées de l'intérieur, des gens qui se mouvaient avec lenteur dans la grisaille précédant l'aube. Certains dormaient dans des voitures, et même à l'extérieur, sur des matelas gonflables et des couvertures.

La densité de la foule continua à augmenter à mesure qu'elle se rapprochait du site, les petits groupes se rapprochant les uns des autres. À un endroit, une couverture étalée sous le hayon d'un antique cabriolet recouvrait presque le tapis de sol d'une tente bien plus sophistiquée. Ailleurs, juste à côté d'un mobile home de luxe, Emma vit une antique Ford au capot maintenu en place par du ruban adhésif couleur argent ; un enfant dormait dans le coffre ouvert et des pieds sales et nus dépassaient de toutes les fenêtres. À l'approche de l'aube, tous ces gens se levaient, remuaient, se grattaient, préparaient leur petit déjeuner, et certains grimpaient sur le toit de leurs voitures pour voir ce qui se passait dans le complexe du Pied à l'Étrier.

Elle remarqua un véhicule d'allure militaire, une sorte de Jeep trapue à l'air agressif, avec des fenêtres rectangulaires teintées en noir. Un homme était debout à l'intérieur, passant la tête par le toit ouvrant. Costaud, le crâne rasé, il avait visiblement la quarantaine. Il ne cessait de s'agiter, comme s'il avait du mal à tenir debout. Il observait le complexe avec de grosses jumelles à l'aspect professionnel. Elle se dit qu'elle l'avait déjà vu, mais ne put se rappeler où.

Lorsqu'elle regarda à nouveau au même endroit, la Jeep avait disparu. Elle avait dû bifurquer dans le désert.

Un peu plus loin, Emma entrevit des uniformes et des bannières. Il y avait là des groupes religieux, aussi bien partisans qu'adversaires de Malenfant. Certains organisaient des cérémonies ou des séances de prière. Des militants des droits des animaux brandissaient des posters animés de calmars des récifs, d'autres manifestants des images de bébés jaunes maladifs. Et il y avait la frange habituelle de cinglés, comme ce groupe de femmes toutes vêtues de robes noires peintes d'un cercle bleu vif. Elles tenaient des cerceaux bleu ciel à bout de bras. *Prenez-moi, prenez-moi !*

Mais les militants professionnels étaient en minorité, des moutons d'écume sur le grand océan des gens ordinaires qui s'étaient rassemblés ici, le jour du « lancement » de Malenfant. Il y avait là des Blancs, des Noirs, des Asiatiques, des Hispaniques et des Amérindiens, beaucoup de jeunes gens, de nourrissons et de personnes âgées à qui cela devait sans doute rappeler *Apollo 11*. Et rien ne permettait de penser que la foule était moins dense sur les autres itinéraires menant au complexe du Pied à l'Étrier.

Alors combien étaient-ils ? Un million ?

Mais pourquoi étaient-ils là ? Qu'est-ce qui les avait attirés en si grand nombre et de si loin ?

… C'était la foi, comprit soudain Emma. Ils avaient foi en Malenfant, foi en l'idée qu'il pouvait défier encore une fois les diverses forces liguées contre lui : lui, Reid

Malenfant, le héros américain à l'ancienne mode, volontaire et enthousiaste, qui avait déjà rapporté des cartes postales du futur et qui était maintenant sur le point de lancer une fusée et de sauver l'espèce humaine, le tout d'une seule main.

Malenfant, je dois admettre que tu as touché un point sensible.

Et tandis qu'elle y pensait et que l'idée se cristallisait dans son esprit, elle comprit enfin ce qui se passait ce jour-là.

Mon Dieu, se dit-elle. *Il va vraiment le faire.* Il va procéder au lancement, et au diable les conséquences. La voilà, la raison de tout ce ramdam.

Et elle se sentit choquée, voire honteuse, que ces étrangers en si grand nombre aient mieux compris qu'elle le message subliminal de Malenfant. *Venez me voir voler*, leur avait-il dit. Ils étaient là.

Saisie par une sensation d'urgence de plus en plus aiguë, elle accéléra.

Elle finit par traverser la foule et les barrières de sécurité pour se retrouver à l'intérieur du complexe. Deux ou trois kilomètres plus loin se dressait le vaisseau de Malenfant, le GBS-2, dénommé *O'Neill*.

Elle vit le bloc des moteurs au profil mince : la poupe anguleuse de navette spatiale située à la base, le réservoir central encadré par deux propulseurs minces et robustes semblables à des crayons blancs et, au-dessus, le gros tube du module contenant la charge utile. Les éclaboussures de rouge et de bleu devaient être le drapeau américain dont Malenfant tenait à orner tous ses vaisseaux, et la courbe lisse de la coque miroitait vivement là où de l'air liquide avait figé le givre de la nuit du désert. La tour située à côté du GBS semblait toute simple, mince et paisible. Des nuages de vapeur se tordaient le long de l'engin, tels des petits nœuds glissant des réservoirs.

Baigné dans la lueur blanche de lampes au xénon, le lanceur paraissait petit et lointain, voire fragile, tel un objet placé sur un autel. Et c'était là la flamme vers laquelle tous ces gens avaient été attirés.

Emma sortit de sa voiture et courut jusqu'au bunker de contrôle de George Hench.

Il était petit et encombré, l'ambiance sentait l'improvisation. L'un des murs était constitué d'une immense baie teintée qui donnait sur le pas de tir lui-même et la flaque de lumière entourant le lanceur en attente. Devant elle se trouvaient des consoles – de simples bureaux où s'empilaient manuels, écrans souples et tasses de café – dont chacune était occupée par un jeune technicien en T-shirt. Au fond de la pièce, d'autres personnes discutaient ou allaient et venaient avec des manuels et des piles de pages imprimées. Il y avait des paquets de câbles partout, aussi bien sur le sol qu'au plafond.

Sur le seuil d'une porte, l'un des larbins de Malenfant guidait un troupeau d'individus ressemblant à des employés fédéraux, tout en costumes gris, cravates et petits attachés-cases. Emma reconnut celui qui était en train de protester vivement – non sans sursauter car c'était le député Mary Howell, l'ancien ingénieur chimiste qui avait donné du fil à retordre à Malenfant pendant les audiences du Congrès.

Et, au beau milieu de tout ça, entouré de gens, criant des instructions et exigeant des informations, se trouvait Malenfant lui-même, en compagnie de Cornélius – et de Michaël, le gamin originaire de Zambie. Cornélius tenait la main de l'enfant, que celui-ci gardait fermée comme un poing. Malenfant se précipita.

— Emma. Dieu merci, tu es là.

Elle fut incapable de trouver quelque chose à dire. Malenfant, Cornélius et Michaël portaient tous trois des vêtements orange d'une seule pièce, couverts de poches et de bouts de Velcro.

C'étaient des tenues de vol pressurisées. Des combinaisons spatiales.

## Art Morris

Art voyait le lanceur depuis le siège du conducteur de la Rusty. Mais il s'était garé à bonne distance des routes, au milieu d'une plaque de broussailles que la Rusty n'avait eu aucun mal à atteindre.

Le corps des Marines avait remplacé la Jeep par la Rusty – ou plus exactement le RST-V : *Reconnaissance, Surveillance and Targeting Vehicule* – qui, comme elle, était pratiquement indestructible. La Rusty fonctionnait à l'aide d'un générateur électrique hybride qui utilisait un diesel pour produire l'électricité destinée aux moteurs électriques montés sur chacune de ses roues. Il s'agissait d'un dispositif plus léger et beaucoup plus compact qu'un train à traction mécanique, et, par sécurité, certains systèmes étaient délibérément redondants : si l'une des roues cessait de fonctionner, le véhicule pouvait continuer à avancer sur trois roues, ou même deux si elles ne se trouvaient pas du même côté. En outre, elles fonctionnaient séparément ; la Rusty pouvait tourner sur elle-même, comme une ballerine.

Mais, le mieux, c'était lorsqu'il éteignait le générateur pour se servir des batteries ; alors il n'y avait plus de bruit de moteur, pas de gaz d'échappement pouvant trahir sa position aux yeux des détecteurs de chaleur déployés par les types de la barrière.

Art adorait cette Rusty. Mais elle n'était pas à lui, bien entendu. L'unique touche personnelle qu'il s'était autorisée était la photo de sa fille, Leanne, qu'il avait scotchée sur le tableau de bord.

Son vieil ami Willy Butts, qui faisait encore partie du corps des Marines, avait emprunté la Rusty pour lui. Au début, Art voulait marcher jusqu'au complexe et se mettre à tout faire sauter, mais Willy l'en avait dissuadé. *Tu ne passeras pas le portail d'entrée, mon vieux. Réfléchis. Et tu seras encore à deux ou trois kilomètres de la fusée. Ce qu'il te faut, c'est un moyen de transport. Laisse-moi faire…*

Willy s'était comme toujours bien débrouillé, et Art était là, ainsi que la fusée qui l'attendait.

Il pressa le démarreur. Le moteur de la Rusty se lança après le plus léger des toussotements. Il avança, les énormes suspensions réglables amortissant son déplacement sur le sol inégal.

Plus de bébés jaunes, Malenfant. Il tapota la photo. Sa petite fille souffla ses bougies une fois de plus.

Art passa en mode silencieux.

**Emma Stoney**

Mary Howell fit un pas en avant.

— C'est n'importe quoi. Malenfant, je pourrais vous empêcher de décoller en me servant de la loi pour la protection de l'enfance si je n'avais pas déjà *ça*. (Elle lui agita une feuille de papier au visage.) Vous êtes en infraction avec les lois fédérales sur l'aviation, paragraphes 23, 25, 27, 29 et 31, qui régissent les certifications de vol. J'ai également la preuve indubitable que votre programme d'entretien ne suit pas les procédures décrites dans la circulaire consultative AC 120-17A. En outre…

Malenfant fusilla Howell du regard.

— Madame le député, ça n'a rien à voir avec la législation de la FAA et toutes ces conneries. Vous m'en voulez personnellement.

— Si nous devons tout arrêter maintenant, gronda George Hench, casque sur les oreilles, j'ai besoin de le savoir immédiatement.

Sans trop savoir pourquoi, voir Malenfant, Cornélius et, pour l'amour de Dieu, un enfant, ficelés comme des rôtis dans ces combinaisons d'astronautes au milieu du brouhaha d'une situation devenue incontrôlable, indiqua à Emma à quel point Malenfant s'était enfoncé dans la folie.

— Malenfant, tu es dingue ou quoi ?

— Nous allons partir, Emma. Il le faut. C'est devenu notre devoir.

— Et les quatre astronautes que nous avons entraînés, et pas pour rien ?

— Ils m'entraînaient, moi, dit Malenfant.

Il sourit, l'air presque nostalgique.

Cornélius Taine haussa les épaules.

— C'était notre plan depuis le début. Qui d'autre est mieux qualifié ?

— Encore un écran de fumée ?

— Ouaip… Tous, sauf un. Jay. La fille. Elle était qualifiée.

— Pour quoi ?

— Pour s'occuper de Michaël.

George Hench reçut une communication. Il adressa une grimace à Malenfant.

— Encore des inspecteurs.

— Qui est-ce, cette fois ?

— La Commission pour l'énergie atomique.

Le regard de Howell passa rapidement de George à Malenfant.

— L'AEC ? Quel rapport avec tout ça ?

— De l'uranium écossais, dit Emma d'un ton sombre. S'ils sont ici, c'est que tout s'effiloche. Nous aurons de la chance si nous n'allons pas en prison.

— Mais je n'ai pas le choix. (Malenfant la dévisagea

intensément, comme s'il tentait de l'obliger par la simple force de sa personnalité à se ranger de son côté.) Tu ne le vois pas ? Je n'avais plus le choix à partir du moment où Cornélius est parvenu à te convaincre de le laisser entrer dans ton bureau.

— Tout ça n'a plus rien à voir avec l'exploitation minière des astéroïdes, hein, Malenfant ?

— Non. Ce qui importe, c'est ce qui nous attend sur Cruithne.

Cornélius eut un sourire froid.

— Et qui sait de quoi il peut s'agir ? Peut-être de la réponse à toutes nos questions. Du sens de la vie. Qui peut le dire ?

— Toute la logique de mon existence m'a conduit vers cet instant, Emma. Je suis pris au piège. Et Michaël aussi. Il l'est depuis le jour de sa naissance, avec ce fichu cercle bleu tournant dans sa tête. *Et j'ai besoin de toi*.

Elle eut comme un drôle de vertige ; toutes les couleurs du monde furent aspirées, comme si elle était sur le point de s'évanouir.

— Qu'est-ce que tu racontes ?

— Viens avec moi.

— *Sur Cruithne ?*

— C'est la seule solution. Je terrifie Michaël. Et Cornélius aussi, en fait. Mais toi…

— Pour l'amour du ciel je ne suis pas astronaute. Le lancement me tuerait.

— Mais non. Ce n'est pas pire qu'un tour sur le grand huit. Et, une fois partis, eh bien, on sera partis. Ces trous du cul de la FAA ne pourront pas venir nous chercher dans l'espace… Au moins, comme ça, tu ne seras plus dans le pays lorsqu'ils engageront des poursuites contre nous.

Emma sentit alors que de cet instant partaient des possibles divergents, passés et futurs, pour elle, pour Malenfant et peut-être pour l'espèce humaine elle-même, comme si sa conscience s'étalait sur plusieurs réalités faiblement éclairées.

— Tu as peur, hein ?

— Tu parles. Je suis terrifié. Je voulais juste aller creuser des mines dans les astéroïdes. Et maintenant, je me retrouve avec *ça*. (Il regarda les yeux ronds de Michaël.) Je ne sais pas ce que je fous ici, Emma. Seulement, je ne peux pas descendre du train. J'ai besoin que tu viennes avec moi. S'il te plaît.

Mais, à présent, les autres recommençaient à se presser autour de Malenfant. Mary Howell geignait ses normes de la FAA. Cornélius avait trouvé un casque et hurlait que les gardes postés aux entrées avaient du mal à retenir les inspecteurs de l'AEC. Et George Hench, le visage tordu par un rictus, regardait l'horloge et surveillait l'interminable check-list préalable au lancement.

Michaël pleurait.

Howell fit un pas en avant.

— Regardez les choses en face, colonel Malenfant. Vous avez perdu.

Malenfant parut alors prendre une décision.

— Mais oui. George, mets-la dehors. Nous avons un vaisseau spatial à lancer.

George Hench eut un grand sourire.

— Il était temps.

Il passa ses bras puissants autour de Howell et la souleva de terre. Elle poussa un cri de frustration, donna des coups de pied dans ses jambes et rejeta la tête en arrière. Elle parvint à faire tomber le casque de George, mais il se contenta de la jeter hors de la pièce avant d'en claquer la porte.

Emma regarda Malenfant, furieuse.

— Malenfant, as-tu la moindre idée…

— Assez, dit George. Vous pourrez discuter dans l'espace. Sortez de là. Je m'occupe du reste.

Malenfant posa la main sur l'épaule musclée de George.

— Merci, mon pote.

George le poussa hors de la pièce.

— Envoyez-moi une carte postale d'Alcatraz.

Il saisit un autre casque et se mit à hurler sur les techniciens derrière leurs consoles improvisées.

Malenfant fit face à Emma. Il lui prit la main et la tira très, très doucement vers lui.

Elle le suivit, comme dans un rêve, comme elle l'avait toujours fait et, elle le savait, comme elle le ferait toujours.

Tandis qu'ils quittaient le bunker pour la grisaille de l'aube du désert de Mojave, elle entendit des cris et des crépitements lointains.

Des coups de feu.

**Art Morris**

La Rusty fonctionnait à merveille. Elle avait été construite pour atteindre le cent dix sur route et peut-être soixante-cinq sur tous les autres terrains, des dunes de sable aux tourbières. Et, pendant ce temps, il était assis à l'intérieur d'une coquille de composite de fibre de carbone et de plaques de céramique assez résistante pour arrêter une balle de fusil. Art n'avait pas grand-chose d'autre à faire que de viser et d'espérer.

Il roula sur la barrière à tombeau ouvert. Il vit sur son écran à infrarouges des gardes de la compagnie qui couraient le long du grillage en montrant la direction d'où il venait, puis ils fichèrent le camp.

Il éclata de rire.

Il percuta la barrière. Se rendit à peine compte qu'elle volait en éclats autour de lui.

Les gardes s'éparpillèrent devant lui. Il entendit le son

creux des balles claquant sur le blindage. Il appuya sur le démarreur et lança le diesel ; il n'avait plus de raison de rouler en silence désormais. Le moteur gronda et il fit un bond en avant avec enthousiasme.

— Regarde ce que tu as fais, Malenfant !

Il vit le pas de tir devant lui, le lanceur illuminé comme une tour de Disneyland. Il fit ronfler le moteur et fonça droit dessus.

**Emma Stoney**

Emma avait l'impression que le temps se désintégrait autour d'elle dans un blizzard d'incidents déconnectés les uns des autres, d'où toute causalité avait disparu. Elle se contentait de le supporter, de laisser Malenfant et ses gens la conduire çà et là, criant, courant et tirant, à travers une tempête d'endroits, d'odeurs et d'équipements inconnus.

Là, elle se trouvait dans un vestiaire. Il ressemblait au laboratoire d'un hôpital, avec des néons scintillants, des étagères pleines d'appareils médicaux ou autres et la puanteur de l'antiseptique. Des techniciennes au visage fermé la conduisirent derrière un écran, où elles la firent se déshabiller, ne lui laissant que ses sous-vêtements. Puis on la fourra dans sa combinaison pressurisée, avec les manches et le col en caoutchouc étroits où elle dut se glisser comme dans un pull qui a rétréci. Les techniciens vérifièrent les sceaux et les rabats de la combinaison en tirant dessus, les lèvres pincées.

Puis les gants, les bottes.

Et un casque de verre et de plastique blanc qu'ils posèrent sur sa tête et verrouillèrent à un anneau autour de son cou. À l'intérieur, elle eut chaud, se sentit enfermée ; les bruits extérieurs étaient étouffés, ce qui accentuait l'impression d'irréalité.

Elle entendit Michaël, quelque part ailleurs dans le vestiaire, qui parlait dans sa langue maternelle. *Rendez-moi mes vêtements ! Oh, rendez-moi mes vêtements !* Elle sentit son cœur se déchirer. Mais le temps manquait, et elle ne pouvait rien pour lui.

Dans un autre monde, se dit-elle, je m'éloigne de cet endroit. Je parle calmement au député Lowell, je repousse les gens de l'AEC et je trouve le moyen de gérer ce dernier désastre. Je fais mon boulot.

Au lieu de quoi, voilà qu'on me prépare pour aller dans l'espace, pour l'amour de Dieu, exactement comme John Glenn.

On la tira de son alcôve. Les autres l'attendaient, vêtus de combinaisons identiques à la sienne. Malenfant la regarda derrière sa visière. Son visage familier encadré de métal et de plastique était sans expression, comme s'il ne parvenait pas à croire qu'elle était là, avec lui.

… Et, à présent, après un court trajet dans un chariot découvert, elle se dépêchait de traverser le complexe en direction de la lumière aveuglante qui environnait le lanceur. Des techniciens du pas de tir couraient à ses côtés. *Ils l'applaudissaient.*

Ils durent ensuite grimper en compagnie d'un unique technicien solidement bâti, dans la nacelle d'un élévateur et supporter d'être brusquement emportés dans les airs. Ils traversèrent des nuages de vapeur ténus et translucides qui sentaient le feu de bois. Elle vit des courbes de métal lisse, aussi effilées que des muscles et couvertes d'une couche de gel et de condensation, à quelques centimètres d'elle, assez proches pour qu'elle puisse les toucher.

Dans son casque, Michaël semblait sangloter. Cornélius tenait toujours son poing, très serré. Le rat de rampe de lancement les regardait, impassible.

La nacelle avança par petits à-coups jusqu'à cogner contre la coque de la fusée. Le technicien s'avança et commença à installer une passerelle au-dessus du gouffre profond de quatre-vingt-dix mètres qui les séparait du lanceur.

Malenfant passa le premier.

Puis ce fut le tour d'Emma. Elle avança sur la passerelle en se tenant au bras du technicien. Elle regardait droit dans un trou béant ouvert dans le carénage couvrant le vaisseau lui-même. La coque était doublée d'une sorte de couche isolante, un édredon de tissu d'un blanc pur. On y avait découpé un sas qu'on avait bordé de métal. À l'intérieur se trouvait une grotte grise de forme conique faiblement éclairée, dont les murs étaient recouverts de centaines de commutateurs et de cadrans. Il y avait des sièges-baquets inclinables, en fait de simples cadres de métal couverts de toile, les uns à côté des autres. Ils ressemblaient un peu à des chaises de dentiste.

Cela sentait la machine neuve : la riche saveur de l'huile, le goût acide du métal tout juste soudé et du cuivre travaillé, le doux parfum du tissu et du revêtement mural pas encore saturé d'odeurs corporelles rances. La cabine paraissait sûre, chaude et confortable.

Emma entendit à nouveau monter du sol le crépitement de coups de feu.

**George Hench**

Lors de ces ultimes minutes, le temps parut ralentir pour George Hench et se mettre à couler comme du caramel.

Il tenta de prendre du recul par rapport au déluge de détails qui pleuvait sur lui. Maintenant qu'on avait éjecté les politicards et les bureaucrates, l'atmosphère paisible des ingénieurs du poste de contrôle au travail s'était installée. Il entendit ses techniciens passer les différentes étapes de la phase préparatoire au lancement, échangeant des *go* et des « affirmatif ». Les deux réservoirs principaux d'hydrogène et d'oxygène étaient pleins et l'on maintenait leur niveau. Les unités de mesure de l'inertie avaient été calibrées, ce qui signifiait que le GBS pouvait maintenant avoir une idée de sa position dans l'espace tridimensionnel alors que la rotation de la planète l'entraînait autour de la Terre. Les réservoirs d'hélium du système de propulsion étaient en train d'être remplis, l'alignement des antennes était achevé…

Son vaisseau devenait peu à peu indépendant de la surface.

On déconnectait à présent les sources extérieures d'énergie. On fermait les valves des gros réservoirs d'oxygène et d'hydrogène et on les mettait sous pression. Il lui restait une minute lorsqu'il passa le contrôle aux processeurs internes du GBS.

Ce fut à ce moment-là qu'il reçut un message dans son oreillette.

Il s'écarta des consoles et étudia les images envoyées par le système de sécurité. Elles étaient floues, à la limite des capacités de résolution des caméras.

Il vit qu'une section de la barrière avait volé en éclats. Des gardes étaient couchés sur le sol. Un genre de véhicule, une espèce de machin militaire à la silhouette carrée, tournait en rond dans la poussière. Debout à l'intérieur, quelqu'un levait un objet sur son épaule. Comme un morceau de tuyau. Pointé vers le lanceur.

— Oh, mon Dieu !

*George. J'ai ton autorisation ?*

Le pire du pire.

— Vas-y, Hal.

L'écran lui montra les gardes qui mettaient leurs masques de carnaval, leurs masques à gaz M-17. Pendant ce temps, dans la voiture, le type ajustait son tir avec des gestes maladroits.

Ça aurait pu être amusant, comme une course de clowns.

Les gardes gagnèrent. Un projectile fut lancé vers le camion.

George distingua à peine le gaz qui en jaillit. On aurait dit un brouillard très léger et incolore. Lorsqu'il atteignit le véhicule, le type qui s'y trouvait se mit à tousser. Il lâcha son bazooka, si c'en était un. Puis il se mit à vomir, pris de convulsions.

Un garde masqué s'élança et balança quelque chose par l'ouverture dans le toit du véhicule. George savait ce que c'était. Un *Willy Pete* : une grenade au phosphore blanc.

Le camion s'emplit de lumière, puis frémit. Les gardes se rapprochèrent.

Il n'y avait pas de son. La scène avait quelque chose de surnaturel.

*Trois minutes.*

George reporta son attention sur le lanceur attendant qu'il s'occupe de lui.

**Emma Stoney**

À quelques dizaines de centimètres à peine d'Emma, le flanc courbe du lanceur plongeait vers le sol, diminuant avec la perspective, comme un élément d'une cathédrale de métal. Sur le béton du pas de tir à la base du vaisseau, elle voyait des techniciens courir et des véhicules s'égailler comme des insectes. Plus loin, les bâtiments du complexe éparpillés sur le sol labouré, la barrière et les gens qui grouillaient au-delà : une mer de gens, de voitures, de tentes et de visages sous le ciel de l'aube naissante.

Il y avait un endroit où la barrière était sombre, comme brisée. Elle vit des gardes courir. Le crépitement lointain de coups de feu parvint jusqu'à elle. Elle distingua un camion d'où pendait le corps d'un homme et une sorte de brume qui s'en échappait. Le cordon de gardes se referma dessus.

Elle se tourna vers le sas. Malenfant était là, son visage émacié encadré par son casque. Il la regardait.

— Du GB, dit-il. C'était du GB. C'est comme ça que les militaires l'appellent.

— Du sarin. Un gaz neurotoxique. Mon Dieu ! Vous avez utilisé du *gaz* !

— On l'a acheminé ici pour le détruire dans l'incinérateur… Emma, j'ai toujours été prêt à faire tout ce qui serait nécessaire pour que cette mission se déroule bien.

Je sais, se dit-elle. J'en sais plus que je ne le voudrais.

Je ne devrais pas être ici. Ce n'est pas réel. C'est *mal.*

Il lui tendit la main. Elle sentit à peine la pression de ses doigts à travers l'épaisseur des gants.

Elle entra sans regarder en arrière dans l'intérieur bourdonnant, lumineux et semblable à un utérus du vaisseau spatial.

**George Hench**

Une boule de feu pâle enfla à la base du lanceur. De la fumée jaillit vers les tranchées situées en dessous et explosa dans les airs comme de grandes ailes blanches de dizaines de mètres d'envergure. Les propulseurs à carburant solide s'allumèrent et la lumière devint extraordinairement brillante, jaune et aussi éblouissante que celle du Soleil.

L'engin commença à s'élever. Mais le bruit n'avait pas encore atteint George, si bien que le lanceur allait monter dans la lumière et dans un silence total comme s'il nageait dans le ciel.

George avait travaillé sa vie entière sur des fusées. Pourtant, il ne se lassait pas de cet instant, celui où la grande machine massive s'éveillait à la vie pour la première et unique fois et quittait le sol.

Le son lui arrivait à présent : des crépitements et des explosions, comme du bois humide en train de brûler, comme de l'huile trop chaude dans une poêle, comme un millions d'éclairs se déchaînant au-dessus de sa tête. Suivie par une traînée de feu, la fusée quitta le grand chaudron d'air brûlant, s'élevant en douceur et avec grâce. À l'instant du décollage, le lanceur consommait autant d'oxygène qu'un million de personnes prenant une inspiration.

George, ivre de joie et terrifié, hurla en même temps que la fusée.

# 3

# Cruithne

*Oseras-tu, ô mon âme,*
*Me suivre au pays inconnu*
*Où il n'y a ni sol à fouler ni chemin à suivre ?*

Walt Whitman

## Emma Stoney

L'expérience montra que les fusées manquaient de subtilité.

Le lancement produisit une vibration rugissante. Emma s'attendait à une accélération. Mais lorsque chaque étage de propulseurs s'arrêtait, la poussée des moteurs stoppait, tout simplement, d'un coup, si bien que les cosmonautes réticents étaient projetés en avant contre leurs harnais de sécurité. Suivaient une ou deux secondes de respiration tendue, puis l'étage suivant s'allumait et ils étaient à nouveau rejetés en arrière. Au bout de quelques minutes, Emma sentit qu'elle avait des bleus dans le dos, dans le cou et sur les cuisses.

Mais la poussée du dernier étage de la fusée fut douce, juste une pression sur sa poitrine et ses jambes. Puis plus rien, et pour de bon.

… Et Emma commença à s'élever lentement hors de son siège, dans la limite que lui autorisait le harnais. Elle sentit la sueur qui avait coulé au creux de ses reins s'étaler sur sa peau.

Le bruit de la fusée s'était évanoui. La cabine était silencieuse, on n'entendait que le vrombissement des ventilateurs et des pompes, le doux cliquetis des instruments et la voix calme de Malenfant qui égrenait la check-list finale.

Emma entendit un faible gémissement, étrangement aigu, comme celui d'un chat. Il devait s'agir de Michaël. Mais il était hors de sa portée.

Une série de violents claquements métalliques retentit juste dans son dos, comme si un poing en acier donnait de grands coups sur la coque.

— Adieu au dernier étage, dit Malenfant. Maintenant, nous n'avons plus qu'à filer sur notre erre jusqu'à Cruithne. (Il sourit derrière sa visière ouverte.) Bienvenue sur le *Gérard K. O'Neill*. Ne bougez pas encore, nous n'en avons pas tout à fait fini…

La cabine portait la dénomination de capsule de rentrée dans l'atmosphère. Les quatre passagers étaient assis côte à côte, leur combinaison pressurisée orange tassée dans le cadre métallique de leur fauteuil. Emma se trouvait tout à gauche de la rangée, coincée entre Malenfant et la paroi, une simple cloison en métal mal finie. Si elle regardait vers le haut, elle voyait un cône étroit semblable à un tipi de métal. Elle faisait face à un panneau d'instruments, un tableau de bord recouvert d'interrupteurs, de cadrans et d'écrans souples qui occupait la largeur de la capsule. Elle voyait derrière le panneau en question des grappes de fils et de fibres optiques grossièrement scotchés ensemble et enroulés autour de supports. Cet endroit n'avait vraiment *rien* à voir avec la navette spatiale, qui était réassemblée et subissait un contrôle de qualité après chaque vol ; tout ce bazar avait un air improvisé et bricolé maison.

Et pourtant, sans trop savoir pourquoi, elle trouvait que c'était réconfortant.

La lumière d'un gris verdâtre provenait d'une série de petits projecteurs fluorescents disposés tout autour de la capsule ; les ombres étaient longues et précises, ce qui faisait paraître ce vaisseau de la taille d'une boîte beaucoup plus grand qu'il ne l'était en réalité. Mais il n'y avait pas de hublots. Emma se sentit frustrée et désorientée ; elle ne savait plus où se trouvaient le haut et le bas, ni à quelle vitesse elle voyageait.

Malenfant ôta son casque. Il secoua la tête et de petites sphères de sueur quittèrent son front pour flotter en ligne droite dans l'air.

— J'en ai rêvé toute ma vie.

Le casque, qu'il avait lâché, flottait au-dessus de son ventre, dérivant dans quelque courant d'air. Malenfant lui donna une pichenette et il se mit à tournoyer.

Emma se rendit compte qu'elle suivait du regard le casque qui tournait paresseusement. Puis, soudain, elle eut l'impression qu'il avait cessé de bouger et que c'était le reste du vaisseau qui était en rotation ; sa tête était un ballon plein d'eau traversé par des vagues. Elle ferma les yeux et appuya son crâne contre l'appui-tête de son fauteuil jusqu'à ce que la sensation se dissipe.

Il y eut un bruit de toux, et une aigre odeur de bile.

Emma ouvrit les yeux et tenta de lever la tête, mais tout se remit à tanguer.

— Michaël ?

— Non, dit Cornélius, d'une voix tendue.

Elle vit une grosse boule de vomi verte avec des filets orange miroiter dans l'air au-dessus d'eux. Des vagues complexes en parcouraient la surface et elle paraissait avoir une douzaine de compagnons de plus petite taille.

— Oh, bon Dieu, Cornélius, dit Malenfant.

Il attrapa un sac plastique sous son siège et en enveloppa la boule de vomi. Lorsque celui-ci toucha la surface du sac, il commença à se comporter « normalement » ; il s'étala à l'intérieur en une répugnante masse collante.

Emma n'avait jamais rien vu de tel ; elle demeura allongée et regarda le petit drame se nouer, indifférente à la puanteur.

Il y eut derrière le mur près d'Emma une nouvelle série d'explosions sourdes, comme des coups de fusil.

Elle sentit une violente traction à chacune d'elles, comme si son siège la tirait sur le côté.

— Ne vous inquiétez pas, leur dit Malenfant. Ce sont juste les micropropulseurs à hydrazine de contrôle d'assiette qui se déclenchent pour nous remettre à l'endroit. Ces sensations sont provisoires. Ça va se calmer.

La coque émit des gémissements métalliques, les verrous qui accrochaient le module de rentrée dans l'atmosphère au reste du vaisseau spatial produisirent des explosions et des claquements. C'était comme à l'intérieur d'une grosse attraction foraine primitive.

Mais, peu à peu, ils se mirent à tourner et Emma sentit que son poids revenait, comme une douce poussée qui l'enfonça à nouveau dans son siège.

Les contrôleurs d'assiette s'éteignirent.

— Pile poil, dit Malenfant. Braves gens, nous sommes en train de foncer cul par-dessus tête vers les étoiles. Allons ouvrir la boutique.

Il défit son harnais, se mit debout sur son siège, les pieds frétillant au-dessus du tissu, et tira des leviers et des sangles jusqu'à faire basculer en arrière une section située au centre du panneau d'instruments au-dessus de lui. C'était comme réorganiser l'intérieur d'un break. Derrière le panneau s'ouvrait un petit tunnel conduisant – comme dans un sous-marin, se dit Emma – à un sas, un lourd disque de métal avec une roue au milieu.

— Une, deux, trois, dit Malenfant.

Et il sauta en l'air. Il flotta sans peine vers le haut, dériva sur le côté et entra doucement en collision avec le mur du tunnel. Il s'accrocha à un barreau, ses bottes pendant dans le vide.

— C'est la force de Coriolis, dit-il. Du gâteau.

Il se hissa un peu plus avant dans le tunnel, tendit le bras et tira sur la roue.

Mais elle était coincée, sans doute par les vibrations du lancement.

Quelle déception, se dit Emma. Malenfant dut lui demander de lui passer une grosse clé à molette dont il se servit pour taper sur la roue jusqu'à ce qu'elle se décoince. Il finit par la faire tourner et écarta la porte du sas en la poussant vers le haut. Il flotta ensuite sans problème dans l'entrée, ses bottes traînant derrière lui. Emma regarda ce qui se trouvait devant lui et vit un disque gris de lumière fluorescente.

Elle lança un coup d'œil à Cornélius.

— J'y vais ?

Derrière son casque, le visage de Cornélius était vraiment vert.

— Je vais vous passer Michaël.

Elle ôta son propre casque et le rangea avec précaution sur le siège vide de Malenfant. Puis, respirant bruyamment, elle défit son harnais et mit les sangles de côté. Elle poussa alors sur son siège – avec prudence. Elle dériva un peu dans l'air puis redescendit lentement. C'était comme de barboter dans une piscine avec de l'eau jusqu'à la taille.

Elle avait parfaitement conscience que Michaël la regardait avec des yeux ronds et brillants derrière sa visière.

Elle chercha quelque chose à lui dire. Mais elle eut l'impression que c'était lui qui paraissait le plus calme, le plus à l'aise dans ce nouvel environnement. Étrange.

Sans se laisser le temps d'y réfléchir, elle plia les genoux et donna une poussée vers le haut.

Elle avait sauté comme un athlète olympique, mais elle dériva et se cogna, plus durement que Malenfant, contre la paroi du tunnel. Elle se débrouilla toutefois pour attraper un échelon. Elle tira alors dessus pour se propulser dans le tunnel. Elle avait l'impression d'être aussi légère qu'une plume.

Elle émergea dans une petite pièce, un cylindre d'environ trois mètres de diamètre. La lumière fluorescente était d'un gris-blanc mat. Une odeur bizarre imprégnait les lieux, celle du métal et du plastique, un mélange de renfermé et d'antiseptique, l'odeur d'un air que nul n'avait jamais respiré. Les murs étaient couverts de boîtiers, de câbles, de tuyaux, d'écrans souples et de cadrans. Au-dessus d'elle se trouvait un plafond qui était aussi une paroi, une grille en fil de diamant derrière laquelle elle aperçut d'autres pièces cylindriques. Des tuyaux et des tubes couverts d'isolant argenté se faufilaient par des ouvertures découpées dans le plafond. Il n'y avait pas de fenêtre ici non plus ; son impression d'être enfermée s'accrut.

Malenfant était debout. Il se pencha et la saisit aux aisselles avant de la hisser vers lui comme une enfant.

— Comment te sens-tu ?

— Bien, pour l'instant.

Il se propulsa dans l'air d'une flexion des doigts de pied. Il paraissait enthousiaste, comme un petit garçon. Il redescendit, aussi lent qu'une plume, dérivant sur le côté. Il tituba un peu en atterrissant.

— La force de Coriolis. Juste pour nous rappeler qu'ici la gravité n'est pas naturelle, mais créée par notre rotation.

— Comme un seau au bout d'une corde.

— Ouaip. On peut considérer ce compartiment comme le poste de commande. D'ici, on peut contrôler la totalité de la grappe qui constitue le vaisseau, il y a les ordinateurs, la plupart des systèmes de support vital. Le module de rentrée dans l'atmosphère nous servira d'abri en cas de tempête solaire. Viens.

Il la conduisit jusqu'à une échelle placée au centre de la pièce. Elle montait droit dans une ouverture, comme un mât de pompiers.

Emma s'avança avec précaution. Elle rebondissait à chaque pas, puis redescendait avec une merveilleuse lenteur ; les forces de Coriolis la tiraient sur le côté, pas beaucoup, mais assez pour qu'elle s'en rende compte.

Elle se sentait désorientée ; chaque sensation avait quelque chose de subtilement étrange, comme si elle se déplaçait en rêve.

Malenfant saisit l'échelle et entreprit de se hisser vers le haut. Il se déplaçait sans effort, comme un phoque.

Emma le suivit, mais en progressant avec beaucoup plus de précaution, un barreau à la fois, et en s'assurant que ses pieds étaient solidement ancrés. Le poids qui pesait sur ses épaules diminuait à chaque barreau qu'elle montait. Mais, comme pour compenser, la poussée de la force de Coriolis semblait plus forte, un mouvement latéral tout à fait tangible qui tendait à la détacher de l'échelle.

Malenfant s'était accroché à une entretoise. Il lui prit la main et l'aida à franchir les derniers centimètres en flottant dans l'air. Elle eut l'impression d'être une bulle de savon suspendue au-dessus du sol ajouré. Malenfant parlait de chaussures à clous qu'il avait emportées, mais elle avait du mal à se concentrer sur ce qu'il disait.

— Voici le pont à gravité zéro, annonça-t-il. Le centre de gravité de la grappe, le pivot autour duquel nous tournons. Il y a encore deux compartiments au-dessus de nous. On trouve ici tout ce qui nécessite une plate-forme stable : les instruments d'astronomie et de navigation, les radars, les antennes. Nous avons même des coelostats, de petits engins qui vont tourner dans le sens contraire du vaisseau, si nous en avons besoin…

— Malenfant… en faisant tout ça… en procédant à un second lancement, en disparaissant de la Terre – tu as détruit le Pied à l'Étrier. Tu le sais, non ? Ils vont démanteler tout ce que tu as bâti.

— Mais ça n'a aucune importance, Emma. Parce que nous sommes ici maintenant. En route pour Cruithne, l'artefact des gens de l'aval et *tout le reste*. Rien d'autre n'a d'importance. (Il sourit et la tira par la main.) Viens voir.

Elle se laissa entraîner vers de petites fenêtres concaves serties dans la paroi. Autant de disques obscurs. Elle appuya son visage contre le verre froid et plaça ses mains en coupe de part et d'autre de ses yeux.

La coque du module dessinait un mur épais et incurvé, recouvert d'épaisses couches de tissu isolant et de protections antimétéorites. Des panneaux solaires vus par la tranche formaient de minces plaques de verre bleuâtre où passaient de lentes vagues réagissant à quelque mode complexe de vibrations. Emma faisait presque face au Soleil : la coque et les panneaux solaires étaient brillamment éclairés ; elle ne voyait pas d'étoiles.

Mais, à présent, la Terre entrait dans son champ de vision.

Un croissant bleu, blanc et marron. Elle distinguait une couche d'atmosphère brillamment éclairée ; l'arc du croissant soulignait une flaque d'obscurité trouée par des colliers d'étoiles orange – des villes, se dit-elle, qui s'étiraient le long des côtes et des rivières d'un continent situé sur la face nocturne de la planète. La rotation du vaisseau donnait l'impression que la Terre tournait, encore et encore, aussi régulièrement qu'une machine bien huilée.

Et, pendant qu'Emma la regardait, sa taille diminuait ; la Terre s'éloignait, comme si Emma s'élevait dans le ciel à bord d'un ascenseur au sol de verre.

Elle saisit le bras de Malenfant.

— Je sais, dit-il, la voix tendue. Même les astronautes d'Apollo ne l'ont pas vue comme ça. Ils ont d'abord effectué quelques tours en orbite, ce qui leur a donné le temps de s'habituer à la situation avant de mettre le cap sur la Lune. Mais pas nous ; on nous a envoyés directement dans le grand extérieur.

Elle vérifia sa montre implantée. Elle avait une réunion avec des investisseurs de la côte Est, et celle-ci était prévue *en ce moment même*.

Quelque part dans les profondeurs de son esprit, elle sentit que tout ça était mal : pas seulement parce que cela avait été à la fois illégal et inattendu, mais en raison de la nature même de la situation. Elle n'aurait pas dû être là, c'était irréel. Elle avait l'impression d'être en quelque sorte extérieure à la scène et de l'observer à travers une paroi de verre.

Elle n'aurait pas dû être là. Et pourtant elle y était.

Peut-être était-elle dans une espèce d'état de choc.

Le croissant de Terre se rétrécit, devint plus rond, plus tridimensionnel et d'un bleu plus intense sur la noirceur et le vide de l'espace, une planète plutôt qu'un monde. Et Emma se demanda s'il était vraiment possible que toute l'intelligence, tout l'amour et tout l'espoir de l'univers soient concentrés à l'intérieur de cette pellicule d'eau, de terre et d'air.

**Publireportage**

Vous savez tous qui je suis.

De nos jours, vous me connaissez sans doute mieux grâce à mes pubs pour Colic Cola que pour mon unique succès, le seul acte de gloire que j'ai accompli dans mon existence. C'est-à-dire, marcher sur la Lune.

Une fois. En 1971.

Après ça, on a fermé toute la boutique.

En 1971, je pensais qu'aujourd'hui la conquête spatiale serait bien engagée. Pourquoi pas ? Le prix du carburant n'entre que pour un tiers dans le coût de fonctionnement des compagnies aériennes. Pourquoi les expéditions spatiales ne seraient-elles pas tout aussi économiques ? Les vaisseaux spatiaux ne sont pas plus complexes que les avions. En réalité, ils le sont moins.

Mais, depuis 1970 environ, aller dans l'espace ne fait plus partie des projets de notre pays.

La Nasa a conservé tout son contrôle sur l'espace. Seulement, depuis 1970 c'est du papier qu'elle produit, pas des vaisseaux. Et c'est cette agence, ne l'oubliez pas, qui a détruit la fusée Saturn V plutôt que de la laisser lancer des petits Skylabs joyeux et bon marché qui auraient menacé son programme de Station spatiale obèse.

En 1980, j'ai rejoint le groupe d'étude qui a convaincu le président Ronald Reagan qu'on se souviendrait encore de l'homme d'État qui conduirait l'homme dans l'espace alors qu'Isabelle la Grande serait tombée dans l'oubli depuis des millénaires. Pendant un temps, on a eu l'impression de pouvoir accomplir quelque chose de révolutionnaire.

Mais, ensuite, il y a eu la tentative d'assassinat, et les problèmes de la Guerre froide, et d'autres choses encore. Le président a laissé d'autres personnes s'occuper de l'espace, et elles ne sont arrivées à rien.

La Nasa a gagné sa bataille pour le pouvoir. Nous avons perdu l'accès à l'espace.

Mais le rêve, les raisons pour lesquelles nous *avons besoin* des voyages spatiaux, et maintenant plus que jamais – rien de tout ça n'a disparu.

Et c'est pourquoi, en ce qui me concerne, je soutiens totalement le lancement auquel Malenfant a procédé dans le désert de Mojave.

Qu'était-il censé faire d'autre ? Nous savons tous que ces gratte-papiers fédéraux allaient mettre en œuvre tout ce qui était en leur pouvoir pour l'en empêcher.

Je tiens à insister sur le fait que mes problèmes personnels n'ont rien à voir avec tout ça, pas plus que ma carrière et les difficultés qui y sont liées. Pour être clair, je n'ai pas avalé une goutte d'alcool depuis quatre ans, et mon nouveau mariage se porte à merveille. Ce qui me préoccupe, c'est que je ne veux pas qu'on refuse aux générations futures les chances que n'ont pas eues mes propres enfants et petits-enfants.

Voilà pourquoi j'ai accepté d'apparaître dans ce publireportage. Soutenez Reid Malenfant. Si vous n'en êtes pas capable, fichez-lui la paix. Ce type risque sa peau là-bas, pour vous et pour vos enfants.

Lâchez-lui les baskets.

**Emma Stoney**

Malenfant mit en route les dispositifs de support vital. Des pompes et des ventilateurs s'éveillèrent à la vie en cliquetant, et Emma sentit dans ses cheveux un souffle d'air tiède et régulier. Puis Malenfant retourna dans le niveau sous gravité zéro pour vérifier les appareils de communication du vaisseau et l'alignement de la trajectoire.

Les autres se rassemblèrent dans le poste de commande et ôtèrent leurs épais scaphandres pressurisés orange. Ils enfilèrent à la place des combinaisons du style de celles de la Nasa; elles manquaient d'allure, mais elles étaient chaudes, pratiques et couvertes de poches et de bandes Velcro. Ils fourrèrent les scaphandres dans l'ouverture menant à la capsule de rentrée et fermèrent résolument le sas.

Ils durent transporter le petit garçon, Michaël, à la force des bras, au cours de toutes ces opérations. Il demeurait en effet passif et sans réaction, tel un nourrisson d'une semaine. On pouvait le déplacer et même le déshabiller, le laver et l'habiller comme une poupée, mais il ne semblait pas avoir de volonté propre. Emma le laissa dans le poste de commande et s'assura que l'un d'eux se trouvait tout le temps avec lui.

Elle se rendit compte que, d'une manière sournoise et

égoïste, elle était reconnaissante de la présence à bord de Michaël. Avoir quelqu'un d'autre à qui penser allait détourner son esprit de son propre sentiment de totale perte de repères.

Elle escalada l'échelle qui évoquait un mât de pompiers pour monter – ou descendre – dans les deux autres compartiments du module. La désorientation provoquée par le changement du sens de la verticale n'était pas trop redoutable si elle passait quelques secondes dans le module à zéro G pour se donner le temps de s'adapter. Elle pouvait ensuite écarter de son esprit le fait que le poste de commande était *en bas* quelques instants plus tôt ; maintenant, il était *en haut*, et l'échelle *descendait* désormais vers les autres ponts qui se trouvaient au-dessus de sa tête un instant auparavant.

Ça marchait fort bien à condition qu'elle ne lève pas les yeux vers la grille du plafond d'où elle pouvait voir des gens pendre comme des lustres.

Le pont réservé aux sciences biologiques était à mi-chemin entre un laboratoire et un hôpital de campagne. Il y avait un peu de matériel médical, une collection de pilules, de lotions, de bandages et d'attelles gonflables ainsi que de l'équipement plus lourd, des objets d'une allure un peu effrayante comme un défibrillateur. Le petit laboratoire, pour ainsi dire entièrement automatisé, ne demandait pas d'autre effort à l'équipage que celui de fournir à intervalle régulier des échantillons de sang et d'urine. Tout était étiqueté selon un code couleur et conservé dans de petites unités de plastique fort bien conçues qu'il suffisait d'extraire du mur pour les réparer ou les remplacer.

Le pont inférieur – dénommé, dans la tradition humoristique peu subtile des techniciens, le « pont à viande » – se trouvait contre la cloison extérieure du vaisseau ; il était donc le plus éloigné du centre de gravité de la grappe. C'était là qu'ils mangeaient et dormaient car la gravité y était la plus forte, à peu près équivalente à celle de la Lune, un sixième de celle de la Terre. Il n'était pas vraiment possible d'y marcher normalement, mais Emma pouvait au minimum se déplacer sans être constamment entraînée sur le côté.

Il y avait des machines destinées à l'entraînement physique, des tapis de course pliants et un vélo d'intérieur. Les lits étaient proprement superposés contre un mur. Ils étaient pourvus de rideaux assurant un peu d'intimité, de sacs de couchages refermables, de veilleuses et de petites poches pour ranger ses effets personnels. Emma jeta un coup d'œil à l'intérieur de l'une d'elles et trouva un petit livre-écran souple, un lecteur avec son casque, un masque pour dormir et des boules Quiès, le tout portant le logo du Pied à l'Étrier. C'était mignon, comme les petits cadeaux des compagnies aériennes.

Les toilettes – ou, plus exactement, le système de traitement des déchets – promettaient d'être moins amusantes. Conçu sur le modèle employé à bord des vieilles navettes spatiales, c'était un vétéran qui avait vu des décennies de voyages dans l'espace. Il comportait un siège muni d'une poignée et, mon Dieu, un panneau de contrôle. Les déchets liquides étaient capturés et éjectés par une pompe pour être recyclés. Les déchets solides ne l'étaient pas ; une valve s'ouvrait sur le vide spatial pour dessécher les fèces, qui étaient ensuite jetées par-dessus bord. Lorsque Emma tourna la poignée, un évent s'ouvrit et de l'air fut aspiré à l'intérieur de la cuvette par d'énormes pales tournant d'une manière très intimidante.

On ne pouvait utiliser ces toilettes que quatre fois par jour, nota-t-elle avec appréhension. Quelque chose lui disait que cela ne suffirait pas, dans les prochains jours au moins.

Chaque membre de l'équipage avait eu droit à un kit destiné à son hygiène personnelle ; encore des gadgets comme dans les avions : une petite brosse à dents pliable, du dentifrice, du fil dentaire, un coupe-ongle, du savon, un peigne, une brosse, du baume pour les lèvres, une lotion pour la peau, un tube de déodorant, un autre de crème à raser et un rasoir qui, chose bizarre, fonctionnait avec des engrenages. Il y avait aussi un petit lavabo, un trou dans le mur ; on y mettait les mains et des jets d'eau chaude et froide fusaient sur votre peau. Il était aussi possible, heureusement, de prendre une douche, avec un tuyau et une pomme que l'on promenait sur son corps après s'être enfermé dans un rideau en accordéon. Mais des instructions très sévères étaient imprimées sur celui-ci, soulignant l'importance de nettoyer convenablement la douche après usage pour éviter la prolifération des algues.

La cuisinette, une petite unité compacte de la taille d'un frigo de cuisine, fournissait de l'eau chaude et froide. Il y avait des plateaux, des assiettes et des couverts en plastique, et un four à micro-ondes absolument minuscule. Une liste complète des réserves de nourriture, de la sauce à la pomme à la dinde tetrazzini, était affichée sur la porte. Stockée sous la cuisine, la nourriture se présentait sous forme de sachets déshydratés, des morceaux de viande avec divers types de sauce dans des emballages d'aluminium et des boîtes en plastique munies de couvercles qu'il suffisait d'arracher. Il y a avait aussi des friandises comme des barres chocolatées présentées, disaient les étiquettes « sous leur forme naturelle ». Il y avait même un distributeur de Colic Cola, sans doute une relique d'un accord de sponsoring depuis longtemps oublié. À titre expérimental, Emma se trouva une tasse, c'est-à-dire un globe muni d'une tétine et d'une valve pour laisser entrer l'air, et goûta un peu de Colic. La carbonatation ne semblait pas se produire correctement – un problème dû à la faible gravité, sans aucun doute – et le goût était immonde.

Il y avait assez de nourriture pour quatre pendant deux cents jours dans l'espace : quatre-vingt-dix jours pour l'aller, autant pour le retour et vingt sur l'astéroïde. Ce laps de temps pouvait certainement être rallongé si les circonstances exigeaient qu'ils se rationnent, mais cela ne manquait pas de donner un côté irrévocable à la durée de la mission.

Tout étant rangé d'une manière particulière pour le lancement, elle était en train de déballer lorsque Malenfant l'appela depuis le pont à gravité zéro. Jetant un coup d'œil à sa montre, elle eut la surprise de constater que douze heures s'étaient déjà écoulées depuis le décollage.

Elle se hissa le long de l'échelle pour rejoindre Malenfant près d'une fenêtre. Il sourit et la prit par le bras.

— Il faut que tu voies ça. Nous allons profiter de l'effet de fronde. En fait, nous exécuterons cette manœuvre deux fois…

Il lui expliqua calmement à quel point il était difficile d'atteindre Cruithne à cause de son orbite très elliptique et inclinée. Pour ce faire, l'impulsion donnée par le lanceur devait être augmentée en employant l'effet de fronde gravitationnel de la Lune. Le vaisseau allait la contourner, tout d'abord projeté vers l'intérieur du système solaire en direction de la Terre, puis vers l'extérieur quand il passerait à nouveau à côté de la Lune. Comme il allait voler du mouvement à la Lune, celle-ci tournerait désormais un tout petit peu plus lentement autour de la Terre, à jamais.

Elle laissa le torrent verbal déferler sur elle. Au-delà de la petite fenêtre convexe, elle découvrit du blanc, du gris, du blanc brunâtre, un réseau de courbes et de noirceur d'encre, le tout glissant comme de l'huile dans son champ de vision. Un croissant baigné de lumière solaire, grêlé de cratères et ridé de collines. Elle voyait des rochers sur les plaines, des éclats lumineux projetant sur le sol poussiéreux des ombres fines comme des aiguilles. Et le croissant *grandissait*. Le vaisseau progressait dans l'ombre de la Lune en direction du terminateur, la ligne qui sépare le jour de la nuit.

Le croissant éclairé par le Soleil s'étrécissait en même temps qu'il prenait plus de place. Il fut bientôt trop grand pour entrer dans une seule fenêtre ; Emma se pencha en avant pour voir la surface de la Lune, d'un bout à l'autre de ses cornes lumineuses. Le croissant finit par s'affiner au point de disparaître ; elle se retrouva en train de voler au-dessus de la Lune plongée dans une ombre qui dessinait comme un trou dans les étoiles.

Elle s'aperçut qu'elle retenait son souffle. Les sons produits par les appareils du vaisseau, ces petits gadgets qui ronronnaient et cliquetaient, lui parurent sacrilèges dans ce grand calme sombre.

Il y eut une explosion de lumière. Elle tendit le cou pour mieux voir.

Loin devant le vaisseau, le Soleil se levait sur la Lune. Une ligne de feu enjambait l'horizon, s'insinuant entre les montagnes et les bords des cratères. La lumière filait sur la surface lunaire nue, projetant des ombres longues de centaines de kilomètres à partir des montagnes et des reliefs irréguliers entourant les cratères. Les plus petits et les plus jeunes d'entre eux formaient des puits obscurs dans la lumière horizontale.

Elle vérifia sa montre. C'était le début de la soirée à Vegas. En ce moment même, elle aurait dû achever le travail de la journée et se frayer un chemin au milieu des manifestants pour regagner son appartement…

Au lieu de quoi, il y avait *ça*. Et, déjà, la Terre et sa vie lui paraissaient distantes de bien plus de douze heures, à peine un quart de million de kilomètres.

Le vaisseau survola un sol qui s'éclairait.

— Tu sais, dit Malenfant, quand nous aurons dépassé

l'orbite de la Lune, nous serons déjà allés plus loin que n'importe qui.

Il prit le menton d'Emma dans sa main et tourna sa tête vers lui. Il passa son pouce sur sa joue et essuya une larme. Elle fut surprise.

— Je suis désolée, dit-elle. Je ne savais pas que ce serait *comme ça*.

Il sourit.

— Je sais que c'est mal. Je sais que je suis égoïste. Mais ça me fait plaisir que tu sois là.

Elle le laissa la tenir dans ses bras et ils regardèrent la Lune qui s'éloignait rapidement.

Mais, soudain, Michaël apparut, se glissa de force entre eux, agitant ses bras et ses jambes pour leur faire signe. *Regardez la Lune, Malenfant. Regardez la Lune !*

— Bon Dieu ! s'exclama Malenfant.

Emma se rendit compte qu'il était terrifié.

## Maura Della

Maura devait décider si elle allait approuver ou non une réponse militaire aux activités du Pied à l'Étrier.

C'était une décision importante. Peut-être la plus importante de toute son existence.

Il était possible, avaient conclu les partisans de la solution militaire, qu'il se trouve sur l'astéroïde quelque chose de véritablement essentiel pour l'avenir de l'humanité. Si c'était le cas, eh bien, on ne pouvait certainement pas le laisser entre les mains d'une fripouille et d'un excentrique incontrôlable comme Reid Malenfant. Et qui pouvait donc bien reprendre les rênes, sinon le gouvernement des États-Unis ?

Bon, peut-être.

Elle tenta d'appeler les diverses filiales du Pied à l'Étrier. Elle n'obtint que des voix en boîte, une infinité de répondeurs. De temps à autre, un flic ou un agent du FBI décrochait, histoire de faire une pause pendant qu'il saisissait les dossiers et les propriétés de l'entreprise. Les locaux d'Eschatologie étaient pillés et fermés selon les mêmes méthodes.

Pendant ce temps, elle lut les rapports que son équipe lui avait préparés, regarda la télé, surfa sur le Net pour se faire une idée de la direction que prenaient les affaires du monde maintenant que les prédictions de fin du monde de Carter avaient été à ce point démenties et brouillées par les visions de l'avenir lointain venues du ciel.

Les psychologues virtuels expliquaient qu'au niveau individuel, le traumatisme pouvait être comparé au fait d'apprendre la date de sa mort, puis de voir cette date changée, comme lors d'une exécution factice.

La situation avait bien entendu des aspects positifs. Grâce à ces visions du lointain avenir, la cosmologie semblait partie pour une révolution express – du moins dans l'esprit de ceux qui étaient préparés à accepter l'idée que les images en provenance de Cruithne étaient peut-être authentiques. D'autres branches de la physique étaient bouleversées pour les mêmes raisons – que Maura ne comprenait pas : c'était lié aux contraintes s'appliquant à la désintégration des particules et ainsi de suite… D'un autre côté, certains philosophes prétendaient qu'il était mauvais pour la santé mentale de l'espèce de recevoir les réponses à tant de questions sans faire l'effort de les découvrir par soi-même.

Les églises avaient condamné de manière quasi unanime les visions du lointain avenir car leur logique impliquait l'absence de Dieu. La science-fiction sous toutes ses formes en avait pris un coup, ce que, pour sa part, Maura ne désapprouvait pas, bien qu'elle eût entendu dire que les surperordinateurs scénaristes de Hollywood étaient déjà en train de préparer des drames numériques ayant pour cadre la mort de la Galaxie ou une station orbitale exploitant un trou noir.

Au niveau individuel, pas mal de gens semblaient tout simplement incapables de faire face.

Certains organismes estimaient que l'hystérie collective due aux images du futur lointain avait déjà coûté plus d'un millier de vies dans tout le pays. Les gens se suicidaient, ou s'entretuaient parce qu'ils croyaient que ces obscures visions de l'avenir n'étaient pas réelles, que Carter avait raison. D'autres se donnaient la mort parce qu'ils considéraient que le futur selon Cruithne était *bien réel.*

Une grande partie de la peur et de la violence ambiantes semblait s'être concentrée sur les Enfants bleus – et, ce qui n'était pas moins bouleversant, sur ceux que l'on suspectait d'en être. C'était peut-être inévitable, après tout, les enfants vivent parmi nous, ici et maintenant. Comme c'est pratique d'avoir quelqu'un à haïr.

Pendant ce temps, le FBI avait découvert une nouvelle secte pratiquant le meurtre rituel. Ses adeptes croyaient que, s'ils mettaient leurs victimes en « avance rapide » jusqu'à un point où elles seraient ressuscitées par les cultivateurs de trous noirs ou tout autre groupe de gens de l'aval, elles vivraient éternellement dans le futur, dans la paix et l'harmonie.

Et ainsi de suite. Elle avait de plus en plus l'impression d'être coincée au beau milieu de la crise d'adolescence d'une espèce immature.

Ce qui acheva de forger son opinion sur la décision qu'elle devait prendre.

En ce qui la concernait, Maura doutait fort qu'il y ait quoi que ce soit à découvrir sur Cruithne, sinon d'antiques cailloux poussiéreux et l'étrange calmar de Dan Ystebo. La portée symbolique d'une action militaire était bien plus importante.

Le gouvernement allait agir pour montrer qu'il

contrôlait toujours les événements : qu'il n'était pas paralysé par la prédiction de Carter et que Reid Malenfant lui-même n'échappait pas à sa juridiction. Maura avait la sensation que c'était là ce que les Américains s'efforçaient toujours de faire : prendre la tête, s'emparer du contrôle, *agir*.

Tel était le message subliminal, le véritable but de la réponse militaire. Le rapport des experts insistait sur le fait que le retentissement d'une *action* était désormais essentiel pour rétablir la cohésion sociale d'une planète au bord de la crise de nerfs.

Et Maura, non sans réticence, se rendit compte qu'elle était d'accord.

Désolée, Malenfant, pensa-t-elle.

Elle enregistra sa recommandation avant de se tourner avec soulagement vers d'autres sujets.

**Reid Malenfant**

À l'écart des tourbillons qui agitaient le reste de l'humanité, l'équipage du *Gérard O'Neill* voguait dans les ténèbres.

Au bout de deux jours à peine, et bien que ses nuages et ses océans bleu-vert fussent encore visibles, le disque de la Terre s'était rétréci jusqu'à atteindre la taille apparente de la Lune vue de sa surface. Le lendemain, il était encore plus petit. Quatre-vingt-dix jours de ce voyage phénoménal leur seraient nécessaires pour atteindre Cruithne qui dessinait son orbite si particulière à près de sept millions de kilomètres de chez eux.

Les principes de mécanique céleste impliqués dans la trajectoire du vaisseau étaient complexes.

La Terre et Cruithne faisaient le tour du Soleil en un an environ.

L'astéroïde, dont la trajectoire était elliptique, se

déplaçait un tout petit peu plus vite. Cela signifiait que le *O'Neill* devait sauter entre deux rochers mobiles, tel un gamin bondissant d'un manège à un autre. Après la première impulsion procurée par le lanceur, le vaisseau filait sur sa propre orbite indépendante de la Terre, soit une ellipse élégante qui en coupait la trajectoire.

Lorsqu'ils atteindraient Cruithne, le vaisseau aurait environ douze degrés d'avance sur la Terre : douze sur trois cent soixante, cela faisait un trentième de la circonférence de l'orbite de la planète.

Malenfant aimait à penser qu'il aurait une ou deux semaines d'avance sur les prévisions.

Il soigna les premières manifestations du mal des transports avec du Scop-Dex ; il fut content de pouvoir en sevrer son équipage car le médicament provoquait la somnolence. Ils souffrirent tous de problèmes liés à la faible gravité tels que gonflement du visage et irritation nasale causés par la redistribution des fluides corporels. Comme cela désorientait leur corps, ils urinaient tous beaucoup trop. Et leur cœur se relâchait parce qu'il avait moins d'efforts à accomplir. Et ainsi de suite. En dépit de la gravité artificielle et du programme d'exercices que Malenfant leur imposait, les membres de son équipage perdaient de la masse musculaire, leur cœur se rétrécissait et leurs os fondaient.

Tout cela était bien connu et prévu, naturellement. Mais ça ne rendait pas les phénomènes en question plus faciles à accepter. L'essentiel de leur déconditionnement avait en fait eu lieu pendant les *neuf premières heures* passées dans l'espace, alors qu'ils se trouvaient encore en deçà de l'orbite de la Lune. Une fois la mission proprement dite effectuée, après deux cents jours passés dans l'espace, ils marcheraient tous avec une canne pendant des mois.

C'est la vie.

Il occupa Cornélius et Emma en les faisant s'entraîner l'un sur l'autre avec le matériel médical. Des choses simples, comme les procédures de réanimation cardiopulmonaire, les électrochocs, l'utilisation de produits chimiques tel le bicarbonate de sodium. Il leur donna un cours pour les familiariser avec les médicaments et les produits dérivés du sang disponibles à bord du vaisseau. Il leur fit également pratiquer des exercices moins riants, comme une trachéotomie d'urgence, ou poser un cathéter intraveineux (la réponse étant les grosses veines saphènes de l'intérieur de la cuisse).

N'étant bien entendu pas médecin lui-même, il s'appuyait beaucoup sur des enregistrements et des simulations pour se guider.

Mais Cornélius et Emma étaient intelligents ; ils ne tardèrent pas à comprendre les implications réelles de leur entraînement : en cas d'urgence véritable, ils ne pourraient pas faire grand-chose. Une seule blessure sérieuse suffirait sans doute à épuiser leurs fournitures médicales. Et, même si l'on parvenait à stabiliser le patient, qui que soit le pauvre bougre, assez longtemps pour le maintenir en vie et le ramener sur Terre, les autres devraient soigner un invalide hors service pendant tout le trajet du retour.

Malenfant ne partagea pas avec les autres ce qu'il avait appris sur l'euthanasie, ni sur la méthode à suivre pour mener une autopsie valide du point de vue scientifique et légal.

Par chance, ils restèrent plutôt en bonne santé pendant ces premières semaines de voyage.

Toutefois, une fois passés l'excitation du lancement et son flot d'adrénaline, ainsi que l'aspect nouveau de la mission, un intense sentiment d'isolement envahit les trois adultes – Malenfant inclus. Il s'y attendait. Il avait étudié la psychologie des vols spatiaux de longue durée, en se basant essentiellement sur l'expérience des Russes.

Cornélius, par exemple, semblait enfermé dans sa bulle personnelle ; son étrange personnalité lisse le coupait des autres comme une deuxième combinaison spatiale. Malenfant le laissait tranquille le plus souvent possible.

Ce fut Emma qui parut le plus rudement touchée par la dépression générale.

Bizarrement, lorsqu'il la regardait dans les yeux, il lui semblait parfois qu'elle n'était pas vraiment là, comme si seul un fragment de l'Emma qu'il connaissait le regardait, perplexe. Comment suis-je arrivée ici ? C'était compréhensible. Après tout, il l'avait embarquée de force et sans avertissement préalable.

Le fait d'avoir quelque chose à faire sur le *O'Neill* pour passer le temps pouvait l'aider. Seulement, en dehors des tâches quotidiennes et de l'entraînement, il n'y avait pas de vrai travail pour elle à bord. Il avait des livres virtuels, bien entendu, mais il n'avait emmené que des manuels techniques et quelques bouquins pour le gamin… Il n'y avait pas un roman dans toute la mémoire de l'ordinateur, et même pas un vieux livre de poche jauni. Il aurait été relativement facile de télécharger quelque chose depuis la Terre, mais bien que les rapports et les données des instruments de télémétrie qu'il envoyait quotidiennement fussent sûrement captés par des équipes de la Nasa en espace profond, nul ne semblait avoir envie de lui parler.

Il fit de son mieux pour vivre avec le profond sentiment de culpabilité qu'il éprouvait.

Il avait eu la sensation qu'il était nécessaire d'emmener Emma, pour quantité de raisons. Il ressentait toujours la même chose. En y repensant, il lui aurait été facile de la repousser, aux moments les plus critiques, dans le désert de Mojave. Il aurait pu s'empêcher de lui voler sa vie.

S'il n'y avait pas eu son Secret, ils auraient peut-être

été un peu plus ouverts l'un envers l'autre. Néanmoins, s'il n'y avait pas eu le Secret, ils n'auraient tout simplement pas été ici, bien entendu.

Mais ce qui était fait était fait.

De toute façon, il avait refusé de gâcher de la mémoire en embarquant des logiciels de thérapie virtuelle et d'autres conneries modernes qu'il considérait comme de la merde qui ramollissait le cerveau, et ce en dépit des recommandations d'une flopée d'« experts » lors de la préparation de la mission. Il savait qu'en fait, il n'y avait *pas* d'experts en la matière, pour la bonne raison que personne n'était jamais allé aussi loin auparavant. Il leur faudrait se débrouiller, apprendre au fur et à mesure et s'entraider, comme l'avaient toujours fait les explorateurs.

Il était tout de même vraiment inquiet pour Michaël. Même si celui-ci lui donnait froid dans le dos. Il ne savait absolument pas pourquoi, mais ce n'était certainement pas la faute du gamin…

Après tout, le vol en espace profond était une expérience d'une étrangeté totale – même pour Malenfant qui avait la sensation de s'y être préparé pendant toute son existence.

Il était parfois possible d'oublier qu'ils se trouvaient enfermés tous les quatre dans une minuscule bulle de métal et qu'il n'y avait absolument *rien* dehors, sinon quelques morceaux de rocher flottant dans l'espace qui semblaient perdre peu à peu leur signification pour eux à mesure qu'ils s'éloignaient de la Terre.

Mais, la plupart du temps, *tout* lui paraissait étrange.

S'il traversait le pont à viande un peu trop vite, il sentait la force de Coriolis, une sorte de poussée latérale fantôme qui le faisait chanceler. Lorsqu'il se lavait ou buvait, l'eau bougeait dans le lavabo en grandes vagues paresseuses qui pulsaient comme une huile collante et visqueuse. S'il plongeait les mains dedans, la sensation était bien celle que l'eau lui avait toujours procurée, mais le liquide collait à sa peau en formant de gros globules et des rubans, qu'il devait détacher et repousser dans le récipient.

Et il n'y avait pas que ça. *Tout* était bizarre. Il avait parfois l'impression qu'il ne s'en tirerait jamais, comme s'il ne parvenait pas à comprendre la logique ou la mécanique qui régissait cet environnement. C'est peut-être ce que ressent Michaël la plupart du temps, songea-t-il, obligé de vivre dans ce monde morcelé et incompréhensible.

Il était soulagé de pouvoir se reposer sur sa couchette, les yeux fermés, bien attaché, les rideaux tirés, coupé de tous les stimuli, et d'essayer de se sentir normal.

Mais, même ici, au plus profond de l'espace, et alors qu'il ne recevait absolument aucune donnée sensorielle, il sentait encore *quelque chose* : l'évolution de ses propres pensées, la sensation du temps qui passait tandis qu'il déferlait vers l'aval en direction du futur, la plus profonde et la plus intérieure de toutes les sensations.

Nulle science ne pouvait décrire cela. Les lois de la physique étaient réversibles sur le plan temporel : elles fonctionnaient dans un sens comme dans l'autre. Mais il savait au plus profond de lui-même que, pour lui, le temps n'était pas réversible et qu'il avait pris un aller simple pour l'avenir, l'aval le plus lointain.

Comme c'était étrange, et comme c'était bizarrement réconfortant.

Il glissa doucement dans le sommeil.

**Porte-parole virtuel de la Fondation Mozart**

Nous sommes tous profondément affectés par le fait que le public ait réagi aux informations venues du futur en se braquant sur les Enfants bleus. Vous devez donc comprendre que les écoles de la Fondation ont toujours autant œuvré pour leur protection que pour leur développement.

Lorsqu'on a identifié la nature des enfants pour la première fois, on a créé les écoles, et le résultat, du moins au début, a été bénéfique pour toutes les personnes concernées. Les familles ont commencé à comprendre qu'elles n'étaient pas seules, et que leurs enfants super-intelligents faisaient partie d'un phénomène plus vaste. Mais après tout, il y a de nombreuses choses que nous ne comprenons pas à leur sujet. Qu'ils soient tous obsédés par ces cercles bleus, par exemple.

On a proposé beaucoup de théories sur leur origine et leur apparition subite. Il est possible que nous ayons affaire à un cas particulièrement frappant de résonance morphique. Ce sont peut-être des extraterrestres. Ou bien représentent-ils un saut dans l'évolution – et nous avons affaire à l'*homo superior* vivant parmi nous, des soldats du futur qui vont nous réduire en esclavage. Etc., etc.

C'est de l'hystérie. Peut-être. Mais les gens ont *vraiment peur*.

Au début, la crainte collective s'est manifestée de manière subtile : les communautés voisines des écoles les ont boudées, leur ont coupé les vivres et l'accès aux infrastructures locales, et refusé des autorisations d'extension, vous voyez le genre.

Ces derniers temps, la situation a empiré. Nettement.

Partout sur la planète, les écoles de la Fondation – les bâtiments, le personnel et les élèves – ont été attaqués. Certains enfants ont été blessés. L'un d'eux est mort.

Et, même au-delà des écoles, dans les foyers, nous savons que des parents se sont retournés contre leurs propres enfants.

Nous regrettons profondément certains incidents qui ont eu lieu au sein d'écoles de la Fondation. Nous avons tenté de nous assurer que le personnel surpervisant les enfants était des plus qualifiés. Je dois cependant insister sur un point : la Fondation Mozart ne contrôle pas directement les écoles. Celles-ci sont des établissements indépendants gérés selon les politiques éducatives nationales et régionales ; nous n'en sommes pas responsables. En réalité, nous avons tenté d'adoucir les conditions dans lesquelles sont maintenus de nombreux enfants.

Nous ne nous opposons pas à la fermeture de nos écoles, ni au fait que les enfants soient placés sous tutelle de l'État. Il est facile de porter un jugement. Mais que sommes-nous censés faire ?

Par ailleurs, certaines des pires écoles étaient américaines.

Oh ! Vous n'étiez pas au courant ?

**(Nom et adresse non précisés)**

Monsieur,

On a beaucoup spéculé, dans ces pages et ailleurs, sur l'origine de ce qu'il est convenu d'appeler le phénomène des « Enfants bleus ».

Il peut s'agir d'un effet statistique – ces enfants sont peut-être parmi nous depuis toujours, mais nous ne l'avions pas remarqué. Bien entendu, certains croient que les Enfants bleus pourraient avoir une origine surnaturelle, voire divine. Il semblerait plutôt, selon moi, qu'ils soient les produits mutants du désastre écologique.

Beaucoup d'entre eux, par exemple, ont du mal à digérer les protéines contenues dans le lait de vache et le blé, telles que la caséïne et le gluten. Ces protéines peuvent être décomposées, non pas en acides aminés, mais en peptides capables d'interférer avec les hormones et les neurotransmetteurs utilisés par le cerveau, sur le développement duquel elles influent. Il est possible qu'une cause matérielle de ce type puisse permettre de tout expliquer au sujet de ces enfants. Il semblerait par ailleurs que nous souffrions d'une « épidémie » parallèle de maladies du développement incluant le syndrome de déficit d'attention, l'hyperactivité et la dyslexie.

Quelle que soit la vérité, je crois que le centre du débat doit maintenant se déplacer : il ne faut plus nous préoccuper de l'origine des enfants, mais de leur destin.

Je crois qu'ils constituent une solution de continuité dans l'histoire de notre espèce. S'ils nous sont véritablement supérieurs, et s'ils ont une descendance, alors ils représentent la plus grande menace pour notre survie depuis l'ère glaciaire.

Ce problème peut se résoudre de manière claire et simple.

*Primo*, les enfants déjà existants doivent être stérilisés pour empêcher leur reproduction.

*Secundo*, il faut inventer des tests (s'ils n'existent pas déjà) afin de mesurer le potentiel de développement des enfants lorsqu'ils se trouvent encore dans l'utérus. On devra pratiquer un tel test – à l'échelle nationale et internationale – pour chaque nouvelle grossesse.

*Tertio*, les fœtus qui échoueront à ce test, c'est-à-dire chez qui l'on découvrira des caractéristiques des Enfants bleus, devront être immédiatement éliminés.

On doit réaliser cela sans aucun sentiment et de la manière la plus efficace possible, avant que les enfants n'aient accumulé le pouvoir de nous en empêcher.

Pour le moment, ils sont jeunes, petits, faibles, vulnérables et malléables. Cela ne sera pas toujours le cas.

Notre tâche va être difficile. Si les gouvernements ne nous écoutent pas, ce sera à nous, le peuple, d'agir. Toutes les sanctions sont défendables sur le plan moral. Le moment que nous sommes en train de vivre est capital pour la survie de l'espèce ; nous nous trouvons à la croisée des chemins.

Je désirerais faire remarquer qu'en tant qu'espèce nous sommes sortis transformés de la crise de l'ère glaciaire, avec une force et des capacités accrues. Il faut donc à nouveau purifier nos âmes. Les jours qui nous attendent ne doivent pas obligatoirement être sombres, mais, au contraire, une période de purification glorieuse et lumineuse.

En ce qui concerne la question analogue des céphalopodes augmentés…

**Burt Lippard**

On a tous vu le futur, maintenant. Tous ces machins que nous a montrés Reid Malenfant. Seigneur ! La seule chose dont nous soyons vraiment sûrs, c'est que les êtres humains, c'est-à-dire nous, ne seront pas capables d'affronter *ça*.

Nous ne devrions pas avoir peur des Bleus. Ils sont plus malins que nous, c'est tout. Et alors ? La plupart des gens sont plus malins que moi, de toute façon.

Moi, ce que je dis, c'est qu'on devrait leur abandonner le pouvoir. Je préfère qu'un Enfant bleu dirige le monde plutôt qu'un millier de prétendus démocrates. Avec eux, ça fonctionnera, quand le moment sera venu.

Voilà ce que j'en dit. Les Bleus sont l'avenir. Quiconque touchera un cheveu de leur tête aura affaire à moi.

**Maura Della**

Maura prit l'avion jusqu'à Sioux Falls, où elle passa la nuit.

Le jour suivant, le ciel matinal était clair, lumineux et

immense. Elle décida sans réfléchir de donner un jour de congé à son chauffeur. Puis elle partit en direction du Minnesota. Elle bifurqua vers l'Iowa après Worthington. Le Soleil était haut et brillant dans un ciel bleu et sans nuages. Elle passa devant des champs de colza et de maïs aux couleurs fluo. C'était une région de fermes, de terres labourées, où les gens vivaient dans la même maison que leurs arrière-grands-parents. Les logos des compagnies agrochimiques dessinés sur les champs de maïs par le génie génétique lui semblaient même discrets aujourd'hui.

En ces temps de noirceur et de désastre écologique, après avoir passé trop de temps enterrée dans le smog orange de Washington, elle avait oublié qu'il existait encore des endroits comme celui-ci. Et dans sa circonscription.

Toutes ces choses dont parlait Malenfant – le futur, les messages venus du fond des temps, la catastrophe de Carter, le destin de l'humanité – n'étaient-elles que rêveries farfelues ? S'il n'y avait aucun moyen de faire le lien entre les rêves grandioses du futur et cela, la réalité quotidienne, les aspirations petites mais nobles des habitants de l'Iowa, pouvait-on dire que les premiers avaient la moindre signification ?

Je devrais passer plus de temps ici, songea-t-elle.

En fait, peut-être était-il temps qu'elle prenne sa retraite. Pas dans un an ou deux : maintenant.

Elle était bien entendu trop âgée pour avoir des enfants, mais pas pour posséder une ferme aux murs blanchis à la chaux et deux ou trois chevaux. De toute façon, elle savait au plus profond d'elle-même qu'elle n'avait jamais vraiment voulu d'enfants. Elle avait vu comment ils tombaient du ciel telles des bombes à neutron braillardes et faisaient exploser la vie des gens. Elle était assez honnête pour admettre qu'elle était trop égoïste pour cela ; sa vie, la seule qu'elle avait, lui appartenait…

Naturellement, ça ne faisait pas d'elle la personne la

plus qualifiée pour la visite qu'elle devait effectuer ce jour-là.

Elle avait reçu un appel à l'aide.

Chose étonnante, il était arrivé par courrier escargot au bureau de Maura. En ouvrant l'enveloppe, elle avait trouvé une photo d'un petit garçon de cinq ans aux grands yeux et une lettre à l'écriture simple et enfantine, bien au-delà des capacités d'un quelconque logiciel orthographique et bourrée de fautes de grammaire et autres erreurs.

En ces temps de démocratie électronique, lire une lettre avait quelque chose de terriblement nostalgique pour Maura.

Elle provenait d'une famille vivant dans une ville du nom de Blue Lake, dans le nord de l'Iowa, en plein au cœur du Midwest et de sa circonscription. Maura se souvenait que c'était une ville universitaire, mais elle eut honte en constatant qu'elle ne se rappelait pas la dernière fois où elle y avait mis les pieds. La lettre provenait de deux parents à la fois désemparés et atterrés parce que le gouvernement exigeait qu'ils lui confient leur fils. C'était lié au scandale qui avait récemment éclaté au niveau national – et, en fait, mondial – quant à la manière dont on traitait les Enfants bleus.

Mais Maura ne voyait absolument pas ce qu'elle pouvait bien y faire.

Elle avait eu un geste en direction de son écran souple pour rédiger une réponse électronique.

Mais, bizarrement, alors qu'elle était assise à son bureau, ce morceau de papier tout simple à la main, la photo immobile et démodée de ce gamin souriant devant elle, un courriel ne lui avait pas paru suffisant.

Elle avait jeté un regard furieux au ciel terne de Washington, écouté le murmure de la circulation. Elle avait besoin d'une pause, de sortir de cette serre à l'atmosphère empoisonnée, loin de la tempête de reproches dont on accablait Malenfant.

Elle consulta son agenda.

Blue Lake, neuf mille habitants, semblait une petite ville traditionnelle, construite autour du grand lac miroitant qui lui avait donné son nom. Le centre-ville, avec ses immeubles de brique et ses magasins tenus depuis des générations par les mêmes familles paraissait solide et immortel. Un parc s'étendait en bordure du lac ; une série de rues larges et ombragées, où s'alignaient des grandes maisons du XIXe siècle en partait. La rue qu'elle cherchait était l'une d'elles.

Elle arrêta la voiture et descendit.

Exception faite du lointain grondement de la circulation et du bruissement des feuilles au-dessus de sa tête, l'atmosphère était fraîche et silencieuse. Le trottoir parut étrangement doux sous ses semelles. C'était du bitume intelligent, bien sûr : capable de s'autoréparer et confortable. Elle remonta une allée en passant devant une pelouse d'un vert lumineux. Un vélo d'enfant rouge vif traînait sur l'herbe. La maison elle-même appartenait peut-être toujours au milieu du XIXe siècle, mais pas le film solaire tendu sur le toit, ni la caméra de sécurité de la taille d'un bouton sur la porte ou la poubelle intelligente à demi dissimulée derrière des feuillages. On pouvait donc se servir de la technologie pour améliorer le monde, et non pour le changer, ou pour le rendre méconnaissable pour l'humanité. Il nous arrive de bien faire les choses, se dit-elle. Le futur ne doit pas obligatoirement nous détruire.

C'est un bon endroit, un endroit humain. Et le gouvernement fédéral – non, Maura, fais face à tes responsabilités – et il… je veux enlever un enfant, l'arracher à ce lieu magnifique pour l'envoyer dans un centre perdu au fin fond de l'Idaho ou du Nevada, voire à l'étranger.

Elle sonna.

Bill Tybee – mince, la trentaine – fut un peu impressionné par cette dame du Congrès parachutée dans sa vie. Il l'accueillit, parlant trop vite.

— Ma femme est en mission pour l'armée. Elle était ravie que vous veniez nous voir. Tommy est notre aîné. Nous avons aussi une petite fille, Billie, qui n'a pas encore deux ans. Elle est à la crèche aujourd'hui…

Elle se fit une idée de la vie des Tybee à partir des petits indices disséminés dans la maison : une boîte vide de pilules mange-graisse, le grand écran télé souple étalé sur un mur, le tic-tac de la pendule manifestement ancienne, le microrobot nettoyeur en fin de course gros comme une souris au milieu du tapis du salon sur lequel elle faillit marcher. Bill, gêné, l'écarta d'un coup de pied.

Il portait un ruban argenté à son revers : une médicalarme signalant qu'il était atteint d'un cancer. Chaque fois qu'elle y prêtait attention, Maura comptait de plus en plus de victimes du cancer parmi ses électeurs. Nul doute qu'il devait y avoir un rapport avec la dégradation de l'environnement.

Bill la conduisit à l'étage jusqu'à une porte de chambre ornée d'un panneau où défilait un message, comme sur une affiche de Times Square : CHAMBRE DE TOM TYBEE ! DÉFENSE D'ENTRER ! RÉSERVÉ AU PÈRE NOËL !

Bill frappa.

— Tom ? Il y a une dame qui veut te voir. On peut entrer ?

*Mmm. Humm.*

Bill poussa la porte – quelque chose la bloquait, et il eut un peu de difficulté – et fit entrer Maura.

La chambre, dont la fenêtre donnait sur le jardin, était peinte en jaune vif. Il y avait une armoire contre un mur et un immense placard surmonté d'un lit surélevé ; de l'autre côté se trouvait une grande commode. L'armoire et la commode étaient toutes deux ouvertes, et des vêtements et divers autres effets en débordaient, sur le sol et le lit, à tel point qu'il était difficile de croire qu'il était possible, même en théorie, de tout ranger à l'intérieur. Les murs étaient couverts de posters : une carte du monde, des fanions sportifs, un superhéros au regard agressif sous son masque.

Une chambre typique de petit garçon de cinq ans, se dit Maura. Comme si elle était experte en la matière.

Le plus frappant était une série de photos et de posters, parmi lesquels des agrandissements, que l'on avait collés sur les murs au niveau de la taille – non, rectifia-t-elle, à celui du regard d'un petit garçon de cinq ans. Certains d'entre eux recouvraient même les précieux fanions sportifs. C'étaient des clichés d'étoiles. Maura n'avait rien d'un astronome, mais elle reconnut une ou deux constellations – peut-être le Scorpion et le Cygne. Un fleuve de lumière traversait les images, un fleuve d'étoiles. Elle comprit soudain que les photos constituaient, à la manière d'un patchwork, une carte complète à trois cent soixante degrés de la Voix lactée s'enroulant autour du ciel.

Tom – le gamin bleu – était un garçon de cinq ans ordinaire, petit, mince et brun avec de grands yeux. Il était assis au milieu de la pièce en bazar. Maura se rendit compte qu'il jouait à une sorte de jeu. Il avait disposé des jouets – des voitures, des avions et des figurines – en rond autour de lui. Un Cœur, un gadget enregistreur électronique, était posé par terre près de lui.

— Bonjour, dit le gamin.

— Bonjour, Tom.

Bill se mit à genoux avec l'aisance des parents habitués à ce geste.

— Tom, cette dame vient du Congrès.

— De Washington ?

— C'est ça, dit Maura.

Elle prit l'un de ses jouets, une espèce de lézard armé portant une cape bleue.

— Qu'est-ce que tu construis ? Un fort ?

— Non, dit Tom, sérieux.

Il reprit le lézard et le remit à sa place dans le cercle sans rien ajouter ; Maura se sentit très bête.

Elle se leva et désigna les photos de la Voie lactée.

— Tu les as trouvées tout seul ?

— J'ai commencé par celle-là. (Il en montra une. C'était le Cygne, avec son élégante silhouette, et le point brillant de Véga niché à côté.) Je l'ai trouvée dans le livre de mon papa.

— C'est une vieille encyclopédie d'astronomie, dit Bill. Avec des images fixes. Je l'avais quand j'étais enfant. Il a trouvé les autres images tout seul. Dans des livres et sur le Net. Je l'ai aidé à les traiter, à les ramener à la même échelle et à les assembler. Mais il savait ce qu'il cherchait. C'est à cette époque que nous avons commencé à soupçonner qu'il était peut-être…

Solitaire. Brillant. Obsédé. Peu communicatif. Capable d'avoir des projets dépassant les capacités des enfants de son âge. *Bleu.*

— J'ai un télescope, dit Tom.

— C'est vrai ? C'est super.

— Ouais. On peut voir qu'elle est faite d'étoiles.

— La Voie lactée ?

— La Galaxie. Et ça continue au-delà du Cygne. (Il désigna ses murs du doigt.) Elle commence dans le Sagittaire, là-bas. Puis elle continue dans l'Aigle et le Cygne, et elle frôle Cassiopée, elle passe devant Persée et Orion et la Poupe, et ensuite on ne la voit plus. Je voulais la voir depuis l'autre côté.

— Il parle de l'hémisphère Sud, dit Bill. Sa mère lui a ramené une ou deux photos de postes dans le Pacifique.

Tom les montra.

— Elle va jusqu'à la Carène, et l'on peut en voir

beaucoup plus. Et elle va jusqu'à la Croix du Sud et le Centaure et la queue du Scorpion, et là elle devient plus brillante. Et puis elle va jusqu'au Sagittaire où elle est vraiment large et où elle a une ligne sombre au milieu. Et ensuite elle continue jusqu'à l'Aigle et le Cygne…

— Sais-tu ce que c'est, Tom ? La Voix lactée, je veux dire, la Galaxie.

— Ce sont des étoiles. Et c'est un grand tourbillon.

— Une spirale ?

— Ouais. Regardez, on le voit. Ça, c'est le milieu de la Galaxie, dans le Sagittaire, où elle a un gros ventre. Et tous les bras s'enroulent autour.

« Nous sommes à l'intérieur d'un bras. On peut en voir un autre entre le centre et nous, il passe par le Centaure et la Croix du Sud et la Carène. Et là (il désigna le nuage brillant situé dans la Carène), il s'écarte de nous, et on le voit par le bout, c'est pour ça qu'il paraît si brillant, comme une route pleine de voitures venant vers vous. Et puis il y a une allée de poussière et de machins qui ont l'air sombre, c'est le truc qu'il y a entre les bras, et ça c'est la bande sombre au milieu. Et ensuite, de l'autre côté de la Carène, on voit le bras qui s'enroule à l'extérieur du Soleil, et qui va – il pivota sur lui-même et montra ce qui était pour lui le ciel dans la direction du nord – ici, tout à fait de l'autre côté…

Bill haussa les épaules.

— Il a déduit tout ça tout seul.

— Il a *déduit* qu'il se trouve au milieu d'une galaxie spirale ?

— Tout seul, oui.

Le gamin continuait à parler. Il aurait pu être un enfant de cinq ans comme les autres – mignon, plutôt liant, un peu intimidé – s'il avait parlé d'un autre sujet. La plupart des enfants de son âge, ses petits voisins, étaient sans doute à peine conscients de vivre dans l'Iowa. Le petit Tom voyageait déjà dans la Galaxie.

Elle sentit les ailes de la peur la frôler.

C'était ça, ce mélange de l'ordinaire et de l'étrange – les jouets d'enfant et le désordre mêlés aux visions de géographie galactique – qui était si troublant avec ces Enfants bleus. Un gosse n'était pas censé *être* ainsi.

Elle remarqua alors que tous les jouets que Tom avait disposés autour de lui en un anneau protecteur, les voitures, les bateaux et les figurines, étaient bleus.

Maura accepta de prendre un café et tenta de mettre Bill Tybee à l'aise.

Parent au foyer, c'était lui qui s'occupait de la maison. Avec timidité, il lui montra une carte postale animée de sa femme, June. La photo avait été prise sur une base aérienne. C'était une petite blonde un peu boulotte avec un grand sourire *made in Iowa*, vêtue d'un uniforme flambant neuf de l'*US Air and Space Force* ; lorsque Bill la présenta à un rayon de Soleil, la carte joua une scène de dix secondes où l'on voyait June saluer et sourire, encore et encore. Elle s'était enrôlée comme technicienne spécialisée dans une unité des forces spéciales.

Au bout de quelques minutes, Bill se détendit et évoqua ses craintes au sujet du garçon.

— Je sais que c'est un Enfant bleu. Les tests scolaires l'ont prouvé…

— Alors vous devriez être fier. Vous savez que cela signifie qu'il est exceptionnel.

— Je ne veux pas qu'il soit exceptionnel. Pas si ça implique qu'il doive partir d'ici.

— Mais c'est la loi, Bill. Je sais ce que vous ressentez. Que vous êtes inquiet pour lui, et vous êtes tout à fait en droit de l'être après ce qui lui est déjà arrivé.

— Ils ne sont pas parvenus à le protéger et ils l'ont

exclu, madame Della. Je n'allais pas le rendre pour la simple raison qu'ils ont changé d'avis.

— Mais vous ne pouvez pas le garder. Les nouveaux centres ne sont pas gérés par des organisations privées comme les écoles Mozart, mais par le gouvernement fédéral. Il n'y a rien à craindre. C'est ce qu'il y a de mieux pour lui.

— Avec tout le respect que je vous dois, madame Della, je ne crois pas que vous sachiez ce qui est le mieux pour mon enfant.

— Non, dit-elle. Non, probablement pas. C'est pour ça que je suis ici.

— Il est intelligent, d'accord. Mais il a tout de même besoin de grandir, d'avoir une vie à lui, de jouer avec d'autres enfants. Aura-t-il tout ça dans un de vos fameux centres ?

— Eh bien, c'est pour ça qu'ils ont été créés, Bill.

— Je connais la théorie. Mais ça ne se passe pas ainsi en réalité. Nous, nous vivons avec ça.

Bill lui parla de l'effet de la télé et des réseaux : les émissions qui montraient des gamins avec de grosses têtes en plastique, les télévangélistes prétendant qu'ils étaient un don de Jésus ou une malédiction de Satan, et ainsi de suite.

— Ça ne s'arrête jamais. Il y a tout un tas d'« experts » qui disent au monde entier que c'est bien, qu'on peut s'en prendre à mon gosse parce qu'il est *différent*. Et j'ai vu des reportages sur les écoles à l'étranger, en Australie et ailleurs, là où ils battent les gosses et les laissent mourir de faim et…

— Ce genre de chose n'arrive pas ici, Bill. (Elle se pencha en avant, projetant une aura d'autorité bien rodée.) Qui plus est, je m'assurerai que Tom sera protégé.

Ou, du moins, se dit-elle, je m'efforcerai qu'on lui fasse le moins de mal possible. C'est peut-être à ça que je sers vraiment.

— Pourquoi nous ? s'écria Bill Tybee. Pourquoi notre enfant ?

Mais Maura n'avait bien entendu pas de réponse à cette question.

**Emma Stoney**

Emma essayait de s'occuper de Michaël. Ou, du moins, de conserver un contact humain avec lui.

Mais le gosse sortait à peine de son alcôve du pont à viande. Il semblait passer tout son temps sur son lit penché sur divers programmes qu'il trouvait dans son écran souple.

Lorsqu'ils le forçaient à quitter l'alcôve, pour manger, prendre de l'exercice et d'autres mesures d'hygiène, il semblait osciller entre la catatonie et la panique totale, comme s'il était parfaitement incapable d'affronter le monde extérieur. Il se balançait d'avant en arrière en chantonnant et tapant dans ses mains d'une manière bizarre. Ou alors il trouvait un voyant qui s'allumait et s'éteignait sur une console et le fixait pendant des heures.

Durant toute cette période, ils eurent beau l'encourager et être attentifs à ses besoins, rien ne put entamer sa méfiance viscérale.

Ce qui troublait Emma. Elle savait que lorsque Michaël la regardait, tout ce qu'il voyait, c'était un adulte de plus faisant partie de la longue série de ceux qui l'avaient maltraité, soumis à des règles arbitraires et sans cesse puni. Du point de vue de Michaël, ce nouvel environnement n'était qu'un piège supplémentaire, les mains douces et les voix pleines de sourires relevaient seulement d'un nouvel ensemble de règles qu'il lui fallait apprendre.

Un jour, les punitions reviendraient.

Elle tenta de le pousser à s'extérioriser en s'aidant d'un écran souple et d'un logiciel de traduction.

Michaël, à quoi penses-tu ?

*Je ne suis rien.*

— Explique-moi ce que tu veux dire par là.

*Je veux dire que je n'ai rien de particulier. Je ne suis pas dans un endroit particulier. Ni à une époque particulière. Si le monde vieillissait ou rajeunissait soudain d'une journée, je n'en saurais rien. Ni si on le déplaçait vers la gauche, comme ça.* Il fit un saut de côté, telle une grenouille ; un sourire enfantin éclaira brièvement son visage. *Ça signifie que le monde est né et qu'il mourra, tout comme moi.*

Il s'était exprimé avec le plus grand calme, comme s'il parlait de la pluie et du beau temps.

Cornélius réagit.

— C'est nouveau. On dirait qu'il parle du principe copernicien. Selon lequel il n'y a pas d'observateur privilégié. Il me surprend tous les jours.

La voix de Michaël traduite par le logiciel, qui ressemblait à celle d'une femme américaine entre deux âges peut-être originaire de Seattle, gênait Emma.

— Dis-moi comment tu le sais, Michaël.

*Parce que le ciel est sombre la nuit.*

Elle dut l'interroger pendant plusieurs minutes, puis vérifier ses réponses grâce à des documents auxquels elle accéda sur son ordinateur pour comprendre ce qu'il voulait dire.

Elle finit par comprendre qu'il parlait d'une version du paradoxe d'Olber, une vieille énigme de la cosmologie. Pourquoi le ciel était-il noir la nuit ? Si l'univers était infini et statique, et s'il devait durer éternellement, alors la Terre aurait dû être entourée jusqu'à l'infini d'une multitude d'étoiles. Et l'œil de Michaël aurait dû recevoir un rayon de lumière provenant d'une étoile dans chaque direction où il regardait. Le ciel tout entier aurait dû briller aussi vivement que la surface du Soleil.

Par conséquent, si le ciel était sombre – et puisque Michaël avait compris qu'il ne se trouvait pas dans un endroit particulier de l'univers et qu'il n'y *avait* donc pas d'endroits particuliers – l'univers ne pouvait pas être éternel, infini et statique ; une de ces hypothèses au moins devait être fausse.

*Donc, les étoiles ont dû naître, comme je suis né*, dit Michaël. *Sinon, leur lumière emplirait le ciel. Les gens naissent, les gens déclinent, les gens meurent. Je suis né, je déclinerai, je mourrai. Alors les étoiles sont nées, déclineront et mourront. Ça me va.*

Il était allé du Big Bang à l'entropie finale rien qu'en regardant les étoiles.

— C'est peut-être lié à son système de croyance, dit Cornélius. Son peuple a été christianisé de force, mais les Lozi ont conservé beaucoup de leurs anciennes croyances. Ils croient en une vie après la mort, seulement ce n'est pas un endroit où l'on est puni ou récompensé. C'est dans ce monde, celui où l'on tombe malade, où les récoltes ne poussent pas, où il y a la famine et où la vie est courte et difficile, que l'on souffre. Dans la vie suivante, on est heureux. Ils portent des marques tribales pour qu'on les place près des membres de leur famille après leur mort.

Emma demanda à Michaël s'il croyait que le monde et les étoiles vivraient une vie heureuse après leur mort.

*Oh, oui*, dit le logiciel de traduction. *Oh oui. Mais pas les gens. Nous devons faire en sorte que ça se passe bien pour les autres. Vous voyez ce que je veux dire ?*

— Moïse, grommela Malenfant. Moïse et la Terre promise. Est-ce que nous autres humains sommes comme Moïse, Michaël ?

*Oui, oh oui.*

Mais Emma n'était pas certaine qu'ils s'étaient bien compris.

Un jour, en faisant le ménage, elle trouva une cache à nourriture derrière une grille du système de ventilation – c'étaient juste des restes, des miettes dans des sachets vidés, des morceaux de pâtes de fruits, quelques sachets de nourriture déshydratée mâchonnés, sans eau, comme par un rat. Elle laissa tout en place exactement comme elle l'avait trouvé.

**Cornélius Taine**

Dans une certaine mesure, Michaël a une âme de pur mathématicien.

Je sais ce qu'il ressent. Je me souviens du sentiment d'étrangeté que j'ai éprouvé lorsque j'ai compris que, si je devenais mathématicien, je pourrais passer ma vie entière à rechercher une sorte d'expérience mystique que très peu de mes frères humains pourraient jamais partager avec moi.

Mystique ? Absolument. Lors des entreprises intellectuelles les plus avancées, les données peuvent être vos seuls guides. Ce qui nous pousse lorsque nous construisons nos plus belles structures mathématiques, c'est surtout un certain sens de l'esthétique. Nous sommes convaincus que les structures les plus élégantes et les plus simples sont celles qui contiennent probablement la plus grande part de vérité. Voilà pourquoi nous recherchons des théories unifiées – des idées qui sous-tendent et unifient d'autres notions – en mathématiques aussi bien qu'en physique.

Nous autres, mathématiciens et physiciens, nous sommes des artistes.

Mais il y a plus. Nous entretenons toujours l'espoir

que l'une de nos constructions mathématiques, c'est-à-dire un produit de l'imagination humaine, correspondra néanmoins à une vérité du monde extérieur.

Vous pouvez peut-être comprendre ce que je veux dire. Lorsqu'on vous a enseigné le théorème de Pythagore, vous avez appris quelque chose sur tous les triangles rectangles du monde, et pour tous les temps. Si vous avez compris les lois de Newton, vous avez compris quelque chose qui concerne toutes les particules ayant jamais existé. Cela procure la sensation de saisir une part de vérité, et c'est un sentiment de joie – et de pouvoir.

Pour la plupart d'entre nous, de tels moments de transcendance sont rares. Mais pas pour Michaël. La totalité de l'univers est un laboratoire pour ses expériences de pensée. Et, alors qu'on lui donne les outils les plus simples qui soient pour travailler – y compris des traces dans la poussière – il atteint facilement cet état de grâce. Il se trouve dans une sorte…

De béatitude ? Oui, peut-être.

Il est bien entendu possible que son génie soit également associé à un désordre plus profond.

Il existe une forme légère d'autisme dénommée syndrome d'Asperger. Les sujets atteints sont introvertis et ressentent peu d'émotions, ce qui se traduit par de la réticence et des difficultés à communiquer, ainsi que par un manque de conscience et de compassion envers les émotions des autres. Mais le syndrome est également associé à une étroitesse des capacités de concentration, une tendance à l'obsession qui prend le dessus sur la simple satisfaction d'ordre social.

Une telle nature est essentielle pour obtenir ne serait-ce que l'ombre d'un succès intellectuel.

Emma Stoney prétend que la nature renfermée et suspicieuse de Michaël n'a rien à voir avec l'autisme, mais qu'elle découle directement de la façon dont nous, le monde des adultes, l'avons traité. Peut-être.

On compte six symptômes caractéristiques du syndrome d'Asperger. Je dirais que Michaël en présente cinq.

Je sais de quoi je parle. J'en ai identifié quatre chez moi.

**June Tybee**

L'entraînement de June Tybee se déroulait suivant un rythme impitoyable. Comme elle était une spécialiste technique susceptible d'aller au feu, son programme était essentiellement composé d'une préparation physique au combat.

Elle dut sauter en parachute. Elle subit les rigueurs de la centrifugeuse d'un grand laboratoire de la *Navy* en Pennsylvanie. Elle flotta pendant des heures sous l'eau vêtue d'une combinaison lestée et pressurisée, à faire semblant de se battre avec des astronautes expérimentés de la Nasa qui fonçaient sur elle de partout (*Pensez en trois-D! Pensez en trois-D!*). Il lui parut évident que tout cela visait à la désensibiliser à ce qui l'attendait lors du vol spatial à venir. On aurait largement le temps de les briefer sur ce qu'il leur faudrait faire sur Cruithne pendant le long voyage vers l'astéroïde.

Puis, soudain, le moment d'embarquer fut venu.

Durant la semaine précédant le départ pour la Californie, elle rendit une dernière visite au centre où se trouvait Tom, dans le Nevada. Bill était là, bien entendu. Il travaillait bénévolement pour le centre en tant qu'auxiliaire depuis que Tom y avait été envoyé, laissant Billie chez sa sœur.

Ils passèrent une triste nuit sans sommeil au motel, puis Bill la conduisit au centre.

Les mesures de sécurité étaient drastiques. Mais de

toute évidence nécessaires. Bill lui montra un endroit où le sable du désert était noirci et balafré et où la barrière avait visiblement été réparée.

June, toute pimpante dans son uniforme de l'*Air and Space Force*, aurait voulu avoir une arme sur elle.

— Je déteste vous savoir ici, toi et Tommy, surtout avec tout ce qui se passe.

— Junie, dit Bill, d'un ton las, tu ne regardes pas les infos ou quoi ? Le monde entier perd la boule. En ce moment, on ne peut pas être plus en sécurité qu'ici.

Peut-être, se dit June en rendant son regard au bidasse qui montait la garde, l'air soupçonneux. Tant que ces crétins ne se retournent pas et ne se mettent pas à tirer vers l'intérieur.

Ils trouvèrent Tom dans une pièce remplie de matériel scientifique. Bill lui dit que les enfants faisaient de la physique.

— De la physique ? Comment Tom peut-il faire ça ? Il a cinq ans.

— June, tout est, disons, *différent*, ici. C'est difficile à croire tant qu'on n'a pas travaillé avec eux.

Et voilà que le petit Tom venait vers eux, bien droit et sérieux comme un pape dans son uniforme doré orné d'une horrible bande bleue au niveau de la poitrine. Il avait toujours le Cœur électronique qu'elle lui avait donné. Au début, son pas était solennel, presque prudent, et il tenait la main d'une fillette plus âgée que lui, une grande blonde qui les regardait avec attention.

Puis Tom lâcha la main de celle-ci et s'élança vers sa mère ; l'espace de quelques instants, il fut seulement Tommy. Elle s'agenouilla, prit dans ses bras son petit corps chaud et remuant et fourra son visage dans ses cheveux, déterminée à ce qu'il ne voie pas ses larmes.

Elle joua un moment avec lui, et il lui montra son travail. Une partie passait franchement au-dessus de la tête de June, des séries de symboles s'étirant sur des écrans souples en plastique illuminés. Mais il y avait aussi de vrais travaux d'enfant, des peintures avec des bonshommes en bâtons et des nuages jaunes et vaporeux, des maquettes de fusées maladroitement assemblées et des animaux de papier et d'argile.

Ce mélange d'étranges réalisations de gamin surdoué et de manifestations enfantines normales était déroutant. Elle lança plusieurs regards à Bill et vit qu'il comprenait ce qu'elle ressentait.

Pendant tout ce temps, Anna, la fillette plus âgée, resta près de Tom sans rien dire et sans cesser de tout observer.

Lorsque l'heure fut venue, June se mit à nouveau à genoux face à son fils.

— Tommy… Tu sais qu'il faut que je parte.

— Dans l'espace. Papa me l'a dit.

— Je ne sais pas pour combien de temps.

— Est-ce que tu vas revenir ?

La première chose qui lui vint aux lèvres fut un pieux mensonge de mère, mais elle le ravala. Elle leva les yeux vers Bill, vit l'expression lasse et perplexe sur son visage, puis croisa les yeux gris et clairs d'Anna, et enfin plongea son regard dans celui, profond et indéchiffrable, de son fils.

— Je ne sais pas, lui dit-elle.

Ce qui était bien sûr la vérité.

Il hocha la tête avec gravité.

Lorsqu'elle le lâcha, il rejoignit la fillette, qui le prit par la main et le ramena vers le groupe. Il ne tarda pas à se replonger dans la physique, ou la mécanique quantique, peu importait ce qu'ils fabriquaient. Et il se montra plein d'animation, totalement impliqué dans ce qu'il faisait.

Plus qu'avec elle, sa mère.

Bill essuya les larmes qui coulaient sur sa joue.

— Tu parles d'un ranger de l'espace.

— Nous sommes en train de le perdre. Ce n'est plus notre Tom.

— Si, c'est lui. Il a juste trouvé quelque chose de plus… *intéressant* que tout ce que nous pourrions lui offrir.

— Je vais être partie pendant des mois.

— Je serai là à ton retour, dit Bill. Je t'aurai et tu m'auras. Même si c'est tout ce qu'on a.

Et il la serra longuement dans ses bras.

Puis, sans avoir le temps dire ouf, elle se retrouva avec cinquante autres personnes rassemblées comme à la parade sur une dalle de béton de la base Vandenberg de l'*Air and Space Force*, en Californie.

Ils se tenaient sur une élévation de terrain, dans les contreforts des Casmalia Hills pour être précis, et elle avait une fort belle vue sur les installations de la base – des bâtiments trapus où l'on assemblait des véhicules, des ponts roulants, d'étincelants réservoirs de stockage de carburant – et, au-delà, sur le Pacifique lui-même, immense, bleu et lisse tel un animal gigantesque miroitant au Soleil.

Le commandant en chef de la Force spatiale, un général à quatre étoiles de l'USASF, monta sur l'estrade devant eux. Il les dévisagea tous les cinquante, les mains sur les hanches et s'adressa à eux à l'aide d'une sono tonitruante :

*Le plus grand moment pour l'USASF depuis que nous avons pris le contrôle de la frontière spatiale à l'occasion de notre soixantième anniversaire en 2007… Les meilleurs candidats en provenance de tous les services… un processus de sélection rigoureux… les premiers soldats des États-Unis spatioportés…*

Ils portaient leur combinaison spatiale : couleur argent étincelant avec des épaulettes de cérémonie et des étiquettes à leur nom. Ils tenaient leur casque sous le bras, les gants soigneusement pliés. Pourquoi ces fichues combinaisons étaient-elles argentées, elle n'en savait rien – elle ressemblait à un croisement entre John Glenn et Buck Rogers – mais elle devait reconnaître qu'elles étaient splendides, étincelant dans le Soleil californien. C'était peut-être le but. Des caméras de télé flottaient tout autour d'eux, envoyant leurs visages souriants partout sur la planète. Des symboles, se dit-elle. Mais cela lui réchauffait le cœur d'être un symbole de force et de réconfort en ces temps difficiles. Elle se redressa un peu.

À présent, quelque chose bougeait du côté du pas de tir. L'un des échafaudages commença à reculer.

*Les plus grands conflits de l'histoire nous enseignent des leçons définitives. Le cheval de Troie. La traversée des Alpes par Hannibal. La retraite de Russie de l'infanterie napoléonienne. Tous ces événements illustrent le fait que des transports de troupe efficaces et une bonne intendance sont une nécessité stratégique. Avec chaque époque de progrès pour l'humanité se révèle l'urgence de développer les capacités de transport militaires, au niveau global il y a peu, et maintenant à une échelle véritablement interplanétaire…*

Un vaisseau spatial apparut.

Un cylindre au nez aplati. Au sommet se trouvait un cône rond et tronqué. De gros cylindres auxiliaires – des réservoirs jetables ? – étaient fixés à la coque. Elle examina la base à la recherche de tuyères de fusées mais ne vit qu'une forme creuse, comme un plat à tarte. La coque était recouverte de protections thermiques et de tuiles ressemblant à celles, noir et blanc, de la navette ; elle vit aussi des autocollants et des logos de l'*US Air and Space Force*. Des drones équipés de caméras envoyés par les chaînes de télé bourdonnaient le long des parois comme des mouches.

*Ce nouveau vaisseau mesure soixante-six mètres, il est donc plus haut que la navette spatiale. Le diamètre de sa base est de vingt-sept mètres et son poids de sept mille tonnes. Nous disposons de trente-six chambres de combustion et de dix-huit turbo-pompes ; nous employons un carburant composé d'hydrogène et d'oxygène liquide. Les moteurs fusées sont les plus modernes qui existent à l'heure actuelle, ils ont été conçus par Lockheed Martin pour le* VentureStar. *Ils sont basés sur le principe de l'*aerospike *dont le fonctionnement sera optimal à n'importe quelle altitude, du sol à l'espace interplanétaire…*

Le gros oiseau ressemblait à un jouet miroitant au Soleil. June n'arrivait pas à concevoir qu'il puisse être assez grand pour les emporter tous en orbite, encore moins jusqu'à un astéroïde.

Ce fut seulement lorsqu'elle vit un technicien – un insecte à casque orange – marcher près de lui qu'elle se rendit compte de la taille véritable du vaisseau.

Il était colossal.

*… Nous l'avons appelé le* Bucéphale. *Il représente l'aboutissement d'un ensemble de projets secrets mis sur pied depuis que la débâcle de* Challenger *nous a cloués au sol. Il a été construit sur la base d'études conduites sur des décennies, mais il a été conçu, testé et assemblé en quelques mois. Il incarne la capacité d'action des États-Unis, prêts à affronter ce nouveau défi. Le* Bucéphale *va développer une poussée de neuf mille tonnes, c'est-à-dire deux fois et demie celle de la fusée Saturn qui nous a emmenés sur la Lune, et il va faire tant de bruit que notre plus grand problème sera d'empêcher les vibrations de réduire Vandenberg en miettes…*

Il y eut des éclats de rire. Nerveux, mais des rires tout de même.

*Mesdames et messieurs, nous lui avons donné le nom du cheval d'Alexandre le Grand. Il est votre monture. Désormais, à vous de l'enfourcher et d'aller là-bas, dans l'espace, vers la victoire au-delà du ciel lui-même !...*

Ils l'acclamèrent, bien entendu. Ils lancèrent même en l'air leurs casques blancs d'astronautes. Il fallait que le quatre-étoiles ait confiance en son projet.

Mais June savait qu'elle n'était pas la seule à avoir l'estomac noué par la consternation tandis qu'elle considérait ce vaisseau géant assemblé en quelques mois à peine qui devait les catapulter loin de leur planète.

**Reid Malenfant**

Malenfant eut du mal à dormir la nuit précédant leur arrivée sur l'astéroïde.

Il flottait hors de sa couchette chaque fois qu'il se retournait, ou se retrouvait le visage dans la brise pulsée par le système d'air conditionné. Lorsqu'il ôta son masque et ses boules Quiès, le cliquètement mécanique de la ventilation l'enveloppa et la faible lumière du pont à viande filtra par les interstices du rideau de son compartiment.

Il somnola un peu et se réveilla, à nouveau seul. Il décida d'aller prendre un somnifère. Il descendit de sa couchette et se dirigea vers la cuisine.

Il aperçut un mouvement loin au-dessus de sa tête. C'était Emma, qu'il voyait à travers le plafond ajouré.

Le temps d'un battement de cœur, il éprouva un choc en la découvrant là, comme s'il avait oublié qu'elle se trouvait à bord. Il dut réfléchir pour se rappeler qu'il l'avait forcée à s'embarquer dans le désert de Mojave...

Elle était sur le pont à gravité zéro et paraissait tourner sur elle-même, comme si elle effectuait des sauts périlleux.

Il grimpa à l'échelle et la rejoignit. Elle s'interrompit, l'air penaud, lorsqu'il arriva. Elle portait une large combinaison en coton.

— Que se passe-t-il ? murmura-t-il.

— J'essaie seulement de voir la Terre.

Il regarda par le hublot. La Terre et la Lune étaient bien là, dans l'encadrement, un galet bleu et son compagnon de roc tout parcheminé, et c'étaient toujours les deux objets les plus brillants du ciel, à l'exception du Soleil. Ils tournaient, bien sûr, ils tournoyaient comme les étoiles qui se trouvaient derrière eux, quatre fois par minute.

— Tu sais, dit-elle, ce qui est drôle, c'est que, chaque fois que je me réveille, je suis surprise de me retrouver ici. Dans ce vaisseau, dans l'espace. Dans mes rêves, je suis à la maison, je crois…

— Laisse-moi essayer.

Il se cala sur les entretoises situées derrière lui, puis lui prit le poignet. Il se guida sur la Terre, autour de laquelle la Lune tournait comme l'aiguille d'une montre, et ne tarda pas à synchroniser Emma avec elle. Elle étendit bras et jambes pour se stabiliser. Ses cheveux, qu'elle laissait pousser, ondoyèrent tel un drapeau, frôlant son visage quand ils passaient près de lui. Il poussait sur un bras ou une jambe lorsqu'elle ralentissait, ce qui lui redonnait de l'élan. Elle riait comme une gamine pendant qu'il la faisait tourner.

Sa peau était douce, tiède et lisse, gorgée d'eau et de vie au milieu du vide poussiéreux.

Après, il ne sut pas très bien comment les choses arrivèrent, qui prit l'initiative de quoi. Ils durent néanmoins faire preuve d'une certaine inventivité. Le truc, découvrit Malenfant, était de se caler contre un support pour avoir un appui.

Quand ils eurent terminé, elle resta accrochée à lui, haletante, son visage couvert de sueur posé sur la poitrine de Malenfant pendant qu'un nuage de vêtements emmêlés dérivait autour d'eux.

— Bienvenue au club des Trois dauphins, murmura-t-il.

— Hein ?

— Comment faire l'amour en apesanteur. Si on ne peut pas prendre appui sur quelque chose, il faut procéder comme les dauphins. Avoir une troisième personne pour pousser.

Elle s'étrangla de rire.

— Comment est-ce que tu *sais*… Laisse tomber. C'était idiot.

— Nous sommes loin de chez nous, Emma. Tout ce que nous avons ici…

— C'est nous. Je sais. (Elle lui caressa la poitrine.) Ta peau est dure, Malenfant. Ce séjour dans le désert t'a remis en forme. J'ai l'impression de pouvoir encore sentir son odeur sur toi. L'odeur de la chaleur sèche, celle d'un sauna. Tu sens le désert, Malenfant… Je ne comprends toujours pas pourquoi tu as voulu que je vienne. J'ai l'impression que tu as planifié tout ce bazar depuis le début.

Elle attendait une réponse, toute tiède dans ses bras.

— Tu as des choses que je n'ai pas, Emma. Des choses dont j'ai besoin.

— Comme quoi ?

— Un sens moral.

— Oh, c'est n'importe quoi.

— Si, vraiment. (Il agita la main.) Souviens-toi du message laissé par ce cinglé, Art Morris, le type qui a essayé de descendre le GBS. *Regarde ce que tu as fait, Malenfant.*

— Il était vraiment cinglé. Tu n'es pour rien dans ce qui est arrivé à sa gosse.

— Je le sais. Mais j'ai causé du mal à beaucoup de gens pour nous envoyer ici. Ils ont probablement jeté le pauvre George Hench en prison, par exemple. *Regarde un peu ce que j'ai fait.* Je pense que tout ça en vaut le coup. Je pense que c'est justifié. Mais je ne le *sais* pas.

(Il l'étudia.) J'ai besoin que tu me le dises, Emma. Pour me guider.

— Tu as baisé quelqu'un d'autre. Tu voulais divorcer. Je ne suis d'accord avec rien de ce que tu fais. Je ne comprends même pas ce que tu ressens pour moi.

— Ouais. Mais tu es *ici*. Et, tant que tu y seras, je saurai que je n'ai pas perdu mon âme.

Elle se détacha de lui en croisant les bras ; son visage était plongé dans l'ombre et il ne pouvait voir son regard.

**Emma Stoney**

Au cours des dernières heures de leur voyage, Cruithne sortit de l'obscurité tel un poisson des abysses. Malenfant stoppa le tournoiement du *O'Neill* et ils se rassemblèrent tous – y compris Michaël – autour des fenêtres et des grands écrans souples illuminés pour assister au spectacle.

Emma vit une sorte de pomme de terre, un ellipsoïde grossier de cinq kilomètres de long sur un et demi de large qui tournait sur lui-même dans le sens de la longueur, léthargique. Cruithne n'était pas un monde à la forme nette et sphérique, comme la Terre ; il était trop petit pour que la gravité lui ait donné la forme d'une boule. Et il était *sombre* : si sombre qu'Emma le perdait parfois de vue dans l'obscurité veloutée de l'espace, où il n'était plus qu'un trou découpé dans le tapis d'étoiles.

Le *O'Neill* s'en rapprocha peu à peu.

Emma commença à distinguer des détails de la surface, soulignés par la lumière du Soleil : des cratères, des escarpements, des crêtes, des vallées et des stries là où sa surface semblait avoir été froissée ou étirée. Certains cratères en forme de bol nettement découpés, aux bords tranchants, étaient à l'évidence récents, relativement en tout cas. D'autres, beaucoup plus âgés, n'étaient plus que des cicatrices circulaires recouvertes par des bassins plus récents et arasées par un milliard d'années peut-être de pluie de micrométéorites.

Il y avait des couleurs dans le paysage plissé de Cruithne, des teintes spectrales qui émergeaient de la sombre dominante grisâtre. Les cratères et les crêtes aux bords les plus anguleux semblaient légèrement bleus, alors que les zones les plus vieilles et les plus basses étaient d'une couleur rouge plus subtile. Peut-être s'agissait-il d'une conséquence de l'usure causée par l'espace profond, se dit-elle, des éons de lumière solaire qui avaient créé ces teintes douces.

La silhouette de Cruithne portait l'empreinte de sa longue et violente gestation. L'astéroïde était né avec le système solaire lui-même, il avait été formé par la violence aveugle d'impacts se produisant dans la nuit et dans le froid, puis projeté en orbite autour du Soleil par le puissant champ de gravité des planètes qu'il entraînait dans sa ronde. Et, à présent, il était là, flottant dans les régions encombrées de l'intérieur du système, prisonnier de la chorégraphie complexe qu'il dansait avec la Terre.

La propre vie d'Emma, qui n'avait duré que quelques décennies, qui serait achevée en un éclair, semblait insignifiante à côté de la silencieuse existence chtonienne de ce débris stellaire. Mais, à cette seconde, en cet instant de lumière et de vie, elle était *là*. Et elle était ivre de joie.

Malenfant désigna le pôle de l'astéroïde.

— L'usine de méthane est ici. Donc, c'est là que nous allons. Nous nous approchons à douze mètres par seconde avec une vitesse latérale d'un mètre, et tout est toujours au vert pour l'atterrissage. Il est temps de vérifier les micropropulseurs à hydrazine.

Bien qu'il fût plongé dans les détails de la manœuvre d'atterrissage, il prit le temps de regarder son équipage bigarré.

— Tout est sous contrôle. Souvenez-vous de votre entraînement.

Ils n'avaient pas cessé de procéder à des répétitions pendant les semaines où ils s'éloignaient de la Terre ; aussi connaissaient-ils tous le rôle qu'ils auraient à tenir pendant les jours à venir. Ils allaient se poser près de l'usine de méthane, sécuriser le *O'Neill*, puis partir à la recherche de matières premières destinées au système de support vital – essentiellement de l'eau, de l'azote et de l'oxygène. Puis ils rempliraient les gros réservoirs de carburant du *O'Neill* avec du méthane de l'astéroïde pour s'assurer de pouvoir repartir rapidement de ce caillou sale et rentrer chez eux. Quand ce serait fait, ils seraient libres de se consacrer aux objectifs principaux de la mission et…

Une gouttelette d'or surgit à la surface de Cruithne.

Ils regardèrent le spectacle, comme étourdis, dans la paisible lumière fluorescente du pont à gravité zéro qu'emplissaient les cliquètements des ventilateurs de la climatisation. Emma vit que la gouttelette se déformait en forme de T montant dans le puits de gravité peu profond de Cruithne, oscillant telle une méduse tandis que des réseaux complexes de vagues s'entrecroisaient à sa surface miroitante. Emma aperçut du mouvement sous la surface d'or translucide : des formes grises et floues, petites et robustes, rassemblées en bancs qui allaient et venaient avec vivacité.

C'était plutôt beau, un ballet silencieux d'eau et de lumière, totalement inattendu.

Et cela grandissait, s'épanouissait comme une fleur, se dirigeant vers le *O'Neill*.

Il y eut une secousse et un gémissement de métal déchiré. Des voyants rouges se mirent à clignoter et une alarme bourdonnante commença à brailler en rythme.

— Alarme principale, cria Malenfant, qui serrait Michaël contre sa poitrine. Agrippez tous quelque chose.

Emma regarda autour d'elle. Le pont tournait. Elle voulut saisir un barreau, mais il était trop loin.

— *Emma!*

Le sol grillagé s'envola à sa rencontre.

— ... Terre. Dites à ces putains de calmars que nous venons de la Terre. Bon Dieu, Cornélius...

— Je le leur ai déjà dit. Je pense qu'ils ne nous croient tout simplement pas...

Emma découvrit qu'elle était allongée sur une paroi grillagée, maintenue par des bandages lâches autour de la taille et des jambes. Le visage de Michaël flottait au-dessus d'elle telle une lune, petit et rond, troué de dents blanches et d'yeux brillants. Elle eut l'impression qu'il épongeait le côté de son visage à elle...

— ... *ouille.*

... où quelque chose la piqua. Elle sentit la puanteur âcre d'un antiseptique.

Suis-je dans mon bureau ? Que s'est-il passé ?

Malenfant arriva. Michaël lui laissa la place.

... Elle se souvint de tout. Je suis dans le vaisseau, dans l'espace profond, pas là où je *devrais* être. La réalité semblait fluctuer autour d'elle.

Malenfant prit appui sur un étai et l'observa de près.

— Ça va ?

Elle se toucha la joue. Elle sentit de la chair à vif, du sang tiède, des bandages élastiques collés, de l'antiseptique visqueux. La douleur battit contre ses tempes lorsqu'elle leva la tête.

— Merde.

Elle tenta de regarder autour d'elle. L'éclairage était faible, peut-être à mi-puissance. Le voyant de l'alarme principale clignotait toujours – la pulsation lumineuse lui faisait mal aux yeux – mais, au moins, la sirène s'était arrêtée.

Des étoiles fleurissaient sous ses paupières, des explosions de douleur dans sa tête. Les couleurs étaient délavées ; elle se sentait comme anesthésiée et elle entendait mal. Elle était un fantôme, se dit-elle, elle n'était présente qu'en partie.

Malenfant détacha les liens peu serrés autour de sa taille.

— Tu es restée dans les vapes pendant un quart d'heure. Tu représentais un danger pour la navigation, alors nous t'avons attachée. C'est Michaël qui s'est occupé de toi. (Il jeta un coup d'œil au gamin.) C'est un brave gosse, quand il a toute sa tête.

— Ce qui n'est pas mon cas en ce moment. Qu'est-ce qui s'est passé, Malenfant ?

— Ils nous ont tiré dessus.

— Qui ?

— Les calmars. Les putains de calmars. Ils nous ont balancé une boule d'eau ; elle a touché le panneau solaire. Arraché net. (Ce qui expliquait le manque d'énergie.) On a dû jouer des contrôles d'assiette pour ne plus tourner sur nous-mêmes, maîtriser le vaisseau.

Il contenait la fierté dans le ton de sa voix, mais Emma la perçut. C'était la première fois que Malenfant avait affronté une urgence en espace profond, il s'en était sorti et il était fier de lui. Même au sein du plus terrible danger, il y avait un petit garçon au fond de lui, le gamin qui avait toujours voulu être un cadet de l'espace, même si l'adulte qu'il était devenu avait sublimé et rationalisé ce désir.

— Et où en sommes-nous ?

Il haussa les épaules.

— Notre situation s'est compliquée. Impossible de rentrer avec un seul panneau solaire et le réacteur nucléaire. Nous pouvons peut-être trouver des matériaux pour fabriquer des cellules photovoltaïques à la surface et bricoler quelque chose…

— Ou pas.

Il la jaugea du regard.

— Pour l'instant, on est loin de la maison, Emma. Viens admirer le paysage.

Michaël, qui avait la meilleure vue, avait aperçu le premier les gouttes d'or à la surface de Cruithne.

Les habitats étaient nichés au creux de profonds cratères, serrés dans des crevasses, à l'ombre ou en pleine lumière. La surface noire et poussiéreuse de l'astéroïde semblait avoir été éclaboussée de projections par un haut-fourneau, une pulvérisation de lourdes gouttes d'or hémisphériques et nonchalantes. Certaines zones de l'astéroïde étaient recouvertes de ce qui paraissait être du film métallique, des feuilles s'étirant autour des gouttelettes, épousant la surface ridée de Cruithne, ou suspendues à de grands châssis branlants.

Malenfant désigna l'image de Cruithne.

— Je crois que ceci est le *Nautilus* original.

C'était une bulle plus grosse que les autres, de forme plus irrégulière et nichée dans un cratère. Le ménisque de la gouttelette était maintenu par un filet géodésique, et le tout fixé par des câbles à la surface poussiéreuse de l'astéroïde. Des machines abandonnées s'empilaient près de la bulle ; peut-être s'agissait-il des restes du vaisseau.

— J'imagine que ces feuilles à la surface sont des installations solaires, dit-elle.

Cornélius hocha la tête.

— Fabriquées à partir de matériaux locaux.

— Je ne vois pas de connections entre les bulles.

Malenfant haussa les épaules, l'esprit ailleurs.

— Les calmars creusent peut-être des tunnels. À l'intérieur des bulles, ils sont protégés des radiations par l'eau, mais pas à la surface… Comment ont-ils fixé les nouveaux habitats sur le régolithe ? Je ne vois pas de filet comme pour le *Nautilus*.

— Ils n'ont pas de métal, dit Cornélius. Nous ne leur avons pas montré comment extraire du minerai. Ils n'ont que des produits organiques, dont des plastiques. J'imagine qu'ils ont simplement trouvé un moyen de les accrocher sans câbles ni pitons métalliques.

Ils regardèrent l'astéroïde tourner lentement, comme une pomme de terre sur une broche invisible, amenant de nouveaux habitats-bulles dans leur champ visuel.

— Ils sont si *nombreux*, dit-elle.

— Oui. (Cornélius semblait impressionné.) Avoir couvert une telle surface de l'astéroïde en quelques mois… et nous ne savons pas à quelle profondeur ils sont allés à l'intérieur. Leur population doit croître de façon exponentielle.

— Ils se reproduisent, dit Malenfant.

— Évidemment, répliqua Cornélius, impatient. Mais le point essentiel, c'est qu'ils gardent en vie la majorité des petits de chaque nouvelle ponte. Souvenez-vous de ce que Dan Ystebo nous a dit au sujet de la première génération : quatre céphalopodes intelligents parmi des dizaines…

— Donc, dit Emma, s'ils conservent la majorité des petits…

— C'est qu'ils doivent en majorité être intelligents.

Cornélius semblait effrayé.

— Pas étonnant qu'ils soient obligés de continuer à construire de nouveaux habitats, dit Malenfant.

— Mais ça ne suffit pas, dit Cornélius. Ils vont manquer de place dans peu de temps.

— Et alors ?

— Ils sont coincés sur ce rocher dans le ciel. J'imagine qu'ils s'en prendront les uns aux autres. Il y aura des guerres.

— Combien ? demanda Malenfant. Combien de temps avons-nous avant qu'ils n'aient dévoré tout l'astéroïde ?

Cornélius haussa les épaules.

— Quelques mois tout au plus.

— Alors tant pis, grogna Malenfant. Nous pouvons

rester ici vingt jours. Si nous n'avons pas trouvé ce que nous voulons et si nous ne sommes pas repartis d'ici là, nous sommes morts de toute façon.

Emma vit quelque chose nager sur un écran. Une femelle calmar.

Petite, élancée et compacte, elle allait et venait avec aisance, les bras tendus devant elle, des couleurs pulsant paresseusement sur sa carapace. Elle avait une grâce cruelle qui effraya Emma. Des motifs complexes, de toute évidence bourrés d'informations, chatoyaient sur ses flancs.

— Vous êtes en train de leur parler, dit Emma à Cornélius.

— Nous essayons.

— Le logiciel que Dan nous a fourni est depuis longtemps dépassé. C'est Dan en personne qu'il nous faudrait. Mais il est à deux cents secondes-lumière d'ici. Et, de toute manière, personne ne veut nous parler.

Cornélius avait l'air tourmenté.

— Certains d'entre eux pensent que nous venons de la Terre. D'autres croient que la Terre n'existe pas, tout simplement. Et d'autres encore que nous tentons juste de les avoir.

— Vous croyez qu'ils ont essayé de nous tuer ?

— Non, cracha Malenfant. S'ils sont assez malins pour nous voir arriver et pour nous lancer des bombes à eau, ils le sont aussi pour nous détruire s'ils le veulent. Ils avaient l'intention de nous handicaper.

— Et ils y sont parvenus. Mais pourquoi ?

— Parce qu'ils veulent quelque chose. (Malenfant sourit.) Quoi d'autre ? Et c'est notre angle d'attaque. Si nous avons quelque chose qu'ils désirent, nous pouvons commercer.

— Je n'arrive pas à croire que vous êtes sérieusement en train de suggérer que nous négocions, lança Cornélius.

Malenfant, qui flottait dans l'air, écarta les mains.

— Nous sommes en train d'essayer de sauver notre mission. *Nos vies*. Que pouvons-nous faire, sinon parler ?

— Avez-vous réussi à déterminer ce qu'ils veulent ? demanda Emma.

— Ça, dit Cornélius, c'est la mauvaise nouvelle.

— Ils veulent la Terre, dit Reid Malenfant.

— Ils savent que la Terre, si elle existe, est gigantesque. Avec des océans immenses, plein de place pour se reproduire. Ils veulent qu'on leur montre comment y aller. Ils veulent qu'on en relâche au moins certains là-bas, pour qu'ils se reproduisent, qu'ils construisent quelque chose.

— Nous devrions nettoyer ce morceau de rocher de ces limaces, dit Cornélius, d'une voix tendue. Elles sont sur notre chemin.

— Ce ne sont pas des limaces, dit Emma avec calme. Et c'est nous qui les avons mis là. Qui plus est, nous ne sommes pas venus ici pour faire la guerre.

— Nous ne pouvons pas leur donner la Terre. Ils se reproduisent comme des lapins. Ils ont déjà creusé tout l'astéroïde en partant de rien. Ils rempliraient tous les océans du monde en une décennie. Et ils sont de plus en plus *futés*.

Malenfant se frotta les yeux. Il semblait fatigué.

— De toute façon, nous ne pourrons peut-être pas les arrêter très longtemps. Ils ont de meilleurs yeux que nous, ne l'oubliez pas ; ils n'auront guère de mal à développer leur astronomie. Et ils nous ont vus arriver ; quoi que nous leur disions, ils peuvent peut-être remonter la piste et découvrir d'où nous venons. (Il regarda Emma.) Quel gâchis ! Je suis en train de me dire que nous aurions peut-être dû nous en tenir aux robots.

Il se frottait les tempes ; il était évident qu'il réfléchissait dur.

Emma ne put s'empêcher de sourire. Ils étaient là, dans un vaisseau endommagé, s'approchant d'un astéroïde occupé par une puissance hostile, et Reid Malenfant cherchait encore son fameux angle d'attaque.

Il claqua des doigts.

— D'accord. Nous allons les ralentir. Cornélius, j'imagine qu'ils ne peuvent pas aller bien loin sans métallurgie. Ils savent déjà fabriquer du carburant pour fusées. Avec du métal, ils peuvent se lancer dans l'électronique, peut-être les ordinateurs. Le vol spatial.

— Et alors…

— Et alors nous allons leur vendre des techniques d'extraction de minerai. Les échanger contre la liberté de nous poser et de mener des opérations à la surface sans qu'ils s'en mêlent.

Cornélius secoua la tête ; les muscles de son cou saillaient.

— Malenfant, en leur donnant la métallurgie, vous allez les libérer.

— On s'en occupera plus tard. Si vous avez une meilleure solution, je vous écoute.

Un silence.

Puis Cornélius se tourna vers son écran.

— Je vais voir comment je peux formuler ça.

Emma prit Malenfant par le bras.

— Sais-tu ce que tu es en train de faire ?

Il sourit.

— L'ai-je jamais su ? Nous sommes toujours dans la course, non ?

Et il se hissa en sifflotant le long de l'échelle de pompiers en direction du pont à viande.

**Mary Alpher**

>Merci d'être venu voir ma page d'accueil.

>Je désire employer cet espace pour manifester mon désaccord avec l'atmosphère va-t'en-guerre qui règne en ce moment dans le pays. L'envoi de troupes sur l'astéroïde géocroiseur Cruithne me consterne.

>J'écris et je publie de la science-fiction depuis que j'ai commencé à travailler, et j'en lis depuis bien plus longtemps. Et rien de tout ça ne ressemble au futur dont j'avais rêvé.

>Je ne me considère pas comme une utopiste. J'ai néanmoins toujours imaginé, dans un recoin de mon esprit, que le futur serait mieux que le présent.

>Surtout l'espace. Je pensais que nous allions laisser nos fusils, notre haine et notre tendance à la destruction dans les sombres profondeurs de la Terre, là où se trouve leur place. Neil Armstrong était un civil lorsqu'il a posé le pied sur la Lune. *Nous sommes venus en paix au nom de toute l'humanité*. Vous vous souvenez ?

>J'y croyais. Je croyais – et je crois encore – qu'en tant qu'espèce, nous sommes, sinon perfectibles, du moins susceptibles de nous améliorer. Et cette vision du monde est, je pense, à la base d'une grande partie de la science-fiction.

>Peut-être étions-nous naïfs. Néanmoins, je n'ai jamais rêvé que nous enverrions une canonnière dès notre deuxième expédition au-delà du système Terre-Lune.

>Il est évident que ça ne va pas marcher. Quiconque pense qu'il peut changer le cours du fleuve du temps avec quelques coups de fusil est bien plus naïf que je ne l'ai jamais été.

>Merci de votre attention. Un chapitre de mon dernier roman, *Black Hole Love*, ainsi que le détail des conditions de vente se trouvent <ici>…

**Emma Stoney**

— … Et ça, c'était l'allumage des micropropulseurs qui vont annuler notre vitesse d'approche verticale et latérale. Maintenant, nous sommes en apesanteur avec les gyroscopes verrouillés. Le système de positionnement global est activé et il communique avec l'ordinateur, l'altimètre radar fonctionne, couplé au dispositif de gouverne. Tous les voyants sont au vert. Et ce jargon signifie que tout va bien, bonnes gens. On devrait se poser à la vitesse d'un homme au pas, aucune raison de s'inquiéter…

Avec l'autorisation accordée avec réticence par les différentes factions de calmars, le *O'Neill* effectuait son approche finale, accompagné par les commentaires compétents et rassurants de Malenfant.

Cruithne défilait doucement devant les hublots du pont à gravité zéro.

Ils en étaient maintenant si proches qu'Emma pouvait observer ce sol dont la texture résultait du bombardement de météorites : des cratères qui en chevauchaient d'autres, des plaines fissurées puis reformées, le tout recouvert d'une couche de poussière noire miroitante, comme un champ de tir carbonisé. Lorsqu'ils fonctionnaient, les contrôles d'assiette soulevaient à présent de la poussière qui dérivait dans l'espace quand elle ne retombait pas lentement en silencieux éventails.

Nous touchons déjà Cruithne, se dit-elle. Nous le dérangeons. Elle n'avait absolument pas l'impression d'atterrir. La force d'attraction de l'astéroïde était bien trop faible. Le rocher n'était pas en bas, mais droit devant elle, semblable à un mur convexe criblé de trous et ridé. La manœuvre ressemblait plutôt à un accostage, comme si elle se trouvait à bord d'une petite embarcation qui se dirigeait vers un immense paquebot poussiéreux.

Michaël ne cessait de regarder l'astéroïde, les yeux écarquillés, la bouche ouverte. Sans réfléchir, Emma lui prit la main et la serra dans la sienne.

— Voilà les perforateurs, dit Cornélius.

Emma les vit jaillir tels des serpents de la coque du *O'Neill*. C'étaient de petites machines d'un peu plus d'un mètre de long en forme de tee de golf, qui traînaient des haussières derrière eux. Totalement blindés, ils étaient remplis à craquer de senseurs – ordinateurs, détecteurs de chaleur, thermomètres, sismomètres – et d'équipements de communication pour envoyer des données au *O'Neill* par l'intermédiaire des câbles. Elle distinguait le souffle des petits réacteurs situés dans la queue des perforateurs ; l'écume de cristaux qu'ils recrachaient s'éloignait de l'astéroïde en formant des lignes bien droites étincelant au Soleil.

Les perforateurs percutèrent la surface de Cruithne à mille kilomètres à l'heure, soit à la vitesse d'un missile antichar et disparurent dans un nuage de régolithe noir. Des anneaux de fumée parfaitement circulaires ne tardèrent pas à monter du sol du cratère, autour des câbles flottant mollement jusqu'au vaisseau. Après avoir subi une décélération d'environ dix mille g, les perforateurs s'étaient immobilisés à deux mètres sous la surface de Cruithne.

Concevoir des sondes capables d'envoyer des données scientifiques précises après avoir survécu à un choc à pleine vitesse dans un mur de roche relevait de l'exploit. C'était un projet dans lequel le Pied à l'Étrier avait investi beaucoup d'argent. Mais pour l'instant, l'aspect scientifique de la chose était encore à venir. Le rôle principal des perforateurs était de fixer le *O'Neill* à la surface de Cruithne et d'ancrer le vaisseau telle une sémaque à un yacht.

Emma entendit des treuils ronronner. De molles vibrations se propagèrent en sinuant le long des câbles, elle vit la surface se rapprocher. L'un des perforateurs se détacha au milieu d'un nuage de poussière ; son câble s'affaissa, s'éloigna en s'enroulant sur lui-même et sortit du champ de vision d'Emma.

Elle ressentit comme un tremblement des plus ténus, observa une légère nuée poussiéreuse.

Ensuite, il n'y eut plus que le silence et l'immobilité – et un bout de Cruithne s'encadrant dans le hublot.

Malenfant dégringola l'échelle de pompiers, le visage fendu d'un large sourire.

— Le *O'Neill* s'est posé.

Il la serra dans ses bras. Elle vit Michaël sourire en réaction à l'énergie et à la joie qui émanaient de Malenfant.

— Et maintenant, dit celui-ci, au travail.

Voir les files de lucioles charrier comme des bousiers d'énormes morceaux de régolithe était un spectacle à la fois comique et enthousiasmant.

La vitesse à laquelle les robots parvenaient à travailler dans l'environnement particulier de Cruithne émerveillait Emma. Autonomes, ils se hissaient avec une grâce et une habileté surprenantes à la surface de l'astéroïde à l'aide de leurs longes, de leurs pitons et de leurs griffes. En outre, la faible gravité leur permettait de manipuler facilement des masses importantes.

Quelques heures à peine s'écoulèrent avant qu'Emma puisse ramper dans un étroit tunnel de tissu menant du *O'Neill* au nouveau dôme.

Elle se leva et examina les lieux. Elle se tenait sur une feuille de plastique qui se fondait impeccablement dans les murs. Le tout n'était en fait qu'une bulle de tissu de dix mètres de diamètre semblable à une tente en plastique d'un seul tenant. Trois mètres au-dessus d'elle tout au plus, le plafond soutenu par la pression interne était d'un jaune pâle et translucide. Les lucioles avaient disposé un réseau de câbles sur le toit, puis pelleté du régolithe par-dessus sur une épaisseur d'un mètre en guise de protection contre les radiations. L'équipement transféré depuis le *O'Neill* était empilé au centre du dôme.

Des ampoules au tritium fournissaient une lumière dure et utilitaire. Il y avait une odeur de brûlé, comme de la cendre en automne : elle savait que c'était de la poussière d'astéroïde qui s'infiltrait dans leur habitat en dépit de toutes leurs précautions, une matière ténue qui s'oxydait lentement, se consumant au contact de l'air.

Elle s'agenouilla. Le régolithe était visible à travers le sol, des morceaux de roche d'un noir de charbon aux contours flous. Les lucioles avaient raclé le fond du cratère avant l'érection du dôme ; Emma voyait des sillons et des crêtes là où l'antique sol avait été ratissé tel un parterre de fleurs dans un jardin de banlieue. Elle enfonça un doigt dans le tissu. C'était un matériau solide, plus résistant qu'il n'y paraissait ; elle ne réussit pas à creuser une dépression de plus de quelques centimètres. Et, tandis qu'elle exerçait une pression, elle sentit qu'elle se soulevait du sol, par réaction ; la gravité ténue de Cruithne ne la maintenait que très faiblement au sol.

Michaël avait rampé derrière elle. Il paraissait soulagé d'être hors du vaisseau. Il se mit à courir tout autour du dôme – ou, plutôt, il essaya de courir car chacun de ses pas le propulsait dans les airs ; il rebondissait sur le toit concave, redescendait ailleurs en flottant et recommençait. Quelques pas lui suffirent pour attraper le coup et acquérir de la vitesse ; il se mit à marcher, s'appuyant sur le plafond, allant et venant, sûr de lui.

C'était un abri grossier. Néanmoins, Emma sentit son humeur s'améliorer. Au bout de quatre-vingt-dix jours, ne plus être confinée dans les boîtes de métal encombrées du *O'Neill* lui procurait un profond soulagement, pour un certain temps en tout cas.

Et ça puait moins que dans le vaisseau.

Cette nuit-là, ils firent la fête sous le dôme ; ils pillèrent leur réserve de barres chocolatées et les avalèrent avec de l'eau de Cruithne.

Le jour suivant, ils se préparèrent à explorer Cruithne tous les quatre.

Pelotonnés les uns contre les autres, ils se déshabillèrent entièrement – après quatre-vingt-dix jours passés ensemble, toute pudeur avait disparu, mais cela n'empêcha pas Emma d'être transpercée par le froid – et, avec maladresse en raison de la faible gravité, ils commencèrent à s'aider mutuellement à enfiler leur deuxième peau.

Malenfant ne cessait de débiter un flot d'instructions.

— Assurez-vous de bien tout aplatir. Si la pression n'est pas distribuée comme il faut, votre sang formera des cloques…

La seconde peau d'Emma n'était en fait qu'une légère enveloppe de Spandex, analogue à un collant de cycliste. Elle fut surprise de découvrir que le tissu était un maillage ; si elle ouvrait la main et gardait les doigts écartés, elle pouvait voir sa chair à travers les trous minuscules. On utilisait le Spandex, qui était orange pâle et virait au bleu là où il était déchiré, parce que contrairement au caoutchouc, il ne devenait pas friable au contact du vide et permettait d'éviter les déperditions d'air. La combinaison comportait un capuchon, des gants et des bottines ; tous ces éléments se fixaient à l'aide de fermetures en plastique au niveau du cou, des poignets et le long du ventre jusqu'à son cou. Emma ne portait qu'une seule chose à l'intérieur, un cathéter conduisant à un sac collecteur d'urine.

La seconde peau légère et confortable avait remplacé l'ancienne combinaison pressurisée – un ballon gonflable géant tout raide en forme de corps humain – portée par les générations précédentes de voyageurs de l'espace. Mais il était important qu'elle soit parfaitement ajustée ; la pressurisation devait être également répartie sur toute la surface de la peau d'Emma.

C'était en réalité une vieille technologie. Cela faisait longtemps que les victimes de brûlures avaient besoin de bandages élastiques exerçant une pression continue sur une grande étendue de peau, de manière que le patient cicatrise correctement. Emma ne fut pas surprise d'apprendre qu'une filiale du Pied à l'Étrier avait acheté une entreprise de fabrication de matériel médical de Toledo spécialisée depuis des décennies dans les matériaux de ce genre, et gagnait à présent de l'argent en vendant de meilleurs bandages pour les brûlures aux hôpitaux.

Plusieurs couches amples et légères furent superposées à la seconde peau. D'abord un vêtement de protection thermique, un lacis de tubes contenant de l'eau qui circulait sur la peau d'Emma pour en maintenir la température, puis une ample enveloppe extérieure destinée à la protection contre les micrométéorites. Ce vêtement portait une étiquette à son nom cousue sur la poitrine, comme ceux de la *Nasa :* STONEY. Elle mit son casque rond à visière dorée, puis endossa son paquetage, un petit sac à dos compact fonctionnant avec une batterie qui contenait des pompes et des ventilateurs capables de faire circuler l'eau et l'air dans sa combinaison pendant douze heures.

Maintenant, j'ai vraiment l'air d'un astronaute, pensa-t-elle.

Malenfant les fit s'asseoir avec leur combinaison puis sortir dans le vide du petit sas pliant de l'habitat. Il nomma cette manœuvre « test final de certification des combinaisons ».

Puis, les dernières vérifications achevées, il fut temps de partir.

Ils se glissèrent dans le sas. Emma sentait de l'oxygène passer sur son visage, elle entendait les murmures chaleureux et les vrombissements de son sac à dos.

Michaël, qui se trouvait à côté d'elle dans le sas, lui prit la main. Mais il ne manifestait aucun signe de peur. En réalité, il paraissait calme et maître de lui-même depuis leur arrivée sur Cruithne. Comme si, maintenant qu'ils étaient sur place, il savait pourquoi ils y étaient, et ce qu'ils allaient trouver.

Comme s'il était censé être ici.

Malenfant ouvrit la fermeture de la porte en tissu du sas, abaissa celle-ci en l'enroulant et fit un pas en avant.

Emma aperçut des particules d'air gelé qui dérivaient dans le vide, étincelant dans la lumière du Soleil, comme si cette poignée de molécules tentait de remplir la totalité de l'espace infini. Les derniers bruits disparurent, à l'exception de celui de sa propre respiration qui résonnait dans son casque et des sons qui se propageaient à travers sa tenue : le frou-frou du tissu, le glissement de la combinaison intérieure sur sa peau lorsqu'elle bougeait.

Tenant toujours la main de Michaël dans la sienne, Emma avança la tête hors du sas. La lumière solaire l'enveloppa, d'une luminosité époustouflante après tous ces mois passés dans l'environnement lugubre du *O'Neill*. Elle fit un pas à l'extérieur et, aussi légère qu'un flocon de neige, se posa délicatement sur le sol de Cruithne.

Un peu de poussière noire d'astéroïde s'envola quand ses pieds bottés de bleu rencontrèrent la surface avec une lenteur onirique. Des panaches sombres s'envolèrent dans les airs – non, juste *vers le haut* – sur quelques dizaines de centimètres avant de se redéposer en suivant des trajectoires paraboliques parfaites.

Serrés les uns contre les autres dans leur combinaison d'un blanc éclatant, ils étaient les objets les plus brillants dans ce paysage, comme des bonhommes de neige sur un tas de charbon. Mais, déjà, la poussière noire et collante de l'astéroïde montait à l'assaut du bas de leurs jambes et de leurs cuisses.

Le sol était couleur de charbon, recouvert de couches de poussière et très inégal, labouré de plis et de sillons. Le champ de vision d'Emma s'étendait à une demi-douzaine de mètres autour d'elle avant que la surface ne disparaisse, mais l'horizon était proche et froissé, comme si elle se trouvait au sommet d'une colline. Le sol autour du dôme de l'habitat, un terne monticule de régolithe sur du tissu orange, était sillonné de pistes laissées par les lucioles. Au-delà se trouvait un tas d'équipement : la silhouette massive du *O'Neill* fixé au sol et les câbles sinueux conduisant à la centrale nucléaire illégale de Malenfant, désormais installée quelque part au-delà de l'horizon de Cruithne.

Et les ombres se déplaçaient déjà sous les pieds d'Emma, s'allongeant pendant qu'elle les regardait.

Lorsqu'elle levait la tête pour voir le ciel, le Soleil se trouvait presque au-dessus de sa tête, et sa lumière était franche et intense, si bien que son ombre était courte. Elle vit un point de lumière sur sa gauche. Un point bleu et brillant : la Terre. Mais la Lune était invisible, tout comme les étoiles que l'intense luminosité solaire chassait du ciel.

Il n'y avait rien au-delà du ciel et de la Terre : dans toutes les directions s'étendaient les abysses du plus profond et du plus sombre des océans, sauf qu'il se déployait dans les trois dimensions. Après tant de jours passés enfermée dans le vaisseau, la sensation d'immensité et d'espace illimité qu'elle éprouvait était stupéfiante. En regardant les ombres glisser, elle comprit viscéralement qu'elle était effectivement accrochée à un rocher qui roulait dans l'espace. Elle avala sa salive avec difficulté ; elle n'avait absolument pas envie de vomir dans une combinaison spatiale.

Un robot-luciole passa devant eux en cahotant ; il les ignora, occupé à une tâche quelconque. C'était un carton à chapeau couvert de panneaux solaires miroitants qui tendait devant lui de petits bras manipulateurs. Il avançait à la surface de Cruithne au moyen de câbles qu'il lançait devant lui, se tractant ensuite ; il n'en avait jamais moins de deux plantés dans le sol. De petites bouffées de vapeur s'échappaient des tuyères des fusées situées à l'arrière, qui ressemblaient à des jouets. Le corps de la luciole était couvert de régolithe ; les panneaux solaires étaient munis de charmants petits essuie-glaces. Le robot avançait par à-coups, ses câbles et ses minuscules fusées le poussant et le tirant de-ci, de-là, mais, dans le silence et la lumière impitoyable du Soleil, il possédait une sorte de grâce étrange. On ne pouvait nier qu'il avait un but.

La luciole disparut au-delà de l'horizon trop proche. Emma se demanda si elle venait du *O'Neill* ou du *Nautilus*. Si elle était à eux ou à nous.

En réalité, elle savait que la luciole se dirigeait vers la fosse où se trouvait l'artefact bleu. Une porte vers le futur, à cinq cents mètres de là.

Cette pensée n'avait aucun sens. L'ambiance était déjà bien assez étrange comme ça.

Et, aujourd'hui, ils avaient du travail. Elle se tourna vers les autres.

**e-CNN**

… en résumé, vous êtes en train de voir des images en direct de Cruithne, envoyées depuis l'astéroïde il y a quelques minutes à peine. Comme vous pouvez le constater, elles sont plutôt insignifiantes pour l'instant, mais nos experts affirment que nous sommes en train de voir un bout de la surface de Cruithne connu sous le nom de « régolithe », le ciel étoilé en arrière-plan – enfin, il y aurait des étoiles si le Soleil ne saturait pas tout.

On dirait que la luciole-robot asservie fait à présent un panoramique, suivant vos ordres, et nous essayons de comprendre ce que nous voyons. C'est un peu comme chercher un chat noir dans une mine, ha ha.

J'en profite pour vous rappeler que vous pouvez prendre part à l'exploration en direct de Cruithne en compagnie des astronautes renégats du Pied à l'Étrier. Faites votre choix dans le menu en bas de l'image, votre vote sera comptabilisé avec tous les autres, une fois par seconde, et le résultat sera directement transmis à la caméra de notre luciole sur Cruithne par notre contrôleur virtuel. Vous maîtrisez l'image, vous êtes sur Cruithne avec les astronautes et vous pouvez être vous aussi un hors-la-loi du Pied à l'Étrier, en compagnie de l'infâme Reid Malenfant.

En ce moment, l'image paraît un peu statique ; vous êtes peut-être en train de vous disputer, ha ha.

Là ! Vous avez vu ça ? Bob, on peut repasser ça – on ne peut pas. Bon, j'ai eu l'impression que c'était un astronaute, et il m'a semblé qu'il ou elle nous a fait signe. C'était peut-être Reid Malenfant en personne. Si vous voulez commencer à voter pour un travelling arrière nous allons pouvoir obtenir une meilleure image.

**Maura Della**

Et voilà, elle se trouvait dans le Grand Bassin du Nevada.

Des autoroutes désertes jouaient les grand-huit sur des chaînes de montagnes avant de redescendre vers des salants. L'humanité semblait n'exercer qu'une faible emprise sur ces terres : Maura traversa des villes fantômes, passa devant des prisons fédérales et des bordels entourés de fil de fer barbelé. En haut des flancs corrodés des montagnes s'ouvraient des mines d'or abandonnées et les terrains découverts qui s'intercalaient entre elles étaient couverts de buissons de sauge. D'étranges tourbillons de poussière dansaient sur les salants.

Bizarre, oui. Cette région était aussi une sorte de gouffre où se déversait toute la folie de l'Amérique, songea-t-elle. Au sud se trouvait la fameuse zone 51, qui demeurait un lieu mystérieux et propice aux spéculations. Au nord-ouest, dans le désert de Black Rock, des hippies et des punks vieillissants et d'autres carniciels marginaux se rassemblaient depuis des décennies pour leur festival du *Burning Man*, une orgie annuelle de coups de feu, de musique punk et de rodéos dans les champs.

En un sens, cette région semblait tout à fait appropriée pour accueillir le plus grand centre d'éducation et de protection des Enfants bleus, ces étranges enfants *autres* apparus au sein de l'humanité.

Maura Della était en route pour rendre visite au petit Tom Tybee.

Elle s'arrêta pour prendre de l'essence dans une ville nommée Heston. Le type qui sortit la servir avait la soixantaine; il portait une barbe de père Noël et une casquette de base-ball ornée du logo d'une entreprise d'hélicoptères. La grande vitrine de la station était brisée; des éclats de verre à l'air agressif étaient éparpillés sur l'avant-cour. Le père Noël vit qu'elle les regardait. Elle n'avait pas envie de lui demander ce qui s'était passé, mais il le lui dit tout de même : « Bang supersonique. »

Le truc, c'était que les théoriciens du complot avaient raison sur un point. S'il se trouvait un endroit dans le pays manipulé par de lointaines et mystérieuses agences, c'était bien le Nevada, où quatre-vingt-dix pour cent des terres étaient contrôlées par le gouvernement fédéral, ressenti comme une puissance lointaine et impérialiste par les ranchers et les mineurs qui y vivaient. Le Nevada était le terrain vague de l'Amérique, le dépotoir de tout le reste du pays.

Elle paya et ficha le camp.

Au centre, elle fut accueillie par la principale, Andrea Reeve.

Elle lui fit visiter les lieux. Ça ressemblait, eh bien, à une école primaire : des bâtiments aux toits plats avec de grandes fenêtres lumineuses, une cour où l'on trouvait des cages à poules, des aires de jeux, de grands jouets d'extérieur en plastique et un pompier-robot bien brillant qui patrouillait le long du mur d'enceinte. Mais la plupart des écoles primaires n'étaient pas entourées d'une barrière électrifiée.

À l'intérieur, le centre était moderne, lumineux et aéré. Les différentes pièces n'étaient pas disposées comme les classes conventionnelles dont Maura se souvenait, avec leurs bureaux alignés, un instituteur et un tableau noir. Les meubles, variés, n'avaient pas grand-chose de scolaire, et paraissaient doux pour la plupart. Les murs étaient recouverts de peintures électroniques qui se modifiaient à intervalle régulier, ainsi que d'autres outils pédagogiques comme des tables de multiplication et des alphabets géants animés, ainsi que des dessins et d'autres travaux réalisés par les enfants.

Et tout était *bas*, remarqua Maura. Elle vit un porte-manteau qui ne se trouvait pas à plus d'un mètre vingt du sol, une cantine où les tables et les chaises semblaient avoir été conçues pour des poupées. Les murs étaient presque nus dès qu'on dépassait la hauteur qu'un petit enfant pouvait atteindre.

Andrea Reeve vit qu'elle l'avait remarqué.

— La plupart de nos enfants sont jeunes, dit-elle. Très peu ont plus de neuf ans. Le phénomène des Bleus est devenu apparent il y a seulement quelques années, et leur dépistage systématique est encore plus récent. Ceux que nous avons rassemblés ici viennent de tout le pays, et certains de l'étranger. En général, ils ont fait l'objet d'opérations de sauvetage.

Maura se dit qu'Andrea Reeve ressemblait à l'image qu'elle s'était toujours faite des instituteurs : des rondeurs confortables, pas très bien habillée, des mèches grises dans les cheveux. Maura eut une réaction instinctive : elle eut envie de lui faire confiance. Mais, en réalité, cette femme à l'allure maternelle avait vingt ans de moins qu'elle, ce qui la troublait. Les parents ressentent peut-être ça tout le temps, songea-t-elle.

Mais Reeve semblait surmenée, un peu désorientée ; de toute évidence, la présence de Maura la déstabilisait.

Elles savaient toutes deux que celle-ci ne pouvait jouer aucun rôle officiel au centre. En vérité, elle ignorait jusqu'à ses positions actuelles au sujet des enfants. D'un côté, elle s'accrochait à la promesse faite de veiller sur Tom Tybee, de l'autre, elle était membre d'un gouvernement ayant pour responsabilité de protéger la population du danger. Était-il possible que ces deux motivations entrent en conflit ?

Elle ne connaissait qu'un seul moyen de le savoir : se rendre sur place en personne.

Les enfants, à présent. Ils étaient dispersés dans les différentes pièces où ils travaillaient individuellement ou en petits groupes. Debout, assis ou à plat ventre sur le sol, ils paraissaient à l'aise et dépourvus de toute timidité. Beaucoup parmi eux portaient des oreillettes sans fil et travaillaient sur des écrans souples en plastique lumineux. Des enseignants étaient présents, mais les enfants semblaient surtout travailler avec des robots-enseignants, de mignons petits gadgets à l'air inoffensif couverts de fourrure orange ou de velours soyeux.

— Nous appelons ces pièces des laboratoires, expliqua Reeve. Les enfants ont des besoins, des niveaux et des rythmes d'apprentissage différents. Nous utilisons donc ces robots programmés individuellement au fonctionnement adaptable et heuristique.

« Aussi étonnant que cela puisse vous paraître, nous faisons beaucoup de remise à niveau. Certains de ces enfants s'expriment même très mal, certains sont quasiment illettrés, y compris lorsqu'ils viennent des États-Unis. Beaucoup ont été retirés de l'école, ou renvoyés, dès qu'on a remarqué leurs capacités particulières. (Elle jaugea Maura du regard.) Il faut que vous compreniez bien les problèmes auxquels nous devons faire face. Nombre de ces enfants présentent des symptômes associés à l'autisme. Le syndrome d'Asperger, ou syndrome du savant excentrique, en est une forme atténuée. Ces enfants peuvent être très intelligents et motivés par des obsessions qui les poussent à accomplir des choses extraordinaires. Mais ils manquent également de coordination et se montrent très maladroits. Y compris sur le plan social. Nous devons les protéger d'eux-mêmes, voyez-vous. (Elle soupira.) Dans certains cas, le trouble peut être plus grave. Certains de ces enfants n'ont que très peu de réactions au plaisir ou à la douleur. Ce qui les rend difficiles à contrôler…

— Parce qu'ils ne réagissent pas aux punitions ?

— Ni aux câlins, dit Andrea Reeve d'un ton sévère. Nous ne sommes pas des monstres, madame le député.

— Je ne vois pas comment vous arrivez à dissocier les signes d'un tel syndrome des, hum, séquelles laissées par les traitements subis par certains de ces enfants.

— Nous ne pouvons pas. Et nous n'essayons pas.

Croyez-moi, madame Della, nous faisons de notre mieux pour les enfants qui sont ici, en tant qu'intellectuels, et en tant qu'enfants.

— Et une fois qu'ils ont dépassé le stade de la remise à niveau…

— Après ça, ils nous distancent très vite. (Andrea Reeve soupira.) Tout ce que nous pouvons faire, c'est les surveiller, les suivre de près, nous assurer que leurs besoins matériels sont assurés et leur donner les bases d'une éducation équilibrée. Et nous essayons de développer leurs aptitudes de socialisation. (Reeve plongea son regard dans celui de Maura.) Il nous arrive souvent d'être presque obligés de les traîner jusqu'au terrain de jeux et de leur *apprendre* à jouer. Un enfant est un enfant, aussi doué soit-il…

— Je suis convaincue que vous avez raison.

— Mais les *experts* qui viennent ici ne nous rendent pas les choses plus faciles, dit Andrea Reeve d'un ton dur. Bien sûr, nous comprenons la situation, cela fait partie de notre charte, nous savons que les enfants les plus doués font de la recherche pure, et que leurs résultats peuvent bénéficier à la totalité de la communauté scientifique. Et nous devons rendre leurs résultats accessibles. Mais que des équipes d'universitaires se mettent à aller et venir, pressent les enfants de questions et gênent l'ensemble de leur éducation, tout ça pour chercher des pépites de savoir qui leur permettent d'écrire des articles et les publier sous *leur* nom…

Maura cessa à moitié de l'écouter. Le sujet était de toute évidence le grief favori d'Andrea Reeve, son dada personnel. Mais quelle était sa véritable préoccupation, le sort de ces enfants ou le fait que ces choucas chapardeurs d'universitaires ne la citaient pas, elle, dans leurs articles et leurs thèses ?

Tous les enfants portaient une salopette couleur d'or

pâle fermée sur le devant par une fermeture Éclair et ornée d'un cercle bleu cousu sur la poitrine.

— Pourquoi ont-ils des uniformes ?

— Tout le monde nous pose la question. Nous les appelons des tenues de jeu. Il a fallu que nous trouvions quelque chose lorsque la législation fédérale a rendu obligatoires les insignes en forme de cercle bleu. Ces tenues sont en réalité très pratiques. Elles sont taillées dans un tissu intelligent qui tient chaud en hiver et préserve la fraîcheur en été… En fait, les enfants ont l'air de trouver le cercle bleu réconfortant. Nous ne savons pas pourquoi. Qui plus est, il est vrai que ça nous aide à les repérer s'ils s'échappent.

Le Nevada. Les fils barbelés. Les uniformes. *S'échapper.* C'était peut-être une école, mais beaucoup trop de détails suggéraient puissamment qu'il s'agissait d'une cage.

La directrice la conduisit dans un autre laboratoire. Du matériel non identifié était éparpillé sur des paillasses dans toute la pièce : des instruments basiques, de l'équipement de labo anonyme que Maura était incapable d'identifier. Mais aussi des appareils qui lui étaient plus familiers car elle les avait vus lorsqu'elle était à l'école, des becs Bunsen et de gros électro-aimants aux formes massives, et quelque chose qui ressemblait à un générateur Van de Graaff.

Cinq enfants formaient un cercle, assis en tailleur par terre. Tom Tybee était parmi eux. Ils n'avaient pas d'instruments, pas d'écrans ni de papier. Ils parlaient, tout simplement, mais si vite que Maura pouvait à peine distinguer les mots. L'un d'eux était une fille plus grande que les autres aux cheveux blonds nattés avec soin. Mais il était difficile de dire si c'était elle qui, d'une manière ou d'une autre, menait la discussion.

— Nous appelons cet endroit notre laboratoire de physique, dit Andrea Reeve à voix basse. Cela dit, la plus grande partie de ce que les enfants explorent semble pluridisciplinaire, de notre point de vue. Ne vous inquiétez pas si vous n'arrivez pas à suivre ce qu'ils disent. Ils inventent souvent des mots quand ils ne les connaissent pas. En général, nous les retraduisons en anglais. Parfois, nous nous apercevons qu'il n'y a *pas* d'équivalent anglais pour ce dont ils parlent.

— Ils sont intelligents.

— Des morveux qui se croient plus malins que tout le monde, dit Andrea Reeve avec une véhémence qui surprit Maura. Bien entendu, la plus grande partie de ce qu'ils font est théorique. Nous ne pouvons pas leur donner d'équipement très sophistiqué ici.

— Si c'est une question de budget…

— Madame le député, ce sont encore des enfants. On ne peut pas confier un accélérateur de particules à un enfant, aussi doué soit-il.

— … J'imagine que non, en effet.

Et, tandis qu'elle observait ces enfants qui discutaient et travaillaient, tranquilles et déterminés, Maura sentit un frisson de peur la parcourir, ce même frisson de terreur superstitieuse destructrice qu'elle critiquait si bien chez les autres.

Vers quel but ce travail tendait-il ? C'était toute la question. Que cherchaient-ils à accomplir, pourquoi étaient-ils là, comment savaient-ils ce qu'ils devaient faire ? Nul n'était capable de répondre à ces questions profondément troublantes – et Maura, n'étant même pas l'un des parents, n'avait pas à se poser les plus profondes de toutes les questions : *Pourquoi mon enfant ? Pourquoi me l'a-t-on enlevé ?*

Peut-être n'allons-nous pas tarder à le savoir, se dit-elle, mal à l'aise. Que se passera-t-il alors ?

— … Bonjour, madame Della.

Maura baissa les yeux. C'était Tom Tybee, debout

devant elle, droit et solennel dans sa combinaison dorée. Il tenait une sorte de ballon de football orange.

Maura se força à sourire et se pencha à sa hauteur.

— Bonjour, Tom.

La fillette blonde plus grande que les autres avait accompagné le petit garçon. Elle lui tenait la main et fixait Maura de son regard profond et suspicieux.

— Regardez.

Tom lui tendit son jouet. C'était son Cœur : un réceptacle à émotions, un gadget qui permettait à son utilisateur d'enregistrer ses expériences favorites. Maura se demanda ce qu'il pouvait bien trouver à enregistrer.

— C'est maman qui me l'a donné.

— Oh, eh bien, je trouve que c'est super.

— Madame le député, dit Andrea Reeve, permettez-moi de vous présenter Anna, notre élève la plus âgée.

La fillette regarda fixement Maura – son regard n'était pas hostile, juste réservé. Défiant.

— Je peux m'en aller ? demanda Tom.

Maura se sentit infiniment désemparée, exclue.

— Oui, Tom. Ça m'a fait plaisir de te revoir.

Tom, la main toujours dans celle d'Anna, revint vers le groupe et s'assit ; le flot nourri de leur conversation reprit. Anna se joignit à elle, mais Maura remarqua que ses yeux gris étaient toujours posés sur Reeve et sur elle.

— Vous voyez ? dit celle-ci d'un ton las.

— Je vois quoi ?

— Comment on se sent auprès d'eux. (Reeve sourit et repoussa une mèche de cheveux gris qui retombait devant ses yeux.) Bonjour, au revoir. Je sais bien qu'ils ne peuvent pas faire autrement. Nous ne les intéressons pas, c'est tout. Il est impossible de ressentir de la tendresse pour eux. Les gens, les employés ne restent pas longtemps ici.

— Comment les choisissez-vous ?

— Nous employons dans la mesure du possible leurs

parents et des membres de leur famille. Le père de Tom Tybee a travaillé ici, par exemple… Je vais vous montrer les procédures de recrutement.

— D'où vient Anna ?

— De l'école du Territoire du Nord.

— En Australie.

La pire de la planète, quasiment un camp de concentration. Pas étonnant qu'elle se méfie autant de nous, se dit Maura.

Cet endroit n'est pas non plus une colonie de vacances, se rappela-t-elle. C'est une prison.

Mais les barreaux qui entouraient ces enfants étaient intangibles, faits de la peur, de l'ignorance et de la superstition de la société où ils avaient vu le jour. Jusqu'à ce que cela aille mieux, et que des campagnes d'éducation publique soient parvenues à toucher la conscience des masses et à changer l'hostilité et la peur hystérique qui environnaient les enfants, cette forteresse était peut-être la meilleure solution. Elle se promit néanmoins de garder un œil sur cet endroit, ainsi que sur les autres lieux analogues du pays, et de s'assurer qu'ici, au moins, la situation de Tom Tybee, d'Anna et des autres enfants qui se trouvaient ici, les Enfants bleus, n'irait pas en empirant.

Tu parles d'une enfance, songea-t-elle.

Elle laissa Andrea Reeve la conduire dans son bureau, et elles commencèrent à consulter les dossiers du personnel.

**Reid Malenfant**

Retenu par des câbles à la surface de Cruithne, Malenfant attendait.

Il était conscient d'être devenu fort crasseux. Après deux semaines sur l'astéroïde, tout – sa combinaison, les lucioles, les habitats et la totalité de l'équipement – avait pris la teinte gris-noir lugubre de Cruithne, couvert de poussière de régolithe couleur charbon que l'électricité statique collait partout.

Un dais en tissu s'étirait au-dessus de lui. Érigé par les calmars à l'aide de leurs waldos et de leurs lucioles, il était à la fois rigide et d'une incroyable finesse, comme une tente qui n'aurait jamais pu rester debout sur Terre. Mais ici, sur Cruithne, le vide et la faible gravité allaient lui permettre de durer des années, imperturbable, jusqu'à ce que le tissu lui-même finisse par céder sous les assauts impitoyables des radiations solaires.

Un compte à rebours automatisé s'égrenait dans son appui-tête. Il pressa impatiemment une touche pour interrompre la douce voix féminine du robot aux accents du Middle West. Qu'est-ce que savoir l'heure à la seconde près pouvait bien changer pour lui ? De toute façon, cette opération n'était pas sous son contrôle. Les céphalopodes dirigeaient tout, à présent ; Malenfant n'était qu'un observateur. Et il était crevé.

Pendant ce temps, Cruithne tournait sur lui-même, comme il le faisait depuis un milliard d'années. Le Soleil et les étoiles se succédaient au-dessus de lui. Lorsque la lumière crue du premier le frappait, il en sentait la force ; les ventilateurs et les pompes de son sac à dos se mettaient alors à vrombir et l'eau contenue dans la couche de refroidissement de sa combinaison gargouillait tandis qu'elle combattait la grêle de photons pour le garder au frais et en vie.

Pas de doute, c'était l'enfer.

L'opération en cours résultait du marché passé entre Malenfant et les calmars.

Le complexe minier était bien plus ambitieux que les travaux entamés par Sheena 5 après son atterrissage, qui revenaient à gratter la couche supérieure du régolithe. Le dais avait été installé au-dessus d'un cratère d'impact approprié – qu'Emma avait nommé Kimberly, avec son habituel sens de l'humour plein de gentillesse. La tente n'était qu'un moyen à basse technologie de recueillir le minerai rejeté à l'extérieur par le robot cracheur de poussière qui s'enfonçait dans l'astéroïde. Lorqu'elle en contiendrait une quantité suffisante, elle serait scellée et transportée jusqu'au site de raffinage.

Là, des broyeurs automatiques écraseraient systématiquement le minerai à l'intérieur d'un cylindre rotatif. La force centrifuge expulserait les grains de minerai à travers une série de filtres et le matériau ainsi trié tomberait sur des tambours magnétiques rotatifs. L'idée était de séparer les grains de silicate, non magnétiques, des granules de fer et de nickel. De temps à autre, on recueillerait le matériau sur les tambours et on le repasserait dans les filtres jusqu'à ce qu'il n'y ait plus que du métal pur.

Il était possible de couler directement du métal d'astéroïde, mais, en raison d'une forte pollution des métaux locaux par du carbone et du souffre, le produit obtenu aurait été de qualité inférieure. Le minerai serait donc passé dans le grille-pain, comme l'appelait Malenfant, un four solaire fonctionnant à deux cents degrés Celsius. Le grille-pain était la clé d'un processus nommé extraction gazeuse par composés carbonylés, qui permettait d'extraire des métaux d'une très grande pureté et, en guise de bonus, de fabriquer directement des produits en fer et en nickel tout aussi purs dans des moules de haute précision grâce au dépôt chimique en phase vapeur.

L'objectif de ces premiers essais était simplement de permettre aux calmars d'accéder aux métaux les plus faciles à extraire : le nickel et le fer sous forme d'alliages métalliques. En fait, Cruithne contenait aussi de la pyrrhotite, de l'olivine, du pyroxène et du feldspath, des minéraux qui pourraient également constituer des sources de métaux ferreux une fois le fer et le nickel épuisés, quoique leur extraction fût un petit peu plus complexe.

En outre, le minerai contenait aussi d'autres métaux de valeur comme du cobalt et tout le groupe du platine, de même que d'autres éléments sans rien de métallique, comme du soufre, de l'arsenic, du sélénium, du germanium, du phosphore et du carbone…

Cornélius Taine s'était radicalement opposé à ce qu'ils procurent des techniques de production plus sophistiquées aux calmars. En fait, il aurait voulu que Malenfant revienne sur la promesse qu'il leur avait faite. Celui-ci avait insisté pour la tenir, mais il avait cédé à Cornélius au sujet des techniques les plus complexes.

Ce qui ne changeait pas grand-chose. Les calmars étaient intelligents et ne mettraient sans doute pas longtemps à comprendre comment ils pouvaient tirer le meilleur parti de ces vieux rochers, que les humains leur montrent la méthode ou non.

Cornélius avait néanmoins raison d'émettre des réserves. Si les calmars sortaient du goulet d'étranglement que constituait Cruithne, ils deviendraient des rivaux redoutables. Mais ils feraient de mauvais ennemis, ça, c'était sûr. Peut-être n'était-ce pas une bonne idée d'entamer les relations entre les deux espèces sur un sentiment de rancune.

Les trois adultes étaient restés longtemps à la surface de Cruithne pour modifier des lucioles et des robots mineurs ; ils avaient passé l'astéroïde en revue à la recherche d'un cratère pouvant servir de carreau de mine et effectué des tests et des essais pilote des différents procédés. À l'usage, Cruithne s'était révélé un environnement où il était agréable de travailler. La faible gravité leur convenait mieux que l'apesanteur car les outils, la poussière et les gens avaient tendance à rester là où on les posait plutôt qu'à s'éloigner en flottant.

D'un autre côté, on n'avait pas besoin de structures aussi solides que sur la Terre, avec sa terrible force de gravité.

Mais la tâche n'avait pas été facile. Les secondes peaux avaient beau être des merveilles d'ingénierie légère, il suffisait à Malenfant d'effectuer deux heures de travail physique, même le moins exigeant – comme de pelleter de la poudre de régolithe dans les trémies des usines prototypes – pour être trempé de sueur et couvert d'inflammations causées par le frottement au niveau des coudes, des genoux, des aisselles et de l'aine. Cornélius avait subi bien pire : un déséquilibre provoqué par un faux pli dans la pressurisation de sa combinaison avait été à l'origine d'une grave embolie à la jambe, incident qui n'avait pas contribué à améliorer son humeur.

En tout état de cause, maintenant, c'était terminé. Malenfant était fier de ce qu'ils avaient accompli ici. L'infrastructure technologique qu'ils avaient établie était soignée, élégante, simple et requérait peu d'entretien.

La Terre, petit disque bleu et brillant suivi par sa lune blafarde entra dans son champ de vision.

L'idée qu'il avait toute sa vie rêvé de se retrouver dans un tel endroit le frappa soudain. Il avait toujours voulu se tenir à la surface d'un autre monde et regarder d'énormes machines en attaquer les rochers et entreprendre de bâtir un espace habitable, être témoin des débuts de l'expansion de la vie de la Terre au-delà de la planète, accomplissant ainsi les rêves de Tsiolkovski, de Goddard, de Bernal, d'O'Neill et de tant d'autres.

Eh bien, il avait réussi à venir ici, et il aurait dû en éprouver de la reconnaissance. Et pas seulement ça, car son plan d'origine – employer les matériaux des astéroïdes pour mettre le pied à l'étrier à la colonisation de l'espace – fonctionnait, c'était évident.

Mais il ne s'attendait pas à ce que cela se passe ainsi – à ce que l'astéroïde soit aux mains d'une autre espèce.

En un sens, une partie de lui-même aurait souhaité

que ce ne soit pas le cas : que son histoire soit celle des mines dans les astéroïdes, des colonies sur le modèle proposé par O'Neill et des fermes dans l'espace, sans l'irruption d'un avenir extraordinaire. Des rêves simples, faciles à exaucer. Mais cela n'avait jamais été au programme.

Il semblait bien que le futur consistait à enchaîner les emmerdements.

Il s'éloigna du dais et se mit en route vers le *O'Neill*.

Après la surprenante demande que firent ensuite les calmars, Malenfant et les autres tinrent un conseil de guerre sur le pont à viande du *O'Neill*.

Comme toujours, Cornélius Taine était hostile à l'idée d'une forme quelconque de rapprochement avec les céphalopodes hormis ce qui était absolument nécessaire pour maintenir leur base sur cet astéroïde.

— Ils veulent s'en aller ? Bon débarras. De toute façon, ils ne devraient pas être ici. Ils ne faisaient pas partie du plan.

— Vous voulez dire qu'ils devraient être morts, fit remarquer Emma d'un ton sévère.

— Je veux dire qu'ils ne devraient même pas exister. L'idée, c'était qu'un unique calmar vive assez longtemps pour lancer les opérations ici, c'est tout, pas d'avoir toute une nouvelle espèce améliorée à prendre en compte. On devrait poursuivre Dan Ystebo pour son irresponsabilité…

— Vous ne nous aidez pas, Cornélius, dit Malenfant.

— Qu'ils découpent leur bout de rocher et qu'ils s'en aillent. Nous n'avons pas besoin d'eux.

— Mais la question est précisément qu'ils nous demandent où ils devraient aller. Sur un autre géocroiseur ? Dans la ceinture d'astéroïdes ?

Plusieurs expressions se succédèrent sur le visage de Cornélius.

— Cette région devrait demeurer… à l'abri.

— À l'abri, dit Emma en riant, à l'abri de quoi ?

— Il est possible qu'on se souvienne de nous comme des plus grandes poires de l'univers, dit Cornélius, gagné par la colère. Comme les Indiens qui ont vendu Manhattan pour une poignée de verroterie.

— La ceinture d'astéroïdes n'est pas Manhattan, dit Malenfant.

— Non. C'est bien plus. Immensément plus…

Cornélius se mit à leur réciter la liste de toutes les ressources du Système solaire : l'eau, les métaux, les phosphates, le carbone, l'azote et le soufre qui filaient à toute vitesse entre les astéroïdes, les lunes glacées de Jupiter, l'atmosphère des planètes géantes et le nuage d'Oort.

— … prenez l'eau. C'est l'élément de base. Nous pensons que les astéroïdes de la ceinture principale pourraient fournir l'équivalent de la moitié de l'eau disponible sur Terre. Et une seule lune de glace comme Callisto, une lune de Jupiter, renferme *quarante fois* la quantité d'eau contenue dans les océans de la Terre. Même si l'on exclut le nuage d'Oort, le système solaire recèle probablement environ trois cents fois la quantité d'eau disponible sur Terre – dont la plus grande partie est enfermée dans de petits corps à faible gravité aisément accessibles.

« Le système solaire pourrait permettre de vivre à une population un million de fois plus importante que celle de la Terre, et c'est une estimation large et prudente. (Il les regarda.) Réfléchissez. Un million d'êtres humains pour chaque homme, femme et enfant vivant à l'heure actuelle.

— C'est… monstrueux, dit Emma avec un rire nerveux.

— Parce que vous ne pouvez pas vous le représenter. Imaginez ce que serait le monde si l'espèce humaine atteignait une telle population. À quels intervalles les véritables génies, comme Einstein, Beethoven ou Jésus, apparaissent-ils ? Un par millénaire ? Nous pourrions ramener ça à un par *jour*.

— Imaginez un million de gens comme moi, grommela Malenfant. On pourrait avoir une de ces discussions.

— Ces céphalopodes sont des prédateurs féroces et ils se reproduisent sacrément vite. S'ils commencent à se répandre dans le Système solaire, ils pourraient s'en emparer en l'espace de quelques siècles. Et nous voler l'avenir, la conquête de l'univers par l'humanité. L'avenir *que nous avons vu*.

— S'ils sont mieux adaptés que nous, dit Malenfant d'un ton décontracté, et il est possible qu'ils le soient, c'est pour ça que nous avons choisi le calmar au début, alors c'est peut-être ce qui est censé se passer.

— Non, dit Cornélius, dont les muscles de la joue se contractaient. Il ne s'agit pas de simple darwinisme. *Nous les avons créés*.

— C'est peut-être notre rôle dans l'ordre cosmique des choses, dit Emma d'un ton sec. Être les sages-femmes de la race supérieure.

— Écoutez, grogna Malenfant, laissons Darwin et Dieu en dehors de tout ça. Cornélius, vous devez voir les choses en face. Nous ne pigeons pas vraiment tout ce que les calmars vont faire ici. On dirait qu'ils se sont divisés en factions. Mais une partie d'entre eux au moins semble déterminée à découper un bout de ce rocher et à aller *quelque part*. La pression démographique va les y pousser. Si nous les trompons, si nous tentons de les envoyer se geler dans le noir, et qu'ils *survivent*, ils ne vont pas vraiment apprécier. Et, si nos informations ne sont pas claires…

Emma hocha la tête…

— Ils chercheront le seul endroit où ils savent pouvoir trouver l'eau dont ils ont besoin.

— Nous ne pouvons pas les laisser découvrir la Terre.

— Alors, le pressa Malenfant, où les envoie-t-on ?

Cornélius, sous pression et frustré, secoua la tête.

— Bon sang, très bien. Envoyez-les dans les astéroïdes troyens !

— Pourquoi ? demanda Malenfant en lui lançant un regard soupçonneux.

— Parce qu'ils se trouvent aux points de Lagrange de Jupiter. La ceinture d'astéroïdes s'étend sur une orbite plus large que celle de Mars. Il est donc facile de voyager entre les Troyens. Et l'on pense qu'ils échangent parfois leur position avec les lunes extérieures de Jupiter. Vous voyez ce que je veux dire ? Ça implique qu'en termes énergétiques, ça ne coûte pas très cher d'atteindre l'orbite de Jupiter. Et les astéroïdes eux-mêmes sont riches en matières premières. (Cornélius secoua la tête.) Mon Dieu, quel marché faustien... On estime que la masse d'astéroïdes se trouvant dans les Troyens est bien supérieure à celle de la ceinture principale elle-même. Et il n'y a pas que ça, apparemment ils sont supercarbonés...

— Ce qui signifie... ?

— Leur composition est la même que celle des astéroïdes et des noyaux de comètes de type C. Comme Cruithne. Mais, les proportions étant différentes, ils contiendraient plus d'éléments volatils... Il faisait froid par là-bas lorsque les planètes se sont formées. Assez froid pour que les éléments les plus légers se collent ensemble.

— Ça fait un sacré bout de terrain à leur donner, non ? dit Malenfant en fronçant les sourcils.

— C'est ce que je suis en train d'essayer de vous expliquer, dit Cornélius. Il y a des gens parmi nous qui pensent que les astéroïdes troyens pourraient être l'endroit le plus riche en ressources du Système solaire. Les consommer en totalité prendra un certain temps, même à une espèce aussi féconde que les calmars. Et, une fois qu'ils en auront terminé avec eux, ils pourront même choisir d'aller sur Jupiter et ses lunes plutôt que de revenir vers le Soleil.

— Je comprends votre logique, marmotta Malenfant. On leur donne un grand territoire, de quoi les occuper pendant des siècles.

— Ce qui nous laisse le temps de nous charger du problème, dit Cornélius, dont la voix trahissait la tension.

Malenfant regarda Emma.

— Qu'en penses-tu ?

— Je n'y connais rien en géopolitique, dit-elle en haussant les épaules.

— C'est bien plus que de la géopolitique, dit Cornélius. Nous jouons un jeu de stratégie dont l'enjeu est le sort de notre espèce face à un ennemi dont nous ignorons le potentiel.

— Nous allons leur dire de se diriger sur les Troyens, dit Malenfant, soulagé qu'une décision eût enfin été prise. Cornélius, commencez à travailler sur les coordonnées de leur trajectoire.

Les émigrants calmars ne mirent que quelques jours à construire leur *Mayflower* pour céphalopodes.

Ils envoyèrent leurs robots aplanir le sol d'un petit cratère et bâtir au-dessus une cage à peu près sphérique de minerai de nickel-fer non raffiné. Puis ils entamèrent la fabrication de l'épiderme du vaisseau-bulle destiné à les emmener jusqu'à l'orbite de Jupiter. L'opération fut assez simple : des lucioles-robots modifiées se promenèrent sur le sol du cratère en pulvérisant des molécules chargées électriquement sur un substrat, comme s'ils peignaient une voiture, pour obtenir une pellicule de l'épaisseur désirée, fabriquée avec précision jusqu'à l'échelle moléculaire.

Malenfant les observa le plus possible. Il s'agissait là d'un procédé de fabrication connu sous le nom d'épitaxie par jets moléculaires, expérimenté sur Terre des décennies auparavant. Mais nul n'était parvenu à le porter au niveau de sophistication atteint par les calmars.

Malenfant était plutôt impressionné : de son point de vue, ils avaient identifié un problème de fabrication et aussitôt conçu une technologie tout simplement *parfaite* pour en venir à bout, puis l'avaient mise en œuvre et appliquée. Et elle pourrait rapporter des milliards au Pied à l'Étrier si, dans un improbable futur, il rentrait chez lui et ne finissait pas en prison.

Bref. Une fois la bulle de plastique doré fabriquée, les calmars commencèrent à la remplir d'eau qu'ils extrayaient à l'aide de chauffe-eau solaires gonflables tout simples. Ils découpèrent un couvercle de roche et le fixèrent à la cage métallique ; il servirait de carburant destiné aux fusées à méthane ainsi que de source de matériaux bruts pour l'habitat.

En dépit de la simplicité de cette technologie, Malenfant trouvait toujours miraculeux de voir de l'eau sortir en bouillonnant de la roche couleur de charbon de l'astéroïde.

Il savait que leur voyage serait long et sinistre. Les propulseurs à méthane ne leur permettraient qu'une lente accélération, et il faudrait des années à ce vaisseau-bulle pour atteindre les Troyens qui se trouvaient à cinq fois la distance de la Terre au Soleil. Il ne faisait aucun doute que ces calmars – dont aucun ne vivrait assez longtemps pour voir la fin du voyage – condamnaient des générations de leurs descendants à un voyage au bout du désespoir, de l'obscurité et de la misère.

Et ils pouvaient échouer. S'ils ne parvenaient pas à contrôler la population, il y aurait des guerres, songeait Malenfant. Des guerres terribles. Le fragment de civilisation emporté par le vaisseau s'effondrerait peut-être à tel point qu'il n'y aurait pas de survivants sachant réparer les fusées au méthane ou les fuites dans le ménisque de l'habitat.

Mais quelque chose lui disait que ce ne serait pas le cas. La colonie miniature de Cruithne avait déjà survécu assez longtemps pour démontrer que les céphalopodes possédaient une résolution – et un caractère impitoyable – surpassant de loin ce dont l'humanité était capable.

Pour finir, les survivants atteindraient le point de Lagrange principal de Jupiter, un endroit où le Soleil serait un point plus brillant que toutes les étoiles, et Jupiter un disque gibbeux et luisant. Là-bas, le ciel grouillerait d'astéroïdes.

… Des loquets à ressort lui ayant fourni la plus légère des poussées, la gouttelette se sépara de l'astéroïde, son parent. Le moment était venu : pas de compte à rebours, pas de tralala.

Elle s'éleva avec lenteur. Un objet aussi massif ne pouvait pas effectuer de mouvements brusques. Elle monta telle une montgolfière, d'immenses vagues ondoyant en douceur à la surface de la structure dorée, le socle de roche formant une masse sombre à sa base.

Un point lumineux explosa à l'intérieur de la gouttelette lorsque le vaisseau entra dans la lumière du Soleil.

Et, alors que leur grand voyage commençait et qu'ils s'éloignaient des complexités et des batailles politiques des mondes surpeuplés de l'intérieur du système pour rejoindre l'immensité sans limites du vide, le calme et la froide précision de l'extérieur du système, Malenfant crut distinguer les calmars eux-mêmes qui filaient de-ci, de-là, observant ce qui se passait avec excitation depuis leur vaisseau-bulle en train de prendre son essor.

Mais peut-être les avait-il seulement imaginés.

Il regarda la gouttelette diminuer et s'éloigner en espérant assister au moment où elle serait assez loin de l'astéroïde pour que les fusées à méthane s'allument en toute sécurité. Mais il savait que les flammes seraient invisibles et il commençait à se sentir fatigué.

Il salua le vaisseau de la main. Au revoir, au revoir,

songea-t-il. Peut-être vos arrière-arrière-petits-enfants se souviendront-ils de moi. Peut-être sauront-ils même que c'est moi qui les ai envoyés là-bas, qui vous ai donné cette chance.

Mais ils ne sauront jamais à quel point je vous ai enviés aujourd'hui.

Traiter avec les céphalopodes avait pris quinze des vingt jours qu'ils pouvaient passer sur Cruithne. À présent, il leur en restait cinq, cinq jours pour affronter la chose qui se trouvait de l'autre côté de l'astéroïde, pour affronter l'*autre*.

Malenfant fit demi-tour et commença à avancer à pas lents à la surface de Cruithne, à rentrer chez lui.

**Bill Tybee**

Il y avait un nouvel assistant au centre du Nevada ; il était arrivé une semaine plus tôt. C'était un grand Texan au cou de taureau du nom de Wayne Dupree.

Bill trouvait que Wayne n'avait pas du tout l'air d'un enseignant – il avait les bras les plus longs et les plus épais qu'il ait jamais vus à un être humain – et il n'était ni parent, ni membre de la famille de l'un des enfants. Il n'avait pas non plus une once de savoir-faire en matière de pédagogie ou de puériculture. Il se contentait de surveiller les enfants en silence, les suivant d'un regard noir pendant qu'ils vivaient leur vie et leur administrant à l'occasion une tape ou une bourrade.

Wayne fut le premier adulte que Bill vit frapper l'un des enfants du centre.

Il se plaignit à la directrice, Andrea Reeve. Elle écrivit quelque chose dans un dossier et lui dit qu'elle allait s'en occuper, mais qu'elle était certaine que Wayne n'outrepassait aucune limite.

Et Bill était convaincu qu'elle ne s'était occupée de

rien du tout parce qu'il avait vu Wayne recommencer le lendemain.

Le taux de renouvellement du personnel avait toujours été important au centre. Bill avait remarqué que les professionnels étaient vite découragés par les personnalités opaques, distantes et déconcertantes des enfants. Au bout de quelques mois, Bill était devenu l'un des auxiliaires les plus expérimentés ; on lui confiait même la formation des nouveaux.

Mais il lui semblait que, ces derniers temps, des individus d'un nouveau genre étaient nommés au centre.

Des gens comme Wayne.

En dépit de la fermeture de la Fondation Mozart, les Enfants bleus inspiraient toujours terreur et fièvre superstitieuse – inutilement attisée, de l'avis de Bill, par des journalistes qui ne cessaient de spéculer sur la nature suprahumaine des enfants, leur rôle cosmique et autres fadaises. Ils étaient encore protégés, bien entendu. En fait, les mesures de sécurité étaient devenues tellement strictes qu'il était pour ainsi dire impossible d'entrer ou de sortir du centre autrement que dans un camion blindé.

Mais Bill considérait qu'il était tout à fait possible que l'opinion accepte de mieux en mieux qu'on recrute les Wayne de ce monde pour « surveiller » les Enfants bleus, et que les centres, d'institutions éducatives pour enfants surdoués, deviennent des prisons pour monstres gardées par des brutes, exactement comme les écoles Mozart. Cela s'était déjà produit. Tant que personne n'avait rien vu, bien sûr.

Bill persistait toutefois à penser que ça n'avait pas d'importance, en tout cas pas tant qu'il était là avec Tom et qu'il pouvait empêcher qu'on lui fasse du mal.

Bill jura que si jamais Wayne levait la main sur son fils, il lui rentrerait dedans, et tant pis pour les conséquences.

Les événements arrivèrent à un tournant majeur plus tôt que Bill ne s'y attendait.

Le groupe d'enfants auquel appartenait Tom travaillait dans le laboratoire de physique, tous vêtus de leurs uniformes dorés. Wayne et Bill étaient tous deux de service, assis sur des chaises dans des angles opposés de la pièce.

Les enfants construisaient quelque chose : une cage faite de fils, d'électro-aimants, de piles et de bobines. Ils y travaillaient en réalité depuis le début de la journée ; Bill et les autres assistants avaient eu du mal à obtenir qu'ils s'arrêtent pour manger, ou même pour aller aux toilettes, et plus encore à leur faire suivre les autres parties de leur programme.

On avait l'impression que les enfants devenaient de plus en plus résolus dans leurs activités. Ils n'avaient pas de plan écrit, et ils ne parlaient même pas beaucoup entre eux, mais ils travaillaient ensemble à la perfection, selon leurs capacités. Les plus âgés, y compris Anna, effectuaient les tâches nécessitant le plus de force physique, comme la construction de l'encombrante structure métallique ; c'étaient également eux qui se chargeaient des tâches plus dangereuses, comme les soudures. Les plus jeunes travaillaient en général à l'intérieur de la cage elle-même, exécutant des manipulations délicates et difficiles de leurs petits doigts fins.

Bill regarda Tom se promener comme un singe à l'intérieur de la cage, coupant des fils et tordant leurs extrémités ensemble avec une précision absolue. Lorsqu'il se concentrait, on voyait le bout de sa langue, exactement comme quand il fabriquait des soldats en pâte à modeler ou dessinait des fleurs pour sa mère.

Vers la fin de la journée, les enfants parurent avoir terminé leur cage, une boîte plus haute que Tom. Anna les fit reculer, appuya sur quelques interrupteurs et regarda ce qui se passait. Rien, selon Bill, sinon un bourdonnement sourd et une âcre odeur d'ozone. Mais Anna hocha la tête, apparemment satisfaite.

Les enfants s'en allèrent et, comme s'ils débauchaient, ils se dispersèrent dans le laboratoire.

Certains se dirigèrent vers les bols de nourriture que Bill et Wayne avaient disposés dans la pièce. Ils semblaient éviter les plats où ce dernier avait sournoisement plongé ses doigts boudinés. D'autres, dont Tom et Anna, se mirent à jouer. Ils commencèrent à se lancer le Cœur électronique de Tom, l'attrapant comme un ballon, à la main comme au football américain, ou lui donnant des coups de pied pour le faire avancer sur le sol comme au football européen. Aucun problème. Conçu pour des enfants, le Cœur était censé durer toute une vie et plus qu'assez solide pour supporter un tel traitement. Les enfants étaient bruyants à présent, ils jacassaient et se bousculaient même un peu.

Comme des enfants normaux.

Bill étudia la cage de fil de fer en se demandant si ce fichu truc n'était pas dangereux. À la fin de chaque journée, inspecteurs et experts se précipitaient sur tout ce que les enfants avaient réalisé. S'il n'était pas évident que les objets étaient sûrs, ils éteignaient et démontaient tout, ou effectuaient les opérations nécessaires pour supprimer tout danger. Le lendemain, les enfants se contentaient de tout remettre en place, à moins qu'on ne les en empêche par la force. Et ainsi de suite, comme s'ils étaient en train de construire ce pont dans *Apocalypse Now*, une lutte acharnée entre les enfants et leurs gardiens adultes, qui durait jusqu'à ce que ces derniers soient forcés – ou parfois choisissent – de passer à autre chose…

Ce fut à ce moment-là que cela se produisit.

Bill vit que le Cœur avait roulé entre les pieds de

Wayne. Les enfants formaient un groupe désordonné en face de lui ; ils le regardaient.

L'instant dura, l'atmosphère se tendit.

Puis Wayne regarda le Cœur et les enfants qui attendaient. Quelque chose qui ressemblait à un sourire envahit son visage ; il leva son énorme pied et fit rouler le jouet dans leur direction.

Un petit garçon du nom de Petey qui n'était pas plus vieux que Tom le ramassa. Puis, timidement, Petey le reposa par terre et le fit rouler vers Wayne.

Wayne le lui renvoya.

Le Cœur effectua encore quelques allers-retours. Les enfants se rapprochèrent de Wayne.

Puis Petey ramassa le jouet et le lança à Wayne.

Il l'attrapa d'une main ; son sourire s'élargit, et il le lança à un autre gamin.

Qui le relança.

Le jeu monta en puissance. Les enfants paraissaient apprécier ce nouveau Wayne surprenant, cette armoire à glace toute prête à jouer au foot avec eux. Ils se mirent à courir, à s'interpeller et à rire, se lançant le Cœur entre eux ainsi qu'à Wayne. Anna elle-même, la sœur honoraire calme et réservée de Tom, se joignit à eux, sa silhouette svelte dépassant des autres enfants comme celle d'une girafe.

Bill se détendit. Si Wayne jouait avec les gosses, même sans imagination, au moins il ne leur faisait aucun mal.

Il continua tout de même à les observer.

Wayne se saisit du Cœur, l'enveloppa de son immense poing et le leva bien haut au-dessus de sa tête.

Les enfants se regroupèrent autour de lui en criant : « À moi ! Donne-le-moi ! » « Non, à moi ! » « Moi ! moi ! Donne-le-moi ! C'est mon tour ! »

Tom était devant le petit groupe, et il sautait sur place devant Wayne en tentant d'attraper le Cœur.

Wayne regarda les enfants l'un après l'autre, souriant toujours, comme s'il procédait à un choix. Et Bill vit son visage changer, son poing durcir sur le jouet de plastique solide.

Bill, paralysé, vivait un cauchemar. Il savait qu'il ne pourrait jamais atteindre Wayne à temps.

Le bras de celui-ci descendit au ralenti, la lourde balle de plastique nichée dans son poing, le Cœur dirigé droit sur le gros crâne fragile de Tom.

Il y eut un mouvement flou. L'énorme bras fut balayé sur le côté ; quelque chose était collé dessus.

L'avant-bras épais de Wayne frôla Tom et le renversa ; le gamin hurla, mais Bill sut aussitôt qu'il n'était pas grièvement blessé. Les autres enfants se dispersèrent en criant.

Wayne se leva en rugissant, les traits grimaçants, et leva son bras très haut au-dessus de sa tête. Anna avait profondément enfoncé ses dents dans la chair de son biceps. Et, à présent, elle pendait, accrochée par les dents, bras et jambes remuant dans le vide, soulevée du sol par la force brute de Wayne.

Bill s'empara de Tom et l'écarta.

Wayne secoua le bras une fois, puis deux. La tête d'Anna fut agitée d'avant en arrière, mais elle ne le lâchait toujours pas. Alors Wayne fit un pas en avant et balança son bras contre le mur. Bill entendit un craquement lorsque le crâne d'Anna cogna contre le plastique lisse. Elle se détacha du biceps de Wayne. Elle paraissait sonnée, bras et jambes flasques, et elle glissa à terre telle une poupée écrasée. Sa bouche était pleine de sang, comme celle d'un animal carnivore.

Wayne crispa la main sur son bras déchiré et du sang coula entre ses doigts ; il cracha quelques obscénités. Bill vit que quelque chose de blanc était enfoncé dans la blessure – peut-être l'une des dents d'Anna.

Tout le corps de Bill se tendit. Il pouvait être sur le dos de Wayne en un bond.

… alors quelque chose traversa le mur. Une balle lumineuse et crépitante : un point lumineux blanc-jaune aussi brillant que le Soleil qui projetait des ombres en se déplaçant.

Bill s'arrêta en dérapant. Il venait de recevoir un choc.

La lumière glissait en douceur dans l'air, flottant telle la fée Clochette. Elle descendait vers le centre de la pièce.

Wayne, penché au-dessus d'Anna, ne la vit pas venir.

La lumière s'introduisit avec précision au sommet de son crâne. On sentit une forte odeur de cheveux et de chair brûlés. Wayne fut pris de convulsions, ses yeux se révulsèrent. La lumière réapparut sur sa nuque après avoir suivi une ligne droite parfaite, comme si l'homme et ses deux cents livres de muscle vengeur n'étaient pas plus substantiels que s'ils étaient faits de brume et d'ombre.

Wayne, frissonnant, bascula en arrière tel un arbre abattu.

Les enfants poussaient des gémissements. Bill s'aperçut que Tom s'agrippait à ses jambes; il le prit dans ses bras et fourra son visage dans le cou de l'enfant en larmes.

— Tout va bien, tout va bien.

— Qu'est-ce que c'est que ce…

Bill se retourna. La directrice et deux autres assistants étaient arrivés en courant.

— Trouvez le toubib, dit Bill.

— Que s'est-il passé ?

— Elle est blessée, dit-il en désignant Anna. Et ses dents…

Mais Reeve ne l'écoutait plus, semblait-il, en dépit du sang et des corps à terre.

Quelque chose brillait au milieu de la pièce, une

lumière jaune vif. Bill se retourna. C'était le point jaune, la fée Clochette. Elle s'était installée au cœur de la cage fabriquée par les enfants. Elle allait et venait, dessinant des trajectoires compliquées.

Les enfants étaient plus calmes à présent. Deux d'entre eux essayaient d'aider Anna à s'asseoir. Mais les autres avaient commencé à se rassembler autour de la cage et du point de lumière prisonnier qui éclairait leurs visages.

Bill les suivit, portant toujours son fils dans les bras. Fasciné, il tendit la main vers la cage. Il sentit quelque chose, une ondulation, comme si un faible choc électrique avait traversé son corps. Il s'approcha un peu plus…

Une main se referma sur son bras et le tira en arrière. Celle de Tom.

**Maura Della**

Bill Tybee était plutôt bouleversé, et il en avait le droit, estima Maura.

Il s'avéra que Wayne Dupree venait d'une secte chrétienne extrémiste croyant que les Enfants bleus étaient la progéniture de Satan, ou quelque chose dans le genre, et qu'il fallait donc les détruire. Il était parvenu à entrer au centre grâce à un faux CV et à des références fournies par d'autres membres de sa secte, des références dont Maura dut convenir que même la procédure de sélection la moins compétente qui fût aurait dû les éliminer.

D'un autre côté, Dupree n'était pas parvenu à ses fins – non en raison de l'organisation du centre, ni de la présence d'autres adultes ; pas même de celle d'un parent aussi dévoué que Bill – mais parce que l'anomalie de la fée Clochette avait effectué ce plongeon bizarre dans son corps juste au bon moment.

— … et je n'arrive pas à croire qu'il s'agit d'une coïncidence, dit-elle à Dan Ystebo tandis qu'ils pénétraient dans le laboratoire de physique du centre, à présent envahi par les chercheurs.

Il rit, mal à l'aise, et son gros ventre tremblota.

— Je ne sais pas pourquoi vous m'avez fait venir ici. Ce n'est pas vraiment mon domaine. Et vous êtes en dehors de votre juridiction.

— Mais vous avez passé assez de temps à l'asile en compagnie de Reid Malenfant. On a de nouveau affaire à des trucs qui donnent froid dans le dos, Dan. Il faut que quelqu'un comprenne ce que ça signifie vraiment. Et si nous ne le faisons pas, qui d'autre le fera ?

— Mmm, dit-il, sceptique.

Dans le laboratoire, ils se retrouvèrent face à l'anomalie qui avait tué Wayne Dupree.

Bill Tybee l'appelait « la fée Clochette en cage », une parfaite description. C'était juste un point de lumière brillant, comme une étoile captive, qui se promenait en traçant d'imprévisibles boucles dans son piège improvisé en fil de fer. L'anomalie brillait si fort qu'elle projetait les ombres de sa cage grillagée : des ombres allongées qui tombaient sur les scientifiques en blouse blanche grouillant un peu partout, ainsi que sur leurs appareils au ventre ouvert, leurs sondes, leurs écrans souples, leurs caméras, leurs câbles emmêlés, et même sur les murs de plastique aux couleurs primaires de cette salle de classe, qui étaient toujours couverts de dessins de gamins, d'aquarelles maculées de taches, de lettres de l'alphabet géantes et de posters des derniers rhinocéros sous leur dôme en Zambie.

C'était cette contradiction, cette proximité entre des événements à l'exotisme surréaliste et d'autres tout à fait ordinaires qui rendait si étrange chaque contact de Maura avec ces enfants.

Dan Ystebo était à côté d'elle.

— On dirait que quelqu'un a découvert la fission atomique dans un MacDo, non ?

— Expliquez-moi ce qui se passe ici, Dan.

Il lui fit traverser le labyrinthe de câbles jusqu'à la chose qui brillait à l'intérieur du grillage. On avait érigé une barrière de métal blanc à environ trente centimètres de la cage elle-même.

— Tendez la main, dit Dan.

Elle avança la main vers la lumière, comme pour se réchauffer à un feu.

— Bon sang, je sens la chaleur. Qu'est-ce qui la fait briller ?

— La destruction de neutrons présents dans l'atmosphère. Avancez un peu.

Elle se plaça juste devant la barrière protectrice. Cette fois, elle sentit une ondulation à l'intérieur de sa main, une légère traction. Lorsqu'elle bougea la main latéralement, elle perçut comme une force invisible.

— Qu'est-ce que c'est que ça ?

— La gravité, dit Dan.

— La gravité ? Produite par l'anomalie ?

— Elle est de *trente mille g* à sa surface. Mais elle diminue très vite et redescend à moins d'un pour cent de g à trente centimètres. Elle a une masse d'environ un million de tonnes. Ce qui, si c'était de l'eau, suffirait à remplir une piscine de bonne taille.

— Tassée dans cette petite chose ?

— Ouaip. Elle mesure environ quinze millimètres de diamètre. Pour l'instant, ces types-là, les physiciens, ne savent pas trop quelle est sa forme. *A priori*, elle est sphérique, mais il est possible qu'elle oscille.

— Donc, elle est plutôt dense.

— Un peu plus qu'un noyau atomique, en fait. Tellement dense qu'elle ne devrait même pas remarquer la matière normale. Une anomalie comme celle-ci devrait passer à travers la Terre comme une balle traverse un nuage.

— Alors pourquoi ne fait-elle pas un trou dans le sol ?

— À cause de la cage, dit Dan, l'air hésitant.

— Le machin que les enfants ont construit ?

— Maura, on dirait qu'il génère un champ magnétique localisé très puissant. Une bouteille magnétique qui retient la pépite.

— Comment ?

— On n'en sait rien, bon Dieu. Nous savons comment faire ce genre de chose – il faut construire des bouteilles magnétiques pour procéder à des expériences sur la fusion nucléaire – mais uniquement avec des boucles supraconductrices qui coûtent des sommes folles. Comment les gamins y sont-ils parvenus avec quelques mètres de fil de cuivre et une vieille batterie de voiture…

Elle hocha la tête.

— Là réside le potentiel. Le potentiel technologique.

— Oui. En partie, en tout cas. Si nous pouvions manipuler des champs magnétiques de cette échelle avec autant de facilité, nous serions capables de construire le premier réacteur à fusion opérationnel. De produire de l'énergie propre, Maura. Mais ce n'est pas tout.

— Alors, quelle est la nature de la fée Clochette ? Une espèce de trou noir miniature ?

— Pas aussi exotique que ça.

— *Pas aussi exotique ?*

— On dirait une pépite de matière de quarks. La différence essentielle entre celle-ci et la matière ordinaire est que les fonctions d'onde individuelles des quarks sont délocalisées, étalées sur un volume macroscopique…

Il fallut un peu de temps et quelques questions à Maura pour tout décoder.

Apparemment, dans la matière ordinaire, les noyaux des atomes étaient constitués de protons et de neutrons, à leur tour composés de particules plus fondamentales nommées des quarks. Mais la taille des noyaux était limitée parce que les protons étaient chargés positivement, ce qui avait tendance à faire exploser ceux qui étaient trop gros.

Mais il y avait plusieurs variétés de quarks.

Ceux qu'on trouvait à l'intérieur des protons portaient les noms obscurs de quarks « up » et « down ». En ajoutant un autre type de quarks au mélange – des quarks « étranges », un terme de rat de labo qui ne surprit pas le moins du monde Maura – on pouvait faire grossir des « noyaux » chargés positivement sans aucune limitation, car les quarks étranges les maintenaient collés ensemble. Et c'était ça, une pépite de quarks : rien de plus qu'un noyau atomique géant.

— Nous avons déjà eu des preuves par le passé de l'existence de pépites de quarks – sans doute étaient-elles plus petites et plus rapides – qui sont entrées en collision avec les couches supérieures de l'atmosphère, produisant des rayons cosmiques exotiques qu'on appelle des événements Centauro.

— Alors d'où viennent les pépites ?

Dan se frotta le nez.

— Pour qu'il s'en crée une, il faut des régions de l'espace où la densité et la pression sont très élevées, parce qu'il est nécessaire de briser les structures stables de la matière. Les pépites doivent pouvoir se cristalliser à partir d'une soupe de quarks. Dans la nature, nous ne connaissons que deux endroits où cela se produit. L'un d'entre eux est – était – le Big Bang – et les pépites fabriquées à ce moment-là errent dans l'univers depuis. La théorie prédit que nous devrions trouver des pépites du Big Bang pesant entre un millier et un milliard de tonnes. La nôtre se trouve donc juste au centre de la fourchette.

— Et l'autre endroit ?

— L'intérieur d'une étoile à neutrons. Les restes d'une supernova après son effondrement : un objet très petit, très chaud et très dense, la masse du Soleil tassée dans le volume d'un bloc d'immeubles. C'est lorsque la pression est suffisante que la matière de quarks peut se former. Il faut juste qu'une toute petite partie du cœur de l'étoile s'effondre et l'on obtient un emballement de matière de quarks. Ça engloutit toute l'étoile. Spectaculaire. Elle peut perdre vingt pour cent de son rayon en quelques secondes. La moitié de sa masse peut-être – et n'oubliez pas qu'il s'agit de masses comparables à celle du Soleil – la moitié, donc, est transformée en énergie et expulsée dans une tempête de neutrinos et de rayons gammas.

*Emballement de matière de quarks.* Elle n'aimait pas ça.

— Et nous penchons pour quelle origine ?

— Moi, je serais plutôt pour le Big Bang. Je vous ai dit que notre pépite se trouve pile au milieu de la fourchette de masses prédites par la théorie de l'origine des rayons cosmiques. Par ailleurs, nous ne possédons pas d'échelle vraiment solide pour mesurer les pépites provenant d'étoiles à neutrons ; donc on ne peut pas totalement éliminer cette solution. Mais la nôtre est plutôt lente. Les pépites devraient être expulsées à des vitesses relativistes. C'est-à-dire à une fraction substantielle de la vitesse de la lumière. Mais celles du Big Bang ont été ralenties par l'expansion de l'univers…

*Ralenties par l'expansion de l'univers.* Dieu du ciel, se dit-elle. Quelle façon de parler. Cette pépite est une relique cosmologique, et elle se trouve ici même, dans cette salle de classe en plastique. Et ce sont peut-être des *enfants* qui l'y ont fait venir.

Dan écarta les mains.

— Quoi qu'il en soit, c'est notre meilleure hypothèse. À moins qu'il n'y ait quelqu'un qui fabrique des pépites quelque part. Ha ha.

— Très amusant, Dan. (Elle se pencha pour mieux voir.) Rappelez-moi pourquoi la fée Clochette brille. Ce sont les neutrons ?

— Elle repousse les noyaux ordinaires à cause des charges positives. Mais elle peut aussi attirer des neutrons libres dépourvus de charge. Un neutron n'est qu'un sac de quarks. La pépite les attrape dans l'air, le processus libère de l'énergie et les quarks sont convertis en un mélange dont elle a besoin…

*Convertis. Emballement.*

— Dan, vous avez dit qu'une goutte de ce truc pourrait avaler une étoile entière. Est-il possible que cette petite chose…

— Dévore la Terre ?

Elle avait essayé de parler d'un ton léger, mais, en l'exprimant à voix haute, elle se rendit compte que l'idée l'effrayait vraiment. Ce petit trou brillant dans la structure de la matière était-il le début de la catastrophe de Carter ?

— En fait, non, dit Dan. En tout cas, nous ne le pensons pas. Parce qu'elle a une charge positive. Elle tient à distance les noyaux de matière normale. En fait, plus elle grossit et plus elle repousse la matière normale. Mais si sa charge était négative…

Il agita les doigts pour mimer une explosion.

— Ça pourrait faire boum.

— Pourrait ?

— Écoutez, madame Della, cette chose représente à la fois une menace et une chance. Si on nourrit la pépite avec des neutrons ou des ions légers, elle les avalera et produira de l'énergie. On pourrait très bien y jeter des déchets radioactifs. Du tritium, par exemple. Ensuite, quand il serait assez gros, on pourrait le bombarder avec des ions lourds pour le diviser. En obtenir deux. Puis quatre, puis huit… Ce serait une source d'énergie sûre, efficace et propre. *D'une valeur inestimable*. Et…

— Oui ?

— Inutile que j'insiste sur son potentiel pour l'armement. Plus de la moitié des chercheurs qui sont ici viennent de laboratoires militaires.

— D'accord. Et j'imagine que les enfants ne veulent pas vous dire comment ils ont réussi à faire tout ça.

— Non…

Donc, songea Maura, la fée Clochette était à la fois un grand bienfait potentiel pour l'humanité et une grande menace. Carotte et bâton tout à la fois. On aurait pu croire que les gosses avaient tout planifié.

Il semblait bien que les Enfants bleus avaient fait monter les enjeux. Pour la première fois, un groupe d'entre eux était passé à une réalisation concrète : ils ne montraient plus seulement un comportement bizarre et de stupéfiantes prouesses intellectuelles, mais aussi quelque chose qui ressemblait à des pouvoirs suprahumains.

Ils nous terrifiaient déjà, se dit-elle. Mais si, quand l'information va être rendue publique…

— Très bien, Dan. Et maintenant ?

— Les enfants veulent vous parler.

— À moi ? Je n'ai aucun pouvoir ici.

— Mais ils vous connaissent. Ou, du moins, Tom Tybee vous connaît.

Elle ferma les yeux et prit une inspiration. Avec qui suis-je en train de négocier, au juste ? Et pour qui ? Les relations entre l'humanité et son étrange progéniture bleue étaient sur le point de traverser une nouvelle crise.

Dan eut un large sourire.

— C'est le moment où l'on dit « conduisez-moi à votre chef », madame le député.

— Allons-y.

Ils sortirent du laboratoire. Projetée par la lumière cosmologique prisonnière, l'ombre de Maura fila devant elle.

Anna l'attendait dans le bureau de la directrice. Maura y entra en compagnie d'Andrea Reeve et de Dan Ystebo.

Anna recula contre le mur à leur entrée. Maura vit des bleus sur son cou, et qu'il lui manquait une incisive du bas lorsqu'elle ouvrit la bouche.

— Rien que vous, dit Anna à Maura.

Il y avait une très légère trace d'accent australien dans sa voix.

— Voyons, Anna… intervint la directrice.

Maura leva la main.

— Rien que vous, dit Anna. C'était convenu.

Maura hocha la tête.

— Si tu le dis. Mais j'ai besoin de ton aide. J'aimerais que Dan (Maura le désigna) reste avec moi. Je ne comprends pas toutes les questions techniques aussi bien que je le devrais. (Elle se força à sourire.) Sans Dan pour fournir des explications, je mettrai beaucoup plus de temps à comprendre ce que vous désirez. Tu as ma garantie personnelle et absolue qu'il ne représente pas de menace pour toi. Mais, si tu veux qu'il s'en aille, il s'en ira.

Anna battit des paupières. Son regard était gris et froid.

— Il peut rester. Pas *elle*.

Andrea Reeve était visiblement fatiguée, tendue, désemparée et en colère.

— Madame le député, c'est une *enfant*. Et vous la laissez vous donner des ordres.

— Nous l'avons presque laissée se faire tuer, madame la directrice, dit Maura avec douceur. Je crois qu'elle a le droit de contrôler un peu la situation. Pas vous ?

Reeve secoua la tête, furieuse. Mais elle quitta la pièce en claquant la porte derrière elle.

Anna ne laissa transparaître aucune réaction.

— Nous allons nous asseoir, Anna, dit Maura. D'accord ? Sur ces deux chaises, de ce côté du bureau. Tu peux t'asseoir ou rester debout, comme tu veux.

Anna acquiesça ; Dan et Maura s'assirent.

— Voulez-vous boire quelque chose ? demanda Anna.

L'offre surprit Maura.

— Je... oui. Oui, merci.

Anna alla jusqu'à la fontaine à eau, remplit deux gobelets en papier avec des gestes précis, fit avec grâce le tour de la table et les donna à Dan et à Maura.

— Merci, dit celle-ci avant d'avaler une gorgée d'eau tiède et un peu croupie. Maintenant, Anna, dis-moi ce que tu veux.

Anna plongea la main dans l'une des poches de sa combinaison dorée pour en tirer un bout de papier froissé qu'elle aplatit sur le bureau. Elle le poussa vers Maura.

Il ressemblait à une page déchirée dans un cahier d'écolier. Une main enfantine avait griffonné une liste, fautes comprises ; quelques mots, parmi les plus longs, étaient même écrits phonétiquement.

Elle la passa à Dan Ystebo.

— Deutérium, lut-il. Un décélérateur électrostatique linéaire... Maura, je crois qu'ils veulent faire grandir la fée Clochette. Voire lui fabriquer des camarades.

— Nous vous donnerons la fée Clochette, dit Anna. Et d'autres. (Elle fronçait les sourcils en parlant, comme si elle faisait un effort, comme si l'anglais lui était moins familier.) Ils pourraient éclairer des villes, propulser des vaisseaux spatiaux. (Elle regarda Maura.) Vous comprenez ?

— Jusqu'à maintenant, oui, dit Maura d'un ton sec.

— Nous avons d'autres présents pour vous, dit Anna. Dans l'avenir.

— D'autres technologies ?

Anna se concentra ; un pli apparut au milieu de son front parfait.

— Nous sommes encore en train d'apprendre, ici, dans ce centre. Et ailleurs.

Dan se pencha en avant.

— Êtes-vous en contact avec les autres ? Les autres enfants qui sont comme vous ? Dans les autres centres ? Comment ?

Très calme, elle lui retourna son regard.

— Nous avons des suggestions. Des méthodes pour produire de la nourriture. Des médicaments, pour que les gens malades aillent bien, pour… (elle effectua une nouvelle pause, le langage qu'elle parlait paraissait à nouveau lui poser des difficultés) … qu'ils ne deviennent pas vieux. Et nous avons de meilleurs moyens pour que les gens soient ensemble.

Dan fronça les sourcils.

— De quoi parles-tu ? De politique ? D'éthique ?

— Je ne connais pas ces mots.

— De meilleures façons pour les gens comme moi de diriger les choses, dit Maura.

— Oui. Mais personne ne devrait rien diriger.

Dan éclata de rire.

— Là, elle vous a eue, madame le député.

— Il faut que nous y travaillions, dit Anna.

— Je comprends, dit Maura d'une voix égale. Mais ça a l'air prometteur. Et vous allez nous donner tout ça ?

— L'échanger.

— L'échanger contre quoi ?

— Qu'on ne nous fasse pas de mal.

Maura hocha la tête.

— Il faut que vous compreniez que je ne peux rien vous promettre. Les responsables de ce pays ont un devoir plus important, qui est de protéger les gens. Comprenez-vous qu'ils ont peur de vous ?

Anna rendit son regard à Maura, qui sentit un frisson glacial la traverser.

— Ce moment est important, dit soudain Anna. Tout ce que nous faisons maintenant est important. Parce que tout vient d'ici.

— De l'ici et maintenant, dit Dan. L'avenir prend sa source dans ce moment. Nos ombres sont longues. C'est ça que tu veux dire ?

Anna ne répondit pas. Elle semblait se refermer sur elle-même.

— *Pourquoi êtes-vous ici ?* s'écria Dan, frustré. Pour nous aider à éviter la catastrophe de Carter ? *Venez-vous du futur,* Anna ?

Il n'obtint aucune réponse, et Maura posa la main sur son bras pour le faire taire.

À l'extérieur, la lumière du Soleil était chaude, écrasante et aveuglante.

*La fée Clochette dans une cage.*

Tout ce que Maura avait vu paraissait irréel et lointain, comme si c'était en train de s'éloigner dans l'espace à la suite de Reid Malenfant.

— … ces gosses nous offrent un sacré programme, disait Dan.

— Oui.

— De nouvelles technologies, des médicaments, des formes d'énergie propres et neuves. Quelque chose qui ressemblait fort à des conceptions politiques et éthiques utopiques inédites. La paix et la prospérité pour tous.

— Absolument, dit Maura.

— Alors, vous croyez que quelqu'un va les écouter ?

— Pas l'ombre d'une foutue chance.

— Mais on va quand même vouloir mettre la main sur les bons morceaux, soupira Dan. Non ?

— Tu parles. Vous croyez qu'on peut se permettre de leur donner ce qu'ils veulent ? Le deutérium, le décélérateur…

— Madame le député, je ne suis pas sûr que nous pouvons nous permettre de *ne pas* le leur donner. (Dan jeta un coup d'œil circulaire pour vérifier que personne ne pouvait les entendre.) Ces enfants ont construit leur cage magique juste à temps pour que cette pépite de quarks – qui se baladait dans l'univers depuis le Big Bang – arrive à point pour être capturée. Et ce n'est pas tout, elle est apparue pile poil au bon moment pour sauver Anna des griffes de ce barjot malfaisant de Wayne Dupree. Et, en plus, exactement sur la bonne trajectoire.

— Une coïncidence ?

— Qu'en pensez-vous ?

— Que ça n'arrive pas une fois par million d'années.

Ystebo se gratta le ventre.

— Je dirais que les probabilités sont encore plus faibles que ça… Je crois que nous avons affaire à une foutue boucle causale. Quelqu'un, quelque part en aval, possède les moyens technologiques d'atteindre le passé pour légèrement dévier la trajectoire d'une pépite de quarks de manière qu'elle arrive au bon moment pour éviter la catastrophe. Elle voyageait peut-être depuis un milliard d'années, juste pour être là et jouer son rôle. Le *deus ex machina* ultime.

— Et ça vous…

— Impressionne. Terrifie.

— Nous menacent-ils, Dan ?

— Pas directement. Mais… Écoutez, si nous ne coopérons *pas*, les enfants le sauront, dans le futur, quand ils grandiront, quand ils arriveront en aval – je veux dire qu'ils se *souviendront* de ce que nous avons fait – alors ils enverront encore plus de pépites de quarks du Big Bang et ils obtiendront ce qu'ils veulent de toute façon, en faisant peut-être beaucoup plus de dégâts. (Il sembla à Maura qu'il frissonnait en dépit de la lourde chaleur.) Si l'on y réfléchit, ça pourrait se produire d'ici peu, en fonction des décisions que nous prendrons. Nous n'aurons même pas besoin d'attendre les conséquences ; les enfants *sauront*. Madame le député, nous ne pouvons pas être sûrs de savoir à quoi nous avons affaire. Un monstre multicéphale qui occupe à la fois le passé, le présent et le futur. Ces enfants possèdent bel et bien un pouvoir illimité…

L'idée que des enfants, ou leur version adulte, dans le futur – loin en aval, nantis de pouvoirs encore plus grands – parvenaient à atteindre le passé, grâce à une sorte de technologie capable de manipuler le temps pour réparer les torts dont ils avaient été victimes ici et maintenant, était stupéfiante. Les enfants ont été des victimes tout au long de l'histoire, songea Maura, morose. Peut-être devraient-ils tous avoir de tels pouvoirs ; nous les traiterions alors avec respect.

… Puis elle se rendit compte qu'elle pensait comme un politicien, comme quelqu'un qui est responsable de la destinée de sa nation :

*Bon, en imaginant que cette menace en provenance des enfants de l'aval soit réelle – comment ferais-tu pour l'éliminer ?*

*Je m'assurerais que les enfants n'atteignent jamais l'aval, pardi.*

*Bien entendu.*

Elle repoussa aussitôt au fin fond de son esprit ces pensées, leur horrible logique et leur épouvantable conclusion.

Mais elle savait que cette idée allait demeurer en elle, et qu'elle ferait désormais partie de ses calculs ; et elle se détesta.

— Alors, demanda Dan, que faisons-nous maintenant ?

— La même chose que d'habitude, dit Maura avec vivacité. On essaie de ne pas causer trop de dégâts pendant qu'on attend la suite. Oh, y a-t-il moyen de contacter la mère ? Celle de Tom Tybee.

— Vous ne savez pas où elle se trouve en se moment ? demanda Dan en riant.

Ils marchèrent vers la barrière de sécurité où leur voiture les attendait.

## June Tybee

Les vomissements avaient commencé alors que le *Bucéphale* était encore au sol.

C'était plus une conséquence du stress que du mal de l'espace. Mais cela devint sérieux une fois la mise en orbite terrestre achevée, lorsque l'équipage dut subir les manœuvres complexes d'amarrage avec les réservoirs de carburant placés en orbite. Puis, lorsque la diarrhée se mit de la partie, l'air recyclé s'emplit d'une puanteur telle que June sut qu'ils allaient vivre avec elle jusqu'à la fin du voyage.

Et l'on ne pouvait pas ouvrir les fenêtres, ne serait-ce qu'une seule fois.

June fut touchée. Comme la plupart des soldats. Mais elle s'en remit en quatre ou cinq jours.

Mais tout le monde ne s'adapta pas aussi bien. Huit soldats – seize pour cent du total – continuèrent à dégobiller, à chier et à s'affaiblir de plus en plus, incapables de garder ne fût-ce qu'une bouchée de nourriture. On leur alloua un coin de l'un des ponts séparé par une cloison, et on les traita pour ainsi dire comme des blessés hors service pour toute la durée du voyage, aller et retour.

Les autres soldats subirent un programme d'entretien physique intensif : trois heures par jour ou plus de marche sur des tapis roulants, des exercices d'extension avec des cordes élastiques et ainsi de suite. Néanmoins, les médecins affirmaient que, même ainsi, ils allaient probablement subir des dommages physiologiques à long terme, pertes de calcium osseux et autres saloperies. Mais on pourrait traiter ça plus tard, une fois de retour sur Terre. Après la gloire, les médailles et les poignées de main du Prez, on les mettrait tous à la retraite avec de grosses pensions et toute liberté pour vendre au plus offrant le récit de leurs exploits. Ils auraient tout le temps de s'occuper de leurs petites pertes de calcium à ce moment-là.

L'important, à présent, c'était pour June d'arriver au bout de la mission en un seul morceau pour pouvoir rentrer, retrouver Bill, Tom et Billie et tout le reste. Une semaine après leur départ, les soldats démantelèrent l'intérieur du module séparé en cinq ponts, créant un gigantesque espace cylindrique semblable à un bidon d'huile géant, et ils entamèrent pour de bon leurs exercices en gravité zéro.

Au début, June eut la sensation que sa tête était un sac empli d'un fluide qui se promenait en clapotant à l'intérieur chaque fois qu'elle bougeait. Mais cela finit par passer, et elle se retrouva vite en train de rebondir d'un côté à l'autre du bidon d'huile ; elle s'entraîna à atterrir, à déployer les pitons et les câbles qui la maintiendraient à la surface de l'astéroïde, à préparer ses armes et, de manière générale, à travailler vêtue de sa combinaison et de son équipement au complet. Ces manœuvres étaient tout simplement impossibles à effectuer sur Terre, en dépit de tous les efforts de simulation réalisés dans les immenses piscines de la Nasa.

June s'aperçut qu'en fait, une fois débarrassée des nausées, elle se délectait de la liberté procurée par l'apesanteur, de pouvoir voler dans les airs, de se mouvoir dans les trois dimensions sans la résistance collante opposée par l'eau.

Certains soldats se plaignirent lorsque, trois semaines après leur départ, ils commencèrent à s'exercer enfermés dans leurs combinaisons spatiales. June apprécia. Séparée des autres, elle ne sentait plus que sa propre odeur – la puanteur aigre de la sueur et de la détermination.

En dépit de la distraction que procurait l'entraînement,

le long voyage devint très vite un enfer. Elle se trouvait tout de même au beau milieu de l'espace interplanétaire ; elle ne s'attendait vraiment pas à ressentir cette impression de confinement, voire de claustrophobie.

En outre, la vie à bord d'un vaisseau spatial était d'un ennui consternant. Elle devait passer plusieurs heures par jour à effectuer des exercices monotones et répétitifs ou, pire, à nettoyer, gratter les parois pour en ôter les algues, à réparer les appareils de recyclage qui s'étaient montrés rétifs depuis leur départ de la Terre, et ainsi de suite, car il y avait beaucoup de travaux de ce genre à faire à bord de ce vaisseau improvisé où les problèmes techniques abondaient.

Les soldats occupaient leur temps libre, quand ils en avaient, avec les activités que l'on peut imaginer. Télé, jeux de cartes (avec des bandes Velcro sur le dos des cartes) et une activité sexuelle surprenante en quantité et en diversité : hétéro, homo, bi, solo, en couple et en groupes plus importants, beaucoup explorant les possibilités offertes par l'apesanteur. June se tint à l'écart de tout cela et personne ne l'ennuya ; le fait que l'équipage fût composé pour moitié d'hommes et de femmes y était pour beaucoup.

À la place, elle passa son temps libre à lire.

Les récits des tout premiers astronautes, par exemple. Pas ceux de la gloire éclair d'*Apollo* et du reste des débuts du programme spatial américain, mais ceux des Russes : des cosmonautes obstinés qui s'appelaient Dobrovolsky, Patsayev, Volkov, Lazarev, Mokorov et Popovich… Dès 1971, ils avaient subi plusieurs centaines de jours dans des stations spatiales soviétiques en orbite terrestre basse, les Saliout et Mir, où ils n'avaient fait que creuser un trou dans le ciel, sans nulle part où aller, à essayer de rester vivants et sains d'esprits. Certains de ces anciens avaient voyagé plus loin et plus longtemps qu'elle – mais pas en ligne droite – alors qu'ils ne pouvaient se reposer que sur une technologie sortie d'une usine à tracteurs. Et certains n'étaient jamais rentrés chez eux.

En lisant leurs récits, elle avait un peu moins l'impression que le *Bucéphale* était une prison.

Elle ne savait pas très bien pourquoi, mais ça marchait, tout comme de penser à Tom et à Billie.

Plus rapide que le vaisseau de Reid Malenfant, le *Bucéphale* filait dans l'espace en direction de Cruithne.

**Maura Della**

Journal. 3 mars 2012.

C'est bien sûr l'incident extraordinaire du Nevada qui a conduit à la décision – que je considère comme la bonne – de fermer les centres d'éducation pour Enfants bleus. L'idée était de tenter de liquider la menace, d'éliminer les inconnues représentées par les Bleus. Les responsables de la sécurité de la nation n'avaient pas d'autre choix.

Les images diffusées par les médias, où l'on voit des professionnels de l'enfance au regard froid, appuyés par des troupes lourdement armées, pénétrer dans les centres et enlever de leur lit comme des paquets des enfants hébétés et dociles ne peuvent que choquer toute personne dotée d'une âme. Aussi étranges qu'ils soient, ce ne sont toujours que des enfants. Mais il fallait le faire.

D'ailleurs, je sais que ce qui choque les gens dans ces images n'est pas tant la façon dont on a traité les enfants que le fait que nous ayons dû affronter notre propre hypocrisie. Nous savions tous, au plus profond de nous-mêmes, que le véritable but des centres était de les contrôler. Tout le monde est complice. Coupables, honteux – mais toujours effrayés – nous avons détourné la tête.

À présent, les enfants, séparés de leurs semblables, ont disparu dans des lieux sécurisés, pour la plupart contrôlés par les militaires et dispersés dans tout le pays. Hors de la vue de tous, on les oubliera ; séparés, on les contrôlera. C'est l'idée de base, en tout cas.

Elle n'est pas très facile à avaler. Mais nous avons vraiment eu l'impression que nous approchions d'une solution.

Sauf au Nevada.

En ce qui me concerne, j'aurais mieux fait de me tenir à l'écart. Quelle qu'ait été la solution trouvée, je n'avais absolument rien à gagner dans l'affaire. Mais je ne pouvais pas rester en dehors de ça. Ma maudite conscience, un véritable handicap pour un politicien, s'est chargée de me le rappeler.

Et voilà comment je me suis retrouvée au centre lorsque la crise a atteint le seuil critique…

Dan Ystebo attendait à la barrière de sécurité lorsque Maura revint au centre.

Une semaine s'était écoulée depuis l'incident de la pépite de quarks, et l'on avait renoncé à conserver aux lieux l'apparence d'une école élémentaire. La plupart des membres du personnel étaient partis, y compris la directrice. Les mesures de sécurité étaient plus strictes que jamais, et les forces déployées autour de la barrière et dans le site parurent conséquentes à Maura. Des types armés de fusils portant de lourdes combinaisons blindées.

Dan l'amena vite au cœur du site. Il semblait agité, mais elle le soupçonnait de savourer son allure informelle et son côté négligé contrastant avec ceux des soldats qui dirigeaient maintenant les lieux. Beaucoup de pièces avaient été vidées et dédiées à des usages militaires : stockage d'armes, surveillance, un poste de commande. Et, çà et là, un jouet oublié ou le coin d'un dessin d'enfant qui pendouillait sur un mur, profondément incongru, rappelaient la vie et la jeunesse qui avaient, certes brièvement et sous contrôle, atteint ce coin du désert du Nevada.

— … J'ai préparé un rapport écrit, disait Dan. Je peux l'envoyer dans…

— Un résumé suffira.

— La première étape de l'opération d'évacuation s'est déroulée comme prévu. Enfin, si ces imbéciles avaient prévu quoi que ce soit…

Dan lui expliqua que la plupart des enfants avaient été évacués du centre en une seule opération. Mais un petit noyau dur d'environ une douzaine s'était barricadé dans l'un des laboratoires et ne voulait pas qu'on l'en sorte. Et l'un de ces enfants était – inévitablement – le petit Tom Tybee.

Au bout de deux jours, il était devenu évident que la situation tournait au siège. Les officiers supérieurs cherchaient à obtenir l'autorisation d'utiliser des moyens plus importants, et tout ça menaçait de se transformer en une épouvantable catastrophe.

Ils arrivèrent devant une pièce que Maura reconnut : le laboratoire de physique. Il avait beaucoup changé.

Il était bien plus grand que dans son souvenir ; de toute évidence, on avait abattu des murs entre plusieurs pièces du centre. Et il était mieux éclairé ; on avait peint au plafond des bandes fluorescentes qui déversaient dans tous les recoins leur lumière crue et incolore.

La pièce était entourée de soldats et de membres du personnel en blouse blanche qui procédaient à des mesures et des enregistrements. Une forte odeur d'ozone et la puanteur aigre d'un mélange de sueur, de fèces et d'urine planaient sur les lieux.

Un groupe d'appareils bien plus importants remplaçait les instruments dignes d'un lycée qu'elle avait vu ici auparavant. Des dispositifs de toutes sortes, dont la plupart lui étaient inconnus, étaient dispersés dans tout le laboratoire. Des tubes et des câbles scotchés les uns aux autres couraient partout sur le sol.

L'élément principal était une sorte de tore, un gros anneau de métal enveloppé d'un bobinage métallique dense ; posé sur des tréteaux de bois, il mesurait environ cinq mètres de diamètre. Des tubes conduisaient à d'autres assemblages, dont la cage grossière pour fée Clochette que Maura avait vue lors de sa dernière visite. Une deuxième masse de fils et de barres de métal croissait au milieu du tore.

La lueur éclatante de l'objet qui se trouvait dans la cage de fil de fer originelle baignait toute la scène : c'était l'anomalie, la fée Clochette, qui n'avait pas cessé de bondir et de plonger à travers les airs. La lumière surnaturelle qu'elle émettait n'avait aucun mal à projeter des ombres que les puissantes bandes fluorescentes du plafond étaient incapables de chasser.

Les enfants allaient et venaient au milieu de cette jungle d'appareils.

Ils avançaient à pas prudents, de leur allure hésitante de gamins, portant divers composants. Trois d'entre eux, assis par terre au milieu d'appareils exhibant leurs entrailles, mangeaient quelque chose qui ressemblait fort à des hamburgers. Dans un coin, deux d'entre eux dormaient, serrés l'un contre l'autre. Une petite fille brune suçait son pouce. Tous les enfants portaient des vêtements de nuit : tunique et pantalon large, sans chaussures ni chaussettes. Leurs pyjamas étaient sales, parfois déchirés, mais tous ornés d'un cercle bleu.

Maura trouva que les enfants avaient l'air maladif, mais c'était peut-être à cause de la dureté de l'éclairage fluorescent.

— J'imagine qu'on leur a donné ce qu'ils voulaient, dit-elle à Dan. Ce qu'Anna réclamait.

— L'équipement est arrivé dans les vingt-quatre

heures, et il était monté et fonctionnait douze heures plus tard.

— Expliquez-moi à quoi ça sert.

— C'est une usine. Comme nous le pensions. Elle fabrique des pépites de quarks, des gouttelettes de matière de quarks. Les enfants produisent par capture de neutrons des pépites chargées positivement. (Il désigna la cage originelle, et la lumière de la fée Clochette qui allait et venait avec vivacité.) De petites pépites naissent de la grosse maman. Soit dit en passant, nous ne savons pas comment. Nous pensions que, pour créer des pépites de quarks, il fallait faire entrer des ions lourds en collision dans un accélérateur de particules à une vitesse proche de celle de la lumière.

— Ce n'est pas le cas, de toute évidence, dit Maura. Qu'est-ce que vous entendez par « petites » ?

— De la taille d'un noyau atomique. Les pépites jaillissent de la cage et passent dans le spectromètre magnétique – cette boîte, là – où un champ magnétique les sépare des autres sous-produits. Nous avons des compteurs de radiations Cerenkov et des détecteurs de temps de vol qui nous permettent d'identifier les pépites. Ensuite, elles passent dans cet engin (il montra un long tube de section carrée) qui est un décélérateur électrostatique linéaire. Enfin, c'est ce que nous supposons. Les enfants l'ont modifié. Les pépites de quarks émergent de la cage à des vitesses relativistes et le décélérateur…

— Les ralentit.

— Exactement. Puis elles entrent dans le tore, le gros beignet que vous voyez là-bas. Il contient de l'eau lourde, c'est-à-dire de l'eau au deutérium, l'hydrogène lourd. On fournit des protons aux pépites de quarks pour s'assurer qu'elles ont bien une charge positive. C'est important, parce qu'une pépite de charge négative pourrait…

— Provoquer un emballement. Je m'en souviens.

— Elles continuent leur chemin vers une autre bouteille magnétique, située à la fin de la chaîne, ici, et elles peuvent grossir en absorbant des neutrons. Le processus libère de l'énergie sous forme de rayons gamma.

— Et c'est ainsi qu'on pourrait construire une centrale d'énergie.

— Maura, cette installation produit *déjà* de l'énergie, mais pas encore à un niveau utilisable.

Une fillette plus grande que les autres traversa la pièce, aussi svelte qu'une girafe. Elle se tourna sans prévenir et regarda Maura.

— Anna, dit Maura à Dan.

— Ouaip. Et voilà Tommy Tybee.

Il faisait partie des trois enfants en train de manger.

— On leur donne à manger ?

Dan lui lança un regard.

— Bien sûr. Nous n'en sommes pas au point de les affamer. Nous sommes dans un schéma psychologique de siège. Les psys essaient de ne pas couper le dialogue avec les gamins ; les distributions de nourriture qui ont lieu trois ou quatre fois par jour sont un moyen parmi d'autres. Et les gamins ont ce qu'ils veulent. Hamburgers et pizzas, sodas et bonbons.

— Pas très sain.

— Pas un seul légume vert en vue. Mais je crois que tout le monde se dit qu'on s'occupera de leur santé plus tard. (Il désigna les soldats.) Ils ont même amené des toilettes mobiles. Mais les mômes ne se lavent pas beaucoup. Et pas un seul ne veut se laver les dents. Voilà comment ça marche : nous ne pouvons pas franchir ce périmètre. (Une ligne bleue, tracée grossièrement à la craie, courait sur le sol ciré. Maura eut l'impression qu'elle dessinait un anneau complet qui encerclait la totalité des installations et du campement des enfants.)

Nous posons la nourriture et le reste de ce côté de la ligne. Anna ou un autre vient la prendre.

— Que se passe-t-il si nous franchissons la ligne ?

— Aucune idée. Les grosses brutes n'ont pas encore essayé. Ils savent ce qui est arrivé au surveillant. La balle venue du futur.

— Il faut bien que les enfants dorment…

— Par roulement. (Il désigna le petit tas de corps assoupis.) Même maintenant. Ils ont toujours des sentinelles. Et ils se déplacent en groupe. Il serait impossible d'en enlever un sans que les autres le voient et soient assez près pour réagir. (Il se gratta la tête, l'air pensif.) Des grosses têtes militaires analysent le comportement des enfants. Il paraît qu'il est très sophistiqué. Ils travaillent comme s'ils constituaient une seule entité, mais on n'entend jamais personne donner d'ordres ou diriger les autres.

— Comment font-ils, alors ? Ils sont télépathes ?

Dan haussa les épaules.

— Ces enfants sont tous superfutés. Peut-être sont-ils tous capables de trouver comment résoudre ce problème de tactique dynamique. Peut-être qu'ils savent, voilà tout. (Il s'interrompit.) Mais c'est vraiment bizarre de les regarder faire, madame Della. On voit qu'ils se déplacent de façon collective. Comme une horde.

— Pas comme des humains.

— Je suppose que non.

L'atmosphère générale était tendue et pleine de suspicion. Une image se présenta à son esprit : des enfants *sapiens* assis autour d'un feu discutaient, avec rapidité et fluidité, en fabriquant de beaux outils, des arcs et des flèches, tandis qu'un cercle de néandertaliens adultes les observaient, méfiants et perplexes…

Il y eut une agitation soudaine de l'autre côté du laboratoire : une brève bousculade, des voix qui s'élevaient.

Quelqu'un, un civil adulte, avait pénétré à l'intérieur du périmètre de craie bleue délimitant le domaine des enfants. Deux soldats tentaient de l'appréhender, leur arme à hauteur de la taille, mais l'intrus était hors de portée.

— Oh, mon Dieu, dit Maura.

C'était Bill Tybee.

Le petit Tom jaillit ventre à terre du groupe des mangeurs de hamburgers. Il courut droit à son père et s'accrocha à ses jambes comme si c'était la seule chose importante au monde, comme s'il n'était qu'un gamin ordinaire dont le père rentrait à la maison après sa journée de travail.

Bill s'agenouilla.

— Il faut que tu viennes avec moi maintenant, Tom. C'est fini, à présent. Nous allons rentrer à la maison et attendre maman…

Comme son père tentait de l'enjôler, Tom, accroché à lui, pleurait à chaudes larmes.

Maura vit que, tout autour de la pièce, les soldats préparaient leurs armes.

Anna s'avança. Le corps de Bill se raidit, mais il la laissa approcher du petit garçon. Anna posa sa petite main maigre sur la tête de Tom.

— Tom ? Tu peux aller avec ton père si tu veux. Tu le sais bien.

Les yeux de Tom débordaient de larmes. La tête levée, il regarda Anna, puis son père, et à nouveau Anna.

— Je ne veux pas que tu partes, papa.

— Mais nous devons partir tous les deux. (Maura perçut l'effort qu'accomplissait Bill pour parler d'une voix égale.) Tu ne vois pas ? Tout ira bien. Ta chambre est encore là, comme tu l'as laissée…

— Non. Reste ici.

— Je ne peux pas. (La voix de Bill se brisait.) Ils veulent me renvoyer. Les soldats. Il faut que je parte, maintenant. Et que tu viennes avec moi.

— Non…

La fillette fit un pas en arrière.

— Laissez-le, monsieur Tybee.

Maura savait ce qui allait arriver. Envahie par une sombre bouffée de crainte, elle s'élança et parvint à la ligne de craie avant d'être arrêtée par un soldat bien bâti.

— Bill. Sortez de là, cria-t-elle.

Bill saisit le garçonnet et se redressa en le serrant contre sa poitrine.

— Mais c'est mon fils. Je ne peux plus supporter cette situation. Bon Dieu, aucun d'entre vous n'est-il capable de comprendre ça ?

— *Vous devez le laisser partir*, dit Maura sur le ton le plus dur qu'elle put adopter.

— Non…

C'était à peine un mot, plutôt un rugissement de colère et de douleur. Bill, qui tenait toujours Tom, s'écarta brusquement d'Anna et tenta de sortir du cercle.

Un éclair jaillit de nulle part.

Bill tomba en criant, empoignant sa jambe.

Il avait lâché Tom, qui tomba également ; deux enfants le rattrapèrent et le tirèrent vers le centre du labo, hors d'atteinte.

Bill était à terre, le bas de sa jambe gauche transformé en une masse de chair écrasée, d'éclats d'os et de vagues lambeaux de vêtements. Un soldat costaud portant une lourde combinaison blindée fit un pas en avant, franchissant la ligne de craie. Il ceintura Bill – Maura entendit des pistons hydrauliques vrombir – et le tira hors du cercle bleu, puis de la pièce.

Un autre soldat – un sergent – sauta sur une table.

— Tout le monde dehors, maintenant. Et dans le calme.

— Mon Dieu, dit Dan Ystebo.

— Une autre balle venue du futur ? demanda Maura.

— L'éclair est sorti de la bouteille. (Il montra la bouteille magnétique située à l'extrémité de la chaîne de production de pépites de quark.) Ils lui ont tiré dessus avec une pépite. (Il eut un rire nerveux.) Ils n'ont plus besoin que l'aval leur vienne en aide.

Un soldat s'approcha d'eux et les poussa rapidement hors de la pièce. Mais en partant, Maura ne put chasser de sa conscience le bruit des cris de deux personnes : Bill Tybee, pris en charge par les ambulanciers, qui luttait pour ne pas s'évanouir, et son fils Tom, déchiré entre la chaleur du passé et le froid glacial du futur, un futur dont il savait déjà que son père ne pourrait pas le partager.

Elle comprit alors qu'il ne restait plus guère de solutions à leur problème.

Maura et Dan furent cantonnés dans un bunker à trois kilomètres environ du centre.

L'endroit était plutôt confortable : climatisé, propre, avec des officiers de service pour apporter leur café à madame le député et à son accompagnateur. Mais l'atmosphère était tendue dans la grande salle de commandement, de contrôle et de communications – le Cube de C, en jargon militaire – pleine de la lueur des écrans et des murmures étouffés du personnel.

La cible, surveillée sous des centaines d'angles, n'était pourtant qu'un groupe de onze enfants toujours confinés dans leur cercle de craie bleue. Rien que des enfants : qui travaillaient, dormaient, mangeaient et même jouaient. Onze gamins maigres et sales.

La première mesure défensive fut invisible.

Lorsqu'on la déclencha, certains enfants – Maura en compta quatre, cinq puis six – s'effondrèrent aussitôt.

Maura les vit vomir ; une tache sombre s'étala sur les fesses d'une petite fille dont les intestins se relâchaient. Ils se tenaient tous le ventre et pleuraient – *gros plan sur des visages tordus de douleur.*

Anna transporta les petits dans la grande cage neuve qu'ils avaient construite à l'intérieur du tore d'eau lourde. Dès qu'ils y entrèrent, les enfants cessèrent d'avoir des haut-le-cœur et ils se calmèrent aussitôt. Anna prit la plus petite fille sur ses genoux et caressa ses cheveux emmêlés et collés par la sueur.

Bientôt, tous furent rassemblés dans la cage, où ils s'assirent, s'allongèrent ou restèrent debout. Elle leur fit chanter quelque chose qui ressemblait à une comptine.

— Au temps pour nous, dit Dan.

— Qu'est-ce que c'était ?

— Un appareil pour écarter les cerfs, dit-il. Comme sur le capot de votre voiture. Des infrasons, à très basse fréquence. Avec le bon réglage, il peut désorienter la cible, lui donner des nausées, voire la diarrhée. Le FBI s'en sert depuis des années.

— Dieu tout-puissant !

— Tous les théoriciens du complot sont au courant. De mon point de vue, c'était notre meilleur espoir.

— De faire quoi ?

— D'apporter une conclusion pacifique à ce foutoir. Mais ça n'a pas marché. Regardez-les. Ils sont à l'abri dès qu'ils entrent dans cette cage. Elle constitue une barrière contre les ultrasons.

— Oui, et quoi d'autre ?

— J'ai dans l'idée qu'on ne va pas tarder à le savoir. Alors, quelle est l'étape suivante ?

Ce fut une invasion.

Ils laissèrent les machines à infrasons allumées pendant douze heures. Au moins, les enfants restaient pris au piège dans leur cage d'acier et de fil de fer. Certains parvinrent à dormir, mais ils n'avaient pas de nourriture à l'intérieur, ni d'eau ni de toilettes.

Alors les soldats intervinrent, onze hommes vêtus d'un exosquelette – pour être précis, d'une tenue militaire à protection intégrée, ou SIPE, *Soldier Integrated Protective Ensemble*. Leur démarche était raide et d'une précision sans rien de naturel. Sur la tête de chacun d'eux se trouvait un masque sophistiqué rappelant une tête d'insecte. Il comprenait un respirateur totalement autonome, des lunettes à infrarouges avec écran, et même d'adorables petits senseurs qui pointaient des armes dans la direction où regardait le soldat.

Onze supersoldats, un pour chaque supergamin, firent trembler les murs des couloirs d'une école élémentaire. Maura se demanda ce qu'ils ressentaient, de quelle manière on les avait briefés – comment ils étaient censés vivre tout ça en tant qu'individus, même en imaginant que leur mission soit un succès.

En l'occurrence, ils n'atteignirent même pas le labo.

Maura vit les projectiles faits de pépites de quarks traverser les murs du centre puis s'enfoncer au cœur de la Terre.

Les soldats battirent en retraite.

Trois d'entre eux étaient morts. Deux autres, blessés, durent être évacués par leurs compagnons. L'un d'entre eux revint, son SIPE à moitié en panne, traînant anormalement une jambe.

Les enfants, minces silhouettes à l'allure fragile dans leur tente grillagée, ne semblaient pas avoir bougé.

— Alors, il ne nous reste plus qu'une seule solution, grogna Dan Ystebo.

Il leur fallut dix heures supplémentaires pour obtenir l'autorisation définitive.

Bien qu'elle fût hors de sa juridiction, Maura Della fut

consultée par de hauts fonctionnaires du gouvernement fédéral. On l'invita à prendre part à des téléconférences de sécurité dans le théâtre privé de la Maison Blanche. L'attention était flatteuse, le poids de la décision écrasant.

Avant de remettre ses conclusions définitives, elle demeura un moment à l'écart, prit une douche et resta sous le jet de longues minutes après avoir réglé la température au maximum, la vapeur transformant la pièce en sauna.

Elle n'avait pas dormi depuis près de trente-six heures. Elle ne se rappelait pas la dernière fois où elle s'était assise pour manger. Elle ne savait pas du tout si son esprit fonctionnait correctement.

Mais elle se trouvait, semblait-il, sur un champ de bataille. Sur le front. Et l'on ne dort pas beaucoup sur le front.

Journal. 8 mars.

C'est évident, qu'elle l'ait voulu ou non, le document rédigé par Anna qui décrivait les grandes lignes d'un nouvel ordre social conçu par les Enfants bleus, a cristallisé l'hostilité à leur égard plus efficacement encore que la menace concrète qu'ils représentent. Personne ne veut se soumettre à une idéologie élaborée par une bande de gamins sournois. En outre, nous avons, sans l'avouer, peur que le simple fait d'étudier ces propositions conduise d'une manière ou d'une autre à transférer le pouvoir réel aux enfants.

Après tout, qu'étaient donc l'Allemagne nazie et l'Union soviétique sinon le résultat du triomphe d'une « élite » scientifique, centralisatrice et planificatrice ? Je crois pour ma part que l'espèce humaine n'est tout simplement pas assez évoluée pour confier à l'un de ses sous-ensembles le pouvoir de diriger la vie des autres.

Ce qui ne veut pas dire que les gens réagiront de la

même façon partout sur la planète. Après tout, il est possible qu'un salaud de dictateur cinglé soit déjà en train de recruter des Enfants bleus pour consolider sa saloperie de régime. Certaines parties du monde en avance sur le plan politique pourraient très bien ne pas repousser d'instinct les propositions des enfants, comme l'ont fait les Américains. Les Français, par exemple, ont un penchant pour la centralisation qui remonte au XVII$^{e}$ siècle et à Colbert. Lorsque j'ai visité la France, j'ai été stupéfaite, en tant qu'Américaine, de voir comment travaillent leurs élites dirigeantes, de quelle manière les dirigeants des grandes entreprises formés dans leurs *grandes écoles*[1] passent sans problème du poste de conseiller ministériel à celui de capitaine d'industrie…

Toutefois, ce n'est pas le cas chez nous. Après tout, on a bâti l'Amérique sur l'idée que le contrôle centralisé est un mauvais principe à la base. Et la démocratie ? En fait, je me méfierais terriblement de quiconque, y compris un utopiste sérieux, qui soutiendrait l'idée qu'il faut donner les rênes du pouvoir à une élite quelconque, aussi bienveillante soit-elle.

Mais je soupçonne qu'il y a chez nous, dans le cas qui nous occupe, une peur bien plus profonde, et même une forme d'instinct enterrée sous les strates de discours rationalisateur. Y compris au plus profond de mon cœur.

Il est possible que ces enfants soient vraiment supérieurs, en un sens, à l'*Homo sapiens* dont ils sont issus. Peut-être pourraient-ils diriger le monde mieux que n'importe quel être humain ; peut-être un monde peuplé d'Enfants bleus serait-il infiniment meilleur que celui-ci, un pas en avant pour la civilisation.

Peut-être. Mais, comme j'ai été élue pour servir les intérêts d'un grand nombre de *sapiens* – et comme je suis une *sapiens* et fière de l'être – je ne vais pas rester

1. En français dans le texte. *(N.d.T.)*

assise en attendant que ces Enfants bleus m'enlèvent ma planète.

Si cette solution définitive est rejetée, d'autres options militaires seront discutées, testées, essayées, et elles seront de plus en plus sévères. Et peut-être en reviendrons-nous en fin de compte au point où nous en sommes, c'est-à-dire à déchaîner le feu de l'enfer. Seulement, à ce moment-là, il sera peut-être trop tard.

La clé du problème est dans le choix de l'instant.

Mais tout cela n'est que discours rationalisateur. Je dois décider si je dois détruire onze enfants américains. C'est le fond du problème.

Je ne suis pas entrée en politique pour me retrouver engagée dans des opérations de ce genre. Mais les autres non plus. Et j'ai appris que gouverner consiste, la plupart du temps, entre deux maux à choisir le moindre.

Dans la mesure où nous avons encore le choix.

Parvenir à me regarder en face après ce qui va se passer sera très intéressant.

Elle coupa la douche. La vapeur se dispersa, l'atmosphère se dégagea et elle eut aussitôt froid.

Elle se retrouva dans le centre C au Cube en compagnie de Dan Ystebo. Mais le silence emplissait à présent la salle, excepté le sifflement de la climatisation et le vrombissement des ventilateurs qui refroidissaient les appareils.

Personne ne regardait les divers instruments qui surveillaient l'état physique des enfants, les battements de leur cœur, leur respiration et leur température, ni ceux qui mesuraient la température de l'air et sa composition ou détectaient les champs électromagnétiques et les particules traversant le laboratoire de physique reconstruit. Tous les regards étaient tournés vers les écrans, vers les images de l'extérieur du centre et des enfants dans leur cage.

… et cela se produisit, sans prévenir, en douceur.

Il y eut une lumière aveuglante.

Puis ce fut comme si une gigantesque boule de métal tombait du ciel. Le centre – les bâtiments, les lugubres dortoirs, la barrière, quelques véhicules abandonnés – parurent s'épanouir, éclater avant de s'évanouir, leur forme n'étant plus qu'un souvenir. Une onde se propagea dans le sol, des vagues concentriques de poussière bien nettes s'élevant dans les airs ; Maura eut l'impression que l'atmosphère ondulait tandis qu'une monstrueuse boule de plasma déchirant l'air lui-même commençait à s'élever.

— Une bombe nucléaire de poche, dit-elle à Ystebo.

— Quel nom charmant.

— Un kilotonne environ. Ça fait des semaines qu'ils l'ont enterrée dans les fondations…

Un écran mural se remit à fonctionner, transmettant une image rayée.

C'était le centre. Ou, plutôt, le trou dans le sol là où il s'était trouvé. Une image devenue un cliché, la tige d'un nuage en forme de champignon…

La caméra zooma. Quelque chose émergeait de la base du nuage. C'était dur, rond, argenté et réfléchissant, semblable à une gouttelette de mercure. Il était impossible d'en estimer la taille.

Un silence total planait sur le bunker ; l'éclat argenté de la gouttelette se reflétait dans une centaine de regards fixes.

L'espace d'un ou deux battements de cœur, la gouttelette parut planer au-dessus du sol. Puis elle se rua vers le ciel, dans une traînée d'argent flou, trop vite pour que la caméra puisse la suivre.

— Je me demande où ils vont, dit Dan.

— En aval, évidemment, dit Maura. J'espère…

— Oui ?

— J'espère qu'ils comprendront.

Le nuage en forme de champignon passa devant le Soleil.

**Emma Stoney**

… Et sur Cruithne, Emma se préparait à explorer un artefact extraterrestre.

La lumière changeante, le lent tourbillon des étoiles et la taille réduite de son ombre conféraient à cet endroit une atmosphère irréelle. Rien ne semblait jamais rester fixé au même endroit ; on aurait dit que les cratères, la poussière et les gens nageaient tantôt en avant, tantôt en arrière, se rapprochant et s'éloignant d'elle comme si la distance et le temps se dissolvaient.

Elle ne savait pas vraiment pourquoi, mais, en cet instant où elle se trouvait sur la surface complexe de l'astéroïde, le fait que l'espace « vide » qui s'étendait autour d'elle fût rempli de milliards de neutrinos, invisibles et pratiquement intangibles, qui tombaient à travers elle comme une fantomatique neige fondue, ne lui semblait plus aussi étrange. Si elle devait jamais entendre des échos du futur quelque part, ce devait être *ici*.

Mais rien ne lui semblait réel. Sa présence en ce lieu, en cet instant, ne lui paraissait pas normale. Comme si elle n'était qu'une ombre projetée par l'authentique et tangible Emma Stoney, sans doute assise dans un bureau, à New York, à Las Vegas ou à Washington, où elle continuait à se battre pour sauver quelque chose des activités emberlificotées du Pied à l'Étrier.

Son casque lui transmit la voix pleine de craquements de Malenfant, aboyant des ordres à sa manière terre à terre.

— Assurez-vous que vous êtes tout le temps attachés

à deux câbles au moins. Vous comprenez ? Cornélius, Emma, Michaël.

Ils répondirent l'un après l'autre – même Michaël et sa bizarre voix traduite. *Oui. Je ne vais pas tomber.*

— Allons-y, murmura Cornélius.

Malenfant les conduisit devant une paire de cordes destinée à les assurer. En nylon jaune, elles avaient été fixées au sol par les lucioles. Emma vit que les câbles sinuaient devant elle au-delà de l'horizon étroit et déchiqueté de l'astéroïde.

— Accrochez-vous aux cordes. Nous nous sommes déjà entraînés avec les mousquetons, vous savez comment on s'en sert. Ensuite, vous décrocherez le câble qui vous relie au dôme. N'oubliez pas que vous devez toujours être retenus par deux filins. ...

Elle se souleva en poussant sur ses orteils, se pencha et se laissa tomber doucement en avant. C'était comme de tomber dans du sirop. La surface à la texture complexe de l'astéroïde se rapprocha de son casque, les reflets flottèrent sur sa visière dorée.

Elle laissa ses mains gantées s'enfoncer dans le régolithe. Elle entendit un faible crissement, comme lorsqu'on écrase de la neige, quand ses gants pénétrèrent dans la poussière.

Sans réfléchir, elle dégrafa son gant extérieur, exposant au vide sa main recouverte de la seconde peau. Elle pouvait voir sa vraie peau, de tout petits cercles perdus dans le Spandex orange, à soixante-cinq millions de kilomètres de la Terre. Elle eut l'impression que sa main la picotait, mais c'était probablement à cause de la lumière crue du Soleil plutôt que du vide lui-même.

Elle enfonça sa main à moitié nue dans le sol de l'astéroïde. La surface était chauffée par le Soleil, mais, dessous, le régolithe était froid et sec. Elle sentit des grains aux contours nets, des grains écrasés, très petits, comme de la poudre. Mais la poussière était très molle et se compactait aisément. Elle paraissait s'effondrer lorsque Emma appuyait doucement dessus et de doux nuages jaillissaient de ses doigts.

Lorsqu'elle eut enfoncé sa main sur une quinzaine de centimètres, la poussière commença à résister, comme si elle devenait compacte. Mais les doigts d'Emma trouvèrent en tâtonnant un petit objet dur. Un galet. Elle referma les mains et le sortit. D'une forme complexe et irrégulière, il était de la taille de l'articulation de son pouce. Il était constitué de différentes sortes de roches brisées puis agglutinées. C'était une brèche, du régolithe compacté de manière que les grains restent collés, comme du grès sur la Terre.

Elle fit rouler le galet entre ses doigts, laissant de la poussière s'en détacher et toucher sa peau, se délectant de ce contact physique brut, de cette fenêtre sur la réalité.

Elle replaça le galet dans son trou, frotta ses doigts les uns sur les autres pour ôter un peu de la poussière qui s'accrochait au gant de sa seconde peau, puis remit le gant extérieur. Bien au chaud sous les couches d'un matériau qui était tout à la fois un régulateur thermique et une protection contre les micrométéorites, sa main, qui venait de vivre une véritable aventure, la picotait.

Lorsqu'ils eurent achevé la manœuvre et furent tous encordés les uns derrière les autres, Malenfant se redressa un instant pour les examiner, puis se laissa retomber à la surface.

— On y va.

Et il commença à ramper vers l'horizon.

Emma plongea sa main gantée dans le régolithe et se hissa le long du sol. Elle voyait les pieds de Michaël devant elle et avait conscience de la présence de Cornélius qui fermait la marche. C'était comme de nager au fond d'une piscine ; il lui suffisait de pagayer d'une main dans le régolithe et de repousser le sol de temps à autre pour ne pas être distancée.

Ils progressaient rapidement. Des lucioles les suivaient, cahotant dans un brouillard de pitons et de câbles, transformant leur groupe en une expédition composée d'humains qui crapahutaient et de robots semblables à des araignées.

Sa perspective bascula, si bien qu'elle n'eut plus l'impression de filer parallèlement à un fond sous-marin, mais de grimper, d'escalader une falaise poussiéreuse. Sauf que la falaise en question était bombée et qu'il n'y avait rien sous Emma pour la rattraper si elle tombait.

Le monde pivota à nouveau et elle se retrouva accrochée à un plafond telle une mouche. Elle se rendit compte qu'elle enfonçait profondément ses gants dans le régolithe. Mais elle ne pouvait pas porter son propre poids dans cet endroit, et encore moins rester plaquée contre le toit. Son cœur se mit à cogner si fort dans ses oreilles qu'elle en eut mal.

Une main lui saisit l'épaule.

Elle prit conscience qu'il faisait sombre. Elle était passée sans s'en apercevoir dans la face sombre de l'astéroïde. Elle releva sa visière dorée et vit Malenfant debout devant elle tel un gros bonhomme de neige fantôme. Sa tête était auréolée d'étoiles.

— Ça va ?

Elle fit le point. Son estomac semblait s'être calmé, les battements de son cœur s'apaisaient.

— Se déplacer sur ce foutu rocher est peut-être plus difficile que je ne le pensais.

Elle regarda en arrière. Cornélius grimpait le long de la corde, pagayant dans le régolithe tel un poisson pataud. En dépit de l'obscurité qui régnait dans la « nuit » de l'astéroïde, il n'avait pas relevé sa visière.

Malenfant eut un large sourire et mima devant son visage une étoile de mer, une plaisanterie qu'ils partageaient depuis l'époque de leur mariage. *Le pauvre mec a dégobillé dans sa combinaison.*

Sans trop savoir pourquoi, Emma se sentit beaucoup mieux.

— De toute façon, c'est terminé.

— Vraiment ?

Malenfant l'aida à se mettre debout.

— Nous y sommes.

L'artefact se dressait devant Emma.

Ce n'était qu'un anneau bleu ciel entouré d'étoiles qui sortait du sol de l'astéroïde. Il se trouvait dans une dépression semblable à un cratère nettement dessiné d'environ cinquante mètres de diamètre.

Emma distinguait les marques des pitons et des câbles des lucioles, ainsi que les sillons réguliers laissés par leurs pelles lorsque les robots avaient dégagé l'anomalie de la masse érodée de Cruithne. Les lucioles avaient établi tout autour un réseau de câbles et de guides. Cela ressemblait, de manière étrange, aux rubans que l'on employait pour canaliser les queues autour d'un monument historique.

Malenfant, toujours attaché au sol, faisait fièrement face à l'artefact. Cornélius et Michaël avançaient vers lui le long d'autres câbles, pareils à des fantômes dans la lumière pâle des étoiles, simples silhouettes se dessinant sur un arrière-plan composé par le sol noir, les constellations en mouvement et une lueur d'un bleu venu d'ailleurs.

Emma s'approcha de l'artefact. Pour autant qu'elle pût en juger, c'était un cercle parfait, comme une sculpture. À sa base, un petit arc de cercle était enterré dans le sol poudreux de Cruithne. Il y avait des étoiles dans le ciel nocturne, tout autour de l'anneau, mais pas à l'intérieur. Le disque d'espace qu'il découpait était noir, plus noir que le ciel lui-même, plus noir que l'intérieur du crâne d'Emma.

L'objet était à l'évidence artificiel. Il avait été fabriqué, dans un endroit où aucun humain n'était jamais allé auparavant.

Et il émettait de la lumière, ici, dans la nuit de l'astéroïde. Elle baissa les yeux pour se regarder. La lueur bleue de l'artefact la baignait elle aussi, soulignant les plis de sa combinaison antimétéorites.

— Ne paniquons pas, dit Malenfant. Il ne va pas nous mordre. Nous n'allons pas nous relâcher et oublier notre entraînement, et nous allons surveiller nos réserves à chaque seconde tant que nous serons ici. C'est compris ? Alors, c'est bon.

Les quatre humains s'accrochèrent aux guides, Emma serra bien fort la main de Michaël, et ils avancèrent vers l'artefact.

**Reid Malenfant**

Malenfant parvint à s'approcher à près de deux mètres de la base du cercle, là où il s'enfonçait dans le régolithe. L'anneau se dressait au-dessus de lui. L'intérieur d'un noir d'encre ne reflétait pas un seul des photons projetés par la lampe de son casque.

Il plongea un regard agressif dans le disque obscur. À quoi sers-tu ? Pourquoi es-tu là ?

Il n'y eut bien entendu pas de réponse.

Bon, commençons par le commencement. Occupe-toi un peu de science, Malenfant.

Il fit glisser les mousquetons le long de la corde et mesura à grands pas le diamètre de l'anneau. Dix mètres environ, à vue de nez. Il s'approcha de l'anneau lui-même. Celui-ci, mince bande de la largeur de sa paume, était d'un bleu électrique et semblait luire de l'intérieur. Il ne voyait ni soudures ni granularités.

Il tendit sa main de singe gantée de tissu et tenta de toucher l'anneau.

Une force invisible la repoussa sur le côté.

Il eut beau pousser de toutes ses forces, se déplacer pour prendre appui sur le régolithe, il ne put approcher son gant à moins de trois millimètres environ de la matière qui constituait l'anneau. Et il avait chaque fois cette sensation insidieuse de glisser sur le côté comme avec un morceau de savon.

Il rapporta ses constatations à Cornélius.

— Passez votre main de haut en bas, maugréa celui-ci. Le long de l'anneau.

Malenfant fit ce qu'il disait.

— Il y a… des vagues.

— Des effets de marée.

— Des marées ?

— Malenfant, cet anneau n'est peut-être pas matériel.

— S'il n'est pas matériel, de quoi est-il fait ?

*De temps replié.*

C'était la voix de Michaël, qui faisait le tour de l'artefact en planant avec la plus grande aisance, comme s'il était né sous cette faible gravité.

— Bon sang, qu'est-ce que ça veut dire ? rétorqua Malenfant d'un ton coupant.

— Il dit que cet artefact pourrait être fait d'espace-temps, fit Cornélius.

Il s'approcha non sans peine des instruments que les lucioles étaient en train de déployer. Il s'agissait de boîtiers aux belles lignes anonymes connectés entre eux et à une station de collecte des données par des câbles recouverts de plastique, des tubes légers et des sondes destinées aux diagnostics. Une petite pile radiothermique à isotope fournissait de l'énergie à l'ensemble. Les câbles refusaient de se dérouler correctement et de reposer à plat sur le sol. Cornélius fixait les données qui défilaient, évitant d'affronter l'obscur mystère de l'artefact lui-même.

— Il y a un gravi-gradiomètre. Je détecte d'étranges distorsions du champ de gravité local qui… Il faut que je bricole une sorte de jauge de stress gravitationnel qui pourra m'en dire plus.

Il continua à marmonner tout en pianotant maladroitement sur son écran avec ses doigts gantés.

Malenfant n'y comprenait goutte. Il avait l'impression que Cornélius n'allait pas leur être d'un grand secours dans cette situation.

Il revint au centre de l'anneau, face à l'étendue de noirceur silencieuse qui le défiait.

Comme le jour de quinze minutes de Cruithne les ramenait dans la lumière, le Soleil émergea soudain de derrière une colline, sur sa gauche. L'ombre de Malenfant s'étira à sa droite sur le sol pulvérulent et scintillant, et diminua pendant qu'il la regardait.

La lumière solaire atténua la lueur bleue de l'anneau. Mais son centre obscur ne renvoyait rien là où elle frappait, pas un reflet, pas le moindre éclat lumineux.

Il leva la main, la paume vers le haut, vers la surface sombre.

*Non.*

Michaël était à ses côtés. Le gamin attrapa le bras de Malenfant et tenta de le tirer en arrière. Mais l'enfant était trop léger : ses pieds pendaient au-dessus du régolithe, tandis que des câbles se tordaient paresseusement autour de lui.

Malenfant le reposa avec précaution.

Michaël se pencha et fouilla le sol de l'astéroïde. Puis il se redressa, couvert de poussière ; il tenait un galet, un morceau irrégulier de brèche de la taille et de la forme d'une noix. Il le lança à la cuiller dans l'anneau.

Le caillou fila tout droit ; la faible gravité de Cruithne ne l'affectait pratiquement pas.

Il parut ensuite ralentir. Il devint moins brillant, et Malenfant eut l'impression qu'il prenait une teinte rougeâtre, éclairé par une lumière déclinante.

Puis il disparut.

Michaël le regardait, levant vers lui son visage éclairé par un large sourire.

Malenfant tapota son casque.

— Gamin, tu es un scientifique selon mon cœur. Qui en est ? Allons chercher ce caillou.

Il entreprit de faire le tour de l'artefact pour aller de l'autre côté. Les cordes n'étaient pas faciles à utiliser, et accrocher et décrocher les mousquetons prenait du temps.

Michaël fouillait du regard le sol qui se trouvait sous l'anneau. Il souriait toujours, et paraissait plus heureux qu'il ne l'avait jamais été depuis qu'il avait quitté la Terre. *Mon caillou n'est pas ici.*

— Mon Dieu, dit Emma. C'est exactement comme ce que nous avons vu lorsque la luciole est passée de l'autre côté.

— Ouaip. Mais assister en direct au phénomène flanque un peu la chair de poule. Je veux dire, où est ce caillou, à présent ?

Michaël en trouva un autre dans la poussière, et le lança dans la surface noire. Le caillou ralentit, devint rouge et disparut brusquement. Cette fois, Malenfant avait eu le sentiment de le voir s'*aplatir* en approchant du disque obscur…

— Malenfant…

Il se tourna. Emma lui montrait quelque chose.

L'endroit où ils se trouvaient avait été bouleversé, troué et creusé de cratères – comme toute la surface de l'astéroïde. La différence venait de ce qui se trouvait à l'intérieur.

Des lambeaux de chair. Des calmars morts au corps

écrasé et brisé, détruits par le vide, desséchés, dont les fluides vitaux s'étaient évaporés dans l'espace.

Il relâcha son câble et tenta de se rapprocher d'Emma.

— Il y a eu une guerre ici, dit-elle.

— Ou une exécution. Ou…

— Un suicide. (Il sentit la main d'Emma qui se glissait dans la sienne.) Comme chez nous.

— Que veux-tu dire ?

— Que ce sont peut-être ceux qui ont exploré l'artefact. Les Sheena. Ou peut-être que certains d'entre eux ont été touchés par le signal venu de l'aval.

— Comme Michaël et les autres enfants.

— Oui, et les autres ont eu peur d'eux, ils ont eu peur de ce qu'ils étaient devenus, et ils les ont tués.

Sauf si, se dit Malenfant, ceux qui avaient un cerveau ont gagné. Il ne savait pas très bien quelle perspective était la plus effrayante.

— À quoi avons-nous affaire, Cornélius ?

— Demandez au gamin, répliqua-t-il avec sécheresse. C'est lui, le génie plein d'intuition. Je ne suis qu'un mathématicien. Pour l'instant, j'essaie de rassembler des données.

— Parlez-moi de vos données, dans ce cas, dit Malenfant avec patience.

— Je ne savais pas ce que j'aurais à étudier ici. Alors j'ai pris tout ce qui m'est passé par la tête. J'ai des photodétecteurs pour mesurer la lumière reflétée par cette chose et celle qu'elle émet, à tout un tas de niveaux d'énergie. J'ai un gravi-gradiomètre, six paires d'accéléromètres rotatifs qu'on utilise sur les sous-marins nucléaires pour détecter les montagnes et les sillons sous-marins à partir de variations dans la force de gravité, de chouettes socs de charrue… Un puissant champ magnétique parcourt l'artefact, je vous ai dit ça ? Oh, et j'ai des détecteurs de particules semi transistorisés, des plaquettes de silicium qui enregistrent les impulsions électriques déclenchées par les particules qui les traversent. Rien de très élaboré. J'ai même emporté un détecteur de neutrinos de fortune qui donne des résultats. Malenfant, cette chose semble être une puissante source de neutrinos…

Cornélius parlait trop. Il avait la trouille, se dit Malenfant. En fait, il réagissait moins bien que le gamin.

— Qu'appelez-vous un artefact fait d'espace-temps ?

Cornélius hésita.

— Je n'aurais pas dû dire ça. C'était de la spéculation.

Malenfant attendit.

Cornélius se redressa, très raide.

— Malenfant, j'ai l'impression d'être un philosophe de la Grèce antique, comme Pythagore, par exemple, face à une calculatrice électronique. En procédant à des expériences, nous pourrons tenter de deviner à quoi il sert, mais…

— Michaël ! cria Emma.

Il avait détaché tous ses câbles. Il tourna la tête vers elle, agita la main et sauta à pieds joints. La gravité étant très faible, il fila tout droit, en tournant un peu sur lui-même.

Emma tenta de l'attraper, mais il était trop loin pour qu'elle l'atteigne.

Il rencontra la surface noire pile en son centre, ce qui était visiblement son intention. Malenfant eut l'impression qu'il s'aplatissait – son image se teinta de rouge – et filait au loin comme une fusée, comme si quelque chose le tirait à l'intérieur d'un immense tunnel.

Un sifflement strident explosa dans le casque de Malenfant, un déferlement de bruit blanc assez puissant pour lui faire mal aux tympans. Il vit Emma et Cornélius plaquer leurs mains sur leurs casques et tenter en vain d'y faire obstacle.

Grâce à Dieu, il cessa au bout d'une seconde ou deux.

Mais Michaël avait disparu.

Emma était debout devant l'artefact.

— Michaël !

L'anneau poli miroitait sur sa visière dorée. Malenfant ne pouvait pas voir son visage. Mais il savait, quand elle parlait, si elle avait la gorge serrée.

Il chercha quelque chose à faire. Un truc pratique. Emma n'était plus attachée. Il se pencha, ramassa les câbles défaits et les accrocha à sa ceinture.

Elle se tourna vers lui.

— Alors, demanda-t-elle. Qu'est-ce qu'on fait maintenant ?

— Malenfant. (C'était Cornélius.) Écoutez-moi ça.

Il pianota sur son écran et un enregistrement se déroula dans les écouteurs de Malenfant. Des mots, trop bas pour être distingués.

— C'est le cri, dit Cornélius. Il venait de l'artefact, c'était une impulsion radio à large spectre qui…

— Montez le volume, bon Dieu !

Cornélius obéit.

C'était Michaël, bien sûr – ou, plutôt, la voix de son traducteur automatique.

*J'ai trouvé mon caillou.*

**Emma Stoney**

Ils battirent tous trois en retraite et se hâtèrent de rentrer au dôme.

Cornélius s'extirpa de sa combinaison et fila droit sur ses écrans pour se mettre à travailler sur les données qu'il avait recueillies.

Malenfant ramassa patiemment les appareils éparpillés. Il accrocha leurs paquetages dorsaux pour qu'ils se rechargent. Puis il prit un petit aspirateur et nettoya la poussière.

Emma le saisit par le bras.

— Comment peux-tu faire ça maintenant ?

— Si nous négligeons les programmes, les entraînements et les procédures, nous sommes tous morts…

— *Nous avons perdu Michaël.* Nous l'avons pour ainsi dire kidnappé, nous l'avons transporté sur ce foutu astéroïde, et maintenant nous l'avons perdu. Il lui reste (elle vérifia) dix heures d'oxygène.

— Je sais.

— *Qu'est-ce que tu vas faire, alors ?*

Malenfant avait l'air exténué. Il lâcha l'aspirateur qui dériva jusqu'au sol.

— J'ai dit à Cornélius qu'il avait une heure pour trouver à quoi nous sommes confrontés.

— Et ensuite ?

Il haussa les épaules.

— Ensuite, je remets ma combinaison et je vais chercher le gamin.

Emma secoua la tête.

— Je n'aurais jamais imaginé qu'on en arriverait là.

— Dans ce cas, dit froidement Cornélius, vous n'avez pas beaucoup réfléchi.

— Votre façon de parler est inhumaine, dit Emma.

Cornélius parut surpris.

— Peut-être. Mais pour vous dire la vérité, je ne suis pas sûr que Michaël soit tout à fait humain. Il avait une longueur d'avance sur nous depuis notre arrivée ici. Il savait peut-être exactement ce qu'il faisait et où il allait quand il a traversé cette porte. C'était son choix. Avez-vous pensé à ça ?…

L'une des pompes du système de circulation d'air émit des claquements, puis s'arrêta.

Malenfant et Emma se regardèrent. Après tant de semaines passées dans le *O'Neill* et dans la bulle de l'habitat, Emma en était arrivée à connaître tous les claquements, tous les vrombissements et tous les cliquetis mécaniques des appareils qui la maintenaient en vie. Elle comprit aussitôt que quelque chose clochait.

Elle suivit Malenfant jusqu'à Cornélius, assis sur une chaise pliante près du poste de contrôle en réduction du dôme. Les écrans affichaient un fouillis de veilleuses rouges, certains ne montraient rien d'autre que de la neige.

— Que s'est-il passé ?

Cornélius se tourna vers Malenfant, les yeux plissés par la tension.

— On dirait que quelque chose a fait griller nos appareils électroniques.

— Quoi ? Une éruption solaire ?

— Ça m'étonnerait.

Malenfant pianota sur un écran.

— Il n'y a pas de danger immédiat. Les dispositifs situés en surface semblent tous hors service, mais bon nombre de ceux de l'habitat sont trop stupides pour tomber en panne.

— Avons-nous reçu des radiations ? demanda Emma.

— Peut-être. Ça dépend de la cause.

— … mon Dieu.

Cornélius avait obtenu une image.

C'était un ciel étoilé. Mais quelque chose, une forme immense, occultait les étoiles une à une. Une lueur clignotait au milieu de la silhouette noire.

— *C'est un vaisseau*, dit Malenfant. Mais qui…

Il y eut un cliquetis métallique, tous les systèmes de l'habitat cessèrent de fonctionner et le silence retomba.

Cornélius se tourna vers Malenfant.

— Trop stupides pour tomber en panne, hein ?

Emma avait chaud et l'impression d'étouffer, sa poitrine la faisait souffrir. Sans les appareils en circuit fermé qui faisaient circuler l'air et le régénéraient, le dioxyde de carbone produit par ses propres poumons allait l'asphyxier peu à peu…

Elle agita la main devant sa bouche, luttant contre la panique qui menaçait de l'envahir.

L'image sur l'écran, relayée par des caméras à la surface, disparut soudain.

— Je crois que nous ferions mieux de remettre nos combinaisons, dit Malenfant.

**June Tybee**

June n'était pas attachée très serré sur sa couchette. Elle faisait partie des dix militaires qui se trouvaient dans la grande cabine circulaire, l'une des cinq empilées les unes sur les autres au cœur du *Bucéphale*. Dans leurs combinaisons blindées, les soldats alignés ressemblaient à des scarabées géants.

Après des semaines d'entraînement, June avait la sensation que la combinaison faisait partie de son corps, y compris l'encombrant casque et ses épaisses connections. Elle était d'une couleur charbonneuse, presque noire. Camouflage spécial astéroïde. June avait été soulagée d'entendre l'ordre de fermer sa visière, juste avant l'éclair aveuglant de la bombe EMP. Là où ils se trouvaient, au cœur du vaisseau, les soldats étaient protégés des radiations. Mais être entourée de la protection supplémentaire de la combinaison ne pouvait pas faire de mal.

Les volets qui fermaient les fenêtres de la cabine s'ouvrirent brusquement. Ce n'étaient que de petites ouvertures rondes percées dans les parois capitonnées d'isolant. Mais elles suffisaient pour voir les étoiles.

… et autre chose : une forme massive, aussi noire que du charbon, qui flottait dans leur champ de vision. On aurait dit un morceau de charbon de bois pour barbecue criblé d'impacts de tir. Sauf qu'il y avait des structures à la surface : des petits dômes dorés, un objet qui ressemblait à un vaisseau spatial, un scintillement bleu électrique.

Les soldats poussèrent des cris de joie ; June sentit son cœur battre d'impatience.

C'était Cruithne. Ils étaient arrivés.

Une série de petites explosions martela la coque du transport. June savait par expérience de quoi il s'agissait : de brèves poussées de micropropulseurs contrôlant leur assiette. Mais une mise à feu aussi prolongée était inhabituelle.

Elle sentit qu'une main fantôme les poussait sur le côté. Un vaisseau massif comme le *Bucéphale* avait besoin de temps pour changer de cap. En cet instant, il s'y essayait de toutes ses forces.

Un nouvel objet dériva devant le hublot. Une sphère dorée qui ondulait et miroitait. Inexplicable : belle, et même élégante, mais d'une étrangeté totale, comme une méduse d'or sortie de l'obscurité qui nageait vers June.

Elle prit soudain conscience de l'endroit où elle se trouvait, de ce qu'elle était en train de faire, de la distance qui la séparait de chez elle. Le *Bucéphale* lui parut tout à coup très fragile. La peur lui serra la poitrine, une peur profonde et primitive.

**Emma Stoney**

— Bon Dieu, dit Malenfant, entre deux craquements radio, le voilà.

À l'extérieur, enfermée dans sa combinaison, Emma regardait le ciel.

Le vaisseau ne ressemblait à rien de ce qu'elle avait pu voir auparavant.

C'était un cylindre courtaud au petit nez arrondi. Sa base était évasée mais elle ne voyait pas de tuyères. Il était doté de deux immenses ailes semblables à des ailerons de requin où l'on lisait les lettres « USA » ainsi qu'une cocarde de l'*US Air and Space Force* et un drapeau des États-Unis peints à la base du cylindre. Des grappes compliquées d'instruments avaient été installées sur certaines parties de la coque : un bouquet d'antennes, quelque chose qui ressemblait à un projecteur géant monté sur pivot. La coque était enveloppée d'épaisses couches de tissu isolant troué et jauni par des semaines passées dans l'espace.

D'une certaine manière, voir cette énorme masse planer au-dessus d'elle dans le ciel de Cruithne dérangeait Emma. Elle s'était habituée à considérer ce ciel comme vide de tout, hormis les étoiles, le point brillant de la Terre et le disque pâle du Soleil.

À quelques dizaines de centimètres d'elle, une luciole-robot effectuait une manœuvre, plantant ses pitons et accrochant ses câbles en dessinant un petit cercle bien net, sans jamais s'arrêter. Sa carapace était éraflée et noircie par la poussière. Ses circuits électroniques étaient grillés, comme ceux du module d'habitation.

Mais leurs combinaisons fonctionnaient à la perfection. Malenfant avait pris l'habitude de les enterrer sous quelques centimètres de régolithe légèrement tassé. *Rien qu'une mesure de protection supplémentaire*, disait-il toujours. Emma commençait à comprendre la sagesse qui dictait son comportement.

— Il arrive par le pôle, murmurait Malenfant, en observant le vaisseau. On dirait qu'il a été conçu à partir des plans d'un SSTO – un lanceur mono-étage réutilisable. Vous voyez le moteur fusée *aerospike* en bas, là ? Cette base devrait servir de bouclier thermique lors de la rentrée dans l'atmosphère. Il est sacrément gros. Comment ont-ils fait pour le construire, le faire voler et venir à notre poursuite ici si vite ?

Cornélius haussa les épaules avec maladresse dans sa combinaison.

— Ça montre à quel point ils nous prennent au sérieux. Et maintenant, nous savons ce qui est arrivé à nos instruments.

— Oh, dit Malenfant, une EMP.

— EMP ? s'enquit Emma.

— Une impulsion électromagnétique, répondit Cornélius. Ils ont fait exploser une petite bombe nucléaire au-dessus de l'astéroïde. Nos circuits électroniques ont été saturés par les radiations.

— Mon Dieu, dit Emma. Et nous, quelle dose avons-nous reçue ?

Ils n'avaient pas de dosimètres, aucun moyen de répondre à cette question. Emma sentit la chair de poule se répandre sous sa seconde peau, comme si elle pouvait percevoir l'averse de radiations dures qui traversaient son corps.

— Quoi qu'il en soit, c'était franchement crétin, dit Malenfant. On ne peut plus leur parler.

— Ils ont peut-être pensé qu'ils n'avaient pas le choix, dit Cornélius. Après tout, ils ne savaient pas sur quoi ils allaient tomber.

Emma vit alors quelque chose de nouveau : une poche d'eau enfermée dans du tissu doré ondulant qui montait vers l'intrus depuis la surface de Cruithne.

Le poing de Malenfant se crispa.

— Bon Dieu, ce sont les calmars. Ceux qui sont restés. Ils répliquent.

Le cœur d'Emma se serra. Ils étaient, semblait-il, condamnés à subir une bataille, qu'ils le veuillent ou non.

Des étincelles jaillirent de petites grappes d'appareils compliqués situées le long de la coque du vaisseau. Il eut l'impression que celui-ci tanguait, déviant pesamment de sa trajectoire. Mais cela ne pouvait pas suffire.

Voir ces deux grandes masses converger dans le silence le plus complet avait quelque chose d'apaisant, bien qu'Emma comprît parfaitement que des forces puissantes et mortelles étaient à l'œuvre : on dirait des nuages, se dit-elle, des nuages sophistiqués faits de métal, d'eau et de tissu.

La membrane de la bombe à eau s'accrocha à quelque chose qui dépassait de la coque du vaisseau. L'eau jaillit et une lente explosion créa une corolle de vapeur. L'astronef se mit à rouler de manière aléatoire, queue par-dessus tête, et la membrane froissée se décrocha. Emma vit d'autres étincelles lorsque les pilotes qui s'efforçaient de reprendre la main déclenchèrent leur contrôle d'assiette.

— Ce n'est pas suffisant, dit Cornélius.

— Que voulez-vous dire ? demanda Emma.

— Si la collision avait été frontale, le missile envoyé par les calmars aurait transformé ce machin en épave. Il l'aurait ouvert en deux comme un œuf. Mais ce coup latéral va seulement les gêner.

— Vous voulez dire que ça va les mettre en colère, fit Malenfant.

De petites écoutilles s'ouvrirent en glissant à l'intérieur de la coque du vaisseau, crachant dans l'espace de petits gadgets sophistiqués. Ils pivotèrent de-ci, de-là, avec précision, puis filèrent en ligne droite au-delà de l'horizon.

— Des satellites radio, dit Malenfant. Destinés au commandement, aux communications et au contrôle. Pour qu'ils puissent voir tout autour du rocher lorsqu'ils vont lancer l'opération.

— Quelle opération ? demanda Emma.

— L'invasion de Cruithne. Qu'est-ce que tu crois ?

Le sol trembla.

Ils se mirent tous à flotter, comme des gouttes d'eau qu'un chien aurait éparpillées en s'ébrouant. Ils chancelèrent en atterrissant. Emma avait l'impression de sentir d'énormes vagues avancer lentement dans le sol poussiéreux.

— Qu'est-ce que c'est ce truc, bon Dieu ? jeta Malenfant.

Cornélius indiqua l'horizon.

Derrière lequel une fontaine de glace venait de jaillir. Des gouttelettes volaient en suivant des trajectoires parfaitement rectilignes, aussi brillantes que des étoiles miniatures, sans être ralenties par la faible gravité de Cruithne.

— Ils visent les calmars, dit-elle. Leurs dômes…

— Ouais, grogna Malenfant.

— Comment s'y sont-ils pris ? demanda Emma. Comment fait-on la guerre dans l'espace ?

— Ils ont peut-être tiré un projectile, dit Malenfant. Un missile antisatellite, par exemple.

— Non. (Cornélius montrait l'objet monté sur la coque qui ressemblait à un projecteur.) On dirait un pointeur pour rayon laser. Probablement un laser chimique d'une poignée de mégawatts, avec un miroir de quelques dizaines de centimètres.

— Peuvent-ils tirer à nouveau ? demanda Emma.

— Tu parles que oui, dit Malenfant. Les bébés qu'ils ont conçus dans les années 80 pour le projet Guerre des Étoiles étaient prévus pour tirer des milliers de fois.

La fontaine de glace se tarissait déjà.

Emma était heureuse de savoir que certains des calmars aient pu au moins échapper à ça, qu'ils soient en route pour les planètes troyennes, sur l'orbite de Jupiter, où ils seraient hors de portée de cette intervention militaire poids lourd.

Ce qui n'était pas son cas.

— Notre habitat sera la prochaine cible, dit Cornélius. Ensuite, ils détruiront le *O'Neill*.

— Ils ne feront pas ça, dit Emma. Ça nous tuerait.

— Ils ne savent pas qui est en train de leur tirer dessus. Ils vont tirer les premiers…

— … et laisser Dieu reconnaître les siens, dit Malenfant d'un ton sinistre. C'est ce que je ferais à leur place, bon sang.

— Sans l'habitat, sans le *O'Neill*, nous allons mourir dans nos combinaisons. Dans dix, douze heures.

— On est au courant, dit Cornélius d'un ton pincé.

D'autres écoutilles s'ouvrirent et de petites fusées traînant des câbles en jaillirent. Elles tombèrent au-delà de l'horizon rétréci de Cruithne ; Emma vit des panaches de poussière de régolithe. Les câbles se tendirent et le vaisseau commença à pivoter, avec une élégance majestueuse, tel un paquebot tiré par des remorqueurs.

— Il nous a harponnés, dit Malenfant. Et maintenant, il utilise des treuils pour se rapprocher.

Un sas s'ouvrit dans le ventre du vaisseau. Emma vit un rectangle de pâle lumière grise et une silhouette – un soldat – portant une lourde armure. Il était de la taille d'une fourmi. Pour la première fois, elle prit vraiment conscience de la taille gigantesque du vaisseau.

Cornélius remua.

— Nous devons partir. Venez.

Il sortit ses câbles du régolithe, s'allongea à plat ventre et entreprit de se propulser à la surface en utilisant le bout de ses doigts. Il ne prenait même pas la peine de s'attacher.

— Cornélius a l'air pressé, dit Emma.

— J'imagine qu'il sait quelque chose que nous ignorons, dit Malenfant d'un ton sinistre. Nous ferions mieux de le suivre.

Emma tomba en avant. Des tourbillons de poussière de Cruithne s'élevèrent autour d'elle et, moitié rampant, moitié flottant, elle suivit Cornélius dans sa fuite.

**June Tybee**

Debout devant le sas fermé, June était prête. Son harnais, qui pendait sur sa combinaison, était attaché à un filin servant de guide qui s'enroulait mollement au-dessus de sa tête.

Exactement comme pour sauter en parachute, se dit-elle.

Sauf que, bien entendu, ce n'était pas ce qu'elle s'apprêtait à faire.

Le sas glissa sur le côté.

Cruithne apparut dans l'ouverture : d'un noir de suie, parsemé de cratères de toutes tailles, soulignés çà et là par des scintillements rouges ou bleus. La corde de guidage aux boucles figées par l'absence de pesanteur sinuait jusqu'à une fusée munie d'un piton enterrée dans le sol. June ne ressentait pas la gravité. C'était comme regarder droit vers un mur plutôt qu'en bas vers le sol.

Elle s'était si bien débrouillée lors des entraînements sous gravité zéro qu'on l'avait choisie pour faire partie de la première vague. Et voilà, elle était dans le sas d'un vaisseau spatial, face à un astéroïde.

Mon Dieu, oh mon Dieu…

Quelqu'un lui donna une claque dans le dos. Elle ne se permit pas d'hésiter. Elle tira une dernière fois sur le harnais, s'élança, flotta un peu, et repoussa le sas de toutes ses forces.

Elle planait entre deux parois verticales, comme si elle allait d'un immeuble à un autre en suivant les boucles du câble. Et, lorsqu'elle regarda vers le bas…

Elle baissa les yeux et vit des étoiles.

Et, à sa gauche, à sa droite et au-dessus d'elle, plus d'étoiles encore. L'espace, en haut, en bas et tout autour. Tous ces mois passés enfermée dans le *Bucéphale* s'évaporèrent, et l'échelle de l'univers passa de quelques dizaines de centimètres à l'infini. Son estomac se retourna. Rien, aucun entraînement, aucune simulation, absolument rien ne l'avait préparée à la réalité de cette expérience, au fait de dériver dans l'espace.

Ils auraient quand même pu essayer de le faire, songea-t-elle.

Elle serra son arme contre sa poitrine et se concentra dessus, écartant tout le reste. C'était sa spécialité – elle avait même appris à d'autres à s'en servir. Le fusil était déformé par la visière courbe et teintée de son casque. C'était à la fois un fusil à laser et à balles – des balles ordinaires, les chargeurs et les barillets ayant été modifiés pour fonctionner dans le vide. Avec une grosse détente, à cause des gants. Il nécessitait un lubrifiant spécial au graphite qui ne grippait pas dans le vide et se composait d'éléments modulaires pour qu'on puisse le réparer facilement. Un voyant indiquait la puissance du laser – pour l'instant chargé à bloc, naturellement…

Le transfert ne pouvait pas avoir pris plus d'une minute. Elle avait l'impression que c'était bien plus long.

L'astéroïde était enfin là, les détails de sa géographie explosant autour d'elle, remplissant son champ de vision. Sa surface était sculptée par des cratères, des cercles recouvrant d'autres cercles, comme sur une plage après la pluie, comme ce jour en Floride, avec Tom. Seulement, cette plage-ci n'était pas dorée, mais aussi noire que du charbon, tout comme le ciel, et elle se trouvait très loin de la Floride.

Elle entendit le radar l'avertir qu'elle approchait du sol.

Elle écarta bras et jambes en étoile de mer comme elle avait appris à le faire à l'entraînement. Elle ne pouvait estimer à l'œil nu à quelle distance elle se trouvait du sol. Plus elle se rapprochait, plus elle voyait des cratères et des trous déchiquetés, si bien que la surface paraissait la même indépendamment de l'échelle… comment disait-on, déjà, fractale… ?

Elle éprouva un choc lorsque ses mains rencontrèrent le sol mou et pulvérulent.

Elle se sentit pivoter. Puis ses genoux et ses orteils touchèrent le sol en même temps. Comme si elle s'accrochait à un mur – et merde, elle rebondissait, elle repartait flotter dans l'espace. Elle griffa la surface de l'astéroïde.

Elle était en train de paniquer.

Elle ferma les yeux et prit une profonde inspiration.

Elle rouvrit les yeux, prit les pitons pendus à sa ceinture et en enfonça un dans le sol, puis un deuxième et un troisième. Avec des gestes désormais rapides et efficaces, elle accrocha ses câbles aux cordes, les testa en tirant vivement dessus et – elle respira à nouveau profondément et se concentra – elle arracha le harnais de la corde de guidage. Elle n'était plus reliée au *Bucéphale*.

Elle sortit son piton de la terre, déplaça son câble et progressa en rampant. Voilà, elle faisait de l'alpinisme sur le flanc d'un astéroïde. Le ventre, les bras et les jambes de sa combinaison étaient déjà couverts de taches et de traînées noires et elle devait s'arrêter toutes les deux ou trois minutes pour essuyer la saleté qui couvrait sa visière. C'était comme de ramper sur une large colline couverte de suie après un immense feu de forêt.

Le *Bucéphale* planait dans le ciel tel un Soleil de métal aux contours compliqués. D'autres soldats descendaient sur Cruithne, glissant le long du câble dans un silence absolu.

Putain de Dieu, se dit-elle. Je l'ai fait. Une bouffée de joie l'envahit. Tommy, Billie, je vais avoir une sacrée histoire à vous raconter, à vous et à vos enfants. J'espère que quelqu'un filme.

Un satellite à basse altitude fila au-dessus de sa tête, comme une petite araignée de métal dotée de panneaux solaires et d'antennes impalpables. Il effectua un virage, agité de secousses, puis descendit en ligne droite vers l'horizon jusqu'à ce qu'elle le perde de vue. La gravité de Cruithne était trop faible pour que les satellites se positionnent sur une orbite utile, aussi utilisaient-ils de petits propulseurs pour en faire le tour. Leur durée de vie, limitée par la quantité de carburant qu'ils emportaient, n'était que de quelques heures, mais cela suffirait sans doute. S'ils n'avaient pas sécurisé l'astéroïde d'ici là, ils seraient tous dans la mouise, de toute façon.

Lorsqu'elle regarda en arrière, le *Bucéphale* se trouvait déjà derrière l'horizon tout proche. Comme si elle était seule dans cet endroit.

Elle devait attendre. Pour l'instant, ils avaient seulement ordre de se disperser sur quelques centaines de mètres, puis d'avancer régulièrement en gardant le contact visuel avec leurs coéquipiers. Ils convergeraient ensuite sur les diverses installations.

Accrochée au sol poussiéreux, elle aspira du jus d'orange froid et acide à l'aide de la tétine du distributeur placé à l'intérieur de son casque et trouva une barre de céréales aux fruits dont elle croqua un morceau. Quand elle voulut à nouveau mordre dans la barre, celle-ci s'avança vers sa bouche.

Elle se trouvait dans l'ombre à présent et voyait des étoiles. La rotation de l'astéroïde devenait plus évidente. Les étoiles tournaient lentement au-dessus d'elle. Et voilà que la Terre apparaissait, bleue, grasse et resplendissante, lourde de lumière, l'objet le plus coloré visible en ces lieux. Et ce n'était qu'un point dans le ciel. June avait du mal à croire que tout ce qu'elle avait connu avant de monter à bord du *Bucéphale*, ses enfants, Bill, sa famille, tous les lieux où elle avait vécu et tous ceux qu'elle avait visités, étaient contenus dans cet éclat de lumière.

Quelque chose fila au-dessus de sa tête, un objet d'un blanc étincelant au Soleil. Un autre satellite en orbite basse ?

Mais l'objet gigotait. Il avait des bras et des jambes. Et une espèce de nuage s'étalait autour de lui, une sphère de vapeur. Il cessa peu à peu de s'agiter. Comme un poisson hors de l'eau, se dit-elle, l'esprit engourdi.

Quelque chose était allé de travers.

L'astéroïde fut soudain agité d'un tremblement qui fit perdre à June le contact avec la surface ; elle s'envola.

Il y eut un éclair devant elle, dans la direction du *Bucéphale*.

Une grêle d'objets passa au-dessus de l'horizon, des objets complexes, étincelants, filant en ligne droite dans le silence le plus total. Des fragments d'épave.

À ce moment-là elle comprit qu'elle ne rentrerait jamais chez elle.

**Emma Stoney**

Ils étaient revenus tous les trois à l'artefact.

Il y eut un tremblement assez fort pour qu'Emma s'accroche à son câble. De petites éclaboussures de poussière d'astéroïde soulevées par des impacts jaillirent du sol.

Cornélius consulta sa montre, un gros cadran mécanique attaché à son poignet. Il serra le poing, comme s'il saisissait quelque chose.

— Juste à temps.

Le tremblement de terre, si c'en était un, cessa. Emma regarda autour d'elle. Rien ne semblait avoir changé. Le Soleil se déplaçait lentement autour de sa tête. Le cercle bleu sortait de la poussière comme s'il était là depuis des milliards d'années, indifférent aux affaires des humains qui se querellaient sur la surface cabossée de l'astéroïde.

— Qu'avez-vous fait, Cornélius ? interrogea Malenfant.

— J'ai utilisé un laser à rayon X. (Emma entendit à sa

voix qu'il exultait.) Un joujou de l'époque de la Guerre des Étoiles que j'ai conservé. Avec une petite bombe nucléaire comme source d'énergie… Bref. Ça a marché. Et on l'a senti partout sur l'astéroïde, jusqu'ici, à travers cinq kilomètres de rocher.

— Combien de personnes avez-vous tuées ? cracha Emma.

Cornélius se tourna vers elle en s'accrochant à son câble et lui fit face.

— Ils ne nous auraient pas fait de quartier. C'était eux ou nous. Et nous ne pouvions pas les laisser accéder à la porte.

— Pourquoi pas ? Mon Dieu, ils représentent le gouvernement. Et il y avait des soldats qui sortaient de ce vaisseau. Qui descendaient à la surface le long d'un câble. Je les ais vus. Vous pensez vraiment que vous les avez tous éliminés ?

— Du calme, dit Malenfant. Nous devons d'abord comprendre ce qui s'est passé. Ont-ils eu le temps de détruire l'habitat et le *O'Neill* ? C'est le seul endroit de l'astéroïde où nous pouvons survivre, le seul moyen que nous ayons de rentrer chez nous.

— Serais-tu en train de suggérer que nous pouvons négocier un marché ? demanda Emma, incrédule.

— Emma, tu me connais, j'ai passé ma vie à négocier…

C'est à ce moment-là que quelqu'un tira sur lui.

**June Tybee**

June toussa et se rendit compte qu'elle avait vomi ; jus d'orange, barre de fruits et autres saloperies avaient éclaboussé l'intérieur de sa visière.

Elle pendait au bout d'un unique filin, comme si l'astéroïde s'était transformé en un toit au-dessus de sa tête.

Deux autres câbles arrachés au régolithe s'enroulaient autour de son corps. Sous elle, il n'y avait que l'espace, un endroit infini où elle pouvait tomber pour l'éternité.

Le vaisseau n'était plus là. Il paraissait avoir crevé comme un ballon. Il n'y avait plus qu'un nuage de fragments de métal et de plastique, et des bouts d'isolant qui se dispersaient peu à peu.

Il y avait aussi des corps, bien entendu, des grumeaux dans le nuage. Certains ne portaient pas de combinaison, seulement leur T-shirt : les soldats malades, peut-être les pilotes. Ils n'avaient jamais eu la moindre chance de s'en sortir.

Ce fut cela, le fait que l'on eût assassiné sans la moindre pitié ces gens sans défense, qui mit June le plus en colère, plus encore que la perspective de se retrouver échouée ici et de ne jamais revoir Tom ou Billie.

Il fallait qu'elle regagne la surface de l'astéroïde avant que son câble ne cède. Avec précaution, une main après l'autre, elle se hissa le long de la corde enroulée.

Lorsqu'elle fut assez près pour toucher le régolithe, elle enfonça des pitons supplémentaires dans le sol.

Elle brisa le silence radio et tenta de lancer des appels. Les satellites avançaient par à-coups au-dessus de sa tête, fonçant au hasard comme des moucherons de métal affairés, incapables de comprendre que le vaisseau géant qui les avait amenés avait disparu.

Pas de réponse.

Elle était la plus éloignée du *Bucéphale* au moment de l'explosion ; c'était peut-être pour ça qu'elle avait été épargnée. S'il y avait d'autres survivants, ils étaient pour l'instant invalides, pour une raison ou pour une autre. Elle n'y pouvait strictement rien.

Avant de quitter le vaisseau, on leur avait montré l'emplacement des principaux habitats des calmars – que le laser chimique avait détruits depuis – et des humains qui se trouvaient ici, Malenfant et ses associés. Ces derniers se dirigeaient vers l'autre bout de l'astéroïde.

C'était là qu'elle devait aller.

Cruithne était petit. Elle trouverait certainement l'ennemi avant que ses réserves ne s'épuisent. Et, dans le cas contraire, ça lui laissait une marge suffisante pour atteindre leur vaisseau. Si elle ne devait pas rentrer chez elle, ils ne rentreraient pas non plus.

Elle décrocha ses câbles et se remit à progresser à la surface de l'astéroïde. Le haut de sa visière affichait les coordonnées fournies par un appareil de positionnement auquel les satellites survivants fournissaient des coordonnées.

Ce n'était pas si difficile que ça.

Elle traversa les débris d'un des habitats en forme de bulle des calmars.

Il n'y avait pas grand-chose à voir. La membrane avait juste éclaté. Il restait seulement quelques lambeaux de tissu et des morceaux d'appareils anonymes. Pas de calmars. Ils avaient sans doute tous été projetés dans l'espace lorsque la fin de leur monde était arrivée, comme ses propres camarades.

Excellent. Tout ce qu'elle espérait, c'était que les calmars étaient assez intelligents pour comprendre ce qu'était la mort.

Elle arriva peu après en vue du cercle bleu. Elle s'aplatit contre le régolithe. La forte courbure de l'horizon de l'astéroïde et son étroitesse la rendaient claustrophobe, être si près de sa cible la mettait mal à l'aise.

Trois silhouettes négligemment attachées se tenaient près de l'artefact. Elles allaient et venaient dans ses viseurs, gesticulant et parlant.

Comme on le lui avait appris, June cala ses doigts de pieds dans le régolithe et tendit ses cordes de rappel avant de lever son arme. Sinon, le recul aurait pu l'arracher à la surface de Cruithne. Elle visa. Contrairement à ce qui se serait passé sur la Terre, la balle allait voyager en suivant une ligne droite parfaite, que la très faible gravité de l'astéroïde ne perturberait pas de manière sensible. Elle avait entraîné d'autres personnes à s'en servir, mais ils n'auraient jamais la possibilité de mettre en pratique ce qu'elle leur avait appris.

Elle tira. Plusieurs fois.

**Reid Malenfant**

La balle invisible frappa violemment Emma à la jambe, l'arrachant à la surface. Le câble attaché à sa taille s'étira sur toute sa longueur, se tendit avec un sursaut et la ramena en arrière. Elle vint se plaquer à la surface où elle atterrit sur le dos. Puis elle rebondit jusqu'au bout du filin.

— Emma ? Emma ?

Maladroitement, sans plus se préoccuper de respecter ses propres consignes au sujet des câbles, Malenfant se rua vers elle. Il la tira vers lui à l'aide du filin, comme s'il ramenait un poisson à terre, et la remit debout. Sa cuisse déchiquetée était en sang. Malenfant voyait des bulles rouges bouillonner et éclater.

— Il nous faut un garrot.

Une giclée de régolithe lui éclaboussa les pieds.

Cornélius lui saisit le bras.

— Pas le temps, dit-il. Ils viennent nous chercher.

Malenfant observa le paysage creusé de cratères. Il ne voyait personne. Il n'entendait rien qui aurait pu l'aider à déterminer d'où venaient les tirs.

Une autre éclaboussure, un cratère supplémentaire.

Ils n'avaient nulle part où s'abriter.

L'anneau bleu se dressait au-dessus de Malenfant, encadrant un puit d'obscurité.

— Par ici, dit-il. Par la porte.

Cornélius eut un mouvement de recul.

— C'est à sens unique. *Nous ne pourrons jamais revenir.*

— Je sais. (Malenfant étudia Cornélius ; il aurait aimé voir son visage.) Mais nous serons en vie. Et puis, on ne sait jamais. Il peut toujours se passer quelque chose.

— Quoi ?

— Faites-moi confiance, dit Malenfant.

Et, serrant Emma dans ses bras, il décrocha ses câbles, prit appui sur le régolithe et sauta.

Il y eut un éclair bleu, un instant de douleur ahurissante…

# 4

# Multiplicité

*Cette chose sans limites, silencieuse et jamais en repos, qui roule et qui se rue, vive mais sans un bruit, telle une marée qui engloutit tout, où l'Univers entier et nous filons comme des souffles, est ce qu'on appelle le Temps.*

Thomas Carlyle

**Maura Della**

Journal. 14 avril 2012.

Peut-être que je me fais vieille, tout simplement.

J'aurais dû m'y attendre, j'aurais dû prévoir qu'un vent de panique balayerait la planète une fois que toutes les chaînes de télé et tous les sites Internet auraient montré les images des Enfants bleus échappant à une explosion nucléaire. Les messages du futur et les visions célestes nous ont plongés dans la confusion, mais, à présent, un consensus semble avoir pris forme : l'avenir qu'on nous a montré est faux, la catastrophe de Carter est réelle et il ne nous reste que deux siècles.

Dans une certaine mesure, l'espèce humaine semble réagir aujourd'hui aux grands événements comme un organisme unique. Après tout, nous vivons dans un monde totalement interconnecté. Les mèmes – les informations, les idées, les espoirs et les peurs – se propagent dans les médias et sur le Net littéralement à la vitesse de la lumière.

Il se peut que cette réaction de masse constitue le plus grand danger que nous ayons à affronter.

De toute façon, j'imagine que c'est un phénomène inévitable lorsque les télés, les chaînes de radio et les réseaux d'informations d'une humanité interconnectée ont tous le même gros titre : la fin du monde…

**Atal Vajpayjee**

Atal se mit à plat ventre dans le sous-bois et effectua la mise au point avec ses implants cornéens binoculaires.

Les soldats pakistanais qui gardaient cet endroit marchaient de long en large, fusil à l'épaule, assommés par l'accablante lumière du Soleil. Pouvoir les observer et savoir qu'il leur était impossible de le voir, lui, procurait à Atal un sentiment très satisfaisant de puissance.

Il avait trouvé sans problème son poste d'observation. Il avait suivi la Grand Trunk Road entre Rawalpindi et Peshawar jusqu'à cette petite piste qui l'avait conduit dans ces collines boisées. De là, les bâtiments de l'institut de recherche scientifique de Topi étaient parfaitement visibles.

C'était à Topi que les chercheurs avaient développé les armes nucléaires du Pakistan.

À présent, tout ce qu'il avait à faire, c'était attendre l'ordre d'y aller.

C'était une chaude journée. Il s'essuya le front et s'aperçut que ses doigts étaient tachés par la peinture de camouflage. Il se demanda si le jeune garçon qui était rentré à la maison ce jour-là, plus de dix ans auparavant, l'aurait reconnu aujourd'hui.

Atal n'avait que dix-huit ans.

Il avait grandi en sachant que le Cachemire était la province la plus troublée de l'Inde. Et, pourtant, il avait été heureux ; son père était un marchand de tissu prospère de Srinagar. Même le crépitement des coups de feu qu'il entendait la nuit dans les collines ne l'inquiétait pas.

Tout avait changé le jour où, en rentrant des cours – il voulait devenir docteur – il avait trouvé sa mère effondrée sur le seuil, en train de pleurer et de gémir. Dans la maison, il avait découvert les restes de son père.

Restes. Un mot froid et neutre. Seule la partie inférieure de son corps avait pu être identifiée comme appartenant à un être humain. Sa mère n'avait pu le faire que grâce à une cicatrice sur son pied gauche. Les autorités étaient incapables de les aider psychologiquement, ni de trouver des suspects.

Atal n'avait pas tardé à apprendre la vérité.

Son père travaillait depuis des années comme agent du gouvernement indien. Il s'était efforcé de maintenir la stabilité précaire de cette province troublée. Cette cause avait fini par lui coûter la vie.

Depuis, Atal œuvrait à sa vengeance.

La guerre avait déjà commencé ; il y avait eu des escarmouches entre les deux armées dans les collines, des jets pakistanais avaient effectué des raids sur les frontières, l'Inde avait tiré ses missiles Agni sur des cibles militaires.

La guerre était inévitable parce que tout le monde la désirait. Si les étranges prédictions des scientifiques occidentaux étaient vraies – si le monde était réellement condamné, si des enfants plus qu'humains avaient vaincu l'armée des États-Unis et étaient partis pour la Lune – alors il importait que d'anciens torts soient réparés avant que l'obscurité ne vienne.

Il savait qu'il ne survivrait sans doute pas à cette journée. Mais ça n'avait pas d'importance. Il n'y aurait pas de futur, pas de monde où ses enfants auraient pu vivre. Il n'y avait que ceci, son but, le goût de la victoire avant que la lumière ne s'éteigne.

La radio émit un sifflement aigu. Il sortit le petit appareil de son oreille en grognant. Il se retrouva sur l'herbe, poussant un cri strident d'insecte.

Impulsion électromagnétique.

Il regarda par-dessus son épaule. Des sillages d'avions :

il y a en avait quatre, cinq, six, qui venaient de l'est. Des missiles Ghauri à têtes nucléaires. Bombay, Delhi et Calcutta n'avaient plus que quelques minutes à vivre.

Mais la réplique de l'Inde était garantie.

Le grand jour était enfin venu. Il se leva, brandit son arme et poussa un hurlement de défi.

Il y eut un mouvement sur sa droite.

Une explosion à l'intérieur de son crâne. Lumière, sons et odeurs se fondirent et tourbillonnèrent.

Il gisait sur le flanc. La nuit tombait.

**Xiaohu Jiang**

Xiaohu ouvrit sa fenêtre et contempla la nuit pékinoise. Ce gratte-ciel faisait partie d'un groupe d'immeubles bien entretenus mais totalement sinistres qui s'alignaient comme des pierres tombales autour de la vieille ville. Sa mère lui avait dit que les nuits de Beijing étaient autrefois célèbres pour leur clarté à cette époque de l'année. À présent, le Soleil de midi lui-même était parfois masqué.

Xiaohu était particulièrement fatiguée cette nuit-là.

Elle travaillait à l'usine municipale nationalisée de retraitement des déchets, ce qui était, comme toujours, lugubre et éprouvant. Et, en dépit des étranges informations qui arrivaient d'Amérique et de la nouvelle lueur étincelante que tout le monde pouvait voir à la surface de la Lune, elle n'avait d'autre choix que d'assister à la *xuexi hui*, la session hebdomadaire d'études politiques qui se déroulait dans le grand espace commun situé à la base du bâtiment.

Elle avait également été plutôt surprise de constater que les textes distribués cette semaine étaient en fait vraiment intéressants.

Elle avait là, par exemple, une nouvelle édition d'un

vieux pamphlet intitulé *Une esquisse de certains sujets concernant le socialisme*, qui traitait de la réaction officielle du Parti aux prédictions de Carter. Ce qui l'avait étonnée. Si Carter avait raison, affirmait le pamphlet, tout ce qui attendait les futures générations, c'était le malheur. Si un enfant n'existait jamais, il ne pouvait pas souffrir. Donc, l'action la plus morale à avoir était de cesser de faire des enfants, de leur épargner cette douleur.

Cette nouvelle doctrine était certainement destinée à soutenir les vieilles tentatives du Parti de contrôler la population du pays. Tout le monde était habitué aux manipulations officielles de la vérité – au *zhilu weima*, qui consistait, comme dans la vieille expression populaire, à montrer un daim en disant que c'est un cheval.

Mais, tout de même, tout cela faisait écho dans l'esprit fatigué de Xiaohu. Il y avait effectivement du vrai là-dedans, se disait-elle. Une véritable sagesse. Mais qu'est-ce que ça signifiait pour elle ?

Elle ferma la fenêtre et avança en silence dans sa chambre. Sa fille, Chai, dormait sans bruit dans son berceau, son visage semblable à une petite lune ronde à la bouche ouverte comme un bouton de rose.

Chai n'était pas légale. Son existence n'était connue que de peu de gens, et pas même de son père. Xiaohu avait élaboré des plans sophistiqués pour donner une vie à Chai, un passé factice, un moyen d'être respectable, d'avoir une éducation, une vie.

Ou plutôt, se dit-elle avec tristesse, un moyen de traverser la vie en souffrant le moins possible. Mais, à présent, les prédictions américaines avaient rendu cela impossible.

*Utilitarisme négatif*, se dit Xiaohu. Réduire les maux plutôt qu'augmenter les bienfaits. Peut-être était-ce tout ce qui avait jamais été possible dans ce monde imparfait. Elle se sentait immensément lasse.

Xiaohu embrassa sa fille. Puis elle prit un oreiller et le posa délicatement sur le visage placide de l'enfant.

**Bob David**

Il avait toujours été doué de ses mains. Vers sept ou huit ans, il dépiautait des moteurs de camion avec son père. À douze ans, il avait fabriqué lui-même son stock-car à partir de pièces récupérées à la casse.

Ce qu'il fabriquait en ce moment – ici, dans la cave de son immeuble du centre de Cambridge, Massachusetts – était bien plus simple qu'un camion.

L'élément clé était un nouveau truc spécial portant le nom de mercure rouge : un composé d'antimoine et de mercure chauffé dans un réacteur nucléaire, capable de libérer cent fois l'énergie contenue dans la même masse de TNT. Grâce au mercure rouge, il allait pouvoir faire entrer sa bombe dans un attaché-case.

Bob avait grandi ici, à Cambridge. Toute sa vie il en avait voulu aux trous du cul d'intellos qui l'ignoraient à l'école ; même petit, il savait déjà que l'avenir leur appartenait, à eux, et pas à lui. Il avait appris à la dure qu'il n'y a pas beaucoup de place dans le monde pour un type qui ne sait que travailler de ses mains.

Il fut heureux lorsqu'on commença à passer des lois anti-Bleus et à coller ces sales petits malins dans des écoles-prisons au Nevada et à New York.

Ironiquement, le seul endroit où Bob avait jamais eu un emploi légal et rémunéré de toute sa vie était le MIT, ce nid d'intellos attardés. Au *Massachusetts Institute of Technology*, les murs eux-mêmes portaient les noms de déités scientifiques, Archimède, Darwin, Newton, Faraday, Pasteur et Lavoisier.

Bob travaillait aux cuisines, il n'était qu'un aide chargé du nettoyage.

Mais, même ainsi, en dépit de ses ressentiments, il n'aurait probablement pas trouvé son plan s'il n'avait pas entendu qu'on parlait de la fin du monde aux infos.

Il avait écouté ce que le président avait à dire. La fin du monde n'était qu'une prédiction, un truc mathématique. Les Enfants bleus étaient seulement des enfants, aussi étranges qu'ils puissent paraître. Il ne fallait pas réagir de façon négative ; il ne fallait pas recourir au désespoir et à la destruction.

Bob avait réfléchi à tout ça.

Il avait vu les émissions à la télé et suivi les discussions sur les forums. La fin du monde était proche, pas de doute là-dessus, semblait-il, même si personne ne savait comment il allait finir. Mais il y avait un tas de possibilités, la guerre nucléaire, l'air qui devenait irrespirable, et ces mutants génétiques, ces Bleus dans leur base argentée sur la Lune, qui allaient prendre le pouvoir sur la planète.

Et Bob avait l'impression que chacune de ces horreurs était causée par la science.

Après ça, il savait ce qu'il devait faire.

Il avait cru qu'il lui serait difficile de se procurer les matériaux bruts. Mais, en fait, ça ne l'avait pas été du tout. Tout comme il ne lui avait pas été compliqué d'assembler la belle machine bien propre qui grossissait dans sa cave.

Il la fabriquait avec patience, testant chaque nouvel élément avant de l'ajouter tout en sifflotant.

**Maura Della**

En Europe occidentale, le taux de natalité a chuté brutalement, comme si les gens essayaient d'épargner l'horreur de l'existence à ceux de leurs enfants qui ne sont pas encore nés. À l'opposé, les Japonais semblaient s'enfoncer dans l'excès hédoniste. Ceux qui ne sont pas encore nés, qui n'existent pas encore, n'ont pas de droits. *Par conséquent, nous avons le droit de mettre le monde à feu et à sang…*

Partout dans le monde, on réglait de vieux comptes. Des conflits frontaliers avaient éclaté sur toute la planète, y compris trois échanges de bombes nucléaires géographiquement limités. En Afrique du Sud, la fièvre de la vallée du Rift, une maladie qui tuait dix fois plus de Blancs que de Noirs, était apparue en plusieurs endroits. D'aucuns se tournaient vers la religion. D'autres se retournaient *contre* elle : le pape avait été victime de plusieurs tentatives d'assassinat et quelque chose qui ressemblait fort à un jihad ravageait l'Algérie. Au Moyen-Orient, un conflit à grande échelle entre les communautés chrétiennes et musulmanes se profilait à l'horizon; certains commentateurs musulmans prétendaient que les chrétiens tentaient d'accélérer la venue de l'Apocalypse de leurs Évangiles.

L'Amérique n'était pas épargnée, bien entendu. Des laboratoires scientifiques, des instituts de technologie et des entreprises avaient été attaqués dans tout le pays, la destruction du MIT étant le pire incident que l'on ait à déplorer. Quant aux Enfants bleus restants, ils étaient des cibles depuis longtemps et, à présent, certains journalistes – y compris sur les grandes chaînes de télévision – décrivaient ces gosses sans défense comme des Anges de l'Apocalypse…

Et voilà.

Le travail du gouvernement se poursuivait au milieu de tout ça. Et, comme d'habitude, Maura et les autres s'efforçaient de limiter les dégâts – un emmerdement après l'autre.

Le problème de Cruithne était gérable.

On avait envoyé des sondes sur l'astéroïde, qui avaient pris des quantités infinies de photos et de mesures des débris, pour pas grand-chose, à son avis. On parlait d'envoyer d'autres humains là-bas, des gens volontaires pour traverser l'artefact. Maura doutait fort que de telles missions reçoivent les autorisations officielles. À quoi bon, si aucune donnée ne pouvait être envoyée de là-bas ?

En ce qui la concernait, elle soutenait la proposition de l'*US Air and Space Force* : irradier la surface de Cruithne, rendre l'astéroïde inhabitable pour un millier d'années et laisser le futur, les foutus gens de l'aval, s'en occuper eux-mêmes.

À l'exception du départ illégal de Malenfant, tout – sa découverte de l'étrange artefact, l'échec de l'expédition militaire lancée à sa poursuite, la mort apparente de tous ceux qui étaient impliqués dans ces événements et l'exode des calmars améliorés – tout avait eu lieu sur un caillou perdu dans l'espace. Le spectacle offert par Cruithne se déroulait tout simplement trop loin ; trop abstrait, trop éloigné de l'expérience de la plupart des gens pour susciter l'impression d'une menace, il s'effaçait déjà des mémoires.

Il circulait même des rumeurs disant que tout cela était faux, des images de synthèse diffusées depuis des satellites par le FBI, les Nations unies, des États voyous du tiers-monde, ou d'autres ennemis décidés à déstabiliser la planète, contrôler les esprits de la population, et autres idées pouvant naître dans l'imagination des théoriciens du complot. (Bien entendu, il existait effectivement un petit département du FBI destiné à inventer et encourager les fausses rumeurs de ce genre, ce que Maura savait parfaitement.)

Mais le cas des Enfants bleus était différent.

Ce qui avait étonné Maura, c'était que les gens, dans leur ensemble, avaient applaudi le recours à la bombe nucléaire. La vague actuelle de panique était causée par le fait que la tentative – le dernier recours, l'utilisation de la source ultime du pouvoir dans l'esprit des Occidentaux – avait échoué.

Et – événement spectaculaire et inexplicable – les enfants s'étaient envolés pour la Lune. Les télés avaient suivi leur fuite dans cette fichue bulle d'argent, puis leur vol de trois jours jusqu'à la Lune, où ils avaient atterri comme une plume dans le cratère de Tycho, l'un des plus brillants de la face visible.

Les enfants demeurés sur terre étaient considérés avec respect, terreur ou avidité. Dans certaines parties du monde, on se servait d'eux comme armes. Ailleurs, on les considérait comme des dieux, ou des démons ; des villes avaient déjà brûlé parce qu'on s'était battu à cause d'eux.

Dans certains endroits, on les tuait, tout simplement.

Les Américains avaient bien sûr réagi de manière scientifique. Aux États-Unis, les enfants étaient à présent étudiés et sondés sans fin, y compris avant leur naissance. Si l'on détectait des signes de superpouvoirs, voire si l'on en suspectait, on enlevait les enfants à leurs parents : ils étaient isolés, soumis à des restrictions, et on ne leur laissait aucune possibilité de manipuler leur environnement ni d'avoir le moindre contact avec d'autres enfants, bleus ou pas.

On procédait dans des laboratoires reculés à des expériences destinées à ôter par la chirurgie la source des capacités des Enfants bleus. À des lobotomies qui ne disaient pas leur nom. Aucune n'avait été couronnée de succès, sauf si l'on considère la destruction comme une réussite.

La finalité de tout cela était de les contrôler, se dit Maura. Ces stratagèmes représentaient pour les gens un moyen de reprendre le contrôle de leurs enfants, de la destinée de l'espèce et de leur avenir.

Mais c'était futile. C'est là-haut, songeait-elle, dans un

éclat de lumière argentée posée sur le sol poussiéreux de la Lune, c'est là qu'ils vont décider du futur…

Et, pendant ce temps, la Lune était là, nuit après nuit, colonisée on ne savait comment par des enfants américains, et les images envoyées par les télescopes spatiaux de cet étrange dôme argenté semblable à une goutte de mercure, anonyme et sinistre, étaient les symboles omniprésents de l'incapacité de l'Administration – de l'Amérique – à affronter le problème.

Et pourtant, se disait Maura, elle devait faire face ; et elle s'efforçait de se concentrer sur les responsabilités qui s'accumulaient sur elle. Après tout, même dans le pire des cas, il nous reste encore deux siècles.

## Reid Malenfant

Il tomba dans la lumière brûlante d'un blanc aveuglant, plus vive que celle du Soleil, qui s'abattait sur son casque. Il ferma les yeux et serra les paupières mais il pouvait encore voir la lueur d'un blanc rosé à travers, comme si on l'avait jeté dans un feu. Il n'y avait pas de surface solide sous lui. Il tombait, suspendu dans l'espace. Peut-être s'était-il expédié à l'écart de Cruithne.

Emma gigota et lui échappa. Il essaya de la rattraper, tâtonnant dans ce bain de lumière fulgurante, mais elle avait disparu.

Il sentit la panique envahir sa poitrine. Sa respiration devint plus hachée, ses muscles se raidirent. Il avait perdu Emma, il n'avait aucune idée de l'endroit où se trouvait Cornélius, il n'avait aucune surface à laquelle s'accrocher, aucun point de référence en dehors de sa combinaison.

Et tout cela se déroulait dans le silence le plus total.

Quelque chose n'allait pas. Vraiment pas. Pour quelle raison n'avaient-ils pas suivi Sheena jusqu'à sa vision d'une galaxie située dans le lointain avenir ? Où était Michaël ? Où était-il, lui ?

Fais quelque chose, Malenfant.

La radio de la combinaison.

— Emma ? Cornélius ? Si vous me recevez, si vous êtes là, répondez. Emma…

Il continua à appeler et, avec des gestes maladroits, augmenta le volume de son casque. Rien d'autre que des grésillements.

Il tenta d'entrouvrir les paupières. Un tout petit peu. Il ne vit rien d'autre que la lueur aveuglante. Était-elle un peu plus faible, un peu plus jaune qu'avant… ? Ou alors ses yeux étaient-ils en train de brûler, et l'affaiblissement de la lumière n'était-il que l'amorce d'un processus conduisant à l'obscurité perpétuelle ?

N'envisage pas tout de suite le pire scénario, Malenfant.

Mais quel était donc le meilleur ?

Il tenta d'apaiser sa respiration et de détendre ses muscles. Il devait éviter d'épuiser toutes les ressources de la combinaison. Il attrapa la tétine du distributeur du casque et avala une gorgée de jus d'orange. Il était si chaud qu'il lui brûla la langue, mais il le conserva dans sa bouche jusqu'à ce qu'il refroidisse et l'avala quand même.

Il entendit un bruit dans son oreille, si fort qu'il le fit sursauter.

— … Emma ?

Mais ce n'était que l'alarme principale de la combinaison, un bourdonnement insistant et répétitif. Il risqua à nouveau un bref coup d'œil – toujours le même flot de lumière blanc-jaune, peut-être à peine un peu moins violente – et vit que tous les voyants du panneau de contrôle projeté sur sa visière étaient au rouge. Du bout des doigts, il chercha le module de commandes situé sur sa poitrine – bon Dieu, il pouvait en sentir la chaleur à travers ses gants – et éteignit l'alarme.

Il n'avait pas besoin de savoir ce qui n'allait pas. Il était plongé dans une lumière et une chaleur qui venaient de partout autour de lui. Il n'y avait donc pas d'ombre, pas d'endroit où la combinaison pouvait se débarrasser de son excès de calories.

Il sentit une pénétrante odeur de brûlé, comme dans un sauna sec. L'oxygène qui coulait sur son visage ressemblait à un vent du désert. Mais il lui fallait respirer, bien entendu ; il inspira de l'air en essayant de ne pas penser à la douleur qu'il ressentait dans sa gorge et ses poumons. Ciel, il avait l'impression que la sueur accrochée à son front en grosses gouttes à cause de la microgravité était elle-même sur le point de bouillir. Il secoua la tête pour essayer de la chasser.

L'alarme principale s'enclencha à nouveau, et il l'arrêta derechef.

Bon, alors, Malenfant, qu'est-ce que tu vas faire ? Rester là comme un poulet dans un four à micro-ondes ? Souhaiter que ce soldat t'ait collé une balle dans la tête sur Cruithne ?

Essaye de faire quelque chose. N'importe quoi.

Les câbles.

Il tâtonna autour de sa taille. Son harnais de surface et les câbles qui en pendaient étaient toujours là. Il en ramena un vers lui jusqu'à ce qu'il sente le piton qui se trouvait à l'extrémité – et écarta vivement la main de la chaleur irradiée par le métal.

Il commença à faire tourner le piton au-dessus de sa tête, lentement, comme un lasso.

Peut-être allait-il toucher Cruithne, ou l'un des autres. Ses chances étaient sans doute maigres, mais c'était mieux que rien.

Voir ce qu'il visait n'aurait pas manqué de l'aider. Il tenta à nouveau d'ouvrir les yeux.

La lumière était nettement plus jaune, mais elle demeurait éblouissante, trop vive pour qu'il écarte tout à fait les paupières.

Concentre-toi sur le câble que tu sens entre tes doigts. Laisse-le filer un peu plus, qu'il aille plus loin.

L'alarme principale se remit à hurler dans son oreille. Il la laissa bourdonner et se concentra sur le filin, le déroulant une main sur l'autre, haletant, la respiration courte et la bouche sèche, luttant contre la chaleur. Il y avait une bonne longueur de câble autour de sa taille, peut-être une trentaine de mètres de corde de nylon mince, légère et solide, et il pouvait la laisser filer très loin avant d'arriver au bout.

Il ne se sentait plus aussi mal. Au moins, il faisait quelque chose de constructif, il envisageait l'avenir au-delà de sa prochaine inspiration. Et, bien entendu, le fait de cuire un peu moins lui était d'une grande aide.

Le bourdonnement cessa.

Il risqua un nouveau coup d'œil. Au-delà des voyants rouges clignotants de l'affichage intérieur de son casque, le blanc aveuglant virait au jaune, le jaune à l'orange. La lumière était toujours sacrément brillante, comme le Soleil au moment où il commence à descendre vers un horizon brumeux : pas un objet où l'on choisirait de plonger longtemps le regard – mais supportable, peut-être.

Deux des voyants rouges de l'affichage du casque passèrent au jaune, puis au vert. L'air qui soufflait sur son visage commençait à lui paraître plus frais.

Déroulant toujours son câble, il tourna la tête d'un côté et de l'autre, pour tenter d'y voir quelque chose malgré son casque. Il regarda en direction de ses pieds et vers le haut, au-dessus de sa tête, en essayant de se retourner. Il observa la lueur jaune-orangé qui faiblissait. C'était comme de fixer un tube au néon. Il n'avait plus aucun sens des proportions, de l'orientation, de l'espace ou du temps.

Il vit quelque chose. Une masse informe blanc-orangé un peu plus sombre que l'arrière-plan lumineux – en bas, sous ses pieds. Et elle bougeait.

Agitait bras et jambes.

Le sens des proportions revint d'un coup à Malenfant. C'était une personne, Emma, Cornélius ou peut-être même Michaël qui flottait comme lui dans l'espace, à douze ou quinze mètres de distance. En vie, bon Dieu. Malenfant se les représenta tous trois déboulant du cercle bleu de la porte, tombant dans cet espace à trois dimensions vide et s'éloignant lentement les uns des autres. Un espoir insensé gonfla sa poitrine.

Seulement, ça ne pouvait pas être Emma, songea-t-il soudain. Il était totalement impossible qu'elle donne des coups de pied avec sa jambe blessée.

Il s'agissait donc de Cornélius. Il dessinait quelque chose avec les mains, comme une forme ronde, un cercle.

Malenfant fit tournoyer son câble au-dessus de sa tête ; il allait devoir en changer le plan de rotation. La manœuvre nécessita un peu d'habileté et de patience, mais il pouvait distinguer à présent le lourd piton situé à l'extrémité du filin qui se découpait sur l'arrière-plan jaune-orangé ; il ne tarda pas à voir le câble onduler en direction de Cornélius.

Malenfant tenta à nouveau d'utiliser la radio, mais il ne reçut aucune réponse, ni de Cornélius ni d'Emma. Il sentit son propre corps se balancer d'avant en arrière pour compenser le poids de la masse en rotation du câble. Celui-ci passait à présent plus près de Cornélius, sans doute assez pour que celui-ci puisse le voir. Mais il dérivait, tournoyait et s'éloignait doucement, apparemment inconscient de ce que Malenfant était en train de faire. Il se contentait de dessiner son cercle dans le vide, encore et encore.

Le câble finit par s'accrocher à Cornélius.

Celui-ci sursauta à son contact. Il se tordit et tâta son flanc avec des gestes saccadés pleins de panique. Puis, à l'immense soulagement de Malenfant, il saisit la corde, l'enroula autour de sa taille et l'attacha. Ensuite, il tira doucement dessus et entreprit de se hisser le long du filin.

D'énormes oscillations montèrent et descendirent le long du câble. Malenfant sentit qu'il ne bougeait plus de la même manière ; on le tirait doucement, ce qui créait des mouvements complexes dans différentes directions.

Pendant ce temps, la lumière avait continué à baisser, suffisamment pour que cela se remarque ; la couleur jaune était de plus en plus teintée d'orange au lieu de blanc. Malenfant avait l'impression d'être à l'intérieur d'une gigantesque sphère d'acier chauffée à blanc qui se refroidissait rapidement.

Le câble qui le reliait à Cornélius fournissant une sorte de point d'ancrage, Malenfant put se déplacer autour de lui. Comme un trapéziste, bon Dieu, se dit-il. Il se tourna pour fouiller du regard la totalité de cet espace à trois dimensions. À la recherche d'Emma.

Et elle était là : plus près que Cornélius, en fait, trois à cinq mètres, pas plus. Elle se trouvait à sa verticale et dérivait, inerte, les membres écartés comme une étoile de mer, sa visière dorée abaissée. Du sang coulait toujours de sa jambe blessée, des gouttelettes qui jaillissaient par à-coups. Elle tournait lentement sur elle-même, comme si sa blessure était une fusée, un contrôle d'assiette miniature alimenté par du sang.

Malenfant saisit un autre câble, vérifia que son piton était fiable et commença à le faire tournoyer au-dessus de sa tête.

Il parvint à frôler la poitrine d'Emma avec le filin, mais, contrairement à Cornélius, elle ne fit aucune tentative pour le saisir. Il allait devoir l'accrocher sans sa coopération. Il visa la jambe saine et laissa filer plus de corde. S'il parvenait à la toucher avec le câble, l'élan pris par le piton l'enroulerait peut-être une ou deux fois autour de la cheville.

Il essaya une fois. Rata son coup. Essaya à nouveau et essuya un autre échec.

Il avait de plus en plus de mal à viser à mesure que Cornélius se rapprochait. En fait, comprit-il enfin, Cornélius éloignait Malenfant d'Emma en les rapprochant, eux, de leur centre de gravité commun. Malenfant jeta un coup d'œil furibond vers le bas ; six mètres environ le séparaient de Cornélius, qui progressait avec acharnement.

— Cornélius, attendez une minute. Vous ne voyez pas ce que je suis en train de faire ? Laissez-moi un peu de marge.

Il ne réagit pas. Malenfant essaya de lui faire signe qu'il devait reculer. Mais il ne sembla rien voir non plus.

Jurant dans sa barbe, Malenfant poursuivit sa tâche.

Il dut lancer le câble à plusieurs autres reprises et rater son but de peu, un véritable supplice, avant de réussir à enrouler sa corde autour du pied d'Emma. Le câble commença aussitôt à se dérouler, si bien que Malenfant risqua le tout pour le tout et tira dessus un bon coup.

La corde se détacha.

Mais ça avait suffi, constata-t-il à son immense soulagement. Bras et jambes toujours écartés, passive, Emma dérivait vers lui en tournoyant. Il enroula le câble à la hâte et le pendit à son bras.

Elle glissa devant lui comme dans un rêve, à cinquante centimètres à peine. Il leva la main, saisit sa jambe saine et la tira vers lui jusqu'à la ramener dans ses bras. Sous son gant, quelque chose se détacha en s'effritant de la combinaison d'Emma. Une fine couche de suie blanche.

Il releva sa visière dorée avec des gestes maladroits.

Le visage d'Emma était là, illuminé par la lueur orangée encore vive du ciel. Elle avait les yeux fermés et de grosses perles surnaturelles de sueur plaquaient sur son front la frange qui dépassait de son casque de Snoopy. Il était difficile à Malenfant de juger de la couleur de son teint, mais il lui sembla que son visage était rose, brûlé, avec des cloques par endroits, comme sur les pommettes et le menton. Il tendit la main sans réfléchir pour lui toucher la joue, mais son gant ne fit que buter sur le verre de sa visière.

… Suffit. Il en était encore au stade de la survie. Il prit une corde qu'il attacha autour de sa taille et de celle d'Emma, s'assurant ainsi qu'ils ne s'écarteraient plus l'un de l'autre.

Et ensuite ?

La jambe blessée. Le sang continuait à en gicler. Un garrot, donc. Il saisit une boucle de câble.

Sauf qu'à présent, quelqu'un lui grimpait sur le dos. C'était Cornélius, qui se hissait en s'agrippant avec de grands gestes maladroits. Malenfant sentit un coup sourd derrière son casque et entendit des cris étouffés qui se propageaient à travers le matériau de leurs casques.

— … c'est vous, Malenfant ? Est-ce que…

Malenfant répondit en hurlant aussi fort que possible.

— Oui, c'est moi.

— … porte. Nous avez-vous attachés à la porte ? (Ses paroles étaient très assourdies, comme s'il avait crié de l'autre côté d'un mur.) La porte. Pouvez-vous la voir ? Malenfant…

La porte. C'était ça que Cornélius voulait désigner, alors même qu'il dérivait dans l'espace, en dessinant des cercles. La porte. L'objet le plus important du monde en cet instant, parce que c'était leur seul moyen de quitter cet endroit.

Et Malenfant n'y avait même pas pensé.

— … Malenfant, je suis aveugle. Toute cette lumière… Je n'y vois rien… La porte, Malenfant. Ramenez-nous à la porte.

Et donc, alors qu'il dérivait dans cet univers monotone, il avait une autre décision à prendre. La porte, ou le garrot d'Emma.

— J'ai Emma, cria-t-il à Cornélius. Je vais trouver la porte. Mais elle a besoin d'un garrot. Vous comprenez ? Un garrot.

— … garrot. Le soldat. Je m'en souviens…

Malenfant amena la main de Cornélius jusqu'à la jambe blessée d'Emma. Il souleva un nouveau nuage de poussière en touchant le scaphandre de celle-ci. En guidant la main, il montra à Cornélius où se trouvait la blessure et lui donna un bout de corde.

Tout d'abord hésitant, puis avec des gestes de plus en plus assurés, Cornélius s'attela à la tâche, enroulant la corde autour de la jambe blessée. Malenfant l'observa jusqu'à avoir la certitude qu'au moins, il n'allait pas aggraver la situation.

Puis il grimpa sur le dos de Cornélius et se tourna d'un côté puis de l'autre à la recherche de la porte.

Ici. Un cercle d'un bleu électrique avec à l'intérieur son disque noir d'encre, contrastant douloureusement avec l'arrière-plan rouge-orangé pâlissant du ciel. Mais il s'éloignait rapidement. Une fois hors d'atteinte, il disparaîtrait à jamais, et leur îlot d'humanité serait coincé dans cet endroit pour de bon.

Malenfant se dépêcha de préparer son câble lesté d'un piton auquel collait encore de la poussière d'astéroïde. Prenant appui sur le dos de Cornélius, il fit tournoyer la corde au-dessus de sa tête et la lança en direction de la porte. Elle dériva très loin du but. Malenfant la ramena vers lui et effectua une nouvelle tentative, en se hâtant de la dérouler. Il essaya encore, et encore.

S'il avait été aveuglé, Cornélius en avait plus bavé

que lui. Mais il avait tout de même continué à réfléchir. Il avait tout de suite su à quel point il était important de s'accrocher à la porte et – seul, aveugle et en train de cuire – il avait même essayé de le faire comprendre par des signes à un éventuel observateur.

Cornélius était un type sacrément intelligent.

Au cinquième ou sixième essai, le piton plongea tout droit à l'intérieur de la bouche obscure de la porte, déroulant la corde à sa suite. Malenfant le laissa filer. C'était un peu étrange, en fait. Le piton avait disparu au moment où il avait rencontré la surface de la porte, et, à présent, le câble s'évanouissait lui aussi en s'enfonçant tel un serpent dans l'obscurité.

Avec prudence, presque sans oser respirer, il commença à ramener la corde.

Mon Dieu, songea-t-il, je suis en train de pêcher un trou de ver. À tout autre moment, ça me paraîtrait bizarre.

Le câble se raidit.

Il tira dessus, doucement, une main sur l'autre. Il sentit la force de l'inertie combinée qu'ils opposaient tous les trois, une raideur, une résistance au mouvement. Mais il était patient. Il maintint une pression légère et uniforme sur le câble.

— … ON BOUGE…

Cornélius venait de lui beugler dans les oreilles par l'intermédiaire de la radio. Malenfant frémit et pianota sur le module de commandes de sa poitrine.

— Cornélius ? Vous m'entendez ?

La friture noyait presque la voix de Cornélius, comme s'il avait parlé dans un coquillage, mais elle était compréhensible.

— Bougeons-nous ? Avez-vous…

— Oui, j'ai eu la porte. Je crois que ça va aller maintenant, ajouta-t-il après un instant de réflexion.

Cornélius parvint à émettre un rire rauque.

— J'en doute vraiment, Malenfant. Mais, au moins, notre aventure va durer un petit peu plus longtemps. Et Emma ?

— Elle ne s'est pas encore réveillée. Vous savez, Cornélius, les yeux se remettent parfois de ce genre d'incident. Après quelques jours, une semaine…

Cornélius dérivait à côté de lui, maussade et silencieux.

Laisse tomber, Malenfant.

Ils atteignirent la porte. Elle se dressait au-dessus de Malenfant, immense et énigmatique, se découpant en bleu vif sur le ciel qui virait au rouge. Malenfant toucha la surface et essaya de trouver un moyen d'y fixer un câble ou un piton.

Il discuta du problème avec Cornélius.

— Contentez-vous de vous y accrocher, Malenfant, lui dit-il, et il demanda à celui-ci de le tourner de manière qu'il puisse lui-même en faire autant, les mains mollement enroulées autour du bord aussi aiguisé qu'une lame.

Malenfant se tourna vers Emma. Elle était toujours inconsciente, mais son sommeil semblait paisible. Une fine vapeur se déposait sur sa visière près de sa bouche.

— J'aimerais pouvoir lui enlever ce foutu scaphandre et lui donner à boire.

Cornélius, toujours aveugle, se tourna vers lui.

— Il va peut-être se passer quelque chose, Malenfant. C'est ce que vous dites toujours, non ?

— Oui, oui, c'est ce que je dis toujours. Comment se comporte votre scaphandre ?

— Je n'ai plus de jus d'orange. Et je crois que ma couche est pleine… Malenfant, de quelle couleur est le ciel ?

— Rouge.

Malenfant releva sa visière dorée. Le ciel était encore

brillant, d'une luminosité uniforme, mais pas assez forte qu'il ne puisse la regarder sans protection.

— Comme des braises, dit-il.

— C'est logique, dit Cornélius. Après tout, nos radios fonctionnent à nouveau. Cet univers a dû devenir transparent aux radiations électromagétiques. Les ondes radio...

*Cet univers.*

— De quoi parlez-vous, Cornélius ?

— À votre avis, où nous trouvons-nous, Malenfant ?

Il observa le ciel et sa luminosité uniforme.

— Dans une espèce de nuage de gaz. (Il tenta de voir le problème sous un angle différent.) Peut-être dans les couches extérieures d'une géante rouge.

— Mmm. Si c'est le cas, pourquoi le ciel était-il chauffé à blanc quand nous sommes arrivés ? Pourquoi se refroidit-il si vite ?

— Je n'en sais rien. Le nuage est peut-être en expansion.

— Voyez-vous une source ? Un point différent du reste ?

— Ça m'a l'air partout pareil. Voyons, Cornélius, on n'a pas vraiment le temps de jouer aux devinettes.

— Je crois que nous avons atterri dans un autre univers.

— *Quel* autre univers ? Comment ?

Cornélius parvint à rire, d'une voix semblable à des feuilles sèches que l'on écrase.

— Savez-vous, Malenfant, que vous avez toujours du mal à voir le tableau dans son ensemble. L'idée de vous échapper en passant instantanément à une autre époque ne semblait pas entrer en conflit avec vos positions philosophiques. Eh bien, à présent, la porte nous a juste transportés à un autre endroit de l'espace-temps. Instantanément, comme avant. Mais, cette fois, le lieu en question se trouve dans un autre univers, quelque part ailleurs dans la multiplicité.

— La multiplicité ?

— L'ensemble de tous les univers possibles. Celui-ci est sans doute apparenté au nôtre.

— Apparenté… ? Comment des univers peuvent-ils être apparentés ? Peu importe.

Cornélius se retourna.

— Bon sang, j'aimerais y voir. Il n'y a pas de raison pour que cet univers soit exactement semblable au nôtre, Malenfant. La plupart ont sans doute une durée de vie très courte, probablement à l'échelle de Planck.

— C'est-à-dire ?

— Une seconde facteur dix puissance moins quarante-trois.

— Même pas le temps de se faire un café, hein ?

— Je crois que cet univers n'est vieux que de quelques heures. Qu'il vient juste d'entrer en expansion après son Big Bang. Réfléchissez. Autour de nous, le vide lui-même est dans une phase d'évolution, comme de l'eau qui se condense en vapeur et qui dégage de l'énergie pour alimenter cette gigantesque expansion.

— Dans ce cas, quelle est cette lumière que nous voyons ?

— Le fond diffus cosmologique.

Cornélius, dérivant dans le vide rougeoyant, se recroquevilla sur lui-même et enveloppa son torse de ses bras malgré le scaphandre, comme s'il avait froid.

— Comment des univers peuvent-ils être différents ?

— En ayant des lois physiques différentes. Ou gouvernées par des constantes différentes…

— Si nous sommes tombés dans un Big Bang, nous avons eu de la chance de ne pas être grillés sur place, non ?

— Je crois que la porte a été conçue pour nous protéger. Dans une certaine mesure.

— Vous voulez dire que si nous avions eu la bonne idée de la traverser avec de l'air, de l'eau, de la nourriture et autres produits de luxe, nous aurions pu survivre ?

— C'est possible.

— Alors où est passé Michaël ?

— Je l'ignore, soupira Cornélius.

— La Sheena a franchi la porte et s'est retrouvée dans le futur. Soixante-dix millions d'années en aval. Devant la Galaxie.

— Je m'en souviens, Malenfant, répondit Cornélius d'un ton sec.

— Alors pourquoi ne l'avons-nous pas suivie ?

— Je crois que c'est à cause des radios de Feynman. Du modèle primitif que nous avons construit au Fermilab. De ce qu'on a mis dans la tête des Enfants bleus, Michaël et les autres. Les messages du futur ont modifié le passé. Donc notre avenir. Oui. Le fleuve du temps a changé de cours.

— Mais si cet endroit n'est pas le futur…

— Je crois que c'est le passé, murmura Cornélius. Le très lointain passé.

— Je ne comprends pas.

— C'est normal, Malenfant. Pourquoi comprendriez-vous ?

— … Cornélius ? J'ai l'impression que le ciel devient plus brillant.

C'était vrai. Le rougeoiement semblait avoir atteint sa limite et une lueur orange de plus en plus intense se diffusait à travers le ciel.

— Ce n'est pas bon signe, hein ? dit Malenfant. Nous nous dirigeons vers un Big Crunch. Nous venons juste de vivre un Big Bang, et maintenant nous sommes face à un Crunch. Une merde après l'autre.

— Nous ne pouvons pas rester ici, murmura Cornélius.

Malenfant observa le ciel lumineux et tenta d'imaginer qu'il se contractait autour de lui, que les radiations qui l'emplissaient étaient comprimées au point de rebondir sur les murs de l'univers comme du gaz dans un piston, devenant de plus en plus chaudes…

— Cornélius, y aura-t-il de la vie ici ? De l'intelligence ?

— Peu probable, murmura Cornélius. Notre univers était grand, vaste et âgé. Il y avait beaucoup de place pour que des structures s'auto-organisent et deviennent des atomes, des étoiles, des galaxies et des gens. Ici, les atomes eux-mêmes existeront seulement pendant quelques heures.

— Mais alors… à quoi bon ? Un univers vide, sans vie, sans intelligence, fini au bout de quelques heures ? Pourquoi ?

— Vous ne vous adressez pas à la bonne personne, répondit Cornélius en toussant.

Malenfant rassembla ses compagnons – Cornélius recroquevillé en position fœtale, Emma endormie, bras et jambes écartés, le bout de corde attaché à sa jambe pendouillant – et fit face à la porte.

Le ciel devenait plus brillant et plus chaud et passait par toutes les couleurs du spectre menant de l'orange au jaune.

— Mettez votre visière.

Cornélius baissa la sienne et s'occupa à tâtons de celle d'Emma.

Malenfant enroula son bras autour de la taille d'Emma et saisit fermement Cornélius par la main. Il tourna sans regret le dos à cet univers au ciel uniforme en train de s'effondrer et les entraîna tous deux à travers la porte.

**Maura Della**

L'ambiance de Houston était chaude, lourde et grincheuse. L'air se posait sur Maura comme une couverture chaque fois qu'elle se hâtait entre le terminal de l'aéroport et la voiture ou la voiture et l'hôtel, comme si cet endroit n'était plus adapté à la vie humaine.

Elle prit une chambre, se doucha, se changea et se fit conduire au JSC, le *Johnson Space Center*. La voiture quitta la *Road One* de la Nasa et pénétra dans le complexe du JSC, où elle passa devant d'antiques fusées lunaires étincelantes : restaurées depuis peu, d'une inutilité spectaculaire, elles étaient entourées de gardes destinés à les protéger de la dernière vague de barjots obscurantistes.

L'humeur déprimée et renfrognée du personnel qui s'occupa d'elle au poste de sécurité de la Nasa la consterna. À Houston, l'ambiance générale était à l'aigreur, les gens qu'elle rencontrait avaient du mal à supporter la chaleur et étaient irritables. Elle savait que la ville rencontrait des problèmes spécifiques. L'économie locale, qui reposait beaucoup sur le pétrole et l'industrie chimique, souffrait donc particulièrement lorsque les marchés fluctuaient ; or les cours dégringolaient brusquement dès que circulaient des rumeurs au sujet de la supertechnologie que concoctaient les Enfants bleus, des trucs prétendument capables de rendre du jour au lendemain obsolètes les technologies basées sur les énergies fossiles. En venant ici, Maura avait néanmoins entretenu le vague espoir qu'à la Nasa, au moins, où tout le monde travaillait dans les fusées, bon sang, on réagirait avec plus de maturité à ce qui se passait dans le monde. Mais la peur et l'incertitude qui avaient envahi le pays filtraient même jusqu'ici.

Dan Ystebo vint la chercher. Il lui fit traverser le complexe et ils passèrent devant des blocs noir et blanc et des pelouses jaunissantes, le tout dans une intense chaleur humide. Dan paraissait impatient et irritable. Son corps massif était baigné de sueur et sa chemise trempée. Il venait de passer, à sa demande, une semaine plongé jusqu'au cou dans des plans, des maquettes, des projets et des budgets prévisionnels pour pouvoir faire son rapport à Maura.

Celle-ci avait été choisie pour participer à la commission des Nations unies qui cherchait à étudier et organiser tous les aspects du phénomène des Enfants bleus. Et elle avait à son tour choisi Dan Ystebo, plutôt contre la volonté de celui-ci.

Dan la conduisit au Building 241, où la Nasa menait depuis des décennies des expériences de support vital. Aujourd'hui, le gouvernement voulait qu'on retourne sur la Lune et qu'on y établisse une présence permanente près des enfants. C'était ici qu'on y travaillait.

— Ce n'est pas très ambitieux, disait Dan. Pas beaucoup plus avancé que la technologie de la Station spatiale. On prévoit de mettre séparément les modules en orbite lunaire, de les assembler et de les descendre en un seul morceau à la surface de la Lune, aussi près du dôme des gamins qu'on le désirera. Des bulldozers-robots vont pelleter du régolithe par-dessus pour protéger le personnel des radiations et autres trucs dangereux, et voilà, une base lunaire instantanée…

Dan lui fit visiter des maquettes d'abris, des cylindres couchés sur le sol meublés de couchettes et d'écrans, ainsi que des cuisines simplifiées et des salles de bains. L'essentiel de l'équipement était improvisé à partir de panneaux de bois peints, mais, au moins, l'installation donnait à Maura une idée de la disposition des lieux et de leur taille. Elle dut passer d'un abri à l'autre en rampant dans des tubes flexibles – c'était dur, mais ce serait certainement plus facile sur la Lune, où la gravité n'était que d'un sixième de celle de la Terre. Le tout était installé dans une immense pièce semblable à un hangar, avec des grues qui se déplaçaient au plafond et beaucoup de déchets sur le sol : des copeaux de bois et de métal, des plans empilés, des casques. L'ambiance générale était à la précipitation et à l'improvisation, et cela se sentait.

— On dirait un camp de mobile homes, dit-elle.

— Ouais. (Dan haletait, épuisé d'avoir rampé dans les tubes.) Sauf que ce sera encore pire à habiter. N'oubliez pas qu'on ne pourra jamais ouvrir une seule fenêtre… Des panneaux solaires fourniront l'énergie. Les ingénieurs réfléchissent à des feuilles qu'on pourrait dérouler à la surface de la Lune, ou suspendre aux parois d'un cratère, des trucs comme ça. Mais ils disent que, pour survivre aux nuits de quinze jours, ils auront besoin de générateurs thermonucléaires.

— Encore du nucléaire, Dan ?

Il haussa les épaules.

— À court terme, nous n'avons pas vraiment le choix. L'endroit où les enfants ont atterri représente une contrainte. Il s'agit de Tycho, l'un des coins les plus rudes de la Lune. Les anciens projets de la Nasa montraient toujours des astronautes colonisant un cratère du pôle, un endroit où l'on peut recevoir la lumière du Soleil toute la journée, et où il serait possible de trouver de la glace. Mais, là, nous allons être obligés de tout envoyer là-haut, jusqu'au moindre gramme de consommable. Au début, en tout cas.

Il la conduisit dans le hangar suivant. Il n'y avait là qu'une seule construction : un dôme de tissu orange gonflé d'air et entouré de gros tubes. Il mesurait environ deux mètres cinquante de diamètre sur un mètre cinquante de haut. Maura vit un robot chargé de caméras y entrer en passant par ce qui ressemblait à un sas extensible.

— C'est la deuxième étape, dit Dan. Un Modèle

conceptuel d'habitat constructible. Un dôme gonflable, avec des colonnes de soutien qui se déploient automatiquement et un escalier en spirale au centre, à l'intérieur.

— Quel est ce tissu ?

— Du tissu bêta. On s'en sert depuis *Apollo 11* pour fabriquer des scaphandres. La Nasa est une organisation plutôt conservatrice. Ce dôme contiendra un système écologique basé sur des algues en partie autonome. Les toubibs travaillent sur des stimulateurs électriques musculaires et osseux pour contrecarrer les effets de la faible gravité. Et on exploitera le régolithe. La Lune n'est pas aussi riche que l'astéroïde de type C de Malenfant, et elle est globalement aussi sèche qu'un os. Mais on peut fabriquer quelque chose qui ressemble à du béton à partir de la poussière. Et les rochers sont composés à quarante pour cent d'oxygène, il y a du silicium pour faire du verre, de la fibre optique et des polymères, de l'aluminium, du magnésium et du titane pour fabriquer des films protecteurs, des machines et des câbles, du chrome et du manganèse pour les alliages…

— Vivre de la terre sur la Lune.

— C'est ça. Ils se préparent à rester un moment, Maura.

Il la conduisit à une machine à café. Le breuvage couleur de boue était gratuit, mais immonde. Le manque de café frais était l'une des conséquences du mini-effondrement subi par le commerce mondial : un détail, certes, mais agaçant, la disparition d'une chose qu'elle avait toujours tenue pour acquise, le signe avant-coureur d'autres mauvaises nouvelles à venir.

Maura lui demanda pour quelle raison la Nasa réagissait si mal à la situation.

— S'il y a des gens sur cette planète qui sont entraînés à penser en termes cosmiques, à sortir du cadre de l'ici et maintenant, c'est bien à la Nasa.

— Bon Dieu, Maura, ce n'est pas aussi simple. Voilà

des dizaines d'années que la Nasa a perdu confiance en elle-même. Reid Malenfant les a tous rendus fous. Un type qu'ils ne voulaient même pas embaucher, pour l'amour de Dieu, et il y est allé et il l'a fait avant eux. Regardez ça.

Il fouilla dans l'une de ses poches et en tira un dessin humoristique apparemment trouvé sur un site Internet : des astronautes de la Nasa avec un casque en forme de bulle dans un vaisseau géant flambant neuf qui se faisaient battre dans la course à la Lune par une bande de gamins des rues crasseux dans un chariot en bois.

*Hé, les mecs, c'est quoi votre problème ?*

Dan souriait.

— Vous ne devriez pas laisser paraître que ça vous amuse tant, Dan. Ce n'est pas bon pour vos relations avec les gens d'ici.

— Désolé.

— Donc, c'est ça le truc. Une question d'orgueil blessé ?

— Ce n'est peut-être pas aussi irrationnel qu'il y paraît, dit Dan. Après tout, les Enfants bleus doivent tenir compte des lois de la physique. La solution qu'ils ont trouvée pour voyager dans l'espace doit résider quelque part. Comment se fait-il qu'ils soient devenus si malins, qu'ils se soient propulsés comme ça sur la Lune à partir d'une explosion nucléaire, bon Dieu, pendant que nous restions là comme des imbéciles à faire voler nos fusées de savants nazis après des dizaines d'années et des milliards de dollars consacrés à la recherche ? Et puis…

— Quoi ?

— Spécialistes en astronautique ou pas, ceux qui travaillent ici ne sont jamais que des êtres humains, Maura. Certains ont aussi des gamins bleus… Ce qui est bien, c'est que ces gens de la Nasa rêvent de tout ça, mènent des expériences, des projets pilotes et des études depuis des dizaines d'années. Lorsqu'on a fait appel à eux, ils étaient prêts. Et ils se préparent à rester là-haut un bon bout de temps. (Il l'observa.) C'est bien ce qui est prévu, non, Maura ?

— C'est possible. Personne ne le sait. Nous ignorons les besoins des enfants. Ce sont peut-être des génies en maths et en physique, mais que savent-ils sur la façon d'assurer leur propre survie sur la Lune ? Il est possible que notre meilleure option soit de leur offrir notre aide.

Dan parut sceptique.

— C'est ça, notre stratégie ? On les emprisonne, on leur balance des bombes nucléaires dessus et, maintenant, on leur offre des légumes verts ?

— Nous devons tenter d'établir une relation, sous une forme ou sous une autre. Un dialogue. Tout ce que nous pouvons faire, c'est attendre.

— Aussi longtemps qu'il le faudra ?

— Aussi longtemps qu'il le faudra.

— C'est vrai qu'ils envoient des messages ? Les Enfants, je veux dire.

Maura demeura impassible.

— Bon, bon, d'accord, dit Dan, agacé, et il se remit en marche, toujours aussi grand et couvert de sueur.

Ils visitèrent d'autres sites où se déroulaient des tests, des salles de séminaires et des salles d'entraînement, d'autres éléments qui convergeaient lentement vers la réalisation d'un poste avancé sur la Lune, et ils firent le tour du propriétaire, posèrent des questions et planifièrent l'avenir.

**Reid Malenfant**

L'espace d'un instant il y eut une lueur bleu électrique et une douleur atroce qui lui tordit les nerfs. Malenfant, concentré sur la densité de la réalité concrète de leur chair enfermée dans le scaphandre, ne lâcha pas Emma et Cornélius.

La lumière bleue pâlit.

Il y eut une explosion de lumière, un remous qui passa du jaune à l'orange et au rouge terne… une pause, comme lorsqu'on reprend son souffle… et un glissando parcourant le spectre à l'envers pour revenir à un blanc-jaune aveuglant.

Cela recommença, une pulsation de lumière blanche qui pâlit jusqu'au rouge orangé avant de redevenir d'un blanc lumineux.

Et encore, plus vite cette fois – et encore, et encore, des ailes de lumière souffletant Malenfant à une telle vitesse qu'elles disparaissaient dans un blizzard stroboscopique.

Les voyants de l'affichage de son casque commencèrent à virer à l'ambre, puis au rouge.

— Tenez Emma.

Il l'attira plus près de lui, ainsi que Cornélius, les réunissant en cercle de manière que leurs visières se touchent presque, et qu'ils tournent le dos aux violentes vagues de lumière, dont les reflets palpitants se reflétaient sur leur visière.

— Cornélius ? (Malenfant se rendit compte qu'il criait alors que la tempête lumineuse se déroulait dans le silence le plus complet.) Vous m'entendez ?

— Dites-moi ce que vous voyez.

Malenfant tenta de lui décrire le ciel et la manière dont il pulsait. Pendant ce temps, l'agitation blanc-rouge-blanc ralentit pendant un instant, et la pulsation frénétique des cieux se fit presque nonchalante, chaque cycle durant environ trois ou quatre secondes. Puis, sans signe avant-coureur, le cycle accéléra à nouveau, et les cieux agonisants se brouillèrent dans un bain d'intense luminosité.

— Des cosmologies, murmura Cornélius. Des univers phénix qui rebondissent les uns sur les autres, qui se déploient et s'effondrent l'un après l'autre. Chacun d'entre eux étant détruit pour que le suivant, sa seule progéniture, puisse naître. Et les lois de la physique sont bousculées chaque fois que nous sortons d'une singularité primordiale.

— D'une quoi ?

— D'un Big Bang. De la singularité qui se trouve au cœur d'un trou noir. Un univers peut donner naissance à un autre de deux manières… Les trous noirs sont la clé de tout, Malenfant. Un univers incapable d'en fabriquer ne peut avoir qu'un seul enfant, produit par un Crunch. Un univers capable d'en fabriquer, comme le nôtre, peut avoir beaucoup d'enfants, des bébés univers reliés à leur mère par des cordons ombilicaux d'espace-temps passant par les singularités situées au centre des trous noirs. Comme s'il y avait un Big Crunch miniature au cœur de chaque trou noir. Et c'est là que l'évolution cosmique prend vraiment sa source… Nous sommes des privilégiés, Malenfant.

— Privilégiés ? Vous rigolez ? cria Malenfant.

— Nous observons l'évolution d'univers entiers. Enfin, vous observez. Un spectacle à nul autre pareil.

Les pulsations des effondrements cosmiques s'accélérèrent à nouveau, les vagues de lumière déferlant dans le ciel se succédaient si rapidement que Malenfant avait l'impression d'être prisonnier à l'intérieur d'un stroboscope géant. Ils flottaient là tous les trois, dans le cadre immuable de l'anneau bleu, leurs scaphandres malmenés et tachés de poussière baignant dans la lumière de la création et de l'extinction.

Cela pouvait-il être vrai ? Des univers qui naissaient et mouraient dans un intervalle de temps plus court qu'il ne lui en fallait pour prendre une inspiration, comme s'il était un dieu immense et patient ?

Il se tourna vers Emma.

Elle était toujours bras et jambes écartés, silencieuse.

Malenfant tapota le module de commande de son scaphandre, mais cela ne le renseigna que sur l'état de celui-ci : endommagé, il fonctionnait avec peine et se plaignait de perdre ses fluides par la jambe crevée. Malenfant ne pouvait pas voir le visage d'Emma car il n'osait pas soulever sa visière dorée ; elle brillait dans la lumière des cosmos agonisants.

Cornélius était en train de se rouler en boule. Peut-être entrait-il en état de choc. Ce qui n'était pas très surprenant, après tout.

Et comment se fait-il que ton cerveau fonctionne encore, Malenfant ? Si Cornélius veut se rouler en boule et se cacher, pourquoi pas toi ?

Peut-être, se dit-il, parce que je suis trop bête pour comprendre. Peut-être que s'il comprenait vraiment ce qu'il voyait, comme Cornélius, alors cette connaissance l'écraserait.

Être stupide avait parfois des avantages en termes d'évolution.

— Cornélius, comment vous sentez-vous ?

— Je cuis. Ces univers ne vivent pas assez longtemps pour que nos scaphandres se débarrassent de leurs calories excédentaires.

Malenfant se força à rire.

— Je parie que cette situation n'est pas couverte par la garantie.

— Laissez-moi vous expliquer mon plan…, murmura Cornélius, toujours enroulé en position fœtale.

L'orage lumineux s'intensifia. Malenfant ferma les yeux et se pelotonna autour d'Emma, tentant de la protéger quelques secondes de plus.

L'alarme du scaphandre retentit.

Puis s'éteignit.

Et l'orage de lumière s'apaisa.

Malenfant grogna. Il ouvrit les yeux et regarda autour de lui.

Le ciel refroidissait dans une explosion silencieuse de lumière, comme épuisé, passant du jaune à l'orange, au rouge, et enfin à une terne lueur rouge de braise qui fut bientôt si pâle que ses yeux éblouis par les créations successives avaient du mal à la distinguer.

Il ressentit un immense soulagement, comme s'il venait de sortir d'un orage.

— Tous les univers ne fabriqueront pas d'étoiles, Malenfant, murmura Cornélius, agité. Il n'y a peut-être même pas de structures atomiques ici. Dans notre univers, les diverses forces atomiques sont équilibrées de manière si précise qu'on peut avoir des centaines de types de noyaux différents et stables. D'où la richesse de notre monde. Mais rien n'obligeait à ce que soit ainsi. Tout est contingent, Malenfant. La structure de la matière elle-même…

Le ciel était devenu d'un noir uniforme et la lumière, la *seule* dans tout cet univers, pour autant qu'il puisse voir, était celle de la porte patiente et anonyme.

Malenfant serra Emma contre lui. Son visage était paisible, comme si elle était plongée dans un profond sommeil que rien ne pouvait troubler. Mais elle semblait avoir froid. Il avait l'impression que du givre se formait à l'intérieur de sa visière.

Il sentait l'univers qui grandissait autour de lui, son immensité vide dépourvue de sens en train de se déployer. Et il semblait que, dans tout ce bébé univers, le seul noyau de matière et de lumière se trouvait *ici*, et que les seuls yeux à le voir étaient les siens. S'il les fermait – s'il mourait, ici et maintenant – ce cosmos continuerait-il à exister, tout simplement ?

Tu parles d'une pensée. Ne la pense pas, alors.

— Qu'est-ce qu'il fait froid, dit-il.

— Vous n'êtes jamais content, hein, Malenfant ?

Toujours recroquevillé sur lui-même, Cornélius tripotait

le module de commandes placé sur sa poitrine, il tapait quelque chose.

— Qu'est-ce que vous fabriquez encore, Cornélius ?

— J'envoie un message.

— Par la porte. Comme la luciole que nous avions envoyée. Des ondes radios qui se tranforment en pulsations de neutrinos.

— Oui.

— Vous pensez que quelqu'un va pouvoir nous aider ?

— J'en doute.

— Alors pourquoi… ?

— Passez sur le canal six.

Malenfant régla la radio de son scaphandre et trouva ce qu'il cherchait : les tapotements de Cornélius mêlés à de la friture. Il était en train d'envoyer une série d'impulsions qu'il contrôlait grossièrement grâce au clavier placé sur sa poitrine.

Malenfant se souvint de l'endroit où il avait déjà entendu un signal semblable.

— 3753, 1986. 3753, 1986. C'est ce que vous êtes en train d'envoyer, non, Cornélius ? Le message que nous avons intercepté au Fermilab. *Vous êtes en train de vous envoyer le message que vous avez reçu par la radio de Feynman.*

— J'ai toujours voulu faire ce genre de truc.

Malenfant entendit le sourire dans la voix de Cornélius.

— Et vous ne craignez pas de briser la chaîne causale ? Ou que l'univers explose ou que Dieu sait quoi vous arrête ?

— Il est un peu tard pour ça, Malenfant.

— Mais comment savez-vous quoi envoyer ?

— Vous étiez là. Je le sais parce que je me souviens de ce que j'ai reçu. Et puisque nous avons effectivement capté ce message, nous sommes venus ici et nous pouvons l'envoyer. C'est tout à fait cohérent, Malenfant. Juste…

— À l'envers.

— J'aurais plutôt dit *en boucle*. Et l'univers s'est reconstruit, il s'est retricoté, une transaction quantique après l'autre, autour de cette boucle centrale de causalité.

— Mais d'où est venu le message au départ ? L'information qu'il contenait, je veux dire. Si vous êtes simplement en train de copier ce que vous avez reçu…

Cornélius cessa de pianoter et soupira.

— C'est là une question bien plus profonde, Malenfant. En tout point de l'espace-temps, à chaque *maintenant*, il existe un nombre infini de passés qui auraient pu conduire à l'état présent des choses, et un nombre infini de futurs possibles qui en découlent. C'est ce qu'on appelle l'espace des solutions de la fonction d'onde universelle. Quelque part dans cet espace des solutions, un de mes équivalents a trouvé le contenu du message, l'a écrit et l'a envoyé dans le passé au moyen d'une radio de Feynman.

— Je n'aimerais pas ça même si j'y comprenais quelque chose, grogna Malenfant. De l'information surgie de nulle part.

— Ne l'acceptez pas, dans ce cas. Le message est peut-être apparu spontanément.

— C'est impossible.

— Comment le savez-vous ? Nous n'avons pas de loi de conservation de la connaissance.

Et il continua à pianoter patiemment.

Le froid glacial et infini de ce cosmos désert et dépourvu de sens sembla pénétrer encore plus profondément dans les os de Malenfant.

— Nous allons mourir gelés si nous restons ici, dit-il.

— Nos scaphandres n'ont pas été conçus pour ce type d'environnement, murmura Cornélius. Ni pour supporter de longues périodes de chaleur et de froid, ni pour résister à des températures extrêmes. Mais ça ne va pas durer éternellement.

— Un autre Crunch.

— Oui. Quoique pas avant un certain temps.

Cornélius n'eut pas le temps d'en dire plus car le bruit de friture se transforma en un hurlement crépitant et une vague de lumière au sodium déferla sur eux.

Malenfant grogna sous le choc, serra Emma contre lui et tenta de se tourner.

Quelque chose jaillit de la porte : un objet complexe qui tournoyait, environné de lumière aveuglante. Un être humain. Vêtu d'un lourd scaphandre noir, le visage dissimulé derrière une visière dorée, et il tournoyait sur lui-même, hors de tout contrôle.

La silhouette en scaphandre tenait une arme, un pistolet à canon court pointé sur Malenfant.

Malenfant fit tout ce qu'il pouvait pour se tourner, pour protéger Emma de son corps, mais son scaphandre et son câble le gênaient.

Le soldat portait un paquetage bien plus volumineux que celui de Malenfant. Il était doté de petits embouts couleur de bronze et de grands bras, munis de ce qui ressemblait à des joysticks, qui pouvaient s'enrouler autour du scaphandre. C'était peut-être un modèle de *Manned Manœuvering Unit*, une unité de manœuvre à pilotage humain. Des lampes au sodium répandaient des flaques de lumière. Le scaphandre semblait avoir été aussi noir que du charbon, mais il était à présent très abîmé par la chaleur, si bien que des fragments se détachaient de la surface et que la silhouette tournoyante répandait des gerbes d'étincelles comme un Soleil pyrotechnique.

— Attendez, dit Malenfant. Pouvez-vous m'entendre ? Vous nous avez suivis jusqu'ici, à travers un millier d'univers. Je n'arrive pas à croire que vous vouliez nous tuer…

Cornélius bougeait. Il avait tiré sur un câble et s'était lancé dans le vide, droit sur le soldat.

— *Cornélius !*

Le soldat, qui tournoyait toujours, pivota et fit feu sur Cornélius. Malenfant vit le pistolet étinceler, une fois, puis deux, dans le plus parfait silence. Le milieu du corps de Cornélius se froissa. Mais il se déplaçait toujours, il continuait à flotter à travers l'espace, et ses membres qui fonctionnaient encore tentaient d'attraper quelque chose.

Son ventre entra en collision avec les jambes du soldat. Il s'y agrippa en s'accrochant à tâtons au scaphandre de celui-ci.

Qui tirait toujours. Malenfant vit au moins un projectile traverser les jambes de Cornélius. Mais à présent celui-ci avait grimpé derrière le soldat, hors d'atteinte. L'élan de leurs corps combinés transforma leur mouvement en un roulis complexe, maladroit et dépourvu de coordination.

Le soldat se tortilla pour tenter d'attraper Cornélius. Mais celui-ci avait à grand-peine réussi à passer la main entre le sac à dos et le scaphandre de son adversaire. Il tira sur un tuyau. De la vapeur s'échappa dans l'espace où elle se transforma aussitôt en cristaux.

Les gestes du soldat se firent désordonnés, empreints de panique. Il donnait de faibles coups de pied dans le vide et ses mains gantées s'agrippaient à son casque comme s'il tentait de l'ôter.

Il ne lutta pas plus d'une minute ; il donna quelques derniers coups de pied, griffa désespérément son casque, son module de contrôle et son sac à dos.

Ensuite, il demeura immobile.

Cornélius avait cessé de bouger avant lui.

Il y avait du sang à l'intérieur du casque de Cornélius. Il s'était collé à la visière et y séchait. Des gouttes semblaient tourner en orbite à l'intérieur du casque. Malenfant ne pouvait pas voir son visage, ce dont il était reconnaissant.

Vous allez me manquer, se dit-il. Cornélius, l'homme qui comprenait le futur, et même les autres univers. Je me demande si vous comprenez l'endroit où vous vous trouvez à présent.

Le soldat était une femme. Il y avait un liquide à l'intérieur de son casque dépressurisé, et Malenfant n'alla pas y regarder de trop près. Il lut néanmoins l'étiquette cousue sur le scaphandre. TYBEE J.

Il ne trouva pas le pistolet.

Il attacha les corps de Cornélius et du soldat ensemble avec une longueur de câble.

Je devrais dire quelque chose, songea-t-il.

Pour qui ? Les cadavres ? Ils n'étaient plus là pour entendre et Emma était inconsciente. Qui, alors ? Cet univers possédait-il son propre dieu aveugle et stupide, un dieu dont les capacités de compréhension des possibilités de la création n'étaient pas allées plus loin que cette terne boîte en expansion ?

Pas pour Dieu. Pour lui-même, bien sûr.

— Voici un univers qui n'a jamais connu la vie, dit-il. Mais à présent, il connaît la douleur, la peur et la mort. On ne peut pas être plus loin de chez soi. Et j'imagine qu'il est juste que vous demeuriez ici, ensemble. C'est tout.

Il prit appui contre la porte et les poussa avec douceur. La seule lumière, celle de l'anneau, faiblissait vite ; ils ne tardèrent pas à disparaître.

Il se demanda combien de temps les corps dureraient dans cet endroit. Auraient-ils le temps de pourrir, de se momifier, de voir leur substance s'évaporer ? Les lois physiques différentes qui régnaient ici les atteindraient-elles, poussant le noyau de leurs atomes lui-même à se désintégrer ? Ou seraient-ils piégés et finalement détruits dans le Big Crunch dont Cornélius avait promis qu'il anéantirait cet univers comme les autres ?

Les corps s'éloignèrent avec lenteur, tournoyant

vaguement, s'écartant de toute la longueur du câble puis revenant l'un vers l'autre, entrant en collision avec douceur une fois de plus, comme si leur conflit se poursuivait sous cette forme atténuée, au-delà de la mort elle-même. Ce qui serait peut-être le cas : leurs fantômes, piégés dans cet univers qui n'était pas le leur, ne pouvaient que se hanter l'un l'autre.

Peu importe, Malenfant. Il est temps de partir.

Le MMU du soldat, fabriqué aux normes de l'armée, était bien plus sophistiqué que le matériel du Pied à l'Étrier.

Il comprenait une source d'énergie – des batteries légères susceptibles de durer bien plus longtemps que celles de Malenfant –, une importante réserve d'air comprimé, un dispositif basique de recyclage de l'eau, et des réservoirs de nourriture qui semblaient destinés à s'emboîter dans des fentes sur le casque du soldat. Il y avait aussi une trousse de secours élémentaire, de quoi se soigner sur un champ de bataille. L'unité mobile contenait même un abri d'urgence ultra-léger, une bulle de tissu avec une fermeture Éclair.

Tout à coup, l'existence de Malenfant se rallongeait, pas indéfiniment, mais de quelques heures au moins. Il fut étonné de constater combien c'était important pour lui.

Il se glissa avec Emma à l'intérieur de l'abri et le déploya autour d'eux. Il était tout juste assez grand pour s'étendre de tout son long. Le mince tissu autochauffant était d'une couleur orange translucide, mais, à l'intérieur, une veilleuse faisait paraître les murs solides. Malenfant ressentit un immense soulagement lorsqu'il eut fermé l'auvent inutile qui donnait sur l'extérieur, comme si cette fragile tente de secours pouvait le protéger des univers qui palpitaient et s'effondraient au-delà de ses murs.

Lorsqu'il fut satisfait de la pression et qu'il eut obtenu une température acceptable, il entrouvrit son casque et renifla l'air. Il y avait une odeur métallique, mais il paraissait correct.

Il ôta ses gants. Il se tourna vers Emma, ouvrit son casque, le lui enleva avec précaution et le laissa dériver. La joue rouge et brûlée d'Emma était froide, mais il sentait son pouls et voyait la vapeur de son souffle autour de sa bouche.

Il prit le temps de l'embrasser, tendrement. Puis il utilisa la tétine de son propre casque pour lui faire boire du jus d'orange.

Il essaya ensuite de soigner la jambe blessée. Ce qu'il vit au-dessous du garrot improvisé ne lui plut pas. Le sang et la chair exposés au vide avaient gelé, la peau intacte ressemblait à du verre. Au moins, elle n'avait pas saigné à mort, se dit-il, et elle ne semblait pas souffrir. Il nettoya la blessure de son mieux.

— … Malenfant ?

Sa respiration s'étrangla lorsqu'il entendit ce bruit, parfaitement inattendu ; il se retourna.

Elle était réveillée et elle le regardait.

## Maura Della

La vie à Washington était devenue beaucoup plus difficile, même sans les manifestants. Les slogans scandés dans les rues par les membres des sectes, protestataires et autres citoyens désœuvrés, qui avaient toujours été exaspérants, étaient devenus une source permanente de distraction. Il lui arrivait parfois – même ici, derrière plusieurs couches de verre blindé – d'entendre les cris de douleur, les bruits de verre brisé, le crépitement enfumé et les claquements des grenades que l'on lançait et qui s'écrasaient.

Maura était convaincue qu'il se passait en ce moment quelque chose de profond et d'inquiétant dans la mentalité collective américaine. Elle était toujours partie du principe que les Américains aimaient à se considérer au-dessus des disputes qui agitaient le reste de l'humanité, ne fût-ce qu'un tout petit peu. Ils avaient le système politique le plus robuste, la meilleure technologie, l'économie la plus solide, et, en tant que nation, la meilleure personnalité et le plus bel esprit.

Mais il y avait un revers à la médaille. Chaque fois que les choses allaient mal, chaque fois que le mythe de leur supériorité et de leur compétence était remis en question, les Américains allaient chercher à l'extérieur quelqu'un ou quelque chose qu'ils pouvaient rendre responsable de leurs ennuis. Et, dès que quelque chose clochait, il y avait toujours des gens pour penser que c'était la faute du gouvernement.

Bon, d'accord. Mais comment était-elle censée se concentrer avec tout ce bazar autour d'elle ?

Elle n'avait pas le choix, bien entendu.

De la même façon qu'elle devait oublier les autres désagréments du monde d'après le Nevada. Comme le fait qu'elle n'avait plus le droit d'envoyer de courriels, de se servir d'une photocopieuse, d'un scanner ni même d'une machine à écrire mécanique et de papier carbone. Toutes les tâches gouvernementales ayant trait au Pied à l'Étrier et aux Enfants bleus étaient à présent effectuées au moyen de notes rédigées à la main, en un seul exemplaire que le destinataire devait détruire après lecture.

Même son journal privé était à proprement parler illégal, désormais.

Déprimée, elle se tourna vers le premier des épais rapports qui se trouvaient sur son bureau. Il était rédigé dans une écriture claire, presque enfantine, sans doute celle d'une secrétaire abasourdie à qui l'on avait fait jurer le secret. Elle lut la préface, qui consistait en un baratin universitaire destiné à protéger les arrières des auteurs : *... nous ne pouvons offrir aucune garantie* *quant à la précision de cette interprétation préliminaire qui a été conçue, suivant le mandat délivré à ce groupe, comme un guide à utiliser pour la prise ultérieure de décisions...*

Il s'agissait d'une équipe d'universitaires de Princeton qui tentaient de traduire les messages que les enfants envoyaient à la Terre. (Elle se souvint des hypothèses apparemment bien informées de Dan Ystebo, et se dit qu'elle ne devait pas oublier de demander aux plombiers du FBI de trouver d'où venait la fuite cette fois.)

Les signaux sporadiques prenaient la forme de rayons laser ultra-violets dirigés sur un vieux satellite astronomique en orbite autour de la Terre. Nul ne savait pourquoi ils avaient choisi ce mode de transmission, ni comment ils avaient mis la main sur un laser, ou en avaient construit un, ni pourquoi ils se sentaient obligés de transmettre des messages tout court. Peut-être tout cela viendrait-il quand les universitaires à barbe grise de Princeton et d'ailleurs auraient compris de quoi diable parlaient les gamins.

Le message lui-même était constitué de texte encodé au moyen d'un mélange de signes ASCII, d'anglais, d'autres langues naturelles et de mathématiques. Mais le texte en langues naturelles ne semblait pas avoir beaucoup de rapport avec les maths, qui grouillaient de symboles et de référents dont les universitaires allaient devoir deviner le sens.

Les maths semblaient constituer un genre de diatribe contre la physique fondamentale.

Maura savait que les théoriciens s'efforçaient depuis un siècle de réconcilier les deux grandes branches de la physique : la relativité et la théorie einsteinienne de la gravité d'une part, et de l'autre la mécanique quantique, qui décrivait le monde subatomique. On pensait que ces deux théories n'étaient que des facettes d'une théorie unifiée que les scientifiques désignaient sous le terme de gravité quantique… *Il est impossible de délimiter une théorie qui n'existe pas encore*, notaient les pompeux auteurs du rapport. *Néanmoins, la plupart des théoriciens s'attendaient à ce que le paradigme quantique soit plus fondamental que celui de la relativité. Les spéculations des Enfants contredisent ces attentes, cependant…*

Maura continua à parcourir le texte. Les Enfants paraissaient suggérer que les particules fondamentales, les électrons, les quarks et le reste, étaient peut-être des anomalies de l'espace-temps, des défauts de son tissu. Une charge positive pourrait par exemple être l'ouverture d'un minuscule trou de ver tissé par un champ électrique, une charge négative constituant l'autre ouverture ; c'était la circulation du champ qui, vue de l'extérieur, paraissait constituer une source de charge positive ou négative. Einstein lui-même avait émis des hypothèses en ce sens un siècle plus tôt, mais il n'avait pas apporté de preuves de ce qu'il avançait, ni développé la théorie d'une façon qu'il estimait satisfaisante.

De toute façon, il semblait qu'Einstein n'avait pas été assez loin. Les enfants paraissaient vouloir dire que la clé du problème était de considérer les particules non pas uniquement comme des boucles ou des plis de l'espace, mais aussi comme des plis du temps. Un tel pli crée nécessairement une courbe temporelle fermée.

Chaque électron était donc une machine à voyager dans le temps en réduction.

*… Ce qui a des implications très claires en matière de causalité. Les propriétés d'une particule fondamentale seront déterminées par des mesures qui ne peuvent être effectuées que dans le futur. Ce qui signifie qu'il existe une condition limite qui est en principe impossible à observer dans le présent… Imaginez une corde à sauter*, avait dicté un universitaire poussiéreux qui s'était donné du mal pour se faire comprendre. *Si l'on secoue une poignée, la forme de l'onde créée ne dépend pas*

*que de ce qui se passe du côté de l'extrémité perturbée, mais de ce qui se passe du côté de l'autre poignée…*

Au sein de cette vision du monde, c'était cette rupture dans la causalité qui créait l'incertitude, le célèbre flou multivalent du monde quantique.

Et le texte continuait, interminable, déconcertant et ennuyeux.

Maura, assise à son bureau, luttait avec les concepts employés.

Ainsi donc, le monde qui se trouvait autour d'elle, le bon vieux monde solide fait d'atomes, de gens, d'arbres et d'étoiles, et même des éléments constituant son propre corps vieillissant, n'était composé de rien de plus que des défauts dans l'espace-temps. Il n'y avait rien que l'espace-temps, noué et replié sur lui-même. Si c'est le cas, se dit-elle, peut-être ne devrions-nous pas être surpris de l'irruption de toutes ces étrangetés acausales. Elles ont toujours été là, mais à un niveau trop faible pour que nous les voyions, et trop obscures pour que nous les comprenions.

Mais était-ce possible ?…

Contente-toi d'accepter l'idée, Maura. Ce qui est vraiment important, c'est de savoir *pourquoi* les Enfants essaient de nous communiquer tout ça.

… *Les enfants tentent peut-être de combler le fossé d'incompréhension entre les théories que nous avons patiemment élaborées mais qui demeurent partielles et leur connaissance apparemment instinctive, ou leur prescience paradoxale, de la structure de l'univers. Il est possible qu'ils souhaitent que nous comprenions ce qui nous est arrivé à un niveau plus profond – ou ce qui va nous arriver dans le futur…*

Une prédiction, alors.

Ou une menace.

Maura frissonna en dépit de la moiteur qui régnait dans son bureau.

Elle lut la transcription en diagonale, et découvrit que des passages écrits en langage ordinaire étaient éparpillés dans le texte plus ardu : *… Nous sommes très bien ici, s'il vous plaît dites-le à nos parents, nous n'avons pas chaud, ni froid, ni faim, nous sommes juste comme il faut, et nous nous amusons beaucoup à sauter partout sur la Lune, comme sur un trampoline géant… Vous n'auriez pas dû faire ce que vous avez fait quand vous nous avez lancé cette grosse bombe dessus, ça nous a juste mis en colère et certains d'entre nous voulaient revenir et vous faire la même chose mais Anna a dit qu'il ne fallait pas et que ce n'était pas vraiment votre faute et que, au fond de vous, vous nous aimez même si vous ne savez pas comment le montrer et…*

Comme une lettre écrite par des gosses en colonie de vacances, envoyée par laser à ultraviolets depuis la Lune et parsemée de textes de physique théorique si avancée que même un troupeau de prix Nobel ne parvenait pas à y piger quoi que ce soit. Elle sentit son cœur se briser un peu plus.

Même si tout ça lui fichait une trouille de tous les diables.

Elle referma le rapport et le laissa tomber dans l'incinérateur à haute température qui ronronnait doucement sous son bureau.

Le dernier rapport portait le code couleur – tracé à la main, avec un marqueur – dénotant le plus haut niveau de sécurité. Il concernait la façon dont on allait utiliser la nouvelle base lunaire de la Nasa pour infiltrer le mystérieux campement des enfants.

Les futures taupes avaient été sélectionnées à la naissance, le syndrome bleu dépisté avant qu'ils puissent parler ou marcher. À ce stade du projet, il y avait plus d'une centaine de candidats potentiels, soit des nourrissons, soit des enfants en âge d'aller à la maternelle. Leur éducation avait un but unique : les rendre loyaux envers la Terre, leur foyer, leurs parents. On employait l'éducation, la discipline, les liens affectifs, et tous les moyens de conditionnement comportemental auxquels les psychologues pouvaient penser, qu'ils soient physiques ou mentaux. On avait même engagé des publicitaires.

Nul ne savait quelle méthode fonctionnerait sur ces gamins, qui allaient après tout devenir plus intelligents que toutes les personnes qui jouaient avec leur cerveau. À la fin du programme, lorsqu'ils seraient assez âgés, il y aurait une évaluation du conditionnement et l'on choisirait des sujets à qui l'on ferait subir des expériences de simulation.

Des petits rats de laboratoire humains, se dit Maura, à qui l'on fournit des labyrinthes où courir, des labyrinthes aux murs de loyauté, de coercition et de peur.

L'objectif était de sélectionner un groupe de sept ou huit individus vers l'âge de cinq ou six ans, puis de les envoyer sur la Lune et de les offrir aux Enfants bleus. Et de faire en sorte que ces derniers soient trahis par leurs nouveaux amis.

Elle arriva à une liste de candidats. Billie Tybee se trouvait parmi eux : la fille de Bill Tybee qui, un millier d'années auparavant, lui avait demandé son aide, et de June Tybee, morte pendant l'assaut raté sur Cruithne, et la sœur de Tom, l'un des gamins partis sur la Lune, que son père endeuillé avait perdu pour toujours.

Comme si nous n'en avions pas assez fait à cette famille !

La conscience de Maura n'était pas totalement hors d'usage. Cette guerre que nous menons, se dit-elle, est dirigée contre nos propres enfants. Et nous utilisons toutes les sales méthodes que nous avons élaborées en un million d'années de guerre contre nous-mêmes.

Mais elle savait qu'elle devait une fois de plus ignorer sa conscience.

Peu importait ce que les enfants qui se trouvaient sur

la Lune y faisaient, ils devaient être compris, contrôlés, et arrêtés.

Par tous les moyens.

De toute façon, si l'humanité était vraiment en train de vivre ses derniers jours, elle allait au moins sortir de scène en restant fidèle à elle-même. Que Dieu nous vienne en aide à tous, se dit-elle en poussant le rapport dans l'incinérateur.

## Reid Malenfant

Malenfant tenait Emma dans ses bras et l'aidait à manger et à boire avec des gestes pleins de douceur, puis il la laissait dormir ou essayait de répondre à ses questions. Mais elle semblait moins s'intéresser au sort des univers qu'elle avait traversés pendant son inconscience qu'à celui de Cornélius et de Michaël.

— Pauvre Cornélius, dit-elle. Je me demande s'il a fini par trouver ce qu'il cherchait.

— J'en doute. Mais il a donné sa vie pour nous.

— Uniquement parce qu'il a su tout de suite qu'il n'avait pas d'autre choix. Que, sinon, le soldat nous aurait tués tous les trois. Il savait qu'il allait mourir, d'une manière ou d'une autre.

— Ça aurait pu se passer autrement, dit Malenfant.

— Oh, que non ! (La voix d'Emma était faible, mais ferme.) Cornélius était mort à partir du moment où il a détruit le transport de troupes. Dès lors qu'il avait laissé un soldat en vie, un soldat qui savait qu'il ou elle ne pourrait plus rentrer chez lui…

— Mais que ce soldat nous suive à travers le portail, à travers ces multiples univers…

— Une logique humaine transcende tout *ceci.* (Elle agita la main.) Tout ce machin cosmologique incompréhensible. Et c'est ça qui a tué Cornélius.

— Une logique humaine, dit-il. Tu penses que c'est une logique qui nous a conduits ici tous les deux ? Où que ce foutu endroit se trouve.

— Les deux seules âmes de cet univers, dit-elle d'un filet de voix. Ça aurait l'air romantique si…

— Je sais.

Elle demeura silencieuse pendant un moment. Puis elle dit :

— Malenfant…

— Oui ?

— Tu crois que nous pouvons retrouver notre chemin et rentrer chez nous ?

Il soupira.

— Je n'en sais rien, chérie. Mais on peut essayer.

— Oui, dit-elle, et elle se pelotonna plus près de son corps enveloppé de son scaphandre, à la recherche d'un peu de chaleur.

— On peut essayer, hein ?

Elle ferma les yeux. Il la laissa se reposer six heures.

Puis il referma leurs scaphandres, démonta la bulle, vérifia leurs câbles et accrocha à sa ceinture le paquetage du soldat Tybee.

Puis, main dans la main, Malenfant et Emma traversèrent le cercle bleu de la porte, passant en quelques pas et en quelques dizaines de centimètres d'une réalité à une autre.

Un univers après l'autre après l'autre.

Ils rencontraient parfois d'autres successions d'univers phénix à effondrement rapide, des cieux qui implosaient et les baignaient brièvement de lumière, et ils se blottissaient l'un contre l'autre sous la porte comme pour échapper à la pluie. Mais la plupart des cosmos qu'ils découvraient à présent avaient connu leur première expansion très longtemps auparavant, et ils étaient loin de leur effondrement final ; ils étaient vides, y compris de la lumière maladive de la création ou de la destruction.

Il n'y avait de signe de vie nulle part : rien que la logique vide des lois de la physique.

Emma dormait parfois dans son scaphandre, laissant Malenfant lui faire traverser sans la réveiller la porte et des univers entiers dans un sens ou un autre : elle n'y jetait même pas un coup d'œil, alors qu'ils étaient peut-être les seules entités conscientes qui visiteraient jamais ces endroits-là. Ces déserts sans étoile.

Un profond sentiment de dépression envahit Malenfant. Ce triste défilé d'univers, de géométries entièrement vides de chaleur, d'esprit et de vie – à l'exception de la sienne et de celle d'Emma – semblait avoir été organisé pour lui démontrer que l'existence même d'un endroit où des structures et de la vie pouvaient évoluer relevait de l'accident improbable. Il s'était battu pendant toute sa vie d'adulte pour l'avenir de son espèce. Quelle ambition avait-il donc à présent ? Que des escadrons d'humains franchissent ces portes à sa suite et colonisent ces univers morts, luttant avec le temps, l'espace et les lois physiques pour créer un autre lieu où vivre ?

Il arriva dans un endroit enfin différent. Le ciel était immense, obscur, dépourvu d'étoiles ou de galaxies. Mais il y avait autre chose : le ciel possédait une texture, une bande rougeâtre située juste à la limite des capacités visuelles de Malenfant. Il avait trouvé dans le paquetage du soldat Tybee une visière supplémentaire que l'on pouvait régler pour la vision nocturne. Il passa l'appareil sur son casque, où il s'adapta comme de grosses lunettes.

Il regarda autour de lui. Son propre corps et celui d'Emma brillaient comme des étoiles en fausses couleurs ; ils étaient les objets les plus lumineux de l'univers.

Le ciel lui-même luisait d'une sourde lueur rouge, le fond diffus cosmologique de cet univers de poche. Des nuages – vagues et dépourvus de structure – en couvraient la plus grande partie. Ils apparaissaient en gris-blanc aux yeux améliorés de Malenfant, un peu comme des cirrus particulièrement haut dans le ciel.

— Quasiment comme à la maison, murmura-t-il.

En fait, pas du tout. Mais c'était mieux que le néant sans aspérités.

— Malenfant.

Il plongea son regard dans le casque d'Emma. Elle était éveillée et lui souriait.

— Tu as rêvé ?

— Non, dit-elle. Je voudrais juste que ce sac à dos de luxe ait un robinet à café.

— Et j'aimerais pouvoir dire que nous avons une belle vue.

— Je suppose qu'elle l'est, d'une certaine manière, dit Emma. Il y a *quelque chose*, au moins.

— Je me demande pourquoi on ne voit pas d'étoiles. C'est évident que ce truc, par là-bas, ressemble à de la matière, et on y distingue des grumeaux. Mais ça n'a pas fabriqué d'étoiles.

— Peut-être les grumeaux locaux ne sont-ils pas de la bonne taille.

— Quelle différence cela pourrait-il faire ?

— Aucune idée.

— La cause pourrait être encore plus étrange, dit-il.

Il lui exposa les hypothèses de Cornélius au sujet des lois physiques qui, bousculées par les successions de Crunch et de Bang, seraient susceptibles de fabriquer différentes sortes de matière.

— Ces nuages ne sont peut-être même pas constitués d'hydrogène, par exemple.

Elle soupira.

— Je ne crois pas que cela change grand-chose, Malenfant. Tout ce qui compte, c'est que nous ne sommes pas chez nous. Tu crois que nous nous rapprochons ?

— Je ne sais même pas ce que se « rapprocher » signifie.

Il consulta sa montre. Ils voyageaient depuis des heures, et combien d'univers avaient-ils traversés ? Des douzaines ? Une centaine ?

— Si nous n'avions pas les ressources du paquetage de ce soldat, dit Emma, nous serions morts à présent. N'est-ce pas, Malenfant ? (On aurait dit un insecte qui chuchotait.) Je me demande si Cornélius le savait, s'il avait compris que nous en aurions besoin pour survivre.

— Tuer pour un paquetage…

— Cornélius était l'être humain le plus froid et le plus calculateur que j'aie jamais rencontré. Il en était tout à fait capable. (Elle ferma les yeux.) Je crois que je vais dormir à présent.

Il la laissa se reposer pendant une heure. Puis ils repartirent.

Ils traversèrent d'autres univers constitués de nuages lumineux. Ces derniers étaient tantôt plus rares, tantôt plus nombreux, et plus ou moins structurés. Mais ils ne trouvèrent ni galaxie, ni étoile, rien qui ressemblât aux structures familières de leur univers.

Puis ils rencontrèrent quelque chose de nouveau. Ils s'arrêtèrent, flottant dans l'immuable lumière bleue de la porte.

C'était encore un univers aux cieux rouges. Mais, cette fois, on avait l'impression que les rares nuages avaient la texture du coton et qu'on les avait tassés en une masse rosée qui emplissait la moitié du ciel. Une unique lueur se trouvait en son centre, assez brillante pour qu'on la vît à l'œil nu. Deux éclats de lumière semblaient jaillir de la pointe, comme des phénomènes de diffraction, ou comme les pôles d'un globe miniature. Malenfant crut distinguer des structures dans le nuage qui entourait le point central : une spirale compacte brillant d'un rouge plus vif que ce qui l'entourait et, plus loin, des volutes et des bulles étirées qui semblaient tourbillonner autour du centre. Ce spectacle était assez beau, à sa manière froide et austère, comme une aquarelle réalisée dans des tons de blanc, de gris et de rouge.

Beau, et familier.

— Mon Dieu, dit Malenfant. C'est un trou noir. Un trou noir géant. Souviens-toi de ce que nous avons vu…

— Oui. Mais les trous noirs sont créés par les étoiles. Comment peut-il se trouver ici, s'il n'y a pas d'étoiles ?

Il haussa les épaules.

— Peut-être que la matière n'a pas formé d'étoiles, mais s'est contentée d'imploser pour donner… ça. Tu crois que c'est bon signe ?

— Je ne sais pas. Je n'ai jamais été très douée pour le tourisme, Malenfant. Rappelle-moi ce que Cornélius t'a dit au sujet des trous noirs. Sur le fait que des univers peuvent en naître. Ce qui se passe au centre d'un trou noir ressemble à un Big Crunch en miniature…

— C'était à peu près ça.

— Alors, dit-elle laborieusement, cet univers pourrait avoir deux enfants. Le premier-né du trou noir et l'autre du Crunch final.

— Et alors ? fit-il en fronçant les sourcils.

— Tu ne piges pas, Malenfant ? Si les univers qui contiennent des trous noirs ont plus d'enfants que les autres, au bout de quelques générations, il finira par y avoir bien plus d'univers contenant des trous noirs que le contraire. Parce qu'ils peuvent se multiplier.

— Nous parlons d'univers, Emma. Qu'est-ce que ça peut bien signifier de dire qu'un certain type d'univers *l'emporte en nombre* sur l'autre ?

— C'est peut-être trop simple pour que tu comprennes, Malenfant.

— Trop complexe, tu veux dire.

— Non, trop simple. Continuons.

— Tu es sûre d'être prête ?

— J'ai le choix ?

Et, avec des gestes hésitants, elle commença à se hisser le long du câble qui les reliait.

Ils traversèrent la galerie d'univers presque sans y prêter attention, et sans comprendre grand-chose. Peut-être Emma avait-elle raison. Peut-être s'élevaient-ils dans les embranchements d'un arbre d'univers où un nouveau bébé cosmos naissait à chaque trou noir. Mais, si c'était le cas, comment les guidait-on tous deux dans leur voyage ? Qui le faisait ? Pourquoi ?

C'était sans importance, ils avançaient.

Malgré la vitesse à laquelle ils voyageaient – un nouvel univers toutes les deux ou trois minutes, quand même – l'évolution cosmologique paraissait abominablement lente à Malenfant, comme si une main faible tâtonnait au hasard vers la complexité.

Au début, il y eut plus d'univers au ciel rouge. Ils étaient pour la plupart ornés de roses déployées autour de trous noirs. Parfois c'était un monstre unique qui dévorait tout, parfois un ensemble piquetant le ciel au hasard.

En une occasion, ils se retrouvèrent si près du centre d'un trou que son éclat, vu à travers une masse dense de nuages, les éblouit et que Malenfant fut convaincu d'avoir aperçu du mouvement dans les masses gazeuses les plus proches, des ombres de milliers d'années-lumière de long tournant comme les aiguilles d'une montre. Peut-être la porte elle-même était-elle entraînée à l'intérieur. Il se demanda ce qui se passerait alors. La porte pouvait-elle survivre à une chute dans un énorme trou noir ? Ou quelqu'un – quelque inimaginable puissance constituée par les gens de l'aval qui avaient construit cette chaîne – pouvait-il surveiller les portes dans tous les univers et les réparer après chaque accident cosmologique ?

Et puis – une cinquantaine ou une centaine (ils ne les comptaient pas) de cosmos après la première rose entourant un trou noir – ils rencontrèrent quelque chose de nouveau. Pas de nuages brillant dans l'infrarouge, pas de trous noirs. Mais des structures.

Malenfant s'écarta de la porte en la repoussant. Il dériva jusqu'à l'extrémité du câble et rebondit légèrement. De la main, il tenta de faire obstacle à la lueur bleue de l'anneau pour protéger ses yeux.

Il y avait des roues dans le ciel : dépourvues de bord, mais dotées de rayons lumineux régulièrement espacés d'un jaune infiniment pâle. Il lui sembla qu'il y avait là un emboîtement, des structures superposées à d'autres structures, les roues elles-mêmes formant des disques plus grands, aux limites mal définies, tout comme les étoiles se rassemblaient en galaxies et les galaxies en amas et en superamas.

Un morceau de câble s'étirait devant lui, à cinq ou six mètres de la porte. Il était juste suspendu dans l'espace, formant quelques boucles. Mais il y avait une légère vapeur bleue à son extrémité.

Malenfant remonta le long du câble. La brume était constituée de très petites particules, presque invisibles à l'œil nu. Il pensa d'abord qu'elles se détachaient du câble, mais elles semblaient plutôt se condenser dans le vide. Cette brume était partout…

Sauf devant lui. Là se trouvait un disque flou où ne se formait aucune vapeur. Intrigué, il leva un bras sur la gauche. La forme s'agrandit dans cette direction. Elle était mal définie, mais c'était la sienne.

— Je crois que ça a un lien avec la lumière de la porte. Il n'y a pas de brume ici, où je la bloque. Peut-être que la lumière se… (il agita les mains) condense.

— Comment est-ce possible ?

— Je n'en sais foutre rien.

Il tendit le bras le long du câble pour se hisser plus loin.

— Non, Malenfant. Regarde le câble.

Il le suivit du regard jusqu'à son extrémité, quelques mètres plus loin.

La corde disparaissait. On aurait dit qu'elle était consumée par un rayon invisible de forte intensité. De temps à autre, on voyait un éclair de lumière verte.

Malenfant ramena le câble. Il cessa de se consumer. Il put en toucher le bout. Il était coupé net. Mais la chatoyante brume bleue continuait à se former, à l'endroit même où il se trouvait juste avant.

— Il y a une limite par là-bas, Emma. Une barrière. (Il jeta un coup d'œil autour de lui mais ne vit rien d'autre que le ciel à la structure étrange.) Peut-être que la porte nous protège. Comme un écran d'énergie.

— *Un écran d'énergie ?* Tu as vraiment trop regardé la télé dans les années 70.

— Trouve-moi une explication, alors, répliqua-t-il, agacé.

— Pourquoi tout devrait-il avoir une explication ? *Nous sommes dans un autre univers*. Ce qui provient du nôtre change peut-être lorsqu'il arrive ici, au-delà de l'influence de la porte.

— Change comment ?

— La masse du câble disparaît. Il est possible qu'elle soit convertie en autre chose. Peut-être de la lumière. Et la brume…

— … est la lumière de la porte. Qui se condense. Qui se transforme en une sorte de matière. Donc, dit-il, comment la lumière et la matière peuvent-elles échanger leur place ?… Cornélius l'aurait su.

— Oui. Drôle d'endroit, hein, Malenfant ?

— Il n'y a rien pour nous ici.

Il se détourna des roues dans le ciel et de la brume

bleue et recommença à se propulser en direction de la porte.

Et ils poursuivirent leur chemin, le long du couloir d'univers.

... Jusqu'à ce qu'ils finissent par enfin arriver sous un ciel rempli d'étoiles.

Malenfant se laissa dériver à l'écart de la porte.

— Enfin, je crois que ce sont des étoiles.

Tout autour d'eux, au-dessus et au-dessous, le ciel était uniformément piqueté de points brillants. Il n'y avait pas de nuages lumineux, ni de trous noirs entourés d'une rosace. Il aurait pu s'agir d'une nuit étoilée sur la Terre.

Mais quelque chose clochait.

— Elles ont l'air vieilles, dit Malenfant.

C'était vrai : une poignée d'étoiles était presque orange, l'une d'elles étincelait même d'une lumière jaune intermittente, mais les autres étaient d'un rouge pâle. Lorsqu'il mit ses lunettes spéciales, Malenfant distingua beaucoup d'autres points suggérant des étoiles, un champ d'étoiles s'étirant en deçà du spectre visible. Mais elles étaient ternes et rouges.

— Nous nous attendions à voir des étoiles, dit Emma.

— Ah bon ?

— Bien entendu. Réfléchis. Si les trous noirs sont la clé de la naissance des univers, il faut trouver le meilleur moyen d'en produire. C'est-à-dire, des étoiles.

— Et les trous noirs géants que nous avons vus dans les univers à la rose ?

— On aurait dit qu'ils avaient avalé la moitié de la création. Les étoiles doivent être bien plus efficaces. Combien de trous noirs y avait-il dans notre univers ?

— Un milliard de milliards. En gros, dit Malenfant.

— À partir de maintenant, nous verrons plus d'univers pleins d'étoiles. Des univers qui sont des usines à étoiles, et donc à trous noirs…

Il rassembla les câbles.

Il y eut d'autres univers, nombreux et étranges. Ils contenaient pour la plupart des étoiles d'un genre ou d'un autre, mais elles étaient en général ternes, éparpillées, guère impressionnantes, sinon mourantes ou mortes. Et nulle part ils ne virent quelque chose qui pouvait rivaliser avec la splendeur et la complexité de leur Galaxie, nulle part ils ne virent de signes de vie ou d'organisation.

— J'ai l'impression d'être pris au piège dans la galerie d'art de Dieu, marmotta Malenfant.

— Malenfant, comment peux-tu t'ennuyer ? dit Emma avec un rire fatigué. On te transporte d'univers en univers. Et ce n'est pas tout : il ne te reste que quelques heures à vivre. Qu'est-ce que tu veux ? Des danseuses ? Et qu'est-ce que ça changerait ? Nous allons sans doute mourir bientôt de toute façon, dans je ne sais quelle tranche de vide. Je ne crois pas que tu sois destiné à mourir dans ton lit, Malenfant.

— Je ne possède pas de lit. Mais je préférerais mourir dans mon putain d'univers.

— Même à un million d'années-lumière de chez toi ?

— Oui. Pas toi ?

— Tu ramènes vraiment tout à toi, hein ? Comme si tout ça, la multiplicité des univers, s'en prenait à toi personnellement.

Il attacha leurs câbles et fit face à la porte, à l'espace vierge, vide, ouvert et en quelque sorte rassurant qui se trouvait en son centre. Un moyen d'aller de l'avant.

— Bon Dieu, oui, dit-il. Quel autre ennemi avons-nous ?

Et c'est ainsi que, la main dans la main, ils passèrent dans une autre réalité, puis encore dans une autre.

De nouveaux cieux. De nouvelles étoiles, pour la plupart petites et peu spectaculaires.

Ils finirent par arriver dans un endroit où se trouvait une galaxie. Mais elle était petite et semblable à un nœud, et peuplée d'étoiles à l'air terne, uniformes et vieillissantes ; elle ne semblait rien posséder de la complexité du récif corallien de leur propre Galaxie.

Ils continuèrent.

Un univers après l'autre, tous pratiquement identiques aux yeux de Malenfant : des petites étoiles tristes, des galaxies mal organisées, des cieux parsemés de cadavres d'étoiles rouges à l'agonie.

— Je me demande pourquoi les étoiles sont si petites, dit-il. Et pourquoi il y en a si peu. Et pourquoi elles ont vieilli si vite.

— Parce qu'il n'y a pas de galaxies géantes pour en créer de nouvelles, dit Emma. Nous avons vu comment ça marche, Malenfant. La Galaxie semblable à un récif corallien. Toutes ces boucles rétroactives. C'est un moyen de produire des étoiles et de continuer à en produire, encore et encore.

Elle avait peut-être raison. Si le but principal de tout cela était de produire des quantités de trous noirs – et si c'était dans les étoiles géantes que les trous noirs naissaient le plus facilement – alors il fallait des machines à fabriquer des étoiles géantes, et les galaxies-récifs étaient le meilleur moyen pour y arriver qu'ils aient vu jusque-là.

Mais de toute évidence, il n'était pas si aisé de faire des galaxies-récifs – ou plutôt, de les faire *évoluer*. Malenfant étudiait un ciel terne et sans intérêt de plus. Il se demandait ce qui manquait, s'il y avait quelque ingrédient simple et décisif. Le carbone, peut-être, ou un autre élément indispensable aux grands nuages de gaz où naissaient les étoiles.

Malenfant fit à nouveau une pause lorsqu'il atteignit

un nouvel univers différent des autres. Cette fois, les galaxies étaient morcelées, les étoiles qui les entouraient éparpillées et leur masse centrale s'effondrait pour former des structures que Malenfant avait appris à reconnaître comme étant la signature des trous noirs. En outre, il y avait des taches de gaz lumineux dans le ciel, comme si quelques-unes des étoiles voisines avaient explosé.

Au-delà des étoiles, le ciel rougeoyait. Il ressemblait à celui des premiers univers phénix qu'il avait vus, ceux qui naissaient uniquement pour mourir quelques secondes, quelques heures, quelques jours ou quelques années plus tard. Mais cet éclat n'était pas uniforme.

Il semblait y avoir des points chauds, l'un situé précisément au-dessus de sa tête et un autre sous ses pieds, comme si le ciel avait des pôles. Et il voyait une bande de froid autour de l'équateur céleste, un plan qui passait au milieu de son estomac. En fait, il y avait deux points sur l'équateur – également situés sur deux côtés opposés du ciel – dont la température semblait indubitablement plus basse que la moyenne.

Il décrivit le ciel à Emma.

— C'est un univers en train de s'effondrer. Mais l'effondrement ne paraît pas symétrique. Il passe au-dessus de nos têtes, et s'aplatit sur les côtés.

— C'est possible ?

— Cet univers peut osciller, dit-il. Comme une bulle de savon avant d'éclater. Il ne s'effondre pas régulièrement. Il prend la forme d'une sphère, puis d'une ellipse allongée, puis d'un disque aplati… Tu sais, Cornélius t'a expliqué qu'il était peut-être possible de survivre à un Big Crunch dans un univers comme celui-ci. Il faudrait en prendre le contrôle. Et le manipuler, manipuler la masse, l'énergie et le champ gravitationnel, pour en contrôler les oscillations. Si on les exploite comme il faut, on peut en extraire assez d'énergie pour vivre éternellement.

— Voilà bien quelque chose que Cornélius aurait pu dire, fit-elle d'un ton sec. Malenfant, est-ce que tu vois quelque chose pouvant suggérer que des formes de vie quelconques manipulent cet univers ?

— … Non.

Ils poursuivirent leur chemin.

Emma dormit à nouveau. Malenfant glissait d'un univers à l'autre en essayant de ne pas la réveiller.

Jusqu'à ce que – sans avertissement, après une nouvelle transition de routine – il se retrouve sur Cruithne.

Du moins, il le crut pendant quelques secondes.

Il flottait avec Emma au-dessus d'une étendue grise poussiéreuse et ils tombaient à cause d'une microgravité fantomatique. La porte était enchâssée dans la plaine d'où elle se dressait tout droit, exactement comme avant. De la friture sifflait dans les écouteurs de son casque.

Ses pieds touchèrent la surface. Le tissu de son scaphandre transmit un crissement des plus légers lorsque ses bottes écrasèrent le régolithe. La poussière paraissait molle, facile à comprimer.

Il se tenait debout, bien droit ; un sourire farouche s'épanouit sur son visage. La gravité était quasi imperceptible, mais sentir le sol ferme sous ses pieds était tout de même agréable.

Il allongea Emma en prenant mille précautions. Des vagues de poussière molle s'élevèrent en volutes autour d'elle puis retombèrent avec lenteur à cause de la faible gravité.

Ils n'étaient évidemment pas sur Cruithne.

Il avait vu des cieux plus excitants. Il n'y avait qu'une seule étoile, petite, à l'éclat crachotant. Il était difficile d'en déterminer la couleur, une sorte de bleu-vert. C'était tout. Il n'y avait rien d'autre à voir ailleurs dans le ciel.

Il fit un pas en avant. La surface de cet endroit était couverte de flots de poussière lisse, comme une dune de sable repliée sur elle-même. Il y avait des collines basses, et même quelque chose qui ressemblait aux restes érodés de cratères très grands et très anciens. Des palimpsestes. Cette poussière n'avait pas la couleur charbonneuse de celle de Cruithne ; elle était gris argent avec des reflets bleus. Malenfant y enfonça sa main gantée. Elle était d'une grande finesse, comme du talc, sans les granules irréguliers qu'il se souvenait avoir vus sur Cruithne. Il creusa un petit trou. Lorsque la poussière se remit à couler doucement à l'intérieur, le remplissant et reformant la surface lisse, il lui sembla discerner comme un courant.

Il se redressa, tapa dans ses mains pour les nettoyer et se pencha pour épousseter ses jambes. Sauf qu'il n'y avait pas de poussière dessus ; on aurait dit qu'elle était tombée du tissu de son scaphandre. En fait, il pouvait voir des traces de la poudre de régolithe couleur charbon de Cruithne I là où la poussière de Cruithne II se détachait. Elle tenait encore, après si longtemps, après avoir traversé tous ces cosmos exotiques. La poussière de Cruithne I collait au tissu des scaphandres parce qu'elle avait acquis une charge électrostatique sous l'action du Soleil. Pourquoi celle-ci ne se comportait-elle pas de la même manière ? Pas d'électricité statique ? Peut-être la matière locale ne pouvait-elle pas posséder une charge électrique assez importante…

Pourquoi, et quelle différence cela ferait-il ?

Il n'en avait absolument aucune idée.

— … cette poussière est douce, Malenfant, aussi douce que le lit de plume le plus doux de l'univers. Tu te souviens de l'histoire de la princesse au petit pois ?

— Oui.

— Mais je n'ai pas rêvé. Je ne rêve plus depuis que nous avons franchi la porte. (Sa voix n'était plus qu'un murmure.) N'est-ce pas étrange ? Il faut peut-être se trouver chez soi pour rêver. Je crois que j'ai fini mon jus d'orange.

— Je vais monter la tente.

— Non… aïe.

Son visage se tordit de douleur derrière la visière.

Malenfant fouilla dans la trousse de secours du paquetage du soldat et trouva une ampoule de dérivé morphinique. Il dut plisser les yeux pour lire les instructions à la faible lueur de l'étoile verte. Il la pressa ensuite sur l'une des valves ornant le cou d'Emma.

Il regarda son visage. Comme toujours, elle gardait un contrôle inflexible sur elle-même. Mais il lui sembla détecter comme un soulagement.

— Voilà que tu as fait de moi une droguée, dit-elle.

— Attaque-moi en justice, alors.

Il se pencha et la souleva dans ses bras.

— Je t'entends à peine. C'est cette friture. Quelque chose cloche avec la radio ?

— Je ne pense pas, répondit-il d'un ton sec. C'est l'univers qui est cassé, pas la radio.

Et, traînant le paquetage militaire derrière lui, il franchit la porte d'un pas de géant, aidé par la microgravité.

Leurs réserves diminuaient, et Malenfant se dépêchait de traverser les univers les uns après les autre ; un regard lui suffisait pour rejeter des milliards d'années d'une évolution cosmique unique, et il ne prenait plus la peine de comprendre pourquoi tel univers était ainsi ou autrement, subtilement différent ou subtilement faux. Le gâchis, le vide que représentaient ces cosmos que nul regard ne contemplait l'oppressait.

Parfois, Malenfant posait le pied sur un Cruithne plus ou moins semblable au sien, ou pas. Tantôt les étoiles brillaient d'un vif éclat blanc, mais elles semblaient étrangement uniformes. Tantôt il se retrouvait dans un univers obscur et agonisant où elles semblaient s'être déjà consumées, un ciel semé de points orange et rouges dont la taille diminuait.

Une fois, il se retrouva avec une galaxie au-dessus de sa tête, un toit de lumière et des amas d'étoiles éparpillés autour de lui tels des anges tutélaires. Et, lorsqu'il releva sa visière, il vit la complexité de sa lumière se refléter sur ses propres pommettes et sur son nez, sur la charpente osseuse de son visage.

Mais ce n'était pas ça. Pas tout à fait.

Le cœur, un large disque, scintillait, et il y distinguait un début de structure en spirale. Mais rien que cela, une esquisse. Il n'y avait aucune des étincelles blanc-bleu qu'il avait pu voir dans les images rapportées par leur luciole, rien des immenses bulles créées par les supernovæ, des trous creusés dans les nuages moléculaires par la mort explosive des étoiles géantes.

Pas tout à fait ça.

Malenfant se dépêcha de continuer.

Pendant ce temps, Emma s'affaiblissait. Elle restait de plus en plus longtemps endormie, et de moins en moins éveillée. Comme si elle mettait de l'énergie en réserve en hibernant tels les cultivateurs de trous noirs du très lointain avenir. Mais la parcimonie n'avait pas marché pour les habitants de l'aval. Et elle n'allait pas marcher non plus pour Emma.

Il en arriva au point où il ne levait même plus la tête vers le ciel tandis qu'il traversait et retraversait la porte à l'aveuglette. L'esprit humain a évolué pour vivre dans un univers et un seul, se dit-il. Combien de temps était-il censé tenir dans cette situation de merde ? Il se sentait exténué, amer et hébété.

— Attends.

Il s'arrêta. Il venait de sauter à travers la porte et avait atterri sur une autre étendue de régolithe anonyme et éraflé. Il tenait Emma dans ses bras, mais il sentait à peine son poids. Il chercha du regard le visage de celle-ci et souleva sa visière.

— Emma ?

Elle se lécha les lèvres.

— *Regarde*. Là-haut.

On ne voyait pas de galaxie, mais un ciel étoilé. Les étoiles avaient l'air, eh bien, normales. Mais il avait appris que cela ne signifiait pas grand-chose.

— Et alors ?

Elle leva le bras et désigna quelque chose. Il vit trois étoiles formant une ligne de points blancs et ternes. Et il y avait un vague rectangle d'étoiles autour d'elles – l'une d'elle était d'une couleur rouge bien distincte – et, dessous, un objet qui ressemblait au disque d'une galaxie, ou peut-être juste une nébuleuse...

— Putain de merde, dit-il.

— Il doit y avoir beaucoup d'univers semblables au nôtre, murmura Emma, mais bon Dieu, il n'y a sûrement qu'une constellation d'Orion.

À ce moment-là, un flot de lumière d'un éclat insupportable perça, éblouissant, par-dessus l'horizon étroit.

Un lever de Soleil. Malenfant sentit sa chaleur traverser les couches de son scaphandre.

Il baissa les yeux sur le sol. La lumière du Soleil levant projetait des ombres denses qui soulignaient avec netteté le relief des crevasses et des cratères miniatures. Et, tiens, il y avait un « cratère » à la forme allongée où il voyait des nervures nettement dessinées.

Une empreinte de pied.

Malenfant fit un pas en avant, leva le pied et le posa dans l'empreinte. Il s'y adaptait parfaitement. Lorsqu'il le releva, les clous de sa botte n'avaient pas déplacé un seul grain de régolithe.

C'était sa propre empreinte. Dieu du ciel. Ils avaient traversé des centaines d'univers silencieux, lointains et obscurs, des univers d'ombres obscures et pauvres en lumière, et il se retrouvait à l'endroit précis d'où il était parti.

Il baissa les yeux sur Emma. Mais, tandis que le Soleil jouait sur son visage, elle avait déjà fermé les siens. Il rabaissa sa visière dorée avec douceur. La lumière s'y refléta, éblouissante, pleine de riches couleurs.

**Maura Della**

Le bus-robot sinuait sur le sol plissé de Tycho.

Sidérée, Maura contemplait le sol gris-brun, le ciel noir et sans étoiles, la Terre d'un bleu éclatant, pleine et ronde comme une boule de bowling marbrée. Dans les vallées, des falaises lisses s'élevaient autour d'elle, dissimulant la Terre et les détails du paysage. Le bus se refroidissait rapidement lorsqu'il entrait dans l'ombre ; elle entendait alors sa coque qui émettait des cliquetis en se contractant, puis des ventilateurs prenaient bruyamment vie pour réchauffer l'air. Mais il y avait de la lumière ici, même au fond des gouffres anguleux de la Lune : elle n'était pas diffusée par l'air, puisqu'il n'y en avait pas, mais réfléchie sur les rochers, en haut des vallées.

La bulle de Plexiglas de la fenêtre était très claire, débarrassée de toute trace de poussière ou de buée, si bien que Maura avait l'impression d'être à l'extérieur du bus, suspendue au-dessus du sol lunaire. Elle voyait de la poussière et de profondes traces laissées par d'autres bus que le sien suivait une fois de plus avec une précision religieuse. Cette poussière était molle, d'apparence fragile, mouchetée de cratères minuscules, avec un éclat de verre çà et là. C'était le sol de la Lune, un sol mort, travaillé par une patiente érosion sans air, et qui passait sous ses pieds comme de l'écume sur une mer rocailleuse. Elle avait très envie de tendre la main à travers la fenêtre et de laisser traîner ses doigts dans ce sol aux grains anguleux.

Mais c'était impossible.

Lorsqu'elle était arrivée à la base triste, puante et surpeuplée creusée dans le régolithe par la Nasa à des kilomètres du campement des enfants, on avait dit à Maura que les civils dans son genre n'étaient pas censés sortir en « EVA », comme ils disaient, pour marcher dehors à la surface. Pas une seule fois, pas un seul pas. Elle allait visiter la Lune à travers une succession de pièces et de véhicules climatisés et interconnectés, comme si la totalité du satellite était un immense terminal d'aéroport.

Il y avait une douzaine de personnes dans le bus.

La plupart étaient des soldats : des hommes et des femmes au visage dur qui paraissaient s'ennuyer ; le casque de leur scaphandre était du bleu pâle des Nations unies. Ils portaient des armes lourdes, des fusils et des armes de poing modifiés pour être utilisés soit dans le vide, soit dans une atmosphère ; Maura savait en outre qu'il y en avait d'autres, plus puissantes encore, attachées sous la carlingue du bus. La seule fonction de ce peloton était de la protéger, à moins que ce ne soit de la contrôler, elle, Maura. Personne n'allait au Pays imaginaire sans arme et sans escorte, pas même quelqu'un d'aussi haut placé dans la hiérarchie de cette opération dirigée par les Nations unies que Maura l'était devenue, cinq ans après les événements du Nevada.

Bill Tybee vint se mettre debout à la fenêtre avec elle. Il boîtait, et sa broche d'alerte médicale étincelait à son revers sous l'éclairage du bus. Il lui tendit un bulbe de café dans un support en polystyrène ; elle l'accepta avec gratitude.

— Hmm. Ce n'est pas bien chaud.

— Désolé, dit-il. Rien ne chauffe jamais vraiment, ici.

À cause du manque de pression, se dit-elle. Un vieux

cliché de la Nasa, qui correspondait néanmoins à la réalité.

— Je n'aurais jamais cru que vous feriez un astronaute, madame Della.

— Appelez-moi Maura. Vous n'êtes pas tout à fait Flash Gordon, vous savez.

— Ouais. Mais bon, on s'en fiche.

Bill Tybee avait été envoyé sur la Lune avec d'autres parents pour y travailler, avec toute son incompétence, à l'interprétation des activités des enfants – et pour être avec ses propres gosses, autant que possible. On tentait tout ce qui était susceptible de marcher, de contribuer à avoir prise sur les enfants.

— Dites-moi, Bill, pourquoi Tycho ? Pourquoi les enfants sont-ils venus ici depuis le Nevada ? J'ai entendu les gens de la Nasa se plaindre. Nous sommes loin de l'équateur lunaire, on consomme donc beaucoup de carburant pour arriver ici. Et le sol est si accidenté qu'ils ont eu du mal lors des premiers alunissages.

— Ces types ont la tête dans le cul, grogna Bill. N'oubliez pas, madame Della, Maura, que ce sont des *enfants*. En tout cas, ils l'étaient quand ils sont venus ici. Où un enfant choisirait-il de vivre sur la Lune ? Pourquoi pas dans son cratère le plus célèbre ?

C'était une réponse aussi bonne que toutes celles qu'on lui avait fournies jusque-là.

— Vous ne croyez pas que ce sont encore des enfants ?

— Bon sang, je ne sais pas ce qu'ils sont, marmotta-t-il. *Regardez-moi ça.*

Le bus arriva au sommet d'une crête et le paysage se déploya une fois de plus devant Maura. Le bleu vif du globe terrestre paraissait criard à côté des subtiles couleurs automnales de la Lune. Quant au sol, il était plié et tordu. Elle vit de véritables vagues figées dans le roc, des ondulations provoquées par le gigantesque impact qui avait enfoncé le complexe de Tycho dans le cuir de la Lune. Mais les plaques de roc étaient elles-mêmes criblées de cratères pleins de gravats.

Tycho était jeune pour un cratère lunaire, mais incroyablement vieux selon des critères terrestres.

Voyager dans le bus aux grandes roues de grillage avait quelque chose d'onirique. Le véhicule penchait et roulait, nonchalant, tandis qu'il avançait au ralenti sur le sol ravagé. Maura se sentait légère, bringuebalée de-ci, de-là. C'était indubitablement une expérience remarquable.

Les cercles de l'appareil de sécurité entourant le Pays imaginaire étaient concentriques, tout comme les terrasses rocheuses qui tapissaient les murs de Tycho.

Le bus passa une haute barrière de barbelés – en alliage lunaire, tissés fin – et poursuivit son chemin jusqu'à un dôme bas recouvert de régolithe. Un tunnel de tissu sinua à sa rencontre comme la passerelle télescopique d'un terminal d'aéroport, et s'arrima à la coque avec un délicat cliquetis métallique. Lorsque la porte s'ouvrit, un soldat en uniforme des Nations unies se trouvait déjà là, couvert par d'autres soldats armés, prêt à s'occuper d'eux.

En traversant le sas, Maura sentit une odeur de métal brûlé là où la coque avait été exposée au vide, et comme un léger parfum de fumée de bois brûlé : de la poussière lunaire oxydée. La réalité exotique de la Lune faisait intrusion dans ce processus routinier et bureaucratique de vérification de laissez-passer digne de la Guerre froide.

Aucun des passagers du bus – pas même Bill Tybee – n'alla plus loin que ce premier point de contrôle. Aucun, sauf Maura.

La passerelle était transparente, semblable à un tunnel jeté entre le ciel obscur et le sol lumineux. Maura tendit le cou pour voir à travers les murs de tissu et entraperçut le Pays imaginaire. C'était un dôme d'un gris argenté. Avec du vert à l'intérieur. Et quelque chose qui bougeait, comme un tronc d'arbre qui se balance. Mon Dieu, c'était un *cou*.

L'aide de camp s'arrêta et désigna l'entrée juste avant qu'ils ne l'atteignent.

— Le dôme est polarisé. Il devient tour à tour opaque et transparent pour simuler un cycle circadien semblable à celui de la Terre. Des lumières produisent le même effet pendant la longue nuit. Vous voyez ? Des rampes de projecteurs, comme dans un stade.

L'aide de camp était une blonde aux yeux bleus, avec un physique nordique classique. Originaire du Minnesota ? Mais son accent était neutre.

— C'est bien une girafe que j'ai vue là-dedans ? s'enquit Maura.

— Peut-être, dit la fille en riant. Nous pensons que c'en est une.

— Vous n'en êtes pas sûrs ?

— Mon autorisation s'arrête au niveau violet.

— Depuis combien de temps êtes-vous ici ?

— Deux ans, avec les permissions.

— Vous n'êtes pas curieuse ?

— Nous ne sommes pas payés pour être curieux, madame. (Son masque de professionnelle glissa un peu.) En fait, non. Le Pays imaginaire n'est qu'une tente pleine de petits monstres au cul bleu. De quoi devrait-on être curieux ? De toute façon, votre laissez-passer va jusqu'au niveau bleu, non ?

— Oui.

— Alors vous verrez tout ce que vous voudrez par vous-même.

Un autre sas se trouvait à l'autre bout de la passerelle, un autre point de contrôle, où Maura dit au revoir à l'aide de camp dont la fonction semblait être de l'escorter sur la totalité de cette vingtaine de mètres au bout d'un voyage de cinq cent mille kilomètres.

Cette étape dans le processus de sécurité lui prit encore une heure. On vérifia à plusieurs reprises son laissez-passer et ses autres références, on la fouilla au corps deux fois, elle passa aux rayons X, au détecteur de métal et dans d'autres scanners qu'elle ne reconnut pas. On lui demanda enfin de se déshabiller et elle se retrouva debout toute seule sous une douche qui passait du chaud au froid et qui puait l'antiseptique. Une très lointaine partie de son esprit fut satisfaite de constater que sa silhouette s'affaissait moins que sur Terre. Il y eut une pulsation lumineuse, une douleur aiguë. Sa peau à nu était recouverte de cendre fine.

On lui donna ensuite des vêtements propres, des dessous et une combinaison qui n'avait pas de poches, rien qu'un sac extérieur où elle avait le droit de mettre son laissez-passer bleu, son passeport, son mouchoir et autres bricoles.

On la guida le long d'un ultime couloir translucide – un dernier coup d'œil sur la Lune – et, escortée par deux soldats (il doit y en avoir des dizaines ici, se dit-elle, et ça doit coûter la peau des fesses), elle traversa le mur incurvé du Pays imaginaire proprement dit.

Il y avait de l'herbe sous les pantoufles molles qu'elle portait, un dôme bleu noir et lumineux au-dessus de sa tête, divisé par une grande ombre diffuse, celle des montagnes de Tycho.

Elle vit des buissons et un unique arbre géant, bas et trapu. L'air était doux, vif, propre, frais et sentait la verdure, les choses en train de pousser, la pelouse tondue en été. De l'herbe verte poussant sur la Lune. Qui aurait pu penser qu'elle verrait ça au cours de sa vie ?

Une jeune fille se tenait devant elle : seize ans environ, mince, svelte, pieds nus, vêtue d'une petite robe toute simple en tissu orange, avec un cercle bleu vif cousu sur la poitrine. Elle n'a pas un joli visage, se dit Maura, mais son expression est calme, sereine, imperturbable. Concentrée. Il lui manquait une dent du bas.

C'était Anna. Et elle avait des ailes.

— Contente de vous revoir, madame Della, dit Anna avec gravité.

— Appelle-moi Maura. Tu te souviens de moi, alors.

— Vous avez toujours été notre amie.

— J'ai essayé de vous faire tuer, petite, soupira Maura.

— Vous avez fait votre devoir. Il y a beaucoup de gens plus mauvais que vous dans ce monde, Maura Della. Pourquoi n'enlevez-vous pas vos chaussures ?

— Pourquoi, hein ? dit Maura en souriant.

Elle ôta ses pantoufles d'un coup de pied et fit quelques pas sur l'herbe douce et humide. Les brins paraissaient étrangement raides, mais elle savait que c'était à cause de la faible gravité.

Anna plia ses ailes et sauta dans les airs. Rien d'autre : elle fléchit les jambes et fit un bond de plus de trois mètres. Elle parut planer l'espace d'un très long battement de cœur. Puis, les ayant déployées, elle se mit à battre des ailes. Maura sentit un grand courant d'air, de cet air doux, à basse pression et cristallin qu'il y avait ici – et Anna fila dans le ciel sous dôme.

Maura jeta un coup d'œil aux deux soldats qui se trouvaient derrière elle. L'un d'eux, un homme blond au physique de taureau, observait le corps de la jeune fille, les yeux plissés, le regard dur.

Anna revint en planant pour effectuer un atterrissage parfait, qu'elle ralentit en quelques pas de ses jambes minces.

— J'aimerais bien essayer, dit Maura en applaudissant avec lenteur.

Anna étendit ses ailes.

— Ce n'est pas aussi facile qu'il y paraît. Il faut battre dur des bras pour soulever un sixième de son poids terrestre. (Elle considéra Maura.) Imaginez que vous tenez une haltère de quatre kilos dans chaque main et que vous avez les bras écartés… Vous devriez peut-être prendre une voiture aérienne pour aujourd'hui. C'est comme qui dirait plus facile.

Maura se tourna vers son escorte.

— Nous ne pouvons pas aller plus loin à l'intérieur, madame, dit le soldat blond. Mais vous avez les autorisations nécessaires. À vos risques et périls.

Son accent semblait venir du centre de l'Europe, peut-être d'Allemagne. Il désigna le ciel. Maura vit un robot de surveillance de la taille d'un ballon de football, un petit objet compliqué et étincelant d'objectifs de caméras qui glissait sans bruit dans l'air.

— Criez et nous vous ferons sortir.

— Merci.

Maura laissa la jeune fille la conduire jusqu'à un petit espace entouré d'une barrière où trois voitures avaient été garées sans précaution sur l'herbe. Maura en choisit une et, avec le simulacre d'enthousiasme juvénile que lui donnait la gravité lunaire, exécuta un saut qui lui fit passer la porte et atterrir droit dans le siège du conducteur.

La voiture n'était qu'une boîte blanche de métal et de céramique, ouverte, munie d'un joystick et d'un petit panneau de contrôle. On lisait le nom de Boeing en plusieurs endroits et des instructions simples étaient écrites en grandes majuscules. L'engin n'avait pas de roues : à la place, à chaque angle, se trouvait un turboventilateur dans un logement. Maura ne mit pas longtemps à apprendre à utiliser le joystick pour faire pivoter les nacelles dans un sens ou un autre.

Lorsqu'elle mit le moteur en marche – il brûlait de

l'hydrogène propre et n'émettait aucun bruit – la voiture s'élança droit dans les airs. Il lui suffisait d'effleurer le joystick pour qu'elle se penche ou fasse des bonds en avant et en arrière, comme si elle sortait tout droit du dessin animé *Les Jetsons*.

Anna s'élança dans les airs et vola en cercle un peu plus haut qu'elle. Lorqu'elle passa de l'ombre de Tycho à la lumière, ses ailes parurent s'enflammer. Puis elle exécuta un virage et fila comme une flèche en direction du cœur du dôme.

Maura la suivit avec plus de prudence, planant à quelques dizaines de centimètres au-dessus de l'herbe.

Le Pays imaginaire était environ de la taille d'un terrain de football. De l'herbe semblait avoir poussé partout, mais l'eau de quelques étangs, aussi bleue que celle d'une piscine, miroitait çà et là. Maura vit des petits robots-jardiniers rouler à une allure circonspecte, coupant l'herbe ou creusant des trous.

De petits monticules s'élevaient dans l'herbe. L'un d'eux avait une porte ouverte, et une vive lumière artificielle en sortait. Peut-être les enfants dormaient-ils là-dedans pour réduire les heures qu'ils passaient exposés aux niveaux de radiations élevés de la Lune.

Au centre du dôme se trouvait une zone isolée par un haut mur de verre. Maura savait que son laissez-passer bleu lui-même ne lui permettrait pas d'y pénétrer, car à l'intérieur se trouvait l'artefact – le moyen de transport, la bulle, le machin, peu importait – que les enfants avaient construit dans le Nevada pour se protéger de la bombe nucléaire et se transporter ici.

Même à présent, aucun adulte n'avait la moindre idée du mode de fonctionnement de cette chose.

Anna volait vers le gigantesque et unique arbre du dôme.

Maura trouva qu'il ressemblait à un chêne, mais son tronc devait bien faire six mètres de large, et chacune de ses branches larges et robustes ne mesurait pas moins de un mètre à un mètre vingt. Il semblait néanmoins rabougri, contraint de pousser en largeur plutôt que de s'étirer vers le haut. S'il avait eu des proportions normales, il aurait pu atteindre cent cinquante, peut-être deux cent mètres et il aurait crevé le plafond de ce dôme grand comme un stade.

Anna plana jusqu'à une branche, se posa dessus avec grâce et replia ses ailes dans son dos. Maura éteignit le moteur de son véhicule et la voiture volante se posa de travers avec un doux grincement.

Maura aperçut d'autres enfants, qui lui semblaient être très loin sous elle. Deux groupes, de quatre ou cinq gamins chacun ; les plus vieux paraissaient avoir dix ans environ. Après cinq années sur la Lune, ils étaient maigres mais gracieux. L'un des groupes jouait à une sorte de chat perché ; ils se couraient après, faisant de grands bonds, exécutant des sauts périlleux et autres saisissantes acrobaties lunaires. Maura les entendait, le son de leurs rires montant vers elle tel le murmure des vagues.

L'autre groupe semblait plus solennel. Ses membres se déplaçaient les uns par rapport aux autres, mais de manière structurée, ils restaient en position quelques secondes, puis passaient à la suivante. Ils avaient également l'air de parler, ou peut-être de chanter, mais Maura ne parvenait pas à distinguer de mots.

— Anna, où sont les enfants Tybee ? Tom et Billie...

Anna les lui montra.

Les Tybee faisaient partie du groupe solennel. Maura reconnut Tom, âgé de dix ans à présent, le visage rond, posé et sérieux. Son Cœur électronique pendait à sa ceinture, sans doute cassé. C'était un cadeau de la mère qu'il avait maintenant perdue depuis longtemps. Elle se demanda laquelle parmi les plus petits était Billie.

Elle avait un jour promis au père de Tom de la protéger. C'était cette promesse qui l'avait amenée jusqu'ici. Et pourtant, quelle protection pouvait-elle bien lui offrir ? Qu'avait-elle jamais pu lui donner ?

— Peux-tu me dire ce qu'ils font en bas ?

— Ils travaillent. Vous appelez ça du…

— Multiplexe. Oui, je sais. De quoi parlent-ils ?

Plusieurs expressions se succédèrent sur le visage d'Anna.

— Ils envisagent différentes contraintes qui pourraient s'appliquer à la multiplicité ultime.

Maura se dit que la suite de cette conversation n'allait pas être facile pour elle.

— La multiplicité de quoi ?

— Des univers. C'est bien entendu un truisme de dire que tous les univers logiquement possibles doivent exister. L'univers, cet univers, est décrit, hum, ce n'est pas le bon mot… par un système formel. Des mathématiques. Un système mathématique.

— Tu veux dire une Théorie du Tout ? dit Maura en fronçant les sourcils.

Anna balaya la suggestion d'un geste de la main, comme si elle était d'une banalité sans nom ; ses ailes splendides bruissèrent.

— Mais il y a beaucoup de systèmes formels. Certains sont moins riches que d'autres, d'autres plus. Mais chacun d'eux possède une cohérence interne et décrit un univers possible, qui existe, par conséquent.

Maura essaya de la suivre.

— Donne-moi un exemple de système formel.

— Les règles de la géométrie. Celle d'Euclide, je veux dire.

— Ce qu'on apprend au lycée.

Anna regarda Maura avec une expression de reproche.

— Je ne suis jamais allée au lycée, Maura.

— Désolée.

— Certains de ces univers décrits par ces systèmes

formels sont assez riches pour faire vivre des substructures conscientes. La vie. L'intelligence. Et certains de ces univers ne sont pas assez riches. Un univers décrit par la géométrie euclidienne ne l'est sans doute pas, par exemple. Par conséquent, on ne peut l'observer. Ce groupe est en train de tenter de décider si un univers qu'on ne peut observer, bien qu'il existe, peut être considéré comme relevant d'une catégorie d'existence différente…

Anna jeta un coup d'œil à Maura.

— Vous comprenez ?

— Pas le moindre fichu mot.

Anna sourit.

Maura vit des robots-lucioles qui planaient au-dessus de la tête des enfants. Ils les observaient, et enregistraient tout ce qu'ils disaient et faisaient. Des trésors de connaissance et de sagesse étaient peut-être évoqués par le ballet que dansaient ces minces silhouettes, mais aucun expert au monde ne savait comment le décoder. Sollicité, IBM avait déclaré avoir besoin de dizaines d'années de développement ne fût-ce que pour élaborer des logiciels de traduction.

Les enfants avaient semblait-il créé leur propre langage à partir d'éléments de leurs langues natales qu'ils avaient mélangés à des gestes, des mouvements de danse et de la musique. C'était un système de communication complexe, aux niveaux multiples contenant plusieurs flux d'informations en multiplexage. Pour les linguistes, il s'agissait d'un véritable langage unifié par une grammaire. Mais il transcendait les langues humaines par la richesse de sa structure, la vitesse et le taux de compression des données transmises, le fait qu'il était analogique – l'angle formé par un bras ou une tête que l'on tenait comme ceci ou comme cela semblait changer profondément le sens – et sa rapidité d'évolution qui se comptait parfois en jours.

De surcroît, certaines caractéristiques ne pouvaient pas être traduites en anglais, même en théorie. Comme des nouveaux temps de conjugaison. L'un d'entre eux était basé sur des constructions en forme de palindrome symétrique dans le temps qui paraissaient conçues pour décrire des situations où la causalité formait des boucles, voire était violée.

Une grammaire pour voyageurs temporels.

Certains théoriciens prétendaient que la perception linéaire et bien ordonnée du temps que connaissent les humains résulte d'une conscience limitée : comme lorsque le cerveau « reconstruit » l'image d'un visage à partir de quelques lignes sur une page. Les enfants peuvent peut-être percevoir le temps à un niveau plus profond : de façon non linéaire, et peut-être même acausale.

Les théoriciens les plus allumés se demandaient même si leurs esprits n'étaient pas connectés de manière permanente par l'océan de neutrinos qui emplissait l'univers. Comme si la technologie de la radio de Feynman permettait à une nouvelle forme de conscience et de perception de soi de fonctionner.

Les diverses stratégies que l'on avait tentées pour garder le contrôle sur les enfants n'avaient pas encore donné de résultat. Les taupes – comme la petite Billie Tybee qui se trouvait en bas avec les autres – semblaient s'être fondues dans l'étrange petite communauté sans un seul regard en arrière. On leur avait fait subir un endoctrinement lourd au moyen d'une grammaire de base commune et de règles de quantification, dans l'espoir qu'ils continueraient au moins à parler d'une manière compréhensible pour le monde extérieur. Mais même cette tentative avait échoué. Ils n'avaient tout simplement pas la patience ou le goût de traduire leurs pensées en langage pour bébé à l'intention de leurs parents.

Le seul Enfant bleu qui consentait à parler régulièrement aux gens de l'extérieur était Anna, qui avait cinq ou six ans de plus que tous les autres. Et les observateurs spécialisés étaient convaincus que, bien qu'elle fût de fait leur leader, elle était elle-même trop âgée, ses capacités grammaticales ayant été figées trop tôt, pour qu'elle puisse s'immerger totalement dans les échanges qui dominaient la vie des autres enfants.

En outre, Anna était loin d'être une ambassadrice utile. Les adultes lui avaient fait trop de mal.

Une section de tronc de chêne parut se détacher, se pencha avec raideur et un visage mince et déformé se tourna pour regarder Maura fixement.

Elle faillit sauter de son siège.

— Oh, bonté divine !

Anna éclata de rire.

La girafe sortit de l'ombre de l'arbre. Les taches jaune et noir couvrant son corps l'avaient rendue pratiquement invisible pour Maura, ce qui était plutôt surprenant pour un animal de cette taille. La girafe fit un bond en avant, sa tête aux traits finement ciselés ployant en douceur ; la gravité lunaire ne changeait apparemment rien à sa démarche élégante. Deux autres animaux suivirent le premier, un autre adulte et un jeune dont le cou lui parut gros et court comparé à celui des autres.

— Des petits bousiers-robots de la Nasa viennent emporter leurs crottes pendant la nuit, dit Anna. Ils sont vraiment marrants.

— Pourquoi ces girafes sont-elles ici ?

Anna haussa les épaules.

— Nous les avons réclamées. Quelqu'un en avait vu une dans un album.

Maura regarda les girafes s'éloigner, bondissant avec aisance dans la lumière du Soleil, puis dans l'ombre du cratère. Leur corps et leur façon de bouger étaient d'une étrangeté totale, elles étaient dotées d'une structure totalement différente de celle de toutes les créatures qu'elle avait jamais vues. Un aboutissement extrême de l'évolution, songea-t-elle.

Comme ces fichus gosses.

Le regard aussi gris que la poussière lunaire d'Anna était grave et sérieux.

— Maura, et vous, pourquoi êtes-vous ici ?

— Vous méritez qu'on vous dise la vérité, dit Maura.

— Oui, c'est vrai. (Anna leva les yeux vers la Terre, ronde et pleine, sa sphère légèrement déformée par le tissu du dôme.) Nous voyons parfois les lumières, sur le côté nocturne.

— De quoi pensez-vous qu'il s'agit ?

— De villes qui brûlent, dit Anna en haussant les épaules.

Maura soupira.

— As-tu étudié l'histoire, Anna ?

— Oui. Les informations sont limitées, les interprétations partielles. Mais c'est intéressant.

— Alors tu sais que nous avons déjà connu de telles époques. Les guerres de Religion pendant la Réforme, par exemple. Les protestants contre les catholiques. Les catholiques croyaient que leurs prêtres étaient les seuls à contrôler l'accès à la vie après la mort. Donc, quiconque tentait de nier leur pouvoir menaçait non seulement la vie, mais la vie après la mort. Et les protestants croyaient que les prêtres catholiques avaient tort, et refusaient donc à leurs partisans tout accès à la vie après la mort. Si l'on considère les choses du point de vue des différents protagonistes, faire ces guerres était logique, puisqu'ils se battaient pour la vie éternelle elle-même.

— Les guerres d'aujourd'hui sont des guerres de religion ?

— En un sens, oui. Mais on se bat pour le futur. L'humanité est divisée en factions qui pensent qu'elles ont le droit de contrôler son avenir – qui, pour la première fois dans l'histoire, est devenu dans nos esprits quelque chose de tangible, un atout, quelque chose pour quoi on peut lutter. Et voilà pourquoi nous nous battons.

— Vous voulez dire qu'ils se battent pour les enfants. Les Enfants bleus, comme moi, et ce qu'ils pensent que nous pouvons leur apporter.

— Oui.

— Ils ont tort, dit Anna en s'appliquant. Ils ont tous tort.

— Voici le résultat, dit Maura. Je ne sais pas exactement pendant combien de temps les gens les plus avisés vont pouvoir diriger les choses. Même aux États-Unis.

Anna l'écoutait, le regard doux.

— Que diriez-vous ?

— Je ne sais pas, répondit honnêtement Maura. Des mois, au mieux, je crois. Ensuite, ils viendront vous chercher.

— Ça suffira, dit Anna.

— *Pour quoi* ?

Anna refusa de répondre.

— Vous faites peur au gens, cracha Maura, frustrée. Bon Dieu, vous me faites peur à moi, à rester là à Tycho avec vos projets et votre science incompréhensibles. Nous avons détecté l'artefact qui se trouve dans le manteau de la Lune…

Il avait été repéré par des sismomètres. C'était un morceau de matière très compressée – peut-être composée de quarks – de la taille d'une montagne. Il se trouvait exactement sous le dôme. Nul ne savait comment il était arrivé là, ni à quoi il servait.

Maura jeta un regard noir à Anna.

— Avons-nous raison d'avoir peur ?

— Oui, dit Anna avec gentillesse, et Maura se sentit glacée de terreur.

— Pourquoi ne nous dites-vous pas ce que vous êtes en train de faire ?

— Nous essayons. Nous vous disons ce que vous êtes capables de comprendre.

— Allons-nous pouvoir vous arrêter ?

Anna tendit la main, prit celle de Maura et la serra. La peau de la jeune fille était douce et tiède.

— Je suis désolée.

Et puis, sans prévenir, Anna se pencha en avant, tomba de l'arbre et écarta ses ailes. Elle s'éleva dans le ciel, passant devant la face convulsée de la Terre avant de sortir du champ de vision de Maura.

Lorsqu'elle revint au bus, Bill l'attendait. Comme si ça ne l'intéressait pas. Mais, pendant que le véhicule progressait avec peine en direction de la base de la Nasa, il demeura suspendu aux lèvres de Maura tandis qu'elle parlait des conditions de vie à l'intérieur du dôme, des enfants, et de ce qu'elle avait entrevu de Tom et de la petite Billie.

Le Soleil s'était couché au-delà des parois de Tycho, mais les murs étaient éclairés par l'étrange lumière bleue de la Terre. Le Soleil allait s'attarder juste au-dessus de l'horizon sculpté pendant une journée entière, tant le jour lunaire était long. Faute d'air, il n'y avait pas de couleurs de coucher de Soleil, mais on voyait néanmoins une lueur à l'horizon, de pâles rayons blancs assez intenses pour éclipser les étoiles : la lumière dégagée par l'atmosphère du Soleil, et la lumière zodiacale, le miroitement de la poussière et des débris situés sur le plan de l'écliptique. Un éclairage calme, immuable, austère, d'une insupportable immobilité, un véritable glacier lumineux.

Elle s'aperçut que Bill Tybee pleurait.

Il la laissa le serrer dans ses bras, comme une mère avec son enfant. Cette touche de chaleur humaine dans l'immense froid immobile de la Lune avait quelque chose d'immensément réconfortant.

**Reid Malenfant**

La radio de son scaphandre était conçue pour fonctionner sur de courtes distances. Il écouta néanmoins toutes les fréquences.

Rien. Mais ça ne signifiait pas grand-chose.

Il ne pouvait pas entendre quelqu'un d'autre, mais peut-être que les autres pouvaient l'entendre, lui. Le paquetage contenait une balise de secours de forte puissance. Il la sépara du sac, l'enfonça dans le sol de Cruithne et la mit en service.

Puis il déploya l'abri-bulle, referma la fermeture derrière Emma et lui et le gonfla. Une fois de plus, ce fut un soulagement bienvenu de se pelotonner contre la chaleur d'Emma.

Il examina attentivement la jambe blessée de celle-ci. La plus grande partie de la chair semblait avoir été détruite par son exposition au vide. Mais le bord de la zone abîmée était décoloré, vert et violet, et une odeur de pourriture et de fleurs malades s'en dégageait. Il tartina la chair blessée de crème antiseptique qu'il trouva dans le paquetage jusqu'à ce que leur abri sente comme une salle d'hôpital. Mais au moins, l'odeur de putréfaction avait été vaincue.

Emma ne semblait pas souffrir. Peut-être tout cela serait-il terminé, d'une façon ou d'une autre, avant qu'elle en arrive là.

Il sacrifia encore un soupçon de leur énergie pour faire chauffer de l'eau. Il y mélangea du jus d'orange et ils se délectèrent de cette boisson tiède. Ils mangèrent un peu des réserves du paquetage, de la banane séchée et quelque chose qui ressemblait à du yaourt. Ils déchirèrent des morceaux de leurs vêtements antimétéorites pour se fabriquer des gants de toilette et Malenfant ouvrit le scaphandre d'Emma et lui nettoya doucement les aisselles, l'entrejambe et le cou. Ensuite, il prit leurs sacs à urine pleins et jeta leur contenu dans le dispositif de recyclage des liquides du sac à dos militaire et remplit d'eau fraîche les réservoirs de leurs scaphandres. C'était presque la routine, presque comme à la maison.

Il réalisa que, bizarrement, il se sentait en un sens satisfait.

C'est à ce moment-là que tout se mit à déconner.

— Malenfant.

Il se retourna. Emma tenait sa trousse de secours personnelle. Elle en avait sorti une plaquette de grosses pilules rouges. Et une broche avec un ruban argenté. Son alerte médicale.

Oh, se dit-il. Oh, merde. Le Secret est foutu.

— Ce sont des antitumoraux, hein ?

Elle lâcha la plaquette, qui dériva lentement vers le sol. Son visage était un masque jaune où se surperposaient les coups de Soleil provoqués par les Big Bangs. Ses yeux étaient enfoncés dans des cratères obscurs.

— Tu as le cancer.

— Il est sous contrôle. Ce n'est rien…

— Tu ne me l'as pas dit, Malenfant. Depuis combien de temps es-tu malade ?

Il secoua la tête.

— Je n'ai pas envie d'en parler.

— C'est pour ça, hein ? C'est pour ça qu'on t'a viré de la Nasa. Et c'est pour ça que tu m'as repoussée. Oh, espèce d'enfoiré !

Elle lui tendit les bras.

Il se rapprocha d'elle, lui prit les épaules et baissa la tête. Il sentit qu'elle caressait son crâne nu.

— Je n'ai pas pu te le dire.

— Pourquoi ? Qu'est-ce que tu crois que j'aurais fait ? Que je serais partie ?

— Non. Si j'avais pensé ça, je te l'aurais dit tout de

suite. J'ai pensé que tu resterais. Que tu t'occuperais de moi. Que tu te sacrifierais.

— Et tu n'as pas pu le supporter. Oh, Malenfant. Et ta liaison, cette foutue Heather…

— Le cancer n'allait pas me tuer, Emma. Mais il a fichu ma vie en l'air. Je ne pouvais pas avoir d'enfants, je ne pouvais pas aller dans l'espace… Je ne voulais pas qu'il bousille aussi la tienne… *ouille.*

Le visage déformé par un rictus, elle venait de le gifler. Elle recommença, assez fort pour que sa joue le cuise, et lui donna un coup dans la poitrine. Bien qu'affaiblie, elle réussit à s'éloigner de lui.

— De quel droit m'as-tu manipulée comme ça ?

Elle tenta à nouveau de le gifler.

Il leva les mains et laissa pleuvoir sur ses bras les coups d'une faiblesse pitoyable.

— Je l'ai fait pour toi.

— Tu veux tout contrôler, espèce de malade. Et ensuite, même après t'être arrangé pour qu'on divorce, pour l'amour de Dieu, tu n'as pas pu me laisser partir. Tu m'as embauchée dans ta boîte et tu m'as même entraînée dans l'espace.

— Je sais. Je sais, je sais. Je suis un malade. Je suis désolé. Je voulais te laisser partir. Mais je ne pouvais pas le supporter. Je n'ai jamais rien pu lâcher. Mais j'ai essayé. Je ne voulais pas bousiller ta vie.

— Mon Dieu, Malenfant. (Ses yeux étaient humides.) Que crois-tu avoir fait, au juste ? Tu crois que ça sert à quoi, la vie ?

— Emma…

— Fous le camp ! Laisse-moi seule, espèce d'infirme !

Et elle se tourna vers le mur.

Il resta là, à la regarder, pendant de longues minutes. Puis il referma son scaphandre.

Il découvrit des restes de présence humaine sur Cruithne : des traces de pas, des éraflures, et même des empreintes de mains. Il vit des pitons enfoncés dans le régolithe, des câbles, quelques débris d'équipements, des cartouches de pellicule, des emballages en polystyrène et encore des bouts de câble. Quelques profonds cratères récents semblaient avoir été creusés par les armes des soldats.

Il trouva la batterie d'instruments que Cornélius avait installée, un million d'années auparavant, pour étudier l'artefact : des caméras, des spectromètres de masse, des compteurs Geiger et d'autres instruments dont Malenfant n'avait jamais connu le nom, et qu'il comprenait encore moins. Ils étaient encore vaguement disposés en cercle autour de la porte. Mais tous étaient fracassés, les lentilles étaient brisées, les boîtiers cassés, les câbles et les plaques de circuits imprimés arrachés. Le régolithe avait été beaucoup remué. Il était évident que quelqu'un avait fait tout ça délibérément, qu'il ou elle avait pris le temps et s'était donné le mal de détruire les instruments. Peut-être Tybee J., pendant qu'elle se préparait à les poursuivre à travers la porte.

Il ramassa une caméra éventrée. Une fine couche de régolithe couvrait les mécanismes exposés au vide. La feuille d'isolant en or était noircie, elle s'était craquelée et pelait. Sur le métal, la peinture s'écaillait. Il passa son doigt ganté sous un câble recouvert de plastique qui dépassait. La gaine décolorée s'effrita.

Il se demanda combien de temps il fallait exposer des objets au vide, aux ultraviolets et aux radiations dures pour causer autant de dégâts. Des années, sans doute. Rien ne garantissait que leur perception subjective du temps passé à se promener dans les univers de la multiplicité correspondait à celui qui s'était écoulé ici.

De toute façon, il semblait bien que personne n'avait

mis les pieds sur Cruithne depuis qu'ils en étaient partis si vite. Cette idée lui brisa le cœur.

Il remit la caméra là où il l'avait trouvée, et laissa la corrosion poursuivre son lent travail de patine.

Il adopta à nouveau la procédure routinière pour se déplacer sur l'astéroïde – planter un piton, accrocher un câble, glisser en avant, toujours avoir au moins deux pitons plantés dans le sol – et il progressa sur l'horizon étroit et étouffant de Cruithne, allant de plus en plus loin.

Il ne restait pas grand-chose du *O'Neill*, ni du transport de troupes : des débris éparpillés, froissés et carbonisés, quelques cratères aux ombres bleues creusés dans la couenne résistante de Cruithne. Il supposa que la plupart des débris consécutifs aux diverses attaques avaient été éjectés dans l'espace. Il fouilla les restes des vaisseaux et des habitats. Ce qui n'était pas écrasé et séché par le vide se désagrégait sous l'impact du Soleil et des radiations. Mais il y avait peut-être quelque chose qu'il pouvait utiliser.

Il tomba sur une luciole, inerte et à demi enterrée. Il tenta de la déterrer, mais elle était morte, sa jauge d'énergie éteinte.

Il ne trouva qu'un seul corps.

C'était un soldat, un jeune homme, pas bien loin d'être un adolescent, en fait, tassé dans l'ombre d'un cratère. Il ne portait pas de scaphandre. Son corps était tordu, ses os brisés, et sa peau desséchée par le froid du vide ressemblait à du papier calciné et friable. Sa poitrine était ouverte, sans doute par l'explosion qui avait détruit le transport de troupe. Son cœur, son estomac et ses autres organes semblaient s'être desséchés, et la cavité béait largement, vide et en quelque sorte plus grande que ne l'aurait cru Malenfant.

Peut-être Tybee avait-elle pris la peine d'enterrer ses autres camarades tombés au combat, se dit Malenfant.

Ou peut-être était-ce le seul corps qui avait fini là, peut-être les autres, brûlés, brisés, fracassés étaient-ils dispersés quelque part dans le vide au milieu d'un nuage de débris.

Pendant ce temps, l'astéroïde continuait à tourner. Comme c'est étrange, songea Malenfant, Cruithne a attendu cinq milliards d'années dans le silence et le froid, puis subi quelques mois d'activité frénétique lorsque des formes de vie venues de la Terre, des poches d'eau, de sang et de chair sont arrivées, ont construit leurs structures énigmatiques, se sont battues et ont tout fait exploser avant de repartir, laissant Cruithne à nouveau seul, avec quelques nouveaux cratères et des structures fracassées parsemant sa surface, au centre d'un nuage de gravats étincelants en cours de dispersion.

Tout ça, et l'énigmatique cercle bleu érigé par les gens de l'aval.

Il entra dans l'ombre de Cruithne.

Les étoiles tournaient au-dessus de sa tête, disposées selon les constellations familières de son enfance, à présent noyées dans la quantité d'étoiles visibles en espace profond. Au bout d'un moment, il finit par trouver un point bleu qui brillait au cœur des étoiles clairsemées de la constellation du Cygne. Il plongea son regard dans sa lumière humide, savourant la vision de ces photons qui avaient rebondi à la surface des mers et des nuages de la Terre quelques secondes avant de pénétrer dans ses yeux. Il ne serait plus jamais si près de toucher son foyer.

Il se rappela les couloirs sans vie qu'il avait traversés, la longue et douloureuse gestation de la physique et du feu, les naissances et les effondrements qui, semblait-il, avaient fini par évoluer jusqu'à ceci : un univers de carbone et de supernovæ, de trous noirs et de vie, où se trouvait cette magnifique étincelle bleue. Mais la Terre était une île de lumière et de vie au sein des abysses.

De retour dans l'abri, il trouva Emma en train de mourir.

Il fit ce qu'il pouvait. Il massa ses mains sans vie pour que son sang continue à circuler et augmenta la concentration d'oxygène dans l'air. Il l'enveloppa dans une couverture de survie et fit tout ce qui lui vint à l'idée pour empêcher son corps de décider que c'était la fin. Mais elle déclinait rapidement, et cela semblait irréversible.

Le bout de ses doigts était d'une pâleur mortelle, sa peau terreuse et sans vie, voire bleuâtre.

Pas encore, pas encore. Comment cela peut-il finir ici ? Ça n'aurait pas dû se passer comme ça.

Le Soleil était une balle de lumière dont l'éclat éblouissant traversait la trame du tissu de leur abri. Malenfant le regarda se déplacer lentement sur le dôme formé par leur tente. Cruithne tournait, patient, comme il le faisait depuis toujours.

Mais l'air devenait confiné. Les filtres à dioxyde de carbone et le reste du contenu du paquetage de l'armée devaient être en train d'arriver en fin de vie. Le sac à dos ne pourrait pas maintenir cet habitat viable beaucoup plus longtemps.

Elle se réveilla ; son regard chercha Malenfant, puis se posa sur lui, et elle sourit, ce qui lui réchauffa le cœur. Il lui donna quelques gorgées d'eau.

— Vas-y doucement.

— Ce n'est pas si terrible, dit-elle.

— N'importe quoi.

— Non, vraiment. Je n'ai pas mal. Pas beaucoup, en tout cas.

— Tu veux un peu plus de morphine ?

— Économise-la, Malenfant. Tu pourrais en avoir besoin. De toute façon, je préférerais un verre de tequila.

Il lui parla de la balise radio.

— Quelqu'un va venir.

— Ne me raconte pas de conneries, Malenfant, dit-elle gentiment. Personne ne va venir. Ce n'est pas censé se terminer comme ça, avec l'arrivée de la cavalerie. Pas pour nous. Tu ne le sais toujours pas ? (Elle lui prit la main. Elle avait la force d'un enfant.) Voici tout ce que nous avons, Malenfant. Toi et moi. Nous n'avons ni avenir, ni passé, parce que nous n'avons pas d'enfants, personne qui pourrait continuer notre histoire. Nous ne sommes que des bulles dérivant dans le temps. Ici, l'espace d'un miroitement, et puis plus rien.

Il lui sembla qu'elle pleurait.

— Je suis désolé.

— Ne jamais s'excuser, murmura-t-elle. Nous avons fait un long chemin ensemble, non ? Tous ces univers sans vie. Et les gens de l'aval. La vie lentement écrasée et réduite à néant… Il faut des étoiles et des supernovæ pour fabriquer des trous noirs et créer d'autres univers. Très bien. Il faut ça pour créer la vie également. Mais est-ce que ça nous dit comment nous nous sommes retrouvés là ? Ne sommes-nous qu'un sous-produit, l'esprit n'apparaît-il que par hasard dans les soubresauts aveugles de la matière ?

— Je ne sais pas. Essaie de ne pas t'énerver…

— Mais ce n'est pas ce qu'on ressent, hein, Malenfant. J'ai la sensation d'être au centre de tout. Je sens que le temps coule au plus profond de moi-même. Je ne suis pas une sorte d'écume à la surface de l'univers. Je *suis* l'univers.

— Je t'écoute, dit-il en lui essuyant la bouche.

— N'importe quoi, siffla-t-elle doucement. tu n'as jamais écouté qui que ce soit. Si tu l'avais fait, tu n'aurais pas flanqué en l'air toute notre relation, du début à la fin…

— Emma…

— Peut-être que les enfants savent, dit-elle. Les nouveaux. Michaël, où qu'il puisse être à présent. Tu sais…

Elle ne cessait de s'endormir puis de se réveiller. Il

avait trempé un chiffon dans de l'eau et humidifiait ses lèvres dès qu'il le pouvait. Lorsqu'elle dormait, il lui donnait plus de morphine. Il ne pouvait rien faire d'autre que de la regarder pendant que son corps s'éteignait peu à peu. Il n'avait jamais vu personne mourir ainsi auparavant, de près, paisiblement. Elle paraissait moins souffrir à mesure que la fin approchait, comme s'il y avait en elle des mécanismes automatiques destinés à lui procurer du réconfort.

Elle se lécha les lèvres.

— Tu sais, je crois que nous ne sommes pas arrivés à vivre l'un avec l'autre, mais, au moins, nous sommes parvenus à mourir ensemble. Je n'aurais manqué ça pour rien au monde, Malenfant. Pour *tous* les mondes… Et porte ce foutu ruban. C'est une alerte médicale. Ils ne te l'ont pas donnée pour rien.

— Je le ferai.

— Tu es vraiment un enfoiré, Malenfant. Tu étais tellement occupé à sauver le monde, à me sauver, que tu n'as jamais pensé à toi…

Elle ouvrit les yeux et sourit. Mais elle regardait dans le vide. Elle agita la main, et il la prit.

— Qu'est-ce qu'il y a ?

— J'ai vu une lumière, murmura-t-elle. Comme celle des univers phénix. La lumière de la création qui baignait l'univers entier. Et j'ai senti l'odeur du désert. C'est bizarre, non ?

— Oui. Oui, c'est étrange.

— Et je crois…

La respiration d'Emma se modifia. Elle devint un gargouillement, une sorte de ronflement intermittent, profond et très fluide. Sa bouche était ouverte, sa peau jaunâtre, ses traits immobiles.

Elle bougea encore une fois. Elle sourit. Mais il savait que ce sourire ne s'adressait pas à lui.

Il referma le scaphandre d'Emma, lui remit son casque, sa visière dorée, ses gants et ses bottes. Quand il eut terminé, elle avait l'air de dormir.

Il se lava le visage, but un peu d'eau et parvint même à manger un peu. Il rechargea ses réservoirs et enfila son scaphandre.

Il dégonfla l'abri. Comme c'était la dernière fois qu'il s'en servait, il le plia soigneusement et le rangea dans le paquetage du soldat Tybee.

Puis il prépara ses câbles et ses pitons et transporta Emma de l'autre côté de Cruithne, jusqu'au cratère où il avait trouvé le corps du soldat anonyme. Le seul son qu'il entendait était celui de sa propre respiration, le seul mouvement qu'il percevait était la lente rotation des étoiles, du Soleil et de la Terre dans le ciel splendide.

Il allongea Emma à côté du soldat. Le semblant de gravité de Cruithne la rendait si légère que son corps ne creusa presque pas de marque dans la mollesse du régolithe.

Enterrer les deux corps fut facile. Il renversa la paroi du cratère, poussa de la terre devant lui avec ses mains gantées, puis la laissa se déposer sur eux.

Il avait l'impression d'être conscient du moindre détail de l'univers : le régolithe qu'il avait répandu sur les corps était granuleux, les ombres avançaient lentement, les mécanismes de son scaphandre cliquetaient et bourdonnaient, et toute cette épaisseur de réalité n'avait aucun sens et n'était que le dernier univers d'une série de cosmos absurdes.

Il fallait qu'il dise quelque chose. Après tout, il l'avait fait pour Cornélius et J. Tybee, et qui étaient morts en un lieu bien plus étrange et bien plus éloigné de chez eux. Mais les mots ne lui venaient pas.

Il la laissa là.

Pour la dernière fois il se déplaça à la surface de

Cruithne et se tint debout, accroché à ses câbles, devant la porte.

Il avait fouillé le paquetage de Tybee et y avait trouvé une grenade : un petit objet simple, fin et lisse, bien assez menu pour rentrer dans un gant et muni d'un anneau assez gros pour le doigt d'un scaphandre. Un compteur de dix secondes, sans doute. Il la tenait en cet instant même, serrée contre son ventre.

Il ne doutait pas un seul instant qu'il allait y arriver.

Cruithne tournait. Les ombres fuyaient devant lui et il était plongé dans l'obscurité. Il entendit des pompes cliqueter et vrombir dans son sac à dos qui se préparait à affronter le froid. Il attendit que la Terre soit bien haut au-dessus de la porte, une planète bleue au-dessus d'un artefact bleu.

Il tira l'anneau de la grenade. *Dix, neuf, huit.*

Il commença son saut au ralenti au bon moment. Il allait pénétrer la tête la première dans la porte, les mains serrées sur sa poitrine et la grenade. Le sol âgé et compliqué de Cruithne glissait sous lui.

Et puis la porte fut tout autour de lui. Il eut un sourire triomphant. J'y suis arrivé, bon Dieu. C'est fini.

*Deux, un.*

Il y eut un éclair bleu, un instant de douleur fulgurante…

**Maura Della**

… Et, sur la Lune, il fallut encore six mois pour que tout s'effondre.

Le morceau de papier avait été transporté ici, à Tycho, par un Marine à l'allure robuste. On lui avait apparemment donné l'ordre d'emmener Maura loin d'ici en la traînant par les cheveux si nécessaire.

Elle examina le document avec suspicion. Il était

rédigé à la main sur ce qui semblait être du papier à lettres authentique de la Maison Blanche, et signé par le Président en personne. Mais elle avait toujours eu du mal avec les textes contenant des expressions telles qu'« amendement à la Constitution des États-Unis », et « pouvoirs exceptionnels ».

On ordonnait à Maura Della de revenir sur Terre – plus précisément, de se présenter devant un tribunal de Washington d'ici deux semaines. Ils voulaient qu'elle dénonce l'avenir. Qu'elle nie que les informations obtenues par Reid Malenfant grâce à sa radio de Feynman en provenaient. Que les Enfants bleus étaient influencés par des informations de même origine.

Ça ne serait pas vrai, bien entendu. Mais l'Amérique était maintenant dirigée par un gouvernement qui avait été élu pour l'essentiel sur un programme consistant à évacuer tous ces machins, toute cette *folie*, de la vie publique.

C'était impossible. Mais ils se donnaient quand même à fond. La méthode la plus simple était de tout considérer comme une conspiration menée par les gens qui avaient vu les événements de près. Des gens comme Maura.

Il était facile de donner de tels ordres dans les bureaux de Washington ; elle, elle était sur la Lune et, après trois jours dans l'espace – sans doute sans entraînement ni indications appropriées – le malheureux troufion était aussi vert qu'une feuille de laitue et paraissait à peine capable de tenir debout dans la lumière froide et antiseptique de la base de la Nasa.

Entre-temps, la rumeur avait appris à Maura que les Témoins, comme on les appelait maintenant, étaient rappelés pour subir de nouveaux « procès », qu'ils aient ou non accepté de se dédire comme on le leur avait demandé. Et, cette fois, on racontait que, une fois mis en garde à vue, les Témoins n'en ressortaient pas.

Elle était encore citoyenne des États-Unis. Elle avait toujours considéré qu'il était de son devoir de soutenir la législation de son pays et d'y obéir, quoi qu'elle pense de ses bases philosophiques. Peut-être fallait-il qu'elle fasse ses valises pour rentrer chez elle avec ce crétin de Marine et qu'elle se soumette, comme Galilée, comme Jésus. Peut-être son exemple pourrait-il même avoir quelque chose de positif.

Mais Maura Della n'avait jamais été très douée pour tendre l'autre joue.

Elle n'était pas dépourvue d'alliés, même ici. Après six mois passés sur la Lune, elle connaissait la plupart des militaires, des astronautes de la Nasa et des membres du personnel qui faisaient fonctionner cette petite base surpeuplée. Il y régnait une mentalité d'assiégés. Au début, on l'avait considérée comme une intruse. Mais elle avait participé aux petits travaux d'entretien, comme le nettoyage à la main des tuyaux d'alimentation des hydroponiques. Et elle leur avait rapporté des poignées d'herbe du Pays imaginaire fraîchement coupée, dont le parfum vert et printanier avait rendu un peu plus supportable l'enfermement dans cette boîte de métal construite sans imagination qu'était la base.

Tout ce travail de rapprochement était parfaitement délibéré de sa part, bien entendu. À présent, il ne lui serait pas difficile d'obtenir qu'on la protège un peu et qu'on l'aide, du moins assez pour distraire pendant deux ou trois heures le crétin baraqué.

La question étant : qu'allait-elle en faire ?

Le Pays imaginaire, se dit-elle. Anna et les enfants. C'est là que je dois aller.

Passant en mode automatique, elle ramassa un sac et commença à réfléchir à une liste de choses à emporter. Puis elle mis le sac de côté. Fiche le camp, Maura, c'est tout, pendant que – si – tu le peux encore.

Elle sortit de ses quartiers personnels de la taille d'un placard et se dirigea vers le terminal des bus.

Bill Tybee était là, l'air perdu, offensé, effrayé, tripotant son badge d'alerte médicale. Il portait une petite valise transparente contenant un ensemble de gros jouets en plastique. Pour lui, tout avait commencé comme une journée de travail normale.

— Maura ? Que se passe-t-il ? Ils ne veulent pas me laisser monter dans le bus.

— Du calme, lui dit-elle. Nous allons arranger ça…

Une femme officier empêchait l'accès au véhicule. On voyait son arme et elle avait la main posée sur la crosse. Elle semblait jeune, terrifiée et pas très sûre d'elle. Maura négocia patiemment pendant cinq minutes, alternant paroles rassurantes et menaces voilées, pour qu'elle les laisse monter dans le bus.

Maura et Bill se retrouvèrent seuls dans le véhicule lunaire autonome. Ils s'assirent sur un banc en se tenant la main en silence pendant que s'écoulaient les minutes qui les séparaient de l'heure de départ.

Toutes les façons dont on pouvait les arrêter se présentèrent à l'esprit de Maura. Mais nul ne le fit. Peut-être les multiples et frustrantes mesures de sécurité en vigueur jouaient-elles pour une fois en leur faveur. Lorsque les choses se dégradent rapidement, comme c'était désormais le cas, nul ne savait plus ce qui se passait, parce que nul ne savait plus à qui il était censé pouvoir parler.

Cependant, le besoin qu'elle avait de rejoindre les enfants se transforma en une obsession irrésistible. C'était le centre de tout, et c'était sûrement là que se trouvait son devoir, son devoir le plus fondamental, profondément ancré dans le peu qui subsistait de son sens moral.

C'est peut-être ce que ressent en permanence Bill Tybee, lui qui a des enfants, se dit-elle. Une pointe d'envie la chatouilla.

Les portes du bus se fermèrent enfin. Maura attendit

le doux cliquetis du tunnel de connection qui se séparait du véhicule. Suivit une secousse lorsque celui-ci démarra et s'en alla de lui-même rouler dans la gravité de marshmallow de la Lune.

Le Soleil était haut, et sa lumière, que rien ne filtrait, crue et immuable. Elle s'insinuait dans les canyons et les crevasses complexes de la surface au relief accidenté de Tycho.

Bill tremblait de tous ses membres et de la sueur couvrait son front de grosses gouttes dues à la microgravité. Elle se leva et lui rapporta une tasse en plastique remplie d'eau. Il se calma peu à peu. Ils étaient en sécurité pour l'instant. On ne pouvait pas lancer une poursuite en voiture dans ce dangereux labyrinthe de vieux canyons. En outre, le nombre de militaires présents sur la Lune demeurait limité, elle doutait que les officiers supérieurs se risquent à lancer une opération de surface pour les intercepter sur le chemin du Pays imaginaire.

En tout état de cause, c'était inutile. Il suffisait d'attendre que Maura et Bill arrivent là-bas et de se saisir d'eux à ce moment-là. Il n'avaient après tout aucun autre endroit où aller.

Bon. Elle s'occuperait de ça une fois le moment venu.

— Regardez, dit Bill en montrant le ciel.

Une étoile le traversait, lente et lourde. Elle paraissait étinceler, émettant des pulsations lumineuses à intervalles lents et réguliers. Elle était artificielle, bien sûr : c'était un satellite qui tournait lentement, un nouveau satellite, plus gros que tous ceux que Maura avait pu voir auparavant. Elle ne savait absolument pas à quoi il pouvait bien servir.

Elle constata qu'elle tremblait et elle prit le bras de Bill.

D'étranges lueurs dans le ciel, se dit-elle. Effrayantes. Même si c'est nous qui les avons envoyées là-haut.

Surtout si c'est nous qui les avons envoyées là-haut.

Accéder au Pays imaginaire se révéla étrangement plus facile que sortir de la base de la Nasa. Les soldats semblaient opérer sous silence radio. De plus, ainsi que Maura ne tarda pas à le faire remarquer, une fois qu'ils étaient à l'intérieur, ils se trouvaient effectivement en résidence surveillée, de toute façon. Que pouvaient-ils donc bien faire, filer par la fenêtre ?

On la laissa donc entrer. Bill dut attendre dans le bus.

À première vue, rien n'avait changé. Le dôme brillait de son bleu azur diurne, le Soleil et la Terre étaient suspendus dans le ciel telles des lanternes et l'herbe était d'un vert éclatant, presque blessant pour les sens après la grisaille lunaire. Maura sentit néanmoins que quelque chose clochait. L'air lui paraissait glacé, et elle vit frissonner les feuilles du gros chêne tassé sur lui-même. Un cri étrange retentit ; elle ignorait s'il était humain ou animal.

Le robuste soldat allemand blond que Maura avait appris à connaître et à détester intensément lors de ses visites montait la garde à la porte intérieure du sas. Il tripotait le revolver qu'il portait à la ceinture. Anna était devant lui et parlait, l'air très sérieux. Ses ailes étaient posées sur le sol derrière elle. Il n'y avait pas d'autre enfant en vue.

Anna se précipita vers Maura.

— Il faut que vous m'aidiez. J'essaie de lui faire comprendre.

Maura saisit Anna par les bras.

— Que devons-nous comprendre ?

— Ce qui va advenir.

Maura eut la chair de poule.

Elle jeta un coup d'œil au soldat. Il regardait Anna fixement. Il la reluquait, se dit Maura, mal à l'aise, il la reluquait en silence.

Anna la conduisit à l'écart, vers l'intérieur du dôme,

sur la pelouse, tout en parlant avec animation. Des fragments, des bribes de discours. Parfois, la jeune fille se mettait involontairement à utiliser son métalangage : des passages de chansons, quelques pas de danse maladroits.

— La flèche du temps, dit-elle. Le temps intérieur. Vous comprenez ? C'est la clé. Si vous fermez les yeux, vous sentez le temps qui passe. Vous sentez que vous perdurez. Le temps est essentiel à la conscience, l'espace ne l'est pas, c'est pourquoi le temps est plus fondamental. Le flux du temps, les événements qui se produisent, le futur qui advient.

— Oui.

— Mais vous ne comprenez pas le temps. Vos scientifiques s'en servent comme d'une coordonnée, d'une étiquette. Vous avez même des théories symétriques dans le temps.

Et elle rit, oui, elle rit en disant cela.

— Et c'est faux ?

— Bien entendu que c'est faux. C'est évident. Il y a une énorme différence entre vos théories et ce que vous ressentez comme étant la réalité du monde. Et cela vous montre, enfin, cela devrait vous montrer un point tout à fait fondamental au sujet de la physique qui sous-tend *effectivement* vos processus conscients.

— Très bien. Parle-moi de la flèche du temps.

Anna esquissa un pas de danse et tournoya, sa robe se soulevant autour d'elle. Et Maura sentit non sans malaise le regard du soldat posé sur elle.

— Il existe un nombre infini d'univers possibles dans la multiplicité, dit Anna. Parmi eux, seuls ceux d'un sous-ensemble – qui est néanmoins infini, lui aussi – sont en mesure de faire vivre des substructures conscientes. Et, ce qui caractérise tous ces univers, c'est qu'ils contiennent un flux temporel créé par la structure cosmique en expansion. La gravité est la clé.

Maura était à nouveau perdue.

— … La gravité ?

— Un univers où la gravité existe passe d'un état lisse à un état grumeleux à cause de l'effondrement gravitationnel. Et la flèche du temps jaillit de ce flux de matière et d'énergie, de l'organisation gravitationnelle de l'univers à ses débuts jusqu'à l'équilibre final. La vie dépend d'un flux d'énergie et d'information qui doit être endigué et utilisé. Donc, la flèche du temps, comme la perception elle-même, est intimement liée à la structure de l'univers.

— Continue.

Anna poursuivit son discours et sa danse.

— Mais structure et changement ne sont pas limités à un seul univers. *Ils s'étendent sur la multiplicité des univers en évolution.* Et, par conséquent, c'est pareil pour la vie. Vous voyez ce que je veux dire ?

— … Non.

— Lorsque cet univers a été engendré par la précédente génération cosmique, il est passé par une succession de phases. Enfin, le vide est passé par ces phases. (Anna regardait Maura en cherchant sur son visage des signes montrant qu'elle la comprenait.) Le vide est un objet complexe. L'espace peut être courbé par la gravité, mais il résiste avec une force dépassant celle de l'acier. Le vide est un océan d'énergie, de particules virtuelles qui ne cessent de naître et de mourir.

— Très bien, dit Maura, qui avait du mal à suivre.

— Mais le vide peut adopter différents niveaux énergétiques. Prenez l'eau, par exemple. L'eau liquide peut se placer à un niveau d'énergie plus élevé, elle peut se transformer en vapeur, ou un niveau plus bas…

— En gelant, en formant de la glace.

— Oui. En général, les systèmes perdent de l'énergie, ils tendent vers l'état de moindre énergie.

— Je comprends. Et, donc, le vide…

— Après le Big Bang, le vide lui-même est passé par

une série d'états énergétiques de plus en plus élevés. C'est la forme la plus primitive de déploiement, la source du fleuve du temps, la source de la vie et de l'intelligence.

— Jusqu'à ce qu'il se stabilise dans l'état, euh, de moindre énergie. Notre vide. C'est ça ?

Anna fronça les sourcils.

— Non. Notre vide n'est que métastable. Il n'a pas atteint le niveau le plus bas, pas même maintenant. Ça a commencé avec le Big Bang et ça continue à présent. Mais il faut, euh, l'aider.

— L'aider ? Comment ça ?

La jeune fille lui saisit les mains.

— Il faut que vous compreniez ce que ça signifie. *L'évolution du vide constitue un flot d'information.* Mais ce flot traverse la multiplicité elle-même et joue par conséquent un rôle fondamental. (Anna chercha le regard de Maura.) La vie traverse la multiplicité. La métastabilité du vide fait de vous ce que vous êtes. C'est pour ça que nous faisons ce que nous faisons. Et c'est ça que vous devez leur dire.

— À qui ?

— Aux gens. (Elle agita la main en direction du soldat, et plus vaguement vers la Terre.) Vous devez leur faire comprendre tout ça.

— Pour quoi faire ?

— Pour les consoler.

— Mon Dieu, Anna…

C'est à ce moment-là qu'ils se retrouvèrent tous à court de temps.

Comme si un nuage était passé devant le Soleil.

Anna se lécha un doigt et leva la main.

— Il n'y a plus de brise, dit-elle. Ils ont tout arrêté.

Maura leva les yeux. Le dôme s'était assombri. Elle voyait à peine le Soleil, réduit à un disque diffus et déformé qui ne donnait plus de lumière notable. On avait peut-être mis la polarisation sur la position nuit.

Des lumières artificielles étincelèrent, noyant le dôme sous une froide lueur fluorescente, mortifère, qui constrastait puissamment avec la chaleur verte et vivante qui y régnait quelques instants plus tôt.

Le soldat allemand toucha le coude de Maura. Elle entendit le chuchotement d'insecte de son oreillette.

— Nous devons vous faire sortir d'ici, madame.

Il la tirait, avec douceur mais fermeté, la séparant d'Anna. Maura, décontenancée, le laissa faire.

Et elle vit comment les gros doigts du soldat se refermèrent sur le haut du bras de la jeune fille. Anna se tortilla ; il était clair qu'elle avait mal. Mais il maintenait son corps fragile contre sa tenue de combat.

D'abominables soupçons vinrent à l'esprit d'Emma ; elle assistait à la conclusion d'une sous-intrigue.

— Laissez-la.

Le soldat sourit. Il pianota sur le module de contrôle placé sur sa poitrine, peut-être pour demander des renforts.

— Tout ça n'a rien à voir avec vous, madame. Le bus va vous attendre à l'extérieur pour vous ramener.

— Je ne vais pas vous laisser lui faire du mal.

Il la dévisagea tout en tenant la jeune fille sans le moindre effort en dépit du fait qu'elle se tortillait pour se dégager.

Maura rassembla ses forces, referma la main et le frappa sur le côté de la tête aussi fort qu'elle le put.

— Ouille… merde, *Gott*…

Il plaqua sa main sur son oreille blessée et lâcha la jeune fille.

— Cours, Anna !

Maura se retourna. L'Allemand était devant elle. Il lui enfonça le poing dans l'estomac.

La douleur la frappa de plein fouet, l'obligeant à se

plier en deux. Elle crut que ses intestins avaient été écrasés contre sa colonne vertébrale, ce qui était peut-être le cas. Elle enveloppa son ventre de ses bras et plongea en direction de l'herbe avec une lenteur toute lunaire.

Mais Anna s'était échappée.

Un klaxon retentit, criard, insistant, semblable à un braiement brutal qui remplissait le dôme de sa clameur. Quelle que fût la chose qui se rapprochait d'eux, elle n'était pas loin.

Elle pouvait voir l'Allemand. Il regardait en direction d'Anna.

— Merde, merde, dit-il, frustré.

Il marcha jusqu'à Maura. Elle vit un éclair de cuir et de kaki. La douleur explosa dans son genou droit, et elle hurla à pleins poumons.

Le soldat courut vers la sortie.

À présent, son monde était constitué de douleur et de rien d'autre. Elle était suspendue entre deux pôles de souffrance, l'un situé au creux de son estomac et l'autre dans son genou fracassé, comme si elle avait été transpercée par une lance. Elle était incapable de bouger. Elle ne contrôlait même pas sa propre respiration. La douleur augmentait dès qu'elle se déplaçait ne fût-ce que d'un millimètre, et elle ne diminuait jamais.

Le klaxon sonnait de plus en plus fort. Et les lumières pulsaient sur toute la longueur du dôme, dessinant de grandes rayures noir et blanc qui se ruaient vers la sortie. Les motifs lumineux étaient nets, propres, presque beaux. Le message qu'ils délivraient était d'une clarté absolue, mais Maura savait qu'elle ne pouvait pas bouger.

Elle ferma les yeux et souhaita de toutes ses forces que vienne l'oubli de l'inconscience. Mais il ne vint pas.

Tu aurais fait un sacré Galilée, Maura.

Il lui sembla que la lumière baissait et que la douleur

elle-même, si elle ne s'apaisait pas, devenait au moins plus lointaine, comme mise à distance.

Elle plongea en elle-même et sentit le temps qui coulait, comme il l'avait toujours fait : des univers multiples bourgeonnant et se reflétant dans son âme. Eh bien, le flot du temps n'allait pas tarder à s'arrêter pour elle. Quelle *sensation* cela lui ferait-il ? Qu'allait-elle bien pouvoir *ressentir* ?

… Mais, maintenant, il y avait quelque chose de changé. Des mains, de petites mains se posaient sur ses épaules, ses genoux et sa tête. Elle lutta contre le flou qui avait envahi sa vision. Un visage flotta devant elle. Anna ? Elle tenta de parler, de protester. Mais elle n'y parvint pas.

Et puis ils la soulevèrent – maladroitement, bien entendu, c'étaient des enfants – et son genou se transforma en un volcan de souffrance chauffé à blanc.

On la transporta à travers le veldt. Elle était toujours sur la Lune, et la faiblesse de la gravité permettait aux enfants de se déplacer rapidement. Mais chaque soubresaut envoyait de nouvelles rivières de douleur métallique couler dans sa jambe et dans son ventre.

Elle tourna le regard vers le dôme. Il était devenu transparent ; le Soleil brillait, aveuglant, et la Terre était une bille bleue.

Il parvinrent à une barrière de verre dont une portion était cassée. Les enfants se précipitèrent à l'intérieur. Elle était dans le complexe central, la zone interdite où la bulle d'espace-temps des enfants se trouvait depuis cinq ans.

Et à présent, elle approchait d'un mur d'argent miroitant et insaisissable.

Elle leva la tête. Il y avait autre chose dans le ciel au-delà du dôme. Des rayons lumineux qui partaient d'un point complexe et mouvant. Ils étaient rouges, bleus, jaunes, verts, les couleurs de l'arc-en-ciel, et évoquaient un parapluie en rotation. Des lasers ? Ils ont déjà dû soulever des débris, se dit-elle. Ils se sont creusé un chemin vers l'intérieur de Tycho, ils ont rempli le vide de roche vaporisée, c'est pour ça que les rayons sont visibles.

Ils approchaient du dôme, tournoyant comme un tripode martien de H.G. Wells.

À présent, on poussait Maura dans quelque chose qui opposait une douce résistance et évoquait un liquide épais et visqueux. Elle baissa les yeux. Ses jambes étaient en train de disparaître dans le mur d'argent, suivies par sa taille, puis ses bras.

Il y eut un éclair aveuglant de lumière complexe, un bruit de déchirement, une rafale de vent qui déferla sur son visage. L'air fut aspiré hors de ses poumons. On venait d'ouvrir une brèche dans le dôme.

Il y eut un éclair de lumière bleue, un instant de douleur fulgurante…

**Reid Malenfant**

… Tomba.

D'une hauteur de quelques dizaines de centimètres à peine, mais il atterrit sur le ventre et son casque heurta brutalement le sol. Un goût de cuivre lui envahit la bouche. Il avait dû se mordre la lèvre.

Sa chute avait été rude. La visière de son casque était très éraflée et il avait du mal à voir ce qui se trouvait à l'extérieur.

Il repoussa la surface qui se trouvait sous lui. Il s'attendait à flotter vers le haut, défiant la faible gravité de Cruithne. Il put à peine soulever le haut de son corps. Il était *lourd*, ici.

Et où était-ce, ici ?

Le sol était violet, il avait la texture d'une fourrure. De toute évidence, ce n'était pas la poussière charbonneuse de Cruithne. Bon Dieu, on aurait dit de la moquette.

Non. Sa propre voix mentale lui parut retentir très fort sous son crâne. Non, non. Je ne veux pas. Il examina sa poitrine avec maladresse, tâtant ses côtes à travers les différentes couches de tissu de son scaphandre. Aucune sensation de douleur. Je viens juste de me faire exploser une grenade à la figure. Je ne *veux pas* de ça. C'était vrai. Il s'était réconcilié avec lui-même. C'était fait. Cette coda surréaliste n'était pas la bienvenue.

Il ferma les yeux et demeura allongé sur le sol et son grotesque tapis. Mais le monde ne disparut pas. Il entendait toujours le vrombissement des petites machines fidèles de son sac à dos, le sang qui cognait à ses oreilles, sa respiration réticente, et il sentait, au plus profond de lui-même, la lente pulsation du temps, le fleuve qui l'emportait sans fin vers l'aval.

Il était toujours en vie, il faisait toujours partie de l'univers, que ça lui plaise ou non.

Emma, je suis désolé.

Il commença à se sentir ridicule. Et si des toubibs (ou des ordonnances, des gardes ou des prisonniers) étaient là, tout autour de lui, en train de se moquer de ce crétin qui essayait de s'enterrer dans la moquette ? Furieux, gêné, il ouvrit les yeux et s'assit. Il regarda autour de lui. Une pièce, des masses et des ombres qui devaient correspondre à des meubles. Il n'y avait personne ici, en train de rire ou non.

Il resta où il était sans bouger. Cornélius, Emma et lui n'avaient pas pratiqué leurs exercices en gravité zéro de manière très régulière. S'il était réellement de retour sur Terre, il pouvait s'attendre à retomber aussitôt parce que le sang allait quitter sa tête et que son cœur affaibli aurait du mal à assurer sa tâche. Mais dans l'ensemble, il se sentait bien.

Dans ce cas, il se trouvait peut-être ici depuis un

certain temps, des mois peut-être. Mais il ne se souvenait de rien. La dernière chose qu'il se rappelait, c'était la porte et la grenade. Comment pouvait-il avoir survécu ? Et, s'il se trouvait dans un hôpital, pourquoi portait-il encore son scaphandre ?

Il s'aperçut qu'il regardait un mur situé à quelques centimètres de son visage. Un message y était fixé. Il se pencha et plissa les yeux pour le lire. Il était rédigé en majuscules maladroites.

POUR LA GRAVITÉ : ILS T'ONT UN PEU BRICOLÉ POUR QUE TU NE T'ÉVANOUISSES PAS ET TOUT ÇA, CRÉTIN. ÇA PARAISSAIT LE PLUS SIMPLE.

C'était sa propre écriture.

Poussant un grognement exaspéré, il tendit la main vers le morceau de papier – le gant était encore taché de poussière de Cruithne – et il l'arracha du mur. Il était collé avec du scotch. Il y avait un autre message au dos, toujours de son écriture.

SUIS LE COURANT, MALENFANT.

Il froissa le bout de papier et le lança au loin.

L'espace de quelques battements de cœur, il resta assis où il était. Il passa sa main gantée sur la moquette, y laissant une trace sale. Elle était de bonne qualité, et bien épaisse.

Sans réfléchir, il déboucla la fermeture de son casque. Lorsque le joint d'étanchéité céda, un très léger sifflement indiqua que la pression s'équilibrait. Il n'était donc pas entouré de vide. L'air ne semblait ni chaud ni froid, la température était neutre. Il retint son souffle. Son cœur battit un petit peu plus vite – après tout, si l'atmosphère n'était pas exactement celle qui lui convenait, il était sur le point de mourir, et sans doute de manière douloureuse ; en dépit de sa détermination, il avait peur – mais il saisit son casque et le souleva.

Les bruits magnifiés et enfermés à l'intérieur de

celui-ci furent remplacés par un murmure plus profond et plus lointain. Une climatisation ?

Il haleta, expirant ce qui subsistait de l'air du scaphandre et inspirant à pleins poumons ce qui constituait l'atmosphère de cette pièce.

Et, bon, il ne se mit pas à s'étrangler, ni à s'étouffer, et ses poumons ne lui firent pas mal. Ce qui ne signifiait pas qu'il n'y avait pas autre chose, une substance incolore et inodore, comme du monoxyde de carbone, qui traînait dans le coin, prête à le tuer, mais il n'y pouvait rien.

Au moins, il y voyait clair à présent.

L'endroit où il se trouvait ressemblait à une petite chambre d'hôtel : un lit pour une personne, une table et une chaise, une télé sur un support mural, un petit couloir menant à une salle de bains et une armoire, une porte. Il voyait l'intérieur de la salle de bains. Il y avait du plastique protecteur sur le siège des toilettes et des panneaux lumineux fluorescents au plafond.

Ce n'était pas le genre d'endroit où il aurait choisi de résider. Mais il paraissait propre et, au moins, il n'avait pas l'air d'une cellule.

Il se leva. Il se sentait un peu raide, et son scaphandre lui parut lourd dans cette gravité normale. Il marcha jusqu'à la porte, enroula sa main autour de la poignée et la tourna. Il eut l'impression de tirer sur un mur de béton.

Une notice en cas d'urgence était collée sur la porte, sous son nez.

UNE CHOSE À LA FOIS, MALENFANT. DE TOUTE ÉVIDENCE, TU N'ES PAS DANS UNE CHAMBRE D'HÔTEL, NI SUR TERRE. MAIS TU LE SAVAIS DÉJÀ.

… Ce qui était vrai, bien entendu. Après tout, il avait effectivement sauté dans une porte venue d'ailleurs, qui servait à voyager dans le temps et à aller d'un univers à l'autre, en serrant une grenade contre son ventre. Ce n'était pas comme ça qu'on prenait une chambre à l'hôtel, en principe. Et, de toute façon, il se doutait de ce qui avait dû lui arriver.

— Je ne pense pas être moi, dit-il à haute voix. Je crois que je suis une espèce de reconstruction tournant à l'intérieur d'un ordinateur géant quelque part loin en aval. Dites-moi si j'ai tort.

Il regarda à nouveau la note.

QUELQUE CHOSE COMME ÇA, OUI, SI TU TIENS À LE SAVOIR. TU SAURAS TOUT. EN ATTENDANT, DÉTENDS-TOI, PRENDS UN VERRE ET UNE DOUCHE.

— Une douche ?

Il y avait une ligne de plus sur le bout de papier.

MALENFANT, SI QUELQU'UN PEUT SE PERMETTRE DE TE DIRE ÇA, C'EST MOI. TU PUES, MON POTE.

Malenfant revint dans la chambre, laissant d'autres empreintes poussiéreuses derrière lui, et s'assit sur le lit, qui grinça sous son poids ajouté à celui de son scaphandre.

— Allumé, dit-il.

La télé ne réagit pas.

Il observa sa main gantée à la texture râpeuse. Cette main n'était pas réelle. Rien de tout cela ne l'était. Il se trouvait totalement sans défense. Ils – peu importait qui ils étaient – pouvaient l'éteindre, le changer, l'altérer, le reprogrammer, faire de lui tout ce qu'ils voulaient.

Il essaya de s'allonger sur le lit, mais son sac à dos l'en empêcha.

— Putain de Dieu, se dit-il. Quel merdier !

Il ne voulait rien de tout ça. Absolument rien. Il aurait dû être mort, ou en train de pleurer Emma, dans cet ordre. Il en avait assez vu. Il parcourut à nouveau la pièce du regard dans l'espoir d'apercevoir un autre message, une ou deux lignes qu'il se serait envoyées pour se dire ce qu'il devait faire et ressentir. Mais il n'y avait rien.

Que se serait-il dit, s'il en avait eu la possibilité ?

Reprends-toi. Ne te préoccupe pas de ce que tu ne peux pas changer. Et, en attendant, va prendre cette douche.

Il soupira et se mit à se défaire de son scaphandre. D'abord en enlevant ses bottes et ses gants, puis en ouvrant les fermetures à glissière. Il laissa tomber le scaphandre au milieu de la pièce. De la poussière de Cruithne et des fragments de tissu calciné – roussi par de multiples Big Bangs, pour l'amour du ciel – tombèrent sur la moquette d'un violet éclatant.

Les choses devinrent bien plus déplaisantes lorsqu'il en arriva à la combinaison. Une fois libérée, la puanteur qui émanait de son propre corps le frappa comme un coup de poing en plein visage. Après tout, il vivait là-dedans depuis des jours. La combinaison collait par endroits à son épiderme et, lorsqu'il tenta de l'en détacher, il se retrouva en train d'arracher la peau d'ampoules et de zones d'abrasion à moitié guéries. Il trouva des traces d'œdèmes et des vaisseaux sanguins éclatés.

Il ramassa les éléments de son scaphandre crasseux et abîmé, les plia et les fourra dans le placard. Il épousseta le dessus-de-lit, mais ne parvint qu'à faire pénétrer la poussière de Cruithne plus profondément dans le tissu.

Il renonça et se dirigea vers la douche.

C'était un jet à forte puissance, qui lui fit mal lorsque qu'il frappa pour la première fois sa peau blessée, mais il tint bon, et mouilla ses blessures avec douceur. Il laissa ensuite couler l'eau pendant un moment, et de la poussière sombre dégoulina de ses cheveux et de sa peau pour s'en aller par l'évacuation. Il continua jusqu'à ce que qu'elle soit claire, à l'exception de traces de sang pourpre provenant de ses blessures. Mais, même après ça, il subsistait de la poussière de Cruithne sous ses ongles et dans la peau à l'extrémité de ses doigts. Il se dit qu'il se passerait pas mal de temps avant qu'il s'en débarrasse, s'il y parvenait jamais.

Il se servit ensuite du shampooing et du savon, respectivement présentés en bouteille et en boîte dans un petit panier en osier. Pas de logo sur les emballages, ni de nom d'hôtel.

Il n'y avait pas d'armoire de toilette, aucun endroit où il aurait pu se réapprovisionner en médicaments anticancéreux. Bon, peut-être n'allait-il pas rester ici assez longtemps pour que ça ait une importance quelconque.

En fait, il appréciait la douche. Il ressentait du plaisir.

... *Emma*.

Il tenta d'explorer ce qu'il ressentait, essaya de trouver du regret ou un sentiment de perte. Et échoua. Et maintenant, voilà qu'il se lavait les cheveux.

Si l'on t'a vraiment reconstruit, Malenfant, on n'a pas pris le temps de te munir d'une âme.

Quand il sortit de la douche, enveloppé d'un épais peignoir blanc (sans monogramme ni étiquette), les traces poussiéreuses qu'il avait laissées sur la moquette avaient disparu. Et ce n'était pas tout : une chemise et un pantalon, des chaussettes et des chaussures de cuir souple l'attendaient, tout beaux et tout neufs. Bien vu, se dit-il ; c'était tout à fait le genre de détail irréel qu'il était en mesure d'affronter.

Il fit le tour de la chambre. Il trouva le minibar sous un bureau, près du support du téléviseur. Il y avait un bloc de papier à lettres dessus, ainsi que des crayons. Pas d'en-tête sur le papier. Le minibar n'était pas fermé à clé, un détail vraiment irréel, et les bouteilles, les canettes et les emballages de friandises, qui semblaient plutôt authentiques, ne portaient pas non plus d'étiquette.

Il prit une mignonnette qui semblait contenir du whisky, ôta l'opercule et but au goulot. La chaleur de l'alcool frappa le fond de sa gorge. Il était peut-être une simulation en train d'en siroter une autre, mais la sensation était des plus authentiques, et sentir la chaleur envahir sa poitrine et sa tête était agréable.

Il allait prendre une autre bouteille lorsqu'il se ravisa. Ce n'était peut-être pas le bon moment pour se saouler.

S'il le pouvait. S'*ils*, quelle que soit l'identité de ceux qui l'avaient reconstruit, le lui permettaient. Il se demanda s'ils le laisseraient se faire du mal. Que se passerait-il s'il brisait l'une des bouteilles et commençait à entailler l'un de ses poignets. Ou…

On frappa à la porte. Le bruit le fit sursauter et il lâcha sa mignonnette. Il se leva, vérifia que son peignoir était bien fermé (mais pourquoi, Malenfant ? Ils ont déjà dû tout voir, comme ta mère) et il s'avança sur la moquette. Les brins lui semblaient durs sous ses pieds propres. Il saisit la poignée de la porte. Cette fois, bien entendu, elle s'ouvrit facilement.

Il y avait un couloir, mais il était plus ou moins flou, comme s'il ne parvenait pas à bien le voir.

Simulation imparfaite, marmotta-t-il.

*Quelque chose comme ça.* Un accent de Seattle.

— … Toi ?

Il baissa les yeux.

C'était Michaël.

Le gamin était debout, les mains pendant à ses côtés. Il portait une combinaison orange doré ornée d'un cercle bleu sur la poitrine, comme à l'époque où il était dans l'une de ces sales écoles.

— Tu es Michaël, dit Malenfant.

Oui. Le garçonnet semblait fraîchement récuré, en bonne santé, il avait les yeux brillants et même l'air heureux. La voix qui sortait de sa bouche était celle de la vieille simulation de l'écran souple, la voix nasale de canard appartenant à une matrone de Seattle, un peu déformée, comme dans un aéroport.

— Je veux dire que tu es un simulacre de Michaël.

Un programme dans un abominable ordinateur plus ou moins divin de la fin des temps.

Le gamin parut perplexe.

Malenfant se pencha dans le couloir. Son regard ne portait pas plus loin que quelques dizaines de centimètres vers la droite ou la gauche, mais il ne comprenait pas pourquoi. Le sol était couvert de la même moquette violette. Il n'y avait pas d'autre porte.

— Et si je pars en courant dans le couloir ?

*Je ne sais pas.*

— Créeront-ils plus encore de ce machin virtuel ? La chambre disparaîtra-t-elle ?

*Essayez si vous le désirez.*

Malenfant réfléchit, puis soupira.

— Bah, tant pis. Tu ferais mieux d'entrer.

Michaël examina la chambre, exactement comme n'importe quel autre enfant curieux, puis sauta sur le lit et se mit à rebondir dessus. Malenfant ferma la porte. Et essaya aussitôt de la rouvrir. Elle s'était bien entendu à nouveau fondue dans le mur, sans démarcation visible, et refusait de s'ouvrir.

— La télé ne fonctionne pas, dit Malenfant.

Michaël haussa les épaules. Il jouait avec la bouteille de whisky vide.

— Tu veux quelque chose ? lui demanda Malenfant.

Michaël réfléchit très longtemps, comme si ce choix était le plus important qu'il avait jamais fait. *Des cacahuètes*, dit-il avec son étrange voix de femme entre deux âges.

— Normales ou grillées ?

*Qu'est-ce que vous avez ?*

— Dieu du ciel.

Malenfant se mit à quatre pattes et fouilla dans le minibar. Il y pêcha deux sachets d'aluminium et lança au gamin celui qui contenait des cacahuètes ordinaires. Michaël pointa le doigt sur celui de Malenfant, dont les cacahuètes étaient grillées, et ils échangèrent leurs paquets.

Malenfant en lança une dans sa bouche.

— Trop salées, dit-il.

Michaël haussa les épaules. *Celles-ci sont bonnes.*

— Tu sais que cet endroit est une espèce de cliché, dit Malenfant. Celui de la chambre d'hôtel virtuelle.

*Il fallait que vous enleviez ce scaphandre.*

— C'est vrai. Bon, dit Malenfant. Nous sommes ici. Où, bon Dieu ?... Non, oublie ça. Nous sommes des programmes qui tournent dans un gigantesque ordinateur à la fin des temps. C'est bien ça ?

*Non. Oui. C'est, mmm, un substrat.*

— Un substrat ? (Malenfant fit claquer ses doigts.) Je le savais. Les processeurs que nous avons vus loin en aval. L'ordinateur qui rêve.

Michaël fronça les sourcils.

*Mais vous êtes bien Malenfant.*

— Le même qu'avant ?

*Bien entendu. Qui d'autre pourriez-vous être ?*

— Mais c'est impossible. Ce Malenfant-là s'est fait exploser. Je veux bien croire que la porte a enregistré des informations me concernant et les a envoyées dans le futur lointain, et que je me retrouve reconstruit dans ce (il agita la main) ce motel Bates virtuel. Mais je ne suis pas *moi*.

Michaël parut intrigué. *Vous êtes vous. Je suis moi. L'essentiel, c'est l'information. Il y a eu un Allemand du nom de Leibniz.*

— Le philosophe ? Connais pas.

*Des entités qui ne peuvent être distinguées les unes des autres par un moyen quelconque, même en théorie, et à aucun moment du passé, du présent ou du futur doivent être considérées comme identiques. C'est ce qu'on appelle l'identité des indiscernables. Vous êtes vraiment vous, Malenfant. Ce que vous ressentez.*

Malenfant le dévisagea. Michaël avait débité cette tirade de sa grotesque voix éraillée de femme mûre. L'illusion d'avoir affaire à un enfant parut tout à coup bien fragile à Malenfant, et il se demanda, non sans appréhension, quels ensembles impressionnants d'esprits invisibles se cachaient derrière ce petit garçon, le nourrissant, le contrôlant peut-être. …

*Je peux finir vos cacahuètes ?*

— Vas-y. Et toi, comment es-tu arrivé ici ?

Tout ce que Michaël consentit à dire fut : *Par un autre chemin.*

Malenfant se leva et se mit à arpenter la pièce. Il y avait des rideaux au mur, mais pas de fenêtre derrière lorsqu'il les tira.

— Qui a fait ça, Michaël ? Qui m'a ramené ?

*Les gens de l'aval. Les rêveurs.* (Le petit garçon fronça à nouveau les sourcils.) *Les gens se trouvant dans le substrat qui calcule sans perte.*

— Que suis-je censé faire ?

*Ce que vous voulez. Vous devez simplement, mmm, exister. L'information qui vous définit a été stockée par la porte et fait par conséquent partie du substrat.*

Malenfant fronça les sourcils.

— Tu es en train de me dire que je n'ai pas de mission particulière à accomplir ? Que les êtres décadents du lointain avenir n'ont pas besoin que je les sauve grâce à mes instincts de primitif ?

*Je ne comprends pas…*

— Peu importe.

Malenfant regarda sa main, la plia et la retourna : une patte de singe envoyée à la fin des temps, une copie parfaite… Non, Michaël avait raison : *c'était vraiment sa main*, comme si on l'avait téléporté ici.

— Puis-je vivre ici ? Comme ça ? Pendant combien de temps ? Aucun humain de mon époque n'a vécu plus d'une petite centaine d'années. Alors quand j'atteindrai les deux, trois cents ans…

*Votre cerveau peut stocker mille billions de bits. Ce qui correspond à mille ans d'existence. Après…*

— Je cesserai d'être moi.

*On pourrait vous améliorer. Il y aurait une forme de continuité. Un développement.*

— Mais je ne serais pas *moi*.

*Vous n'êtes pas assez vaste pour penser les pensées que vous seriez capable d'avoir.*

Malenfant hésita.

— C'est ce qui t'est arrivé ?

*Ma vie a été longue.*

— De plus d'un millier d'années ?

Michaël sourit.

— Donc, tu n'es plus Michaël. (Bien sûr que non. Comment aurait-il pu l'être ?) Tu ne le regrettes pas ?

Michaël haussa les épaules.

*Pour ceux de mon peuple, en Zambie, c'est nous, les habitants de la Terre, qui sommes les morts. Abandonnés par les vrais vivants, qui sont entrés dans la tombe.*

— Et c'est ce que tu crois ?

*Le jeune garçon que j'étais était incomplet. Très abîmé. Une coquille dont j'ai été heureux de me défaire.*

Il étudia Malenfant avec attention, et celui-ci songea qu'il y avait comme une accusation dans son regard, une accusation concernant des crimes perpétrés depuis longtemps et enterrés dans la lueur résiduelle du Big Bang.

*Un millier d'années, ce n'est pas si mal, Malenfant*, dit-il, sur un ton assez gentil.

— C'est plus que je ne mérite… (Il fixa son regard sur le jeune garçon.) Si vous pouvez faire tout cela… *ramenez Emma.*

*Je ne peux pas. Ils ne peuvent pas, je veux dire. L'information n'est pas en leur possession.*

— Emma a traversé les portes. Il doit y avoir des enregistrements.

*Mais alors, elle ne serait effectivement qu'une, mmm, simulation. Le principe d'identité ne fonctionne que si l'information est parfaite. Et à cause de l'explosion que vous avez provoquée lors de votre passage…*

Malenfant se prit la tête dans les mains.

— Maintenant… C'est maintenant que je comprends. Si j'avais su, j'aurais pu la sauver. Emma, je suis désolé. J'ai réussi à te tuer deux fois, en quelque sorte…

*Vous parlez comme si c'était votre faute.*

— Les gens qui m'entourent ont une certaine tendance à mourir, Michaël. Cornélius, Emma. Toi, à moins que tu ne considères tout ça comme une vie.

Le gamin hochait la tête. *Je comprends.*

— Tu n'es qu'un gosse, le rembarra Malenfant. Je me fiche que tu sois amélioré. Tu ne *peux pas* comprendre. Si je n'avais pas fichu sa vie en l'air, si je l'avais laissée sur Terre…

*Vous auriez voulu faire ça ?*

— Oui. Non. Nous n'aurions pas fait l'amour en flottant entre les planètes. Elle ne m'aurait pas suivi d'un univers à l'autre. Elle n'aurait pas su la vérité sur mon cancer et sur nous. J'aurais perdu, eh bien, j'aurais tout perdu. Ma vie serait demeurée vide de sens, comme tes fichus gens de l'aval. *Mais elle ne serait pas morte*. Tout ce que j'avais à faire, c'était la repousser pendant tout ce bazar dans le désert de Mojave…

*Dans ce cas, faites qu'il en soit ainsi*, murmura Michaël.

— Quoi ?

Michaël lui prit à nouveau la main.

*Malenfant, l'univers a beaucoup de valeurs. Il n'y a pas qu'un seul chemin. Vous comprenez ? Le futur ne peut pas être déterminé. Le passé non plus. Par conséquent, nous sommes libres de choisir…*

Malenfant parla lentement, en pesant ses mots.

— Tu es en train de me dire que je pourrais changer le passé. Que je pourrais épargner Emma. (Cette idée l'électrisait.) Mais je ne suis pas un habitant de l'aval.

*Si, vous l'êtes à présent*, dit la chose-qui-était-Michaël.

— Je l'ai déjà repoussée, lorsque j'ai appris que j'avais le cancer, et ça n'a rien donné de bon. Et si je la perdais, je perdrais tout. J'étais prêt à mourir.

*Mais vous l'épargneriez, Malenfant. Peut-être lui offririez-vous des années de vie supplémentaires. Lâchez prise.*

Michaël le regardait avec ses grands yeux tout en mâchant des cacahuètes.

*Il y a autre chose*, dit-il. *L'eschatos*.

— Le quoi ?

*La fin de toutes choses.*

— La catastrophe de Carter. Mon Dieu…

*Nous pourrions revenir là-bas. En faire partie. Si vous le désirez.*

— Je n'y comprends rien, Michaël.

*Vous comprendrez un jour.*

Qu'est-ce que tu es en train de fabriquer, Malenfant ? Si tu repousses cette chance, c'est l'immortalité que tu rejettes. Peut-être un millier d'années de vie, de vraie vie humaine, et puis… quoi ? La transcendance ?

Mais, si je me perds moi-même, je perdrai Emma. Et, ça, ce serait un ultime manque de respect.

Tu as toujours su prendre des décisions, Malenfant. S'il y a jamais eu un moment dans ta vie où tu dois choisir, c'est maintenant.

Il ferma les yeux.

— Faisons-le, dit-il.

*Vous êtes sûr ?*

— Bon Dieu, non. Allons-y quand même.

Le jeune garçon le tira vers la porte.

Le cœur de Malenfant cognait dans sa poitrine.

— Tu veux dire *maintenant* ?

*Votre décision sera-t-elle différente plus tard ?*

Malenfant prit une profonde inspiration.

— Il faut que je m'habille ?

Malenfant passa dans la salle de bains. Il se lava le visage, et se soulagea aux toilettes. Il eut le temps d'être impressionné par la précision des mystérieux processus qui l'avaient reconstitué, et qui avaient même reconstruit le contenu de son estomac après son dernier repas, apparemment.

Il se regarda dans le miroir et étudia ces traits qu'il avait connus toute sa vie. C'était la dernière fois pour tout, même les choses les plus simples. Ici, dans ce corps, dans cet endroit, il était encore lui-même. Mais qu'était-il sur le point de devenir ? Il avait déjà rassemblé tout son courage pour se faire sauter une fois aujourd'hui, et il avait été récompensé par *tout ça*, ces conneries façon Alice au Pays des Merveilles. Était-il capable de le refaire ?

Bien sûr, s'il se dégonflait, ce serait devant Michaël et les étranges entités qui l'observaient à travers lui.

Malenfant eut un sourire féroce. Qu'ils aillent tous au diable. Il vérifia qu'il n'avait pas de morceaux de cacahuète entre les dents et revint dans la chambre.

Michaël portait son scaphandre pour enfant ; il avait disposé celui de Malenfant sur le lit, à côté de la chemise et du pantalon qu'il n'avait pas enfilés. Les différents éléments – les combinaisons, intérieure, extérieure et thermale, les gants, le casque et les bottes – paraissaient irréels dans cet environnement banal. Et pourtant, se dit Malenfant, le scaphandre était en fait l'objet le plus normal dans toute cette fichue pièce.

— Allons-nous avoir besoin de scaphandres ?

*Si nous partons tels que nous sommes. Si vous préférez…*

— Bon sang, non.

Malenfant enfila rapidement sa tenue spatiale.

Michaël vint lui apporter un stylo pris sur le bureau.

*Vous avez des messages à écrire.*

— Quels messages ? Oh. D'accord. (Il soupira et se pencha avec raideur dans le scaphandre.) Et si je me trompe ?… Peu importe.

Il écrivit ses messages en hâte et les colla là où il pensait les avoir trouvés. S'il se trompait, qu'un autre malheureux crétin se débrouille avec.

Il mit ses gants et son casque et marcha vers la porte avec Michaël. Lorsqu'ils y arrivèrent, il ferma son scaphandre et celui de Michaël, puis vérifia rapidement que celui du gamin fonctionnait correctement.

Ils se tournèrent face à la porte. Michaël leva la main et l'ouvrit d'un geste maladroit.

Le couloir avait disparu. L'anneau bleu d'une porte flottait à la place, entourant un puits obscur.

— Est-ce que ça va faire mal ?

*Pas plus que d'habitude.*

— Génial. Michaël… J'ai vu l'avenir. Mais à quoi cela ressemble-t-il vraiment ?

Michaël marqua une pause.

*Immense. Primordial. Incontrôlable. D'immenses jaillissements de nouveaux esprits.*

— Comme en Afrique, dit Malenfant. Nous avons toujours pensé que l'avenir ressemblerait à l'Amérique. Qu'il serait froid et vide et qu'il attendrait qu'on en fasse quelque chose. C'est ce que, moi, j'ai toujours pensé. Mais notre passé est en Afrique. Il est sombre et profond. Et c'est ainsi qu'a été le futur.

*Oui*, dit Michaël.

Malenfant réunit tout son courage et fit face à la porte.

— Visières, dit-il.

Michaël abaissa la sienne, ce qui dissimula son visage. Malenfant vit l'anneau bleu de la porte se refléter sur la visière dorée. Puis Michaël leva la main, comme un fils qui cherche son père. Malenfant la prit. Les doigts de l'enfant se perdirent dans son gant crasseux.

Ils firent un pas en avant. Il y eut un éclair bleu, un instant de douleur fulgurante…

… Malenfant flottait dans l'espace. Passer instantanément en gravité zéro lui causa un choc, comme s'il était tombé d'une falaise, et il dut avaler sa salive plusieurs fois pour empêcher les cacahuètes de déserter son estomac.

Il était environné d'étoiles patientes : au-dessus, au-dessous et tout autour de lui. Les constellations de l'enfance de l'univers enrichies des riches lueurs immobiles de l'espace profond. Sous lui scintillait une source de lumière immobile qui projetait des ombres denses et nettes sur leurs scaphandres. Le Soleil ?

Il tenait encore la main de Michaël.

*Est-ce que ça va ?* lui demanda celui-ci. (Son accent de Seattle parvenait à Malenfant porté par le crépitement de la radio.) *Si vous ne vous sentez pas bien…*

— Ça va aller. Que voyons-nous, Michaël ? Le Soleil ?

*Oui. Nous sommes hors du plan de l'écliptique. Quelque part au-dessus du pôle nord du Soleil. Nous nous trouvons à cinq unités astronomiques du plan. Cinq fois l'orbite de la Terre, environ la distance qui sépare Jupiter du Soleil. Quarante-trois minutes à la vitesse de la lumière. Que voulez-vous voir ?*

— La Terre.

*Dans ce cas, regardez.*

Michaël montra une zone banale du ciel. Malenfant suivit la direction de son bras et vit une étoile, une étincelle qui aurait pu être d'un bleu pâle, avec une lueur plus faible à côté d'elle.

… Et, soudain, la Terre fut là, flottant devant lui, avec ses océans, ses déserts, ses nuages et ses glaces, exactement semblable à ce qu'elle avait toujours été. Des scintillements de lumière en faisaient le tour et voguaient sur ses mers. Des vaisseaux, des gens, des villes.

Quelque chose se noua dans la gorge de Malenfant.

— Oh, mon Dieu, dit-il.

*Nous nous trouvons approximativement deux cents ans dans le futur. Notre futur.*

— La date de la catastrophe de Carter. La prédiction de Cornélius était donc correcte. Ça lui aurait fait plaisir…

*Malenfant. Nous n'avons pas beaucoup de temps. Si vous voulez opérer votre changement, aller en arrière, il vous faut le faire maintenant.*

Il dériva dans l'espace, laissa son scaphandre adopter la forme d'une étoile de mer pendant qu'il pensait à Emma.

— Comment dois-je m'y prendre ? demanda-t-il.

*Il suffit de me dire ce que vous voulez.*

— Est-ce que je vais garder des souvenirs ?

*La conscience s'étend dans toute la multiplicité.*

Je ne sais pas si j'en ai la force, se dit-il.

— Elle va m'oublier, hein, Michaël ?

*Je ne suis qu'un gosse. Comment voulez-vous que je le sache ?*

À toi de jouer, Malenfant. Garde-la, ou rends-lui sa vie.

— Fais-le, murmura-t-il.

… L'univers pivota autour de lui, les lignes des possibles tourbillonnèrent et tricotèrent de nouvelles structures de vérité et de rêve, et il s'agrippa au gamin.

**Emma Stoney**

... La mort m'a toujours fascinée. Depuis celle de mon père, j'imagine. Je n'étais qu'une gamine. Le rituel lent et interminable de l'enterrement et du deuil. Les préparatifs morbides auxquels il fallait avoir recours pour déplacer le corps, l'habiller et le mettre en boîte. Comme si les humains cherchaient à contrôler l'épouvantable arbitraire de la mort, à se protéger de sa finalité sans nuance.

Mais, pour moi, l'irrévocabilité de la mort a pris forme le jour où l'on a fini par mettre en terre le corps de mon père, et qu'il a cessé de bouger, et que j'ai compris que c'était pour *toujours*. Je me souviens que j'aurais voulu descendre dans la tombe, l'en déterrer et lui redonner vie pour quelque temps encore. Mais, même à huit ans je savais que c'était impossible.

Tout l'aspect cérémoniel se concentre sur les besoins des vivants. Néanmoins, au cœur de chaque enterrement réside le mystère essentiel : un être intelligent et conscient a cessé d'exister. C'est une réalité brutale que notre culture refuse tout simplement d'affronter – la réalité de la mort pour ceux qui meurent.

Et la réalité de ma vie, Maura, peut se résumer ainsi : si j'étais montée dans cette fusée avec Malenfant, si j'étais allée avec lui sur l'astéroïde, je serais morte, comme lui.

Mais je n'y suis pas allée. Il me manque, Maura. Bien entendu. À chaque minute de chaque jour. Son rire me manque, et son goût de désert profond, et même la façon dont il a bouleversé ma vie. Mais il n'est plus là.

Peu importe, c'est pour ça que je vais accepter ce travail. Vous parliez de la Lune ?

**Maura Della**

Et, pour Maura – qui n'était jamais allée sur la Lune et n'irait jamais désormais – l'astre des nuits flottait dans le ciel de Washington comme il le faisait depuis toujours, la cicatrice de l'attaque manquée étant invisible à l'œil nu. Un écran toujours allumé lui donnait des informations en provenance directe de la Nasa à partir d'images envoyées par Hubble et par des caméras satellites, des images de l'artefact en forme de bulle parfaitement lisse qui reposait à la surface de Tycho.

Après tout, il n'aurait pas suffi de grand-chose pour que Maura Della se soit retrouvée là-haut quand ça avait commencé à tourner au vinaigre. Elle aurait pu être elle-même prise dans le feu croisé, à la place de son envoyée.

Mais ce qui s'était passé sur la Lune s'éloignait dans le passé, et la vie continuait. La panique diminue alors même que l'information part en fumée, se dit-elle. Cruithne, et même la Lune, ne sont après tout que des bouts de rocher situés très loin d'ici.

Maura essaya de se concentrer sur son travail.

Elle avait entre les mains un rapport du *Lawrence Livermore Laboratory* dont les auteurs autojustifiaient l'utilisation d'une technologie d'armement exotique du nom de LEL, c'est-à-dire Laser à électrons libres, où une bonne partie du budget fédéral avait été engloutie et qu'on avait déployé sur la Lune, avec pour résultat un échec retentissant. À la base d'un LEL se trouvait un cyclotron, un anneau fermé qu'on pouvait employer pour accélérer des électrons. Ceux-ci étaient incapables de dépasser la vitesse de la lumière, mais il ne semblait pas y avoir de limite à l'énergie qu'on pouvait leur faire contenir. Et cette énergie illimitée constituait le grand avantage de la technologie du LEL sur celle des lasers conventionnels, chimiques. Les auteurs du rapport notaient, avec une confiance enjouée toute technocratique, qu'un LEL aurait dû être une arme idéale pour se livrer à une guerre dans le vide : en orbite de la Terre ou sur la Lune.

Mais ils avaient échoué. Le LEL avait carbonisé et rasé la base lunaire et le dôme du Pays imaginaire sans même égratigner la gouttelette peut-être faite d'espace replié qui abritait les enfants – ce qu'elle continuait à faire, même à présent, posée telle une goutte de mercure au milieu des décombres du champ de bataille de Tycho.

Des conneries. Le LEL n'était rien d'autre qu'une arme magique de plus dans une longue lignée de solutions techniques censées rendre le monde meilleur et plus sûr et qui échouaient toujours, bien entendu.

Elle introduisit le rapport dans l'incinérateur sans le terminer.

Elle avait à présent sous les yeux un extraordinaire mémo écrit à la main par l'un de ses collègues, rapportant des rumeurs, dont elle avait déjà entendu parler, qui touchaient le président en personne. Maura savait que les convictions religieuses de Whittacker avaient toujours eu un aspect sinistre. C'était même, semblait-il, l'une des raisons qui en avait fait un bon candidat à l'élection en ces temps troublés. Il avait maintenant sombré dans une profonde dépression d'où – disait-on – des équipes de thérapeutes virtuels et de psychologues humains faisaient tout leur possible pour le tirer. Qu'un homme dont le doigt était posé sur le bouton de la bombe croit que le monde était condamné, que la vie ne valait pas la peine d'être vécue, qu'elle pouvait aussi bien se conclure maintenant, était, eh bien, inquiétant. Mais, étrangement, l'un des bons côtés des restrictions appliquées dans le cadre de l'opération Feu de joie était qu'on pouvait bien plus compter sur le caractère confidentiel des informations qu'auparavant, si bien que des données ou des hypothèses de ce genre se répandaient encore plus.

On toqua doucement à la porte. Des flics du Feu de joie. Elle se dépêcha d'incinérer le mémo et les fit entrer.

Ils venaient toutes les heures environ, selon un rythme irrégulier. Cette fois, elle dut demeurer stoïque pendant qu'ils ratissaient la pièce à la recherche de matériel d'enregistrement. Ils furent rapides, minutieux et totalement dépourvus d'humour.

Tout cela faisait partie du Feu de joie, une gigantesque opération menée à l'échelle nationale, et même internationale, qui consistait à broyer du papier et à effacer des données. Maura n'avait pas le droit de garder de copies de quoi que ce fût pendant plus d'une journée. Tout devait être écrit à la main et incinéré après usage, on n'avait même pas le droit d'employer du papier carbone pour faire des doubles. Les archives fédérales concernant le Pied à l'Étrier, les Enfants bleus et les phénomènes liés à la catastrophe de Carter étaient brûlées ou effacées.

Et, même en dehors des limites d'action du gouvernement fédéral, les enregistrements et les archives papier ayant trait aux divers événements concernés étaient saisis et détruits. Des logiciels de capture de données, légaux ou pas, étaient utilisés pour détruire les informations conservées dans des ordinateurs.

Certaines machines, qui n'étaient reliées à aucun réseau, ne pouvaient bien entendu être atteintes de cette façon. Mais on s'en occupait quand même. Il existait, par exemple, des moyens de surveiller des ordinateurs à l'intérieur d'un bâtiment en utilisant les conduites d'eau comme antennes géantes. Les militaires avaient même proposé des dispositifs baroques façon Guerre des étoiles consistant à noyer la planète sous des rayons de particules capables d'effacer les enregistrements sur supports magnétiques.

Tout cela causait incidemment beaucoup de mal à l'économie, ce qui avait transformé en une partie de plaisir le jour où le Dow Jones avait crevé le plafond des

100 000 et fait par la même occasion sauter toutes les bibliothèques d'index informatiques.

L'objectif de tout cela était néanmoins simple. Il s'agissait d'éliminer *toutes* les traces du centre pour Enfants bleus du Nevada, du nettoyage nucléaire qui y avait eu lieu, de Cruithne et de la bataille qui s'était déroulée sur la Lune.

Les preuves matérielles que tout cela avait existé subsisteraient pendant des décennies. Mais aucun document ne devait pouvoir contredire les couvertures officielles concoctées par le FBI : le grand mensonge qui incluait l'histoire de l'officier renégat, la prise d'otages par des terroristes au Nevada qui avait très mal tourné et la terrible explosion accidentelle qui avait ravagé la base lunaire (à but purement scientifique) de la Nasa, et ainsi de suite.

Bien entendu, la vérité existerait toujours dans la tête et le cœur de ceux qui avaient été impliqués dans les véritables événements, même si toutes les traces écrites en étaient expurgées. C'est pourquoi tous ceux qui savaient quelque chose de significatif – et tout spécialement ceux qui, comme Maura, avaient effectivement vu le centre du Nevada et été témoins de l'échec de l'opération de « nettoyage » – étaient sous surveillance spéciale. On les avait forcés à nier la vérité concernant la catastrophe de Carter, Cruithne, les Enfants bleus et tout le reste au cours de procès publics. Même après avoir subi tout cela, Maura était fouillée chaque fois qu'elle entrait ou sortait du bâtiment où elle travaillait, et elle se savait soumise en permanence à une surveillance intensive.

Mais, tant que les souvenirs existaient dans leur mémoire, comment pouvait-on être sûr qu'aucun d'eux ne trahirait le grand mensonge durant le reste de sa vie ? Lorsque la dépression envahissait Maura, elle imaginait que, quelque part dans un laboratoire du FBI, on tentait de mettre au point une sinistre technique de nettoyage des esprits, dont l'efficacité primerait sur le respect des sujets sur qui on l'utiliserait. Sans oublier qu'ils pouvaient toujours employer le moyen le plus simple de tous pour les empêcher de parler : une balle dans la nuque…

En fait, des rumeurs de suicide couraient déjà. Des gens qui mouraient à cause de ce qu'ils savaient, de leurs souvenirs.

Le Feu de joie poursuivait deux objectifs. Le premier visait tout simplement à maintenir l'ordre. Les réactions aux messages hallucinants de Malenfant où il parlait de visions de l'avenir, de messages issus de paradoxes temporels et où il annonçait l'apocalypse pour le proche avenir avaient rendu toutes les autorités de la planète méfiantes quant au comportement à adopter face à de telles informations. Pour dire les choses clairement, que la fin du monde fût pour mardi prochain ou non n'avait aucune importance : pour l'instant, il fallait que quelqu'un balaie les rues. Aussi les informations diffusées par Malenfant étaient-elles minimisées, tournées en dérision et mises en scène de manière à ressembler à des faux. En fin de compte – c'était du moins ce que promettaient les psychologues virtuels – tous ceux qui s'accrochaient aux mauvaises nouvelles en provenance de l'avenir finiraient par être pris pour des Cassandre : condamnés à connaître le futur, mais sans aucun pouvoir pour agir.

Tout le monde ne serait pas trompé par ces manœuvres. Mais le véritable objectif de l'Opération Feu de joie était de tromper le futur lui-même. Les preuves léguées aux historiens à venir ne devaient pas suffire à *prouver* que les habitants de l'Amérique du XXIe siècle avaient fait la guerre à leurs enfants.

Maura soutenait ce gigantesque projet en dépit de difficultés personnelles et de l'atteinte portée à divers droits de la personne humaine. Il s'agissait après tout d'une question de sécurité nationale. Et de plus encore, en réalité : c'était indispensable pour l'avenir de l'espèce humaine elle-même.

Il semblait que le gouvernement des États-Unis fût entré en guerre avec d'indéfinissables créatures supérieures de l'avenir. La seule arme dont il disposait était le contrôle de l'information transmise aux générations futures. Et le gouvernement menait ce projet à l'aide de toutes les ressources à sa disposition, et tentait de prendre à revers les gens de l'aval avant même leur naissance.

Cette bataille n'était pas perdue d'avance. Des universitaires expliquaient qu'il y avait des précédents historiques. En fait, la quasi-totalité de l'histoire relevait de la mythologie construite avec soin de manière à être utilisée comme propagande, ou pour bâtir des nations. Les auteurs des évangiles avaient transformé une histoire de prêcheur-charpentier nazaréen sans intérêt en un instrument qui avait servi à changer l'âme de l'humanité jusqu'à l'époque présente et au-delà. Le gouvernement moderne des États-Unis, avec toutes les techniques et les connaissances dont il disposait, n'était-il pas capable de faire infiniment mieux ?

Mais en son for intérieur, Maura avait le sombre pressentiment qu'il s'agissait là d'une guerre que le présent ne pouvait pas gagner. L'artefact qui se dressait sur Cruithne, irradié et désormais en quarantaine, et surtout la bulle d'espace-temps sur la Lune étaient là, et bien là : ils étaient réels, on ne pouvait pas nier leur existence. Et il en était de même, en fin de compte, de la vérité.

Les flics s'en allèrent.

Il restait un rapport sur son bureau. Elle le parcourut rapidement et le tendit vers l'incinérateur.

Puis elle le reposa, prit son téléphone et appela Dan Ystebo.

— Des nouvelles des planètes troyennes, lui dit-elle. L'un des satellites de la Nasa a détecté des radiations anormales. Très fortement décalées vers le rouge.

Elle lui lut des détails et des chiffres.

*Mon Dieu, vous savez ce que ça signifie ?*

— Dites-le-moi.

*Les calmars s'en vont, Maura…*

Et il lui parla, vite et longuement, de ce qu'étaient devenus ses céphalopodes augmentés. J'imagine qu'il n'en a pas très souvent l'occasion, songea Maura avec tristesse.

*… Nous savons qu'ils se sont répandus partout dans le nuage de planètes troyennes. Nous ne pouvons qu'émettre des hypothèses quant à leur nombre à présent. La meilleure estimation serait de plus d'une centaine de milliards. Et il est possible qu'ils coopèrent tous ensemble. Un unique banc d'une taille gigantesque. Savez-vous pourquoi ce nombre est significatif ? Il semblerait qu'une centaine de milliards constitue un plateau… Il faut qu'une centaine de milliards d'atomes s'organisent pour former une cellule. Il faut cent milliards de cellules pour constituer un cerveau. Et cent milliards d'esprits de céphalopodes, vivant là-bas, dans les Troyens, séparés par des distances de quelques minutes-lumière, ont atteint…*

— La transcendance ?

*Oui. Nous ne pouvons même pas imaginer à quoi ça peut bien ressembler, de quoi ils sont capables à présent. Pas plus qu'un seul neurone ne pourrait anticiper ce dont un esprit humain est capable. L'espace appartient aux céphalopodes, Maura. Il n'a jamais été fait pour nous.*

Pour Maura, sa voix et ses étranges hypothèses n'étaient plus que des bruits venus du passé. Tout ça est en train de s'éloigner, se dit-elle. Elle soupira.

— Je crois que ça ne change plus grand-chose, Dan,

dans un sens ou dans l'autre. Et vous devriez faire très attention à qui vous en parlez.

... *Oui.*

— Où travaillez-vous à présent ?

*À Brazzaville. J'ai un boulot à l'intérieur du dôme. Réhabilitation de la biosphère.*

— Un travail gratifiant.

*Sans doute. La vie continue... Au sujet de ce décalage vers le rouge... Les céphalopodes doivent s'éloigner à une vitesse proche de celle de la lumière.*

— Vous croyez qu'ils vont où ?

*Ce n'est peut-être pas la question, Maura. La question, c'est peut-être ce qu'ils essaient de fuir.*

À la fin de la journée, elle resta tranquillement assise à son bureau et contempla l'horizon de Washington. Elle coupa les filtres ; les slogans et les banderoles des manifestants qui se trouvaient à l'extérieur devinrent visibles.

Il y avait encore beaucoup à faire. Carter ou pas, l'avenir immédiat s'annonçait aussi dangereux que d'habitude. Et beaucoup de gens paraissaient de plus en plus tentés de sacrifier leur liberté à des utopistes à poigne qui leur promettaient de mettre de l'ordre dans le futur.

Maura songea avec pessimisme qu'une perte sensible de libertés serait sans doute impossible à éviter. Mais elle ferait de son mieux, comme elle l'avait toujours fait, pour limiter les dégâts.

À moins que pour elle, cette bataille ne fût celle de trop.

Elle réalisa qu'elle ne manquerait à personne si elle quittait Washington maintenant. Elle avait peu d'amis. L'amitié était une chose fragile dans cette ville, et elle se corrodait facilement. Elle n'était pas mariée, n'avait pas de compagnon ni d'enfant. Était-elle seule ?

Peut-être bien que oui.

Cela faisait si longtemps qu'elle était très occupée,

qu'elle avait la sensation d'avoir oublié qui elle était, et ce même avant que l'affaire Malenfant n'éclate et ne consume sa vie. Elle se demandait parfois ce qui l'avait conduite à rester ici tant d'années. Ses valeurs, auxquelles elle était si attachée, n'étaient-elles qu'une couverture masquant des besoins plus profonds ? Y avait-il en elle une inadéquation intérieure plus profonde, une insatisfaction qu'elle s'était efforcée pendant toutes ces années d'enfouir sous une activité acharnée ?

Si c'était bien le cas, peut-être bien que, maintenant qu'elle se trouvait égarée par l'âge et l'isolement, elle allait devoir se regarder en face pour la première fois de sa vie.

Elle tourna les yeux vers la fenêtre et aperçut la Lune dans le ciel diurne. Sous ses pieds, la planète tournait ; le Soleil, la Lune et les étoiles poursuivaient leur course dans le ciel. Elle se sentit soulevée, arrachée à elle-même, comme si, telle une souris courant autour d'une horloge impressionnante et incompréhensible, elle transcendait ses petits problèmes.

On frappa à la porte.

Maura expédia le rapport de la Nasa dans l'incinérateur et laissa à nouveau entrer les flics.

**Emma Stoney**

… tomba dans une lumière grise.

*Regardez la Lune, Malenfant. Regardez la Lune. C'est en train de commencer…*

L'espace d'un instant aussi bref que douloureux, elle se dit qu'elle était avec Malenfant – où donc ? Sur Cruithne ?

Mais elle n'était jamais allée sur Cruithne, elle n'avait jamais quitté la Terre avant cette excursion sur la Lune durant laquelle elle devait inspecter le Pays imaginaire au nom de Maura. Et Malenfant était bien entendu mort depuis longtemps. Il avait été tué lorsque l'armée s'était emparée de Cruithne.

Et les Enfants bleus de la Lune l'entouraient, agrippaient ses mains et ses vêtements et la soulevaient.

La mémoire commença à lui revenir. Le casque bleu allemand qui s'était attaqué à elle. La façon dont elle s'était échappée en entrant dans le mur bleu électrique, l'anomalie spatio-temporelle des enfants.

Elle regarda autour d'elle à la recherche de celui qui l'avait appelée, mais ne put le voir.

Les enfants la déposèrent avec précaution. Sur quoi exactement ? Une sorte de sol lisse, puis ils commencèrent à s'égailler.

Elle gisait sur une plaine sans éléments distinctifs et parfaitement plane. L'air était chaud, humide, un peu confiné. Trop chaud, en fait ; elle se sentait agitée et irritable.

Il n'y avait rien devant elle : pas de mur bleu électrique, pas de limite lointaine à cette bulle d'irréalité, qui aurait dû se trouver à quelques dizaines de centimètres. Elle tendit la main en s'attendant à moitié à la voir disparaître à travers quelque invisible interface de réalité. Mais ce ne fut pas le cas. Et la douleur commença à diminuer, comme une marée qui change imperceptiblement de sens.

Les enfants s'éparpillaient sur la plaine. La grisaille et l'absence de contraste délavaient les couleurs de leur peau et de leurs vêtements, leur donnant un air maladif. Ils semblaient s'éloigner d'Emma à une vitesse remarquable, la perspective les réduisant à de minuscules silhouettes en train de courir. Peut-être cet endroit était-il plus vaste qu'il n'y paraissait.

Le ciel était d'un gris indéfinissable, vierge et dépourvu de caractéristiques. Il n'y avait rien pour donner une impression de distance : pas d'étoile, pas de Soleil, pas de Terre, pas de vaisseau spatial en orbite et pas de nuages. La lumière qui venait de partout ne produisait pas d'ombres.

À mesure que les enfants s'éloignaient d'elle, ils semblaient devenir totalement gris et se fondre dans la pénombre, comme s'il y avait un problème avec la lumière. Il n'y avait rien d'autre qu'eux, pas de barrières, ni de bâtiments, et ce jusqu'à l'horizon. Sauf qu'il n'y avait pas d'horizon. Le sol se fondait simplement dans la grisaille lointaine du ciel. Comme s'ils se trouvaient dans une énorme ampoule de verre.

Tout ça est peut-être une expérience de mort imminente, se dit Emma. Une illusion.

Mais ça n'y ressemblait pas. Et son cerveau agité ne cessait d'analyser ce qu'il percevait et de l'observer.

Il y avait des tas d'objets divers : des jouets en plastique aux vives couleurs primaires, des piles qui semblaient constituées d'éléments de literie ou de vêtements, des sachets de nourriture et des bouteilles d'eau. L'unique structure plus importante, un assemblage de fils, de câbles et de morceaux de métal ressemblant à une cabane, était une cage pour fée Clochette, un piège à pépite de quarks. Mais les objets étaient disposés sans ordre, ni logique. Ils semblaient juste avoir été abandonnés là où l'on s'en était servi pour la dernière fois. Si cet endroit n'avait pas été aussi vaste, il aurait pu s'agir d'un grand parc pour bébé.

Mais elle le regardait avec des yeux d'adulte. Ce n'était qu'une salle de jeux géante.

Quelqu'un parla, et ses paroles parvinrent étouffées à Emma.

Elle se tourna. Anna, debout, l'air solennel, les mains pendant à ses côtés, la regardait. Comme les autres enfants, la jeune fille semblait fondue dans la grisaille.

— Je ne vous entends pas, tenta de crier Emma.

Le son de sa voix lui parut sourd et étouffé, comme dans une chambre anéchoïque.

Anna se mit à courir vers elle. Elle parut se rapprocher à une vitesse remarquable, grandissant à chacun de ses bonds lunaires, les couleurs revenant dans ses vêtements et ses cheveux. Elle se retrouva aux côtés d'Emma en quelques secondes.

— Désolée, dit-elle. Je vous demandais simplement si vous vouliez boire quelque chose.

Elle lui tendit une boîte en plastique transparent qui contenait un liquide orange gluant.

Maintenant qu'elle y pensait, Emma sentait que sa gorge était sèche dans cette chaleur moite.

— Merci.

Elle prit la boîte, tira sur une languette en aluminium et aspira le liquide. C'était un mélange de jus de fruits, collant et très sucré.

— Comment vous sentez-vous ? demanda Anna.

Elle regarda sa jambe détruite. La douleur avait reflué si rapidement qu'elle avait l'impression que la jambe ne faisait plus partie d'elle, comme si elle était en train d'examiner une pièce cassée dans une machine.

— Pas mieux, en fait, dit-elle, mais…

— La douleur ne peut pas vous atteindre, dit Anna d'un ton grave. Mais elle est toujours là. Vous devriez faire attention. (Elle observait Emma avec attention.) Savez-vous qui vous êtes ?

Emma fronça les sourcils.

— Je suis Emma Stoney.

— Savez-vous pourquoi vous êtes ici ?

Des questions étranges, semblables à celles d'un docteur. Suis le courant, Emma.

— Je travaille pour les Nations unies. Je rends compte à Maura Della. Je travaille avec les Bleus, avec vous, depuis que Malenfant m'a laissée tomber dans le désert du Mojave pour faire voler son vaisseau spatial, et que le Pied à l'Étrier a été démantelé, et que Malenfant est mort dans l'espace…

Elle avait arrangé les choses, réparé certains des dégâts laissés derrière lui. Tout cela, bien entendu, était défini par la relation qu'elle avait entretenue avec lui, même s'il était mort depuis cinq ans.

— C'est Maura qui m'a envoyée ici.

*Vous avez épousé un astronaute*, lui avait dit Maura. *À présent, c'est à votre tour de jouer les Buck Rogers. Si vous n'étiez pas là, j'y serais allée moi-même. Mais je suis trop vieille pour voler...*

Et elle était donc allée sur la Lune. Et, à présent, voilà où elle en était...

Anna plia ses jambes minces avec une aisance qui faisait envie et s'accroupit à ses côtés.

— C'est ça, dit-elle.

— Que veux-tu dire ?

— Ça n'a pas d'importance à présent.

Emma caressa le sol. Sa surface était lisse, sans solution de continuité et tiède, et il s'enfonçait un peu, comme du caoutchouc. Comme le sol d'un parc pour bébé, ou peut-être d'un asile d'aliénés, songea-t-elle avec aigreur. Elle observa Anna.

— Cet endroit est étrange, dit-elle. Les distances sont bizarres. J'avais l'impression de te regarder à travers un objectif grand angle.

— Qu'est-ce que c'est ? demanda Anna en fronçant les sourcils.

— Peu importe.

— Les distances sont bizarres, bien entendu, dit Anna. Tout ce qui se trouve ici est replié sur lui-même. (Elle agita la main en direction de la plaine sans couleur et du ciel éclairé au néon.) Sinon, comment pourrions-nous tous rentrer dans la petite bulle que vous avez vue ?

— Sommes-nous toujours sur la Lune ?

— Oh, oui. Ou, plutôt, nous sommes toujours *connectés* à la Lune. En réalité, la géométrie de ce lieu est hyperbolique. Un volume infini est contenu dans une circonférence finie. (Anna leva les bras, les mains tendues en direction de l'horizon.) Les murs sont à la fois infiniment loin et à un peu plus d'un mètre de nous. Quelques minutes passent ici, pendant que deux siècles s'écoulent à l'extérieur.

Elle regarda Emma d'un air compatissant.

Eh bien, peu importait qu'elle comprenne ou non. Le problème, c'était qu'il semblait bien que cet endroit constituait la fin de tout, pour elle et pour les enfants. Peu importait ce qui se produisait à partir de maintenant : de toute façon, ils ne pouvaient pas revenir en arrière, vers le monde où elle avait grandi et qui avait ses aspects confortables, comme le ciel, les nuages et les fauteuils de cuir, ou la présence d'autres adultes et, pour l'amour du ciel, le café – une dernière tasse de café à la place de ce sirop orange et douceâtre. Elle aurait pu donner son âme en échange. Ou, mieux, pour une dernière Tequila Sunrise.

Deux siècles, avait dit Anna.

Son regard était vide et attentif. Elle sait ce que cela signifie, se dit Emma. C'est réel ; c'est en train d'arriver et c'est pour ça que nous sommes ici.

On m'a envoyée dans le futur en avance rapide, jusqu'au Jour de Carter.

La peur lui serra les entrailles.

Les enfants revenaient. Certains portaient des jouets – des poupées, et même un fusil factice. L'un des garçons arriva en pédalant sur un petit vélo en plastique muni de grosses roues grillagées pour rouler sur la Lune.

— C'est un chouette endroit pour le vélo, dit Anna d'un ton rêveur. Mais bien entendu, c'est pour ça que nous l'avons construit ainsi.

— Vous avez bâti un univers miniature pour y faire du vélo ?

Anna sourit à Emma.

— Que feriez-vous si vous aviez dix ans et que vous pouviez construire un univers ?

Emma fronça les sourcils.

— Mes dix ans ne datent pas d'hier.

Et elle prit soudain conscience qu'à un moment quelconque, elle avait oublié ce que cela faisait d'être un enfant. Comme c'était triste.

Lorsque les enfants approchaient, ils se dressaient devant elle à une vitesse peu naturelle et perdaient leur aspect plat et gris. Emma sentit l'odeur moite de leurs petits corps chauds, une odeur de cour de récréation qui avait quelque chose de réconfortant dans cette atmosphère irréelle d'ampoule baignée de lumière grisâtre. Billie Tybee, maintenant âgée de sept ans, lui tendit la main. Emma la prit. Petite et chaude, elle s'adaptait parfaitement à la sienne.

Anna se leva.

— C'est le moment ?

— Bientôt, dit Anna.

Emma commença à se lever.

— Alors finissons-en.

— Oh, dit Anna, nous ne sommes pas attendus.

La petite Billie Tybee s'agrippait toujours à la main d'Emma. Celle-ci desserra la sienne pour essayer de la libérer, mais la petite fille tint bon. Emma avança donc en boitant avec maladresse, aidée par les plus grands des enfants, penchée pour tenir la main de Billie.

Emma jeta un coup d'œil en arrière pour regarder d'où ils étaient venus. Elle essaya de se souvenir de l'endroit où elle était arrivée ici, de la localisation précise de la porte invisible qui menait à son univers familier. S'il y avait un moyen de sortir de cet endroit, cela devait être par là. Mais la surface était aussi lisse qu'un épiderme nu.

Elle soupira. N'y pense plus, Emma. Peu importe d'où tu es venue, à présent. Ce qui compte, c'est là où tu vas.

Elle se rendit compte qu'elle tremblait.

Était-ce le fait de ne rien savoir, de ne pas comprendre ce qui passait, qui rendait cette expérience si difficile à supporter ? Mais, si elle avait su – si les enfants l'avaient traînée jusqu'à l'équivalent en espace-temps replié d'une chaise électrique, si elle avait connu tous les détails de la manière dont son existence allait se terminer – les choses auraient-elles été plus faciles pour elle ?

Le petit groupe reprit sa lente marche dans la plaine uniforme. Des piles de bazar, des vêtements, des jouets et des sachets de nourriture paraissaient flotter autour d'eux car les distances fondaient et se mélangeaient dans ce lieu.

Ils approchaient lentement de la seule installation importante qui se trouvait sur la plaine, la structure de métal et de fil de fer ressemblant à une cabane qu'elle avait remarquée un peu plus tôt. C'était bien un piège à fée Clochette : une cage électromagnétique constituée de matériaux de récupération, capable de garder prisonnier un morceau de matière de quarks. Comme pour les prototypes, on voyait que cette cage avait été construite par des mains d'enfants, que c'était un objet fait de morceaux de câble et de bouts de métal et de plastique tordus avec maladresse pour tenir ensemble.

Mais, même si la facture de la cage était grossière, celle-ci fonctionnait à l'évidence ; il y avait une fée Clochette à l'intérieur, un point lumineux flottant dans les airs. Elle semblait suivre une trajectoire complexe, bondissant en avant et en arrière, ralentissant lorsqu'elle arrivait à environ quinze centimètres du centre de cette trajectoire, puis revenant en arrière. Emma tenta de discerner une périodicité dans son déplacement. Peut-être était-il composé de plusieurs mouvements d'oscillation qui se superposaient dans l'espace tridimensionnel.

Les enfants ralentirent et se dispersèrent lorsqu'ils atteignirent la cage. Anna et les autres déposèrent précautionneusement Emma sur le sol. Bien qu'il fût jonché de morceaux de métal, il était tout aussi dépourvu de relief et avait la même tiédeur déplaisante que l'endroit où elle était entrée. Billie Tybee s'assit par terre à côté d'Emma et se pelotonna contre elle.

Un petit garçon fit le tour de la cage. Emma entendit un léger bruit d'eau qui coule et entrevit un fin jet de liquide jaunâtre.

Anna s'accroupit.

— Vous allez toujours bien ? demanda-t-elle à Emma.

— Vous avez donc construit une autre cage à fée Clochette. Vous allez encore avoir de la matière de quarks ?

— Oh, non, pas encore. Ce n'est pas de la matière de quarks. Vous ne le voyez pas ? Non… J'imagine que non.

— C'est quoi, alors ?

— C'est du jaune, dit Anna. Du jaune d'une étoile-œuf.

— Une quoi ?

Billie soupira avec tout le sérieux dont était capable une petite fille de sept ans.

— Elle parle, expliqua-t-elle en articulant avec soin, d'une étoile à neutrons.

— Mais ça ressemble à un œuf, dit Anna. Les restes d'une supernova après son effondrement. C'est solide à l'extérieur avec plein de drôles de liquides qui sont barattés à l'intérieur.

— Et ce truc, là, cette fée Clochette, c'est ça : une gouttelette de matière provenant d'une étoile à neutrons ?

— Rien qu'un million de tonnes environ, dit Anna. Au départ, le matériau provenait de la Lune.

— Expliquez-moi ce que vous voulez en faire.

— Nous ne voulons pas de ce truc, dit Billie, très sérieuse, avant de s'essuyer le nez sur la manche d'Emma.

— Nous voulons ce que cette chose va devenir, dit

Anna. La matière dégénérée est, hum, un détonateur. Un morceau de matière de quarks va arriver dans quelques instants.

— D'où ? s'enquit Emma.

Mais Anna ne lui répondit pas.

— Lorsque le noyau de matière de quarks entrera dans le détonateur, dit-elle, il produira rapidement un contenu étrange en équilibre par le biais de l'interaction faible et, comme il n'y a pas de barrière de Coulomb, des neutrons libres seront absorbés…

— Anna, ma chérie, je ne comprends strictement rien à ce que tu me dis.

— Le détonateur tout entier se transformera très rapidement en matière de quarks.

Emma se souvint d'un mémo que Dan Ystebo avait rédigé pour Maura. Une étoile à neutrons se transformait en un éclair en matière de quarks. La moitié de sa masse était convertie en énergie en l'espace de quelques secondes. Des explosions si puissantes qu'on pouvait les observer depuis une autre galaxie.

— En fait, dit la jeune fille non sans une certaine fierté dans la voix, la gouttelette de matière dégénérée a été fabriquée de façon que son effondrement soit concentré. Au centre même de cette gouttelette, dans un espace plus petit qu'un proton, nous atteindrons des densités plus importantes qu'à l'intérieur d'une étoile à neutrons en train de s'effondrer sur elle-même. Des densités supérieures d'énergie qui ne peuvent se former ailleurs, d'une manière naturelle. Des densités qui requièrent une intelligence, une conception, pour se produire.

— Doux Jésus. Mais pourquoi, Anna ? Qu'essayez-vous de faire ? De faire sauter la Lune ?

— Oh, non, dit Anna, d'un ton qui trahissait une certaine impatience. Pas *seulement*. Le point important n'est pas la quantité d'énergie qui va être dégagée, mais la précision avec laquelle elle sera utilisée.

— Et c'est pour ça, dit Emma, de plus en plus terrifiée, que vous appelez cette chose un détonateur. Vous avez l'intention de l'employer pour déclencher quelque chose d'autre. Quelque chose de plus gros. C'est bien ça ?

Anna eut un sourire joyeux.

— Ah, *maintenant*, vous commencez à comprendre, dit-elle gaiement.

La petite Billie, du haut de ses sept ans, leva son adorable visage rond vers Emma.

— Effondrement du vide, énonça-t-elle. Vous avez peur ?

Emma avala sa salive.

— Oui. Oui, j'ai peur, Billie. Mais je ne sais pas de quoi. (Emma vit que la lèvre inférieure de la petite fille tremblait. Elle se pencha vers Billie, ce qui lui fit mal.) Je vais te dire. On a le droit de pleurer. Mais, si tu essaies de ne pas le faire, j'essaierai aussi. Qu'est-ce que tu en dis ?

Et alors – soudain, sans avertissement ni fanfare – cela commença.

**Reid Malenfant**

Et voilà que Malenfant dérivait dans l'espace.

Il se rappelait la façon dont il avait entraîné Emma à bord du *O'Neill* avec lui. Et il se rappelait l'avoir repoussée, protégée par des mensonges et laissée sur Terre.

Il se rappelait comment il lui avait fait l'amour pendant cet étrange voyage à travers la multiplicité des univers. Et il se rappelait avoir voyagé seul, perdu, terrorisé, incomplet.

Il se rappelait de quelle manière elle avait finalement appris la vérité à son sujet. Il se rappelait qu'elle était morte dans ses bras. Il se rappelait combien elle lui avait manqué, combien il avait désiré qu'elle soit à nouveau avec lui, pour qu'il lui *dise*.

Il se rappelait comment il avait voulu tout avoir : sa relation avec Emma, lui épargner la douleur, sa glorieuse vision du futur. Et il se retrouvait à ne rien avoir du tout.

Le changement était accompli, les lignes temporelles avaient été retissées. Mais, bon Dieu, ça lui avait coûté sacrément cher.

Malenfant tourna la tête et régla le nouveau zoom de ses yeux, vit la Lune, flottant près de la Terre comme elle l'avait toujours fait. La belle Terre condamnée.

— Merde, dit-il. C'est la fin du monde. Et je n'arrive pas à penser à autre chose qu'à moi.

*Qu'y a-t-il d'autre ?*

— … les gens de l'aval. Sont-ils des dieux ?

*Non, juste des gens.*

— C'est difficile à croire.

*Mais l'espèce humaine est très vieille. Ils ne vous reconnaîtraient pas comme un de ses membres.*

— Pourquoi ?

*Parce que votre époque était très bizarre. En fait, elle faisait encore partie du Big Bang, elle baignait dans sa lueur résiduelle. Elle brillait.*

— À quoi ressemblent-ils ?

*Leurs formes sont variées. Aussi variées que les nôtres. Plus. Mais ils ont une chose en commun. Ils sont ceux qui ont choisi de continuer à vivre.*

— D'autres ont choisi la mort ? Pourquoi ?

*Parce qu'il y a des problèmes avec le substrat. Sa taille n'est pas infinie. Aucun ordinateur ne peut excéder les limites posées par la borne de Bekenstein.*

— La quoi ?

*C'est dur de parler à un ignorant.*

— Désolé.

*Le principe d'incertitude, alors. Ça, vous connaissez. À cause du principe d'incertitude, une quantité donnée de masse et d'énergie ne peut adopter qu'un nombre fini d'états quantiques. Le nombre d'états différents qu'il est possible d'obtenir a donc pour limite supérieure le nombre d'états que l'univers entier pourrait adopter si toute sa masse et son énergie étaient converties en information, ce qui ne s'est pas produit. Ce nombre est dix puissance dix puissance cent vingt-trois...*

— Dix puissance dix puissance cent vingt-trois, waow. Et c'est le nombre de pensées qui peuvent exister dans cet ordinateur ? C'est ça que tu es en train de me dire ?

*Oui ! Le substrat est un automate fini. Il ne peut adopter qu'un nombre limité d'états et il fonctionne dans des intervalles de temps discrets. Un automate fini doit, au bout d'un temps suffisant, entrer dans un état périodique. C'est-à-dire...*

— Ils revivent les mêmes vies, dit Malenfant. Ils pensent même les mêmes pensées. Encore et encore. Mon Dieu, quel destin ! C'est comme être autiste, se dit-il. *Pourquoi ?*

Le petit garçon soupira.

*Il n'y avait pas d'autre solution pour que l'intelligence survive à la mort par l'entropie.*

Toujours et encore les mêmes pensées, circulant comme des pets dans un scaphandre. Quelle destinée, une fin à tous les espoirs, quel apogée pour tous ces univers qui ont évolué dans la douleur jusqu'à pouvoir entretenir la vie et l'intelligence, au cours d'innombrables années de combat pour survivre dans cet univers... Quel aboutissement, se dit-il, à mes grandioses projets personnels.

Cornélius aurait adoré ça. La raison, le contrôle éternel, sans changement. Rien qu'un cycle où la même chose se reproduit éternellement à l'identique.

Michaël regardait Malenfant.

*Vous comprenez.*

— Je comprends quoi ?

*La raison pour laquelle le… projet Feynman a été lancé.*

— Les portes ? Les messages envoyés vers l'amont ?

*Certains croient que les choses n'étaient pas censées se dérouler ainsi. Ils croient que la vie, l'humanité avaient un but différent.*

— Tu es en train de me dire que nous avons un *but* ?

*Oh, oui. Les humains sont les créatures sentientes les plus importantes qui aient jamais existé, ou qui existeront.*

Cette dernière phrase déclencha un frisson le long de la colonne vertébrale de Malenfant. Bon Dieu, j'ai attendu toute ma vie pour entendre quelqu'un me dire ça. Et maintenant que c'est fait, ça me terrifie.

— Donc, tes gens de l'aval ont atteint le passé et changé les choses, ils ont créé une nouvelle ligne temporelle, dans laquelle…

Michaël fronça les sourcils.

*Votre langage ressemble à du bruit. Mais vous avez plus raison que tort. Oui, je peux dire ça comme ça. Mais ce que vous appelez* lignes temporelles *n'existe pas. Il y a une fonction d'onde universelle qui détermine une gerbe de trajectoires…*

— J'ai déjà entendu tout ça, et je n'y ai rien compris… Les gens de la Terre. Est-ce qu'ils savent ce qui va se passer ?

— *Ils sont… mmm, en paix, Malenfant. D'une façon qu'ils n'ont pas connue à votre époque.*

— Même maintenant, alors que les lumières sont en train de s'éteindre ?

*Même maintenant.*

— Mais, aussi prospères, satisfaits, compréhensifs qu'ils soient, ils vont tous mourir. Tous les habitants de la Terre, et de la Lune et de Mars et Dieu sait où ils ont pu aller… Parle-moi de la Terre, Michaël.

Michaël sourit, et Malenfant entendit des voix.

*A.D. 2051 :*

En Grande-Bretagne et dans d'autres parties de l'Union fédérale européenne, Dieu est mort. Ou s'il n'est pas mort, il est hors sujet.

Croyez-moi, Monsignor, je le sais. J'ai été en poste à Londres pendant un an, je viens de rentrer. La pratique et la croyance religieuses se sont vraiment effondrées massivement.

Il est clair que, dans certaines parties du monde, l'assimilation du message de Carter a conduit les gens à une sorte de désespoir collectif, au sentiment que rien ne vaut la peine de se battre. En Grande-Bretagne, ce phénomène se manifeste par un déni de tout fondement externe à l'action morale. En gros, les Britanniques sont en train de reconstruire l'assise morale de leur communauté. Ils font appel à des doctrines philosophiques comme le relativisme éthique – le fait de comparer les codes moraux entre eux et non par rapport à un absolu que l'on a imaginé – et le prescriptivisme, c'est-à-dire le fait de se baser sur l'annonce d'assises morales appropriées reposant sur une autorité humaine sans qu'il soit fait appel à une source supérieure ou externe.

Le fait que l'État britannique tient encore debout, que tout n'a pas sombré dans la barbarie et le chaos, doit probablement quelque chose au caractère fondamental du peuple de Grande-Bretagne. Mais, tout comme les Anglais ont constitué la première société industrielle, ils sont devenus, on peut le dire, notre première culture postindustrielle. Pareillement, ils sont récemment devenus une société postimpériale. Et, à présent, on dirait qu'ils sont en train de devenir la première vraie nation postreligieuse.

N'est-il pas étrange qu'un pays que nous considérons comme pondéré et vieux jeu ouvre à nouveau la voie vers un avenir inconnu ?

Les Britanniques survivront-ils ? Se déchireront-ils entre eux ? Pour ma part, j'espère qu'ils auront la possibilité de trouver leur voie pour sortir de l'obscurité, de découvrir la fin de leur histoire avant que le rideau ne tombe dans un siècle ou deux – si les prédictions se réalisent de façon aussi lugubre qu'on l'annonce, bien entendu.

Mais peut-être ces vues sont-elles discutables pour un Jésuite. Après tout, nous sommes tous des missionnaires.

Je recommande au Vatican de financer d'autres missions, une présence. Nous devons aller là-bas pour y parler de Dieu, et étudier ce nouveau phénomène. Le bien que cela fera – et même, que signifie le mot « bien » dans ce contexte – est difficile à déterminer…

*AD 2079 :*

Il ne faut pas vous inquiéter. Vous devez comprendre pourquoi on a dû employer des moyens extrêmes pour réprimer les troubles qui agitaient ce quartier. Des cours d'orientation du type de celui-ci vous sont proposés pour vous aider à affronter les pertes qui vous ont affectés ainsi que vos blessures à long terme.

Ce qui nourrit l'agitation, c'est la nostalgie d'un « temps meilleur », d'une époque où l'Amérique se gouvernait elle-même, où il y avait de la croisssance économique, des voitures rapides, de la nourriture bon marché, etc.

Mais vous ne *devez pas* être nostalgiques. La nostalgie est néfaste.

Élargissez votre perspective. La Terre est passée à travers le goulet d'étranglement malthusien. Nous avons évité une guerre à grande échelle, et plus de trois milliards d'âmes ont atteint un avenir meilleur. Les autres ont, dans l'ensemble, connu une fin digne et nous les saluons.

Aujourd'hui, la Terre est stable.

Notre économie fonctionne en circuit fermé, comme un gigantesque vaisseau spatial. La production de matériaux bruts et d'énergie a pratiquement disparu de la surface de la Terre, de même que les dégâts qu'elle suscitait – en particulier la pollution causée par les mines, le raffinage, le transport, la combustion et la gestion des déchets. Il est important que vous compreniez que la quantité de matériaux clés, tels que les métaux et le verre, qui circule en ce moment est constante. Tout ce dont on a besoin, c'est d'un apport en énergie, qui est très largement couvert par les centrales solaires en orbite et les générateurs à pépites de quarks.

Tout cela a évidemment un coût. Le niveau de vie de certains n'est pas aussi élevé qu'autrefois. Mais notre standard de vie à tous équivaut à celui des habitants aisés de la Russie soviétique dans les années 70, ce qui signifie qu'il se situe bien au-delà des rêves de la plupart des humains ayant vécu au cours de notre histoire.

La croissance économique n'est pas possible. Mais la croissance a toujours été une illusion que nous achetions en exploitant d'autres peuples ou les ressources irremplaçables de la Terre, ou en brûlant le futur de nos enfants. Aujourd'hui, nous avons atteint la maturité.

Voyez les indicateurs employés aujourd'hui par les Nations unies pour mesurer notre richesse et notre bonheur.

Nous ne prenons pas seulement en compte les faits économiques. Nous mesurons la santé, l'éducation et même la joie de nos enfants. Nous considérons la beauté et la poésie de notre art, la force de nos familles, l'intelligence et l'intégrité de nos débats publics. En un sens, nous mesurons vraiment notre courage, notre sagesse, notre connaissance et notre compassion : tout ce qui rend la vie digne d'être vécue. Et, selon tous ces critères, il fait meilleur vivre dans ce monde.

Vous n'êtes pas aussi libre que votre grand-père de salir ce qui vous entoure, ou d'avoir trois voitures. Mais que feriez-vous de telles libertés ?

Certains disent que les Nations unies ont cessé d'être démocratiques. Mais le niveau de contrôle dont nous avons besoin de nos jours pour diriger la planète aurait été impossible à atteindre sans leur puissante autorité centrale.

Qu'adviendrait-il de nous sans contrôle central ?

N'oubliez pas les leçons de l'histoire. L'île de Pâques – une terre lointaine, coupée de tout – fournit un exemple très proche de la situation où nous nous trouvons aujourd'hui, celle d'une population humaine isolée disposant de ressources finies.

Les habitants de l'île de Pâques se sont multipliés jusqu'à détruire leur biosphère. Alors, mourant de faim, ils se sont presque entretués au cours des guerres qui ont suivi.

Ne pleurez pas la liberté. Cette liberté était une illusion, que nous payions de la mort d'autres êtres humains moins fortunés. Aujourd'hui, vous êtes libres de vivre en paix et de ne pas mourir de faim.

Et, soit dit en passant, les Gardiens de la Paix ne sont pas des policiers. Ils renforcent la volonté du peuple. Ce n'est pas pareil.

*AD. 2102 :*

… Mais ce que nous appelons la biosphère – notez le mot, oui – a été très appauvrie avant la fin. Il y a eu une grande vague d'extinctions qu'en fin de compte nous n'avons pas pu endiguer. L'importance des dégâts ? Eh bien, Oona, nous ne le savons pas exactement. Nous n'avions même pas recensé toutes les espèces existantes avant de les détruire. Oui, c'est vrai ; beaucoup d'entre elles ont dû disparaître avant même que nous ne découvrions leur existence. Ça fait peur, hein ?

La mer s'en est un peu mieux sortie que la terre. Nous avons perdu quelques espèces, pour la plupart à cause de la surpêche, du fait que nous y avons déversé des produits polluants et provoqué la fonte de la couche arable dans les eaux peu profondes des côtes. Mais, aujourd'hui, la situation est assez stable. En fait, des céphalopodes améliorés, des pieuvres et des calmars, font à présent fonctionner nos grosses fermes sous-marines.

Toutefois, d'un point de vue historique, l'extinction a été importante. Pire que celle qui a décimé les dinosaures il y a soixante-cinq millions d'années. Mais pas aussi terrible que celle de la fin du Permien.

Bien entendu, nous vivons à présent dans un monde où l'évolution a été arrêtée, et le futur dépend d'une gestion consciente menée par…

Non, Maisie, je n'ai jamais vu de chimpanzé ni de gorille, je ne peux donc pas te dire l'effet que ça faisait. À présent, vous êtes la seule espèce de primates à avoir survécu. De toute façon, je ne suis qu'une personne virtuelle. Je ne sais pas ce que tu aurais ressenti en rencontrant un cousin comme celui-là : semblable à toi, et pourtant pas tout à fait comme toi.

Mais je peux l'imaginer.

*AD 2147 :*

Alors, comme ça il reste cinquante ans avant le feu d'artifice de Carter et la population augmente en dépit de tout ce que les Nations unies peuvent faire pour nous décourager.

C'est ce qui se passe chez moi, en tout ça.

Quoi, vous êtes surpris ?

Écoutez, pendant longtemps, les gens ont accepté

les directives des Nations unies visant à maintenir les naissances en dessous du seuil de remplacement des générations, et certains sont même allés plus loin, en n'ayant pas d'enfant du tout – parce que l'avenir les déprimait. C'est-à-dire qu'en fait, ils pensaient qu'il n'y aurait pas d'avenir *du tout*. Ça avait l'air injuste, voire immoral, de mettre des enfants dans une situation comme celle-là. Après tout, on n'a jamais traité qui que ce soit injustement en ne le faisant pas naître, parce que, dès le départ, ces gens n'ont à aucun moment été là pour souffrir. D'accord ?

Eh bien, le monde est peut-être en train de se diriger vers le grand iceberg, mais la main morte de ce vieux Darwin est toujours posée sur la barre.

De quoi suis-je en train de parler ? De ça, c'est tout : si la plupart des gens cessent de se reproduire, la poignée de ceux qui aiment les enfants et veulent en avoir – les gens comme moi – ne peuvent, au bout d'une ou deux générations, qu'être plus nombreux que tous les autres. C'est mathématique, tout simplement.

Et c'est exactement ce qui est en train de se produire.

Mon pote, je suis le représentant dans votre quartier d'une nouvelle espèce : *Homo philoprogenitus*, ce qui signifie « celui qui aime avoir beaucoup d'enfants ». Comme vous pouvez le voir, ou l'entendre.

Je paie les amendes des Nations unies. Je pense que ça vaut le coup. Une taxe sur le bonheur. À quoi d'autre peut bien servir l'argent ?

C'est sûr, si Carter a raison, ces gamins ne vont pas vivre vieux. Mais il vaut mieux qu'ils aient existé et qu'ils aient été heureux que le contraire. Pourquoi sommes-nous là, sinon pour ajouter au nombre de jours de bonheur de l'humanité ? C'est pas vrai ?

D'autre part, je compte bien être là quand on annoncera le jour de Carter. On va sans doute faire une sacrée fête. À ce moment-là, il ne restera sans doute plus personne à part nous autres, les philos, et nous sommes de bonne compagnie.

Vous serez invités. Amenez votre femme et vos enfants. Oh, ce sont des enfants virtuels ? Oui, ça console, je sais. J'ai jamais pu m'y faire. Amenez le chien, alors. Ce n'est pas un toutou électronique, non ? Hé, vous êtes toujours d'accord pour un poker mardi soir ?

*AD 2198 :*

Vous devez comprendre que la chrétienté a toujours été bâtie sur un certain nombre d'éléments mythiques primordiaux. À la base, nous avons la Sainte Famille, avec le Père, la Mère et l'Enfant. Le personnage de l'Enfant Jésus a toujours occupé une place de premier plan dans la conscience chrétienne. De la même manière que dans d'autres structures mythiques, l'Enfant représente le renouveau – comme au printemps, la vie revient après la mort – qui symbolise ici le renouveau de l'espoir dans les bras de Dieu, ce que représente par la suite la résurrection du Christ après sa propre mort physique.

Mais il semble que notre génération soit condamnée à vivre à la fin des temps. Notre monde est dépourvu d'espoir comme de renaissance : il y aura dix autres printemps, puis l'hiver final nous enveloppera et il ne nous restera plus aucun espoir.

Mais alors, que signifie le mythe chrétien pour nous, que Dieu a abandonnés ?

Sa signification est à trouver dans le personnage de Marie, Mère de Jésus.

Marie a pleuré au pied de la Croix. Lorsque son Fils a donné Sa vie pour l'humanité, Il a abandonné Sa Mère.

Voilà pourquoi nous rejetons aujourd'hui les ambitions grandioses et égoïstes du Fils et nous embrassons le chagrin de Marie, la Mère qu'Il a abandonnée.

Car nous avons nous aussi été abandonnés. Nous

tirons notre force de la dignité de Marie dans la trahison. Nous ne sommes plus des chrétiens. Nous sommes des maristes.

Prions.

*AD 2207*

C'est la meilleure et c'est la pire des époques. Au fait, qui a écrit ça ?… Peu importe. C'est la tragédie qui nous a réunis, c'est clair. Ceux d'entre nous qui possèdent une once d'intelligence, qui voient que même l'effroyable destruction qui nous attend n'est qu'une étape dans l'évolution sans fin de la vie et de l'intelligence, tout aussi regrettable mais inévitable que la mort d'un individu, comme les Enfants bleus ont tenté de nous l'enseigner – ceux-là, donc, ont un moyen de se consoler, même si nous ne pouvons comprendre totalement ce qui se passe. Et nous ne condamnons pas les Enfants de l'Océan, qui ont fui dans le confort lumineux de l'absence d'intelligence. Le monde continue à tourner, plein d'héroïsme, d'égoïsme et de désespoir, comme il l'a toujours fait. La présence des enfants nous a été d'un grand réconfort, bien sûr. Une première lecture de l'histoire le montre, et le fait qu'il n'y ait plus eu, heureusement, de naissance d'Enfants bleus après les événements du Nevada… veuillez m'excuser. Même aujourd'hui je suis plus à même d'analyser l'histoire que de parler de moi, de nous ! Bien. Il n'y a plus rien à dire. Nous sommes ici ensemble. Nous avons choisi d'en finir maintenant, plutôt que de nous soumettre à l'arbitraire de l'histoire. Adieu, ma chérie, adieu.

*AD 2228*

Où étiez-vous cette Nuit-là ?

Si vous lisez ceci, c'est que ça doit être terminé, et que vous avez survécu. J'ai raison, non ?

Il reste vingt-quatre heures au moment où j'enregistre ceci.

Je peux vous dire où, moi, je serai. En orbite autour de la Lune.

Pendant deux siècles, des gens ont sondé, tâté et percé cette fichue bulle d'énergie qui se trouve là-haut. Sans le moindre succès, bien entendu. Mais ça ne les a pas empêchés d'essayer. Et ça ne m'arrêtera pas moi non plus, jusqu'à la fin.

Je pourrais même rencontrer mon oncle et ma tante là-haut. Tom et Billie Tybee. Mon grand-père, Bill Tybee, m'a laissé ce journal, qu'il tient depuis le premier jour de son premier mariage, et aussi le gadget, ce fameux petit Cœur en plastique qui nous a tant appris sur nos cousins bleus. Un sacré mec, mon oncle. Il a perdu sa femme et ses deux enfants pendant l'hystérie anti-Bleus, il a survécu à une guerre sur la Lune et il s'est quand même construit une vie : il s'est remarié, il a eu d'autres enfants – aucun d'eux n'était Bleu – et il est mort dans son lit.

Les gens nous disent que nous sommes en paix. Mais, en fait, nous sommes tous seulement en train d'attendre, de prier si l'on a choisi de prier et, sinon, d'éteindre les lumières, c'est tout. Nous acceptons dans le calme et la dignité.

Ouais, bon, d'accord.

En ce qui me concerne, j'ai l'intention de quitter ce monde de la même façon que j'y suis arrivé : tiré par la tête, en donnant des coups de pied et en hurlant.

De toute façon, ce sera sans doute la dernière fois que j'écrirai quelque chose dans ce journal. Je vais l'imprimer et l'enterrer dans une mine abandonnée, à trente mètres de profondeur. S'il en subsiste un exemplaire, ce sera celui-ci.

Bonne chance à vous.

**Michaël**

*Regardez la Lune, Malenfant. Regardez la Lune. C'est en train de commencer…*

**Emma Stoney**

Un éclair vertical tomba du ciel gris du dôme. Il se dirigea droit sur la matière dégénérée et fusionna avec elle avec une précision absolue.

Les enfants réagirent comme pour un feu d'artifice, en poussant des cris. Ooooh. Aaaah.

Le regard d'Anna était fixé sur la pépite de quarks dans sa cage ; Emma voyait son éclat étinceler dans ses yeux clairs. La fée Clochette devenait de plus en plus brillante.

— Combien de temps encore ?

— Quelques minutes, murmura Anna. Voilà pourquoi nous sommes nés. Pourquoi *vous* êtes venue au monde…

Une vague de douleur inattendue jaillit de la jambe d'Emma ; elle haleta.

Billie Tybee s'écarta d'elle, les yeux écarquillés.

Emma fit un effort pour se calmer. Elle se força à sourire. Billie se rapprocha peu à peu d'elle et Emma posa la main sur sa tête.

Ils sont peut-être sur le point de te tuer. Mais même si c'est le cas, ne fais pas peur aux enfants. Ce n'est certainement pas leur faute.

— Effondrement du vide, dit-elle à Anna.

— Oui…

— Ça va être rapide ?

Anna réfléchit.

— Plus que rapide. Les effets vont se propager à la vitesse de la lumière et transformeront tout en vrai vide.

(Elle étudia Emma.) Ce sera terminé avant que vous sachiez que c'est en train de se produire.

Emma prit une profonde inspiration. Elle ne comprenait pas un mot de ce que disait Anna. C'était si abstrait que ça n'en était même plus effrayant. Heureusement que je ne suis pas plus intelligente que ça, se dit-elle.

— D'accord. Ça ira jusqu'où ? Ça va engloutir Tycho ? La Lune ?

Anna fronça les sourcils.

— En réalité, vous ne comprenez pas.

Et la gouttelette explosa.

Emma tressaillit.

La cage tint bon. Un morceau de lumière de la taille d'une balle de base-ball enfla, éblouit Emma et baigna les visages des enfants qui regardaient le spectacle comme des planètes tournées vers un nouveau Soleil.

Billie se blottit encore plus contre Emma et passa ses bras autour de sa taille. Emma posa les mains sur la tête de l'enfant et se pencha pour la protéger.

— Ce n'est rien, dit-elle. Tu as le droit d'avoir peur.

La lumière s'intensifia.

— On y est presque, dit Anna dans un souffle.

— *Pourquoi*, Anna ? Pour vous venger ?

Anna se tourna vers elle.

— Vous ne comprenez vraiment pas. Vous ne comprendrez jamais. Je suis désolée. Il ne s'agit pas d'une destruction. Ni d'une vengeance. C'est...

— Quoi ?

— C'est *merveilleux.*

Emma sentit de la chaleur sur son visage, du vent, une bouffée d'air chaud en provenance de la cage, fuyant la chaleur de la fée Clochette.

Et, à présent, d'autres enfants se rapprochaient peu à peu d'Emma. Elle étendit les bras et tenta de les y serrer tous. Certains pleuraient. Et peut-être bien pleurait-elle également ; c'était difficile à dire.

Finalement, Anna elle-même vint la rejoindre ; elle enfouit son visage dans le cou d'Emma.

Elle pensa à Malenfant : à Malenfant sur Cruithne, défiant une dernière fois le destin. Elle aurait très bien pu être avec lui, là-bas, et partager son sort, quel qu'il fût. Même aux pires moments de leur vie, en plein milieu de leur divorce, elle s'était attendue, au plus profond de son cœur, à mourir avec lui.

Mais ça ne s'était pas passé comme ça, pour le meilleur ou pour le pire.

Durant les années qui avaient suivi les événements du désert de Mojave, après Malenfant, Emma avait eu des liaisons amoureuses. Elle avait même hérité de quelques enfants issus de relations précédentes brisées. Aucun qui fût à elle, bien entendu. Peut-être était-ce ça qui ressemblait le plus à la situation actuelle.

Mais les enfants qui l'entouraient lui semblaient lointains, comme si elle les touchait à travers une couche de verre. Elle se sentait incomplète. Peut-être était-elle en train d'essayer d'embrasser trop de possibilités du réel à la fois, songea-t-elle.

La lumière devint plus éclatante encore, la chaleur plus intense. Le vent commençait à hurler à travers la cage branlante qui frissonnait.

Les enfants se serrèrent encore plus contre Emma en gémissant.

Il y eut un flamboiement de lumière bleue. Emma aperçut un anneau bleu électrique à travers la cage transformée en un méli-mélo de câbles et de fils. Il était déformé et s'étirait dans le lointain en tournoyant. Et il y en avait d'autres, comme une grande chaîne disparaissant dans l'infini, un entonnoir annelé de lumière bleue. Des étincelles jaillirent de ce tunnel bleu et disparurent dans le lointain dôme gris du ciel.

Ils essaient d'atteindre le passé, se dit Emma, émerveillée. Ils envoient les pépites de quarks qui ont atteint le centre du Nevada – et même celle qui a initié cet événement. Des boucles causales fermées.

Tout a toujours tourné autour des enfants, se dit-elle. Pas de nous, pas de Malenfant. Nous n'avons fait qu'apporter notre aide. Mais cette histoire est la leur depuis le début. Les enfants.

La sculpture de lumière avait disparu, le jaillissement de lumière bleue s'était évanoui comme une bulle de savon. Il ne restait plus que l'éclat blanc et aveuglant de la fée Clochette.

— Il n'y a pas tant d'énergie que ça, murmurait Anna. Vraiment pas. Mais tout est concentré dans la masse d'un unique proton. *Vous auriez pu le faire.* Vous avez construit des accélérateurs de particules, vous avez atteint des niveaux d'énergie élevés. Mais vous avez laissé tomber. Et puis, vous vous y preniez mal. Il vous aurait fallu un accélérateur grand comme une galaxie pour atteindre les niveaux d'énergie requis…

— Nous n'avons même pas essayé, dit Emma. Nous ne savions pas que nous étions censés le faire.

Anna leva les yeux vers elle, des yeux pleins de larmes ; ses cheveux ondoyaient autour de son visage.

— C'est bien ce qui est tragique. Vous n'avez jamais compris le but de votre existence.

Emma se força à sourire.

— Tu sais quoi ? Je ne le comprends toujours pas.

Anna rit et, l'espace d'un instant, un dernier instant, elle fut une enfant, tout simplement, une gamine de quinze ans qui riait et pleurait en même temps, à la fois heureuse et terrifiée.

Puis la fée Clochette explosa.

Ce ne fut *pas* instantané. Voilà pourquoi ce fut horrible.

Cela l'engloutit, la transperça, l'arracha de son crâne en la carbonisant. Elle sentit les molécules de son cerveau, de son esprit, qui étaient oblitérées et s'effondraient pour rejoindre le nouveau vide au-delà de la lumière.

Jusqu'à ce qu'il ne reste plus que la partie la plus vieille, la plus profonde de son cerveau, celle de l'animal recroquevillé sur lui-même qui tremble dans le noir.

*Malenfant!*

Et la lumière éclata.

**Reid Malenfant**

Les zones les plus claires – les sols les plus anciens, les montagnes de la face visible et la plus grande partie de la face cachée – avaient l'aspect qu'elles avaient toujours eu, dessinant le visage de l'Homme de la Lune. Mais les mers grises de poussière lunaire, celles des Pluies et de la Tranquillité et l'océan des Tempêtes, semblaient en train d'imploser. Même de là où il se trouvait, il voyait des fissures se propager dans les mers de lave, des morceaux de croûte se fendre, basculer et glisser vers l'intérieur de la Lune. Étant donné que celle-ci avait un diamètre de trois mille deux cents kilomètres, la vitesse à laquelle se déroulait le processus dont il était témoin – et son échelle, car des plaques de croûte lunaire se désintégraient en quelques secondes – était impressionante.

En ces instants de convulsions, la Lune avait des compagnons : des étincelles brillantes qui tournaient en orbite telles des lucioles. Des vaisseaux terriens. Il sentit qu'ils étaient sans défense.

*Ça commence*, murmura Michaël de sa voix de femme mûre à l'accent de Seattle.

— Quoi ?

*La Lune s'effondre pour adopter une forme nouvelle.*

*Matière de quarks. Les zones les plus faibles de la croûte, celles qui ont été enfoncées par les impacts anciens qui ont formé les bassins, implosent les premières. (Michaël hésita.) Vous comprenez ? Pour un temps très bref, la Lune va devenir un unique nucléon, une poche de quarks à densité nucléaire qui…*

— Qui a fait ça ?

*Les enfants, bien sûr.*

— Mais pourquoi, pour l'amour de Dieu ?

*C'est l'accomplissement de l'humanité. Du cosmos… Ah.*

Les antiques montagnes trouées de cratères commençaient elles aussi à s'effondrer. Malenfant ressentit une pointe de regret tandis que les reliefs osseux de la Lune se désintégraient en poussière et en lumière. Cinq milliards d'années d'immobilité qui s'achèvent en l'espace de quelques battements de cœur, se dit Malenfant. Et dire que nous pensions que les empreintes de pied des astronautes d'*Apollo* dureraient un million d'années.

Une lueur se mit à briller au cœur de la Lune, de la lumière jaillit des yeux et de la bouche de l'Homme ; on aurait dit que quelque chose brûlait à l'intérieur. Il vit les rayons traverser la poussière lunaire, comme si la Lune était une lanterne de Halloween suspendue dans une pièce obscure.

Et, si brusquement que Malenfant tressaillit, et dans le plus parfait silence, la Lune implosa, éclata, explosa en un nuage de poussière de débris qui se mit à enfler.

Les vaisseaux en orbite furent immédiatement engloutis. Donc, se dit Malenfant, des gens meurent déjà.

Le nuage commença à se disperser et à s'étirer le long de l'orbite de la Lune. Peut-être avec le temps formerait-il un nouvel anneau autour de la Terre, se dit Malenfant. Et il y aurait des chutes de météorites spectaculaires dans les cieux de la Terre, des cieux qui brûleraient comme pour saluer la mort de la Lune.

Mais la dispersion des débris révélait un point de lumière aveuglante que Malenfant avait du mal à regarder même avec ses yeux mystérieusement améliorés. La Lune agonisante avait donné naissance à une nouvelle étoile, un compagnon du Soleil terrible et étincelant.

*Plus que quelques secondes à présent*, murmura Michaël, qui ne détachait pas son regard de ce qui se passait.

Malenfant jeta un coup d'œil au visage du gamin. La qualité de la lumière était devenue étrange, plus nette.

— Michaël, que va faire cette chose à la Terre ? Elle émet une chaleur qui va flanquer le climat en l'air. Et…

*Vous posez à nouveau les mauvaises questions, Malenfant. Il n'y aura pas le temps. La pépite de quarks n'est qu'un outil.*

— Un outil pour faire quoi ?

*Pour créer une pulsation énergétique à haute densité.*

Malenfant avait très envie de comprendre.

— De *quelle* puissance ?

*Croyez-vous que les chiffres auraient un sens pour vous ? Les particules les plus énergétiques de l'univers sont les rayons cosmiques : des noyaux de fer qui s'échappent des explosions d'étoiles aux environs de la vitesse de la lumière. Si une pomme tombe d'un arbre, l'énergie qu'elle accumule se répartit sur des milliards de milliards d'atomes. Les rayons cosmiques les plus énergétiques recèlent une énergie comparable, mais concentrée sur un seul noyau. Si deux noyaux de ce type entraient en collision frontale, l'énergie libérée serait plus importante de deux factorisations. On pense qu'aucun événement de ce type ne s'est jamais produit dans l'histoire de l'univers.*

— Et les enfants…

*Tentent de créer un événement plus important de*

*six factorisations. Aucun processus naturel ne peut produire une telle chose. C'est la première fois qu'un mécanisme – un esprit, nous – est capable de libérer des énergies aussi colossales. Aussi bien dans cet univers que dans tous ceux qui l'ont précédé.*

Malenfant fronça les sourcils.

— Es-tu en train de me dire que c'est ça, notre but ? Le but de l'existence de l'humanité, de la vie, est de produire une pulsation énergétique gigantesque et artificielle, une seule et unique chose ? C'est *tout* ?

*Le but n'est pas l'acte lui-même, mais ses conséquences.*

La lumière émanant des ruines de la Lune s'intensifia. Elle enfla, vira au bleu électrique, puis au blanc éclatant.

Et le point lumineux explosa et devint une sphère de lumière en expansion, une bulle d'un rose grisâtre qui enflait dans l'espace. Elle engloutit le nuage de débris en un battement de cœur. Malenfant aperçut sa lueur sur les océans de la Terre, comme si un terrifiant nouveau Soleil était né de sa compagne perdue.

Mais la bulle ne mit qu'une seconde à atteindre une taille monstrueuse, cinquante ou soixante fois celle de la Terre, qui paraissait soudain minuscule à côté.

Le mur de lumière balaya la planète, la dévora. La Terre disparut.

Malenfant poussa un grognement, comme si l'air avait été expulsé de force de ses poumons. Il avait l'impression d'avoir reçu un coup de poing.

Et tout aussi brutalement, tout aussi vite, ce fut terminé.

La bulle grossissait, plus grande et plus brillante à chaque seconde, tel un cancer qui semblait sucer l'énergie de l'espace-temps lui-même. Malenfant voyait sa lumière se répandre sur le visage de Michaël et sur ses grands yeux ronds de petit garçon. Elle était gigantesque, étonnante, et elle réduisait déjà à presque rien les points lumineux qui peuplaient l'univers.

*L'interface grossit pratiquement à la vitesse de la lumière*, dit Michaël. *Elle a mis à peine plus d'une seconde pour englober l'orbite de la Lune et atteindre la Terre, et tout juste un vingt-cinquième de seconde pour engloutir la Terre elle-même. Au bout de cinq secondes, elle était aussi grosse que le Soleil. C'est rapide, la vitesse de la lumière, Malenfant. À présent, nous disposons de sept ou huit minutes avant que la vague n'atteigne le Soleil. Les planètes intérieures, Vénus et Mercure, seront englouties avant.*

Malenfant remarqua distraitement que la bulle qui enflait ne formait pas une sphère parfaite. Des cloques apparaissaient à sa surface, et elle croissait de manière irrégulière, comme si elle était atteinte d'une maladie. Sa surface, qui émettait une lueur blanc-rose, était mouchetée, comme illuminée par des lasers. Les étoiles paraissaient bouger là où la périphérie se gonflait, elles se transformaient brièvement en arcs lumineux avant d'être obscurcies par la bulle – peut-être un phénomène de lentille gravitationnelle qui se produisait lorsque la bulle déformait l'espace-temps lui-même.

*La Terre n'est plus.* Comme ça, en une fraction de seconde, comme si elle n'avait pas été plus substantielle qu'une allumette dans un incendie. La Terre et tous ses milliards d'années de géologie et de vie, son cœur, son manteau, ses océans et ses continents en dérive, son évolution et son climat : tout avait disparu comme si cela n'avait jamais existé ; comme si son histoire s'était achevée.

Et les gens. Des milliards de morts, l'histoire de leur vie sommairement terminée. L'espèce humaine était déjà éteinte, à moins que quelqu'un n'ait réussi à s'en aller vers les planètes extérieures ou les étoiles.

Il se sentait anesthésié, incapable d'y croire. N'aurait-il

pas dû *sentir* quelque chose, entendre le bref cri de ces milliards d'âmes fauchées en pleine vie, en train de discuter, de rire, de pleurer, de donner la vie ou de mourir, de faire l'amour ou la guerre ?

Michaël le regardait, comme s'il tentait d'évaluer sa réaction.

*Ils n'ont rien pu voir. Le ciel s'est illuminé, ils ont connu un instant de douleur…*

— Michaël, qu'y a-t-il à l'intérieur de la bulle ? Qu'est-il arrivé à la Terre lorsque la barrière l'a atteinte ?

*Un changement de lois physiques. Tout ce qui appartenait à notre univers et qui a survécu à la pulsation d'irréalité a immédiatement pris des formes nouvelles. La physique, la chimie que nous connaissons ne pouvaient plus fonctionner.*

*Mais ce nouvel environnement lui-même, celui d'une matière transformée, ne pouvait pas perdurer. La densité énergétique est d'une intensité effroyable et le champ gravitationnel généré très puissant. Quelques microsecondes après la nucléation – avant même que la bulle ne s'étende au-delà de la Lune, lorsqu'elle n'avait qu'un kilomètre et demi de diamètre – un effondrement gravitationnel s'est enclenché.*

— Comme un Big Crunch ?

*Oui. Mais rien de semblable au lent effrondrement et à la compression dont vous avez été témoin dans les univers précurseurs, Malenfant. Un phénomène instantané. Nous avons affaire au vrai vide, Malenfant, à l'état final de l'univers…*

Quand l'univers était né, lorsqu'il avait fait irruption avec son Big Bang, il était passé par une série de changements de phase ; le vide s'était effondré pour prendre des formes nouvelles plus stables. Et, avec chaque changement, avec l'effondrement de chaque faux vide, il y avait eu une libération d'énergie. C'étaient ces monstrueuses pulsations énergétiques qui avaient alimenté l'expansion initiale de l'univers.

À la fin, les changements de phase avaient cessé et l'univers s'était stabilisé.

Mais la stabilité qu'il avait atteinte était trompeuse.

*On m'a raconté l'histoire d'une princesse qui était prisonnière au sommet d'une sphère de cristal parfaite. Il n'y avait pas de barreaux de fer pour l'emprisonner, et pourtant elle était bel et bien captive, au point le plus élevé de la sphère. Et, tant qu'elle restait là, au lieu où régnait la plus grande symétrie, elle était en sécurité. Mais si elle faisait ne fût-ce qu'un pas dans n'importe quelle direction, elle glisserait et elle tomberait. Il en est de même pour l'univers. La symétrie maximale est instable.*

— Mais, à présent, les enfants ont dérangé cette symétrie.

*Oui. Leur événement à haute énergie a eu pour résultat un effet tunnel quantique vers un état de vrai vide. Ah.* (Il y eut un flamboiement de lumière au bord de la bulle en expansion.) *C'était Vénus, je pense…*

Le mur d'irréalité s'approchait du Soleil. La bulle mesurait à présent dix minutes de lumière de diamètre, deux cent cinquante millions de kilomètres de large, écrasant le Soleil lui-même de sa taille. Mais l'étoile ne semblait pas perturbée, alors même que l'immense coquille se ruait vers elle.

*La vitesse de la lumière, Malenfant, murmura Michaël. Si vous vous trouviez à la surface du Soleil, vous verriez encore les étoiles, la Terre et la Lune, vous verriez les derniers photons reflétés par la planète avant sa destruction. Le mur arrive avec la lumière elle-même…*

La muraille déferla sur le Soleil telle une tornade engloutissant une ferme brillamment éclairée. Mais le Soleil, qui mesurait un million et demi de kilomètres de diamètre, n'était pas une petite poussière de roche, d'eau et de vie, comme la Terre. La muraille mit trois, quatre, cinq secondes pour engloutir sa masse lumineuse. Et, jusqu'à la fin, la dernière zone survivante conserva sa forme sphérique, continua à briller, à émettre des photons générés par un cœur en fusion qui s'était évaporé dans l'irréalité quelques secondes auparavant.

Cela ne prit néanmoins que le temps de quelques battements de cœur.

Lorsque le Soleil eut disparu, il fit plus sombre. La nuit tombe une dernière fois, pensa Malenfant.

À présent, il n'y avait plus que la sphère d'irréalité qui grossissait, sauvage et inégale, étincelante, des cloques grumeleuses éclatant sur ses flancs, des étoiles se figeant à sa périphérie. Il réalisa qu'elle deviendrait bientôt un mur qui recouvrirait l'univers.

*Pendant quelque temps, il n'y aura pas grand-chose à voir*, dit Michaël. *Elle va balayer Mars et la ceinture des astéroïdes.*

— Cruithne ?

*Il a déjà disparu. Et puis, dans une demi-heure, elle nous atteindra.*

La bulle de lumière aveuglante continuait à enfler.

— Ça ne s'arrêtera jamais, murmura Malenfant. Cette chose va consumer le Système solaire et les étoiles…

*Ce n'est pas un simple phénomène local, Malenfant. C'est un changement fondamental dans la structure de l'univers. Ça ne s'arrêtera jamais. Ça continuera de grandir à la vitesse de la lumière, un processus d'emballement rétroactif alimenté par l'effondrement du vide lui-même. La Galaxie aura disparu dans cent mille ans, Andromède, sa voisine notable la plus proche, dans deux millions d'années environ. Cela prendra du temps, mais, en fin de compte…*

L'avenir a disparu, se dit Malenfant. Mon Dieu. Voilà

ce que ça veut dire, non ? *L'aval ne peut plus exister, à présent.* Tout s'est évaporé. La colonisation de la Galaxie et de l'univers, le long et patient combat contre l'entropie… Cet immense futur avait été scié à la base, tel un arbre abattu à la racine.

— *Pourquoi*, Michaël ? Pourquoi les enfants ont-ils fait ça ? Pourquoi ont-il rasé la maison, détruit l'avenir…

*Parce que ce n'était pas le bon.*

Michaël observa le ciel. Il pointa le doigt vers la périphérie grumeleuse de la bulle d'irréalité en expansion.

*Là. Vous voyez ? Ça commence déjà…*

— Quoi ?

*Le bourgeonnement. La croissance de la zone de vrai vide n'est pas régulière. Des poches de faux vide – des restes de notre univers – seront isolées par la propagation du vrai vide. Les fragments de faux vide s'effondreront. Comme…*

— Comme des trous noirs. (Et, en cet instant, Malenfant comprit.) C'est pour ça. C'est tout simplement un meilleur moyen de créer des trous noirs et de faire naître de nouveaux univers. C'est même un meilleur moyen que les étoiles.

*Bien meilleur. Et de loin. La quantité de trous noirs créés par les processus de l'effondrement du vide surpassera de plusieurs factorisations le petit milliard de milliards que notre univers aurait pu engendrer avec ses étoiles et le cœur de ses galaxies.*

— Et la longue et lente évolution des univers, l'arbre des cosmos…

*Nous avons tout changé, Malenfant. L'intelligence a pris en charge la responsabilité de l'évolution du cosmos. Il y aura beaucoup d'enfants univers, des univers trop nombreux pour être comptés, des univers plus exotiques que nous ne pouvons l'imaginer – et beaucoup, beaucoup parmi eux abriteront la vie et l'intelligence.*

— … Mais nous étions les premiers.

Il comprenait, à présent. C'était ça, le but. Pas la longue survie de l'humanité dans un futur lugubre d'ombres moisies, puis la retraite finale dans le substrat sans perte où jamais rien ne changeait, ni ne croissait. Le but de l'humanité – la première de toutes les intelligences – était de remodeler l'univers de manière à en faire bourgeonner d'autres et à créer une tempête d'intelligence.

Nous n'avons rien compris, se dit-il. En se battant pour une éternité dépourvue de sens, les humains ont refusé le véritable infini. Mais nous avons réussi à atteindre le passé lointain, le passé de l'amont du fleuve du temps, et nous avons parlé à nos derniers enfants – ces Enfants bleus que l'on a tant vilipendés – et nous avons tout arrangé.

Voilà ce que cela signifiait d'être seuls dans l'univers, d'être les premiers. Nous avions l'infini de l'espace et du temps entre nos mains. Nous avions la responsabilité ultime. Et nous l'avons déclinée.

Nous étions les parents de l'univers, pas ses enfants.

*N'est-ce pas pour ça que vous étiez venu sur Cruithne, Malenfant ?* souffla Michaël. *Pour trouver le but de la vie ?*

— Je n'ai jamais rien compris. Pas avant maintenant.

*Il n'empêche que vous avez été un catalyseur.*

Malenfant réalisa qu'il ressentait une sorte d'euphorie sinistre.

— La vie n'est pas un accident, dit-il. Ce n'est pas un effet secondaire, ce n'est pas une création marginale. Nous autres, petites créatures insignifiantes trottinant à la surface de notre fragile planète perdue dans la Galaxie, nous étions, après tout, le centre de l'univers.

C'était, d'une façon extraordinaire, une affirmation de tout ce en quoi il avait jamais cru.

— Ah, aboya-t-il. Copernic, tu l'as dans le cul !

*... Malenfant ? Je crois que j'ai peur.*

Malenfant attira Michaël contre lui et passa ses bras autour de cette créature si complexe, à la fois enfant de dix ans et être supérieur venu d'un avenir évanoui pour s'égarer ici.

— Se souviendront-ils de nous ? Les enfants. Dans les nouveaux univers.

*Oh, oui*, dit Michaël. Et il sourit. Il agita la main vers la bulle. *Ça n'aurait pas pu se produire sans intervention de l'esprit. De l'intelligence. Qui sait ? Il est possible qu'ils soient capables de reconstruire ce que nous avons été, comment nous avons vécu nos existences.*

— *J'espère qu'ils nous pardonneront*, murmura Malenfant.

**Sheena 47**

L'heure était venue.

Sheena 47 rôdait dans le cœur du vaisseau en forme de lentille. Des esprits-bancs se formaient, se fondaient, se fragmentaient, et se combinaient à tous les niveaux de hiérarchie, des éclats de conscience collective dont les pulsations se propageaient dans la communauté de céphalopodes forte de billions de membres comme le Soleil chatoie sur l'eau. Les grands bancs avaient abandonné les chants et les rêves de la Terre, du passé profond ; ils chantaient à la place l'immense et lointain futur qui s'ouvrait devant eux.

Les machines à diamant – des astéroïdes évidés et modifiés – avaient fonctionné à la perfection. L'arc-en-ciel fait d'étoiles décrivait un cercle autour du vaisseau lenticulaire, complet et magnifique, l'univers compressé par la relativité en un arc-en-ciel qui étincelait sur les vaguelettes.

Le stock d'hélium-3, qui avait été si difficile à extraire du grand océan de nuages de Jupiter, était presque épuisé. Sheena 47 adressa un dernier au revoir aux courageuses communautés qui avaient colonisé ces mers roses et fourni le carburant nécessaire à l'exode. Ces cousins qui restaient sur place seraient bientôt engloutis par l'anomalie. Ils avaient rejoint le néant, mais ils avaient de quoi être fiers.

*Maintenant.* Des vagues d'excitation traversèrent les grandes communautés de céphalopodes, qui se rassemblèrent près des immenses murs lenticulaires pour voir le spectacle.

Exactement comme ils avaient été conçus pour le faire, les bras magnétiques de la pelle de proue s'ouvrirent tels ceux d'un céphalopode géant. Ses membres intangibles étincelèrent lorsqu'un flot ténu de matière fut aspiré dans sa gueule, où il allait être compressé, écrasé et brûlé.

Ça fonctionnait. Le vaisseau lenticulaire s'était enfin détaché du système qui lui avait donné naissance. À présent, son océan était le milieu ténu et riche de l'espace interstellaire qui dérivait entre les étoiles. Le carburant existait donc en quantités illimitées et les céphalopodes pouvaient fuir éternellement. …

Bon, pas éternellement, Sheena 47 le savait. Le grand vaisseau pouvait approcher la vitesse de la lumière mais jamais l'atteindre ; avec lenteur, l'inexorable marée irréelle rattraperait la lentille et les engloutirait tous.

Mais le temps était tellement ralenti par leur vitesse élevée que ce moment se trouvait à des générations et des générations de là.

Elle ressentit une pointe de regret pour l'humanité : ces créatures imparfaites qui avaient donné l'intelligence aux céphalopodes et que le feu avait consumées, semblait-il à présent. Mais les céphalopodes étaient jeunes, affamés de temps, et, pour eux, l'avenir n'était pas encore joué.

La pelle de proue fonctionnait à la perfection. L'avenir

était immense et sûr. Les grandes structures intelligentes s'effondrèrent lorsque les céphalopodes célébrèrent l'événement en se laissant aller à une explosion de joie, de paroles, d'amour, de guerre et de chasse : *Courtisez-moi ! Courtisez-moi ! Voyez mes armes ! Je suis fort et féroce. Éloignez-vous ! Éloignez-vous ! Elle est à moi !...*

Poursuivie par la vague d'irréalité, la cité d'eau et de lumière s'enfuit dans l'obscurité du lointain aval.

**Reid Malenfant**

La bulle de lumière éclatante et tachetée de rayons lasers se dressait devant eux à présent, comme un mur divisant l'univers qui plongeait vers eux à la vitesse de la lumière. Elle aurait aussi bien pu être à deux qu'à dix millions de kilomètres d'eux. Malenfant ne sentait rien : ni chaleur, ni froid, ni attraction en provenance du monstrueux champ gravitationnel de l'anomalie. Il était peut-être en train de tomber dans sa gueule.

Il se demanda combien de temps il restait. Et écarta cette pensée. Finis les comptes à rebours, Malenfant.

*... Malenfant. Il y a une chose que je ne vous ai pas dite.*

— Quoi ?

*Nous pourrions survivre. Nous pourrions être pris dans l'un des trous noirs de faux vide. Nous sommes là, mais nous n'y sommes pas, Malenfant. L'information dont nous sommes constitués pourrait être préservée pendant...*

— Où serions-nous ? Dans l'un des nouveaux univers ?

*Je l'ignore.*

— Ce serait comment ?

*Différent.*

— Je crois que ça me plairait. Ce n'est peut-être que le commencement. Accroche-toi, maintenant…

La lumière irréelle devint aveuglante. Il pressa le visage de Michaël contre son ventre pour que le gamin ne puisse pas voir ce qui arrivait. Un sourire féroce éclairait le visage de Malenfant.

## POSTFACE

Je suis encore plus reconnaissant que d'habitude à Kent Joosten du *Johnson Space Center* de la Nasa pour sa contribution aux passages concernant les céphalopodes. Merci également à Eric Brown et Simon Bradshaw qui ont lu les premières versions du manuscrit.

— L'idée selon laquelle les pieuvres et d'autres céphalopodes pourraient être intelligents a une base réelle. Le numéro du *New Scientist* du 7 juin 1997 représente une référence récente. *Cephalopod Behaviour*, de R.T. Hanlon et J.B. Messenger (Cambridge University Press, 1996) m'a également été utile.

— Les richesses qui s'offrent à nous dans les astéroïdes, ainsi que d'autres ressources extraterrestres existent bien, ainsi que les projets visant à les exploiter. *Mining the Sky*, de John S. Lewis (Addison Wesley, 1996) contitue une bonne étude du sujet.

— Les prédictions probabilistes sur la fin du monde désignées dans cet ouvrage sous le nom de « catastrophe de Carter » existent. Elles ont été fort bien expliquées par John Leslie dans *The End of the World* (Routledge, 1996).

— L'idée de la « radio de Feynman » consistant à

utiliser des ondes électromagnétiques avancées pour capter des messages du futur existe. L'expérience a effectivement été tentée, par exemple par I. Schmidt et R. Newman *(Bulletin of the American Physical Society*, vol. 25, p. 581, 1979). L'extension de cette idée à la mécanique quantique (l'« interprétation transactionnelle ») existe. Consulter l'article de John Cramer dans *Reviews of Modern Physics*, vol. 58, p. 647, 1986.

— Cruithne, la « deuxième Lune » de la Terre, existe bel et bien. Ses propriétés particulières ont été décrites dans un article de *Nature*, vol. 387 p. 685, 1997.

— L'idée de la « pépite de quarks », ce morceau de matière effondrée, et de ses désastreuses conséquences potentielles, existe. Elle a été proposée par Edward Witten dans « Cosmic Separation of Phases », *Physical Review D*, vol. 30 p. 272, 1984.

— La physique des possibles du lointain futur exposée ici existe. « Time without end : Physics and Biology in an Open Universe », Freeman Dyson, *Review of Modern Physics*, vol. 51, p. 447, 1979 est une référence classique sur le sujet.

— L'idée que notre univers appartient à une famille évolutive existe. Une variante récente de cette théorie a été développée par Lee Smolin dans son livre *The Life of the Cosmos* (Oxford University Press, 1997).

— La notion d'effondrement du vide existe. Elle a été explorée par Piet Hut et Martin Rees dans « How Stable is Our Vacuum ? », *Nature*, vol. 302 p. 508, 1983.

Le reste relève de la fiction.

Stephen Baxter
Great Missenden
Février 1999

*Imprimé en France par* CPI
en septembre 2016

POCKET - 12, avenue d'Italie - 75627 Paris Cedex 13

N° d'impression : 2025590
Dépôt légal : octobre 2010
Suite du premier tirage : septembre 2016
S17718/06